普通高等教育“十三五”规划教材

工程图学解读教程

刘东燊　米承继　王菊槐　主编

化学工业出版社

·北京·

内容提要

《工程图学解读教程》主要内容包括制图基础知识与技能，投影原理及投影图，截断体和相贯体，轴测图，组合体，图样画法，标准件与常用件，零件图，装配图，AutoCAD绘制工程图，SolidWorks三维建模与工程图生成，换面法，展开图与曲线曲面。

本书内容以实用与够用为尺度，具有思路创新、解题方法简洁、概念讲解通俗易懂的特点。

与本书配套使用的习题集为林益平等主编的《工程图学解读教程习题集》。

本书适用于高等院校机械类、机电类等专业人员使用，也可作为高职院校、成人教育等相关专业学生教材，及刚走出校园从事工程技术工作人员的参考用书。

图书在版编目（CIP）数据

工程图学解读教程/刘东燊，米承继，王菊槐主编.
—北京：化学工业出版社，2020.8（2024.8重印）
普通高等教育“十三五”规划教材
ISBN 978-7-122-37087-7

Ⅰ.①工… Ⅱ.①刘… ②米… ③王… Ⅲ.①工程制图-高等学校-教材 Ⅳ.①TB23

中国版本图书馆CIP数据核字（2020）第089405号

责任编辑：高　钰　　文字编辑：陈　喆
责任校对：宋　玮　　装帧设计：刘丽华

出版发行：化学工业出版社（北京市东城区青年湖南街13号　邮政编码100011）
印　　刷：三河市航远印刷有限公司
装　　订：三河市宇新装订厂
787mm×1092mm　1/16　印张20¼　字数507千字　2024年8月北京第1版第5次印刷

购书咨询：010-64518888　　售后服务：010-64518899
网　　址：http://www.cip.com.cn
凡购买本书，如有缺损质量问题，本社销售中心负责调换。

定　　价：58.00元

前言

根据教育部工程图学教学指导委员会审定的《普通高等院校工程图学课程教学基本要求》的精神，结合教育部组织开展的强化创新创业平台建设，优化课程体系和教学方法，我们针对应用型人才的培养方案编写了本书。

工程图学是高等院校工科类专业的一门重要技术基础课，开设该课程的主要目的是培养学生具有一定的工程图样识读和表达能力，同时具备计算机辅助绘制工程图与三维实体建模的基本技能，为后续专业课程的学习打下基础。

本书的内容创新主要来自合理地吸收了参数化建模中以二维草图为特征面的扫掠构形原理，通过特征面的平面形位置与扫掠轨迹的图示，完成基本体的立体图绘制与空间形状的想象。同时依靠找出特征面在扫掠中停留于某高度位置的平面形所具有规律性的等高线辅助图形，作为求解各种基本体表面点、线的常用方法。实践表明，当具有了以特征面作为基础图元进行基本体视图绘制与空间立体想象的能力后，再看复杂视图时就容易形成完整、清晰的立体感。

针对工程图的各种表示方法及其真实用意，结合两面投影展开图在工程实际中的应用，我们进行了部分内容的探讨性讲解。全书概念描述力求图文对照、通俗易懂；空间思维力求眼见为实，并把三维建模的操作过程转化为工程图绘制与识读的特征面图示过程；同时解题分析与求解举例力求以分步求解过程展现；基本体尺寸注法与组合体尺寸注写顺序、机件表达方案举例及零件结构分析等，力求从入门者易于领会、认知的基础上进行详细讲解。对重要概念、解题规律、作图方法等，要求请读者认真标记，增强对关键内容的印象和理解。

本书采用了最新国家标准。

本书主要内容有制图基础知识与技能、投影原理及投影图、截断体和相贯体、轴测图、组合体、图样画法、标准件与常用件、零件图、装配图、Auto CAD 绘制工程图、Solid Works 三维建模与工程图生成、换面法、展开图与曲线曲面等。

本书配有课件，如有需要，请与 28448680@qq.com 联系。

本书适用于普通高等院校应用型人才的培养，也可作为高职院校工程图学的课程教学，对刚走出校门进入工程岗位而又需要回头温习再提高的技术人员，也值得分享。与本书配套使用的习题集，是林益平等主编的《工程图学解读教程习题集》。

本书由湖南工业大学和长沙学院从事工程图学的教师联合编写，由刘东燊、米承继、王菊槐担任主编，赵近谊、付卓、林益平担任副主编，编写人员：第一章（赵近谊），第二章（刘东燊），第三章（刘东燊、戴进），第四章、第十二章（王菊槐），第五章（陈义庄），第六章（刘东燊、米承继），第七章（付卓、刘东燊），第八章（林益平、唐开勇），第九章（米承继、刘东燊），第十章（林益平、赵近谊），第十一章（米承继、李锟），附录（刘东燊、胡黄卿）。

本书由湖南工业大学邱显焱博士主审。在本书的编写过程中，多次与成图大赛教师群中的个别教师就某些内容进行过深入探讨，得到了许多宝贵的意见和建议，同时，本书参考了部分优秀教材及专业资料，在此，编者一并表示衷心感谢。

由于编者水平有限，书中难免存在不足之处，敬请专家、读者批评指正。留言信箱 1412682784@qq.com。

编者

2020 年 2 月

目录

绪 论

在工程技术中，按一定的投影方法和有关的规定，把工程产品的形状用图形画在规定的纸上，并用数字、文字和符号标注出物体的大小、材料和有关制造的技术说明等，我们把这种具有图形和文字等内容的资料称为工程图样。如图 0-1 所示的管座，是现代工程设计中普遍采用的三维数字化模型，同时它能快速生成如图 0-2 所示的工程图样。

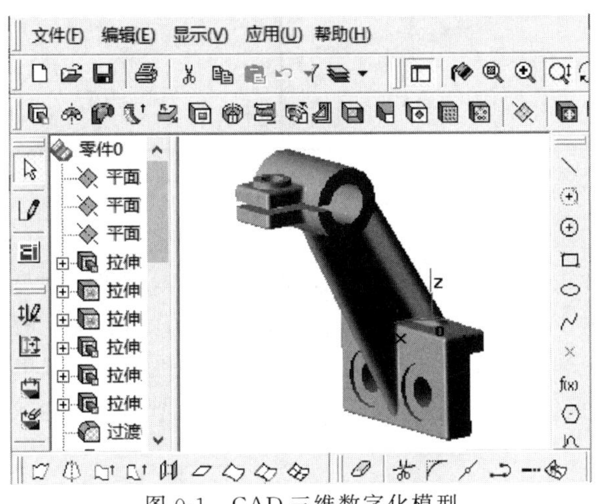

图 0-1　CAD 三维数字化模型

一、本课程的主要内容和基本要求

在工程设计中，图样用来表达和交流技术思想；在生产中，图样是加工制造、检验、装配、调试、使用、维修等方面的主要依据。因此，工程图样是工程技术部门的一种重要的技术资料，常被称为“工程界的语言”。作为一名未来工程技术人员，学会绘制、阅读工程图是做好工程技术工作的第一件事情。

本课程主要内容包括制图基础知识与技能、投影原理及投影图、截断体和相贯体、轴测图、组合体、图样画法、标准件和常用件、零件图、装配图、AutoCAD 绘制工程图、SolidWorks 三维建模与工程图生成、换面法展开图与曲线曲面等。

学完本课程应达到的基本要求：

① 通过学习制图基本知识与技能，了解国家制图标准的基本规定，学会正确使用尺规

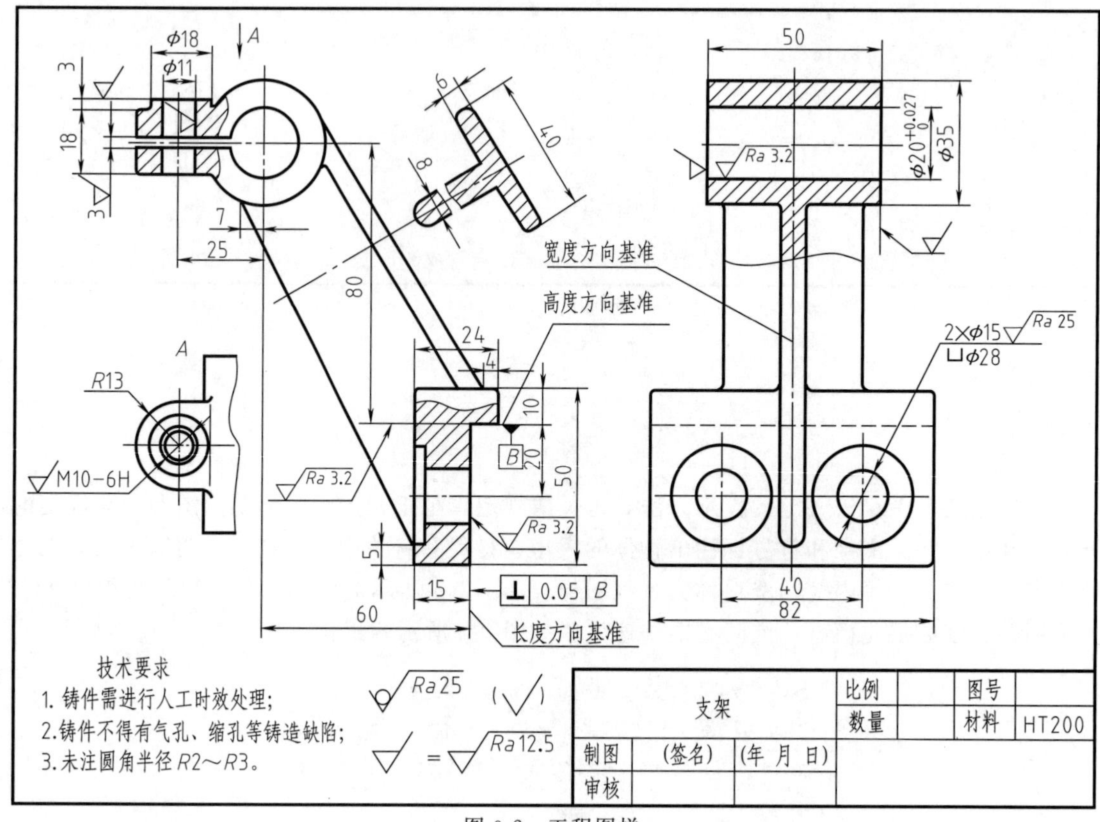

图 0-2 工程图样

绘图工具及掌握绘图基本技能；

② 通过学习正投影法和特征面扫掠建模，形成基本体视图识读与绘制的科学解题方法；

③ 通过学习组合体、图样画法等知识，达到具有看懂和绘制一般复杂形体视图的能力；

④ 通过学习零件图和装配图等知识，达到具有绘制和看懂机械工程图样的基本能力；

⑤ 通过学习 CAD 的基础内容，初步具有应用 CAD 软件进行三维建模与二维工程图的绘制与编辑能力；

⑥ 培养严格按制图标准绘制工程图的学习态度，养成严谨细致的工作作风。

二、本课程的学习要领与学习态度

① 本课程是一门既注重理论又强调实践的技术基础课。要准确理解投影原理，掌握空间点、线、面在图纸上的表示规则，就必须通过“物到图”的感官认知加以证实，如手上的铅笔、三角板等可看成是直线、平面，把它们投射到地面、黑板面等投影面得到的图形以及图形间的位置配置关系，再从“图到物”反复感知，才能逐步形成多方向看投影图的空间思维习惯。

② 在学习过程中，要特别注重对亲眼所见实物（如基本体、组合体、零件实物等）的细心观察以及对轮廓线的提取训练，培养表达实际形体和“看图生型”（指看图立即想到基本体原型）的能力。

③ 产品的制造在满足功能要求的前提下，总是朝着降低成本、提高制作效率的方向考虑，因此我们看到产品内部的零件形状多数以柱体的组合形式呈现，仅少量为锥体、球体等

结构，而三维建模中的特征面扫掠构形，清楚地展示了立体形状的空间思维过程，如果我们能紧紧抓住特征面的形状与位置，还有它走过的轨迹形成的轮廓，我们就能轻松建立起对基本体图形进行空间想象的科学思维习惯，跨过工程图样中读不懂视图的这道门槛。

④ 鉴于图样在生产中起着很重要的作用，要求所绘图样不能有误，读图时也不能看错，否则会给生产造成严重损失。这就要求我们在学习本课程时，必须以一丝不苟、严谨细致的态度完成作业，并严格遵守国家标准《技术制图》《机械制图》等有关规定。

⑤“全国大学生先进成图技术与产品信息建模创新大赛”的主要内容是零件表达方案的制订及零件图绘制，看懂零件图然后应用CAD设计软件熟练完成零件三维建模、组装成装配体，并生成装配图、修改为符合制图国家标准的工程图样。它体现了传统制图知识是产品设计的基础，先进的CAD技术是辅助设计工具，二者关系体现了企业对所需人才的“知识与技能”要求，二者均不可偏废。本书第六章中“图样画法应用举例”，用实例详细解读了制订机件表达方案的四个要点，从这里进入了专业制图的简洁表达，尽量少用细虚线，竭尽所能选用图样画法中最合适的表示法绘制。大家若能跨过这道门槛，则表明已具备了工程设计的图形表达能力，再通过后续课程的学习，一定能成为一名合格的工程设计者。

制图基础知识与技能

学习提示

工程图样是工程技术人员表达设计思想、进行技术交流的“语言”，因此图样的绘制必须遵循统一的制图标准。比如绘制一条直线，制图标准制定了不同线型以及粗细宽度，各自代表特有的含义，这就要求我们绘制图线时，要清楚每种线型的画法和表达的含义，不可无线型之分、粗细之别。

本章主要介绍国家标准《技术制图》与《机械制图》中的基本规定，尺规绘图工具的使用方法，绘图基本技能及平面图形绘制等。

第一节 基本规定

我国在1959年首次颁布了国家标准《机械制图》，对图样作了统一的技术规定；为适应生产技术的发展和国际间的经济贸易往来和技术交流，我国的国家标准经过多次修改和补充，已基本上等同或等效于国际标准。在执行国家标准时，要特别注意使用标准的现行有效版本。

国家标准简称国标，其代号为GB。例如GB/T 14689—2008，其中“T”为推荐性标准，“14689”是标准顺序号，“2008”是标准颁布的年代号。

本节仅介绍《技术制图》与《机械制图》中的部分标准，其余的将在后续章节中适量介绍。

一、图纸幅面和格式（GB/T 14689—2008）

1. 图纸幅面

绘制图样时应优先采用表1-1中规定的基本幅面，共有5种，其代号为A0、A1、A2、A3、A4。必要时可按规定加长幅面，即加长量是沿基本幅面的短边整数倍加长，如3倍A3的幅面，其代号为A3×3。

2. 图框格式

图样无论是否装订，都必须用粗实线画出图框，其格式分为不留装订边和留有装订边两种，如图 1-1、图 1-2 所示。图框距图幅边线的尺寸按表 1-1 中的 a、c 或 e 取值。注意，同一产品的图样一般要采用同一种格式。

表 1-1　图纸基本幅面及图框尺寸　　单位：mm

幅面代号	A0	A1	A2	A3	A4
$L \times B$	1 189×841	841×594	594×420	420×297	297×210
e	20		10		
c	10			5	
a	25				

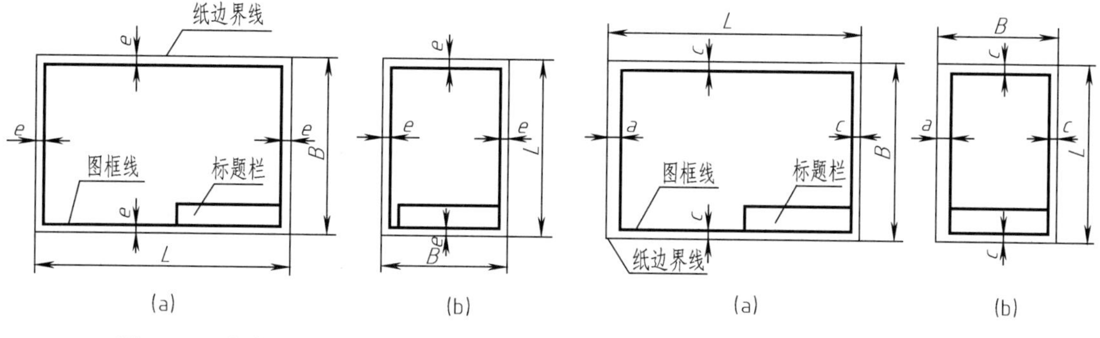

图 1-1　不留装订边的图框格式　　　图 1-2　留有装订边的图框格式

3. 标题栏

每张图样中均应有标题栏，用来填写图样上的综合信息。国家标准 GB/T 10609.1—2008 规定了标题栏格式、内容及尺寸，如图 1-3 所示。栏中阶段标记根据 JB/T 5054.3—2000 规定了三种记号：S 为样机试制图样标记，A 为小批试制图样标记，B 为正式生产图样标记。学生在制图作业中也可采用图 1-4 中的简单格式。

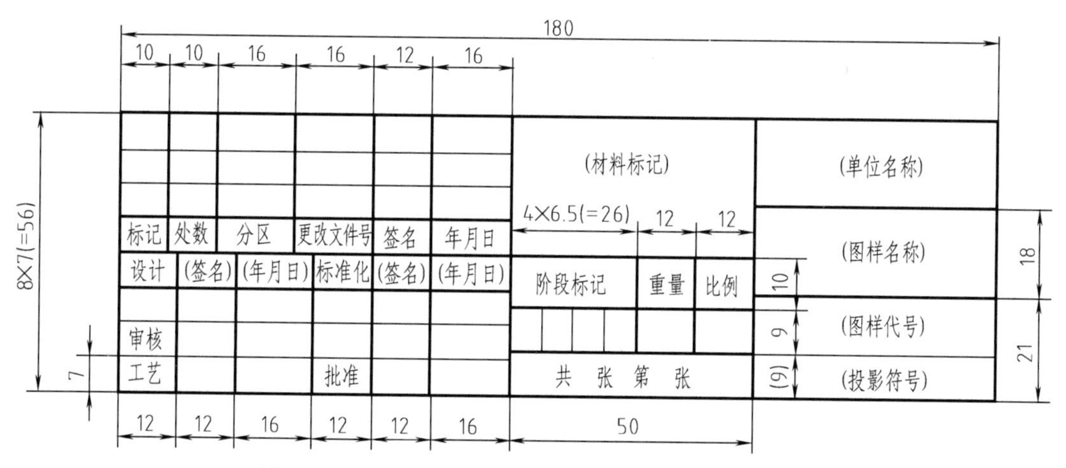

图 1-3　国家标准标题栏格式（GB/T 10609.1—2008）

图幅长边置水平方向者称为 X 型图纸，置垂直方向者为 Y 型图纸。一般 A4 图纸采用 Y 型，其余图纸采用 X 型。标题栏的位置应在图框的右下角，标题栏的长边置于水平方向，其右边和底边均与图框线重合，看图方向与看标题栏方向一致。若看标题栏方向与看图方向不一致，则要在图框底边的对中符号处注出看图方向符号（图 1-5）。

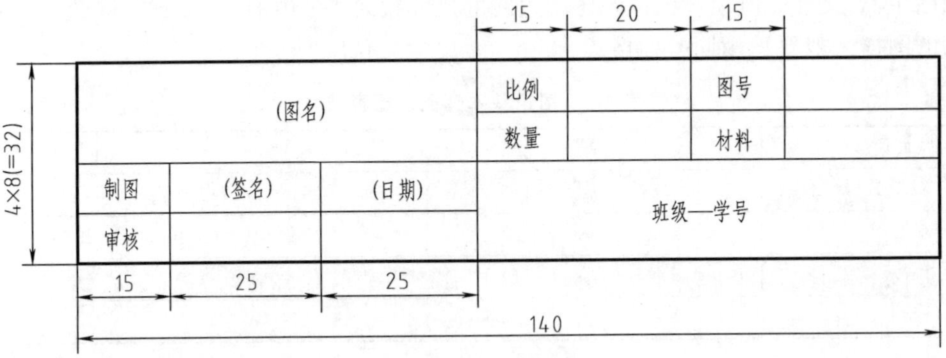

15
20
15
4×8(=32)
(图名)
比例
图号
数量
材料
制图
(签名)
(日期)
审核
班级—学号
15
25
25
140

图 1-4 学生作业标题栏格式

1 2 3 4
A B C D E F
标题栏
标题栏
标题栏
3
6

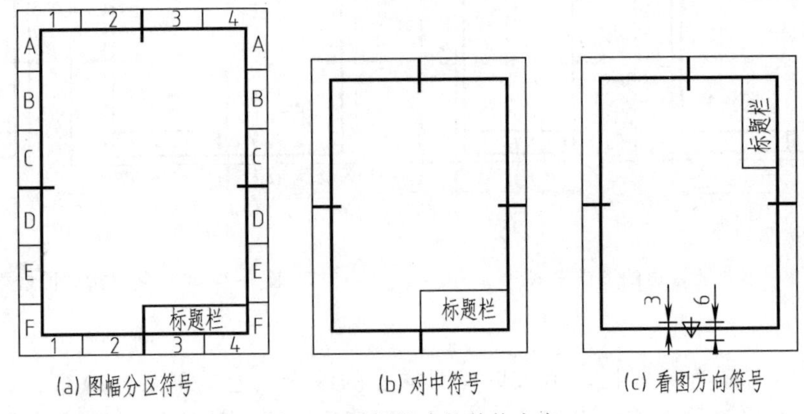

(a) 图幅分区符号　(b) 对中符号　(c) 看图方向符号

图 1-5 图框格式的其他内容

二、字体（GB/T 14691—1993）

在国家标准《技术制图》“字体”中，规定了汉字、字母和数字的结构形式。

图样中的字体书写必须做到字体工整、笔画清楚、间隔均匀、排列整齐，符合 GB/T 14691—1993 的要求。

1. 号数

字体高度代表字体的号数。字体高度（h）的公称尺寸系列为 1.8mm、2.5mm、3.5mm、5mm、7mm、10mm、14mm、20mm 八种。汉字的高度（h）不应小于 3.5mm，其字宽一般为 $h/\sqrt{2}$。若要写更大的字，其字体高度应按尺寸的比率递增。

2. 汉字

应写成长仿宋体字（图 1-6），采用我国正式公布并推行的《汉字简化方案》中规定的简化字。长仿宋体字的书写要领是横平竖直、锋角分明、结构均匀、填满方格。

横平竖直，锋角分明，结构均匀，填满方格。

图 1-6 长仿宋体汉字示例

3. 字母和数字

分 A 型和 B 型，A 型字体的笔画宽度（d）为字高（h）的 1/14，B 型字体的笔画宽度

（d）为字高（h）的1/10。在同一图样上，只允许选用一种型式的字体。数字和字母可写成直体或斜体（与水平线成75°倾角）。用做指数、脚注、极限偏差、分数等的数字及字母，一般采用小一号字体。拉丁字母和阿拉伯数字的书写示例如图1-7、图1-8所示。

A B C D E L a b c d e l

(a) 直体

G J φ R Y Q g j φ r y q

(b) 斜体

图1-7　拉丁字母示例

0 1 2 3 4 5 6 7 8 9

(a) 直体

0 1 2 3 4 5 6 7 8 9

(b) 斜体

图1-8　阿拉伯数字示例

三、线型（GB/T 17450—1998、GB/T 4457.4—2002）

1. 图线的型式及应用

标准规定了15种基本线型，如粗实线、细虚线、细点画线等。所有线型的图线宽度（d）应按图样的类型和尺寸大小在下列数系中选择：0.13mm、0.18mm、0.25mm、0.35mm、0.5mm、0.7mm、1mm、1.4mm、2mm。粗线、中粗线和细线的宽度比例为4∶2∶1，在同一图样中，同类图线的宽度应一致。在机械工程图样中采用《机械制图图样画法图线》（GB/T 4457.4—2002）规定的2∶1两种线型宽度，粗线宽度优先取d=0.5mm或d=0.7mm。表1-2为机械图样中常用的8种线型名称、线型及主要用途（对照图1-9）。

表1-2　图线及应用举例

代码 No.	线型名称	宽度	线　型	图线主要应用举例
01.2	粗实线	d		① 可见轮廓线 ② 视图上的铸件分型线 ③ 剖切线
02.1	细虚线	$d/2$		不可见轮廓线
04.1	细点画线	$d/2$		① 轴线、对称中心线 ② 轨迹线 ③ 分度圆、分度线、剖切线
01.1	细实线	$d/2$		① 尺寸线和尺寸界线 ② 剖面线 ③ 重合断面的轮廓线 ④ 投射线、作图线
01.1	波浪线	$d/2$		① 断裂处的边界线 ② 视图与剖视的分界线
01.1	双折线	$d/2$		断裂处的边界线
05.1	细双点画线	$d/2$		① 相邻零件的轮廓线 ② 移动件的限位线 ③ 先期成型的初始轮廓线 ④ 剖切平面之前的零件结构状况
04.2	粗点画线	d		限定范围的表示，如热处理

注：表中图线的应用，列举的只是常见例。作业时，粗线宽取d=0.5mm，细线宽取0.5d=0.25mm；虚线短画取12d=6mm，间距约3d=1.5mm；点画线长画取24d=12mm，点长≤0.5d=0.25mm，间距约3d=1.5mm。

2. 图线画法（图 1-9）

① 同一图样中，同一线型的图线宽度应一致。细虚线、细点画线及细双点画线各自的画长和间隔应尽量一致。

② 细点画线、细双点画线的首尾应为长画，不应画成短画，且应超出轮廓线2～4mm。

③ 点画线、双点画线中的点是≤0.5d的短画。

④ 在较小的图形上绘制细点画线或细双点画线有困难时，可用细实线代替。

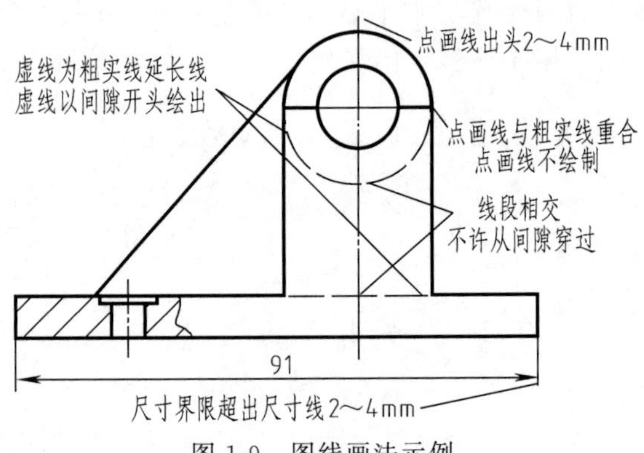

图 1-9　图线画法示例

⑤ 细虚线、细点画线、细双点画线相交时，应是线段相交。

⑥ 当各种线型重合时，应按粗实线、细虚线、细点画线的顺序只画出最前的一种图线。

⑦ 当细虚线为粗实线的延长线时，细虚线以间隙开头画线；当细虚线不是粗实线的延长线时应以短画开头画线。

四、比例（GB/T 14690—1993）

比例是图中图形与其实物相应要素的线性尺寸之比。

绘图时应尽量采用 1∶1 的原值比例，以便从图样上直接估计出物体的大小。绘制图样时，应优先选取表 1-3 中所规定的比例数值，必要时才允许选用带括号的比例。

表 1-3　规定的比例系列

与实物相同	1∶1
缩小比例	(1∶1.5)　1∶2　(1∶2.5)　(1∶3)　(1∶4)　1∶5　(1∶6)　1∶10^n　(1∶1.5^n) 1∶2×10^n　(1∶2.5×10^n)　(1∶3×10^n)　(1∶4×10^n)　1∶5×10^n　(1∶6×10^n)
放大比例	2∶1　(2.5∶1)　(4∶1)　5∶1　10^n∶1　2×10^n∶1　(2.5×10^n∶1)　(4×10^n∶1)　5×10^n∶1

注：n 为正整数。

图样放大或缩小，在标注尺寸时，都应按物体的实际尺寸标注数值。同一张图样上的各视图应采用相同比例，该比例值填写在标题栏中比例栏内。当某视图需要采用不同的比例时，可在该视图名称的下方或右侧注写出比例值。图框及标题栏尺寸不随比例不同改变。

五、尺寸标注（GB/T 16675.2—2012、GB/T 4458.4—2003)

在图样中，除需表达形体的结构形状外，还需标注尺寸，以确定形体的大小。因此，尺寸也是图样的重要组成部分；尺寸标注是否正确、合理，会直接影响图样的质量。

1. 基本规则

① 机件的真实大小应以图样上所注的尺寸数值为依据，与图形的大小及绘图的准确程度无关。

② 图样中的尺寸以毫米为单位时，不需标注计量单位代号“mm”或名称“毫米”，如采用其他计量单位，则必须注明相应的计量单位代号或名称，如 45°（或 45 度）、5m 等。

③ 机件的每个尺寸，一般只在反映该结构最清晰的图形上标注一次。

④ 图样中所标注的尺寸，为该图样所示机件的最后完工尺寸，否则应另加说明。

2. 尺寸组成

如图 1-10 所示，一个完整的尺寸由尺寸界线、尺寸线及终端（箭头或斜线）和尺寸数字及符号三个基本要素组成。

（1）尺寸界线

尺寸界线表示所注尺寸的范围，一般用细实线绘制，并应从图形的轮廓线、轴线或对称中心线处引出，也可利用轮廓线、轴线或对称中心线作尺寸界线；尺寸界线一般应与尺寸线垂直，并超出尺寸线的终端约 2～4mm，如图 1-10 所示。如果尺寸界线与轮廓线几乎重合但又没重合，则会影响轮廓线的清晰，此时尺寸界线允许倾斜作出，如图 1-11 所示。

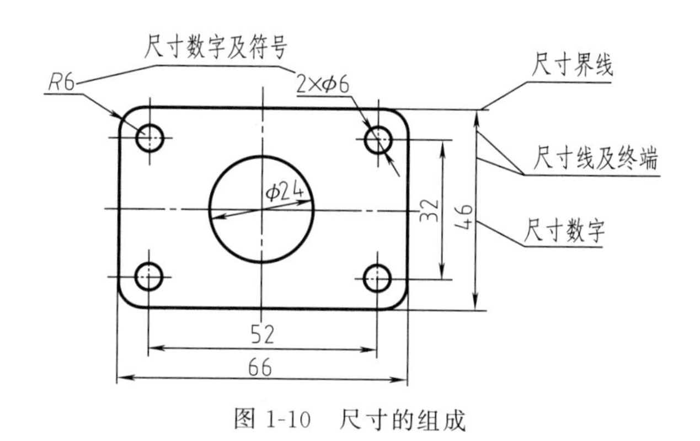

图 1-10　尺寸的组成

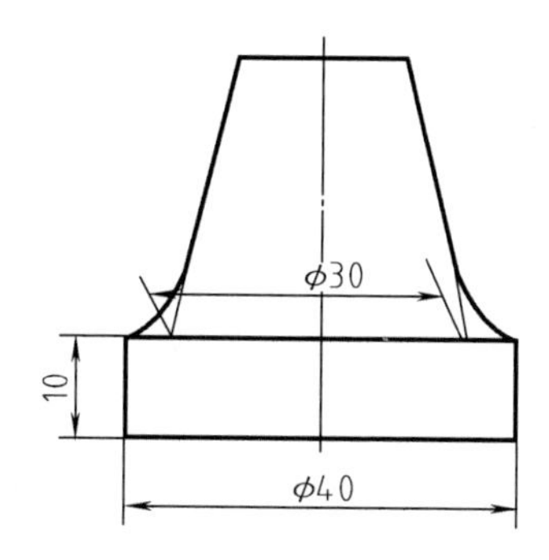

图 1-11　倾斜引出的尺寸界线

（2）尺寸线及终端

尺寸线表示度量尺寸的方向，用细实线绘制，一般不得与其他图线重合或画在其延长线上。线性尺寸的尺寸线必须与所标注的线段平行且间隔 5～7mm，当有几条互相平行的尺寸线时，大尺寸要标注在小尺寸外面且间隔 5～7mm。在圆或圆弧上标注直径或半径尺寸时，尺寸线一般应通过圆心或延长线通过圆心，也可采用其他形式，如图 1-10 和图 1-11 所示。

尺寸线的终端表示尺寸的起止，其结构有箭头和斜线两种形式。箭头形式适用于各种类型的图样，在机械图样中主要采用这种形式；斜线形式主要用于建筑图样，斜线用细实线绘制，采用斜线形式时，尺寸线与尺寸界线一般应互相垂直，且斜线方向为尺寸线位置逆转 45°的方向，如图 1-12 所示。

（3）尺寸数字及符号

同一图样中的尺寸数字大小、倾斜程度应保持一致，尺寸数字不能被任何图线所穿过，无法避免时应将图线断开，如图 1-13 所示

符号用来表示尺寸的类型，如“*Φ*”表示直径，“*R*”表示半径。

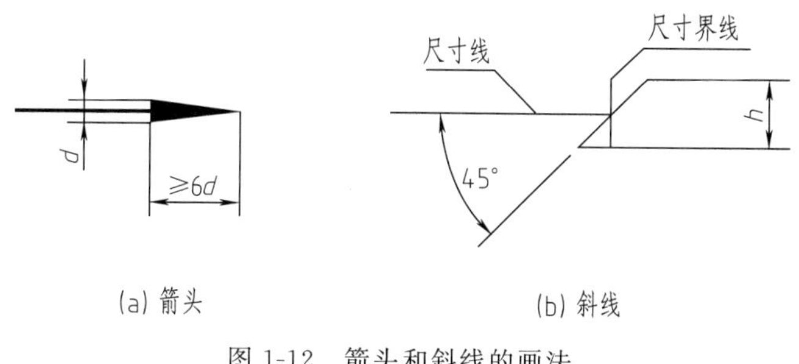

图 1-12　箭头和斜线的画法

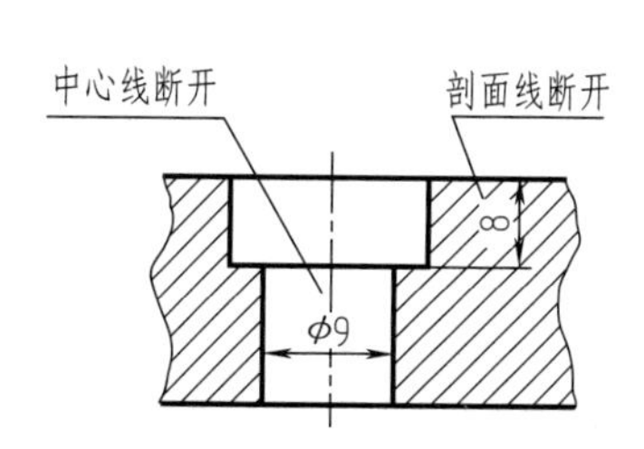

图 1-13　尺寸数字及符号

3. 常见尺寸的标注方法（表 1-4）

表 1-4　常见尺寸的标注方法

内容	说　明	图　例
线性尺寸标注法	线性尺寸的数字一般应垂直尺寸线，且水平方向字头朝上；垂直方向字头朝左；倾斜方向字头有向上的趋势，如图(a)所示，并尽可能避免在图示30°范围内标注尺寸，当无法避免时，可按图(b)所示形式标注	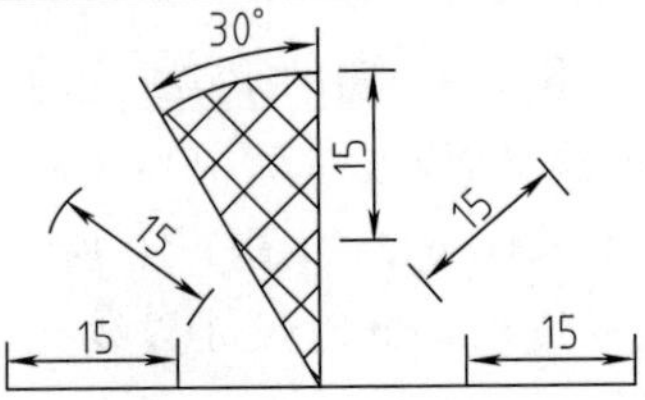 30°　15　15　15　15　15　16　16　(a) 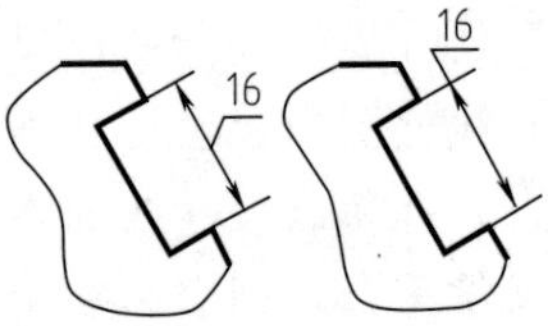　(b)
圆、圆弧及球面	整圆或大于半圆的圆弧一般标注直径尺寸，并在数值前加“ϕ”，尺寸线通过圆心，尺寸线终端画成箭头	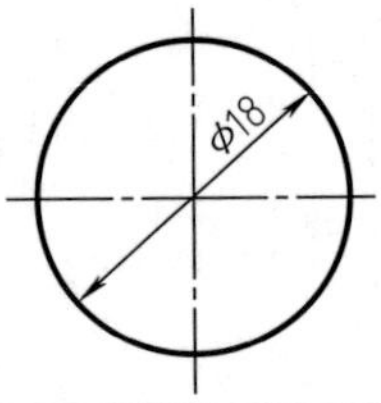 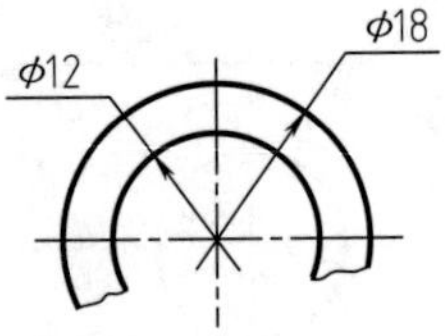 Φ18　Φ12　Φ18
	小于或等于半圆的圆弧标注半径，并在半径尺寸数字前加注“R”，半径尺寸必须标注在投影为圆弧的图形上，且尺寸线应过圆心，尺寸线终端画成箭头	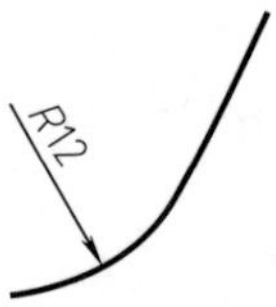 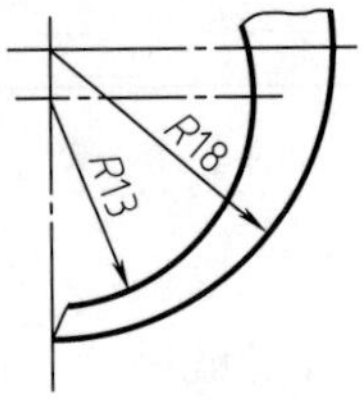 R12　R18　R13
	当圆弧的半径过大或在图纸范围内无法标注出其圆心位置时，可按图(a)形式标注；若不需要标出其圆心位置时，可按图(b)形式标注，但尺寸线应指向圆心	 R400　R100　(a) 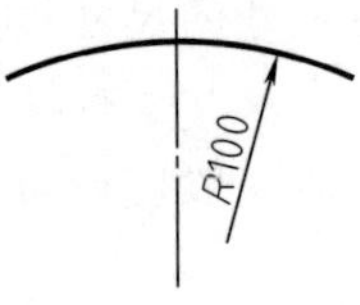　(b)
	若为球面轮廓还需在 ϕ 或 R 前加注“S”符号	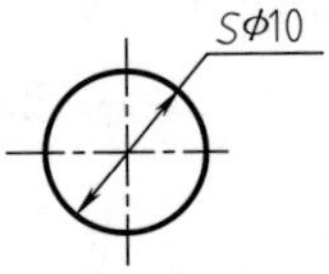 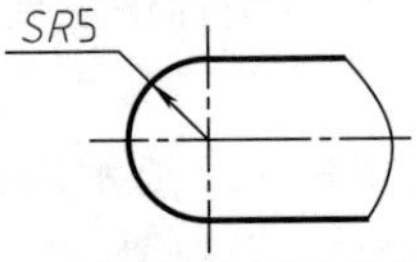 SΦ10　SR5
窄小尺寸	几个小尺寸连续标注时，可以短斜线或黑点取代箭头	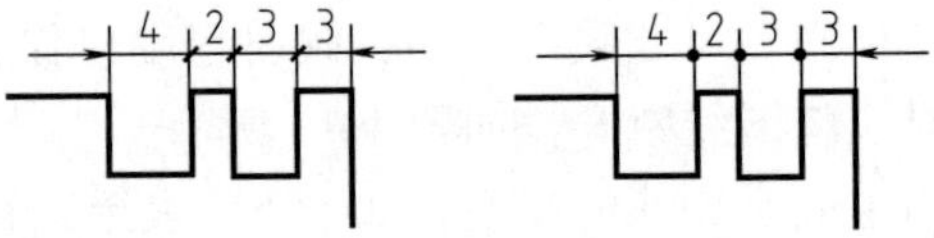 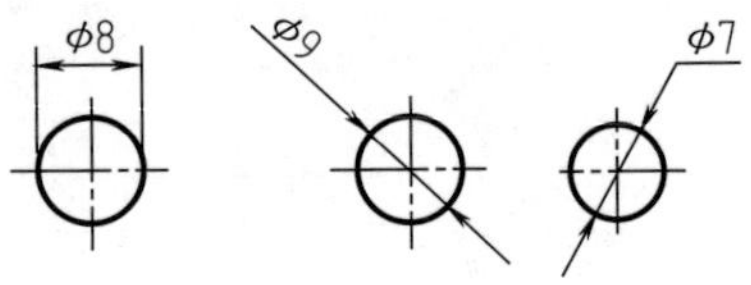 4　2　3　3　4　2　3　3　Φ8　Φ9　Φ7
	在没有足够的位置画箭头或标注尺寸数字时，可将其中之一或都布置在外面	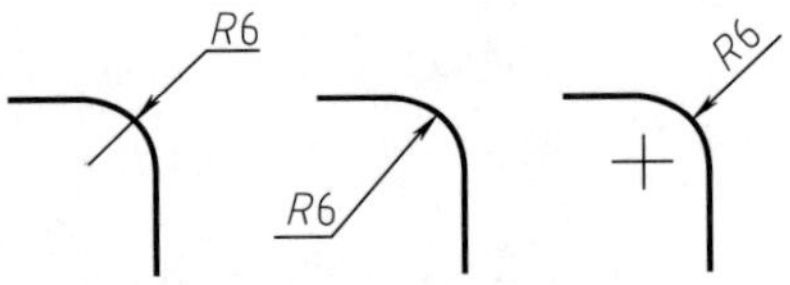 R6　R6　R6

续表

内容	说　明	图　例
角度	角度尺寸的标注，尺寸界线应沿径向引出，尺寸线应画成圆弧，其圆心是该角的顶点 角度数字一律水平注写	90°　60°　25°　5°
弦长和弧长	弦长和弧长的标注，尺寸界线应平行于该弦的垂直平分线 标注弧长时，尺寸线用圆弧，并应在尺寸数字左面加注符号“⌒”	30　⌒32
对称图形	当对称机件的图形只画一半或略大于一半时，尺寸线应略超过对称中心或断裂处的边界线，并在尺寸线一端画出箭头	60　φ15　30　20　4×φ5　R3　40
正方形结构	表示断面为正方形结构尺寸时，可在正方形尺寸数字前加注“□”符号，或用 $a \times a$ 表示	□10　10×10　□14　14×14
均布结构	相同的尺寸的简化标注，其中“×”前的数字为均布尺寸或结构的数量，“EQS”为“均布”的缩写词	10　20　4×20=(80)　100　8×φ3EQS
板状机件	标注板状零件的尺寸时，可在尺寸数字前加注“t”表示均匀厚度板，而不必另画视图表示厚度	t2

续表

内容	说　明	图　例
组合半圆	当需要指明半径尺寸是由其他尺寸所确定时，只用尺寸线和符号“*R*”标出，不标注尺寸数字	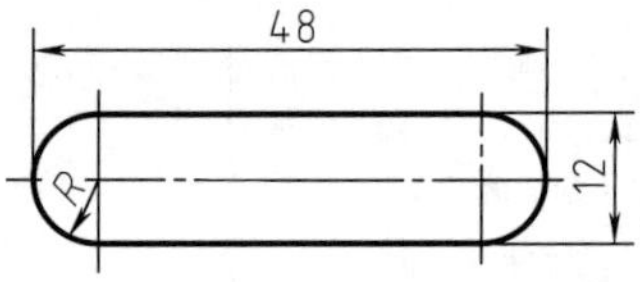 48 12 R
简化注法	标注尺寸时可采用带箭头的指引线 标注尺寸时也可采用不带箭头的指引线	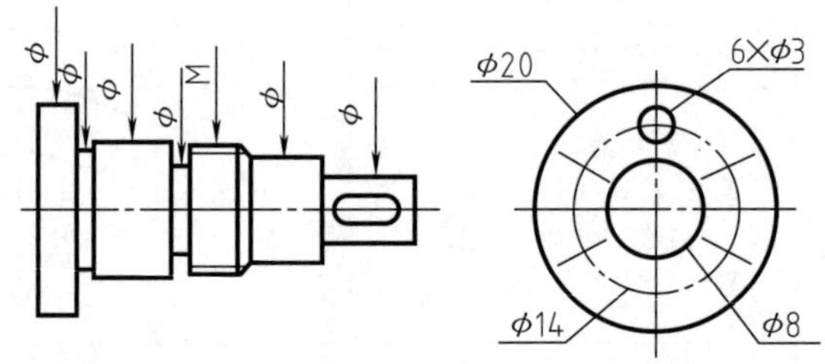 φ　φ　φ　φ　M　φ　φ φ20　6×φ3 φ14　φ8
	一组圆心位于一条直线上的多个不同心圆弧的尺寸可用共用尺寸线箭头依次表示	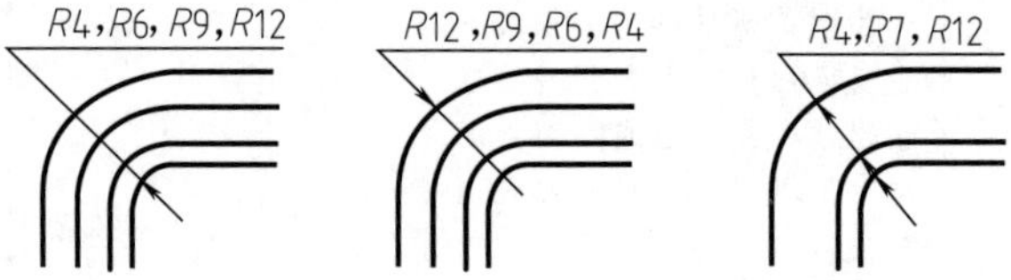 R4,R6,R9,R12　R12,R9,R6,R4　R4,R7,R12
	一组同心圆或尺寸较多的台阶孔的尺寸也可用共用尺寸线和箭头依次表示	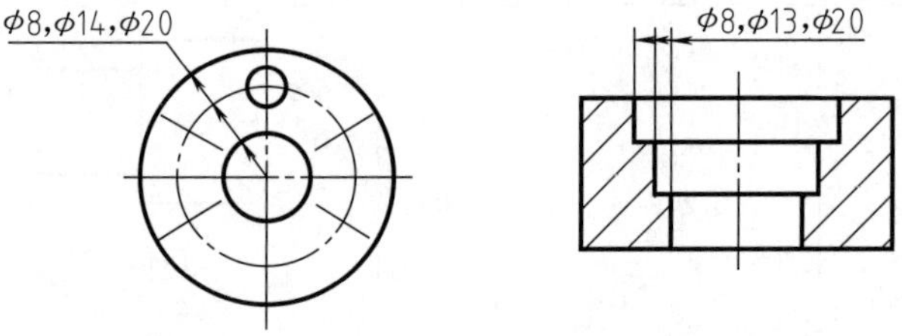 φ8,φ14,φ20　φ8,φ13,φ20
	在同一图形中如有几种尺寸数值相近而又重复的要素（如孔等）时，可采用标记（如涂色等）或用标注字母的方法来区别	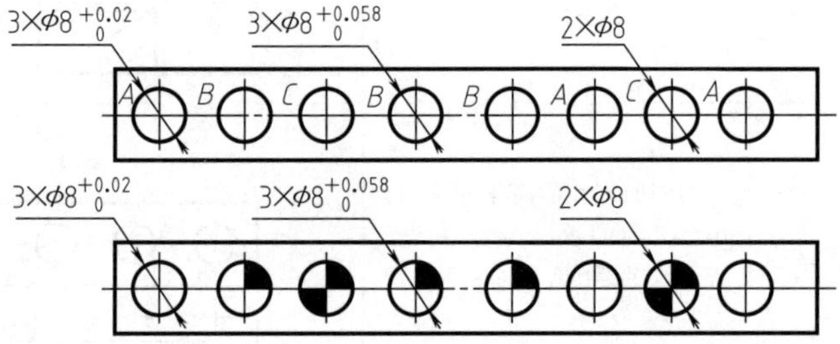 $3\times\phi8^{+0.02}_{0}$　$3\times\phi8^{+0.058}_{0}$　2×φ8 A　B　C　B　B　A　C　A $3\times\phi8^{+0.02}_{0}$　$3\times\phi8^{+0.058}_{0}$　2×φ8

第二节　尺规工具用法

传统绘图工具主要是圆规、分规、三角板、丁字尺、比例尺、曲线板等尺规工具，另需图板、图纸、橡皮擦、铅笔、小刀、胶带纸等。现代绘图工具是计算机、绘图仪、打印机等。

在学习的入门阶段使用尺规工具绘图是最经济、最方便的，同时，工程设计的构思阶段、测绘阶段常常采用尺规工具绘制。因此，要求在学习阶段就必须做到所绘图线表达无误，并严格遵守国家标准图线画法的规定。

要保证尺规作图所画线型达到国标要求，首先所用铅笔、圆规笔芯的型号、形状及尺寸要符合要求。铅笔采用专用于绘图的铅笔（如中华绘图铅笔），画细线的铅笔用 HB 或 H 型号，画粗实线的铅笔用 2B 或 B 型号，画粗实线的圆规用铅芯采用 3B 或 2B 型号。铅笔的笔芯头形状和尺寸如图 1-14 所示。圆规用铅芯头部削成矩形或铲形。

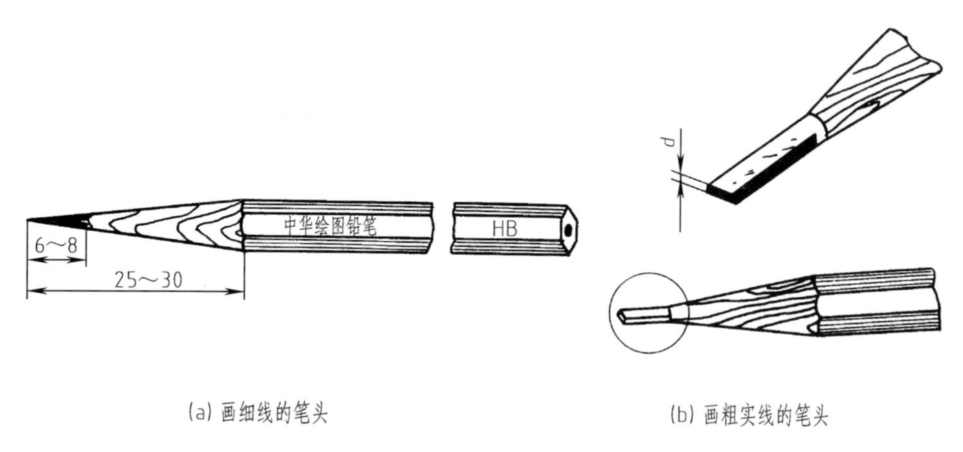

图 1-14　铅笔的笔芯形状和尺寸

三角板、图板、丁字尺、圆规、分规用法如图 1-15～图 1-17 所示。

比例尺用于直接量取不同比例的尺寸，它的三个棱面上有常用的六种比例，可按刻度上的比例直接获得换算后的尺寸（不需计算换算尺寸值），如图 1-18 所示。

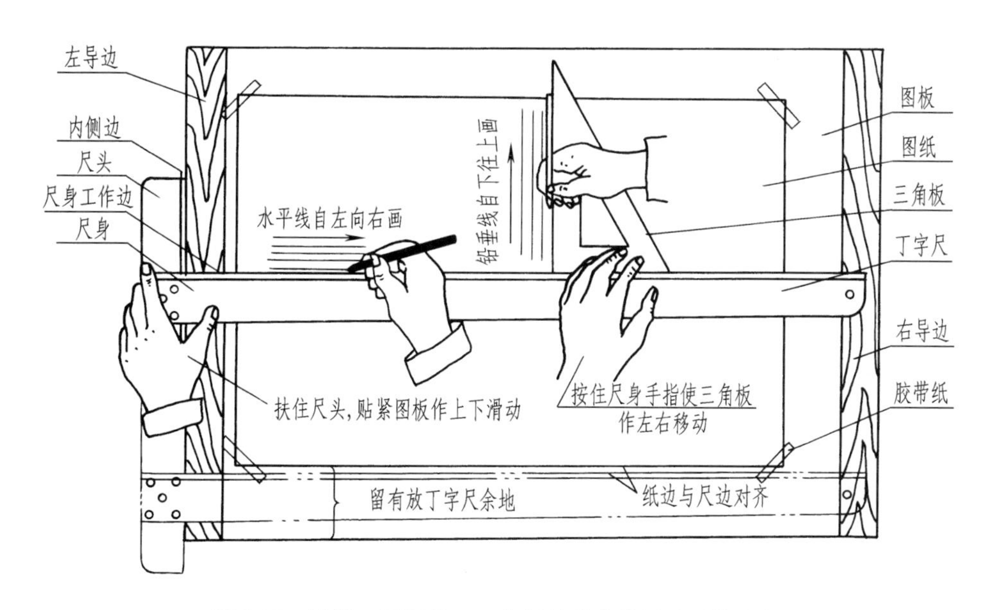

图 1-15　图板、丁字尺、三角板的配合使用及画线方向

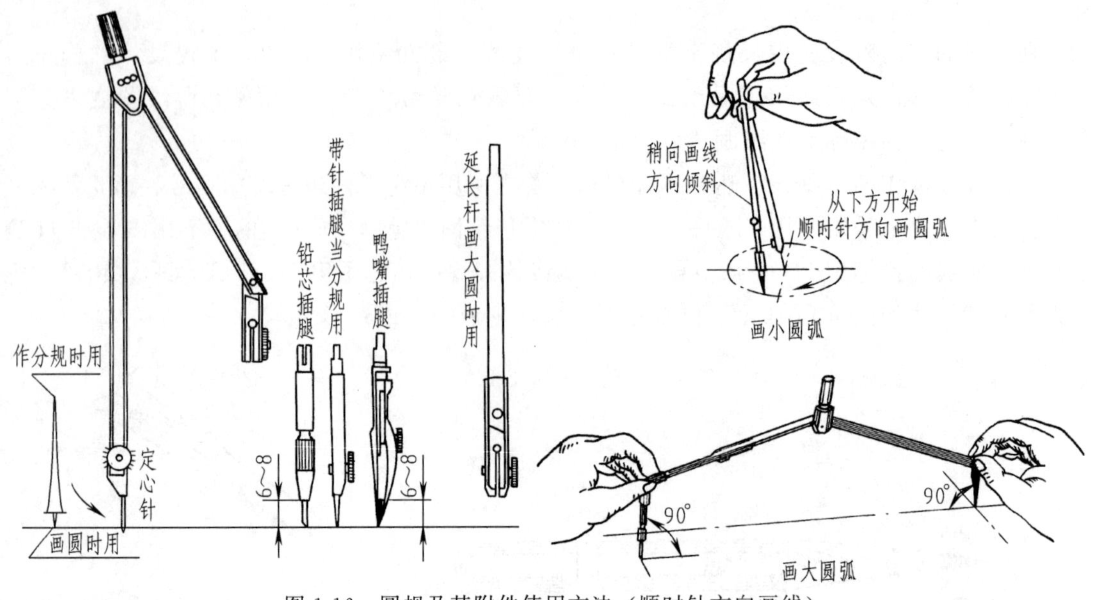

图 1-16 圆规及其附件使用方法（顺时针方向画线）

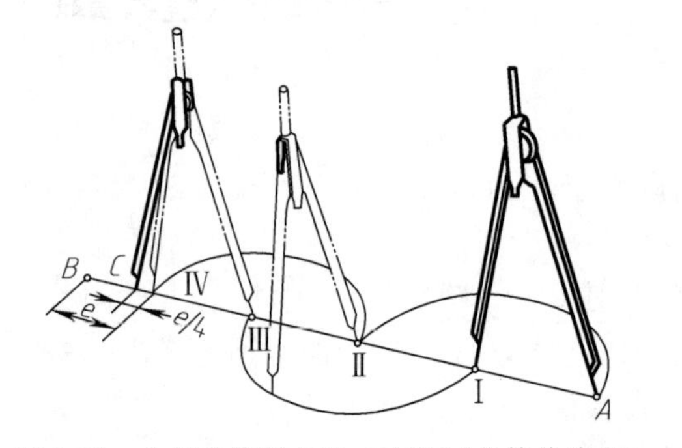

图 1-17 分规的使用方法（多次试分等分线段）

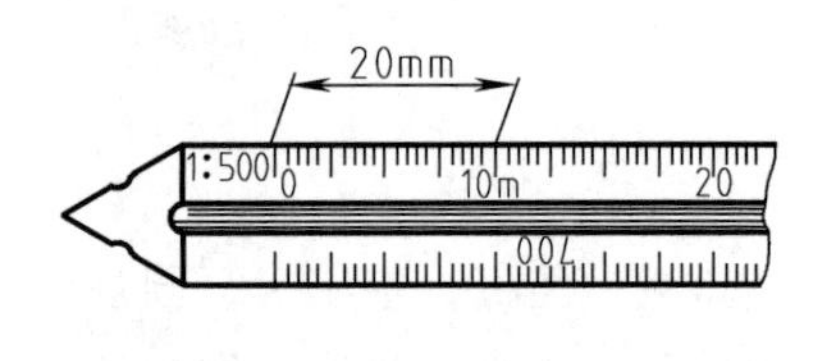

图 1-18 比例尺

第三节 平面图形画法

一、等分线段

等分线段及作已知直线的平行线和垂直线，见表 1-5。

表 1-5 等分线段及作已知直线的平行线和垂直线

内　　容	方法和步骤	图　　示
等分线段 AB （以五等分为例）	① 过点 A 任作一直线 AC，用分规以任意长度为单位长度，在 AC 上截得 1、2、3、4、5 各个等分点 ② 连 $5B$，过点 1、2、3、4 分别作 $5B$ 的平行线，与 AB 交于 $1'$、$2'$、$3'$、$4'$，即得各等分点	上方　　下方

续表

内　　容	方法和步骤	图　　示
过定点 K 作直线 AB 的平行线	先使三角板的一边过 AB，以另一个三角板的一边作导边，移动三角板，使一边过点 K，即可过点 K 作 AB 的平行线	先使三角板的一边过AB 再移动三角板使一边过点K，即可作平行线
过定点 K 作已知直线 AB 的垂线	先使三角板的斜边过 AB，以另一个三角板的一边作导边，将三角板翻转 90°，使斜边过点 K，即可过点 K 作 AB 的垂线	先使三角板的斜边过AB 再将三角板翻转90°使斜边过点K，即可作垂线

二、等分圆周

等分圆周，可利用三角板、丁字尺、圆规等绘图工具，见表 1-6。当正多边形边数较多或利用尺规等分不方便时，可通过计算弦长 a_n 的方法进行圆周任意等分，见表 1-7。

三、常见平面曲线的性质和画法

常见平面曲线的性质和画法见表 1-8。

表 1-6　等分圆周和作正多边形

等　分	方法和步骤	图　　示
三等分圆周和作正三边形	先使 30°三角板的一直角边过直径 AB，用 45°三角板的一边作导边。然后移动 30°三角板，使其斜边过点 A，画直线交圆于 1 点，将 30°三角板反转 180°，过点 A 用斜边画直线，交圆于 2 点，连接 1、2，则△A12 即为圆内接正三边形	

续表

等　分	方法和步骤	图　示
六等分圆周和作正六边形	圆规等分法 以已知圆的直径的两端点 A、B 为圆心，以已知圆的半径 R 为半径画弧与圆周相交，即得等分点，依次连接，即得圆内接正六边形	
	30°或 60°三角板与丁字尺(或 45°三角板的一边)相配合作内接或外接圆的正六边形	
四等分圆周和作正四边形	用 45°三角板与丁字尺(或 60°三角板的一边)相配合，使斜边过圆心，即可得圆内接正四边形	
八等分圆周和作圆内接正八边形	使 45°三角板的斜边过圆心，斜边与圆交于 1、5 点，以另一块三角板的一边作导边，将 45°三角板反转 180°，使斜边过圆心与圆交于 3、7 点，移动 45°三角板，使直角边过圆心，交圆于 2、6 点，再移动 45°三角板，沿另一直角边导动，使直角边与圆相切，得 4、8 点，连接各点即得正八边形	
五等分圆周和作圆内接正五边形	平分半径 OB 得点 O_1，以 O_1 为圆心，O_1D 为半径画弧，交 OA 于 E，以 DE 为弦在圆周上依次截取即得圆内接正五边形	

表 1-7　等分圆周表

等分数 n	等分系数 K	等分数 n	等分系数 K	等分数 n	等分系数 K	等分数 n	等分系数 K
3	0.866 0	8	0.382 7	13	0.239 4	18	0.173 7
4	0.707 1	9	0.3 420	14	0.222 4	19	0.164 5
5	0.587 8	10	0.309 0	15	0.207 9	20	0.156 4
6	0.500 0	11	0.281 8	16	0.195 1	21	0.149 0
7	0.433 9	12	0.258 8	17	0.183 7	22	0.142 3

注：计算公式为

$$a_n = KD$$

式中　a_n ——正 n 边形的边长；

D ——正 n 边形外接圆直径；

K ——等分系数，$K=\sin\dfrac{180°}{n}$。

表 1-8　常见平面曲线的性质和画法

名称	性　质	画　　法	图　　示
椭圆	一动点到两定点(焦点)的距离之和为一常数(等于长轴),该动点的运动轨迹为椭圆	同心圆法(精确法) 分别以长轴 AB 和短轴 CD 为直径画同心圆,过圆心作一系列放射线交两圆得一系列点;过放射线与大圆的交点作平行于短轴 CD 的直线,过放射线与小圆的交点作平行长轴 AB 的直线,两组相应直线的交点即为椭圆上的点,依次光滑连接,即得椭圆	
		四心扁圆法(近似法) 作出椭圆的长轴 AB 和短轴 CD,连 AC,取 $CM=OA-OC$;作 AM 的中垂线,使之与长、短轴分别交于 O_1、O_3 两点;作与 O_1、O_3 的对称点 O_2、O_4,连 O_1O_3、O_1O_4、O_2O_3、O_2O_4,分别以 O_1、O_2 为圆心,$R_1=O_1C$(或 O_2D)为半径,画弧交 O_1O_3、O_2O_4、O_1O_4、O_2O_3 的延长线于 G、H、E、F,再分别以 O_3、O_4 为圆心,$R_2=O_3A$(或 O_4B)为半径,画弧与前所画圆弧连接即得扁圆	
圆的渐开线	一直线沿一圆周作无滑动的滚动,线上任意一点(如端点)所形成的轨迹为圆的渐开线	将圆周分成若干等分,得 1、2、3、…、n 等分点,过这些等分点按同方向作圆的切线;在第一条切线上量取圆周长度的 $\frac{1}{n}$、在第二条切线上量取圆周长度的 $\frac{2}{n}$,依次类推;将所得各切线的端点 Ⅰ、Ⅱ、Ⅲ、…、N,把这些点光滑地连接即得圆的渐开线	

四、斜度和锥度

1. 斜度

斜度是指一直线(或平面)对另一直线(或平面)的倾斜程度。工程上用直角三角形的两直角边的比值来表示,并规定写成 1∶n 的形式,其比值关系与注法如图 1-19 所示。

2. 锥度

锥度是正圆锥的底圆直径与锥高之比,并规定写成 1∶n 的形式,其比值关系与注法如图 1-20 所示。

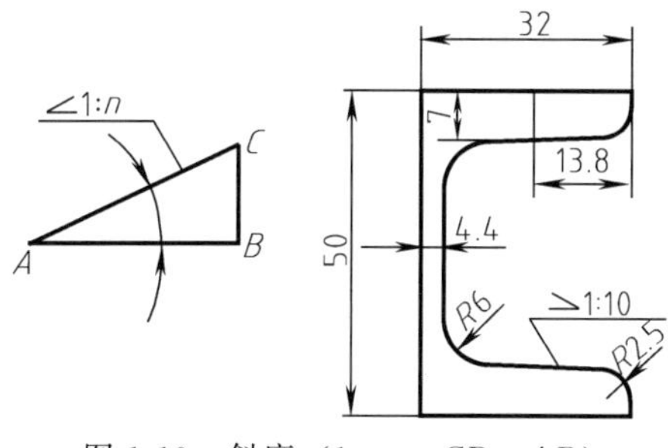

图 1-19　斜度(1∶n=CB∶AB)

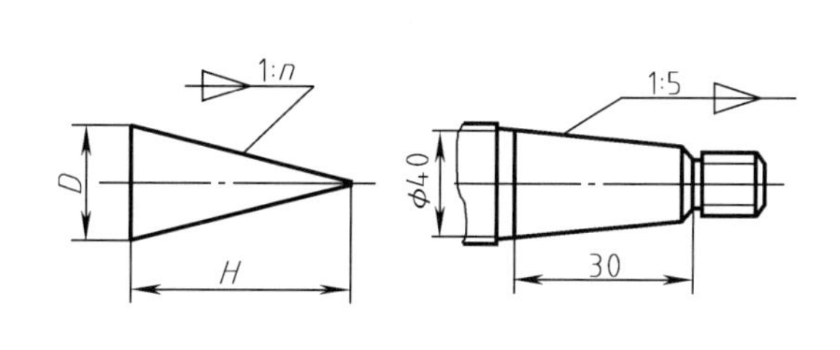

图 1-20　锥度(1∶n=D∶H)

斜度和锥度的标注应注意符号的尖角方向与斜度或锥度方向一致，符号高度等于字高。

五、圆弧连接

圆弧连接就是用圆弧光滑连接已知圆弧或直线，连接处是相切的。这个起连接作用的圆弧称为连接弧。为保证圆弧的光滑连接，作图时必须准确找出连接圆弧的圆心和切点。

注意，连接圆弧圆心的轨迹线总是平行所要连接的已知圆弧，且距离一般为表 1-9 中所述，表 1-9 为求连接圆弧圆心轨迹的原理和尺寸关系，以及找连接点（切点）的方法。

表 1-9　求连接圆弧圆心轨迹的原理及找连接点方法

连接形式	连接弧圆心轨迹		连接点(切点)K
连接弧与已知直线相切	连接弧 连接弧圆心轨迹 R O R 切点 K 已知直线 L	为一直线，与已知直线 L 平行，距离为 R	为从圆心 O 向已知直线 L 所作垂线的垂足 K
连接弧与已知圆弧外切	连接弧　切点 连接弧圆心轨迹 O R K R_1+R R_1 O_1 已知弧	为已知圆弧 O_1 的同心圆，半径为 R_1+R（与已知圆弧平行，距离为 R）	为两圆弧的圆心连线 O_1O 与已知圆弧 O_1 的交点 K
连接弧与已知圆弧内切	连接弧 连接弧圆心轨迹 切点 K O R R_1-R O_1 R_1 已知弧	为已知圆弧 O_1 的同心圆，半径为 $\|R_1-R\|$（与已知圆弧平行，距离为 R 或 $\|R-2R_1\|$）	为两圆弧圆心连线 O_1O 的延长线与已知圆弧 O_1 的交点 K

求连接圆弧圆心轨迹的目的是为了找出连接圆弧的圆心。如图 1-21、图 1-22 所示为作图举例。在画连接圆弧时，一定要先找出连接圆弧圆心点和连接点（要求保留作图过程轨迹

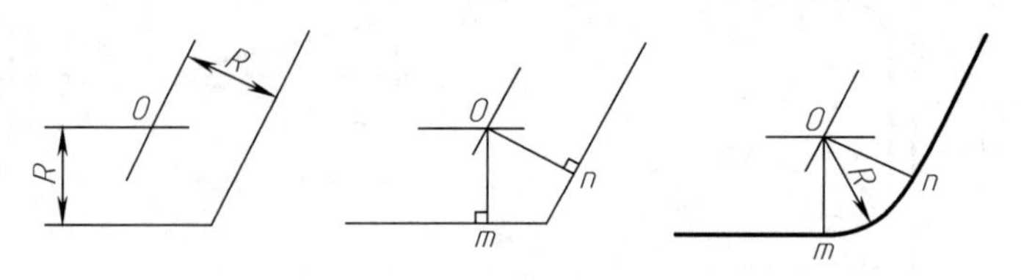

图 1-21　圆弧连接两直线

线），然后只在两连接点间画出粗实线的连接圆弧（不要画出头，也不得少画而没连接上已知线段）。

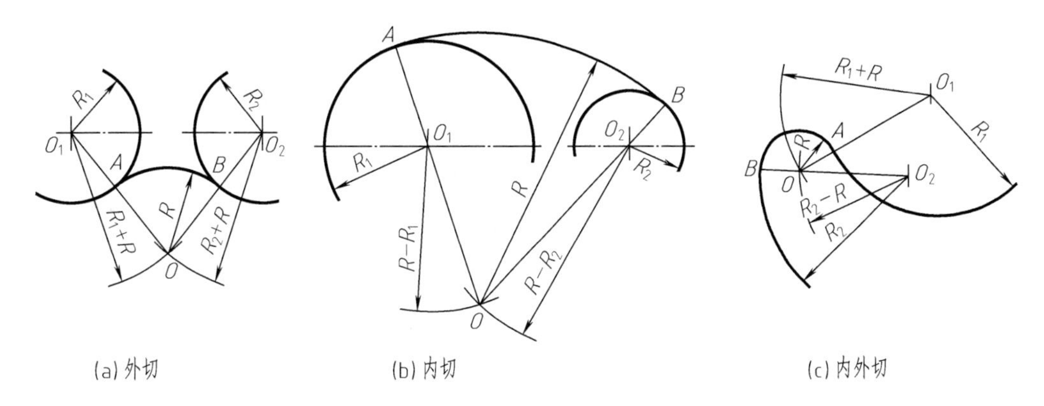

图 1-22　连接圆弧 R 连接已知圆弧的三种情况

六、绘制平面图形及注写尺寸

1. 尺寸和基准线

（1）尺寸的分类

按尺寸的具体作用，平面图形中的尺寸分为定形尺寸和定位尺寸。

① 定形尺寸：确定平面图形中几何图素大小的尺寸。如图 1-23 中未注明“▲”的尺寸。

② 定位尺寸：确定平面图形中几何图素位置的尺寸。如图 1-23 中注明了“▲”的尺寸。

个别尺寸可能具有双重作用，既是定形尺寸又是定位尺寸。如 $\phi15$ 是最上水平轮廓线长度的定形尺寸，是最上左右两侧铅垂轮廓的定位尺寸（各距 Z 轴为 $\phi15/2$ 的尺寸距离）。

（2）基准线

基准线是确定平面图形在水平和铅垂方向的位置线（相当于平面直角坐标 X 轴和 Z 轴，如图 1-23 所示），需首先画出，再从基准线开始，根据定位尺寸和定形尺寸按一定步骤画图。基准线是注写（或测量）定位尺寸的起点，也称为定位尺寸的基准。

2. 作图

（1）作图顺序

作图步骤为先选好基准线并画出，再画已知线段，然后画中间线段，最后画连接线段。

（2）线段分析与画法

以图 1-24 为例进行介绍。

① 已知线段：具有齐全的定形尺寸和定位尺寸的线段称为已知线段。如图 1-24 中的 $R10$ 圆弧（定形尺寸 $R10$，定位尺寸 $X=75-R10$、$Z=0$），$\phi5$ 圆（定形尺寸 $\phi5$，定位尺寸 $X=8$、$Z=0$）等，图 1-25（a）为所画已知线段。

② 中间线段：只给出定形尺寸和一个定位尺寸的线段称为中间线段，其另一个定位尺寸要依靠与相邻已知线段的几何关系求出。如图 1-24 中 $R50$ 上方圆弧，定形尺寸为 $R50$，定位尺寸 $Z=50-\phi30/2$，缺 X 方向的定位尺寸，故需根据 $R50$ 圆弧与其右侧 $R10$ 圆弧内切的几何关系，按圆弧连接画法确定 $R50$ 圆心的位置，如图 1-25（b）所示。下方圆弧画法相同。

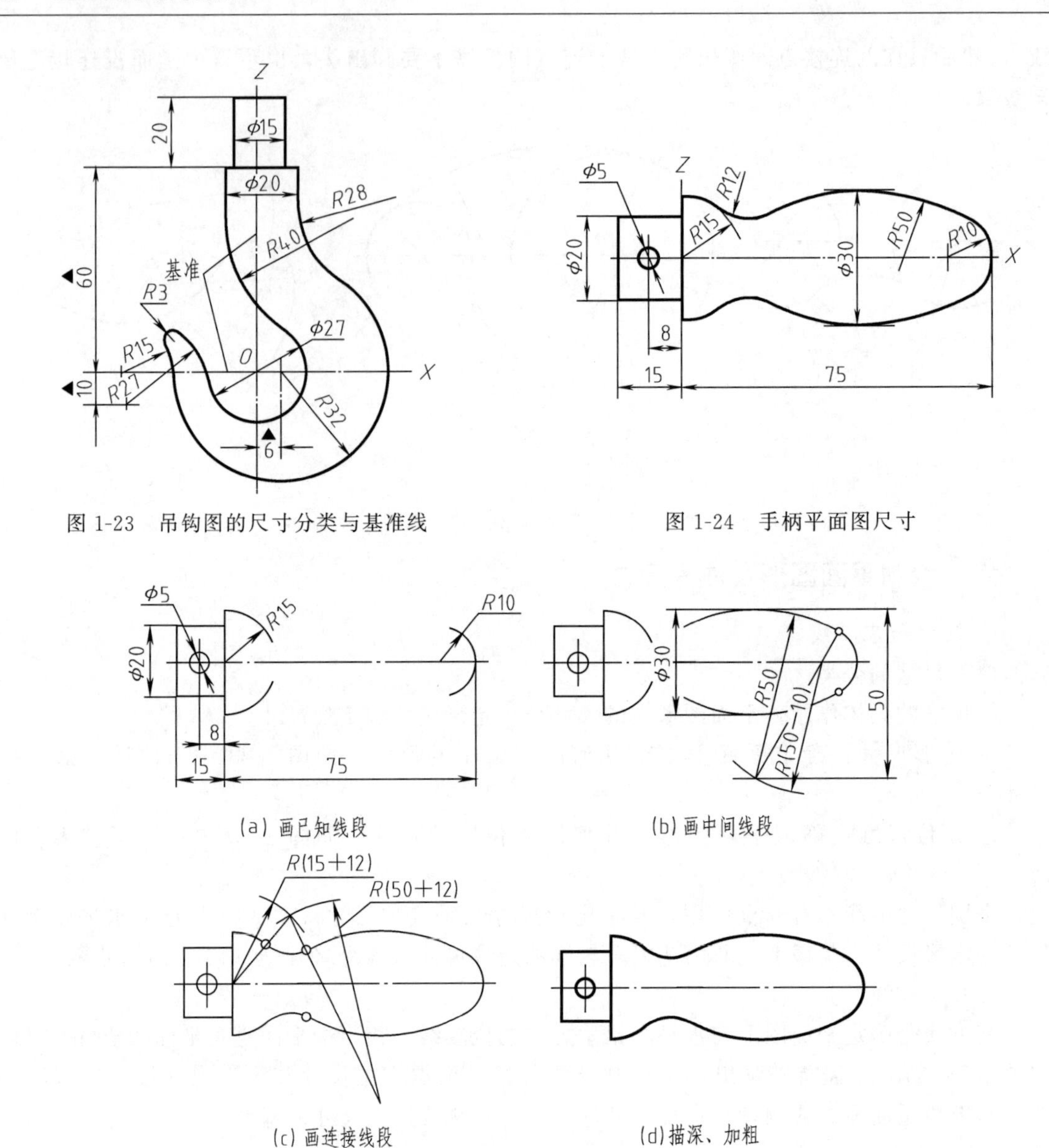

图 1-23　吊钩图的尺寸分类与基准线

图 1-24　手柄平面图尺寸

(a) 画已知线段

(b) 画中间线段

(c) 画连接线段

(d) 描深、加粗

图 1-25　手柄的作图步骤

③ 连接线段：只给出线段的定形尺寸，定位尺寸要依靠其与两端相邻的已知线段的几何关系求出，这类线段称为连接线段。如图 1-24 中 $R12$ 圆弧，它只有定形尺寸 $R12$，无定位尺寸，其圆心位置要依靠该圆弧与左右两侧已画好的圆弧相外切的几何关系、按圆弧连接画法作出。如图 1-25（c）所示，找出 $R12$ 连接圆弧圆心和连接点，再画出圆弧。

注意，作图过程要先完成好底稿，然后加粗、描深（顺序为先曲后直、先水平后垂直），保持图面清洁、无涂改过的粗实线。

3. 尺寸标注

注写平面图形的尺寸，首先要选定图形基准线位置，其次要分析清楚各尺寸所属类型。在注写定位尺寸时，要分析清楚所注写的尺寸是已知线段、连接线段还是中间线段的尺寸，两个方向的定位尺寸完整还是不完整，是直接出现还是以几何关系或间接尺寸体现，这些问题在如图 1-25 所示的作图过程中已讲解清楚。在注写尺寸时要弄清楚这些问题，做到每一图素的定形、定位尺寸该不该注写、怎么注写，心中有数。

尺寸注写要遵守相关的国家标准，参考同类图例，表 1-10 为平面图形尺寸标注示例。

表 1-10　平面图形尺寸标注示例

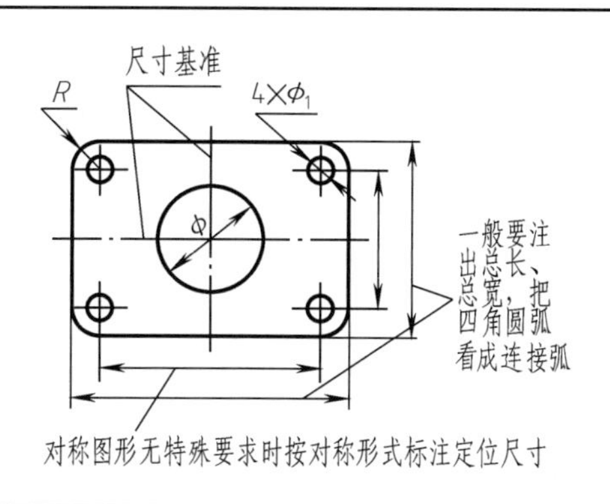

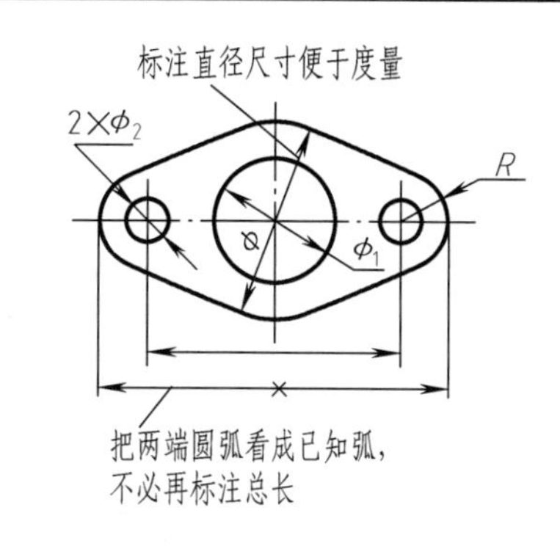

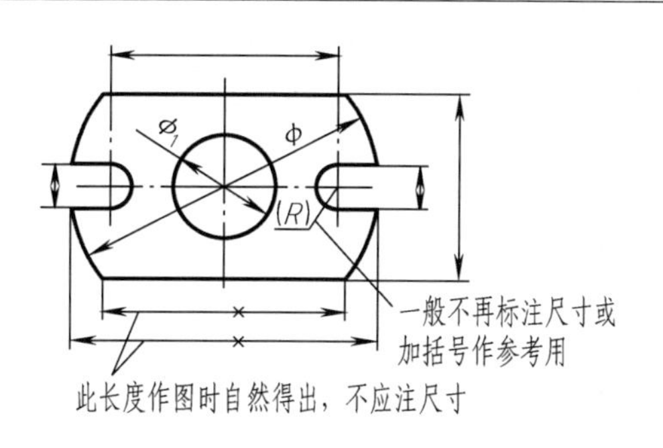

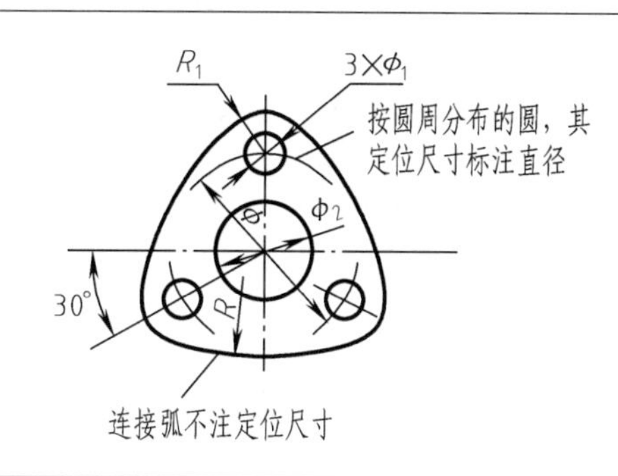

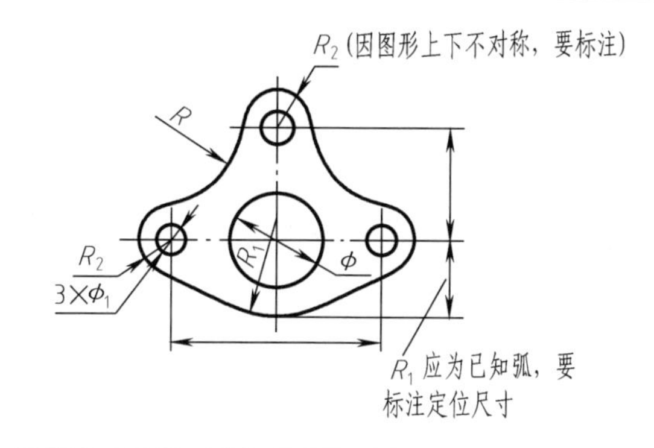

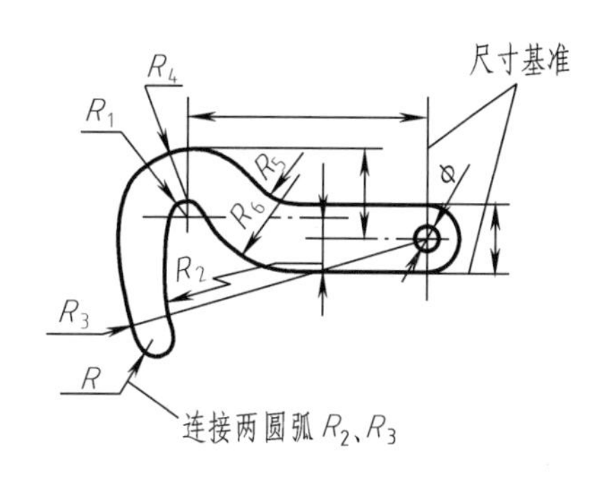

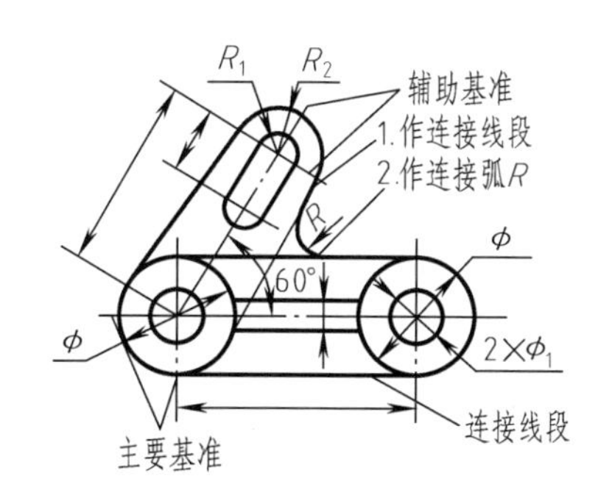

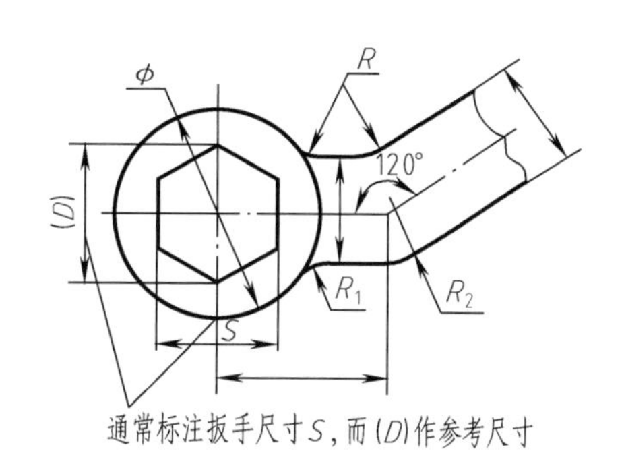

4. 徒手绘图

为了提高学习效率和达到从事测绘等作图工作的要求，工程技术人员必须具备徒手绘制平面图形的能力。徒手绘图一般不借助绘图工具和仪器，用目测物体的形状和大小，手持铅笔绘制图形。

徒手所画图形称为草图，绘制草图的要求是图线粗细分明，线型正确，各部分比例匀称，所绘图线尺寸大致相等，绘图速度快，标注尺寸准确、齐全，字体工整，图面整洁。以下简介绘制图形的方法和技巧。

(1) 握笔和运笔方法

手握笔要松，运笔力求自然；眼睛要注意笔尖前进方向，留意线段终点；短线手腕运笔，长线手臂带笔，如图 1-26 所示。

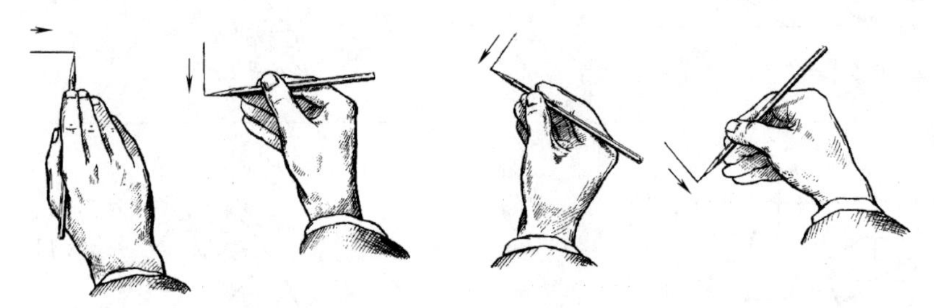

图 1-26　徒手绘图方法（握笔和运笔方法）

(2) 特殊角度斜线的画法

对于 45°、30°、60°等常见角度，可根据两直角边的比例关系，定出两端点，然后连接两点即为所画的角度线。如画 10°、15°等角度线，可先画 30°角后，再等分求得，如图 1-27 所示。

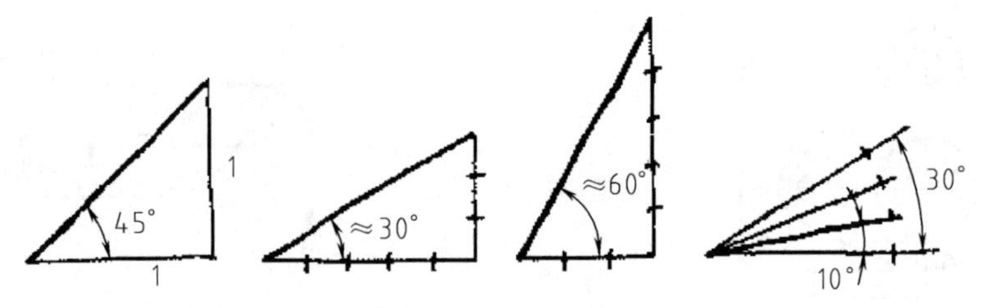

图 1-27　徒手绘图方法（角度线的画法）

(3) 圆的画法

先徒手作两条互相垂直的中心线，定出圆心，再根据直径大小，用目测估计半径大小。画小圆时，在中心线上定出四点，然后徒手将各点连接成圆。当所画的圆较大时，可过圆心多作几条不同方向的直径线，在中心线和这些线上用目测定出若干点后，再徒手将各点连接成圆，如图 1-28 所示。

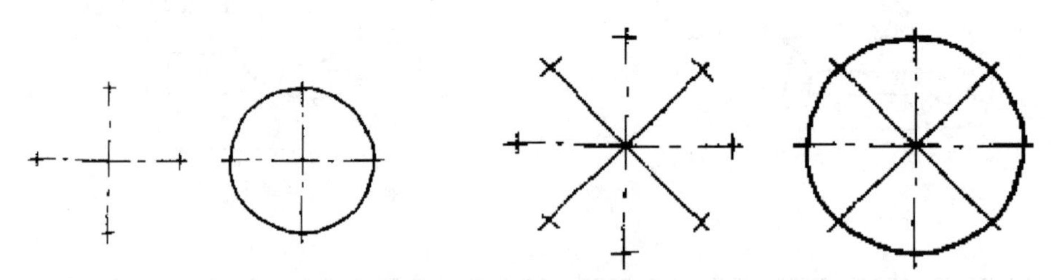

图 1-28　徒手绘图方法（圆的画法）

(4) 椭圆的画法

先徒手作两条互相垂直的中心线；在中心线上用目测定出椭圆外切菱形的长、短对角线的端点，连接各端点得椭圆外切菱形，且过中心点与菱形对边的中点作线；最后作出四段圆弧得椭圆，如图 1-29 所示。

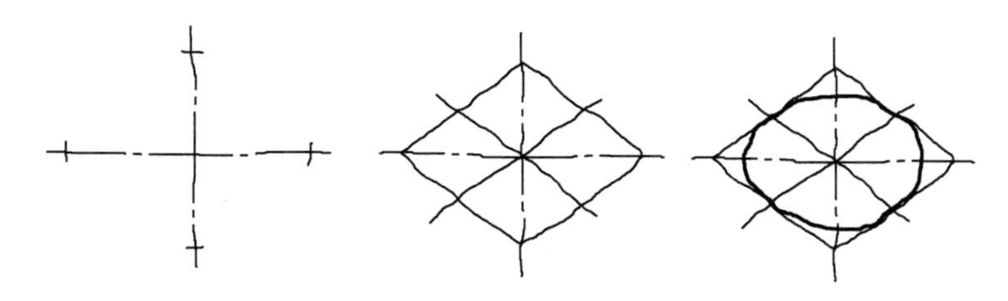

图 1-29 徒手绘图方法（椭圆的画法）

(5) 平面图形的画法

作图时先选好基准线并徒手画出，再画已知线段、之后画中间线段、最后画连接线段，如图 1-30 所示。

画草图的步骤基本上与用仪器绘图相同，但草图的标题栏中不填写比例，绘图时，也不应固定图纸。

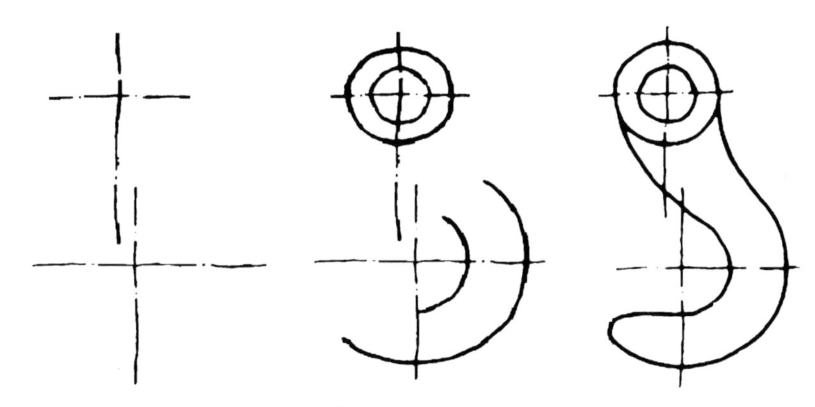

图 1-30 徒手绘图方法（平面图形的画法）

投影原理及投影图

学习提示

工程图采用正投影法原理绘制，这需要我们懂得应用这一原理表示空间几何体形状。其中将要学习的平面形是形成基本体特征形状的图元，而基本体又是构成复杂形体的基石。因此，熟悉平面形的投影特征，感知平面形扫掠形成各种基本体的建模过程，是建立科学看图与绘图方法的基础。

第一节　投影的基本知识

一、概念

用灯光或日光照射物体，在墙上或地面就会产生影子，如图 2-1 所示。人们从这种现象中总结出物体和影子之间的几何关系，形成了工程上表达物体的图示方法。

用一束射线（类似光线、视线）把物体轮廓投射到一个预定的平面（如黑板或图纸平面）上，则在该面上留下了物体轮廓的图形（图 2-2），这个图形称为投影图，简称为投影。这束射线称为投射线，这个平面称为投影面。

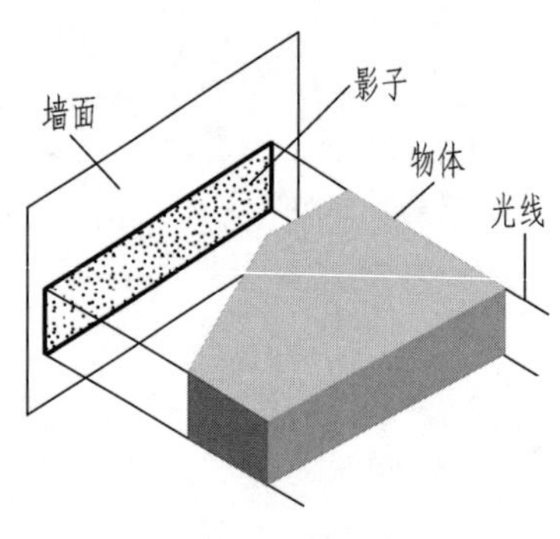

图 2-1　物体的影子

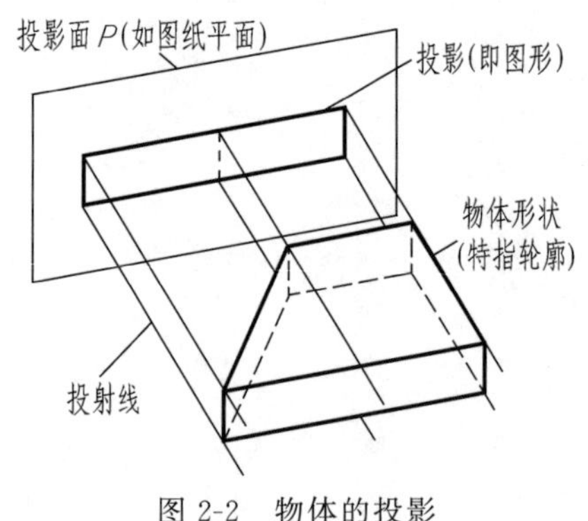

图 2-2　物体的投影

上述在平面上获得物体图形的方法称为投影法。投影法分为中心投影法和平行投影法。

如图 2-3 所示，投射线是从一点 S 发出的，这种获得物体图形的方法称为中心投影法；如图 2-4 所示，投射线是相互平行的，这种获得物体图形的方法称为平行投影法。

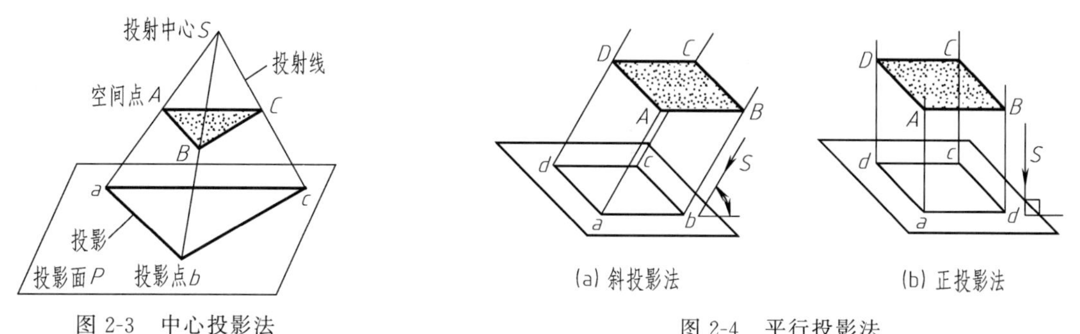

图 2-3　中心投影法

图 2-4　平行投影法

使用投影法时，应注意如下两点。

① 对物体进行投影，会把物体上的可见轮廓和不可见轮廓同时进行投射。从投射方向看物体，可见轮廓的投影用粗实线绘制，不可见轮廓的投影用虚线绘制。

② 轮廓是指物体几何形状的边界，即几何形体的表面边界，若把表面细分为平面和曲面，则轮廓是平面、曲面的边界线（其中曲面的可见与不可见的分隔线称为转向轮廓线）。

二、平行投影法

1. 分类

根据投射线与投影面是否垂直，平行投影法分为正投影法和斜投影法。

① 斜投影法：投射线倾斜于投影面的平行投影法，如图 2-4（a）所示 。

② 正投影法：投射线垂直投影面的平行投影法，如图 2-4（b）所示。

工程上使用的图有视图、轴测图、透视图和标高图等。为了满足真实性和度量性的要求及画图的方便，工程上一般采用正投影法绘制的视图。后续章节中，凡对投影方法没作说明的，均属正投影法。

2. 正投影法的基本特性

正投影法的基本特性有真实性、积聚性、类似性、从属性、定比性、平行性等，如图 2-5 所示。

① 真实性：空间平面形（或直线段）平行投影面，则其投影反映实形（或实长）。

② 积聚性：空间平面形（或直线段）垂直投影面，则其投影积聚为一条直线（或一个点）。

③ 类似性：空间平面形（或直线段）倾斜投影面，则其投影为面积变小、形状类似的等边数多边形（或长度变短的直线段）。

④ 定比性：若空间点把空间直线段分为两段，则这两段的长度之比等于它们在同一个投影面上的投影长度之比。如图 2-5（d）中 $MD:DN=md:dn$。

⑤ 从属性：属空间直线（或平面）的点的投影一定在该空间直线（或平面）的投影上，属空间平面的直线的投影一定在该空间平面的投影图上，这种投影性质称为从属性。属于空间直线的点称为从属点，具有这种从属性的投影点也称为该直线投影的从属点；属于空间平面的直线叫从属线，同样具有这种从属性的直线投影也称为该空间平面投影的从属线。

从属性概念强调直线从属平面或点从属直线的关系，而这种关系不管在空间还是在投影

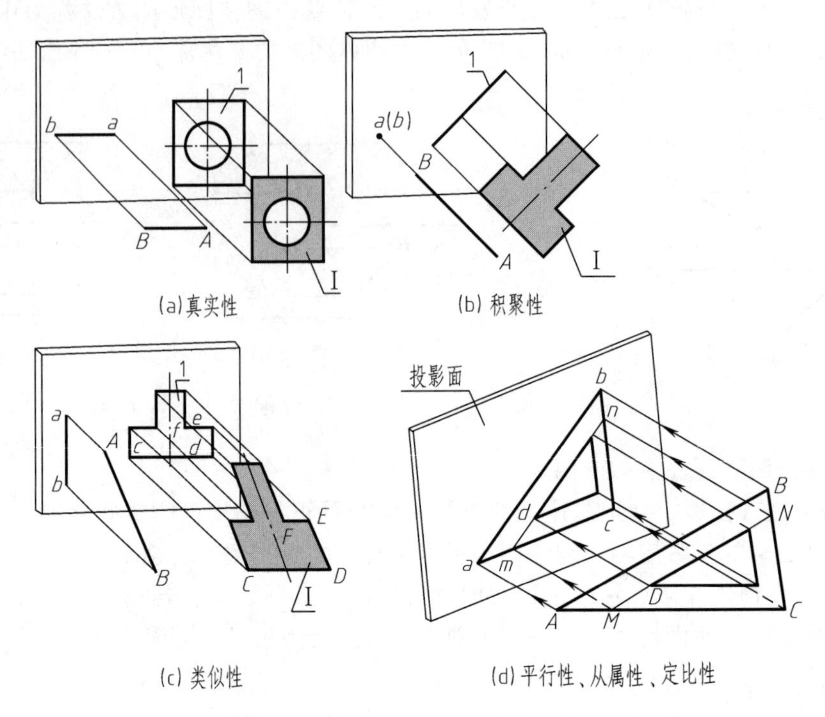

图 2-5　直线、平面的正投影特性

图上表示都是一致的。如图 2-5（d）中 mn 从属于$\triangle abc$ 与 MN 从属于$\triangle ABC$ 是对应的。

⑥ 平行性：若空间两直线平行，则它们在同一个投影面上的投影（简称为“同面投影”或“同名投影”）一定平行。若从属于一个平面投影图的两条投影线平行，则它们所对应的两空间直线一定平行。如图 2-5（d）中 mn 和 ab 都是$\triangle abc$ 的从属线，且 $mn /\!/ ab$，则一定有 $MN /\!/ AB$，且 $mn : ab = MN : AB$，符合定比性。

第二节　基本体建模与空间思维表达

基本体是组成各种复杂形体的简单几何体，这要求我们对基本体及其投影图有完整、全面的认识。首先，对基本体的几何形状及轮廓线要有感观上的清晰认识，这需要我们从生活环境中找出这些实物作细致观察，并能从多个方向细心观察物体轮廓，想象提取出所有轮廓线构成的图形（视角不同会出现有立体感和无立体感的轮廓线图），这是建立空间思维必须经历的感观认知。其次，在学习基本体的建模操作时，要用心感受和思考这些软件制作大师们是如何展现各种几何体的构建过程，从而形成科学的看图、绘图方法。

一、基本体的建模

常见基本体有柱体、锥体、球体和圆环等简单几何体。这些基本体的建模是通过扫掠法构成，即通过二维草图（画在指定平面上的图）沿某一给定轨迹线运动，其扫过的区域形成实体。我们把这个二维草图称为特征面，它通常会出现在基本体的底面或端面。特征面和基本体是我们进行空间思维与图形表达的基础图元，是看懂复杂形体必须拆解出的图元。

根据运动轨迹线的不同，基本体的建模方式主要有拉伸建模、放样建模、旋转建模等。

1. 柱体（拉伸建模）

拉伸建模适合构造柱体类几何体，如棱柱体、圆柱体、广义上的柱体。

如图 2-6（a）所示为底面在 *XOY* 坐标面上的四边形二维草图沿 *Z* 轴向上拉伸一定距离形成的四棱柱实体；如图 2-6（b）展示了四边形二维草图沿 *Z* 轴拉伸过程及它在上、下起止位置形成的 2 个特征面图形。

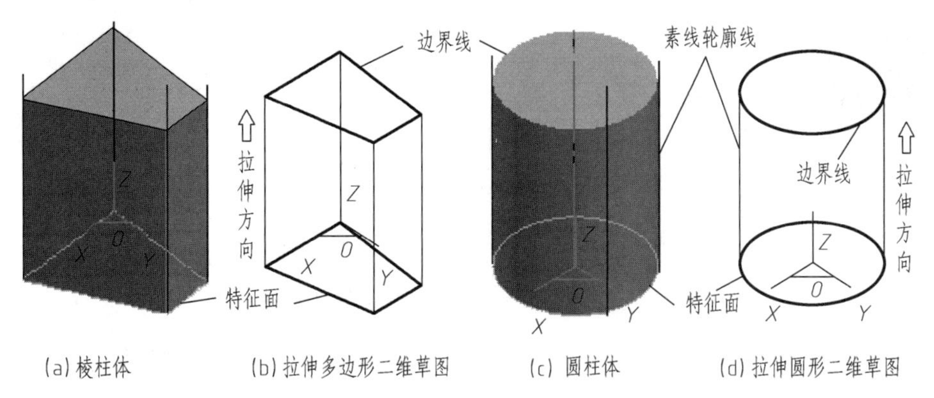

图 2-6　柱体的拉伸建模

我们从这个四棱柱的拉伸建模过程看出，它的轮廓线构建是有规律可循，画图时可遵循这一过程。方法一：先画正下方特征面的外围轮廓线多边形，然后过多边形角顶绘制相互平行的侧棱，最后按柱体高度尺寸找到各棱线上的等高点，连接这些等高点围成了与下方多边形全等的特征面。方法二：先画正下方特征面的外围轮廓线多边形，然后按柱体高度尺寸找到正上方特征面的外围轮廓线多边形，最后连接上、下多边形特征面各对应角顶得到侧棱。

又如圆柱体的建模，与棱柱体的拉伸建模过程完全相同。图 2-6（d）展现了圆形二维草图拉伸建模过程，在上、下起止位置形成了 2 个直径相等、相互平行的圆形特征面［即图 2-6（d）椭圆］。

这里在圆柱面上出现了素线轮廓线，它是圆柱面可见与不可见部分的分界线。

套用棱柱体的第二种作图方法，圆柱体的作图就是先画出两相互平行、全等的圆形特征面，然后补上圆柱面的素线轮廓线。

可见，画图过程只需遵循空间思维过程（即形体建模过程），并抓住形成基本体的特征面——它的图形与位置，那么空间思维、图形表示等就可迎刃而解。

另外还要注意轮廓线的表示。轮廓线有二种类型：一种是平面、曲面的边界线，从任何方向观察都会在几何体的固定位置上出现；另一种是曲面的转向轮廓线，它随观察方向的不同而改变，但总是出现在观察曲面方向的最外侧，是曲面可见与不可见部分的分界线。如图 2-6 所示圆柱面左右两侧的转向轮廓线，随观察方向的改变其在柱面上的位置也在变动；而圆柱面的上下位置边界轮廓线，从任何方向观察都是形体上固定位置上的轮廓线。充分认识这两种轮廓线在表达上的异同，可确保我们绘图时少出差错。

从轮廓线看柱体图形的表示，棱柱体是由两特征面外围的多边形轮廓线和侧棱轮廓线组成的图形，圆柱体是由两特征面外围的圆周轮廓线和圆柱面转向轮廓线组成的图形。

2. 锥体（放样建模）

放样建模适合构造锥体类几何体，如棱锥体（棱锥台）、圆锥体（圆锥台）、广义上的锥体。如图 2-7（a）所示为底面在 *XOY* 坐标面上的四边形二维草图沿指定轨迹作扫掠运动拟合上方相似多边形二维草图，从而形成了四棱台实体；当上方二维草图小到为零时，如图2-7（d）所示变成了棱锥体。如图2-7展示了棱锥台、棱锥体的放样建模过程。

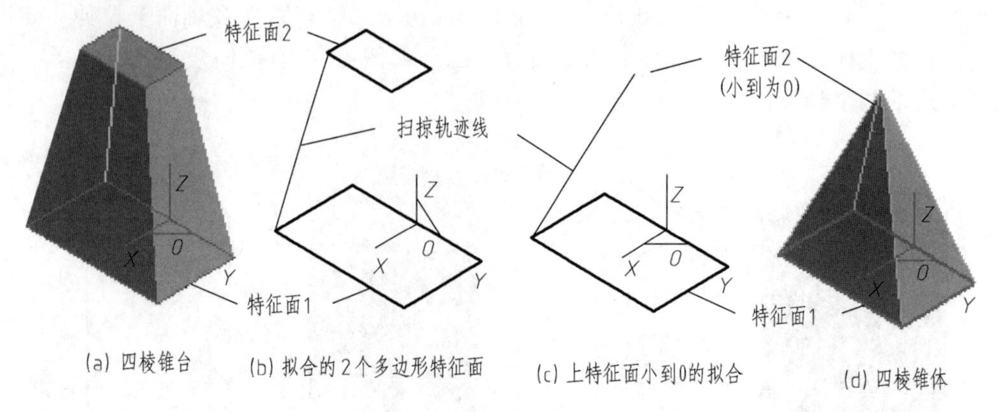

图2-7　棱锥体的放样建模

如同棱锥台的放样建模，如图2-8展示了圆锥台、圆锥体的放样建模（上方圆形特征面位于下方圆形特征面正上方），因锥面的存在出现了转向轮廓线。

从锥台建模过程可知，锥台的上下两底特征面为相似多边形（或圆）且相互平行，而锥体是上底的特征面小到为零时的锥台特例。

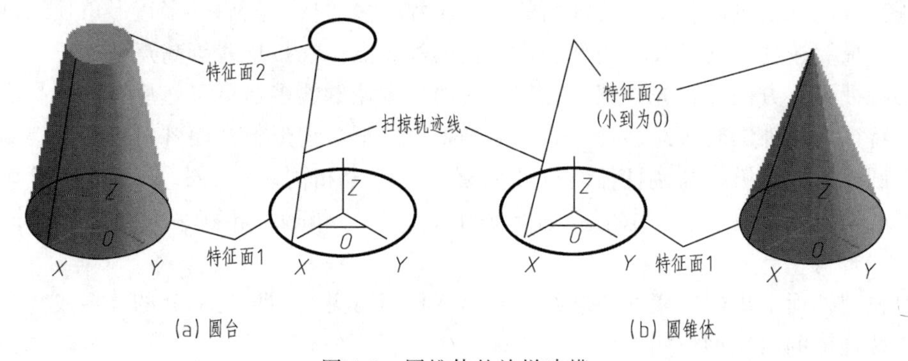

图2-8　圆锥体的放样建模

柱体也可采用放样方式建模。先设置好位于正上正下位置且相互平行、全等的2个特征面，当上方特征面逐步变小为零时，柱体变为锥台、最终变成了锥体。

由上述锥台的建模可知，要抓住锥台底部的特征面和锥台顶部特征面进行空间思维以及看图与画图。

3. 回转体（旋转建模）

旋转建模适合构造回转体类几何体，如圆柱体、圆锥体（圆锥台）、球体、圆环体等。其中，圆柱体可用上述三种建模方式实现；圆锥、圆台还可用放样建模获得。

如图2-9所示为不同二维草图绕与其共面的轴线回转一周形成的实体，分别为直线或半圆弧、圆周等母线绕轴线回转一周形成不同回转面，其中母线出现的任意位置称为素线。圆柱、圆锥回转面是由无穷多直线条的素线组成，球面、圆环面是由无穷多条圆弧素线组成。同时母线上任一点走过的轨迹总是处在垂直轴线的平面上，称其为纬圆，如图2-9所示。

当回转体采用旋转建模时，二维草图所出现的任一位置都不在基本体的表面上，单独的二维草图不具有基本体的形状特征。对于回转体来说，其主要形状特征为回转面形状，可看

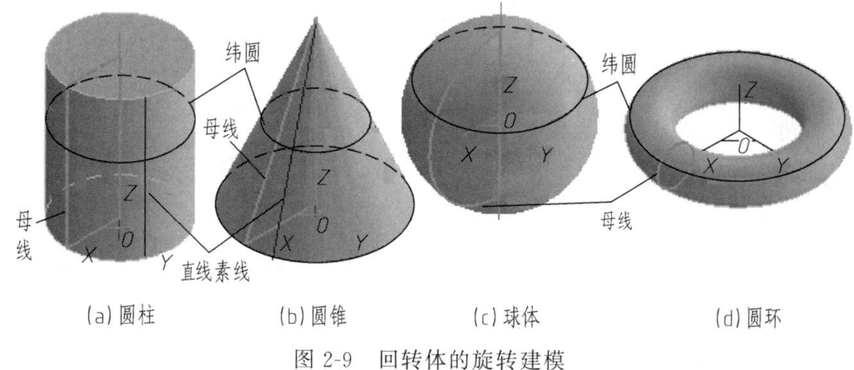

图 2-9　回转体的旋转建模

成由无穷多条纬圆组成，那么我们就找到了所有回转面的共同特征图形：纬圆。如圆柱面是等直径的纬圆集合，圆锥面、球面、圆环面都是直径尺寸按一定规律改变的纬圆集合。把图 2-9 所列回转体沿轴线方向观察，这些纬圆以轮廓线形式出现的是最大和最小纬圆（即为纬圆轮廓线），正是它们构成了所有回转体共同具有的图形特征，如图 2-10 所示。

假设图 2-8 中锥体底部特征面 1 是处于最大纬圆位置，且沿图 2-9（c）球体母线圆弧进行放样扫掠，则会形成半球体或球体。

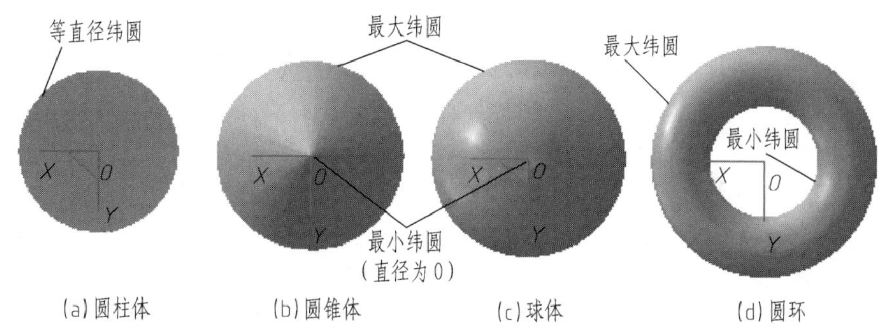

图 2-10　沿回转体轴线看到的特征图：最大、最小纬圆图

从以上平面体和回转体的三维建模，我们找到了一个特别关键的“特征面”图形，它的形状、位置（或变动位置）确定了，由它构建的立体轮廓或立体形状就容易想到并图示出来。

二、基本体直观图绘制

基本体的立体形状表达，我们采用了大家熟悉的直观图。

直观图是用平行投影法把物体投射到一个投影面上所获得的立体图。它用一个平面图形反映物体长（X）、宽（Y）、高（Z）三个方向的尺寸，在视觉上产生了立体感。如把图 2-6（b）上的可见轮廓加粗就成了具有立体感的直观图。

如图 2-11 所示，规定空间直角坐标轴的单位长度与其投射所得直观图坐标轴的单位长度相等，且直观图坐标轴之间的夹角可根据表达需要画成合适的夹角。如图 2-11 中的直观图坐标采用了 120°的夹角，Z_1 轴朝正上方绘制，直观图中的 $X_1O_1Y_1$、$X_1O_1Z_1$、$Y_1O_1Z_1$ 坐标面对应 XOY、XOZ、YOZ 空间坐标面。

绘制直观图时要清楚以下几点：

（1）直观图投影特性

正投影法中的“平行性”和“从属性”投影特性适用于直观图的投影；这里“真实性”

的投影特性为物体上的轴向线段的投影一定平行对应的空间轴的投影，且等于实长（轴向线段系指物体上平行空间坐标轴的轮廓线）；空间两直线段平行，则它们的投影相互平行且符合定比性。

（2）点的绘制

空间点的三维坐标与其直观图上点的三维坐标是一一对应关系。绘制方法是先取二维坐标值找出直观图坐标系中的坐标面上点，再据第三坐标值找到直观图上表示空间点的位置。在直观图上绘制点的坐标线时要与对应的投影轴平行。

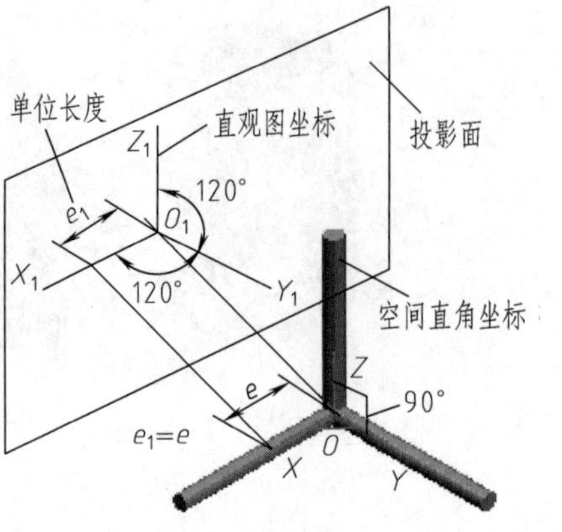

图 2-11　直观图坐标的形成

（3）线段的绘制

① 轴向线段绘制：取实长尺寸绘制。通常把线段的端点或中点作为测量尺寸的起点。

② 非轴向线段的绘制：找端点连线（通常不会等于实长）。非轴向线段是指物体上不平行空间坐标轴的直线轮廓。

③ 曲线绘制：先找出曲线上的若干点，然后顺序光滑连线。

从图 2-6 所示柱体的三维建模看到，手工绘图可在 $X_1O_1Y_1$ 坐标面上画出四边形的底面特征图，然后如同拉伸方式沿 Z_1 轴把底面上拉到规定位置，构成了上特征面图形，连接上下两特征面对应的各角顶，即可绘出该直观图。下面举例说明画图过程。

【例 2-1】 画出六棱柱直观图。已知特征面尺寸如图 2-12（a）所示，两特征面相距 21。

解

① 建立如图 2-12 所示坐标轴，在 $X_1O_1Z_1$ 坐标面上绘制特征面图形。因尺寸为 17、4、7 和 13、5 的轮廓均为轴向线段，可按尺寸直接在 $X_1O_1Z_1$ 坐标面上沿 X_1、Z_1 轴方向画出，而最后没画上的非轴向线段因两头端点位置已确定，故连接这两点即可绘出图 2-12（b）。

② 用特征面拉伸法沿 Y_1 轴画出侧棱线，按相距为 21 的尺寸找出后方特征面的各角顶，顺序连接获得如图 2-12（c）所示后方特征面。

③ 加粗可见轮廓（不可见轮廓可不画出），如图 2-12（d）所示。

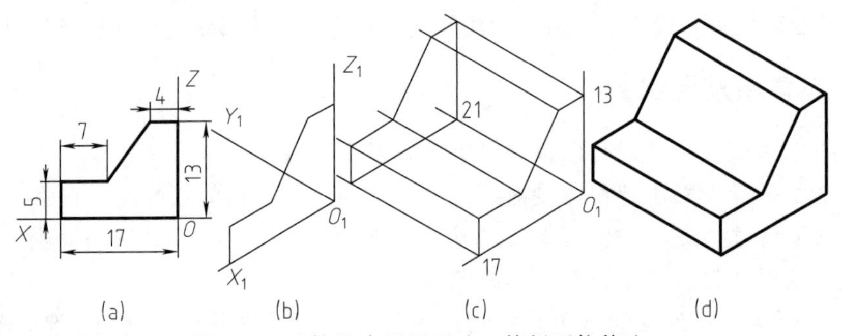

图 2-12　五棱柱直观图画法：特征面拉伸法

【例 2-2】 绘制圆柱体直观图。已知特征面圆在 XOY 坐标面上，半径尺寸从图 2-13（a）中平面图上量取，圆柱高尺寸为 32。

解

① 建立如图 2-13 所示坐标轴，在 $X_1O_1Y_1$ 坐标面的 X_1、Y_1 轴上按半径尺寸找出 A_1、B_1、C_1、D_1 四个点（因 AB、CD 为轴向线段），如图 2-13（a）、（b）所示的投影轴上

四点。

② 过 OA、OB 中点 E、F 作 Y 轴平行线，在圆周上产生四个交点，出现了两条弦长且是轴向线段，故可按实际尺寸在 X_1 轴上找出 E_1、F_1 的位置点，然后作 Y_1 轴平行线，按弦长尺寸找出椭圆上四个点位置，如图 2-13（a）、（b）所示的弦长四端点。

③ 依上述找弦长端点方法，多作几条平行 Y 轴的弦长及其端点，然后徒手光滑连接这些点即获椭圆图形；在 Z_1 轴上 32 高度位置建立新的坐标轴，画出上方特征面的椭圆，画法与下方椭圆相同（相当于特征面拉伸上去），如图 2-13（b）所示。

④ 作两椭圆外公切线，加粗可见轮廓线，如图 2-13（c）所示。

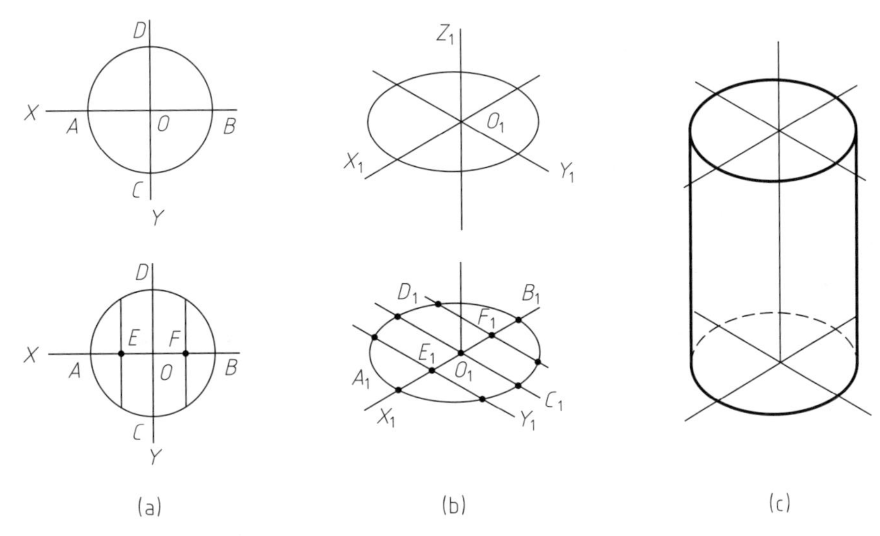

图 2-13　圆柱体直观图画法

上两例直观图的画图过程，正是根据三维建模的拉伸过程绘制。借用放样建模的操作过程，我们同样可绘制出锥台、锥体的直观图。

如图 2-14（a）所示四棱台，如果给出了上、下两个四边形特征面尺寸及相对位置，那么就可在直观图的坐标面上画出这两个特征面多边形，如图 2-14（a）左图所示，然后连接两特征面多边形对应角顶获得各侧棱线段位置，把可见轮廓加粗，不可见轮廓画成细虚线（或不画），如图 2-14（a）右图所示。

如图 2-14（b）所示圆台，如果已知上、下两个圆特征面的尺寸及相对位置，参照图 2-14（a）放样建模画法以及图 2-13 中圆的直观图椭圆画法，即可画出上、下圆特征面的

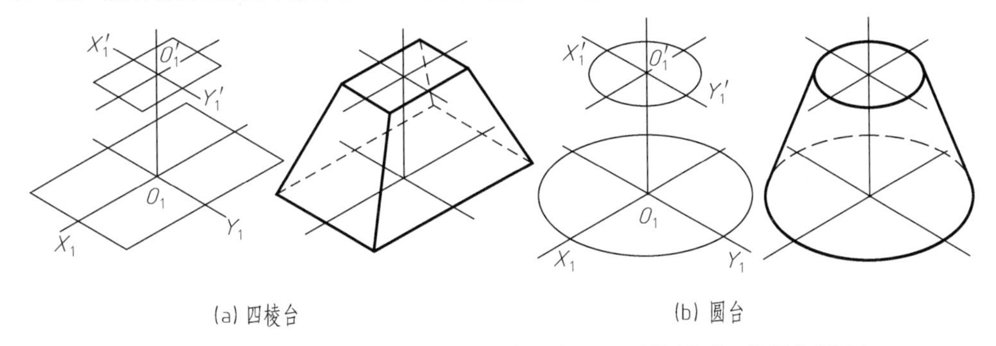

图 2-14　四棱台、圆台直观图（两平行坐标面上画特征面：放样作图法）

椭圆图形，然后作两椭圆外公切线，完成圆台直观图。锥体的直观图只需把上特征面缩小为一个点，即可画出。

通过直观图的学习，我们对基本体轮廓及其构形有了清晰认识，作为初入门者需按特征面拉伸等构形方法多画些直观图，逐步形成科学的空间思维习惯。

第三节 物体三视图与三等关系

一、物体在一个投影面上的投影

例如，放在教室中的六棱柱，其底面平行水平地面，且前棱面平行黑板面。如图 2-15 所示为用正投影法把该六棱柱投射到黑板上的过程。

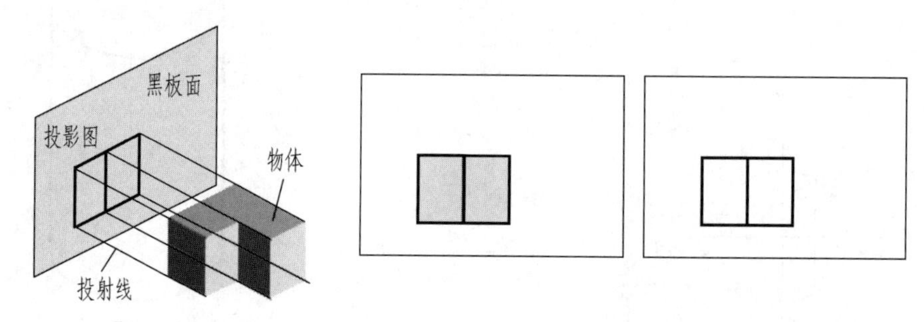

(a) 侧面观察投射过程 (b) 平行视线正面看物体轮廓(与投影图重合) (c) 留在黑板面上的投影图

图 2-15 六棱柱在黑板面上的投影

从该例中可以看到，留在投影面上的投影图只反映了物体长度、高度尺寸（即二维尺寸），而宽度尺寸即前后方向的尺寸没有在该图中得到表示，也就是说它是一个二维图，不具有立体感，但会反映出从观察方向看到的物体实际形状和实际尺寸，这种用正投影法获得形体投影图称为视图，它是工程界广泛采用的图形。若要反映出物体其他方向的形状和尺寸，就需用其他方向的视图配合表达，如以下介绍的三视图。

二、三投影面体系

三投影面体系由三个相互垂直相交的平面构成，即由正立面、水平面、侧立面组成，共分为八个分角。根据国家标准《技术制图》的规定，物体的视图是按正投影法获得，并把物体置于第一分角中进行投影。第一分角如同教室的黑板面、地平面、右墙面所构成的空间模型，这三个平面彼此垂直，相交的交线构成了空间直角坐标系 $OXYZ$，空间轴 OX、OY、OZ 称为投影轴，坐标面 XOZ、XOY、YOZ 分别称为正立投影面（用 V 表示）、水平投影面（用 H 表示）、侧立投影面（用 W 表示），如图 2-16 所示。

三、物体三视图

1. 物体三视图的形成

如图 2-17 所示，六棱柱体位于三投影面体系第一分角中，且物体的位置固定不动，然后将物体分别向三个投影面投射，这样在每一个投影面上获得一个投影图，即视图。在三个投影面上所获得的同一个物体的三个视图，简称为三视图。

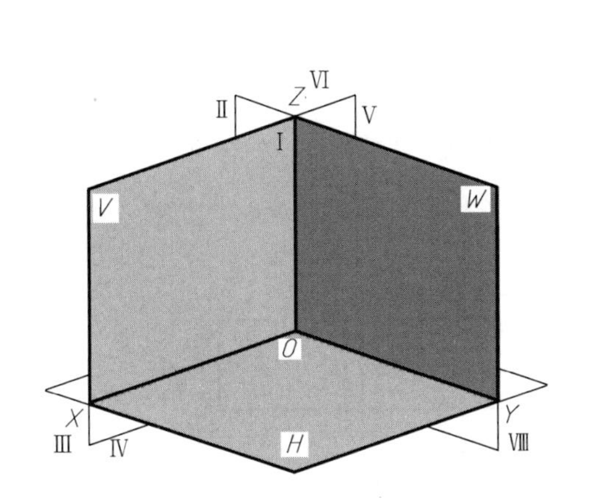

图 2-16　第一分角（如同教室的三平面）

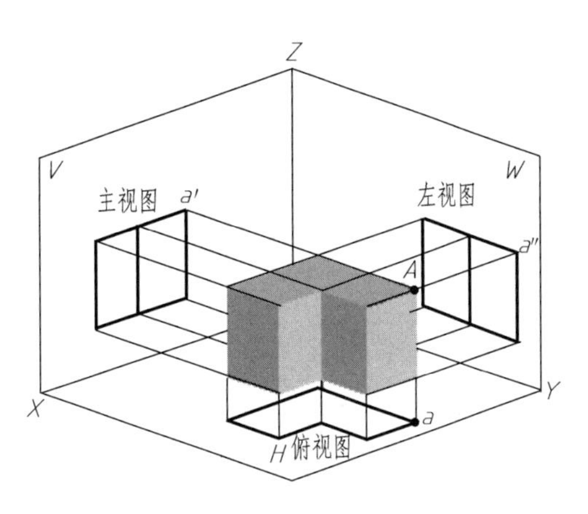

图 2-17　物体及点的三面投影

主视图　物体形状在正立投影面 V 上的投影。

俯视图　物体形状在水平投影面 H 上的投影。

左视图　物体形状在侧立投影面 W 上的投影。

2. 图纸上三视图的布置

在工程设计中，需要将主、俯和左视图画在一张平铺的纸上，即将图 2-17 中得到的三视图按图 2-18 展开位置配置视图。展开过程为 V 面和主视图不动，H 面和俯视图绕 X 轴向下转 90°，W 面和左视图绕 Z 轴向右后方转 90°，使 V、H、W 面处于同一平面位置，此时三个视图的位置布置为：俯视图在主视图的正下方、左视图在主视图的正右侧。这是制图国家标准规定的第一角画法对三个视图的配置位置。这里主、俯视图和主、左视图是二面展开图。

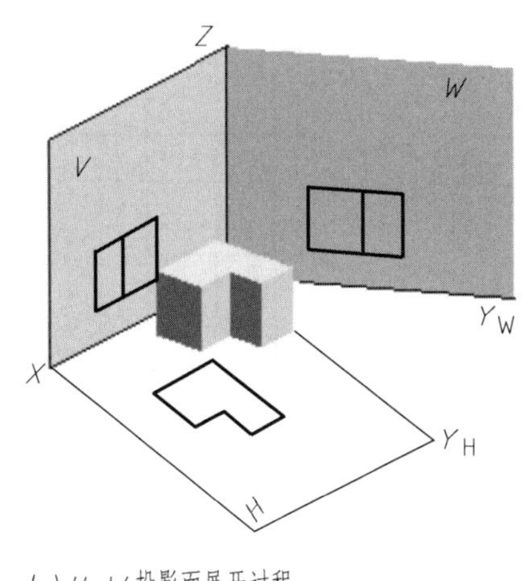

(a) H、W 投影面展开过程

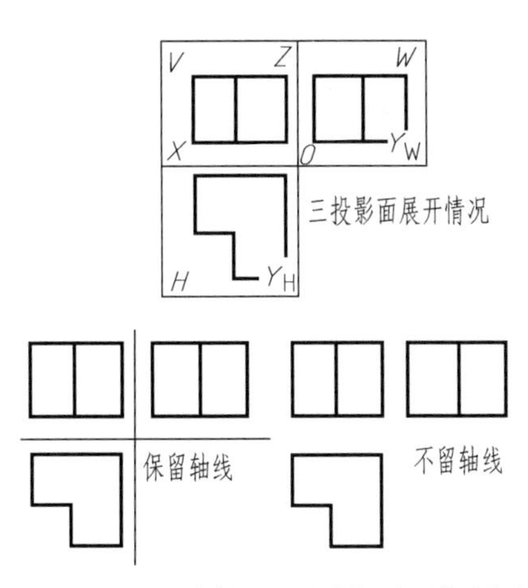

(b) V、H、W 处在同一平面时的三视图位置关系

图 2-18　三投影面的展开

在看图 2-18（b）所示三视图时，要想像把 H、W 投影面回复到图 2-17 所示位置再看各视图，才能把所看视图与同方向看到的物体形状相对应。

画三视图时，三个投影面的大小不再表示，投影轴也可省去不画。如图 2-18（b）下方两图所示。

四、物体方位、尺寸在三视图上的反映

1. 物体方位在三视图上的反映

规定物体的方位分为上下、左右、前后，上下方位指 Z 轴方向方位、左右方位指 X 轴方向方位、前后方位指 Y 轴方向方位，这些方位关系会反映到相应的投影图上，如图 2-19 所示。

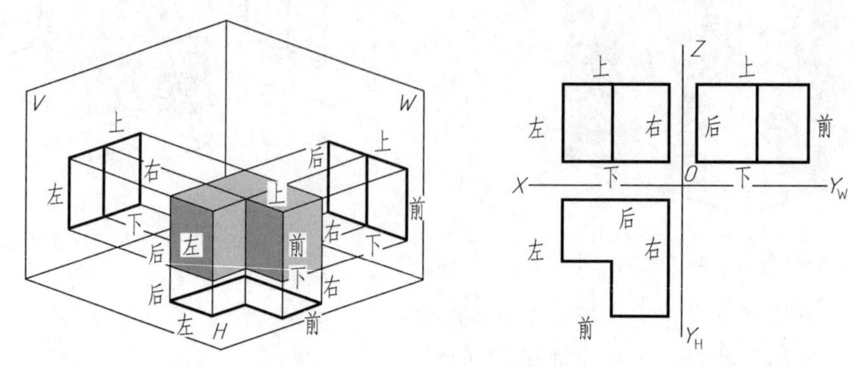

图 2-19　视图方位对应物体方位

2. 物体尺寸在三视图上的反映

规定沿 X 轴方向测得物体的尺寸为长度尺寸，沿 Z 轴方向测得物体的尺寸为高度尺寸，沿 Y 轴方向测得物体的尺寸为宽度尺寸，这些尺寸同样会如实地在相应的投影图上反映，如图 2-20 所示。在比例为 1∶1 的图形中，视图尺寸与其对应的物体尺寸相等，如俯视图的宽度（Y 向）尺寸 Y_1、左视图的宽度（Y 向）尺寸 Y_1 都等于物体的宽度尺寸 Y_1，而相应视图的长、高度尺寸一定等于物体的长、高度尺寸。

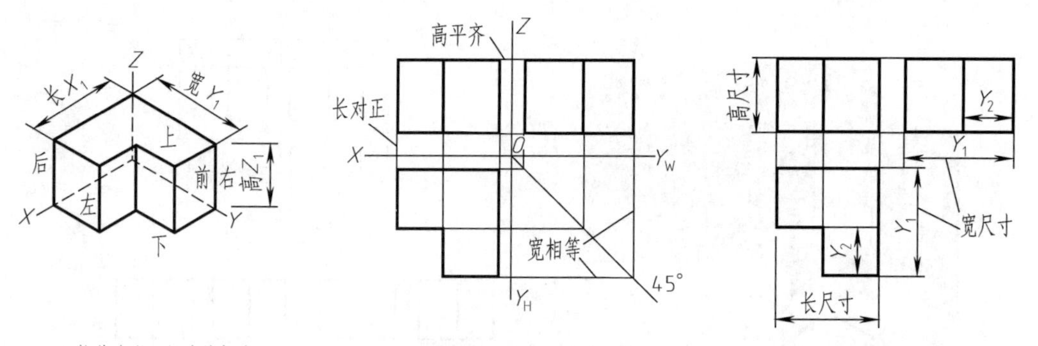

图 2-20　视图间的尺寸关系：长对正、高平齐、宽相等

3. 三视图的作图规律

上述视图间“长对正，高平齐，宽相等”的尺寸关系简称为“三等关系”，作图时必须严格遵守。

画图时，主、左视图用垂直 Z 轴的辅助线（为细实线）平齐两图。主、俯视图用垂直 X 轴的辅助线对正两图。俯、左视图用垂直 Y_H、Y_W 轴的辅助线（注意，一定要在原点 O 引出的 45°线上相遇），保证两图在规定位置以及宽度尺寸相等，如图 2-20（b）所示。若没画出投影轴则可直接用分规量物体宽方向尺寸，保证俯、左视图宽度尺寸相等，如图 2-20（c）所示。

第四节　点、线、面的投影

规定空间点用大写字母标记，其在 H 面投影用相应的小写字母标记，在 V 面投影用相应的小写字母加一撇标记，在 W 面投影用相应的小写字母加二撇标记，如图 2-21 所示。

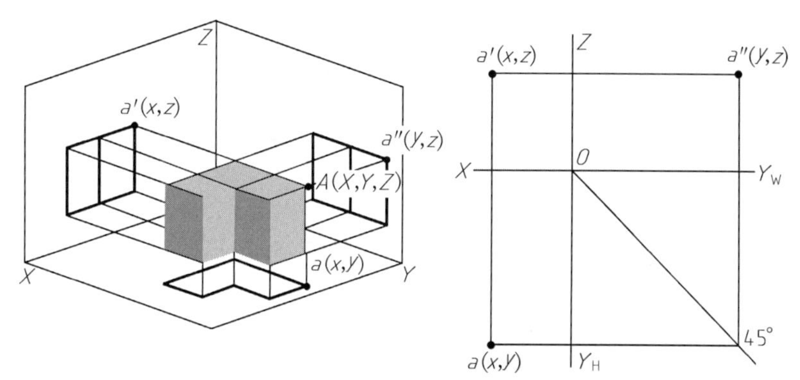

图 2-21　空间点与投影点坐标关系

一、点

1. 三等关系

假如物体的形状小到为一个点，则物体投影的三等关系就成为了空间点投影的三等关系，即空间点的投影同样要符合“长对正，高平齐，宽相等”三等关系，如图 2-21 所示。

“长对正”是指 H 面上投影点 a 的 x 坐标等于 V 面上投影点 a'的 x 坐标（都是空间点的 X 坐标），故有 aa'垂直 X 轴。

“高平齐”指 V 面上投影点 a'的 z 坐标等于 W 面上投影点 a''的 z 坐标（都是空间点的 Z 坐标），故有 $a'a''$垂直 Z 轴。

“宽相等”是指 H 面上投影点 a 的 y 坐标等于 W 面上投影点 a''的 y 坐标（都是空间点的 Y 坐标），为了体现作图过程，常采用过原点 O 作 45°线来保证 a 和 a''的 Y 坐标相等。

2. 空间坐标与投影坐标的关系

空间点的坐标是空间点距投影面的距离，如图 2-21 中空间点 A（X，Y，Z）的坐标为（11，25，13），则 A 点距 W 面 11mm，距 V 面 25mm，距 H 面 13mm。而投影点的坐标是从空间点坐标（X，Y，Z）中取出的二维坐标，如点 a（x，y）为 a（11，25）、点 a'（x，z）为 a'（11，13）、点 a''（y，z）为 a''（25，13）。

【例 2-3】 已知空间点 A 在 H、V 面的投影，如图 2-22（a）所示。求：（1）在 W 面上作出 a''。（2）作 A 点的直观图。

解

（1）在 W 面上作出 a''

① 坐标法作图。已知点的两面投影 a、a'，就知道了点 A 的三维坐标值（X，Y，Z），故 a''（y，z）的二维坐标值已定，即 a''在 W 面的位置是唯一的。用分规从 H 面和 V 面上量取投影点 a 的 y 坐标值和投影点 a'的 z 坐标值，然后在 W 面按坐标值作出 a''。

② 利用三等关系作图。按点投影三等关系中的高平齐、宽相等分别作辅助线得交点 a''。

如图 2-22（b）所示。

（2）作 A 点直观图　作图过程为先作出直观图坐标轴，再根据投影图中 a 的二维坐标（x，y）在 XOY 坐标面上作出 a 点，过 a 点作 Z 轴平行线，并在其上取 Aa 等于投影图中 a' 的 z 坐标值 $a'a_x$，即得 A 点。如图 2-22（c）所示。

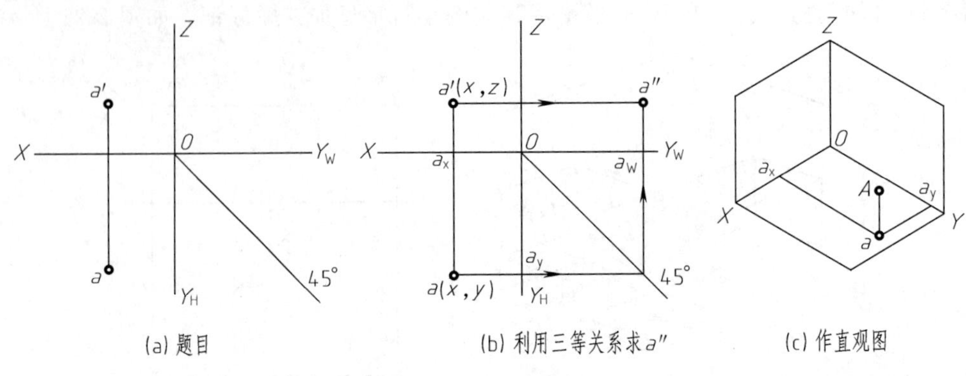

图 2-22　点的投影作图

【例 2-4】　已知 A、B、C 三点两面投影，如图 2-23（a）所示，求第三面投影，并说明 A、B 两点和 A、C 两点的相对位置。

解

① 求第三面投影。按点投影的三等关系作出 a'、b'和 c，如图 2-23（b）所示，其中 a 点与 c 点重合。

② 两点的相对位置。它指的是从正面（即 Y 方向）观察时所看到的空间两点的相对位置（如上下、左右、前后位置，正上正下、正左正右、正前正后位置），这些位置关系与两投影点之间的位置关系对应。此例中判断 A、B 两点相对位置的思路是，V 面 a'在 b'的左上方，则 A 点在 B 点的左上方；H 面 a 在 b 的左前方，则 A 点在 B 点左前方（前方点是指 Y 坐标值较大的那个点）；判断 A、C 两点的相对位置的思路是 H 面 a、c 两点重合，说明 A、C 两点为正上正下位置，又 V 面 a'在 c'点上方，进一步明确了 A 点在 C 点正上方。通常把空间两点投影的重合称为重影点，如 a（c）点，其中不可见点的投影，用写在括号里的小写字母表示。

为了直观地表示 A、B 两点的位置，可作直观图，其中 B 点在 V 面上，如图 2-23（c）所示。

在作点的投影图时，三等关系作图线为细实线，投影点为小圆点，标记字母要规范。

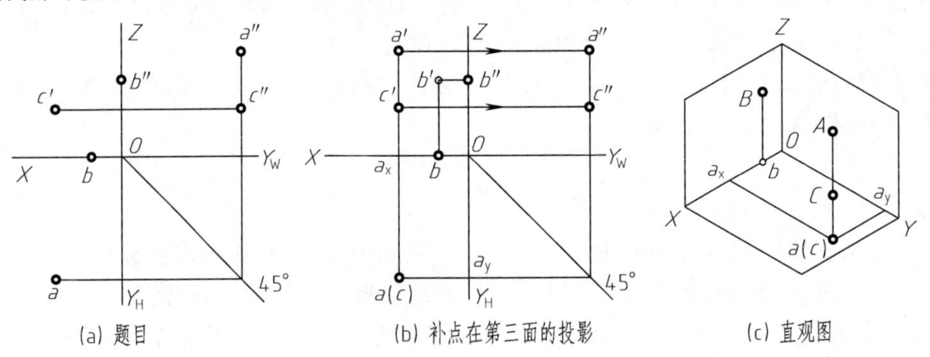

图 2-23　判断两点间的相对位置

二、直线

直线在几何学上是无限长的，在制图中一般指有限长的线段。

1. 空间直线投影的作图

直线的投影一般为直线，当直线垂直投影面时其在该面上的投影积聚为点。作直线段的投影就是把两端点在同一个投影面上的投影（简称为“同面投影”或“同名投影”）以粗实线连线，如图 2-24 所示中 ab 连线、$a'b'$连线、$a''b''$连线。

2. 空间直线对投影面倾角

规定对 H 面的倾角用 α 表示、对 V 面的倾角用 β 表示、对 W 面的倾角用 γ 表示。

如图 2-24（a）所示中标出了 AB 直线对三个投影面的倾角。从图中可以看出，空间直线对投影面的倾角，是空间直线与其在该投影面上的投影线之间的夹角。

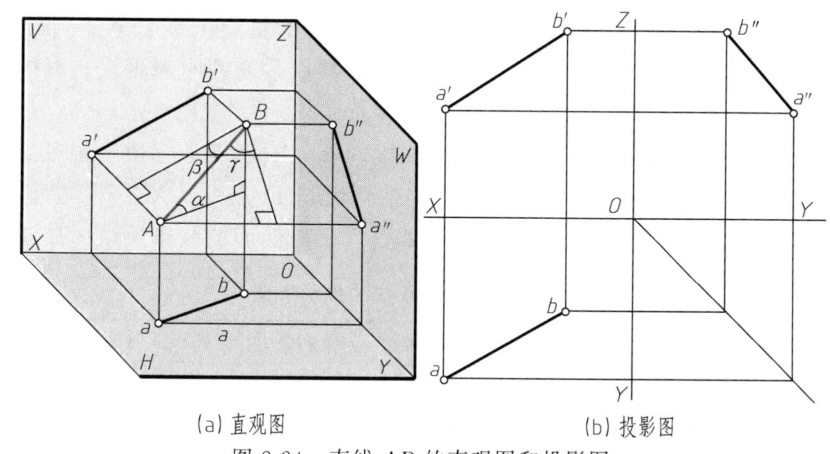

图 2-24　直线 AB 的直观图和投影图

3. 空间直线的位置

空间直线对三投影面的位置分为投影面平行线、投影面垂直线和投影面倾斜线。

① 投影面平行线。仅平行某一投影面的空间直线叫投影面平行线。其中，平行水平投影面的空间直线叫水平线，平行正立投影面的空间直线叫正平线，平行侧投影面的空间直线叫侧平线。直线在其平行的投影面上的投影反映实长。

若从空间坐标值分析投影面平行线，则直线段两端点的三维坐标值中必有且只有一维的坐标值相等。如表 2-1 中 BC 直线上 B 点的 Y 坐标值与 C 点的 Y 坐标值相等，另二维的坐标值不等，则 BC 仅平行于 V 面，是正平线，$b'c'$等于 BC 实长。

表 2-1　投影面平行线的投影特征

名称	水平线(//H,倾斜 V、W)	正平线(//V,倾斜 H、W)	侧平线(//W,倾斜 H、V)
直观图	Z V a' b' a'' A β γ W B b'' X O a β γ b H Y	Z V b' γ B b'' W c' α γ α C O c'' X c b H Y	Z V a' a'' A β β W c' α α C c'' X O a H c Y

续表

名称	水平线（//H，倾斜 V、W）	正平线（//V，倾斜 H、W）	倾平线（//W，倾斜 H、V）
投影图	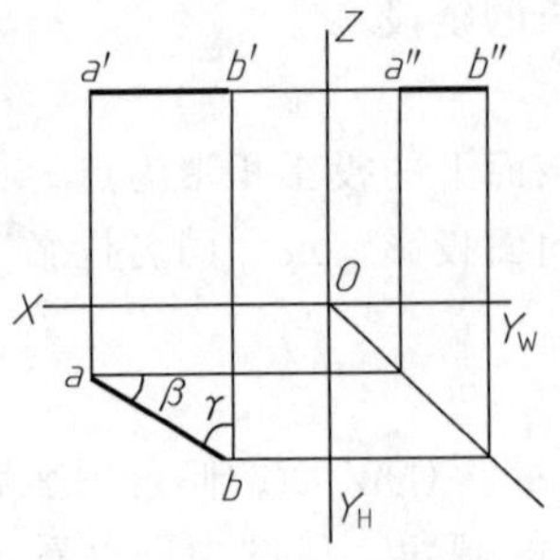 a' b' Z a'' b'' X O Y_W a β γ b Y_H	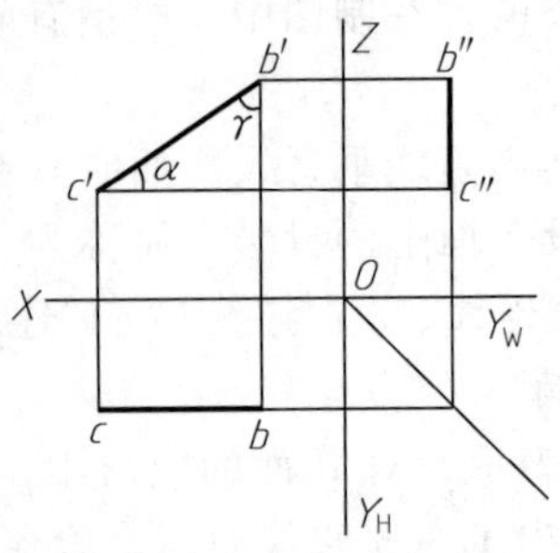 b' Z b'' γ c' α c'' X O Y_W c b Y_H	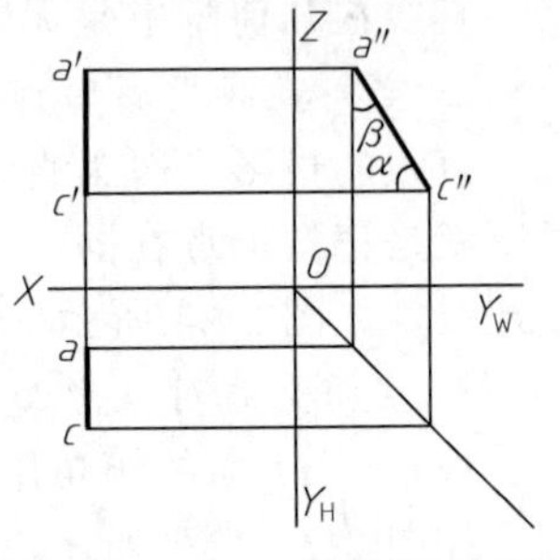 Z a'' a' β α c' c'' X O Y_W a c Y_H

注：投影面平行线的投影特征是两投影分别平行同一投影面上的二投影轴，第三投影反映实长。

② 投影面垂直线。垂直某一投影面的空间直线叫投影面垂直线。其中，把垂直水平投影面的叫铅垂线，垂直正立投影面的叫正垂线，垂直侧投影面的叫侧垂线。直线在其垂直的投影面上的投影积聚为点，在另两面的投影反映实长。

若从空间坐标值分析投影面垂直线，则直线段两端点的三维坐标值中必有二维的坐标值相等。如表 2-2 中 AD 直线上 A 点的（X，Z）坐标值与 D 点的（X，Z）坐标值相等，则 AD 垂直 V 面，是正垂线，在正面的投影积聚为点，其他两面的投影反映 AD 实长。

表 2-2　投影面垂直线的投影特征

名称	铅垂线（⊥H，//V 和 W）	正垂线（⊥V，//H 和 W）	侧垂线（⊥W，//H 和 V）
直观图	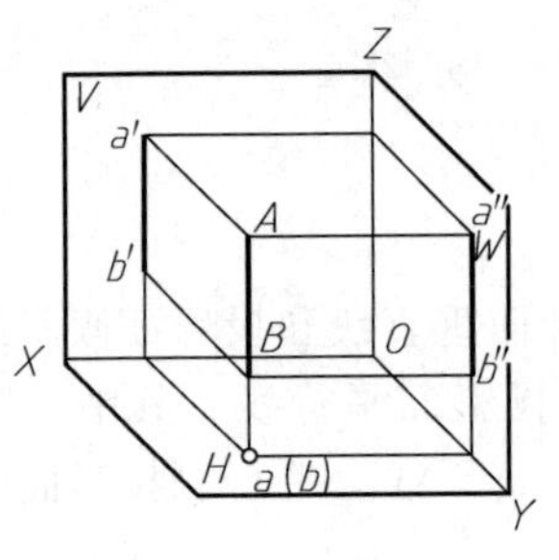 Z V a' A a'' W b' X B O b'' H $a(b)$ Y	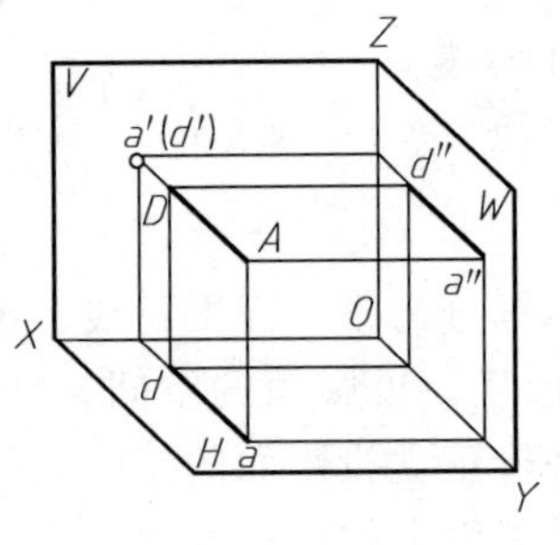 Z V $a'(d')$ d'' D A W a'' X O d H a Y	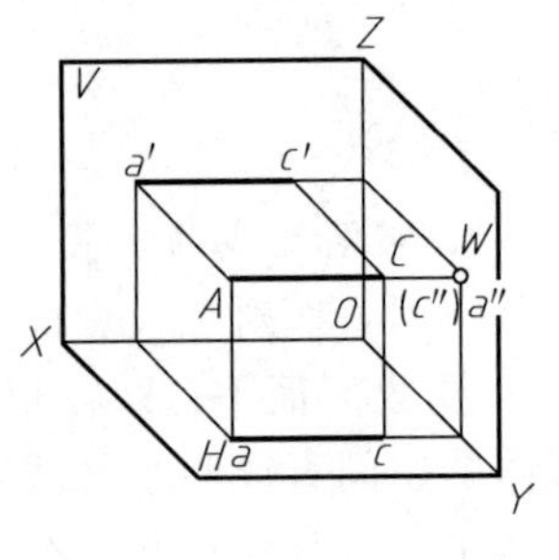 Z V a' c' W C A O $(c'')a''$ X H a c Y
投影图	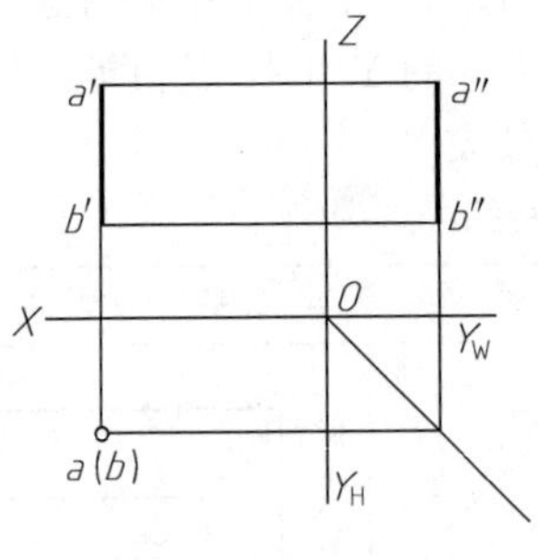 Z a' a'' b' b'' X O Y_W $a(b)$ Y_H	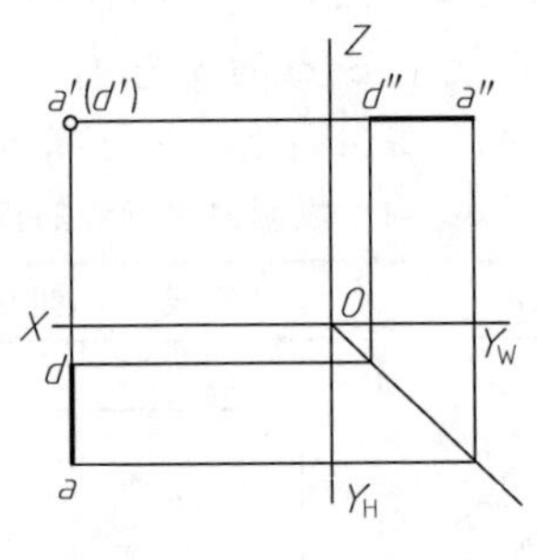 Z $a'(d')$ d'' a'' X O Y_W d a Y_H	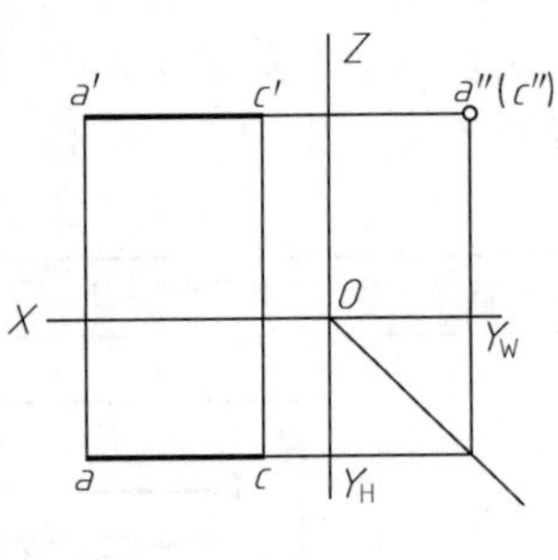 Z a' c' $a''(c'')$ X O Y_W a c Y_H

注：投影面垂直线的投影特征是一投影积聚为点，另两投影反映实长且平行同一轴。

③ 投影面倾斜线。对三个投影面都倾斜的空间直线简称一般位置直线，如图 2-24。

4. 求倾斜线的实长及对投影面倾角

用手上的铅笔放置在图 2-25（b）中 ab 位置（与 ab 重合），观察 V 面投影，显然 b' 的

Z 坐标高于 a' 的 Z 坐标，我们把代表 B 端的铅笔垂直上移（$Z'_b-Z'_a$）距离（假想铅笔可伸长），则可摆出图 2-25（a）直观图中 AB 的空间位置，用于观察和分析 AB 线段对水平投影面的倾角关系。

在图 2-25（a）直观图中作 $Bb\perp H$ 面、$AB_0/\!/ab$，故有 $BB_0\perp AB_0$、$AB_0=ab$，则 $\triangle AB_0B$ 为直角三角形。该直角三角形的斜边即为 AB 实长，斜边 AB 与 AB_0 的夹角 α 即是 AB 与 ab 夹角，是 AB 对 H 面倾角。

我们把这个直角三角形在平面上单独画出来，如图 2-25（b）中所示，取 ab 为直角边（替代 AB_0），过 b 点作 ab 垂线，获得另一直角边位置，其长度 BB_0 为 A、B 两点的 Z 坐标差，分规取该坐标差值，再连两直角边端点，画出斜边，即获得图 2-25（a）直观图中直角三角形的实形图，斜边为 AB 实长，斜边与投影线段的夹角为空间线段对 H 面倾角。这就是求倾斜线段实长与倾角的直角三角形法。

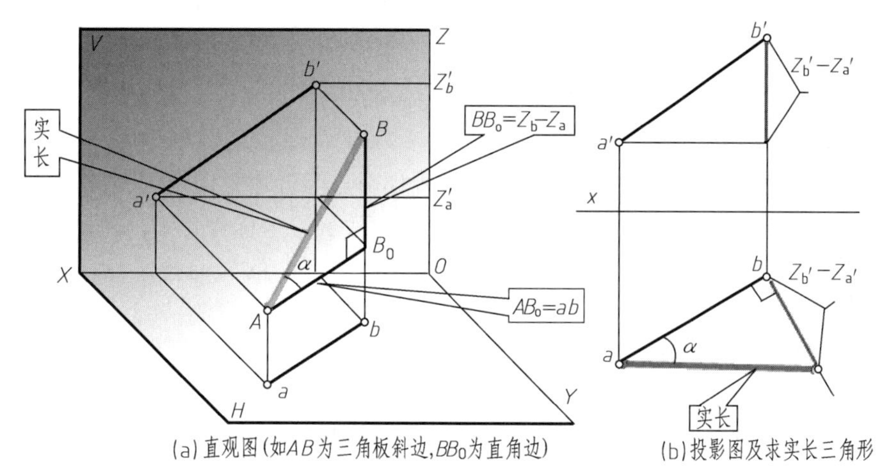

(a) 直观图(如AB为三角板斜边,BB0为直角边)　(b) 投影图及求实长三角形

图 2-25　求斜线 AB 实长的直角三角形法

AB 线段对其他二投影面倾角与实长的求解，参照图 2-24（a）直观图分析。

【例 2-5】 已知点 K 在 AC 直线上，如图 2-26（a）所示，求出 k'、k''。

解 据从属性可知，k' 和 k'' 一定分别在 $a'c'$ 和 $a''c''$ 投影线上，利用空间点投影的三等关系，直接作出 k'' 点，再由 k'' 点作出 k' 点，如图 2-26 所示。

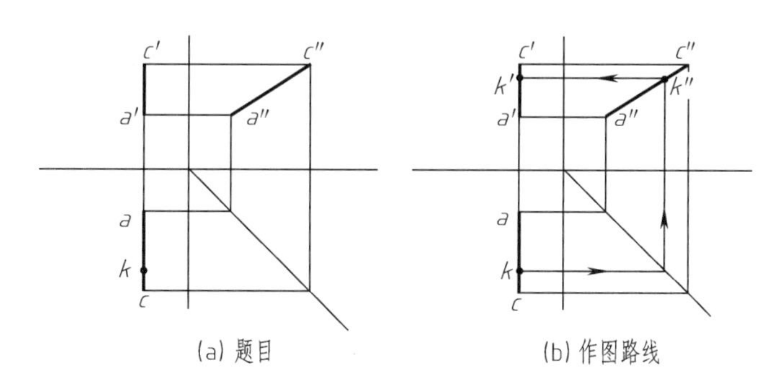

(a) 题目　(b) 作图路线

图 2-26　求作直线上的点

上例中，因连 k、k' 的长对正线与 $a'c'$ 投影线重合而无唯一交点，故从 k'' 利用高平齐获得 k' 点；k' 点也可利用“定比性”性质获得，即利用 $ak:kc=a'k':k'c'$ 作出。

【例 2-6】 从轴测图（或实物模型）上量取尺寸，绘制 AC、DE 直线段的投影。

解

① 在轴测图（或实物模型）上建立空间直角坐标系，如图 2-27（a）所示。并把 XOY、XOZ、YOZ 三个坐标面作为三投影面。

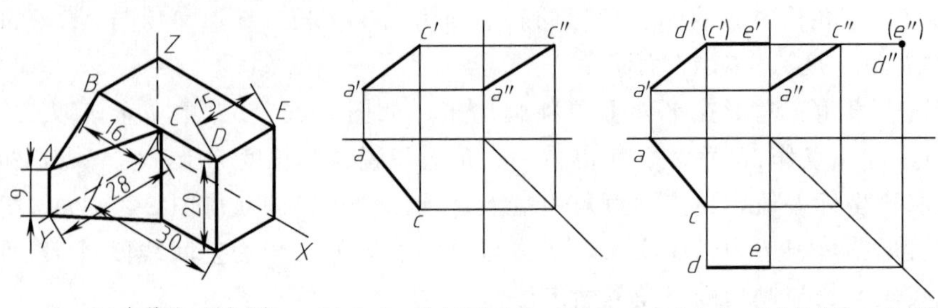

图 2-27 作物体上轮廓线的投影

② 测出 A、C、D、E 点的坐标值为 A（28，0，9）、C（15，16，20）、D（15，30，20）、E（0，30，20）。

③ 作 AC 直线的投影。以作 A 点投影说明找投影点的方法。由 A 点三维坐标知其投影点坐标分别为 a（28，0）、a'（28，9）、a''（0，9），按二维坐标作出 a、a'，由三等关系作出 a''；同样方法作出 C 点的三面投影；用粗实线连接 A、C 的同面投影点，完成 AC 三面投影。

DE 直线的投影作图过程类同 AC 的投影作图。

5. 两直线的相对位置

空间两直线的相对位置有平行、相交、交叉三种情况。其中前两种为共面直线，后一种为异面直线。

（1）平行两直线

两空间直线平行，在三投影面上的同名投影一定平行；反之，若两直线在三个投影面上的同名投影均相互平行，则该两直线在空间一定平行，如图 2-28 所示。如图 2-29 所示为不平行两直线的投影。

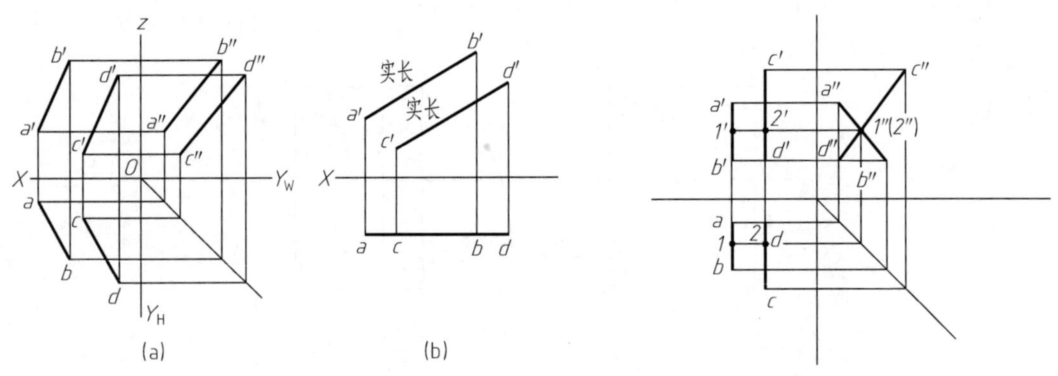

图 2-28 平行两直线的投影

图 2-29 不平行两直线的投影

（2）相交两直线

两空间直线相交，在三投影面上的同面投影一定相交，且三个交点间一定符合三等关系；反之亦然，图 2-30 所示。如图 2-31 所示为不相交两直线的投影。

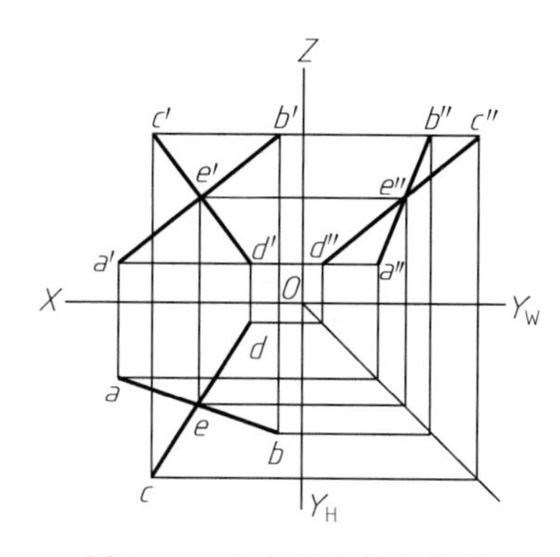

图 2-30　相交两直线的投影

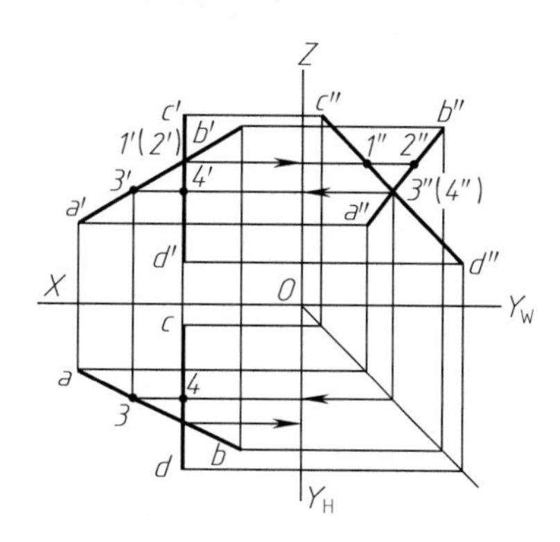

图 2-31　不相交两直线的投影

（3）交叉两直线

空间两直线既不相交也不平行，而它们的同面投影不是相交就是平行，但这种投影交点只是重影点（三投影面上的重影点间不会满足空间点投影的三等关系）。如前面介绍的图 2-27（c）中的 $d'(c')$、图 2-29 中的 1″(2″)、图 2-31 中的 3″(4″) 点都是交叉两直线上两空间点投影的重合。

三、平面

平面在几何学中是无限大的，在制图中一般是指有限大小的平面形。作平面形的投影图就是把该平面形的所有角顶点的同面投影点顺次连接。

1. 平面的表示

通常用几何元素表示，如图 2-32 所示。其中，（a）图为不在一直线上的三点，（b）图为一直线和直线外的一点，（c）图为相交两直线，（d）图为平行两直线，（e）图为三角形。

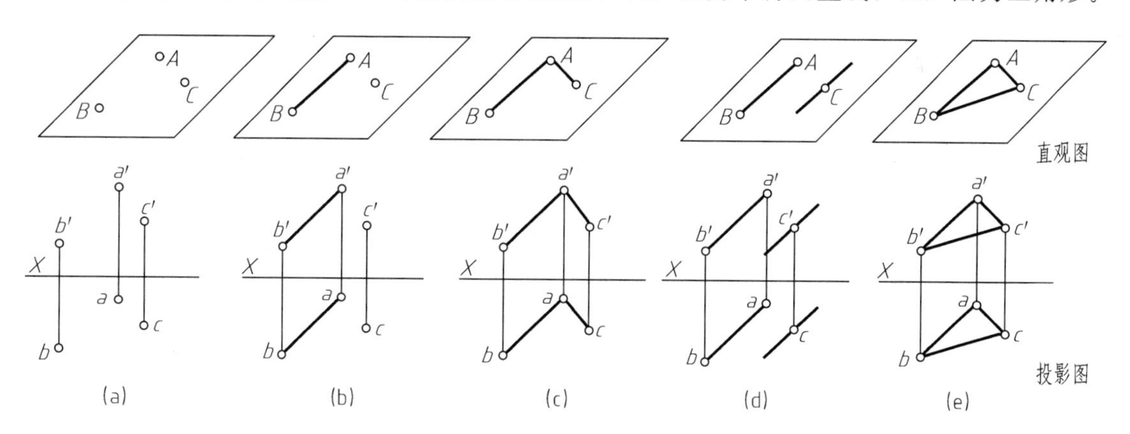

图 2-32　几何元素表示平面

2. 平面的位置

空间平面对三投影面的位置分为投影面平行面、投影面垂直面和投影面倾斜面。

① 投影面平行面：平行某一投影面的空间平面叫投影面平行面。平行水平投影面的叫水平面，平行正立投影面的叫正平面，平行侧投影面的叫侧平面，见表 2-3。

表 2-3 投影面平行面的投影特征

名称	水平面	正平面	侧平面
直观图	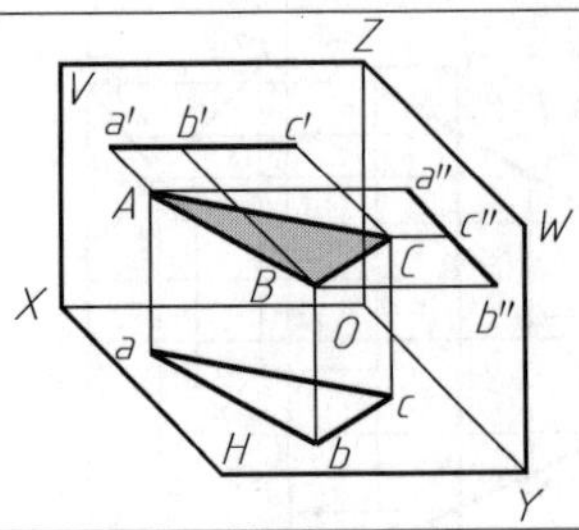	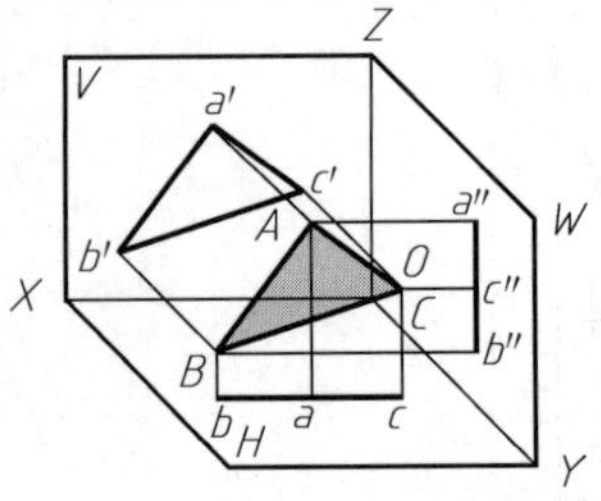	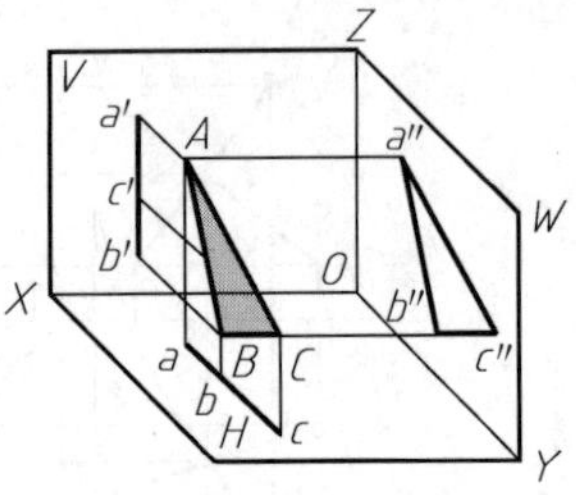
投影图	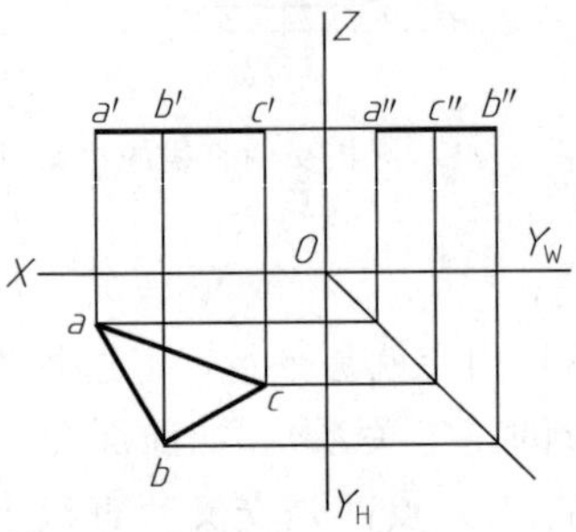	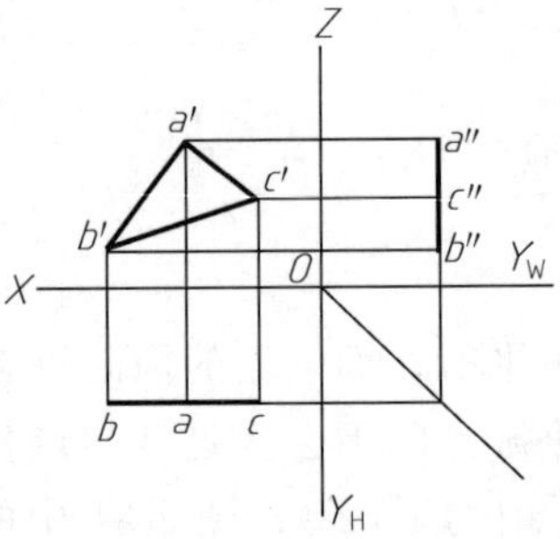	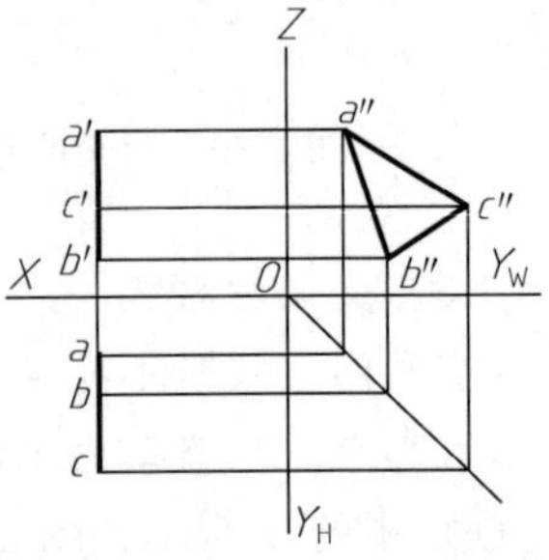

注：投影面平行面的投影特征是一投影为实形，另两投影积聚为直线且平行投影轴。

② 投影面垂直面：只垂直某一投影面的空间平面叫投影面垂直面。只垂直水平投影面的叫铅垂面，只垂直正立投影面的叫正垂面，只垂直侧投影面的叫侧垂面，见表 2-4。

③ 投影面倾斜面：对三投影面都处于倾斜位置的空间平面称为投影面倾斜面（也叫一般位置平面）。它的投影特征是在三投影面上的投影皆为类似形，如图 2-33。

平面还可以用迹线表示。迹线是平面与投影面的交线，用粗实线绘制。如图 2-34 中的平面 P 的迹线为 P_V、P_H、P_W。

表 2-4 投影面垂直面的投影特征

名称	铅垂面（$\perp H$，倾斜 V、W）	正垂面（$\perp V$，倾斜 H、W）	侧垂面（$\perp W$，倾斜 H、V）
直观图	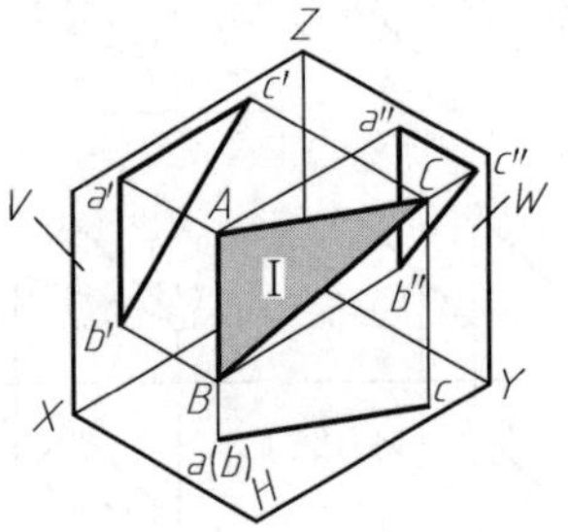	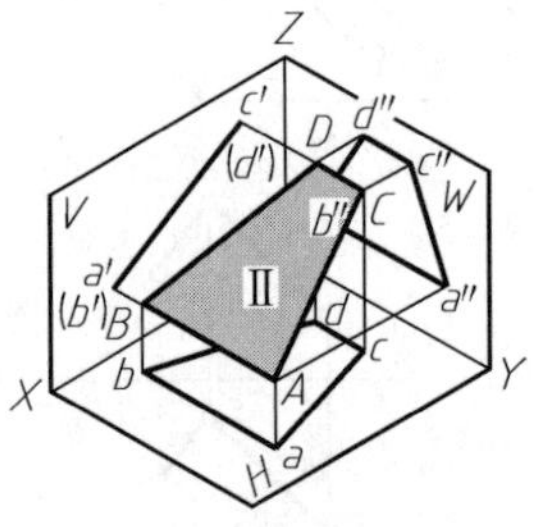	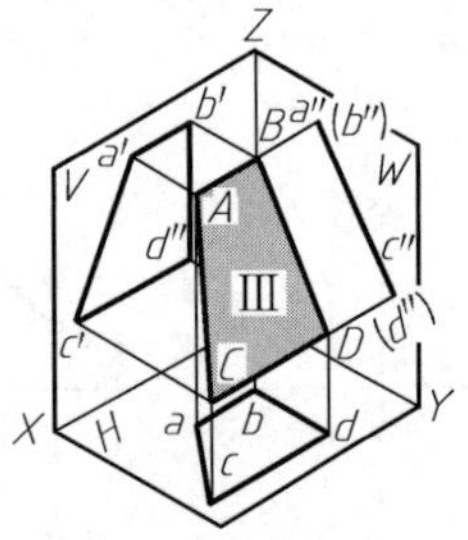
投影图	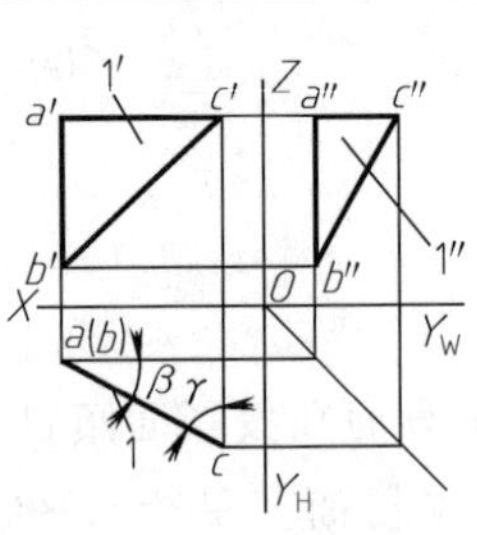	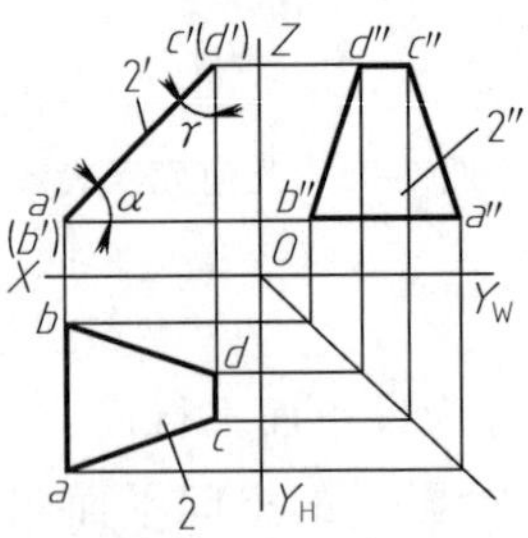	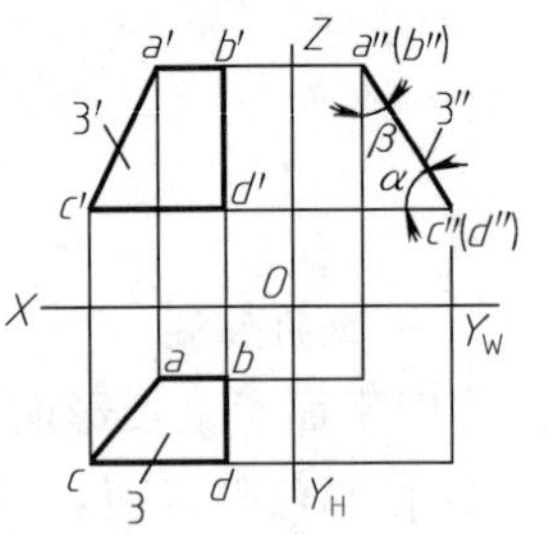

注：投影面垂直面的投影特征是一投影积聚为不平行投影轴的直线，另两投影为类似形。

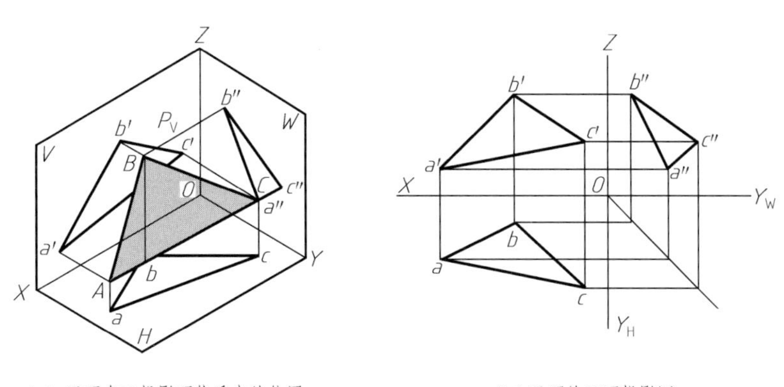

(a) 平面在三投影面体系中的位置　　(b) 平面的三面投影图

图 2-33　投影面倾斜面及其投影

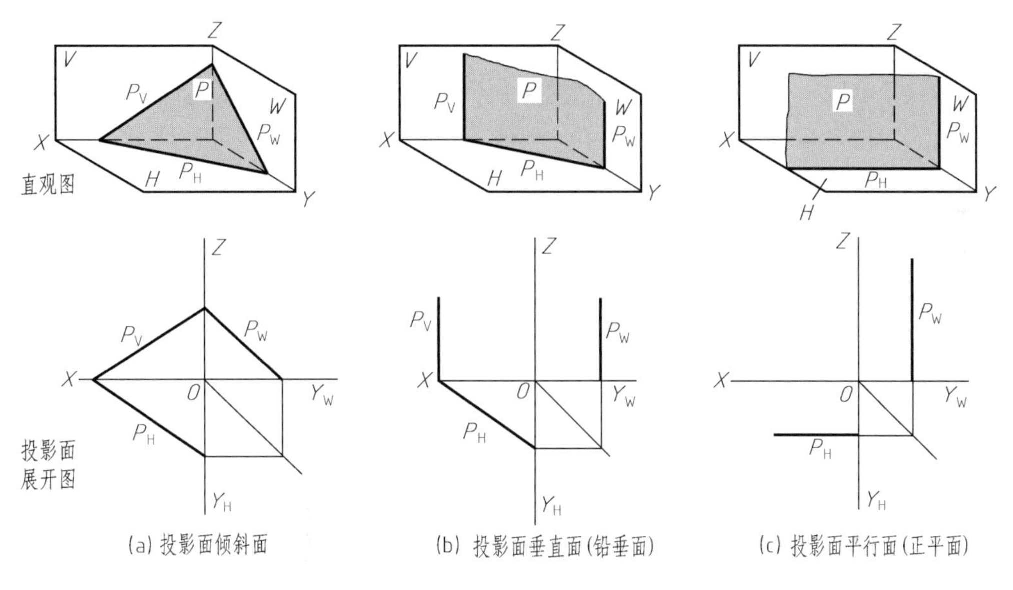

(a) 投影面倾斜面　　(b) 投影面垂直面(铅垂面)　　(c) 投影面平行面(正平面)

图 2-34　迹线表示的平面

3. 平面上的直线和点

① 两个重要概念：从属点和从属线（见本章第一节说明）。

② 直线在平面上的几何条件：直线通过平面上的两从属点；或直线通过平面上的一个从属点，同时平行该平面上的另一条从属线。

由上述几何条件与从属性概念可知，若在投影面上所作直线一定是代表空间平面上直线的投影，就必须使作出的直线通过空间平面投影图上的两个从属点；或使作出的直线通过空间平面投影图上的一个从属点，且平行该平面投影图上的另一从属线。

③ 点在平面上的几何条件：点从属于某一直线，而该直线又从属于平面。

由该几何条件可知，若在投影面上所作出的点一定是空间平面上点的投影，就必须使作出的点为投影直线上的从属点，而该投影直线又必须是空间平面投影图上的从属线。

如图 2-35 所示，若 e、d 点是△abc 的从属点，则 ED 是△ABC 平面上的直线；若 k 是 de（延长线）上的从属点，则 K 点一定在△ABC 平面上。

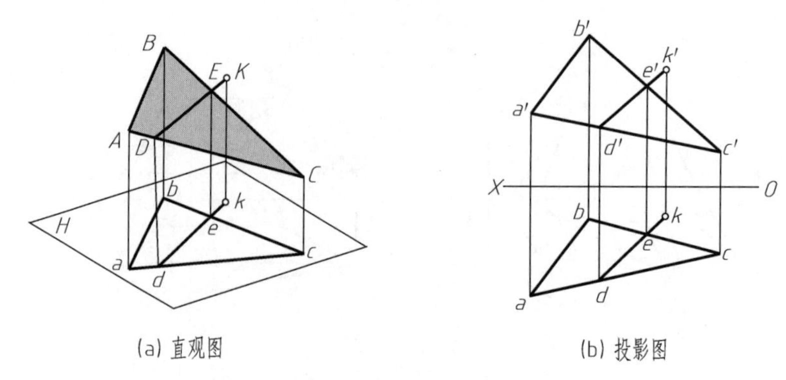

(a) 直观图　　(b) 投影图

图 2-35　平面上的从属线和从属点

【例 2-7】 如图 2-36 所示，$\triangle ABC$ 上的点 E 在 H 面的投影 e 已知，求 E 点在 V 面投影。

解

解法一：根据图 2-35 平面上找从属点的作图可知，本题 e 点是$\triangle abc$ 的从属点，连 e、c 两点，得从属线 ec，即表明 EC 直线在$\triangle ABC$ 平面上。显然，延长后会与平面内的 AB 直线边相交于 D 点，CD 直线从属$\triangle ABC$ 平面，反映在水平投影面上即是 ec 延长后与 ab 相交于 d 点，得 cd 直线。

由 D 点投影关系知 $dd' \perp X$ 轴，可得到从属于 $a'b'$直线上的 d'点。连接 $d'c'$作出了 DC 直线的 V 面投影，因 E 点是 DC 直线的从属点，故 e'点一定从属在 $d'c'$上，过 e 作 $ee' \perp X$ 轴得 $d'c'$直线上的 e'点，即得到 E 点在 V 面投影。

解法二：e 点是$\triangle abc$ 的从属点，过 e 点作$\triangle abc$ 的 ab 边平行线得从属线 gf，该作图表示过$\triangle ABC$ 平面上的 E 点作出了与 AB 边平行的 GF 从属线。因 $GF//AB$ 故有 $g'f'//a'b'$；又 g、f 分别是 ac、bc 的从属点，故 g'、f'点一定是 $a'c'$、$b'c'$上的从属点，按点投影关系，作 $gg' \perp X$、$ff' \perp X$，可在 V 面得到 g'、f'点；连 $g'f'$得$\triangle ABC$ 上 GF 在 V 面投影，过 e 点作 $ee' \perp X$，得到与 $g'f'$的交点 e'，即得到 E 点 V 面投影。

通过本例的解读，需充分认识"从属点""从属线"在解题作图中所表达空间关系的一致性。投影图中不具有从属性的两直线投影的交点，不是空间两直线交点的投影。

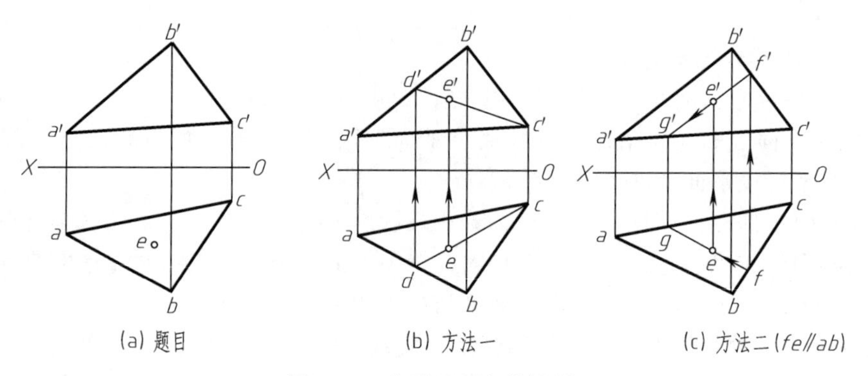

(a) 题目　　(b) 方法一　　(c) 方法二 $(fe//ab)$

图 2-36　求平面上点的投影

4. 两平面的相对位置

两空间平面的相对位置有平行、相交两种情况，如图 2-37 所示。

① 两空间平面平行，则两平面无交线。若它们在同一投影面上的投影积聚，则两积聚线一定平行，如图 2-37（c）中$\triangle ABC$、$\triangle EFG$ 在 V 面投影为平行的两积聚线。

② 两空间平面相交，则两平面一定有交线，交线是该两平面的共有线。在物体上相连的两平面形表面，是以交线隔开两平面形，同时又以交线连接两平面形。图 2-37（a）中的交线 AB 对应图 2-37（d）中的 ab、$a'b'$，其中交线 AB 在 V 面投影与$\triangle ABC$ 投影重合。

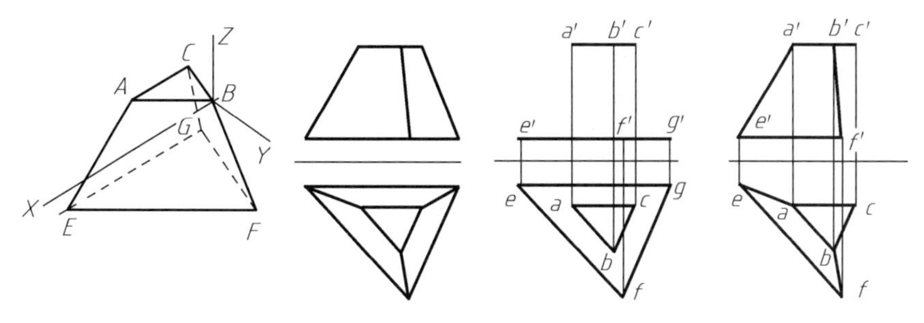

图 2-37　物体上两平面的相对位置

第五节　基本体三视图

任何产品中的某一个零件都可以看成是由形状简单的基本体构成，基本体有平面体和回转体两大类，其中平面体有棱柱体和棱锥体，回转体有圆柱体、圆锥体、球体等。如图 2-38 所示为水阀装配体及其拆解的零件，这些零件是由球体、棱柱、圆柱等基本体被切割或与其他基本体组合成复杂形体所构成。因此，要看懂产品图样或单个零件图样，首先必须熟悉基本体三视图的作图与识读。

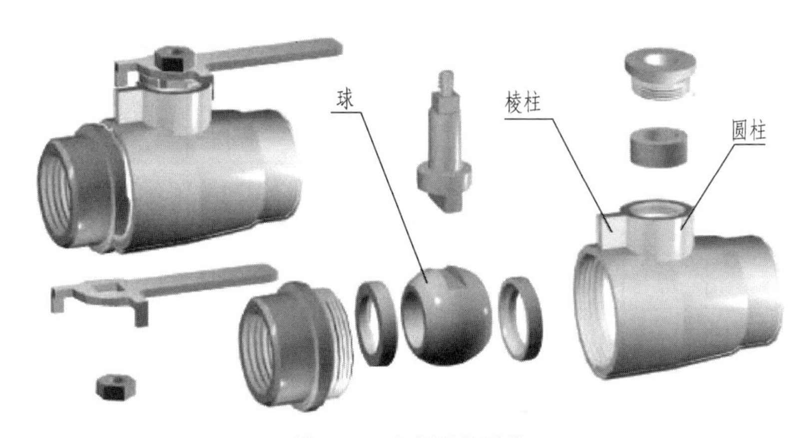

图 2-38　水阀及其零件

为了看图、画图以及尺寸注写的方便，我们总是人为地把平面体的底面平行投影面，或回转体轴线垂直投影面，让基本体上尽量多的表面在投射时成为实形图或积聚线段。

前面已介绍，画物体三视图时必须遵守“长对正、高平齐、宽相等”的尺寸关系，其中俯、左视图宽相等的对应关系常用以下两种作图法：①45°辅助线法；②量取尺寸法。

这里我们对于俯、左视图的位置与宽尺寸作进一步认识，发现图 2-39 中（a）图的物体位置向后平移到（b）图位置，平移后物体在三个投影面上的投影图完全一样，只是两图间的距离发生了改变，而三视图位置和尺寸 的“三等关系”依然没变。

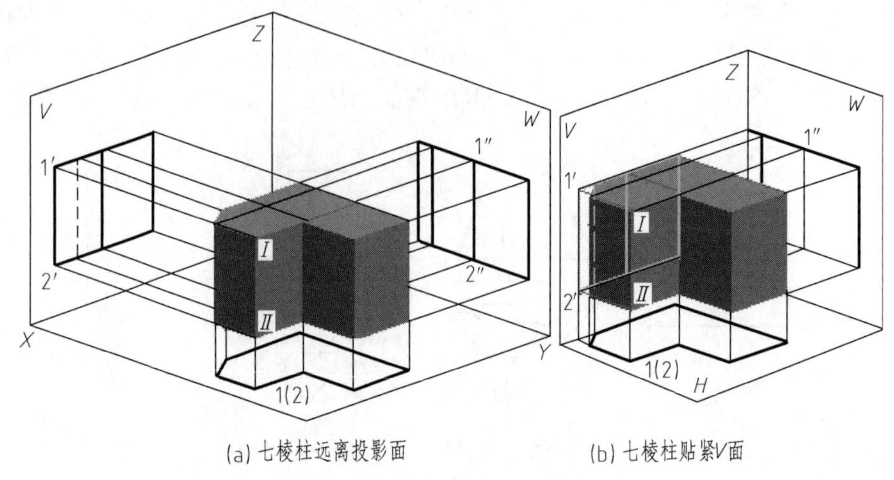

(a) 七棱柱远离投影面　　(b) 七棱柱贴紧V面

图 2-39　七棱柱不同前后位置形成的三个视图

如图 2-39（b）所示，物体后方紧靠 V 面，此时获得的俯、左视图的后方分别在 X 和 Z 轴上，这表明，我们总是可以把俯视图后方当成 X 轴位置，左视图后方当成 Z 轴位置，这两轴的交点即是坐标原点。这样，俯视图与左视图在宽方向的尺寸对应关系，变为直接从该两视图后方作为量取尺寸的起点，实现“宽相等”的尺寸对应。如图 2-40（b）所示为找出 I II 直线段的 W 面投影，可先从俯视图后方量取距 1（2）重影点的 Y 向尺寸，然后以左视图后方为起点分别找出 1″、2″点位置，保证了俯、左视图上 I 、II 点的投影位置对应。

在手工绘制点位置或线段位置时，图 2-40（b）的作图法一般小于图 2-40（a）的误差，建议大家采用量取宽相等尺寸作图法找点、线对应位置。

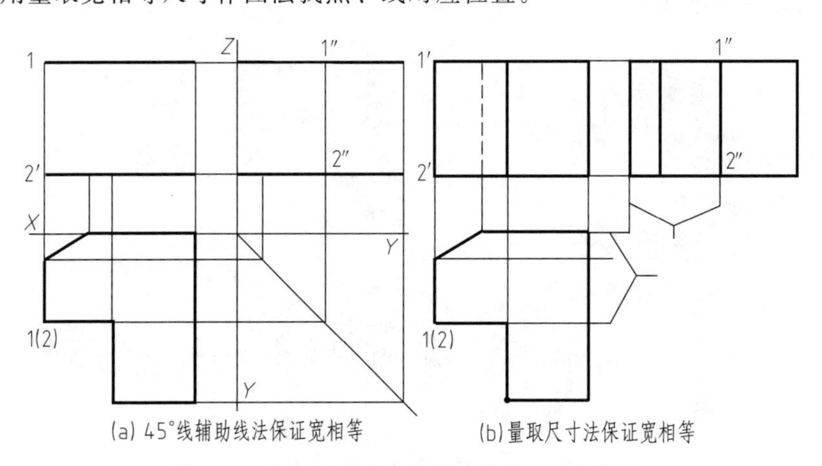

(a) 45°线辅助线法保证宽相等　　(b) 量取尺寸法保证宽相等

图 2-40　绘制七棱柱三视图宽相等的两种方法

一、平面体

平面体是由平面形的表面围成的几何体，棱线是表面与表面相交的直线段。

1. 棱柱体

棱柱体分为直棱柱体和斜棱柱体，但通常是指直棱柱体。直棱柱体是由相互平行的两个全等的底面多边形与若干个垂直底面的矩形棱面所围成的几何体。我们常把这个多边形底面叫做**特征面**，如特征面为五边形的柱体叫五棱柱，特征面为三边形的柱体叫三棱柱。如果特征面为正多边形，我们称它为正棱柱。

① 棱柱的放置：在三投影面体系中放置柱体时，一般特征面平行某投影面，棱面垂直该投影面，使投影图简单易画，也方便以后尺寸注写。

② 绘制棱柱三视图的步骤：先画两特征面实形图及其在另两面投影积聚线，后画各棱面（或侧棱）的投影。

【例 2-8】 作图 2-39（b）所示七棱柱三视图。

解

① 画两特征面的底稿图（为清楚体现画轮廓线位置，这里的底稿细线已加粗）。先作出特征面的水平投影实形图，再按三等关系画出另两面投影积聚线，并根据俯视图上 7 角顶位置找出主、左视图上这 7 个点（注意：主、左视图各有 3 对重影点）。如图 2-40（a）所示，其中对上、下两特征面上的 I 、II 角顶的投影进行了标记。

② 画各棱面的投影（即补上所有侧棱投影）。侧棱是 7 边形特征面上各对应角顶连线，且总是垂直特征面，故从主、左视图下方特征面积聚线上找出的 7 角顶位置，作上方特征面积聚线垂线，并判断这些侧棱可见性；各侧棱在水平面上的投影重合在俯视图各角点位置。

③ 检查并加粗描深完成全图。如图 2-40（b）所示。

柱体侧棱可见性判别：从棱柱体特征面的多边形角顶是否可见进行判断。如该例中分析主视图侧棱是否可见，需按图 2-41 中箭头方向观察俯视图的多边形特征面，因前方角顶可见对应的侧棱在主视图上可见，即有 3 个圈圆的角顶可见，对应的这 3 条侧棱在主视图上可见，后方 4 角顶不可见，对应的 4 条侧棱在主视图上不可见，其中有 3 条重合在可见侧棱上。同理，按俯视图左侧箭头指向看特征面图，有 4 角顶可见、3 角顶不可见，则左视图上对应有 4 条侧棱可见、3 条重合在可见侧棱上。

从上例棱柱体三视图可知，其视图特征为：一个视图为多边形，另两个视图为矩形组图。

确定棱柱体形状只需两个视图：一个是多边形的特征面视图，另一个是矩形组图。

工程图表达有许多特定的习惯约定，要求表示棱柱体特征面的视图不许缺少。如仅画两个矩形视图，则其中必有一个是特征面视图，也就是它只能是正方体或长方体，不允许看成是三棱柱等其他形体。因两个矩形视图中均无特征面视图，则它可以有多种几何形状。

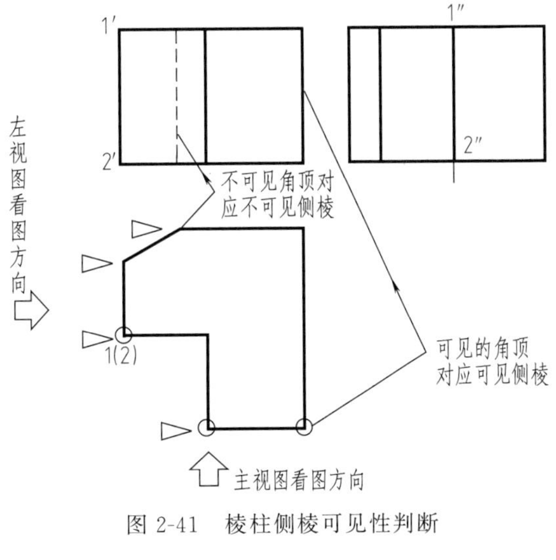

图 2-41　棱柱侧棱可见性判断

2. 棱锥体

棱锥体是由一个多边形的特征面作为底面，与若干共顶的三角形侧面围成的平面几何体。我们把底面是五边形的锥体叫五棱锥，底面是三边形的锥体叫三棱锥，依此类推。

① 锥体的放置：一般让锥体的底面平行某一投影面。

② 作图方法与步骤：先作底面与顶点的投影，后作各三角形侧面（或侧棱）的投影。

【例 2-9】 绘制图 2-42（a）所示三棱锥三视图。图中底面平行 H 面，BC 边平行 X 轴且在 V 面上。

解

① 画底面与顶点的投影。先绘制底面在 H 面上的实形图，再画 V、W 面的积聚线（平行 X 轴、Y 轴）；同样先在 H 面找出锥顶投影位置，再按三等关系和锥高尺寸在 V、W 面找出锥顶的投影位置。如图 2-42（b）所示。

② 画各三角形侧面的投影。每一个三角形侧面都是由两相邻侧棱与底边围成，其中侧棱是锥顶与底面各角顶的连线，如图 2-42（b）中连 sa、sb 构成图 2-42（c）中的$\triangle sab$，依此画法作出各投影面上的侧棱投影。

③ 检查并加粗描深完成全图。如图 2-42（c）所示。

锥体侧棱可见性判别：从锥体底面多边形特征面图的角顶是否可见进行判断，即可见角顶对应可见侧棱在对应的其他视图上的投影，反之亦然。具体分析过程同图 2-41 俯视图说明。

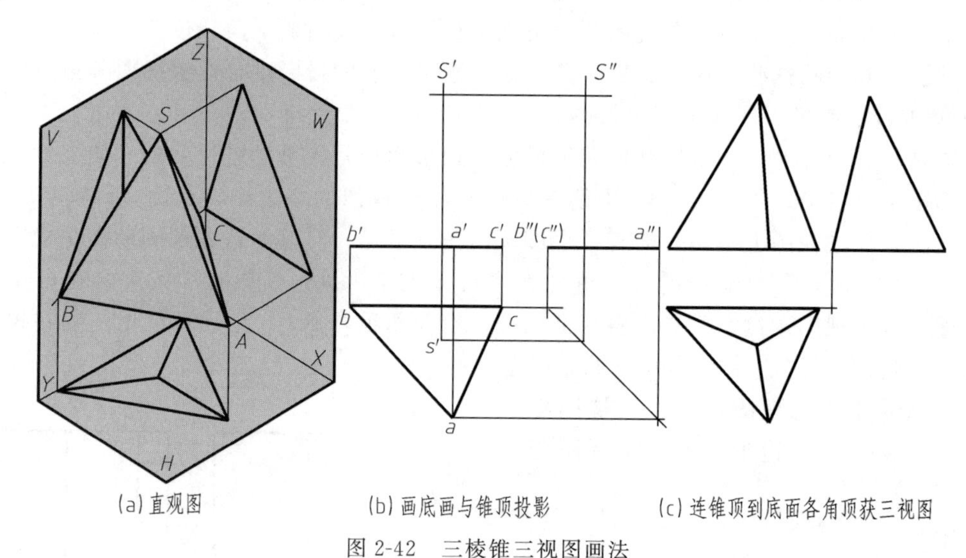

(a) 直观图　　(b) 画底画与锥顶投影　　(c) 连锥顶到底面各角顶获三视图

图 2-42　三棱锥三视图画法

从上例棱锥体三视图可看出，其视图特征为：一个视图为含共顶三角形组及其底边围成的多边形图，另两个视图为共顶三角形组图。

确定棱锥体形状只需两个视图：一个是含共顶三角形组及其底边围成的多边形图，另一个是有共顶的三角形组图。

【例 2-10】 作如图 2-43（a）所示五棱锥的三视图。

解　作图过程同［例 2-9］，如图 2-43（b）、（c）所示。底面五角顶的各面投影位置要一一对应找出，然后找出锥顶三面投影位置，最后连锥顶到底面各角顶的同面投影。

二、回转体

回转体的形成已在图 2-9 中作了介绍，母线绕平面内的轴线回转一周形成回转面，其中母线在回转时所出现的任一位置称为素线，母线上的点回转一周走过的轨迹称为纬圆。在产品的零件中常见的是圆柱体和圆锥体，其次是球体和圆环体。

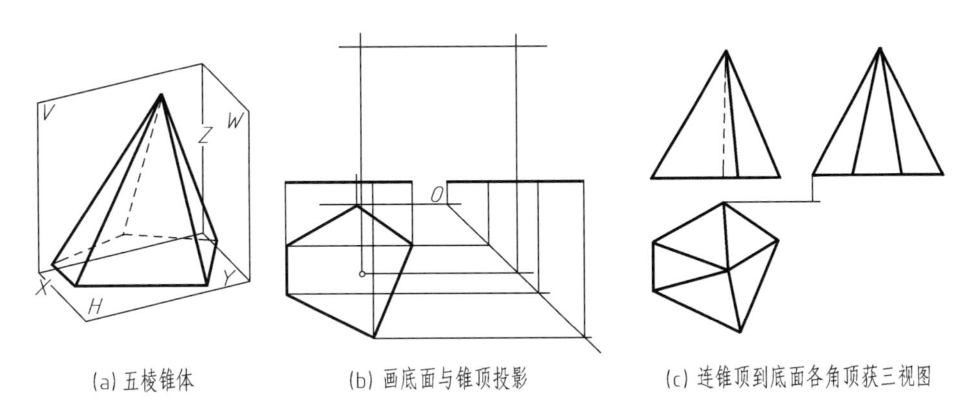

图 2-43　五棱锥三视图画法

各种回转面都是由母线绕轴线回转一周形成的曲面，故轴线是形成曲面的关键要素，在视图上必须表示出轴线位置。

1. 圆柱体

圆柱体是由一个圆柱面与两个全等且平行的圆形底面围成的几何体。在图 2-6 中已介绍了圆柱体的拉伸建模，圆柱体的两个底面即是特征面的两个位置。

① 圆柱体的放置：在三投影面体系中放置圆柱体时，其底面平行某投影面，则轴线垂直该投影面，所得视图反映实形（在维面下方）。

② 绘制圆柱体三视图的步骤：先画两特征面实形图及另两面投影积聚线，后画柱面（即画出圆柱面的两外侧素线轮廓线）的投影，如图 2-44 所示。

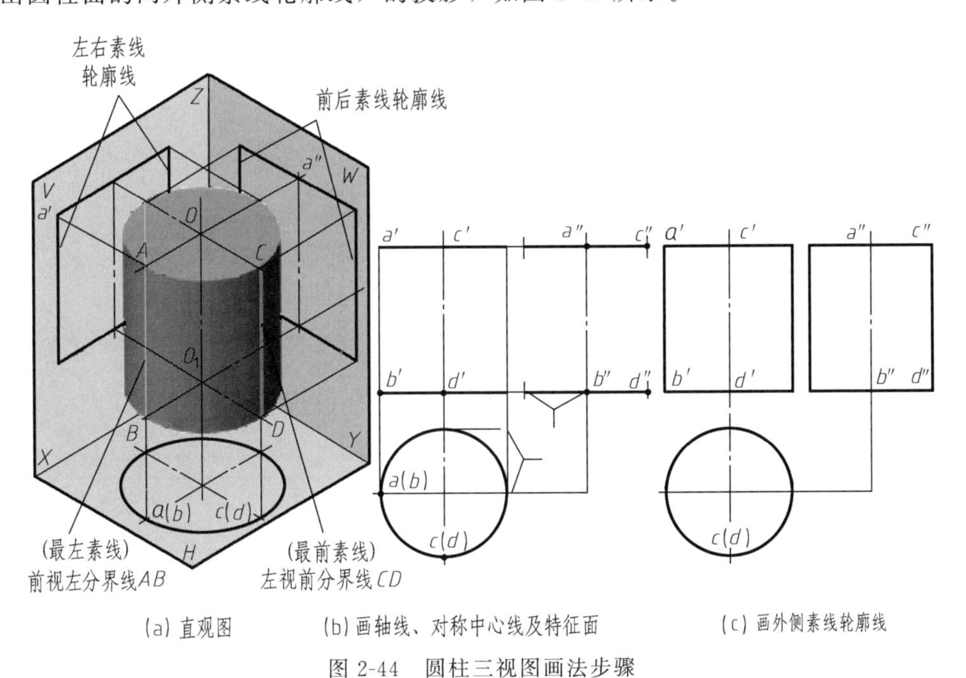

图 2-44　圆柱三视图画法步骤

【例 2-11】 作图 2-44（a）所示圆柱体三视图。

解

① 画两特征面的底稿图。先作 H 面上对称中心线及 V、W 面上轴线，然后画 H 面上

底圆的水平投影，再按三等关系画出其另外两投影面上积聚线，如图 2-44（b）所示。因回转体是以轴线为对称的形体，“宽相等”尺寸以物体后方作测量尺寸起点不太方便，故以回转体的前后对称面作为量取尺寸的起点。

② 画柱面的投影。圆柱面的 H 面投影重合在圆周轮廓线上，V、W 面投影只需在图 2-44（b）分别补画出 4 条素线轮廓线，如图 2-44（c）所示。

圆柱面上最左素线 AB 是主视图上的素线轮廓线，不是左视图上的轮廓线，但它出现在左视图的轴线位置、俯视图的最左位置。另 3 条素线轮廓线请读者逐一找出在其他视图上的位置。

③ 检查并加粗描深，完成全图。

从上例圆柱体三视图可看出，其视图特征为：一个视图为含对称中心线的圆形特征面图，另两个视图为含轴线的矩形图。

确定圆柱体形状只需两个视图：一个是含对称中心线的圆形特征面图，另一个是含轴线的矩形图。

2. 圆锥体

圆锥体是由一个圆形的底面和一个圆锥面围成的几何体，如图 2-45（a）所示。在图 2-8 中已介绍了圆锥体的放样建模，即圆锥体的底面即是特征面图。在图 2-9（b）中已介绍了旋转建模，圆锥面是由直母线绕与其相交的轴线回转一周形成，锥顶至底圆周上任一点的连线是直线素线。如图 2-45 中的 SA、SB 为最左和最前两条素线。

① 圆锥体的放置：在三投影面体系中放置圆锥体时，锥体底面平行某投影面，则轴线垂直该投影面，所得视图反映底面实形。

② 作图方法与步骤：先作出对称中心线、轴线，然后画底面圆、锥顶的投影，最后作锥面投影。如图 2-45（b）、（c）所示。主视图上的素线轮廓是锥面上最左和最右两素线的投影，左视图上的素线轮廓是锥面上最前和最后两素线的投影。

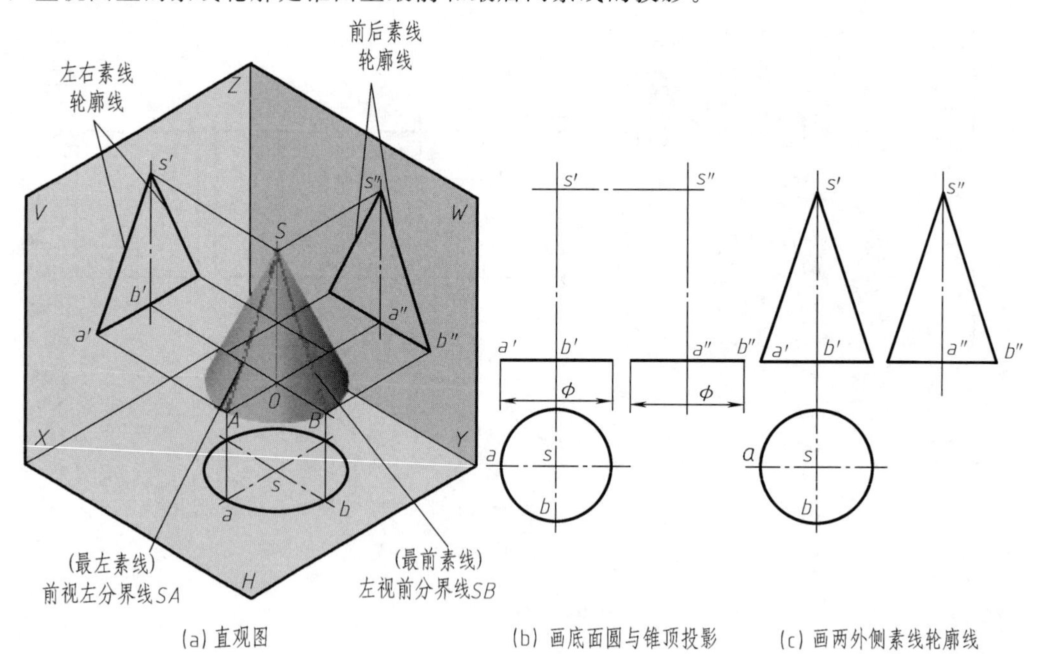

(a) 直观图　(b) 画底面圆与锥顶投影　(c) 画两外侧素线轮廓线

图 2-45　圆锥三视图画法

从圆锥体的三视图可看出，其视图特征为：一个视图为含对称中心线的圆形特征面图（锥面和底圆的投影），另两个视图为含轴线的等腰三角形。

确定圆锥体形状只需两个视图：一个是圆形特征面视图，另一个是含轴线的等腰三角形图。

3. 球体

球体是球面围成的几何体，球面是由半圆母线 OMO_1 绕与其共面且过圆心的轴线回转一周形成的曲面，母线圆弧的圆心即为球心位置，如图 2-46（a）所示。

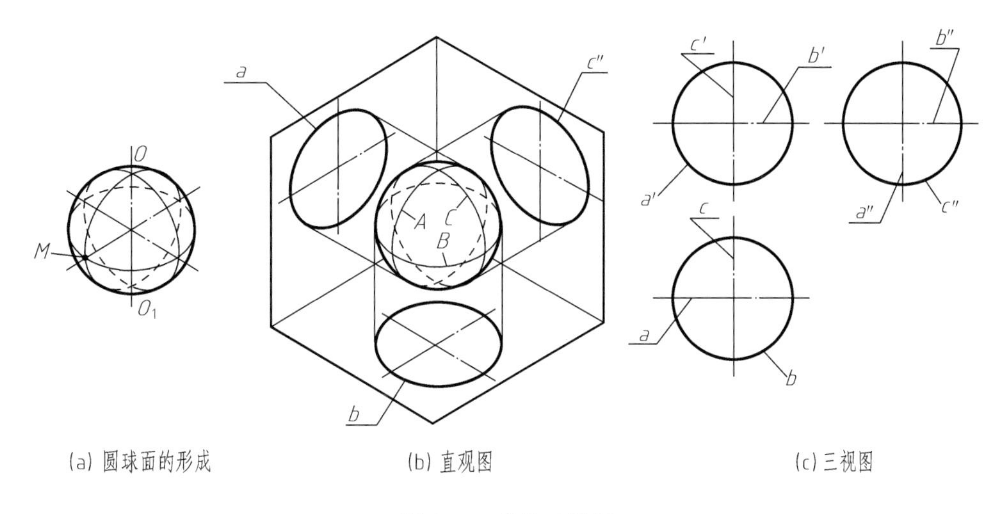

(a) 圆球面的形成　(b) 直观图　(c) 三视图

图 2-46　球体三视图

球体从任何方向看其形状都是一样，这是由于过球心的任一直线都可作为回转轴线，如图 2-46（a）中的轴线垂直 H 面，母线的中点 M 形成的纬圆是平行 H 面的最大纬圆 B，也是从上面看球面可见与不可见的转向轮廓线投影，圆心在球心位置，半径等于球面半径；若把形成球体的轴线看成是垂直 V 面，则此时产生的最大纬圆 A 即为转向轮廓线在 V 面投影；同样若形成球面的轴线垂直 W 面，则此时产生的最大纬圆 C 即为转向轮廓线在 W 面投影。

由上述分析可知，球体的三视图是相互垂直、直径相等、圆心位于球心上的球面转向轮廓线在三个投影面上的投影。如图 2-46（b）、（c）所示。

从球体的三视图可看出，其视图特征为：三个视图都是含对称中心线（或轴线）的圆。但必须清楚这三个转向轮廓圆彼此处于相互垂直的位置。

4. 圆环体

圆环体是由圆环面围成的几何体。圆环面是由母线圆绕与其共面但不通过圆心的轴线回转一周形成的回转面。在图 2-47 中，轴线垂直 H 面，俯视图上两转向轮廓圆为最大和最小纬圆的投影，点画线圆为母线圆中心走过的轨迹；主、左视图上轴线两侧的小圆是素线轮廓圆（如直观图上标记 A、B 点位置的圆为最左素线圆，在 V 面是素线圆轮廓线在 W 面不足），上、下轮廓线是最上和最下纬圆在 V、W 面上的投影积聚（是曲面的转向轮廓线）。

三、简单几何体的视图识图

学习正投影法及点、线、面投影知识，是为看懂基本体视图打下基础。同样，学习各类

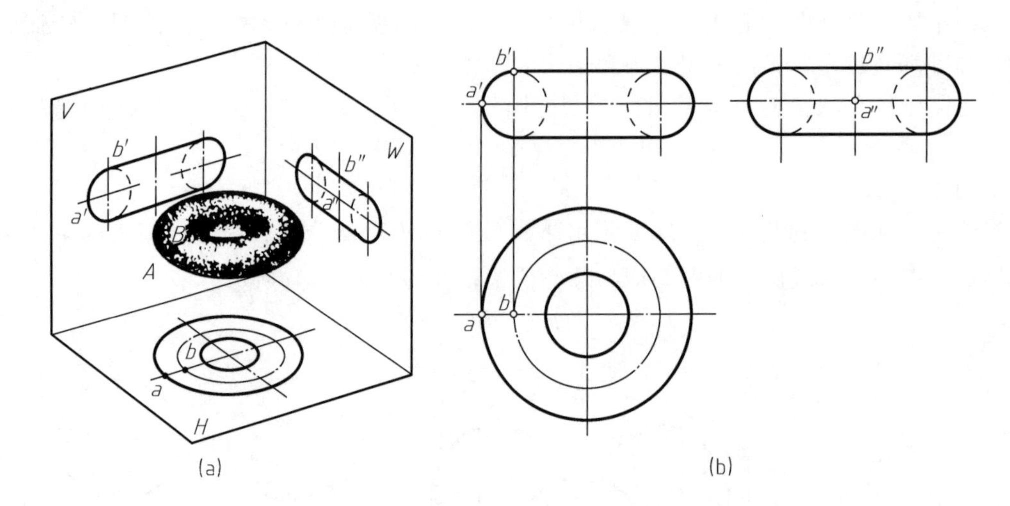

图 2-47 圆环体三视图

基本体的视图绘制及其视图特征，是为我们看懂产品视图打好基础。在工程产品中由柱体、锥体、球体组合而成的复杂形体占据了绝大部分。显然，看懂这些基本体视图是我们学好后续课程内容的前提条件。

在前面讲解基本体的直观图与三视图画法中，我们特别强调首先画出特征面。同样，在看图和补画第三视图时必须抓住和看懂这个关键图形，当把特征面的位置与形状搞清楚了，对其扫掠形成的空间形状就能想象出来或用直观图表示出来，第三视图的补画也就容易做对做好。

这里我们通过已知两视图补画第三视图的实例，说明作图过程。

【例 2-12】 已知如图 2-48（a）所示的主、俯视图，补画左视图。

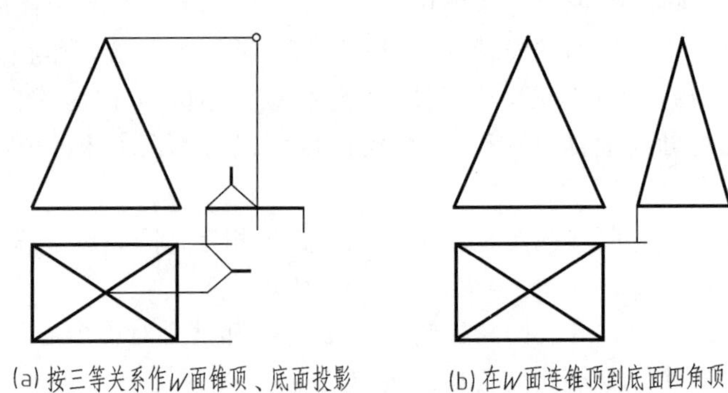

图 2-48 补画第三视图

解

① 基本体类型判断。给定的两视图为三角形和内含共顶三角形组的四边形，符合棱锥体视图特征，故判断为四棱锥体。且由棱锥体视图特征知，左视图一定是三角形（组）图。

② 补左视图。按三等关系补画出底面、锥顶在 W 面的投影［图 2-48（a）］，再补四侧棱的投影（因底面前方两角顶与后方两角顶各自重合，故只需画出两可见侧棱的投影）。

③ 加粗、描深轮廓的投影线，如图 2-48（b）所示。

【例 2-13】 已知如图 2-49（a）所示的主、左视图，补画俯视图。

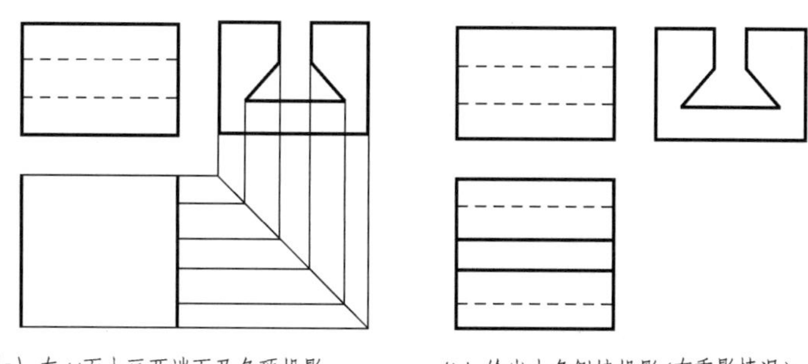

(a) 在H面上画两端面及角顶投影　　(b) 绘出十条侧棱投影(有重影情况)

图 2-49　补画第三视图

解

① 基本体类型判断。给定的两视图为一多边形和一矩形组图，符合棱柱体视图特征，故判断为十棱柱体。且由柱体视图特征知，俯视图一定是矩形组图。

② 补俯视图。按三等关系画出两端面在 H 面的投影，如图 2-49（a），再补十条侧棱的投影（注意侧棱投影的不可见与重合问题），如图 2-49（b）所示。

③ 加粗、描深轮廓的投影线。

【例 2-14】 已知如图 2-50（a）所示的俯、左视图，补画主视图。

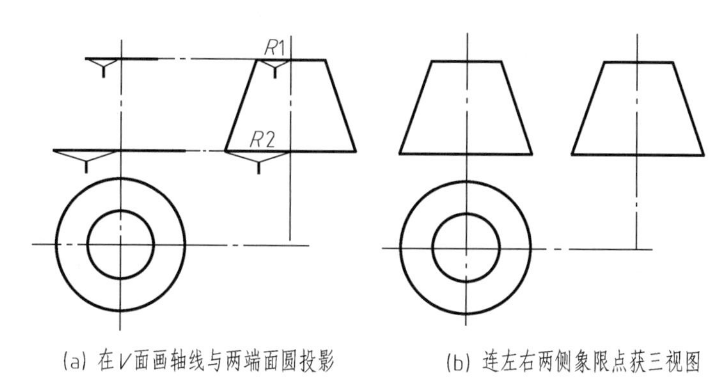

(a) 在V面画轴线与两端面圆投影　　(b) 连左右两侧象限点获三视图

图 2-50　补画主视图

解

① 基本体类型判断。给定的两视图为一个含对称中心线的同心圆和一个含轴线的等腰梯形，符合圆锥体视图特征的变化图，故判断为圆台体。且由圆锥体视图特征知，主视图一定是与左视图对应的含轴线的等腰梯形图。

② 补画主视图。按三等关系画出轴线和两端面圆在 V 面的投影，如图 2-50（a），再补画左右两侧转向轮廓的投影，如图 2-50（b）所示。

③ 加粗、描深轮廓的投影线。

初学者在做作业时，一定要按上述三例中的识图与补图过程一步步进行。前面介绍画直观图是抓住特征面、锥顶、转向轮廓等关键图素开始作图，识图与补图同样是从这些关键图素开始作图，在三维 CAD 造型中也是先作出这些关键图素再得到三维实体。同时初学者对各类基本体的视图特征要十分熟悉，才会具有很强的识图能力。

【例 2-15】 已知如图 2-51（a）所示的主、俯视图，补画左视图。

解　作图过程如图 2-51（b）、（c）所示。

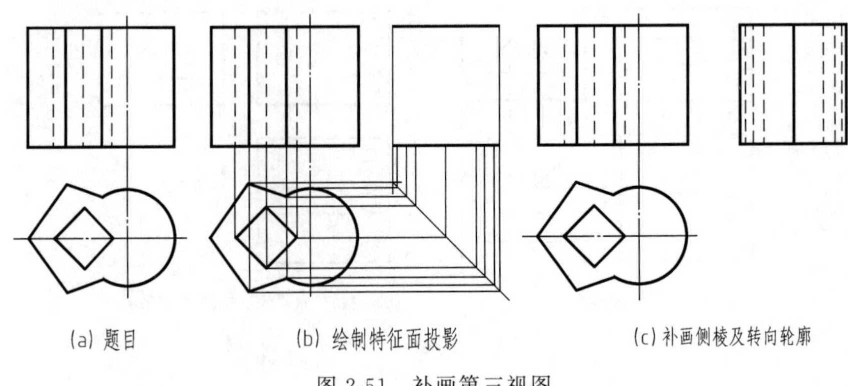
(a) 题目 (b) 绘制特征面投影 (c) 补画侧棱及转向轮廓

图 2-51 补画第三视图

【例 2-16】 已知图 2-52（a）中的主、左视图，补画俯视图。

解

① 基本体类型判断：给定的左视图为两相似多边形（多边形由 1 条圆弧、2 条直线段围成），它们的对应边相互平行，对应的 3 角顶连线；主视图为梯形图组。显然，这是符合锥台的视图特征。左视图上两个相似多边形即为特征面，高平齐对应了主视图上铅垂位置的两特征面积聚线，进一步明确了它属锥台形体。因多边形特征面是由圆弧和直线段围成，表明锥面是由圆锥面和棱锥面组合构成，圆锥面轴线垂直 W 面。

由圆锥体视图特征知，俯视图是梯形图组。

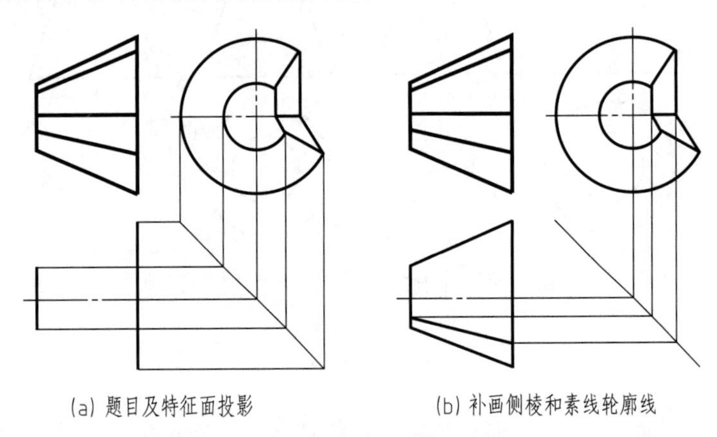
(a) 题目及特征面投影 (b) 补画侧棱和素线轮廓线

图 2-52 复合型锥台

② 补画俯视图：在主视图下方适当位置画出锥面的水平轴线，两多边形特征面在 H 面的投影积聚为直线且垂直轴线，从左视图找出两特征面的前后最大尺寸位置，根据“长对正、宽相等”画出两积聚线。如图 2-52（a）中 H 面图线所示。

逐一找出左视图上特征面各角顶位置（锥面需找出最后方素线两端点），然后逐一连接各对应角顶及后方锥面的素线轮廓线，并判别可见性。

③ 加粗、描深轮廓线，如图 2-52（b）所示。

在以上例题中的【2-15】、【2-16】为广义上的柱体、锥体，具有柱体、锥体的相同视图特征。

如图 2-51 所示的主俯视图、图 2-52 的主左视图，已把几何体的空间形状表示清楚。为什么这里还要画第三面投影图呢？一是检查我们是否能看懂基本体视图，二是复杂形体需更多方向的视图才能把形状表示清楚。

在工程应用中，大量采用绕投影面相交轴线展开的两视图进行表达，两视图对应关系清晰，如图 2-51（a）、图 2-52（a）两视图所示。但不许仅用图 2-50（a）所示的俯、左视图表示产品视图（因俯、左视图不是直接的二投影面展开配置）。

复杂形体需用三视图或更多视图才能把形状表示清楚，因此，三视图中俯、左视图独特的配置关系、前后方位关系、“宽相等”尺寸关系，在看图时应尽快熟悉、适应。

截断体和相贯体

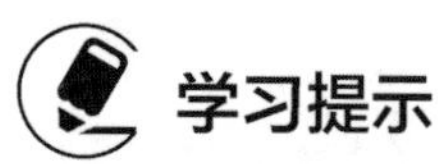

表面找点是截交线、相贯线求解的基础。基本体被切割后留下的截断体，以及看成是几个基本体组合而成的相贯体，都是完整的单一几何体。为了容易看懂它们的视图，我们需根据基本体视图特征，把截断体视图复原为基本体视图，把相贯体视图拆分为若干基本体视图，便于想象基本体形状及绘出基本体视图底稿，为后续解题时能依据基本体视图底稿完成找点、线的作图。

在我们日常生活中及工厂看到的产品通常都是平面体、回转体或它们组合而成的复杂形体，根据用途的需要还会对这些几何体进行挖切，形成更复杂形体。图 3-1 所示冲模切刀的视图绘制，首先要看出它是由两圆柱体构成的复合体，再经过切削而成。故复杂形体的绘制要以基本体视图为基础，应用本章所讲方法，找出基本体上新出现的轮廓线，完成求解。

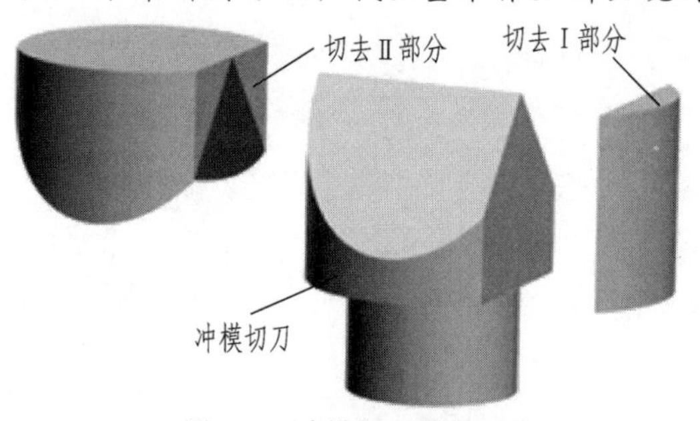

图 3-1　冲模切刀的制造

第一节　基本体表面找点

基本体表面上的点，其投影出现在表面投影积聚线上或表面图形的从属线（如表面轮廓线、素线、纬圆以及表面上的辅助直线等）上时，可按点投影“三等关系”作出其他视图上的位置。因此，找到点所从属的这些图素在视图上的位置，成了解题的关键。

1. 找轮廓线上的点

点在轮廓线上，则它的投影从属于轮廓的投影线，再利用点投影的三等关系，可直接找出轮廓上点的三面投影。如图 3-2（a）所示，已知五棱柱上 k'位置，找出 K 点的另两面投影。由于 K 点是表面上的空间点，k'可见，说明 K 点在柱体的前方可见轮廓线上，该轮廓线是铅垂线（从该轮廓线对应于俯视图上的特征图角顶可知），利用三等关系直接找出从属于其上的 k 、k''点。

2. 找表面上的点

若点在平面形表面上（不包含表面轮廓线上的点），因平面形的投影一般为类似形、实形图，特殊情况积聚为直线，故可应用平面形投影图上找从属点方法求解。若点在回转面上，因回转面上有纬圆，故可利用点的投影从属在过该点的纬圆投影上，找到投影点位置。

（1）柱体表面上的点

利用表面积聚线找点。柱体底面平行某投影面，则其每一个表面在三个视图上总会出现投影积聚线，因表面上点的投影一定会从属在该表面积聚线，按三等关系可在该积聚线上找到其投影点位置，然后再找出另一投影面上投影点。如图 3-2（a）所示，已知五棱柱视图上 q'点和 e''点的投影，找出它们在另两投影面上的投影。

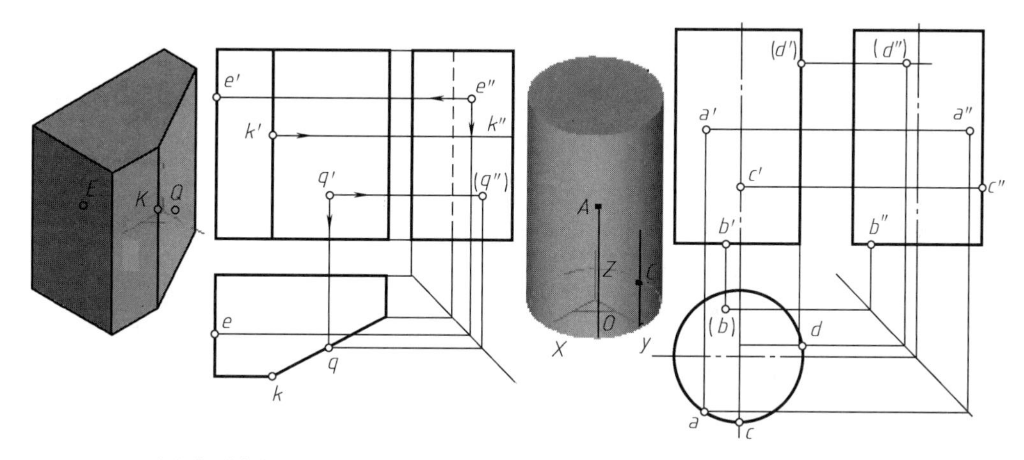

(a) 找五棱柱上 k'、q' 和 e'' 的其他面投影　　(b) 找圆柱体上 a'、(b)、c'' 和(d'')的其他面投影

图 3-2　利用表面积聚线找柱体表面上的点

这里因 q'可见，说明 Q 点在前方棱面上，该棱面在 H 面上的投影积聚为直线，故可按“长对正”关系直接找到 q 点位置，再按“高平齐、宽相等”找到 q''。

又如，e''的投影可见，说明 E 点在五棱柱左侧的棱面上，该表面在俯视图上积聚为直线，因是侧平面，其在正面投影也积聚为直线。按“高平齐、宽相等”可直接在该平面的两积聚线上找到 e'、e 点。

如图 3-2（b）所示为圆柱体表面找点。若已知 b 点的位置，求其另两面投影。我们从该点在 H 面投影的括号标记可知 B 点在圆柱的下方底面，该底面是平面，在主、左视图上投影积聚为水平线，按“三等关系”可直接找出 b' 、b''点。

若已知 a'点位置，求其另两面投影。从该点的标记可知 A 点在圆柱面的左前方位置，因圆柱面在 H 面投影积聚为圆，按“长对正”可直接在圆柱面积聚线上找到前方交点 a，再应用“高平齐、宽相等”找出 a''点。

若已知（d''）、（c''）位置，同样方法可找出另两面投影。

表面上点的可见性判别：根据对形体的空间想象进行判断，即从投射方向观察，点所在表面（或回转面的该部分）可见，则该点可见；反之不可见。

（2）圆锥体、球体表面上的点

由于圆锥面、球面的投影无积聚线，我们无法利用表面积聚线求解，常用的解题方法是利用回转面上的纬圆求解。

如图 3-3 所示为圆锥体、半球体的纬圆法找表面上点的原理图。我们看到的锥体、半球体如同一座小山，如图中所示的回转面上纬圆总是与底圆平行，纬圆如同表示山体的等高线（如直观图上过 D 点的纬圆），在主视图上是平行底圆积聚线的等高线，在俯视图上是底圆的同心圆（即锥面或球面上纬圆投影）等高线，“等高线”表明了主、俯视图上的同一纬圆图线出现在回转面上的同一高度位置。如图 3-3 中通过找出素线轮廓线上 D 点的 d' 与 d 点的对应位置关系，可画出回转面上同一条等高线在两个视图上的投影位置。

如已知图 3-3 中 e 点投影，要求找出 e' 点位置。作图过程是在 H 面上过 e 点作底圆同心圆，其表示的是 E 点在回转面的纬圆等高线上（即距底圆有一定高度），反映在主视图则为距底圆积聚线等高度位置的纬圆等高线，两者位置关系通过最左素线上 d、d' 点的“长对正”关系找到；E 点从属于该等高线，过 e 点“长对正”找到主视图上该等高线上的 e' 点，并作可见性判断，完成作图。记住，等高线总是在锥面或球面上。

图 3-3（a）中还图示了利用素线的解题方法：过锥顶连接锥面上的 E 点所做的延长线一定是锥面上素线，会交于底圆圆周上，利用锥顶与底圆圆周上的这个交点，可找到素线在其他两投影面上位置，则 E 点在另两面的投影必须从属在该素线的同面投影上。

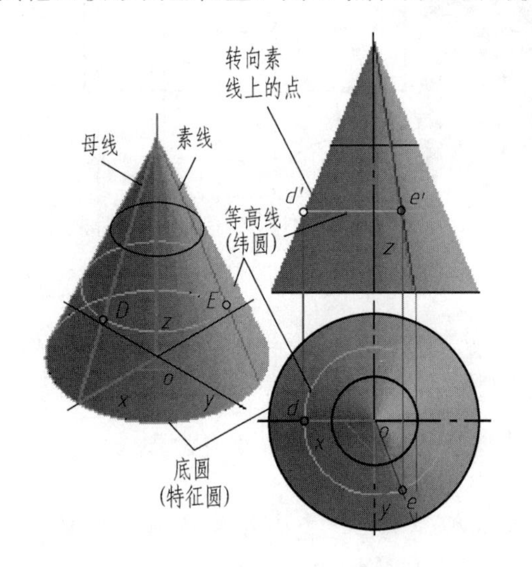

(a) 棱锥面上D点的等高线找点法

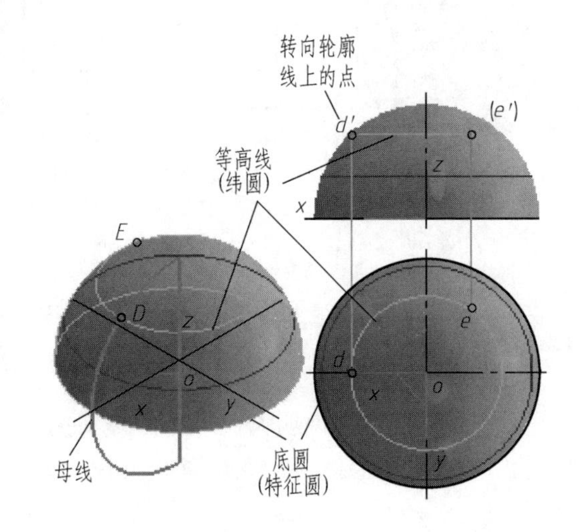

(b) 球面上D点的等高线找点法

图 3-3　纬圆等高线找回转面上点

（3）棱锥体表面上的点

圆锥面上纬圆等高线的找点作图方法，可用于棱锥面上点的求解。

如图 3-4 所示为五棱台三视图，看主、俯视图可知，棱台的五边形上底面平行于下底面，距下底面的高度相等，上底五边形的每条边总是平行于下底五边形的对应边，它们都从属于锥面，是锥面上的相似多边形等高线。

如果在主、俯视图或俯、左视图上能找到锥面上的某条等高线在两个视图上的投影位置，则锥面上从属于该等高线的点就能按三等关系找到。

如图 3-4 所示，已知 K 点 k 位置，求其另两面投影。作图过程如下：因俯视图上 K 点可见，说明 K 点在四边形 $ABCD$ 的锥面上，过 k 点作 cd 平行线，得到从属于四边形 $abcd$ 的 mn 等高线，交 bc 边 m 点，再由 m 点找到从属于 $b'c'$ 直线上的 m' 点，然后过 m' 点作平行于底面积聚线的等高线 $m'n'$，则找出了三个视图中过 K 点在锥面上的等高线，按点投影的三等关系即可作出 k'、k'' 点在等高线上位置，并作可见性判断，如图 3-4 所示。

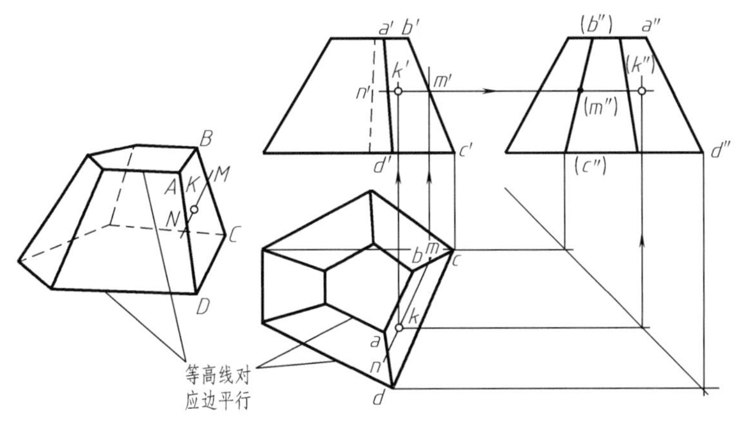

图 3-4　利用等高线找棱锥面上的点

第二节　截　断　体

绘制与识读图 3-5 所示截断体的视图，需依据基本体视图及其表面找点方法来解决。

截断体是指用一个平面一次或多次切割基本体后留下的几何体。切割基本体的平面称为截平面，截平面与基本体表面的交线称为截交线，产生的新表面称为截断面。其中两截断面的交线称为断面交线。截断面的边界是由截交线或截交线与断面交线围成的封闭平面形，如图 3-5 所示。

在画截断体三视图时，为了作图方便，通常让截断面处于垂直某一投影面的位置，其投影积聚为直线，如图 3-5（a）中的截断面投影在图 3-6（a）中为主视图上积聚线。图 3-5（b）中的两截断面的投影在图 3-9（a）中为主视图上两相交积聚线，积聚线交点是垂直 V 面的交线ⅢⅣ。

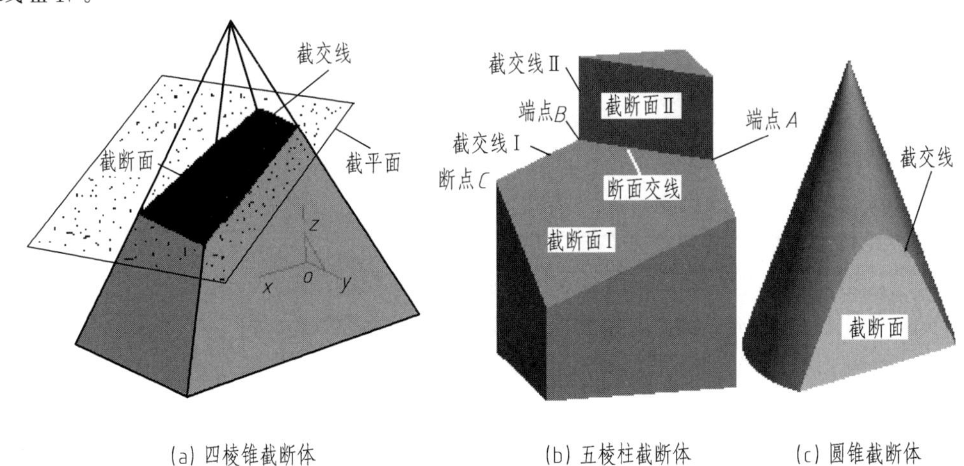

(a) 四棱锥截断体　(b) 五棱柱截断体　(c) 圆锥截断体

图 3-5　基本体上的截断面与截交线

要清楚截断面积聚线所表达的平面形状，就必须先搞清楚被切基本体原形；同时二条截断面积聚线产生的交点所表达的是该两截断面交线，为该投影面的垂线，当这些有了清楚的认识，截断面求解作图才会心中有数。

在以下内容中所求解的点，都是指从属于形体表面的点。

一、平面体上截断面多边形的求解

1. 截断面多边形的判断方法

（1）断点数判断法

用一个截平面完全切断平面体，则平面体上棱线被截平面切断的断点数即为截断面多边形的角顶数，且是截断面多边形的角顶，如图 3-5（a）所示。

（2）端点加断点数判断法

多个截平面的组合切割会产生多个截断面，一个截断面多边形的角顶数为该次切割棱线断点数加该断面上交线端点数。断面上交线端点是指相交两截断面的交线端点，如在图 3-5（b）中的 A、B 点，图中截断面Ⅰ的边数为 5（2 端点＋3 断点），是 5 边形截断面，同时 A、B 端点是截交线Ⅰ与截交线Ⅱ的连接点与分隔点。

注意，在本节内容中提到的“端点、断点”是指此处介绍的两个概念的含义。

2. 找截断面多边形角顶的作图方法

即采用基本体表面找点的方法，主要用到以下作图方法。

① 利用断点、端点的从属性作图。

② 利用从属于同一平面投影图的两平行线是代表空间平面上的两平行线进行作图。

③ 利用点投影的三等关系作图。

3. 截断体视图的识读与作图

（1）视图的识读

根据已知的两视图补画第三个视图，首先要做的工作是识别它是哪类平面体。方法是假想把缺口补齐，再看它会符合哪类平面体的三视图特征，把切割前的基本体形状确定，然后在此基础上进行切割想像。

（2）作图步骤

先画出完整的基本体三视图，然后求解截断面，最后修改去掉多余的图线。

【例 3-1】 完成如图 3-6（a）所示的四棱锥切掉锥顶后的三视图。

解

① 判定基本体类型及补全基本体三视图。基本体是四棱锥，用细实线画出该基本体主、俯、左视图（题中文字已给出基本体，此步不需分析基本体类型），如图 3-6（a）所示。

② 分析棱线断点数。从主视图看，截断面在 V 面积聚，即截平面垂直 V 面；四棱锥的锥顶到底面有四条侧棱，皆被该截平面切断，断点数为 4，分别是Ⅰ、Ⅱ、Ⅲ、Ⅳ点，故该截交线为四边形，分析情况如图 3-7 所示，并把四断点在图 3-6（b）主视图上注出。

③ 作截交线。在主视图上找出四断点的投影 $1'$、$2'$、$3'$、$4'$，再利用直线上点的投影从属性和点投影三等关系，即可作出四断点在 H 面上的投影 1、2、3、4 和 W 面上的投影 $1''$、$2''$、$3''$、$4''$，如图 3-6（c）所示；然后把同面投影点顺序连线，得到四边形 1234 和四边形 $1''2''3''4''$，即获截交线在 H、W 面上的投影（截交线在各面投影可见，用粗实线绘制）。

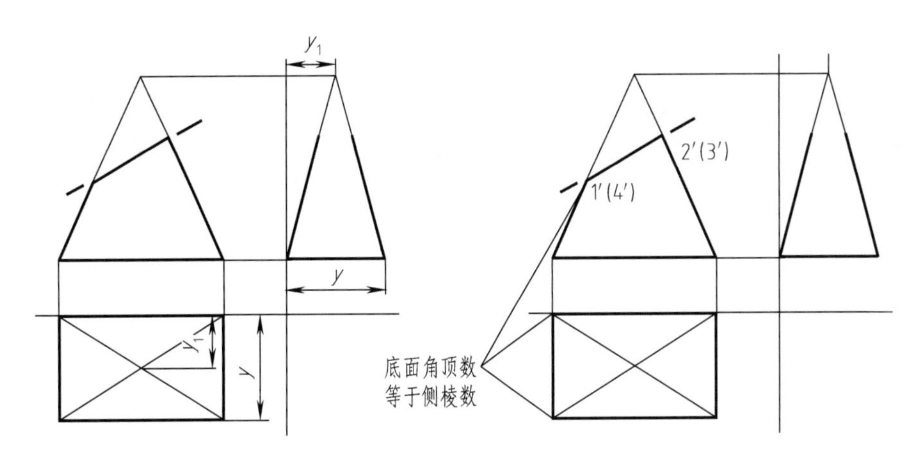

(a) 想象出基本体及画基本体三视图　　(b) 判定断点数为4，在主视图的侧棱投影线上找出4断点

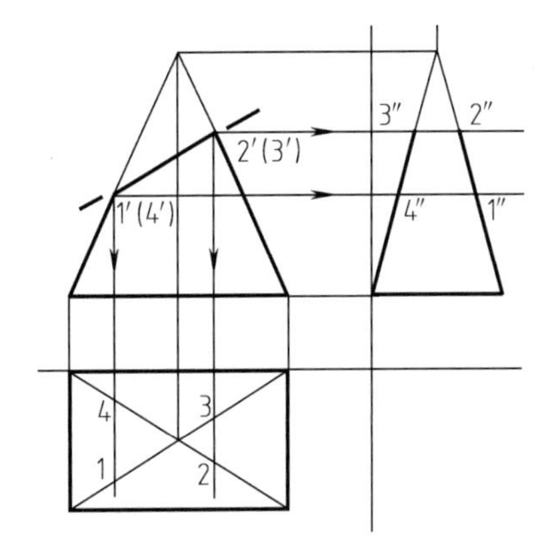

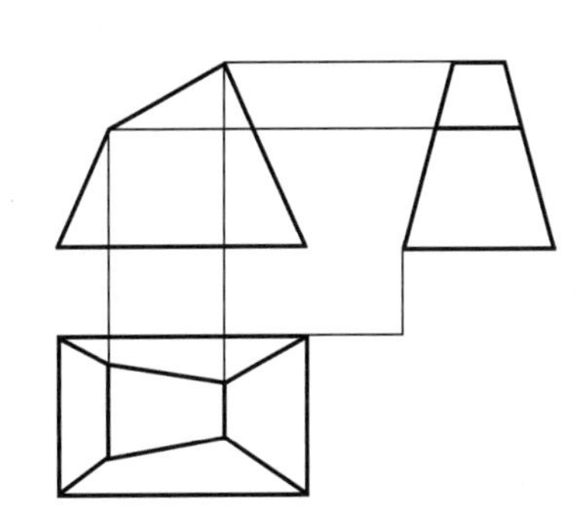

(c) 利用点的从属性和三等关系找出H、V面上断点　　(d) 对断点H、V面投影顺序连线绘出截断面

图 3-6　求作四棱锥截交线

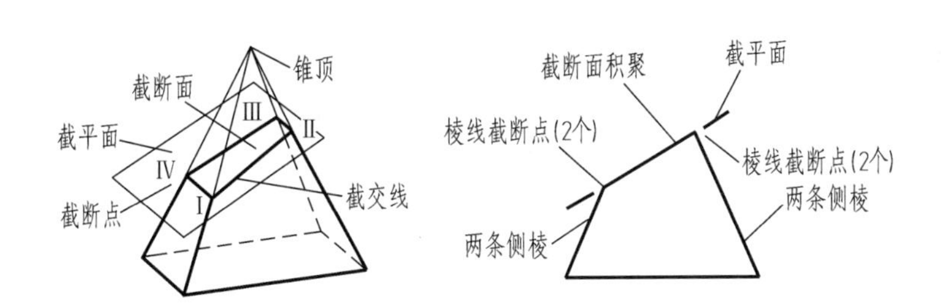

图 3-7　棱线断点数和截断面多边形分析

④ 修改及描深视图。断点以上截去的棱线已不存在，无其投影图线，断点以下保留的棱线若可见用粗实线绘制，不可见用细虚线绘制（若虚线重合在粗实线上则无法显现，但存在）。

作图要求：求作截交线要求保留找断点的作图细实线。

【例 3-2】 已知主、左视图［图 3-8（a)］，补画俯视图。

解　解题过程如图 3-8 所示。注意，各断点从属于五棱柱各侧棱，要利用三等关系和空间想像正确找出五条侧棱在三投影面上的投影位置，然后找出断点，完成全图。

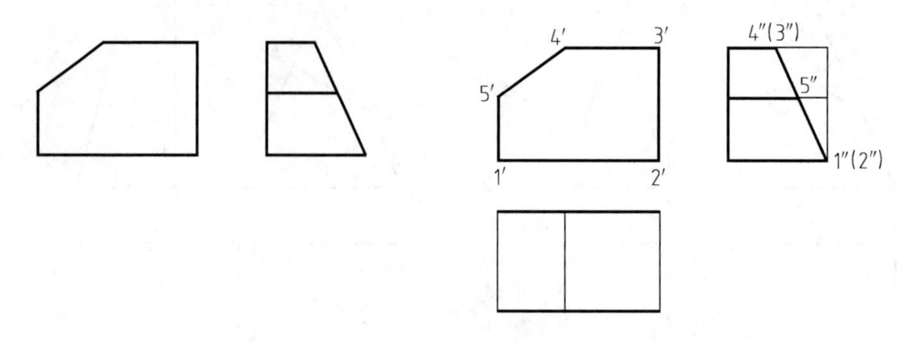

(a) 题目

(b) 补W面缺口，判定为五棱柱及补画五棱柱俯视图，从左视图上截断面积聚线可判定侧棱的断点数为5

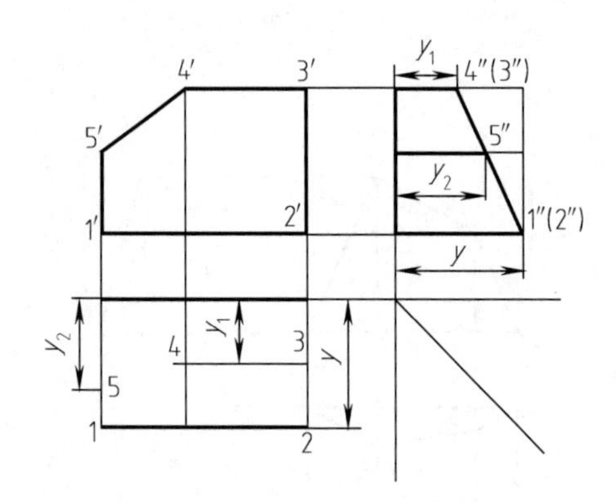

(c) 利用点的从属性和三等关系找出棱线上的5断点

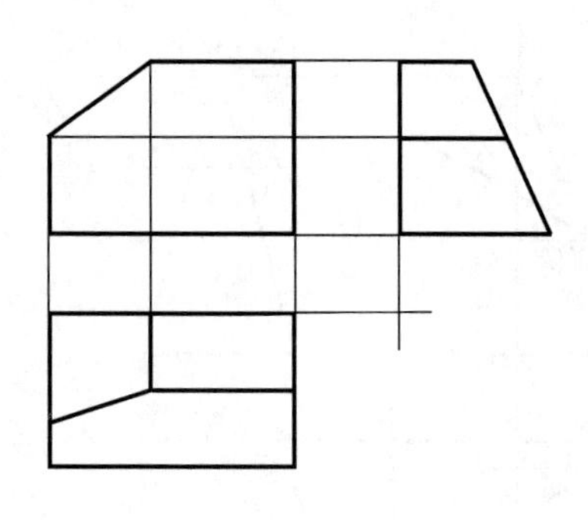

(d) 对断点H面投影顺序连线绘出五边形截断面

图 3-8 一次切割平面体的截交线求解

【例 3-3】 已知主、俯视图［图 3-9（a）］，补画左视图。

解 解题过程如图 3-9 所示。柱体切割有以下特点。

① 垂直端面切割柱体等深度所产生的截断面多边形一定是矩形。

② 截断面多边形的角顶从属在柱体各侧面上时，可从柱体侧面的投影积聚线上找到这些角顶的投影位置。如图中 4′点已知，长对正下来即可找到 4 点位置。

【例 3-4】 已知四棱锥切割后的主视图和切割前的俯、左视图［图 3-10（a）］，求作切割后的俯、左视图。

解 解题过程如图 3-10 所示。注意，平行锥底切断完整的锥体所产生的截交线一定是平行锥底的相似多边形，由于该截交线作图简单，故通常先绘制出该截交线，或该位置的假想切割截交线（即锥面上等高线），再去求解从属于该位置截交线或等高线上的相关点［如图 3-10（c）中的Ⅳ、Ⅴ点］。

为了便于记忆立体形状，初学者最好先把基本体的直观图徒手绘制出来，在此基础上对给定视图上的截断面逐个分析、想象并描绘出来，如图 3-10 中的直观图。

二、回转体上截断面多边形的求解

在前面已经提到，完全切断基本体产生的截交线（即截断面边界线）是一个封闭的平面

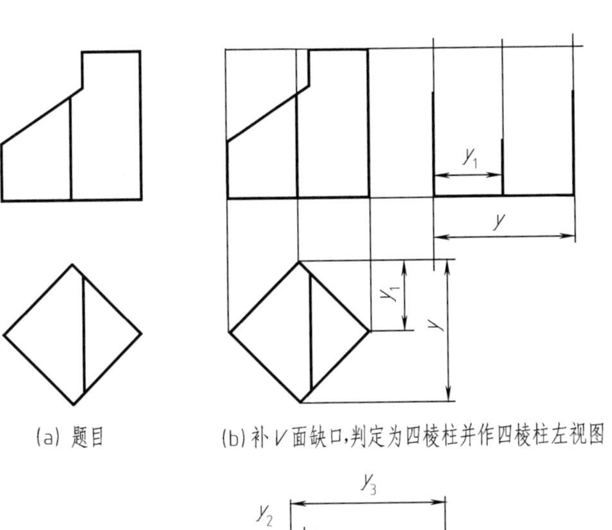

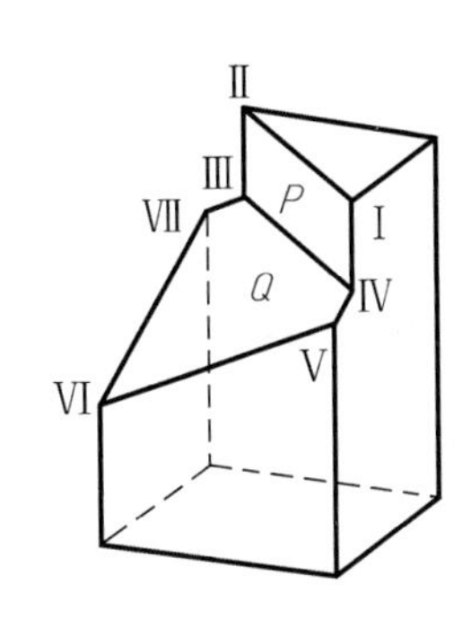

(a) 题目　(b) 补V面缺口,判定为四棱柱并作四棱柱左视图　(c) 从基本体原形入手想象空间立体

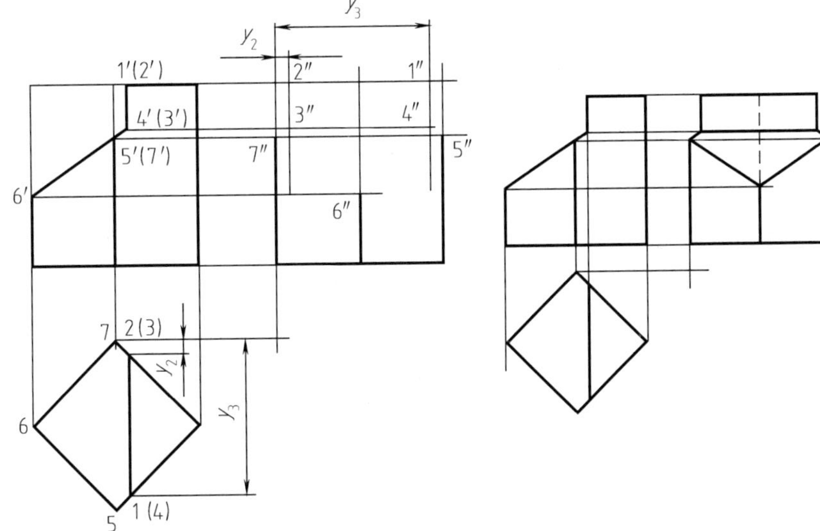

(d) P截断面　垂直端面,为矩形,4角顶分别位于V、H面积聚线两端。
Q截断面　侧棱断点数为3,两截断面交线端点为2,故Q面为五边形。根据上述分析找出每一个截断面角顶在已知视图上的位置，再按三等关系作出点在W面投影。

(e) 对W面上每一截断面各角顶顺序连线,绘出两截断面投影,修改及描深,完成左视图。
(注意,可见截断面图形的完整及不遗漏虚线)

图 3-9　两次切割平面体的截断面求解

多边形，对于回转体截交线来说，这个封闭的平面形通常是由直线边、曲线边、或二者组合围成。

求解回转体截交线时，分两类情况处理。一类是在回转面上的截交线，作图较复杂，在找截交线上点时通常要借助素线、纬圆等；另一类是在平面形表面上的截交线，一定是直线(截平面与平面形表面的交线)，只要找到交线两端点的同面投影就可连线作出。

1. 回转体截交线的基本图形

(1) 圆柱体截交线

截平面相对圆柱体轴线有三种位置，产生三种不同形状的截交线，见表 3-1。看懂和记熟这三种位置切割产生的截断面形状，是分析非完全切断产生截面图形的基础。

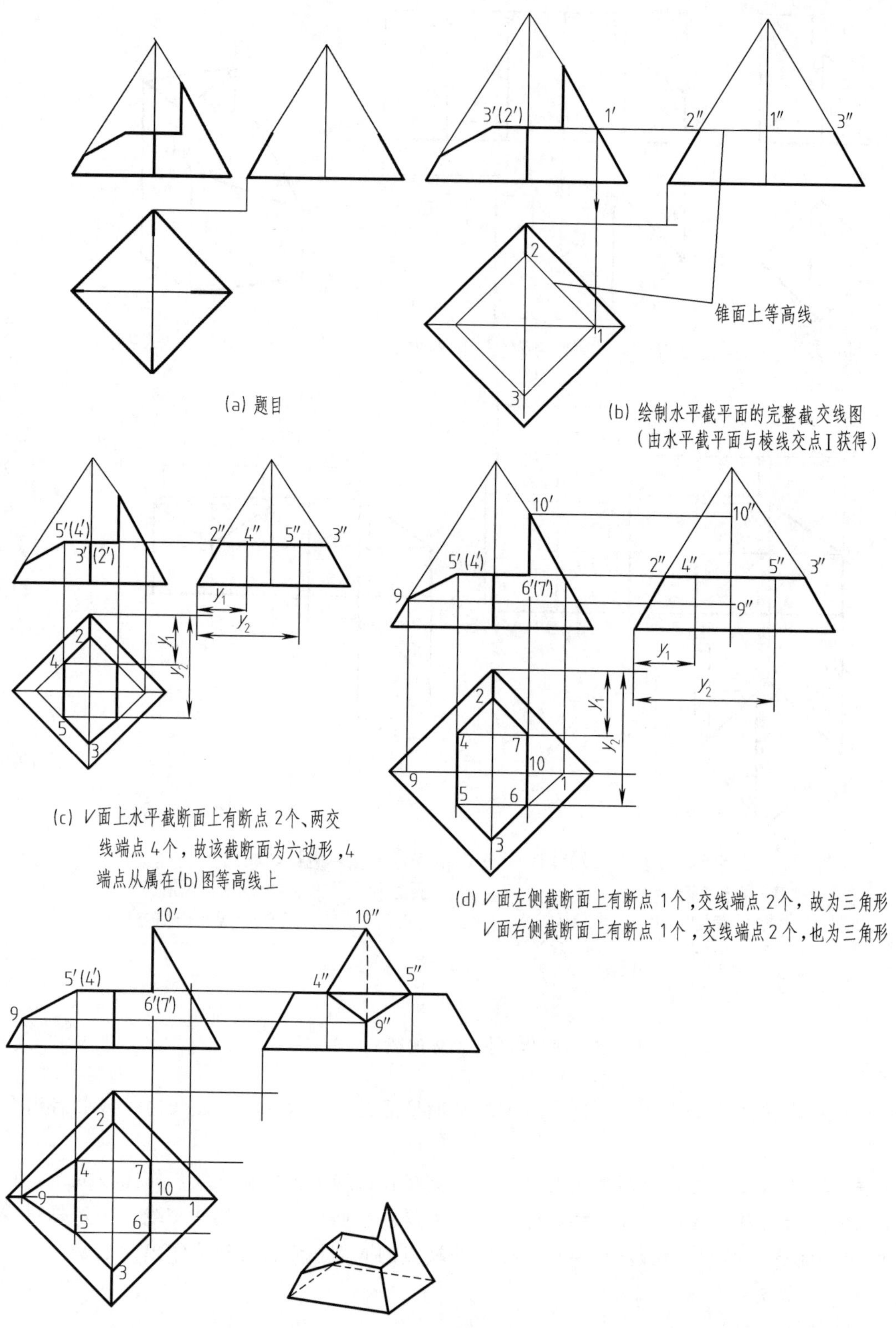

(a) 题目

(b) 绘制水平截平面的完整截交线图（由水平截平面与棱线交点Ⅰ获得）

(c) V面上水平截断面上有断点2个、两交线端点4个，故该截断面为六边形，4端点从属在(b)图等高线上

(d) V面左侧截断面上有断点1个，交线端点2个，故为三角形 V面右侧截断面上有断点1个，交线端点2个，也为三角形

(e) 分别绘出两三角形截断面，再修改及描深，完成全图(注意，四条侧棱要终止于截断面角顶处)

图 3-10 三次切割平面体的三截断面求解

表 3-1　圆柱体截交线

截平面的位置	与轴线平行	与轴线垂直	与轴线倾斜
截交线形状	直　　线	圆	椭　　圆
轴测图	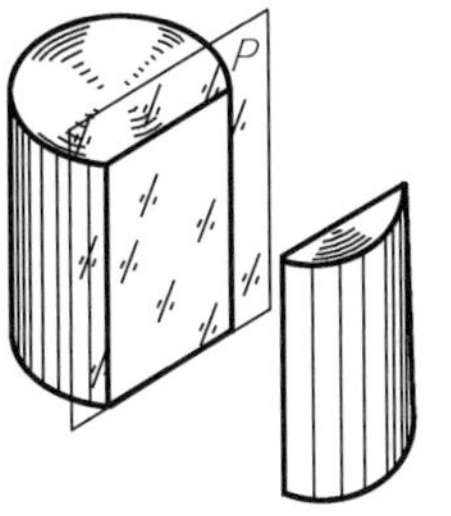	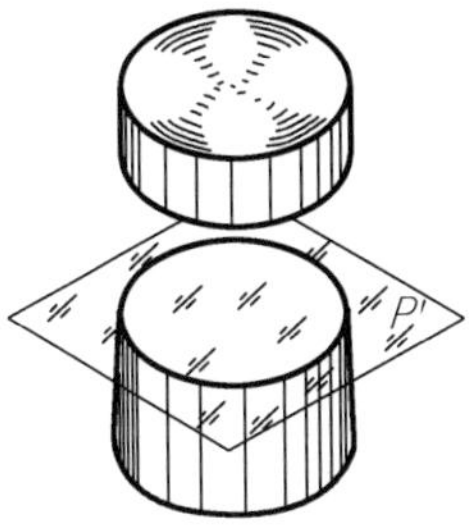	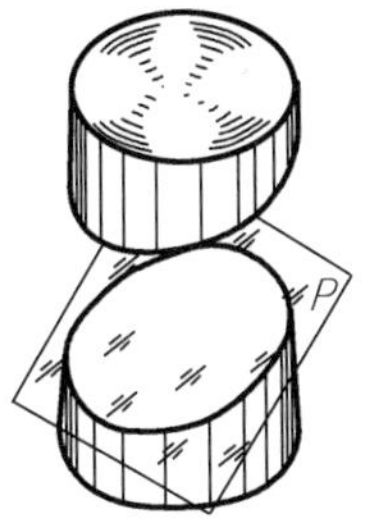
投影图	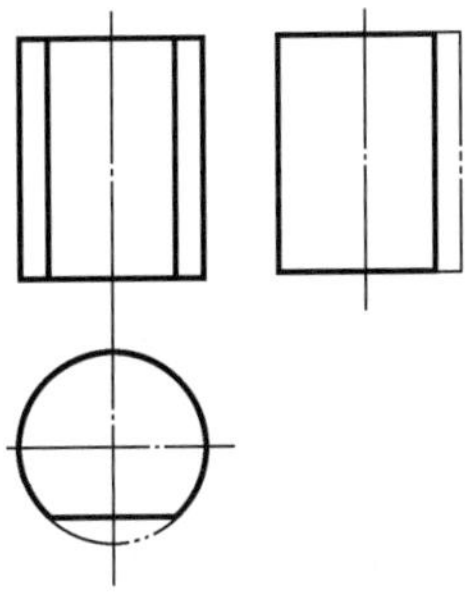	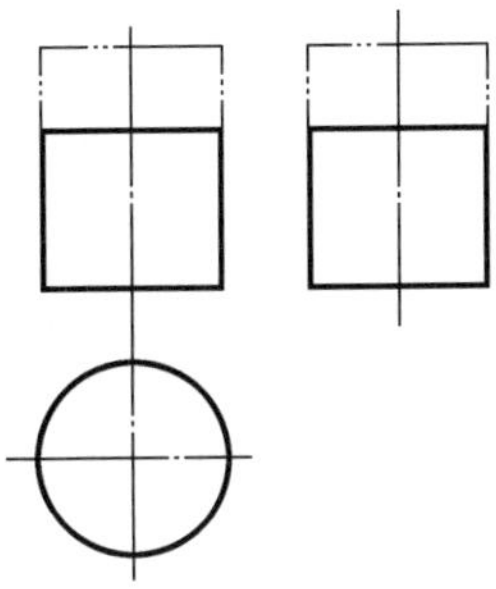	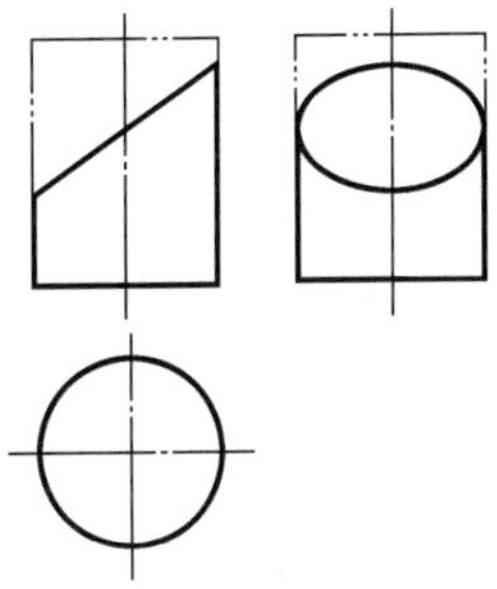

（2）圆锥体截交线

截平面相对圆锥体轴线有五种位置，产生五种不同形状的截交线，见表 3-2。

表 3-2　圆锥体截交线

截平面的位置	过锥顶	不　过　锥　顶			
		$\theta=90°$	$\theta>\alpha$	$\theta=\alpha$	$\theta=0°,\theta<\alpha$
截交线的形状	直线	圆	椭圆	抛物线、直线	双曲线、直线
立体图	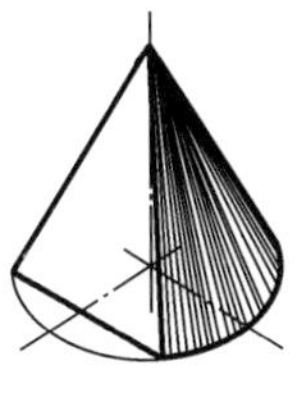	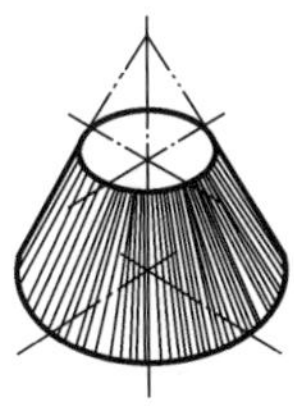	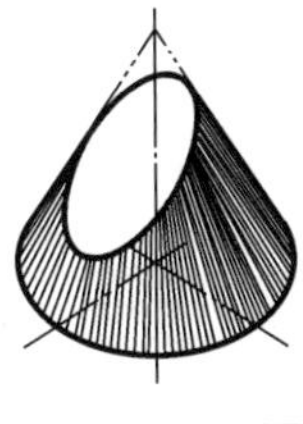	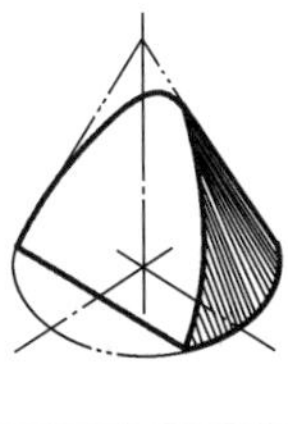	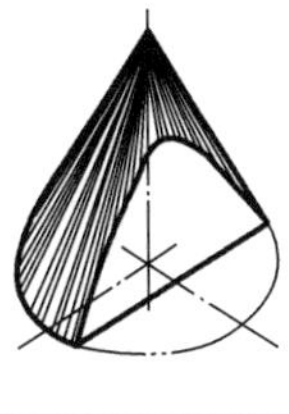
投影图	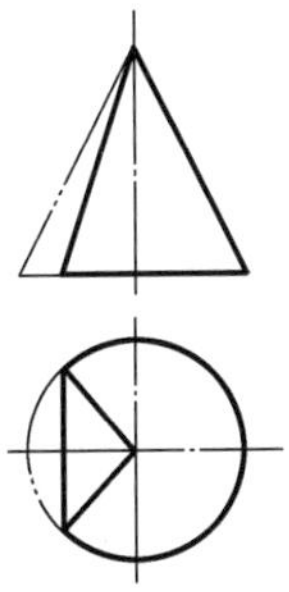	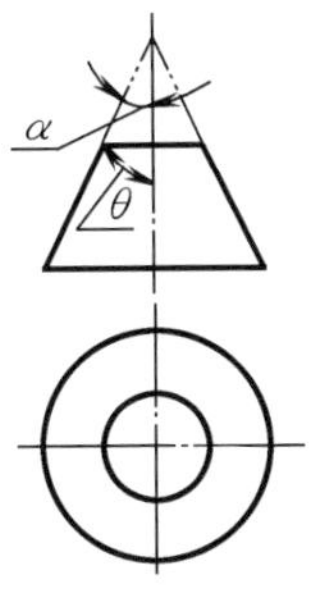	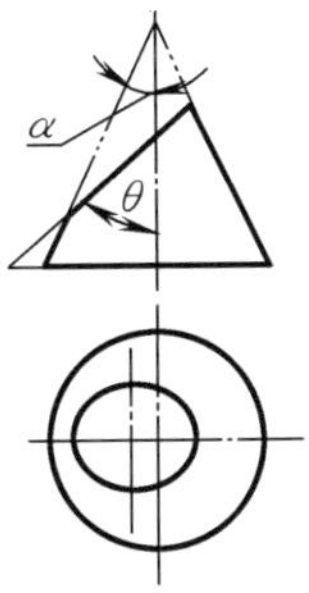	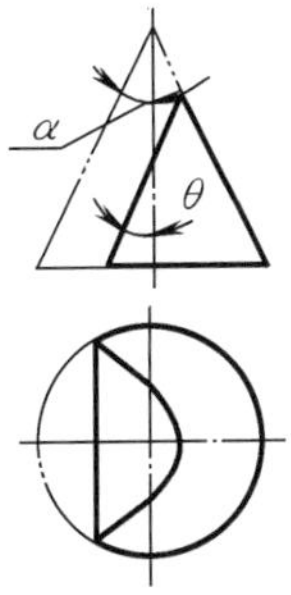	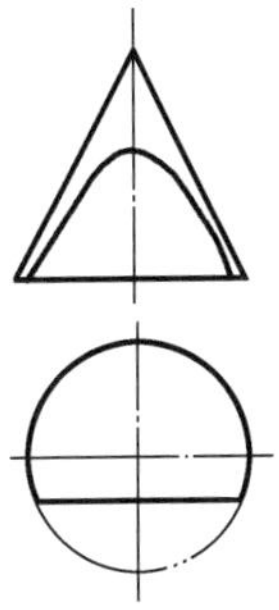

(3) 球体截交线

球体被任何方向的截平面切割，产生的截交线总是圆。如图 3-11 所示，当截平面平行 H 面切，所得当截断面在 V、W 面的投影积聚为直线，积聚线长度即为截交线圆直径尺寸。显然，截断面在所平行的投影面上的投影反映实形，且截交线圆的圆心与球心的投影重合。A 圆积聚线与 A 圆实形图即为等高线对应关系。B 直径与 B 实图线也可看成等高线对应关系。

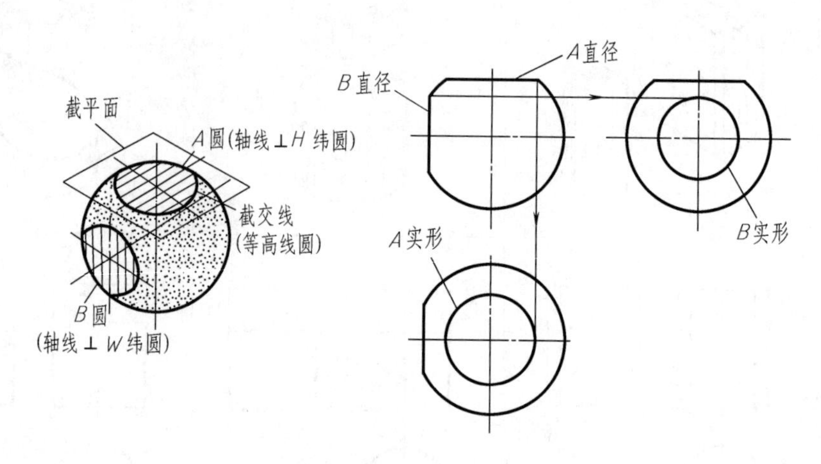

图 3-11 圆球上截交线圆尺寸关系（直径＝积聚线长度）

从以上三种回转体的截交线中看到，当截平面处于垂直回转体轴线位置切割时，产生的截交线总是圆，且该圆的直径尺寸等于截断面积聚线长度。其实，这种截交线圆就是回转面上的纬圆，在求解圆环体等所有类型的回转体截交线时，借助这种纬圆图形的位置与尺寸关系就可找出从属于纬圆的截交线上点，即前面所述等高线找点。

2. 截平面组合切割回转体的截断面图形

多个有限大小的截平面组合切割回转体，会产生多个截断面，而一个截断面多边形的图形，就是从无限大的截平面切断完整基本体所产生的截断面形状（如表 3-1、表 3-2 等形状）中，用截断面交线分隔出的图形。如图 3-12 所示的椭圆曲线段就是从完整椭圆中分隔出的实际图线。

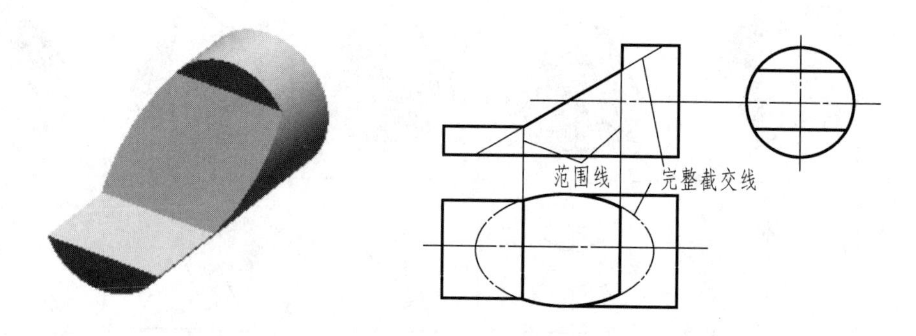

图 3-12 绘出完整截交线的范围线获得截断面图形

3. 求解截断面的作图举例

绘制截断体视图的过程依然是先绘制完整的基本体视图底稿，再求解回转体上截断面的图形，最后修改（可见性判定、切掉轮廓线的擦除等）、加粗描深。其中，回转体上转向素线切断点、端面圆或底圆周切断点、两截断面交线端点等都是截断面多边形或截交线上的特殊点，作图时必须找出这些点。截断面多边形上的最高最底、最左最右、最前最后点也是特殊点。

【例 3-5】 已知如图 3-13（a）所示的主、俯视图，完成左视图。

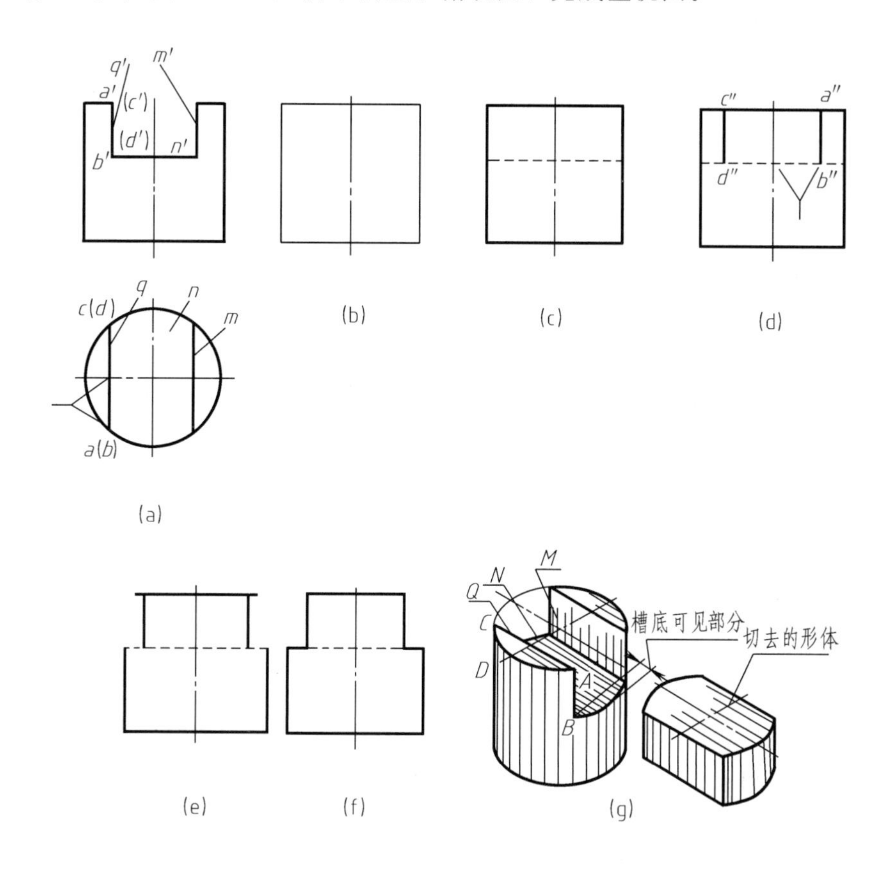

图 3-13　圆柱体截交线的求解（B、D 点为交线进、出点）

解

① 基本体判断。补主、俯视图缺口后，该两视图符合圆柱体视图特征，即为圆柱体，并绘制基本体的左视图底稿［图 3-13（b)］。

② 绘制直观图。把主视图三截断面积聚线位置（n'、m'、q'）与表 3-1 对照，想象出（或画出）截断体立体形状。主视图两侧截断面积聚线平行于轴线，为矩形；主视图槽底积聚线垂直于轴线，故为圆形的中间部分（可据交线端点为 4，判定为 4 边形），如图 3-13（g）所示。

③ 逐一补画各截断面在左视图上的图形。先画槽底截断面积聚线，因该槽底大部分不可见暂画为细虚线，如图 3-13（c）所示；再画两侧截断面投影（两者投影重合且为反映实形的矩形），如图 3-13（d）所示，$a''b''$截交线位置用分规从俯视图上量取宽尺寸作出。

④ 可见性判别与修改、加粗描深。前后转向轮廓线回到主视图去观察，发现被切去上段，故左视图两转向轮廓线于断点的上段去掉，如图 3-13（e）所示；任何视图外围都是封闭的粗实线且无外伸轮廓线，故最终把左视图修改为图 3-13（f）。

【例 3-6】 已知如图 3-14（a）所示的截断体的主视图和该基本体的俯视图，完成俯、左视图。

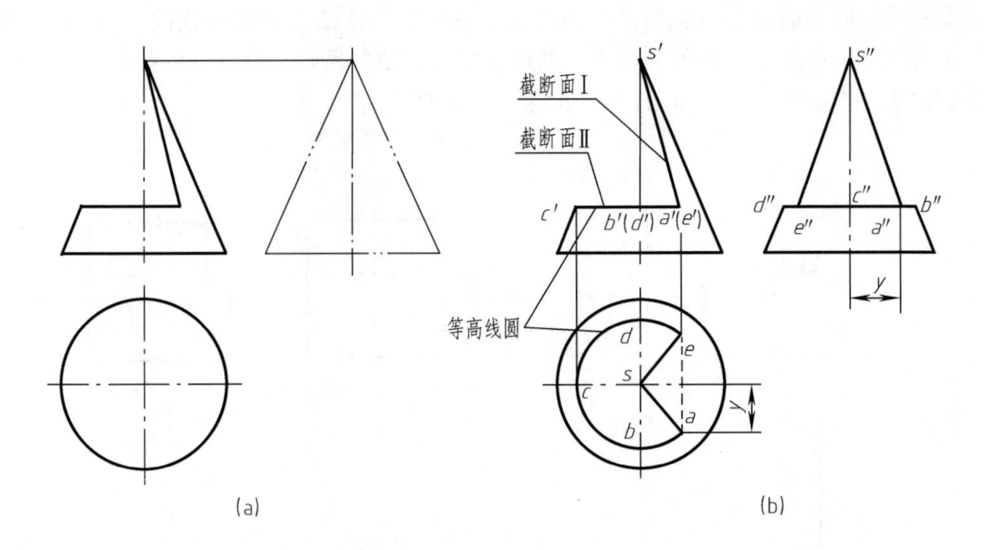

图 3-14 圆锥体上圆弧与直线截交线的求解（A、E 为交线进出点）

解

① 基本体判断。补主视图缺口后，主、俯视图符合圆锥体视图特征，即为圆锥体，并绘制出该基本体左视图的底稿。

② 绘制截断面Ⅱ。由表 3-2 可知垂直轴线切产生的截交线为圆，以图 3-14（b）中的 c' 到轴线距离为半径在 H 面上画该位置等高线圆，由点 a' 对正到 H 面获该截断面图形，ae 为两截断面交线的投影（亦是范围线），截断面Ⅱ在 W 面投影积聚为垂直轴线的直线段。

③ 绘制截断面Ⅰ。由表 3-2 可知过锥顶切产生的截断面是三角形。在图 3-14（b）中，两截断面交线端点 a、e 为截断面Ⅰ三角形的两角点，另有一顶点为圆锥顶点 s，则截断面Ⅰ在 H 面的投影即为这三点的连线。W 面投影如图所示作出（注意，a'' 是由 a'、a 按三等关系获得）。

④ 判断可见性，修改与加粗描深各图（注意 a、e 是交线 AE 进出锥面点投影）。

【例 3-7】 已知如图 3-15（a）所示的半球体主视图，完成俯、左视图。

解

① 绘制基本体图形。题中已说明是半球体，绘出半球体俯、左视图的底稿位置的等高线圆。

② 绘制截断面Ⅱ。由图 3-11 知，完全切断为截交线圆，先绘出该截交线圆在 H 面投影，如图 3-15（b）所示，再从 b'、c' 对正到 H 面获得截断面Ⅱ的实际图形（即四边形截断面），截断面Ⅱ在 W 面的投影积聚为直线，该投影方向观察几乎完全不可见，暂画为细虚线。

③ 绘制截断面Ⅰ。同样由图 3-11 知，图 3-15 中截断面Ⅰ在 W 面投影为半圆弧截交线的上部分与两截断面交线投影围成的实形图，它在 H 面投影积聚为直线（注意，图中该积聚线前后点为两截断面交线端点）。右侧截断面在 W 面投影与截断面Ⅰ的投影重合。

④ 可见性判别、修改及加粗描深。左视图中球体转向轮廓线上段去掉、下段加粗；任何视图外围都是封闭的粗实线，故最终把俯、左视图修改为如图 3-15（b）所示。

以上求解的截交线都是简单的圆弧或直线构成的截交线，在利用尺规作图时能准确作出。而在回转面上的椭圆、双曲线等的投影不为直线时，它们的投影作图难于用尺规准确绘

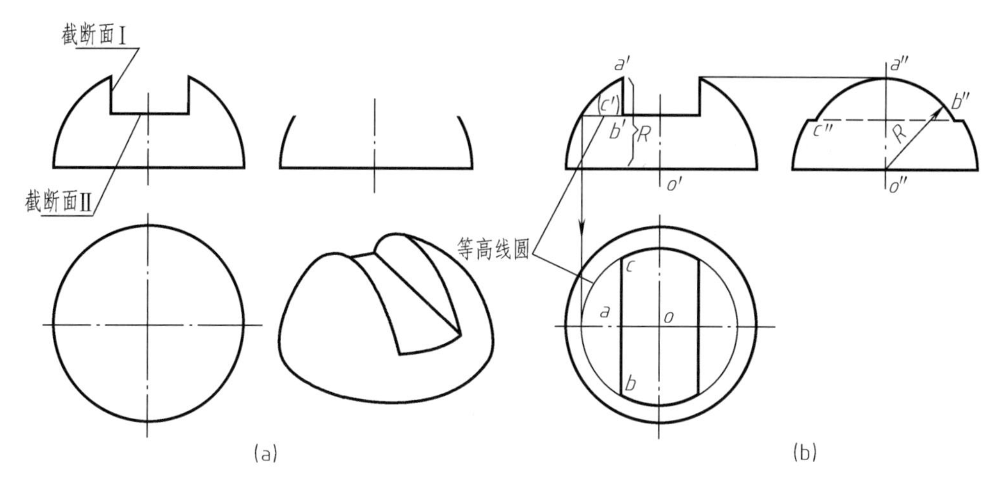

图 3-15　球体上截交线的求解（B、C 为交线进出点）

制，传统方法是找出曲线上的若干个点（点越多越好），再用曲线板连线作出。随着 AutoCAD 应用的普及，精确获得这类曲线已十分简单。因此，若是使用尺规工具绘图，对椭圆、双曲线等截交线可采用简化画法，或徒手绘制，但曲线上的特殊点应先找出。

如图 3-16 所示为圆柱体上椭圆形截交线的传统作图法，长、短轴端点是四特殊点（即椭圆上最高最低点、最左最右点、最前最后点），它们的 V 面投影是积聚线的两端点和中点，即四条转向素线的断点，故四特殊点在 H、W 面投影可直接作出。然后找出椭圆上的一个一般点，如 E 点的 e' 先标出，再找出 e 及 e''，因椭圆为对称图形，在 W 面上与 e'' 对称位置上的另外三个点可直接标出，最后光滑连接这八个点即获 W 面上的椭圆。因截交线在圆柱面上，故截交线在圆柱面投影积聚的视图上总是圆，如图 3-16 中 H 面投影。

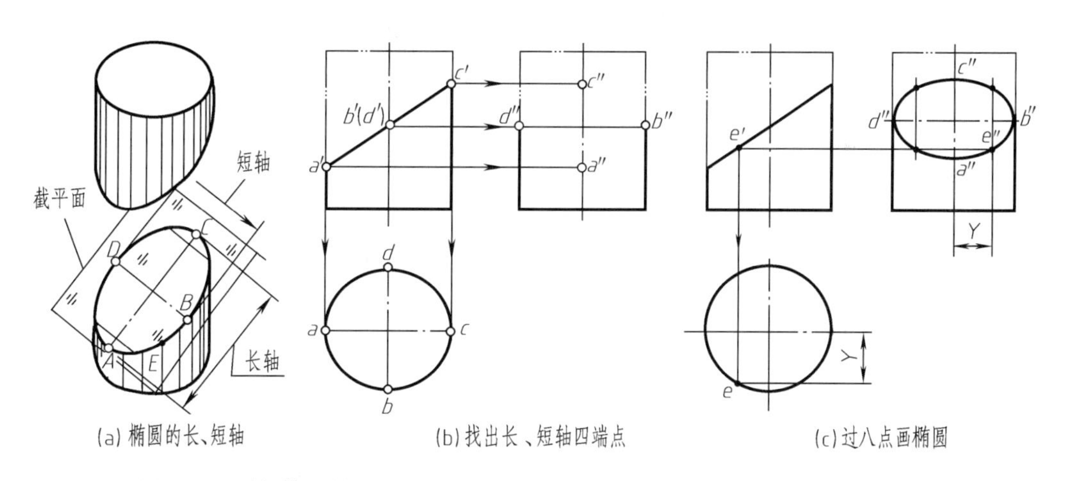

图 3-16　圆柱体上椭圆截交线画法（A、B、C、D 点为椭圆长短轴四端点）

如图 3-17 所示为圆锥体上椭圆形截交线画法。长、短轴四端点（即椭圆上最高最低点、最左最右点、最前最后点）的 V 面投影分别在积聚线的两端点和中点，长轴两端点是左右素线轮廓线的断点（可直接作出其各面投影），短轴两端点是在积聚线中点高度位置的锥面纬圆上，故可先在 H 面上画出该等高线圆找到 2、4 点再作出 2″、4″ 点，然后按找 2、4 点作等高线圆方法找出多个一般点，徒手绘出椭圆。注意，该例中左视图素线轮廓线切断点位于椭圆上，必须找出这两个特殊点。

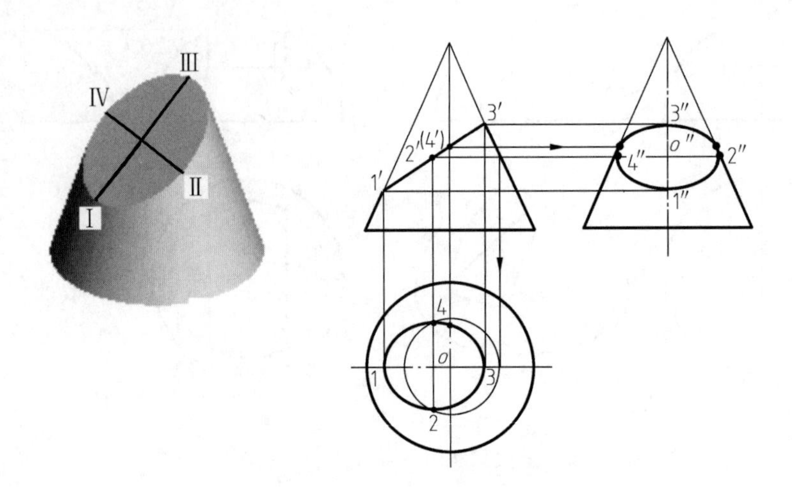

图 3-17 圆锥体上椭圆形截交线的画法

圆锥体上双曲线和抛物线的截交线的简化画法，是把接近圆弧的曲线用圆弧绘制，接近直线的曲线用直线绘制，这些圆弧或直线要通过特殊点（即转向素线断点、底圆周断点等），如图 3-18 所示。作图过程是先找出特殊点，再画出曲线顶部圆弧，最后从其他特殊点做顶部圆弧切线，或两特殊点间连直线［如图 3-18（b）的左视图截交线］。注意，距锥顶最近的转向轮廓线断点为曲线顶点，曲线顶点圆弧半径取图中尺寸 a 值（即断点距轴线的距离）。图 3-18 中曲线上的一般点，也可用图 3-17 中找 2、4 点的作等高线圆方法找出。

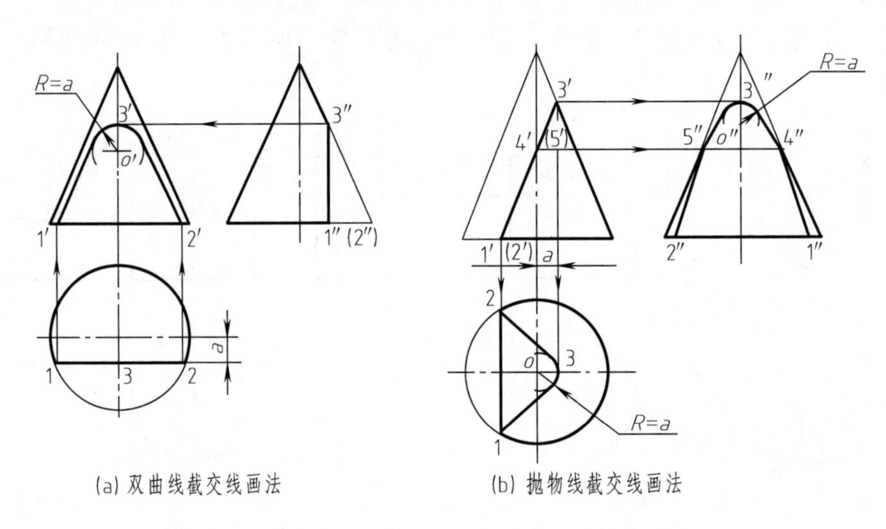

(a) 双曲线截交线画法 (b) 抛物线截交线画法

图 3-18 圆锥体上双曲线、抛物线截交线简化画法

【例 3-8】 已知如图 3-19（a）所示的主、左视图，完成俯视图。

解

① 基本体判断。补左视图缺口后为两个圆，可能代表两个圆柱、圆锥或球体；在主视图上无等直径的圆弧图形，故不可能有球体，但有矩形和接近三角形的图形，补切口后主视图为两矩形和一个三角形。对照补缺口后的主、左视图可知，是两圆柱体和一圆锥体共轴线的

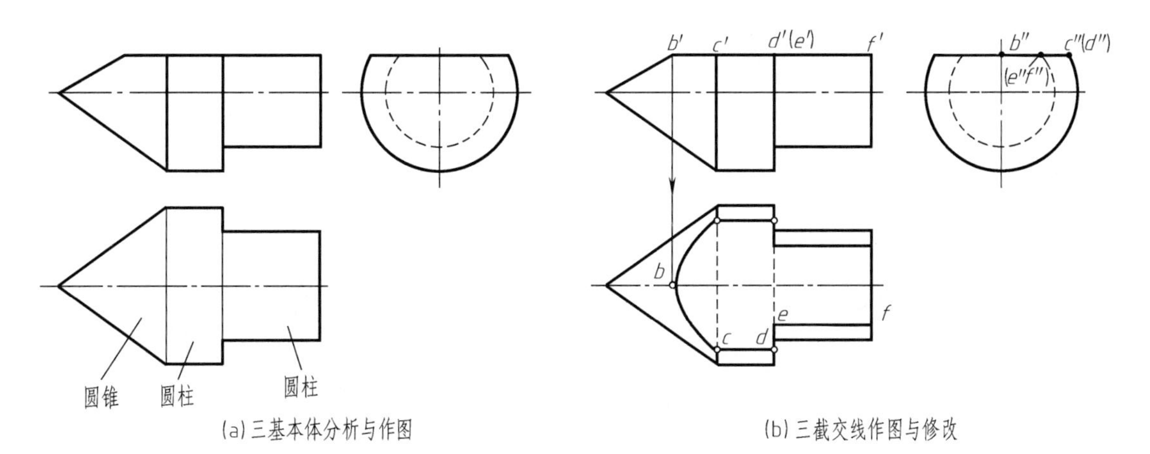

图 3-19 共轴线回转体截交线（a 尺寸用途见图 3-18 说明）

组合（称为共轴线回转体），并绘出三基本体的 H 面投影，如图 3-19（a）所示。

② 各基本体上截断面图形分析与绘制。从主视图知，一个截平面平行于轴线同时截三个基本体，对照表 3-1、表 3-2 可知分别是两大小圆柱上的矩形截断面和圆锥面上的双曲线与直线围成的截断面，分别绘制三截断面的 H 面投影。

③ 修改与加深描粗。三个基本体实际上是一个形体，故一次切割产生的截断面一定是一个封闭的多边形，原在 H 面上绘制出的三截断面之间的隔开线不存在而应擦去。注意，这些隔开线处重合有不可见轮廓的投影（两基本体表面交线的投影），要用细虚线绘出，如图 3-19（b）所示。

基本体上的截交线形式多样，只要能画出一个截平面完全切断基本体所形成的完整截交线围成的截断面图形，就可根据实际切割范围从完整图形中分割出所需截断面。因此，学习中要重点抓住完整截交线图形，又要学会“断章取义”获取所需截断面图形，如图 3-20 所示为五棱柱打四方孔后的截断体三视图，如图 3-21 所示为圆柱筒的截断体三视图。

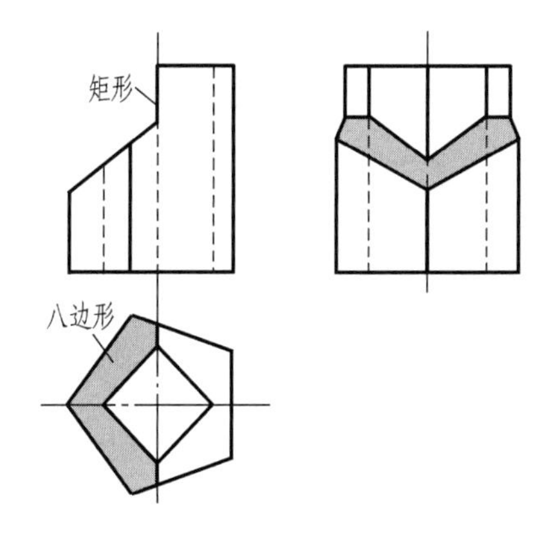

图 3-20 五棱柱打四方孔后的截断体三视图

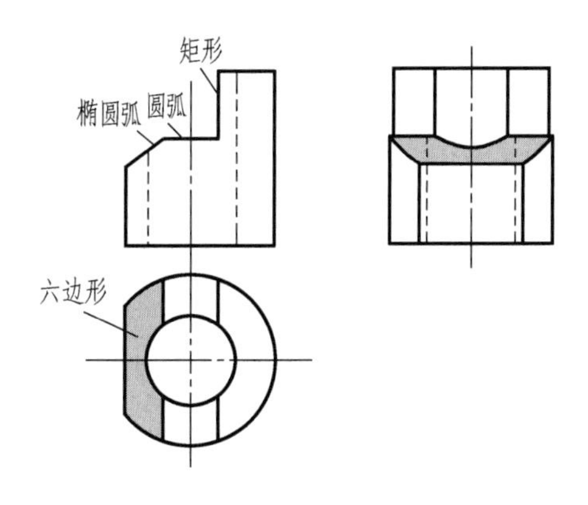

图 3-21 圆柱筒的截断体三视图

第三节 相 贯 体

两个或两个以上的基本体相互贯入构成的较复杂形体称为相贯体，两基本体表面的交线称为相贯线，它是两相交基本体的共有点的集合，如图 3-22、图 3-23 所示。这种贯入使各基本体融为一体，贯入部分的基本体形状以相贯线为分隔线不再画出，但为了作图方便和易于看懂图，常把各基本体独立看待，先绘出这些基本体的视图，然后处理相贯线的绘制。

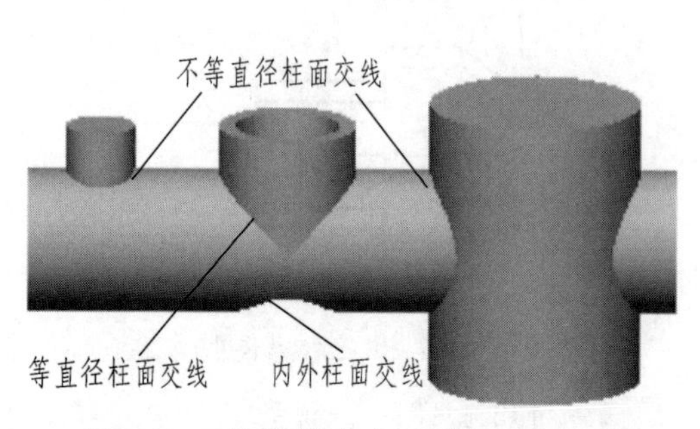

图 3-22　不同圆柱与水平圆柱正交相贯

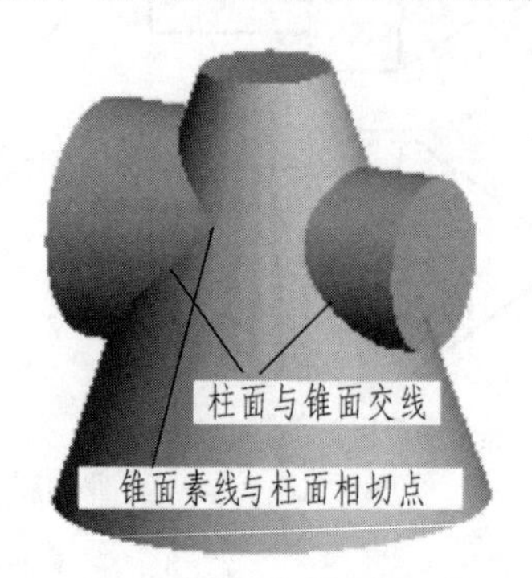

图 3-23　圆柱与圆锥正交相贯

本节主要介绍回转体相贯线，它是两相交基本体表面的交线，因各基本体为回转体，故相贯线一般是封闭的空间曲线，也可能为平面曲线或平面直线。

由于相贯线一般是在生产过程中自然形成的，因此，简化相贯线画法就有了客观基础，即使像钣金下料所需的相贯线图形，现在也很容易通过三维实体造型生成的二维图得到精确的相贯线图形。因此，当相贯线的投影不为直线或圆弧时，可采用制图国家标准提出的用简单图线绘出这些相贯线。

一、 共轴线的回转体相贯

相贯体上各基本体共用一根轴线，称为共轴线回转体相贯。当轴线垂直于某一投影面时，则相贯体在该面的投影成为同心圆图形。共轴线的回转体相贯线都是垂直于共有轴线的圆，当该类相贯线平行于某一投影面时，它们在该面的投影为实形（即圆），在其他投影面上的投影为垂直于轴线的直线，线段长度尺寸即为该相贯线圆的直径尺寸，如图 3-24 所示。

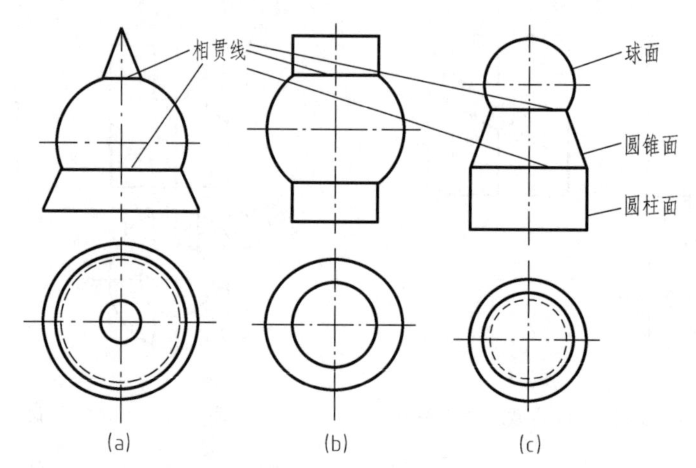

图 3-24　共轴线的回转体相贯线（在空间为垂直共有轴线的圆）

二、不共轴线的回转体相贯

为了作图简便，相贯体上各基本体的轴线应平行于某一投影面，并尽可能垂直或平行于其他投影面。

表 3-3 为常见相贯线的图例，其中图 3-22 和图 3-23 中某些相贯线投影可在该表中找到。

表 3-3　常见相贯线图例

相对位置 / 表面性质	轴线正交	轴线斜交	轴线交叉
柱-柱相贯			
锥-柱相贯			

1. 轴线正交的两回转体相贯

正交是指构成相贯体的两回转体轴线垂直相交，两基本体的素线轮廓线交点以及素线轮廓穿入另一基本体表面的交点，是相贯线上的特殊点，如图 3-25 所示。

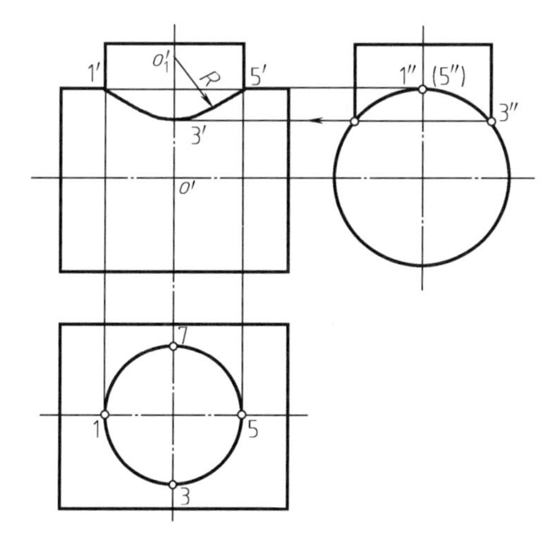

图 3-25　直径尺寸不等的两圆柱正交相贯线画法

作图说明：1′、3′、5′特殊点直接作出，$o'3'=3'o_1'$，$o_1'3'$为半径画圆弧，再过 1′、5′分别作圆弧切线。

（1）圆柱与圆柱正交相贯

图 3-25 所示为直径尺寸不等的两圆柱正交相贯线画法，当柱面投影积聚为圆时，则相贯线一定在该积聚线圆上，当两圆柱面的投影均不积聚时，则相贯线可用简化画法绘制。图 3-26 所示为直径尺寸相等的两圆柱正交相贯线，此时，相贯线是两支相交的平面椭圆（或四支半椭圆），其投影为圆或积聚为直线，故可直接作出，实体图见图 3-22。

（2）圆柱与圆锥正交相贯

如图 3-27 所示为圆柱与圆锥正交相贯时水平圆柱直径尺寸不同对相贯线形状的影响，其中，图（b）、（c）相贯线在 H 面的投影可按椭圆画出，图（a）则按图 3-28 所示方法绘制，在不至引起读图误解时，可用图 3-29（a）、图 3-30（a）绘制。

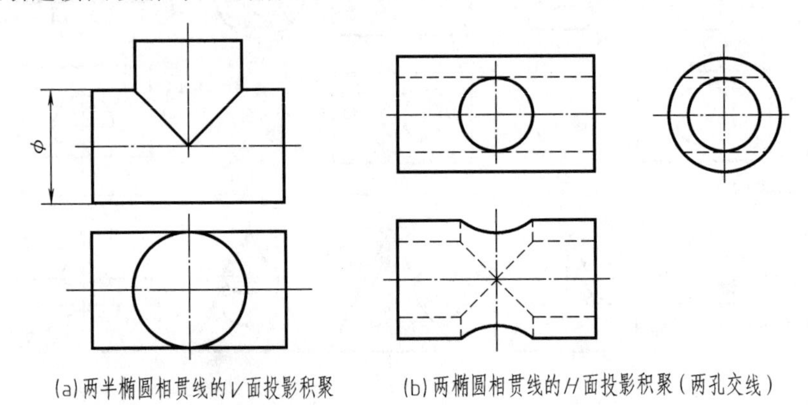

(a)两半椭圆相贯线的V面投影积聚　(b)两椭圆相贯线的H面投影积聚（两孔交线）

图 3-26　直径尺寸相等的两圆柱面正交相贯线画法

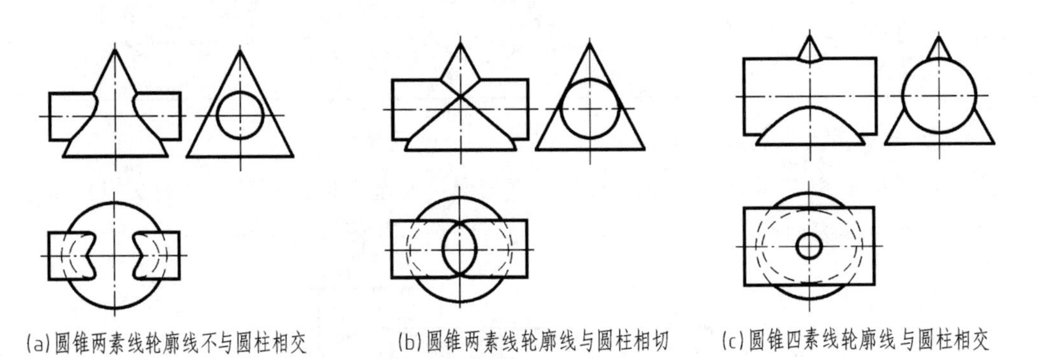

(a)圆锥两素线轮廓线不与圆柱相交　(b)圆锥两素线轮廓线与圆柱相切　(c)圆锥四素线轮廓线与圆柱相交

图 3-27　圆柱与圆锥正交相贯的三种情况

图 3-28（a）为辅助平面法求相贯线的作图原理。用一个辅助平面 P，同时切两个回转体，得到各自基本体上的截交线，由于它们是在同一个平面（截平面）上，则它们间的交点（如图中的 A、B 点），一定是相贯线上的点。

辅助平面的选择原则：

① 所选辅助平面应平行于投影面，且切相贯体上的基本体所产生的截交线应是简单易画的直线或圆。

② 辅助平面应位于两回转体的共有区域内。

求解图 3-28（b）的作图步骤说明如下：

① 求特殊点 1、2——最高、最低点投影，从主视图上转向轮廓线交点 1′、2′获得。

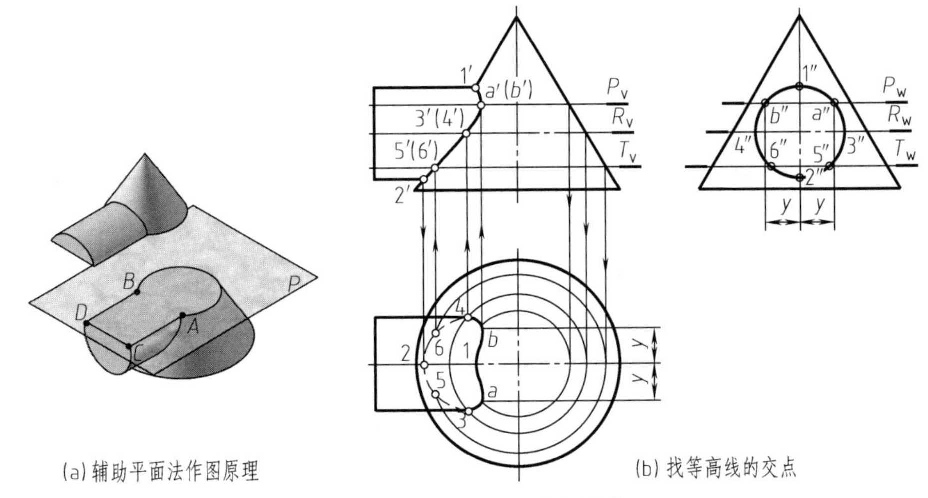

(a) 辅助平面法作图原理　　(b) 找等高线的交点

图 3-28　辅助平面法求相贯线

② 求特殊点 3、4——最前、最后点投影，从辅助平面 R 所得截交线交点获得。

③ 求一般点 A、B——作水平辅助面 P 所得截交线获得 a、b，再找出 a'、b'。

④ 同理求出足够的一般点；

⑤ 顺序光滑连接各点，并判别可见性，绘制出相贯线的投影。

2. 轴线斜交或交叉的两回转体相贯

轴线斜交或交叉的两回转体相贯线，这类图形的相贯线的尺规作图更复杂，一般采用替代画法、模糊画法或近似画法绘制。

① 为了简化作图，国家标准已提出了表达相贯线的替代画法和模糊画法。采用替代画法作图时，代替非圆曲线的圆弧半径或直线位置应根据最大轮廓线上的点加以确定，如图 3-29 (b) 所示。采用模糊画法时，要求两基本体的形状、大小、相对位置已在各视图中表达清楚，而把与另一基本体相交的素线轮廓线画成伸出交点位置 2～5mm，如图 3-30 (b) 所示。

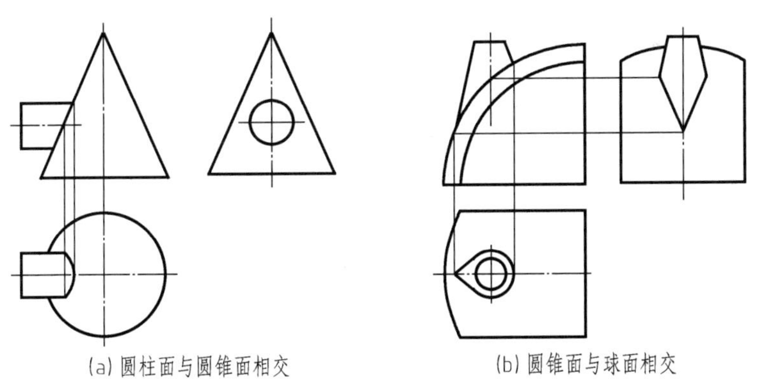

(a) 圆柱面与圆锥面相交　　(b) 圆锥面与球面相交

图 3-29　相贯线的替代画法

② 在不影响生产制作与设计表达的情况下，实际绘图中经常用一条圆弧来表达直径相差较大的两圆柱正交相贯线。如图 3-31 所示，圆弧圆心在小圆柱轴线上，$o'1'=D/2$。

我们在以上各种相贯线画法中采用了简化作图，但应注意，各基本体的位置与形状必须表示清楚。

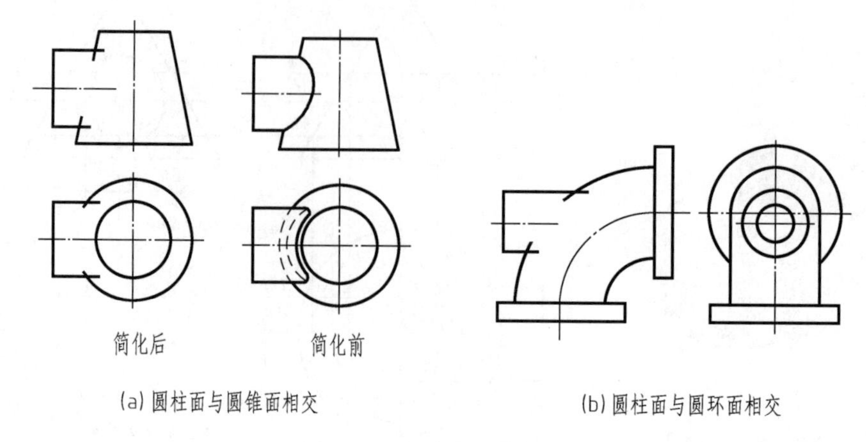

(a) 圆柱面与圆锥面相交　　(b) 圆柱面与圆环面相交

图 3-30　相贯线的模糊画法

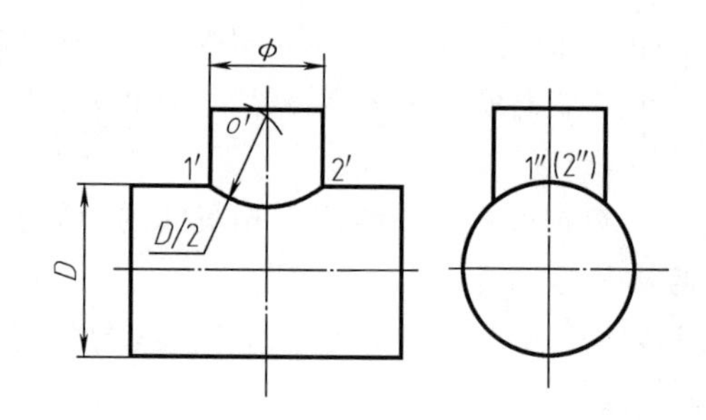

图 3-31　直径相差较大的两圆柱正交的相贯线近似画法

第四节　决定截交线和相贯线形状的因素

一、截交线

截交线的形状和尺寸完全受控于基本体形状大小以及截平面的位置。因此，在生产制作时，一般先作出基本体的形状，然后才用截平面切割，此时，截平面切割基本体的位置与切割范围的大小决定了产生的截交线形状及尺寸的大小。故确定一条截交线的形状及尺寸，应通过注写截断面的位置尺寸来控制。

在绘制截交线的投影时，不要过分关注截交线的形状如何绘制，而要首先关注它所从属的基本体形状以及截断面位置，再参照表 3-1、表 3-2 等基本截交线图形进行空间想象与截断面大小的取舍，绘制正确的图形。如图 3-31 所示为半圆柱筒不同位置切槽的示例，从中可看出，只要是在同一位置切，产生的截断面图形就相同。如图 3-32 主视图上矩形截断面图为同一位置切割。左视图阴影四边形为同一位置截平面在不同范围切产生的差异图形。

二、相贯线

相贯线的形状和尺寸同样受控于两基本体形状大小与两基本体的相对位置。因此，在生产制作时，应先定好两基本体的相对位置，再制作各基本体的形状，至于两基本体的表面会

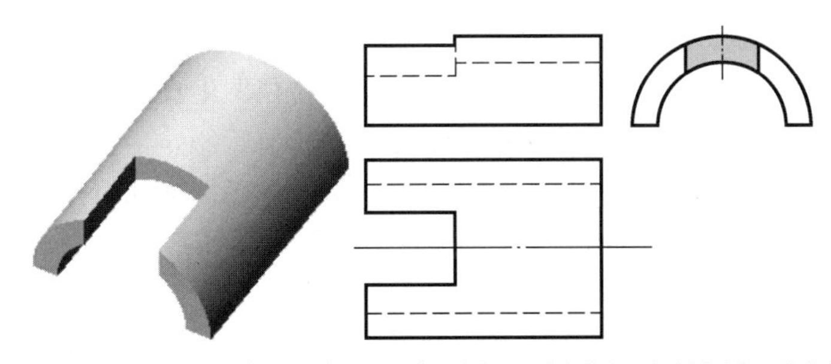

(a) 中间切方槽(从俯视图知，平行轴线切为素线截交线，垂直轴线切为半圆弧中间段截交线)

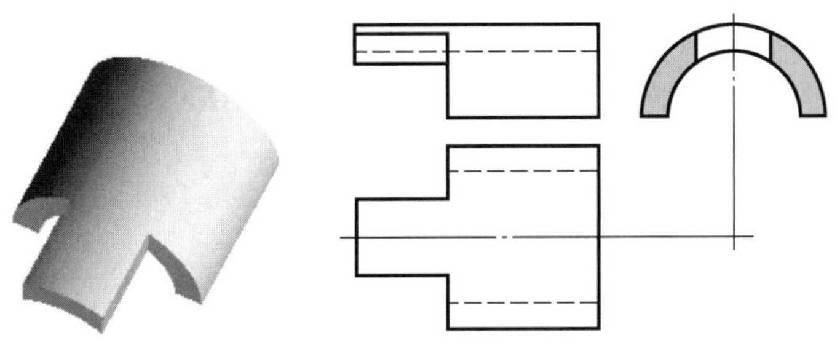

(b) 两侧切方角[从俯视图知，平行轴线切为素线截交线同图(a)，垂直轴线切为半圆弧前、后段截交线]

图 3-32　两个相同的半圆柱筒用相同与不同范围的截平面切割

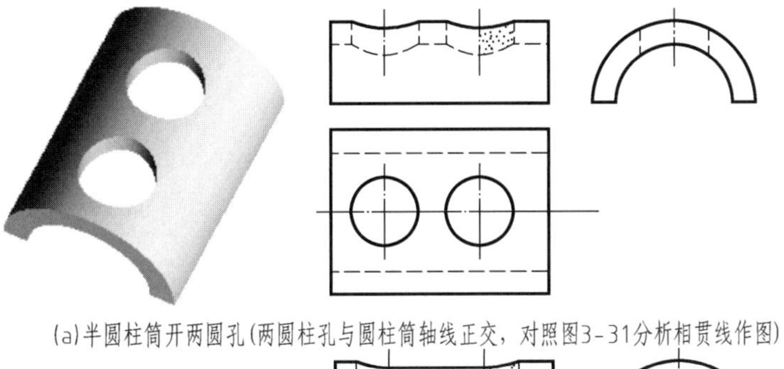

(a)半圆柱筒开两圆孔(两圆柱孔与圆柱筒轴线正交，对照图3-31分析相贯线作图)

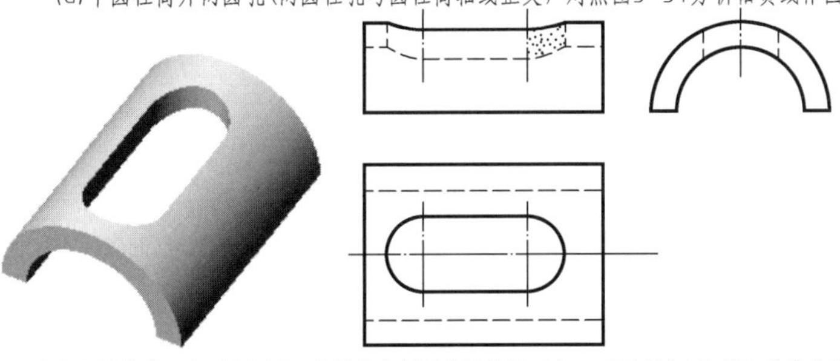

(b)半圆柱筒开长形圆孔[两半圆柱孔与圆柱筒轴线正交，对照图(a)分析相贯线的取舍]

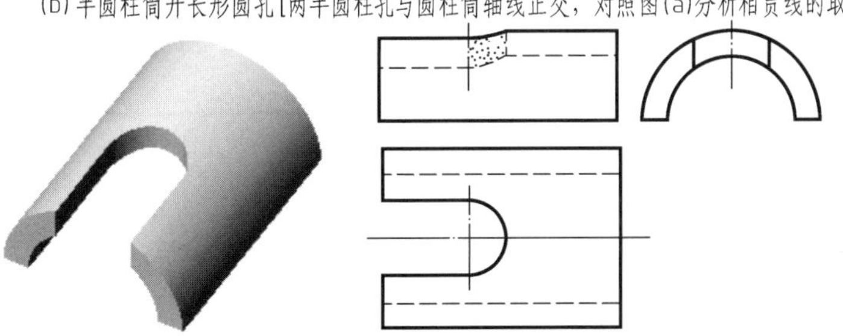

(c)半圆柱筒开U形槽[半圆柱孔与圆柱筒轴线正交，对照图(b)分析相贯线作图]

图 3-33　三个相同的半圆柱筒开槽或打孔形成的相贯线

在何处相交是水到渠成的问题。故确定一条相贯线的形状及尺寸，应当考虑的是两基本体的相对位置及两基本体各自形状的大小尺寸，应把这些尺寸在视图上反映出来。

在绘制相贯线的投影时，不要过分关注相贯线的形状如何绘制，而要首先关注它所从属的两基本体是什么类型的基本体以及两者的相对位置，基本体不同或相对位置不同就会产生不同的相贯线，初学者应当首先熟悉图 3-25、图 3-26、图 3-28 等基本图例，再根据这些基本图形去处理同类型的相贯线绘制问题。

下面介绍半圆柱筒与不同孔或槽基本体（为分析问题方便，把孔、槽看成基本体）相交形成的相贯线图形，如图 3-33 所示，主视图上位置相同、半径相等的圆柱孔、半圆孔产生的相贯线在同一范围具有相同形状。

强调：出现相贯体的视图，重点是把各基本体位置、形状表示清楚；截断体也同样要注重切割位置与切割范围表达。在手工绘图中，在不致引起误解时，可用简化画法绘制这些相贯线、截交线。我们在后续 CAD 三维建模中，很容易获得这些截交线和相贯线的二维工程图形，这是我们从事设计工作必须学会的技能。

轴测图

学习提示

前面已简单介绍了直观图的画法，这里正式介绍工程上常用的辅助图样：轴测图。要把设计创意及时记录下来，或为了与他人进行交流并记录下改进意见，有时采用轴测图更合适。同时，我们通过学习轴测图的绘制，不仅从理论上明白了用一个平面图形如何表示出三维空间形状，更重要的是提高了对三视图中某个投影图的形状想象及图示表达能力。

工程图样属于多面投影图，具有作图简便、度量性好、表达清晰等优点。如图 4-1（a）所示，但这种图样缺乏立体感，必须具有一定的图学知识才能看懂。为此，工程上还常用一种富有立体感的投影图来表达物体，以弥补多面投影图的不足。这种单面投影图称为轴测图。

轴测图能同时反映物体长、宽、高三个方向的尺度，富有立体感，如图 4-1（b）、（c）所示。因此，在工程上常用来作为辅助图样，也可用作表达设计创意的手段之一。

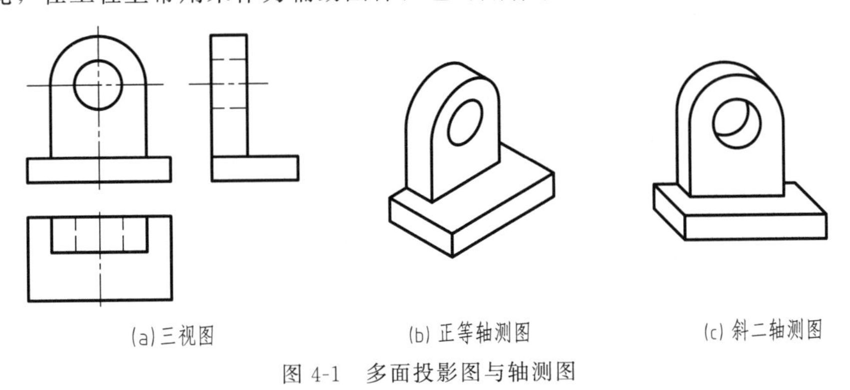

图 4-1　多面投影图与轴测图

第一节　轴测投影基础知识

一、轴测图的形成和投影特性

如图 4-2 所示，轴测图（GB/T 16948—1997）是将物体连同其直角坐标系，沿不平行于任一坐标平面的方向，用平行投影法将其投射在单一投影面 P 上所得的图形。

在轴测投影中，投影面 P 称为轴测投影面，投射方向 S 称为轴测投射方向。

由于轴测图是用平行投影法得到的，因此具有下列投影特性。

① 平行性：物体上互相平行的线段，在轴测图上仍然互相平行。

② 定比性：物体上两平行线段或同一直线上的两线段长之比，在轴测图上保持不变。

二、轴测轴、轴间角及轴向伸缩系数

轴测轴：空间直角坐标轴 OX、OY、OZ 在轴测投影面上的投影轴 O_1X_1、O_1Y_1、O_1Z_1。

轴间角：相邻两轴测轴之间的夹角，即角$\angle X_1O_1Y_1$、$\angle X_1O_1Z_1$、$\angle Y_1O_1Z_1$。

轴向伸缩系数：轴测轴上单位长度与相应空间直角坐标上单位长度之比。

X、Y、Z 轴的轴向伸缩系数分别用 p、q、r 表示，$p=O_1C_1/OC$，$q=O_1G_1/OG$，$r=O_1H_1/OH$ 如图 4-2 所示。

三、轴测图的分类

根据投射方向与轴测投影面是否垂直，可将轴测图分为两类。

1. 正轴测图

投射方向与轴测投影面垂直，即用正投影法得到的轴测图，如图 4-2（b）所示。

2. 斜轴测图

投射方向与轴测投影面倾斜，即用斜投影法得到的轴测图，如图 4-2（c）所示。

在上述两类轴测图中，根据轴向伸缩系数的不同，每类又可分三种。

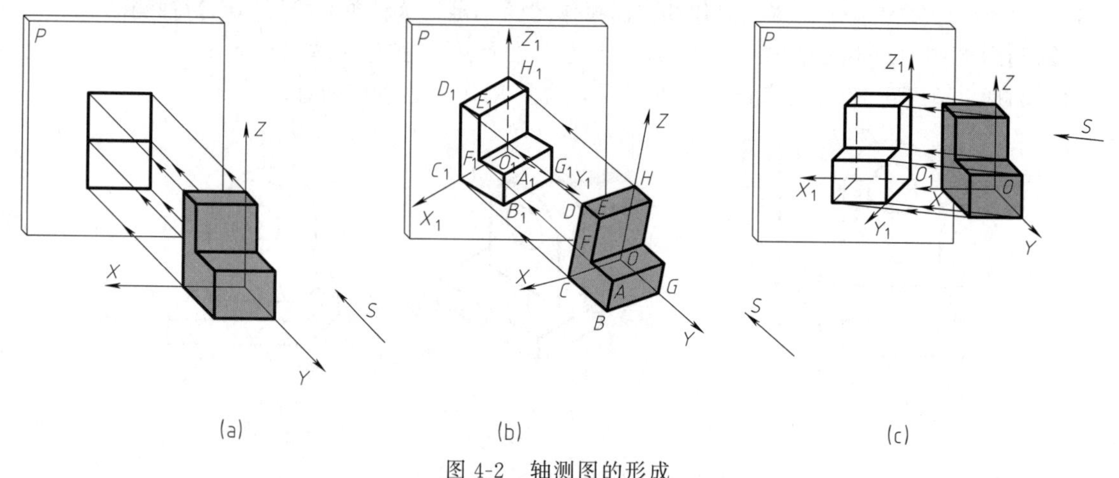

图 4-2 轴测图的形成

① 正（或斜）等轴测图。三个轴向伸缩系数都相等的轴测图，即 $p=q=r$。

② 正（或斜）二轴测图。有两个轴向伸缩系数相等的轴测图，即 $p=q\neq r$，或 $p=r\neq q$，或 $p\neq r=q$。

③ 正（或斜）三轴测图。三个轴向伸缩系数均不相等的轴测图，即 $p\neq r\neq q$。

在工程上用得较多的是正等轴测图和斜二轴测图，也称正等测与斜二测。本章主要介绍正等轴测图和斜二轴测图的画法。

第二节　正等轴测图及画法

一、轴间角和轴向伸缩系数

如图 4-3（a）所示，正等轴测图的三个轴间角相等，均为 120°，规定 Z 轴是铅垂方向，根据理论计算，其轴向伸缩系数 $p=q=r\approx0.82$ 。为了作图简便，采用 $p=q=r=1$，这样沿轴向的尺寸就可以直接量取物体实长，但画出的正等轴测图比原投影放大 1/0.82≈1.22 倍。如图 4-3（b）所示为按不同轴向伸缩系数所绘制的正等轴测图。

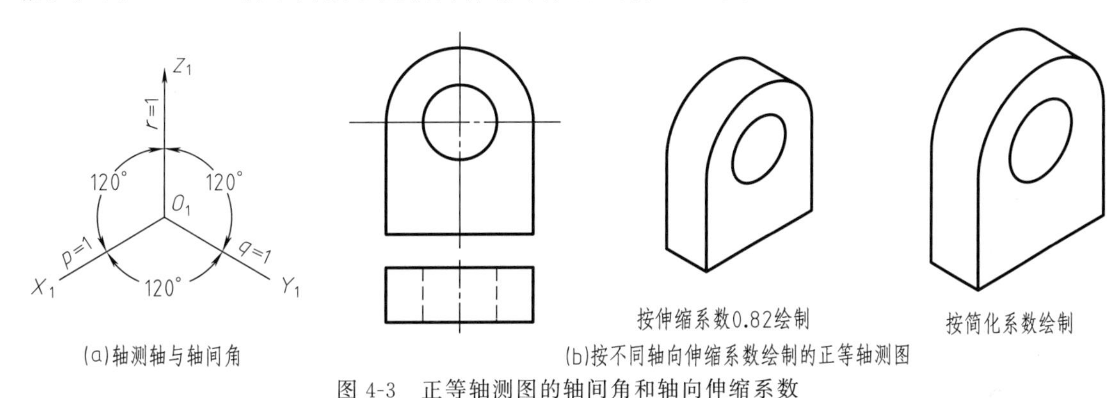

图 4-3　正等轴测图的轴间角和轴向伸缩系数

二、正等轴测图的画法

1. 坐标法（基本方法）

所谓坐标法就是根据立体表面上每个点（或顶点）的坐标，画出它们的轴测投影，然后连成立体表面的轮廓线，从而获得立体轴测投影的方法。注意轴测图中不可见的线一律不画。

下面举例说明坐标法画正等轴测图的方法。

如图 4-4（a）所示，已知压块的主、俯视图，求作其正等轴测图。画图步骤如下。

① 在两视图上确定直角坐标系，并确定曲面上各点（Ⅰ～Ⅳ）的坐标，如图 4-4（a）所示。

② 画轴测轴，分别在 X_1、Y_1 方向截取长度 L、B，作出底面的轴测投影，如图 4-4（b）所示。

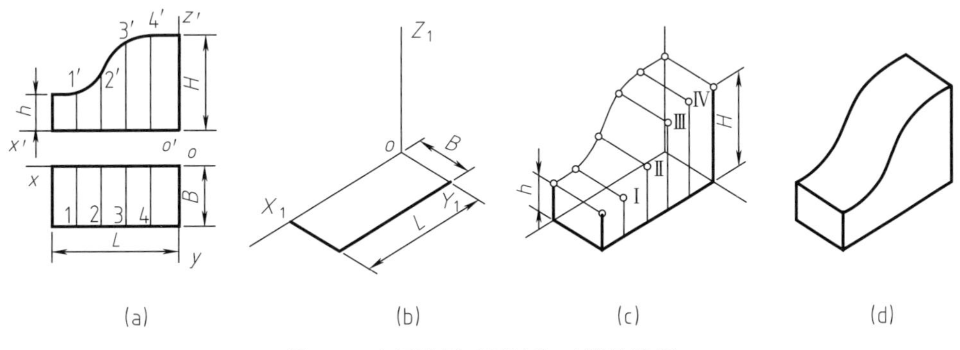

图 4-4　坐标法画“压块”正等轴测图

③ 根据高度在 Z_1 方向截取各点，作出曲面上各点（Ⅰ～Ⅳ）的轴测投影，如图 4-4（c）所示。

④ 由平行性作出后面各点，最后用光滑曲线连接，整理得其正等轴测图，如图 4-4（d）所示。

2. 切割法

切割法是对于某些以切割为主的立体，可先画出其切割前的完整形体，再按形体形成的过程逐一切割而得到立体轴测图的方法。

如图 4-5（a）所示为立体的投影图，以切割法作出立体的正等轴测图。

其作图步骤是先画长方体，然后逐步切割形体作图，如图 4-5（b）～（d）所示。

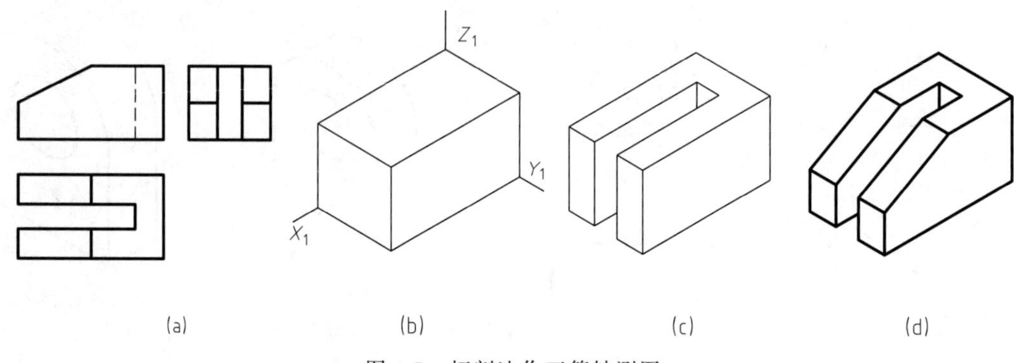

图 4-5　切割法作正等轴测图

3. 叠加法

叠加法是对于某些以叠加为主的立体，可按形体形成的过程逐一叠加从而得到立体轴测图的方法。如图 4-6（a）所示为立体的投影图，以叠加法作出其形体的正等轴测图。

作图步骤是先画长方体底板，再加切角立板，然后加上三角形斜块，如图 4-6（b）～（d）所示。

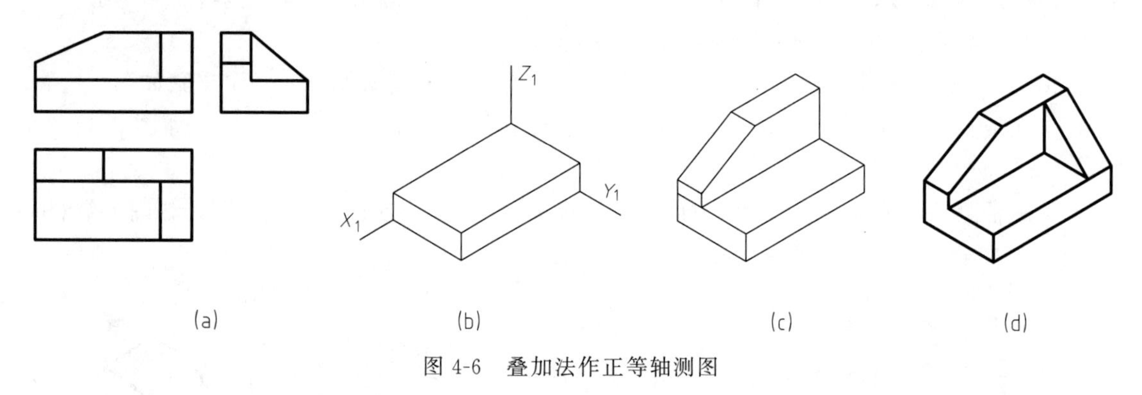

图 4-6　叠加法作正等轴测图

实际上，大多数立体即有切割又有叠加，在具体作图时切割法和叠加法总是交叉并用。

在两视图上确定的坐标原点与直角坐标系不同，其轴测图的表现形式也不同，因为改变了形体方位，如图 4-7 所示。从图中可见，不同视觉方位下的轴测图其表现形态是不同的，其中图 4-7（b）明显地优于图 4-7（c）～（e），更能清晰地表现形体结构。所以，在轴测图的画法中，视觉方位的选择也是非常重要的。

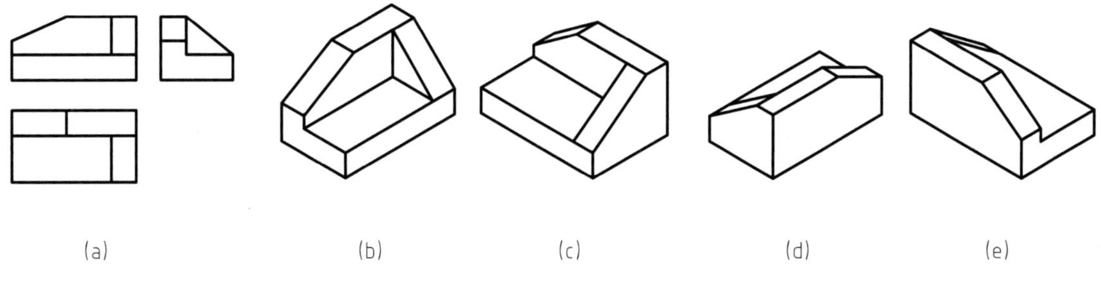

图 4-7　不同视觉方位下的轴测图形态

【例 4-1】　如图 4-8（a）所示，已知正六棱柱的主、俯视图，求作其正等轴测图。

解　①在两视图上确定直角坐标系，坐标原点取为顶面的中心，如图 4-8（a）所示。

② 画轴测轴，分别在 X_1、Y_1 方向量取长度 L、B，再根据平行性及六边形边长作出顶面的轴测投影，如图 4-8（b）～（c）所示。

③ 根据高度在 Z_1 方向截取 H，作出底面各点轴测投影，如图 4-8（d）所示。

④ 连接边长与棱线，擦去作图线，即完成正六棱柱的正等轴测图，如图 4-8（e）所示。

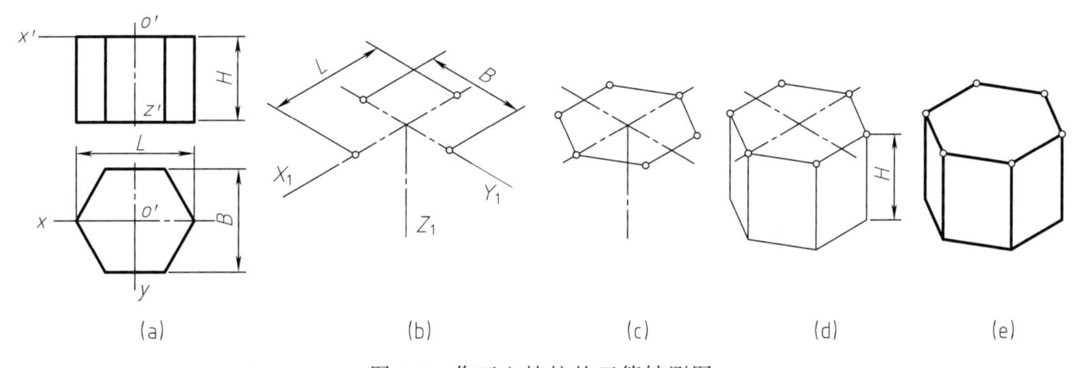

图 4-8　作正六棱柱的正等轴测图

三、回转体的正等轴测图

作回转体的正等轴测图，关键在于画出立体表面上圆的轴测投影。

1. 平行于坐标面圆的正等轴测投影

圆的正等轴测投影为椭圆，该椭圆外切于菱形，常用“菱形法”近似画出椭圆，即用四段圆弧近似代替椭圆弧。不论圆平行于哪个投影面，其轴测投影的画法均相同，图 4-9 表示直径为 d 的水平圆正等轴测投影的画法。作图步骤如下。

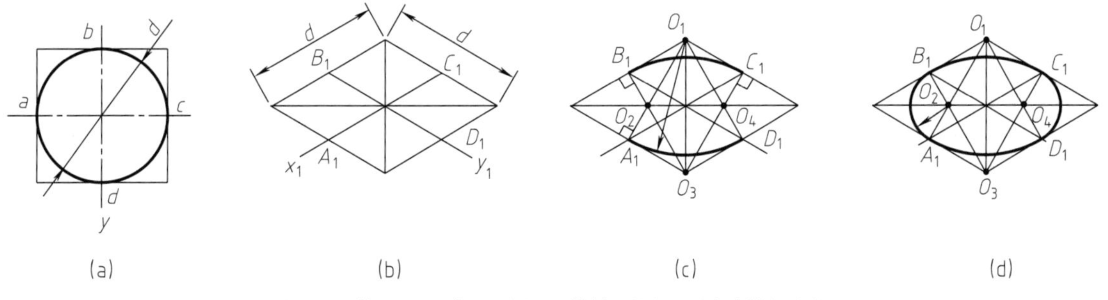

图 4-9　菱形法画水平圆的正等轴测图（近似椭圆画法）

① 先确定原点与坐标轴，并作圆的外切正方形，切点为 a、b、c、d，如图 4-9（a）所示。

② 作轴测轴和切点 A_1、B_1、C_1、D_1，通过切点作外切正方形的轴测投影，即得菱形，菱形的对角线即为椭圆的长、短轴位置，如图 4-9（b）所示。

③ 连线 O_1A_1、O_1D_1 或 O_3B_1、O_3C_1 与长轴交于 O_2 与 O_4。以 O_1、O_3 为圆心，O_1A_1 为半径，作大圆弧 A_1D_1、C_1B_1，如图 4-9（c）所示。

④ 再以 O_2、O_4 为圆心，O_2A_1 为半径，作小圆弧 A_1B_1、C_1D_1，连接点为 A_1、B_1、C_1、D_1，从而得到近似椭圆并外切于菱形，如图 4-9（d）所示。

图 4-10（a）画出了平行于三个坐标面上圆的正等轴测图，它们都可用菱形法画出。只是椭圆的长、短轴的方向不同，并且三个椭圆的长轴构成等边三角形。

2. 回转体的正等轴测图的画法

画回转体的正等轴测图，只要先画出底面和顶面圆的正等轴测图——椭圆，然后作出转向轮廓线即两椭圆的公切线即可。如图 4-10（b）所示为平行于三个坐标面的圆柱的正等轴测图。

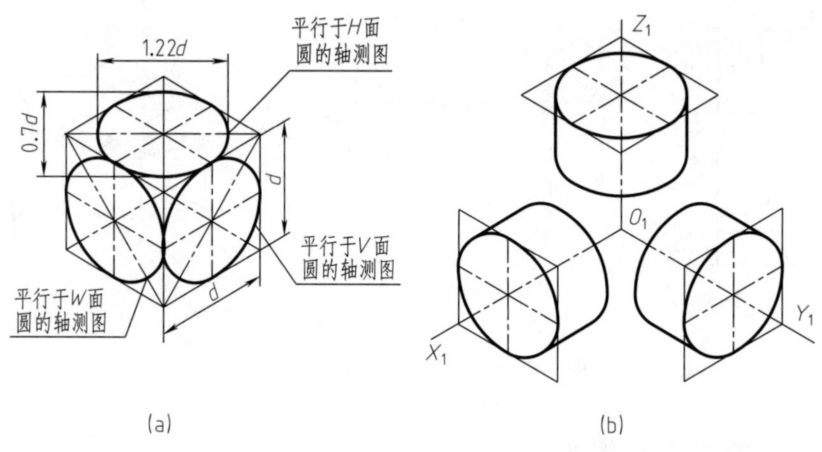

图 4-10　平行于三个坐标面的圆与圆柱的正等轴测图

【例 4-2】 如图 4-11（a）所示，已知切口圆柱体的主、俯视图，作出其正等轴测图。

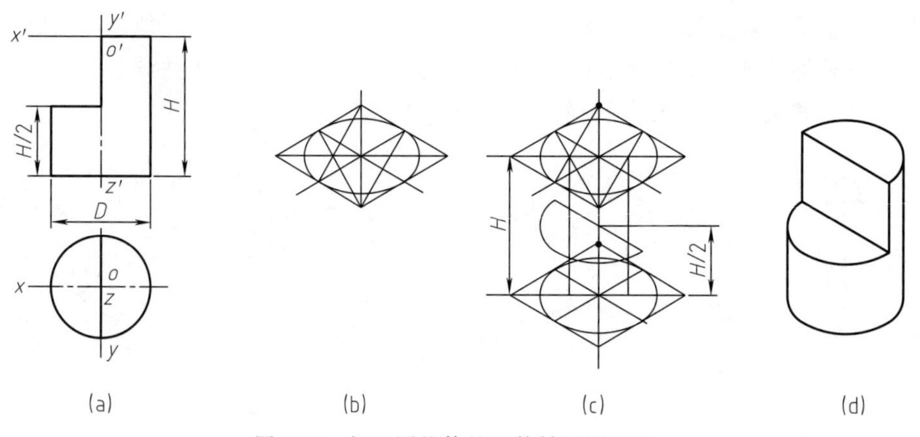

图 4-11　切口圆柱体的正等轴测图画法

解 ①确定坐标系，原点选为顶圆圆心，XOY 坐标面与上顶圆重合，如图 4-11（a）所示。

② 用菱形法画顶圆的轴测投影（椭圆），用平移法将该椭圆沿 Z 轴向下平移 H，即得底圆的轴测投影；将半个椭圆沿 Z 轴向下平移 $H/2$，即得切口的轴测投影，如图 4-11（b）、（c）所示。

③ 作椭圆的公切线，擦去不可见部分，加深后完成作图，如图 4-11（d）所示。

3. 圆角的正等轴测图的画法

如图 4-12（a）所示，立体上 1/4 圆角的在正等轴测图可用近似画法作出椭圆弧。作图时根据已知圆角半径 R，找出切点 A_1、B_1、C_1、D_1，过切点分别作圆角邻边的垂线，两垂线的交点即为圆心，以此圆心到切点的距离为半径画圆弧即得圆角的正等轴测图，如图 4-12（b）所示。实际上，其作图原理仍然是“菱形法”画近似椭圆弧，如图 4-12（c）所示。底面圆角可用平移法将顶面圆弧下移 H 即得，如图 4-12（d）所示，完成作图。

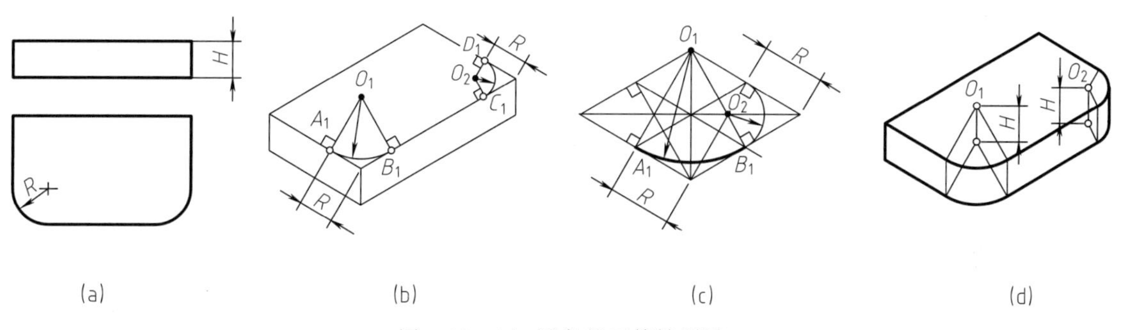

图 4-12 1/4 圆角的正等轴测图

四、正等轴测图画法综合实例

【例 4-3】 如图 4-13 所示为“相机外形”的投影图，画出其正等轴测图。

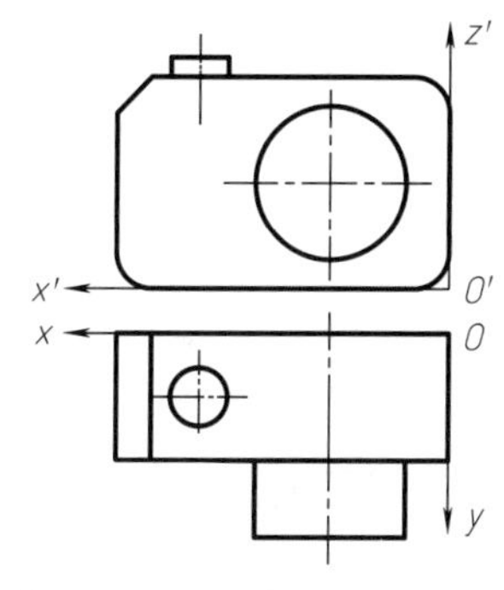

图 4-13 “相机外形”的投影图

解 首先在投影图上定出坐标系，如图 4-13 所示。

① 画轴测轴与“相机主体”部分的正等轴测图，如图 4-14（a）所示。

② 画“镜头”大圆柱正等轴测图：先确定圆柱圆心与外接菱形，再画椭圆，如图 4-14（b）所示。

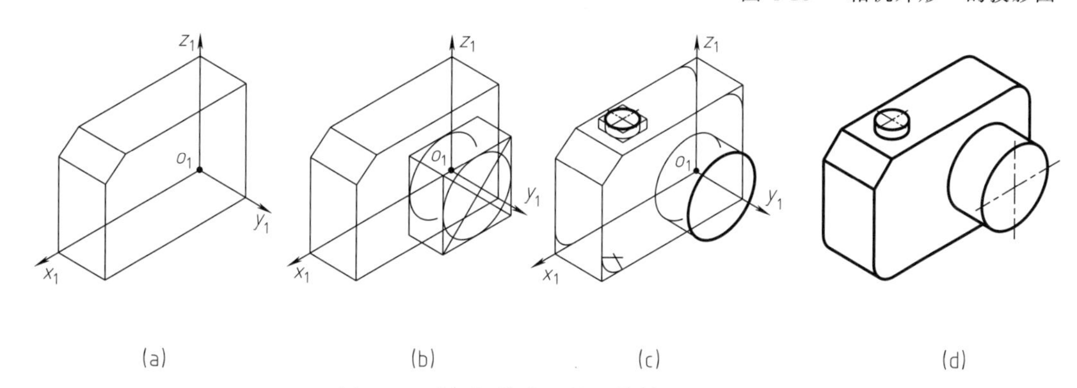

图 4-14 “相机外形”的正等轴测图画法

③ 画“按键”小圆柱的正等轴测图。补全主体上的圆角，如图 4-14（c）所示。

④ 作椭圆弧之间的公切线，整理并加深即完成全图，如图 4-14（d）所示。

第三节　斜二轴测图及画法

一、轴间角和轴向伸缩系数

斜二轴测图是轴测投影面平行于一个坐标平面，且平行于坐标平面的那两根轴的轴向伸缩系数相等的斜轴测投影。如图 4-15（a）所示，一般选择正面 XOZ 坐标面平行于轴测投影面。因此，$p=r=1$，$\angle X_1O_1Z_1=90°$，只有 Y 轴伸缩系数和轴间角随着投射方向的不同而变化。为了使图形更接近视觉效果和作图简便，国家标准“投影法”中规定，斜二轴测图中，取 $q=0.5$，轴间角 $\angle X_1O_1Y_1=\angle Y_1O_1Z_1=135°$，如图 4-15（b）所示。

斜二轴测图能反映物体 XOZ 面及其平行面的实形，而另外两个坐标面上的圆投影成了外切于平行四边形的椭圆，其长轴与 O_1X_1、O_1Z_1 之间的夹角约为 7°，该椭圆画图复杂，如图 4-15（c）所示。故斜二轴测图特别适合于用来绘制只有一个方向有圆或曲线的物体。

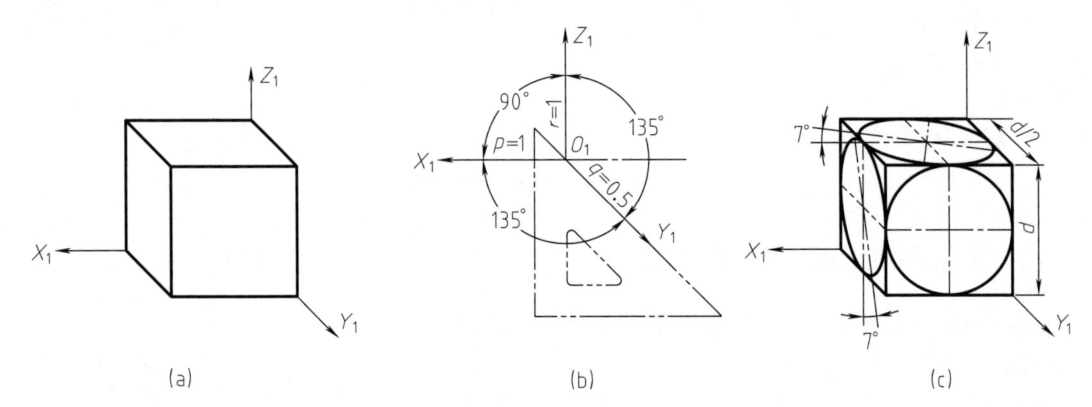

图 4-15　斜二轴测图画图参数与坐标面上圆的投影特点

二、斜二轴测图的画法

下面举例说明绘制斜二轴测图的方法。

如图 4-16（a）所示为套筒连杆的两面投影图。由投影可知，套筒连杆的形状特点是在一个平面上有圆及其弧线。故宜选择圆弧所在平面平行于坐标面 XOZ，作图过程如图 4-16 所示。

① 在投影图上选定直角坐标系，使套筒后端面处在 XOZ 坐标面上，如图 4-16（a）所示。

② 画斜二轴测轴 O_1X_1、O_1Y_1、O_1Z_1 及套筒后端二个特征面图（$p=r=1$），如图 4-16（b）所示。

③ 利用特征面拉伸法画出带孔连板厚与圆筒高度。注意：Y_1 方向尺寸取半量（$q=0.5$），如图 4-16（c）所示。底面圆孔按实际位置绘制，遮挡部分不必画出。

④ 作相应圆弧的公切线，去除不可见线，加深图线完成作图。如图 4-16（d）所示。

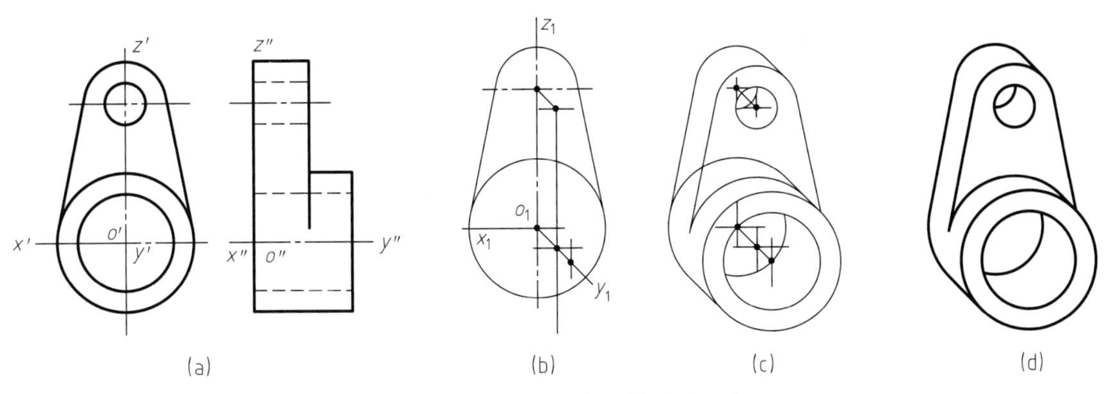

图 4-16　套筒连杆的斜二轴测图画法

【例 4-4】 画出如图 4-17（a）所示“椅子”的斜二轴测图。

解　由题图可知，“椅子”的特点是侧面形状比较复杂。根据斜二轴测图的特点，宜选择该面作为 XOZ 坐标面，在投影图上定出坐标系如图 4-17（a）所示。再画出轴测轴与反映实形的侧面投影，如图 4-17（b）所示。然后按 Y_1 方向长度取半量（$q=0.5$）完成作图，如图 4-17（c）所示。

若选取的坐标轴不同，则所画出的斜二轴测图繁简程度也不同。如图 4-17（d）所示，明显地该画法较前一画法烦琐。

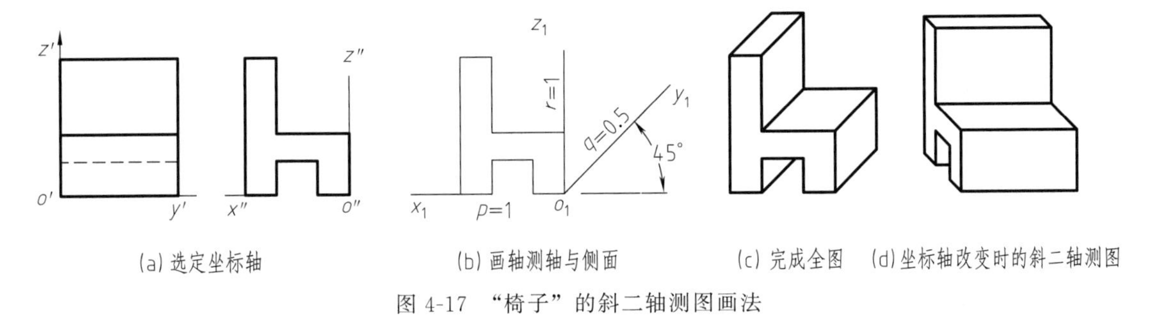

图 4-17　“椅子”的斜二轴测图画法

【例 4-5】 已知带切口圆柱的主、俯视图，如图 4-18（a）所示，试作出其斜二轴测图。

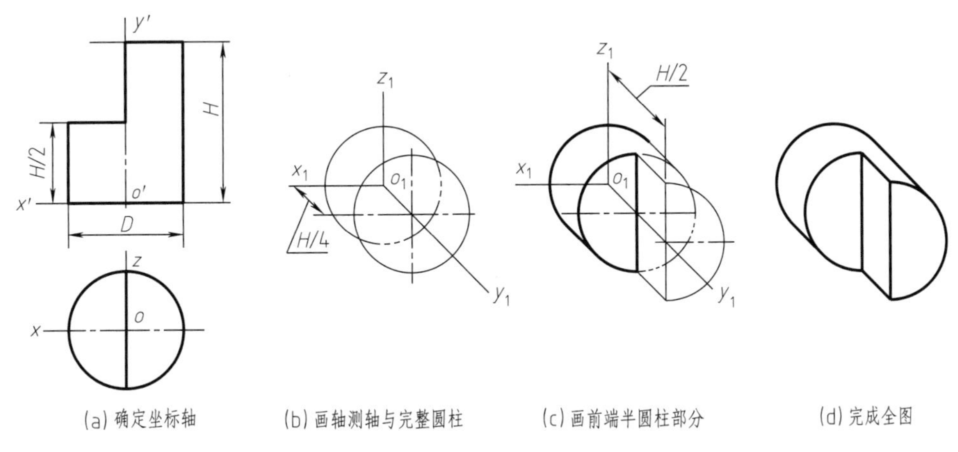

图 4-18　切口圆柱体的斜二轴测图画法

解 由题图可知，立体为切口圆柱体。故应该让圆底面处在 XOZ 坐标面上，如图 4-18（a）所示。先画出轴测轴及完整圆柱部分，如图 4-18（b）所示；再画圆柱体前端凸起部分，如图 4-18（c）所示；最后作相应圆弧的公切线，加深完成全图，如图 4-18（d）所示。注意 Y_1 轴方向尺寸取半量。

不同视觉方位下的斜二测图，其表现形态各不相同。如图 4-19（a）所示表达较好，可见表面较多。而图 4-19（b）明显地表现形体结构较差，可见表面比图 4-19（a）少。因此，画图时必须选择好合适的视觉方位。

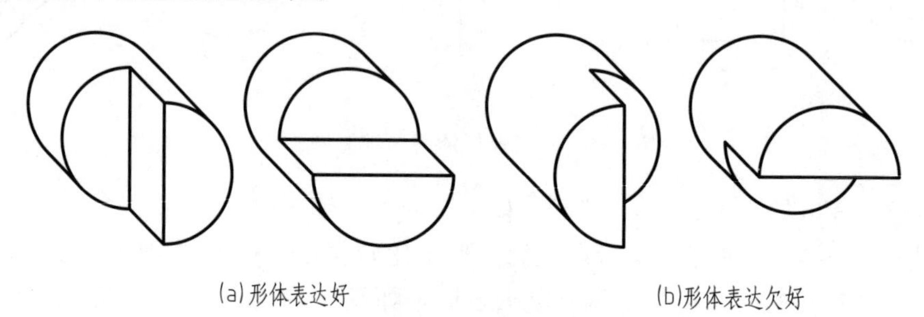

(a)形体表达好　　(b)形体表达欠好

图 4-19　不同方位下斜二测图的形态

第四节　正等测与斜二测比较

一、正等测与斜二测的形成特点

如图 4-20 所示为压块轴测图的两种画法特点比较。正等测必须先用坐标法找点绘制出处于 $X_1O_1Z_1$ 轴测面上的端面，然后沿着轴测轴 O_1Y_1 方向并与 O_1Z_1 成 120°夹角拉伸而成，如图 4-20（b）所示。

斜二测则是将反映实形的端面置于 $X_1O_1Z_1$ 轴测面上，然后沿 O_1Y_1 轴测轴方向并与 O_1Z_1 成 135°夹角拉伸而成，如图 4-20（c）所示。

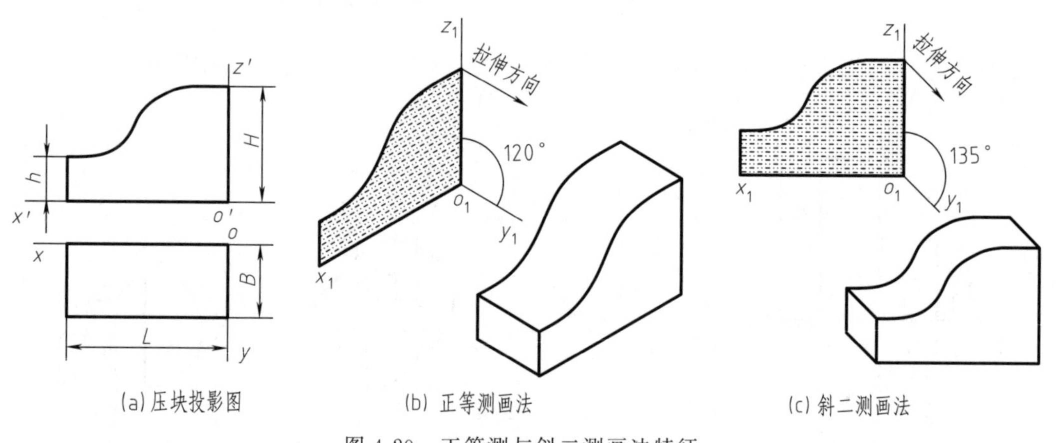

(a) 压块投影图　　(b) 正等测画法　　(c) 斜二测画法

图 4-20　正等测与斜二测画法特征

只有一个方向有圆或曲线边端面的物体，既可以用正等测来画，也可以用斜二测表达。用正等测来画则需要画椭圆（圆的正等测图）或用坐标法找点描画曲线边端面，作图较为烦琐。但用斜二测表达画图更为简便，因为斜二测就是把反映“实形”的某些立体表面拉伸而成，而画立体表面“实形”完全可以根据已知的投影视图进行“抄画”，故作图便捷快速。

二、正等测与斜二测的画法比较

如图 4-21 所示为正等测与斜二测两种画法对比。如图 4-21（a）所示为形体的投影图，图 4-21（b）为其正等轴测图画法，图 4-21（c）为其斜二等轴测图画法。因为形体只有一个方向有圆及圆曲线，明显地画斜二测主要是绘制圆曲线，比正等测画椭圆更为简单快捷。

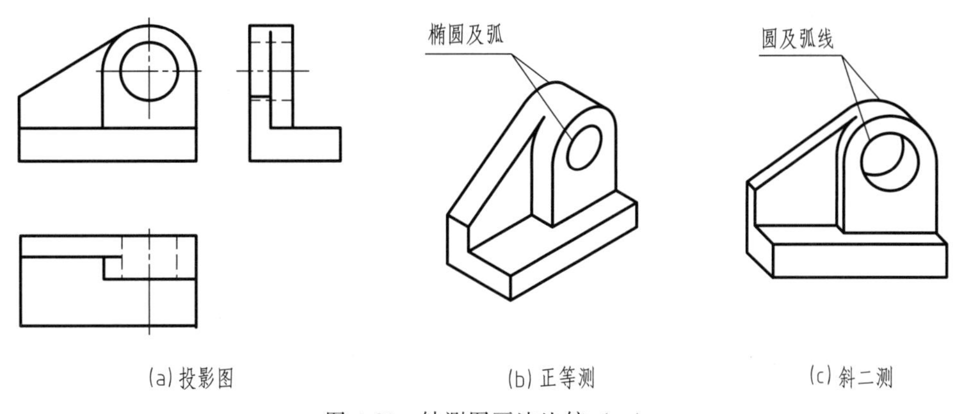

图 4-21 轴测图画法比较（一）

如图 4-22 所示也是两种轴测图对比画法。如图 4-22（a）所示形体，其正面与水平面上两个方向都有圆及圆曲线。采用正等轴测图绘制时主要是使用“菱形法”画椭圆及椭圆弧，如图 4-22（b）所示。

采用斜二等轴测图绘制时，与正面平行的圆顶立板画图时主要是“抄画”视图中的圆弧与圆，作图简单。但水平面上的椭圆是外切于平行四边形的，椭圆长轴并不在平行四边形对角线上，而是与 O_1X_1 轴成大约 7°，比用正等测里的“菱形法”画椭圆烦琐复杂，见图 4-22（c）。

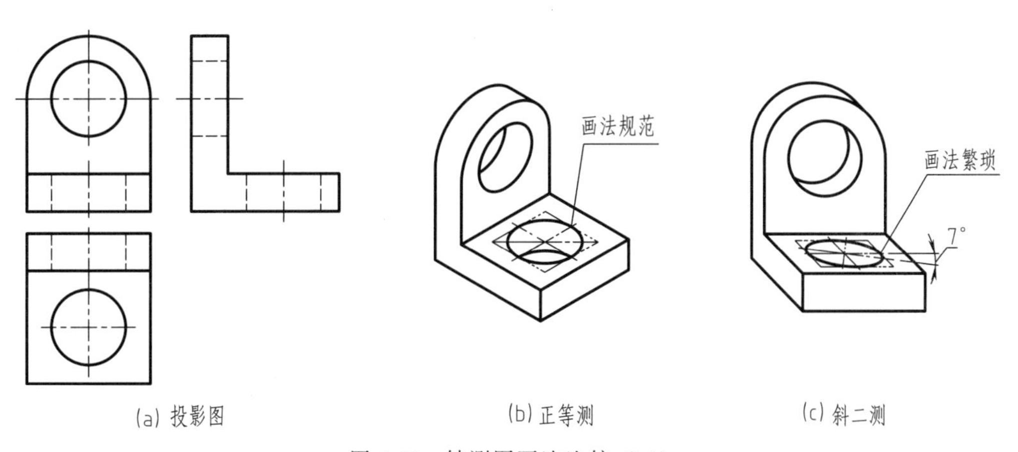

图 4-22 轴测图画法比较（二）

因此，对于正等测与斜二测的选择，应该根据所给形体具体分析，以结构表达清晰、立体感强、作图相对简易为原则。一般情况下，当表达对象的三个坐标面有两个及两个以上方向有圆或曲线的复杂形体时，应该选择正等测来表达。

第五节 剖视画法的轴测图

在轴测图中，为了表达物体内部结构形状，可假想用剖切平面沿坐标面方向将物体剖开，画成剖视轴测图。

一、画剖视轴测图的规定

1. 剖切平面的选择

为了清楚表达物体的内外形状，通常采用两个平行于坐标面的垂直相交平面剖切物体的1/4，如图 4-23（a）所示。一般不采用单一剖切平面全剖物体，如图 4-23（b）所示。

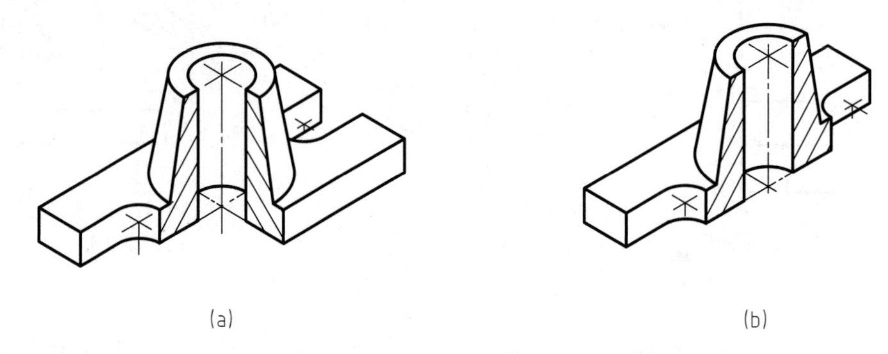

图 4-23 剖视轴测图的剖切方法

2. 剖面线的画法

当剖切平面剖切物体时，断面上应画上剖面线，剖面线画成等距、平行的细实线。如图 4-24 所示为正等轴测图的剖面线画法，如图 4-25 所示为斜二等轴测图的剖面线画法。

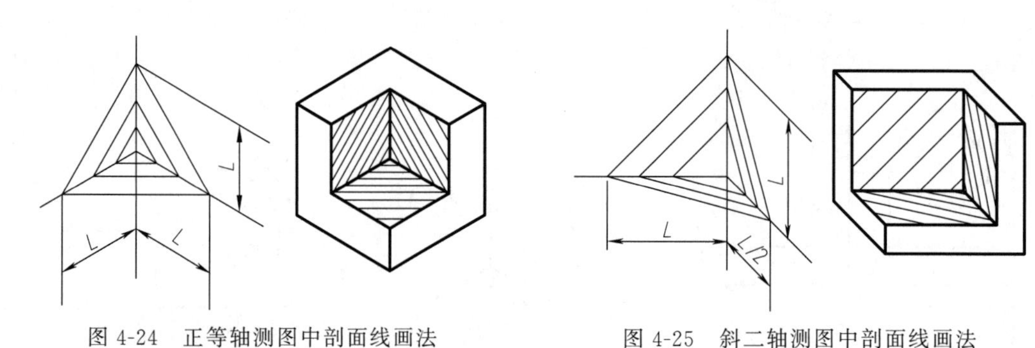

图 4-24 正等轴测图中剖面线画法　　图 4-25 斜二轴测图中剖面线画法

二、剖视轴测图的画法

剖视轴测图的画图方法有两种：

1. 先画外形，再画剖视

如图 4-26 所示，先画形体外形，再沿轴测轴剖去 1/4，最后画出剖面和内部可见结构。

2. 先画剖面，再画外形

如图 4-27 所示，沿轴测轴剖切 1/4，先画出剖切断面，再画出外形与内部可见结构。

剖切平面通过物体的肋或薄壁等结构的纵向对称平面时，规定这些结构不画剖面线，而用粗实线将它与相邻部分分开。如图 4-28 所示。

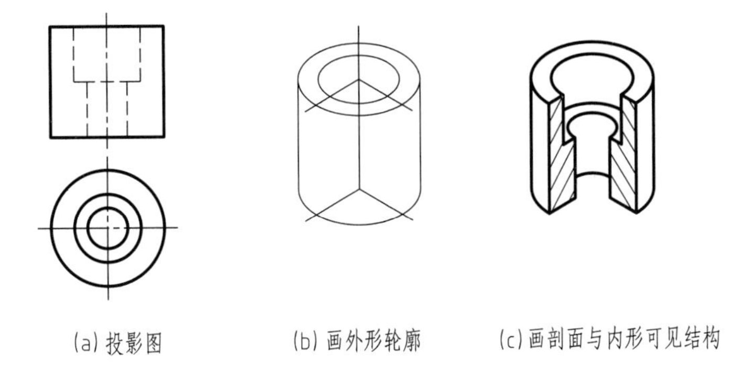

图 4-26 剖视轴测图画法（一）

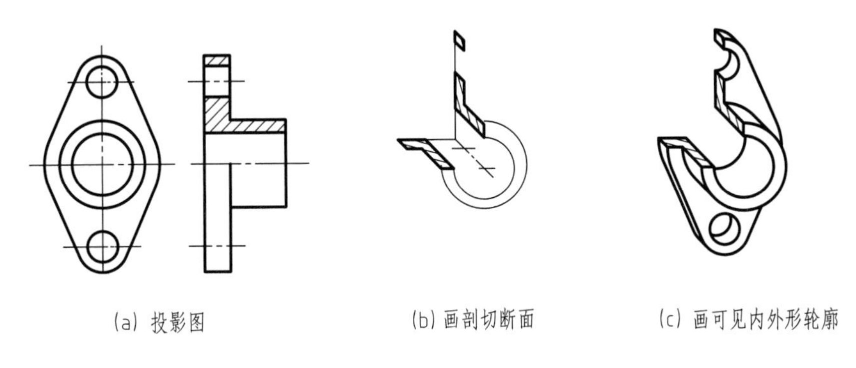

图 4-27 剖视轴测图画法（二）

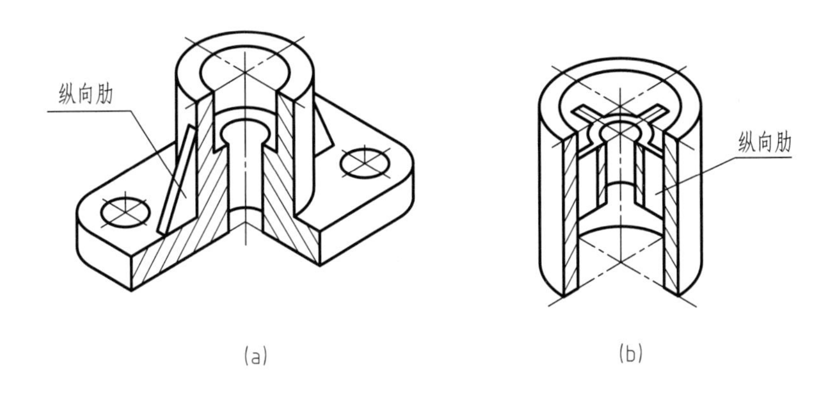

图 4-28 剖视轴测图中，纵向肋板和薄壁的画法

三、剖视装配轴测图

装配轴测图中，剖面部分应将相邻物体的剖面线方向画成相反（垂直关系）或者间距不同，以便区分物体边界与装配连接关系，如图 4-29（a）所示。如图 4-29（b）所示为轴测画法装配体的分解图。

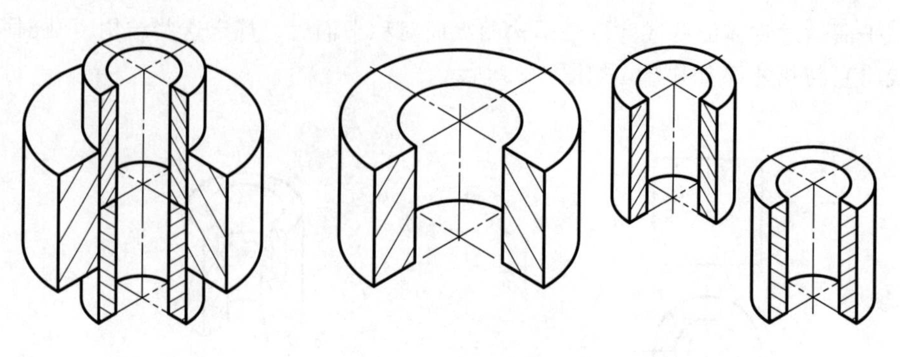

(a) 剖视装配轴测图

(b) 剖视装配体分解图

图 4-29 剖视式装配与分解轴测图

组合体

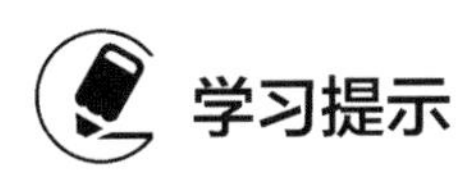

组合体看图的基本方法是形体分析法，即从组合体视图中拆分各基本体特征图形，想象基本体结构的空间形状，再拼合成完整的立体。因此，牢记基本体视图特征与对应立体形状，是看懂复杂形体的基础。基本体尺寸注法，是注写组合体尺寸的基础。按制作组合体过程所需尺寸的顺序标注尺寸，可减少不必要的重复修改，使得尺寸注写更容易做到正确、合理。

为了容易看懂机器上的复杂零件形状，首先要学会将复杂形体看成是由若干个基本体组合而成。这种由若干个基本体组合构成或一个基本体被多次切割形成的复杂形体，称为组合体。

第一节　组合体的形体分析

假想把组合体合理地分解为若干个基本体，易于搞清楚这些基本体的相对位置及其视图，然后分析重新合并各基本体的构形方式及其表面连接形式，达到对整个物体形状的完整、清晰认识，这一分析方法称为组合体的形体分析法。它是绘制和阅读组合体视图的基本方法。

一、组合体的构形方式

组合体的构形方式主要有叠加、挤入、挖切和综合等基本形式，可简称为基本体的“加、减”构形法（即增加基本体与切去基本体的构形）。其中综合型构形方式较常见。

① 叠加型：若干个基本体按一定位置“粘贴”为一体，这种“加”基本体的构形方式称之为叠加型。如图 5-1（a）所示。

② 挤入型：组合体上相邻基本体的局部以嵌入的方式“熔合”为一体，这种“加”基本体的构形方式称其为挤入型。如图 5-1（b）所示，组合体看成是由小基本体的局部挤入大基本体内而形成的。

③ 挖切型：是在基本体上进行切块、挖槽、穿孔（即“减”去一些小几何体）等方法形成的组合体，称之为挖切型。如图 5-1（c）所示。

④ 综合型：组合体是“加、减”两种构形方式形成的组合体，如图 5-1（d）所示。

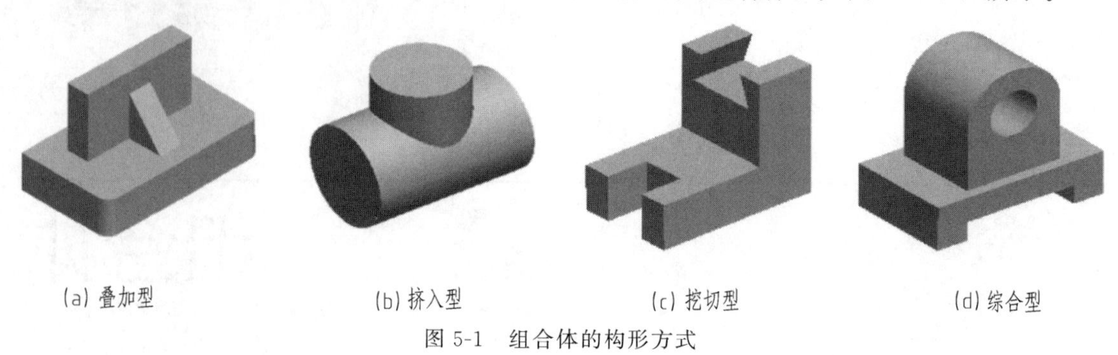

(a) 叠加型　(b) 挤入型　(c) 挖切型　(d) 综合型

图 5-1　组合体的构形方式

二、组合体的表面连接形式

组合体上相邻两基本体的相遇表面在连接处主要有交线连接、平齐连接、切线连接。

1. 交线连接

交线连接指的是组合体上两基本体的相遇表面，在相遇处有交线，交线既隔开又连接两相遇表面。堆加型的交线连接一般不影响基本体图形。挤入型的交线连接一般会修剪基本体图形，这种相遇表面的交线，在作图时要正确绘出。如图 5-2 所示为交线连接两表面。

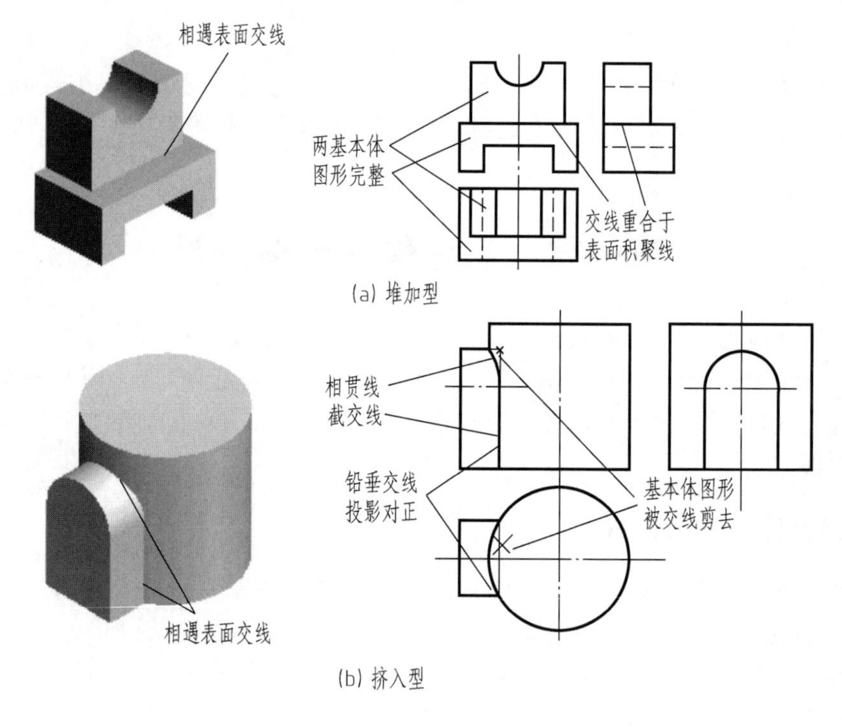

(a) 堆加型

(b) 挤入型

图 5-2　交线连接两表面

2. 平齐连接

平齐连接指的是组合体上两基本体的相遇表面对接时是平齐的，相遇两表面合为一个表面。平齐连接的两表面若投影积聚则重合或共线（为直线或光滑曲线），若投影不积聚则在对接处无分隔轮廓线（即两面合一）。三种构形方式都有可能出现平齐连接，如图 5-3 所示为堆加型的平齐连接示例。

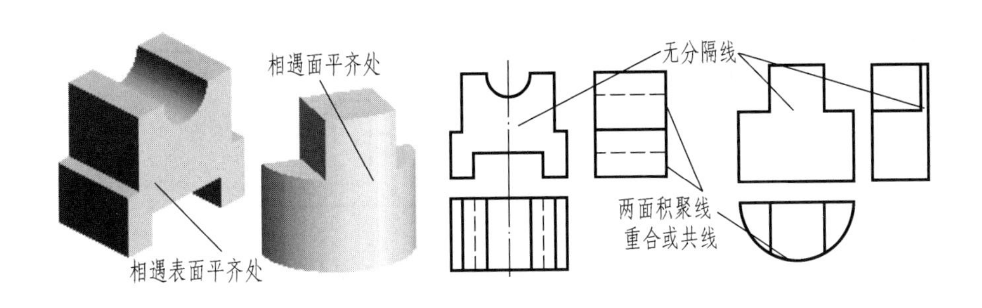

图 5-3　平齐连接两表面（两基本体视图在平齐处无分隔线）

3．切线连接

切线连接指的是组合体上两基本体的相遇表面以相切的关系光滑连接，相遇两表面合为一个表面。相切连接的两表面若投影积聚则两表面的积聚线是相切关系，切点是连接两表面的切线之积聚点。若该两表面投影不积聚，则因不许画出切线而使得两面图形无分隔线（即二面合为一面）。注意，此切线位置是原两表面出现在组合体中的分隔线位置，一般要从切线的积聚点位置按三等关系去找其他投影面上位置。相切连接常见于挤入型中，如图 5-4（a）所示。

特殊情况的切线连接需画出切线的投影，如图 5-4（b）所示的公切平面垂直 H 投影面，在 H 投影面上应画出切线轮廓，在 W 面上的投影则不应画出。

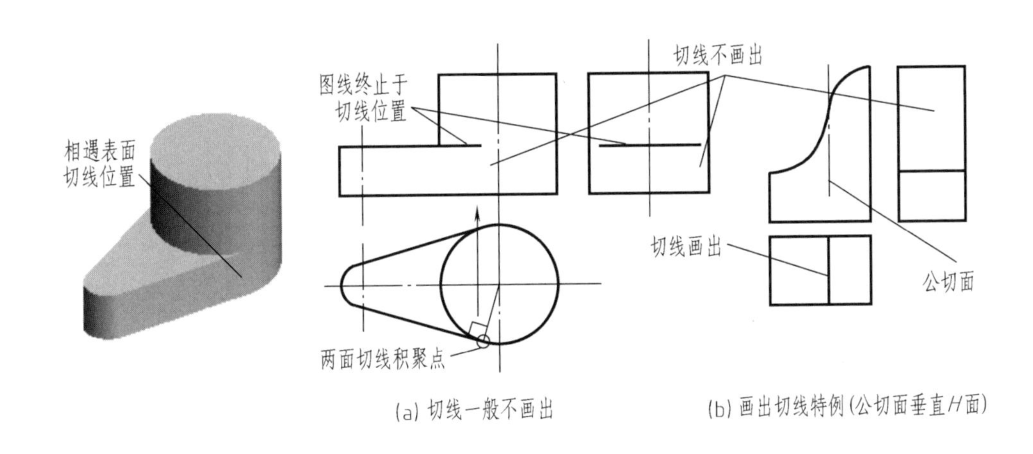

图 5-4　切线连接两表面

三、对相遇表面上的轮廓线处理

在组合体构形中，某基本体轮廓线被相邻基本体完全遮盖后，该轮廓线已不存在，不应画出。如图 5-5 中标记“×”的这段轮廓线；又如图 5-6 中Ⅱ圆柱筒下方圆柱面轮廓线，对照图 5-7（c）和图 5-7（e）中可知中段轮廓不应画出。

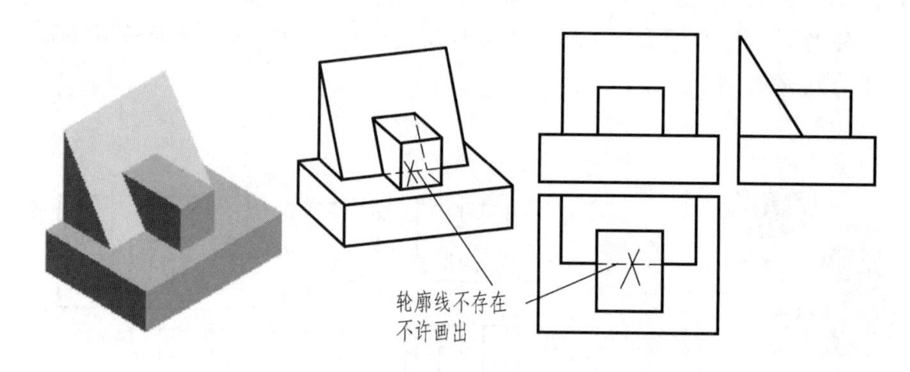

图 5-5 组合体上某基本体轮廓线被其它基本体完全遮盖

第二节 组合体三视图画法

绘制组合体三视图的方法有形体分析法和线面分析法。形体分析法是绘制组合体视图的基本方法，线面分析法主要用于挖切型组合体的图形绘制。

一、形体分析法作图

按构形方式从组合体上拆分出基本体，然后按各基本体相对位置逐一画出基本体三视图，并对相邻两基本体相遇表面的连接处按相遇表面连接形式进行处理，这就是形体分析法作图。简单地说，就是“加”基本体视图与“加减”相遇表面连接处图线，简称为“加减画图法”。

画图过程一般是先画大（或重要）基本体视图，后画小（或次要）基本体视图，且每加上一个基本体视图，要注意找准该基本体视图位置以及处理表面连接处的图线，最后对照组合体实物或轴测图进行检查，修改细节，加粗描深，完成全部作图。

【例 5-1】 根据实物模型或如图 5-6 所示的轴测图，绘制三视图。

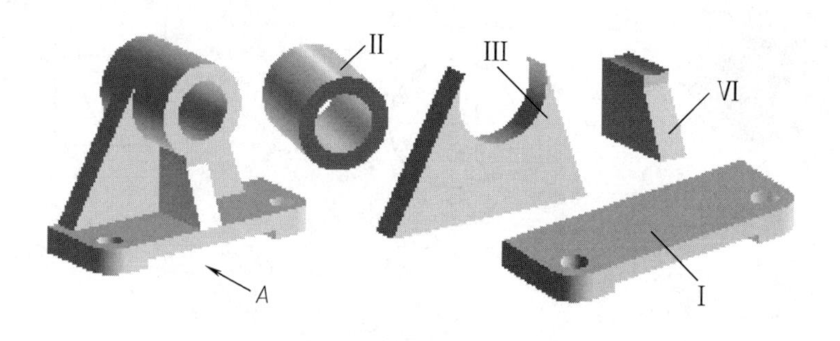

图 5-6 轴承座的拆分与主视图方向选择

解

（1）构形分析

轴承座可拆分为底座Ⅰ、水平圆筒Ⅱ、立板Ⅲ、肋板Ⅳ（图 5-6）。

（2）确定主视图

主视图是三个视图中的主要图形，要把该组合体上主要基本体的位置、特征形状体现出来。一般组合体是按自然位置放置（下大上小，底为平面，主要表面平行或垂直投影面），放置好后有四个投影方向可供选择，图 5-6 中 A 向投影能清晰地反映主要基本体（轴承座底座Ⅰ、水平圆筒Ⅱ、立板Ⅲ）的形状特征和相对位置关系，而且该视图中出现的虚线较少（还应兼顾其他视图虚线要少）。所以，应选择 A 方向作为主视图的投射方向。

确定主视图后，左、俯视图也就跟着确定了。

（3）选比例、定图幅

根据形体长、宽、高尺寸算出三个视图所占范围，并加上视图之间留有适当间距（如留作注写尺寸等），以及画标题栏占用范围，估算出所需画图面积，按 1∶1 比例选用标准图幅。若无这么大的图幅或图形太小则另选国家标准中给定的比例与图幅。

（4）画图

① 安排好三个视图的位置，即画出作图基准线［图 5-7（a）］。两视图间距要适当，不宜太小或太大。作图基准线一般是组合体的对称面、底面、后侧或左右侧较大平面的投影位置线，重要圆柱筒等回转体的轴线。

② 画底稿。即用不太亮的 $b/4$ 宽度线型用“加减画图法”绘制组合体三视图。因画图过程易出错或多画线，若线条太亮的话在擦去时就会把图面弄脏，故一定要画底稿。

“加减画图法”的绘图顺序是先画出大的基础基本体三视图［图 5-7（b）］，再据第二个要绘的基本体与基础基本体的位置尺寸，确定第二个基本体的视图位置，然后绘出第二个基本体的三视图［如图 5-7（c）］，并立即处理这两个基本体的相遇表面图线。按这一方法依次把各基本体视图叠加上去［图 5-7（b）～（e）］，并注意可见性表达。

基本体三视图的绘制，应抓住基本体三视图特征及尺寸关系。

③ 检查、描深。检查是指画完底稿后，对底稿的作图过程作一次重复思考，特别要注意如图 5-5 所示的三个基本体共有交线的擦除，在图 5-7（d）俯视图中的立板、肋板与底板（或圆柱筒）的三个基本体共有交线要擦除，并对照组合体的整体形状（实物或轴测图）观察所绘制的组合体三视图是否做到了正确表达。描深是指按国家标准规定线型的宽度描深图线，描深过程为先描圆弧线，后描直线；先描水平、铅垂线，后描斜线。当几种图线重合时按粗实线、虚线、点画线、细实线的次序，只画出排在最前的图线。

二、线面分析法作图

对于挖切型组合体的作图，如果挖切出的是完整的基本体，则留下的孔、槽形状依然是基本体形状（如图 5-6 中底板上的两个小圆孔），这类孔、槽的三视图与其对应的实体三视图基本一致或差别不大（如有虚线），故一般是按形体分析法处理；如果挖切出的形体不完整，则留下的孔、槽形状属于对基本体截切的截断体形状，故应按照第三章截断体的作图方法处理，只是此处强调利用平面形投影特性（类似性、实形性、积聚性）求解，这就是线面分析法作图。

绘制挖切型组合体的作图步骤为先画出挖切前的完整基本体视图，再画挖切出的完整孔或槽基本体视图，最后应用线面分析法绘制截断面的投影，擦去多余线条完成全图。

【例 5-2】 根据实物模型或如图 5-8（a）所示的轴测图，绘制三视图。

解

① 形体分析出六棱柱和挖切四棱柱。

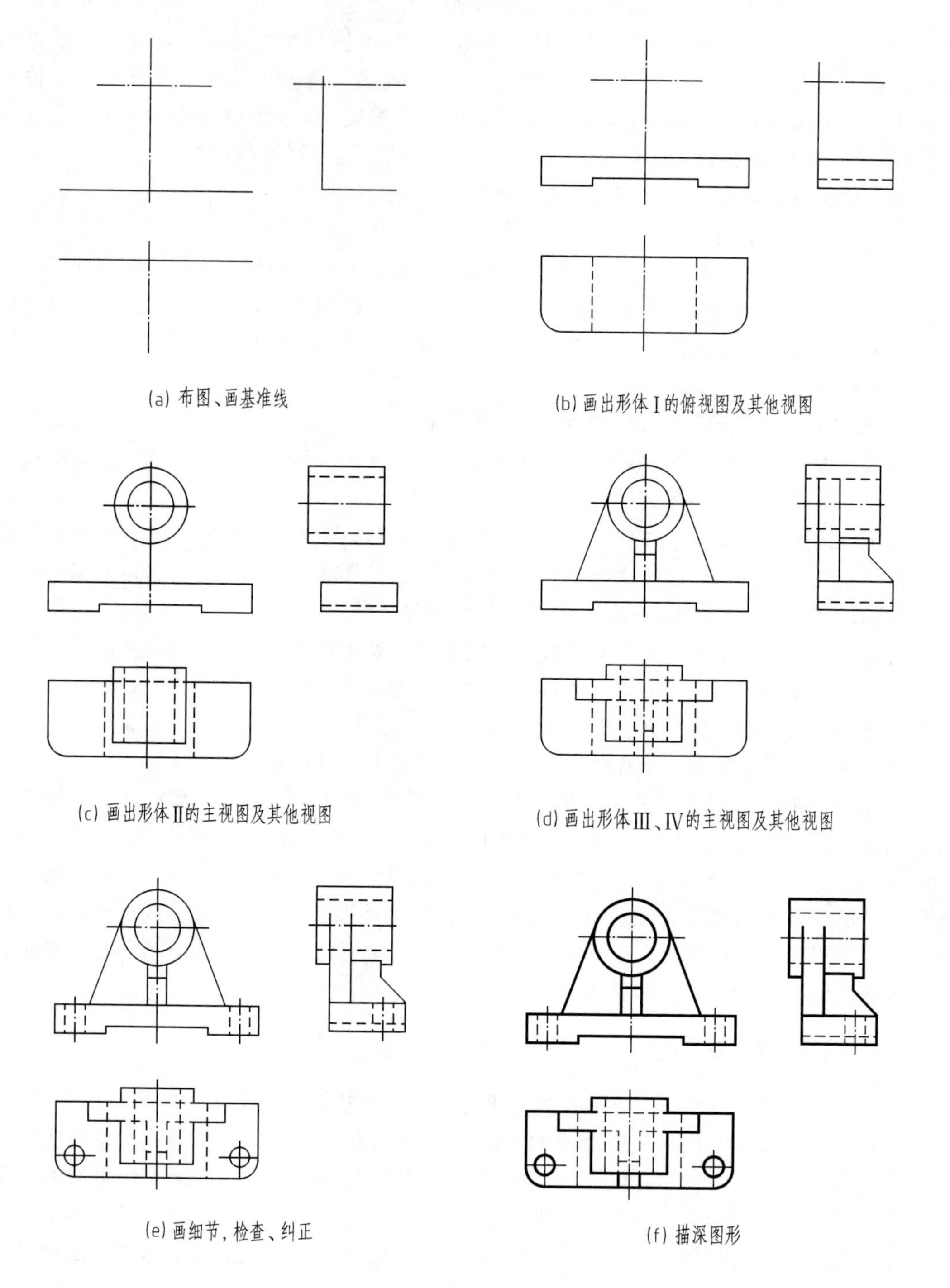

图 5-7　轴承座的画图步骤

② 画六棱柱和四棱柱三视图，如图 5-8（b）、（c）所示。

③ 线面分析法画图 5-8（d）中的 P 面投影图。先找出表面 P 在 V 面的积聚线和 W 面的 8 边形图，再按平面形投影类似性和三等关系画出其在 H 面的 8 边形图。

④ 最后修去多余线条，完成全图。

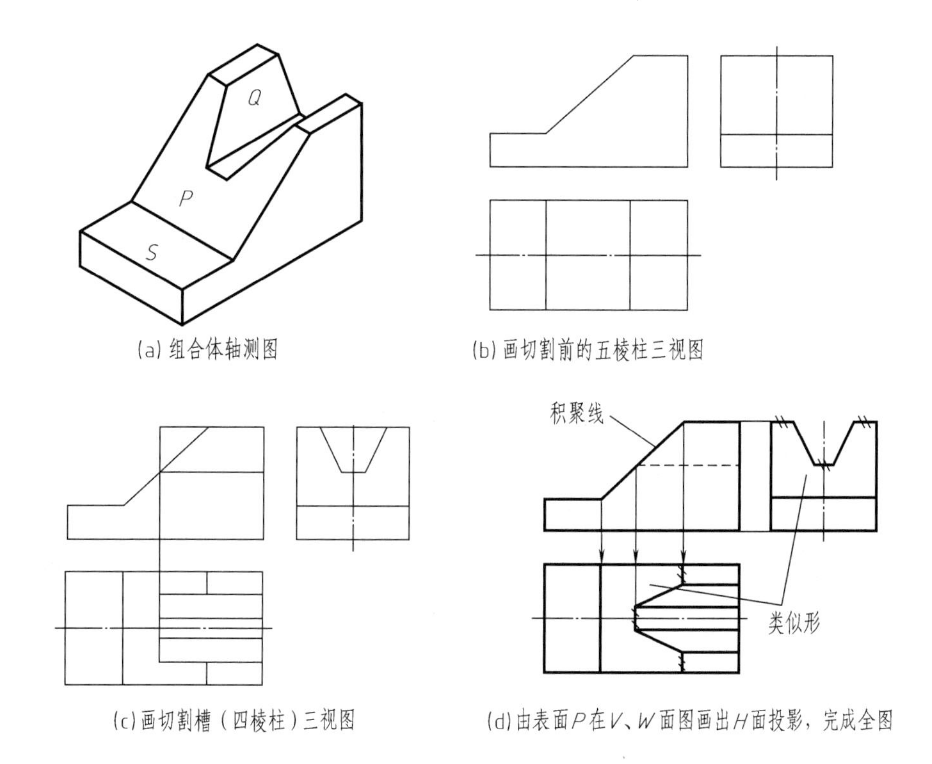

图 5-8　线面分析法绘制挖切型组合体三视图

第三节　读组合体视图

看懂组合体视图要应用形体分析法和线面分析法。在看组合体视图时，首先要应用形体分析法读图，当用形体分析法看不懂视图中某些局部的图形时，才采用线面分析法读图。

一、读图的基本知识

1. 掌握基本几何体的视图特征

组合体是由基本体叠加、切割而成，运用形体分析法看图，首先必须十分熟悉基本体的视图特征。

2. 将各个视图联系起来识读

组合体的形状一般是通过几个视图来表达的，每个视图只能反映组合体一个方向的形状。因此，一个视图一般是不能确定空间形状的，有时两个视图也不能确定空间的形状。如图 5-9 所示的几个组合体，虽然它们的主视图是相同的，但由于俯视图、左视图不同，空间形状差别很大。

如图 5-10 所示的几个组合体，虽然主、俯视图均相同，但左视图不同，它们的空间形状各不相同，在讲基本体视图特征时曾强调：棱柱体用两个视图即可确定形状，但其中必有一个特征面图形，此处因主、俯视图上的小矩形没有一个设定为特征面图而导致有多解。

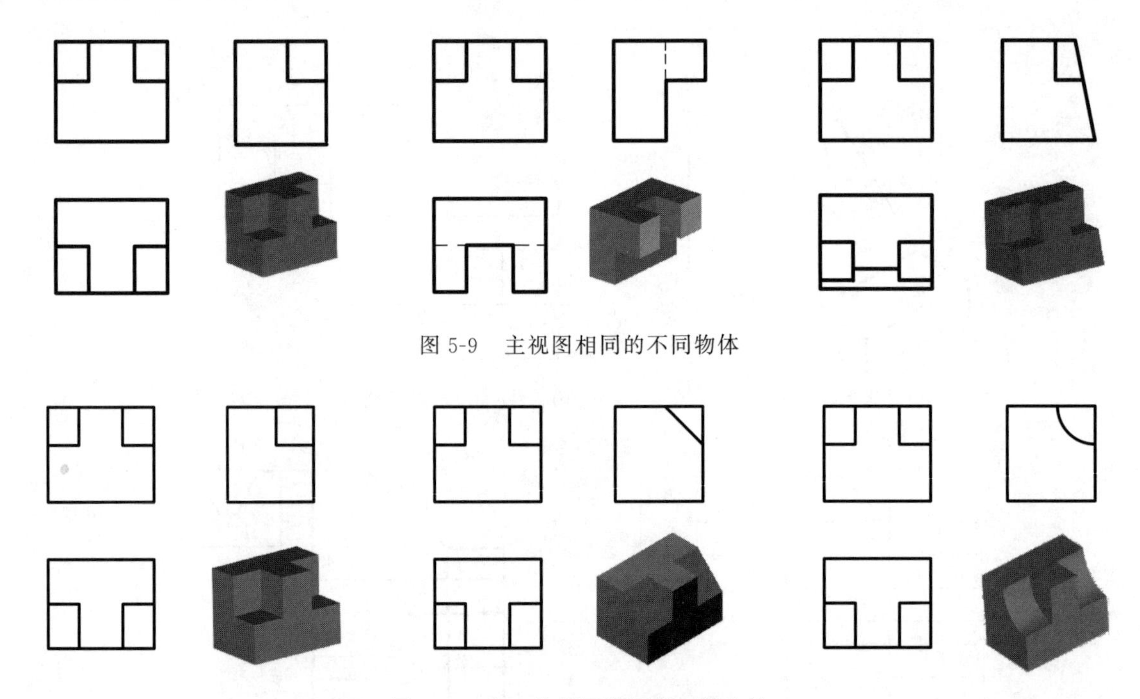

图 5-9　主视图相同的不同物体

图 5-10　主、俯视图相同的不同物体

3. 要明确视图中线框和图线的含义

视图中的轮廓线（实线或虚线，直线或曲线）可以有三种含义，如图 5-11 所示，1 表示物体上具有积聚性的平面或曲面；2 表示物体上两个表面的交线；3 表示曲面的素线轮廓线。

视图中的封闭线框可以有以下四种含义，如图 5-12 所示，1 表示一个平面；2 表示一个曲面；3 表示平面与曲面相切的组合面；4 表示一个空腔。

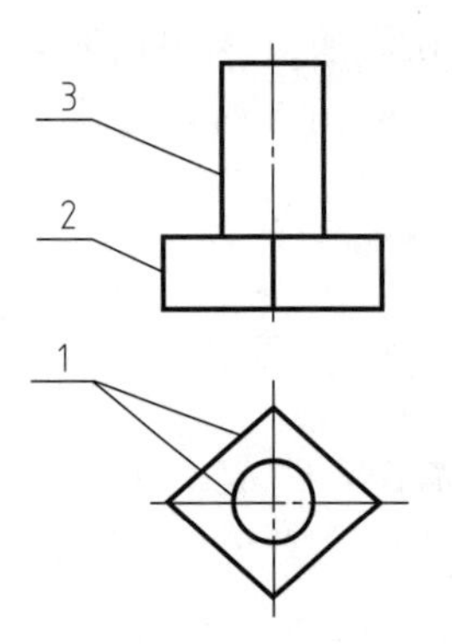

图 5-11　视图中线条的各种含义

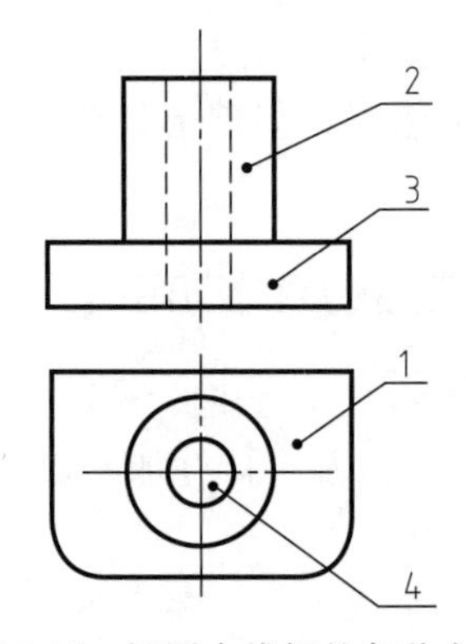

图 5-12　视图中线框的各种含义

4. 从最能反映组合体形状和位置特征的视图读起

能清楚地表达物体形状特征的视图，称为形状特征视图。能清楚地表达构成组合体的各基本形体之间相互位置关系的视图，称为位置特征视图。

如图 5-13 所示，两组三视图中的主视图反映该组合体的形状特征，应从主视图读起，并与其他视图联系起来进行分析，想象组合体的形状。如图 5-14 所示，两组三视图中的左视图反映组合体上圆柱形体和四棱柱向前凸起或通孔的位置特征，应从左视图读起，并找出其特征面图形联系起来进行分析，想象出该基本体结构形状，再按它们的相对位置组合成整体形状。

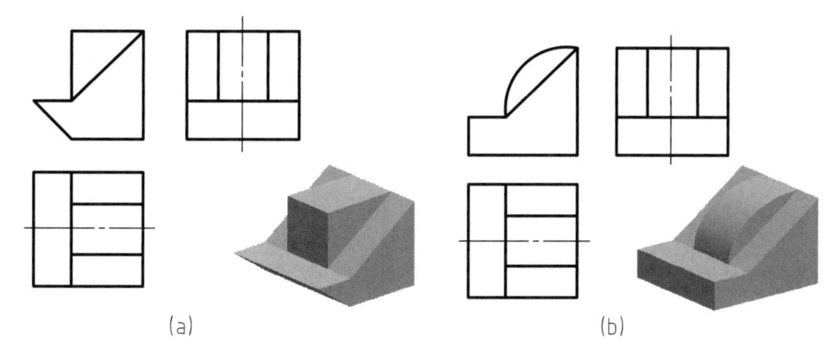

图 5-13　抓住主视图上基本体形状特征

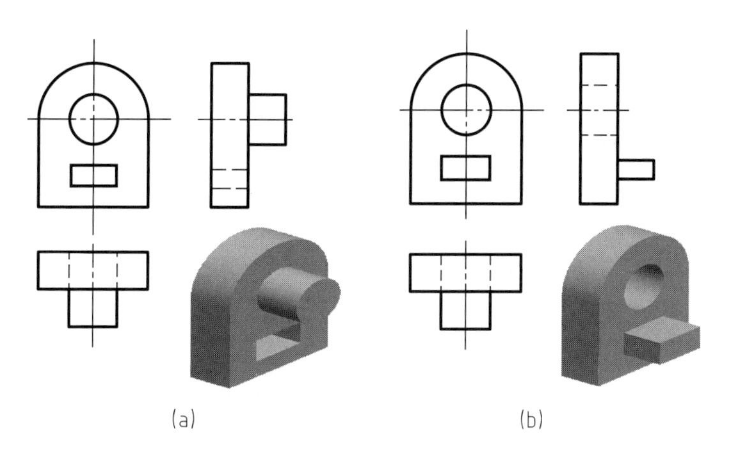

图 5-14　位置特征

二、读图的基本方法

1. 形体分析法读图

形体分析法读图是形体分析法作图的逆过程，即根据基本体视图特征把给出的组合体三视图拆分成若干组基本体三视图，并分别想象出这些基本体形状，然后，依据这些基本体在组合体视图中的相对位置进行构形，想象或绘出组合体立体。为了保证想象出的立体形状的正确性，应当把想象出的组合体立体假设向三投影面投影，重新获得三视图，并与原三视图对比，如完全一致则读图正确，如有小的细节差别则要对细节处再作修改，并再作验证。

上述过程用流程图说明，如图 5-15 所示。

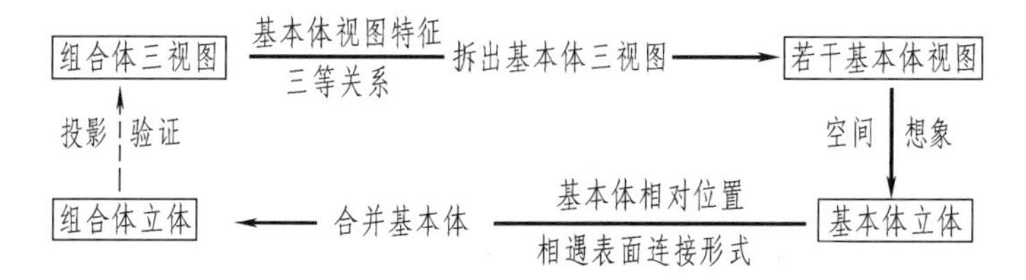

图 5-15　形体分析法流程

拆分基本体三视图组的过程是最关键的一步，要借助三角板、分规等绘图工具，按三等关系合理地从组合体视图中找出具有符合基本体三视图特征（或接近基本体的三视图特征）的图块，最终要把组合体视图划分成几个基本体视图组。

在合并基本体的构形过程中，想象或绘制组合体立体的过程要先粗后细，即先对基本体立体按相对位置拼合，再按表面连接形式中介绍的各种情况想象出相遇表面连接处的细节。

【例 5-3】 根据图 5-16 的三视图，想象出（或绘出）立体形状。

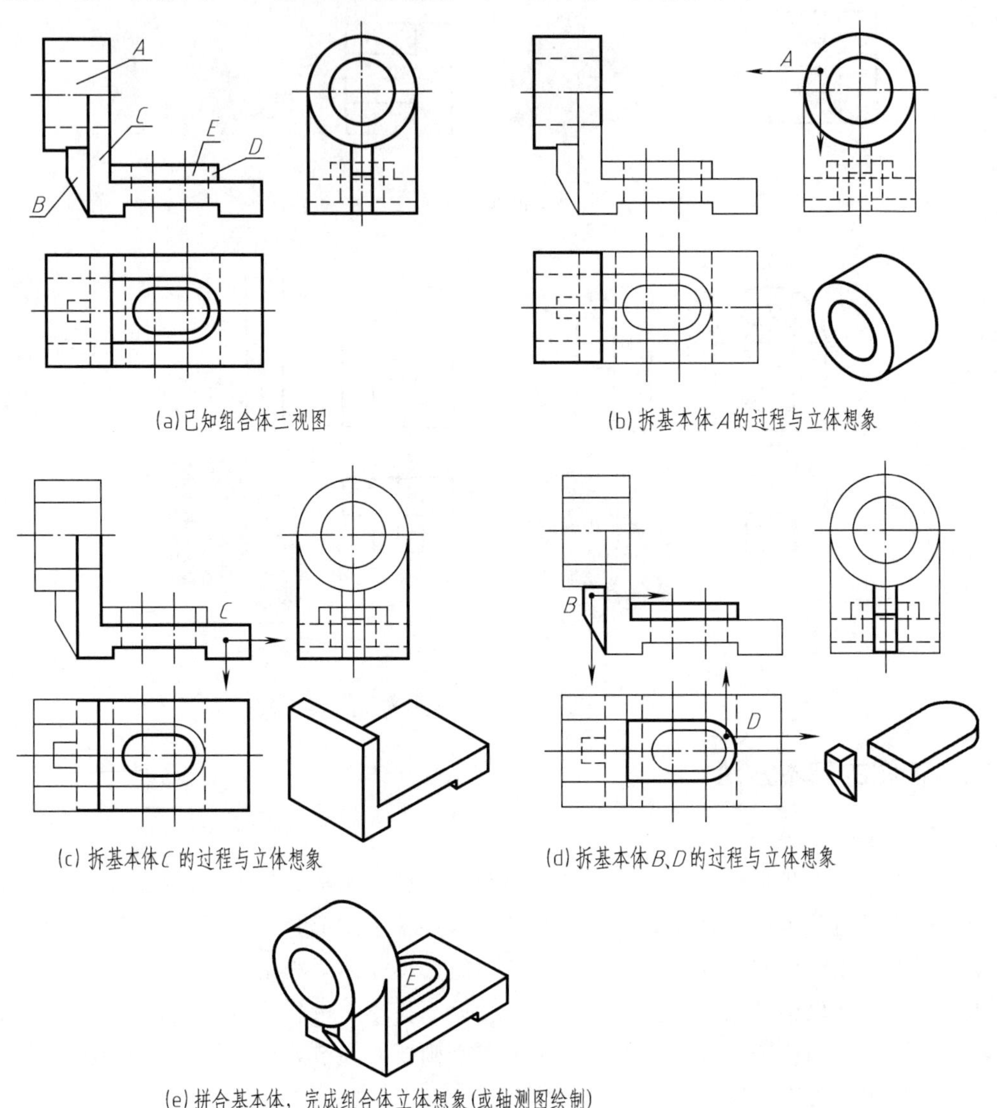

(a)已知组合体三视图　　(b) 拆基本体 A 的过程与立体想象

(c) 拆基本体 C 的过程与立体想象　　(d) 拆基本体 B、D 的过程与立体想象

(e) 拼合基本体，完成组合体立体想象(或轴测图绘制)

图 5-16　形体分析法识读组合体三视图

解

按如图 5-15 所示的形体分析法流程读图，步骤如下。

① 找基本体特征面图（如圆或封闭多边形等），画三等关系线获得其他投影面上满足基本体视图特征的对应图形，具体的画线拆图过程如图 5-16（b）～(d）所示（A 为圆柱筒、B 为四棱柱、C 为十棱柱、D 为拱形柱体、E 为长形孔柱体）。

② 想像各基本体立体，如图 5-16（b）～(d）中的立体图。

③ 按各基本体在三视图中的图形位置拼合组合体立体图，拼合过程为 $C \to A \to B \to D \to E$，相遇表面连接处的细节要想像清楚。

在训练组合体视图的识图能力时，经常只给出组合体的两个视图，求作第三个视图。从空间点的投影知识知道，若已知空间点的两面投影，那么该点的三维坐标就完全确定了；同样，若已知组合体的两个视图，那么组合体的空间形状一般也是唯一的（但也有特例）。

根据已知的两视图，绘制第三个视图的求解过程分两步完成。第一步是图 5-17 中①过程，它可以是形体分析法读图过程或线面分析法读图过程；第二步是图 5-17②之后的作图过程，它是依据某一基本体的空间形状和已知该基本体的二个视图作出第三面投影。而在增加各基本体视图的作图过程中，又要正确处理相遇表面连接处图线。

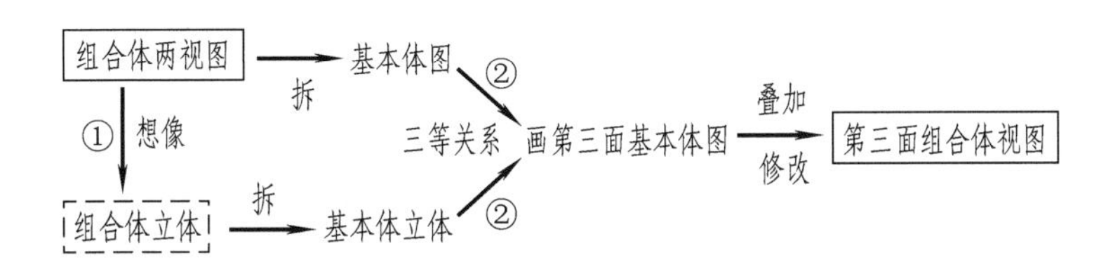

图 5-17　补画第三视图的画图流程（第一步做①，第二步同时做②）

【例 5-4】 根据图 5-18（a）给出的两视图，绘制第三个视图。

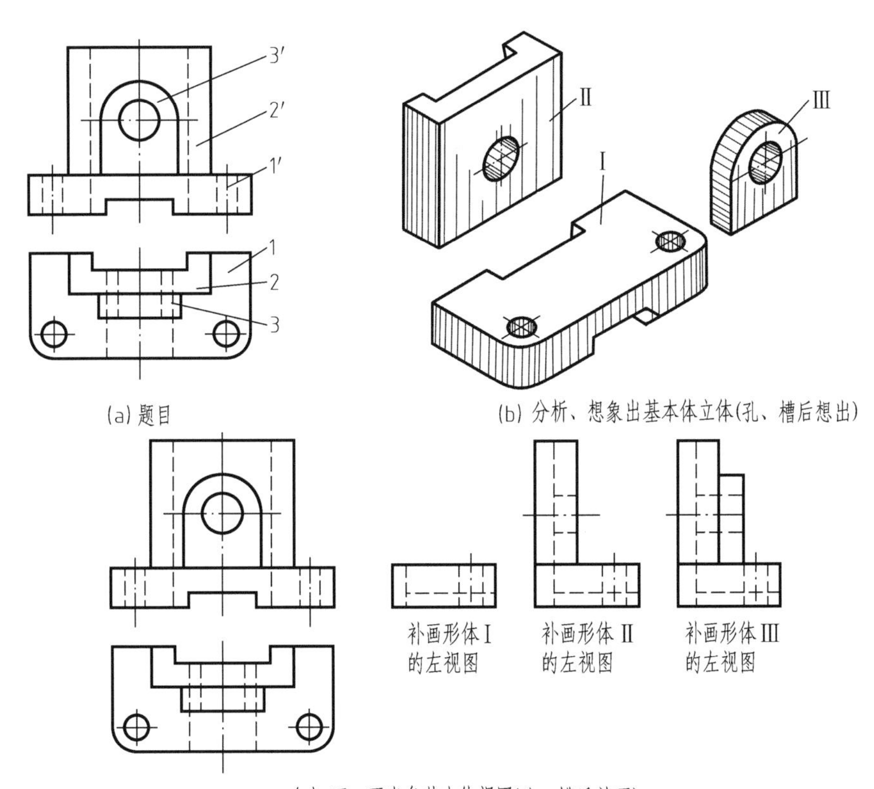

图 5-18　已知主、俯视图，求作左视图

解

① 如同【例 5-3】那样进行形体分析法读图，想象出立体形状，如图 5-18（b）所示。

② 根据想出的立体形状和给出的两个视图，用形体分析法逐一绘制出各基本体视图，如图 5-18（c）所示。

③ 修改、描深，完成全图（注意图中底板四方槽和上方圆柱孔的深度尺寸）。

2. 线面分析法读图

对于挖切型组合体视图的识读，首先要应用截断体中补缺口的方法合理地补上组合体上的缺口，应用形体分析法进行基本体形状的空间想象。同时，对挖切出的孔、缺口能当作基本体形状看待的，按基本体形状处理。对难看懂的局部形状，先单独找出其上某一表面的一个图形（一般为封闭的多边形），再应用三等关系和平面形投影特性找出其他投影面上的类似形（或积聚线、真实形），当一个表面在两个或三个投影面上的图形确定后，这个表面的空间形状和空间的位置也就能想清楚，然后，把该表面贴于前面分析出的形体上，逐步构建该局部的空间形状，这种识图过程称为线面分析法读图。

图 5-19 中的Ⅰ面分析与其在基本体上的贴图，体现了该方法在解题中的作用。

【例 5-5】 如图 5-19（a）所示，已知组合体的主、左视图，完成俯视图。

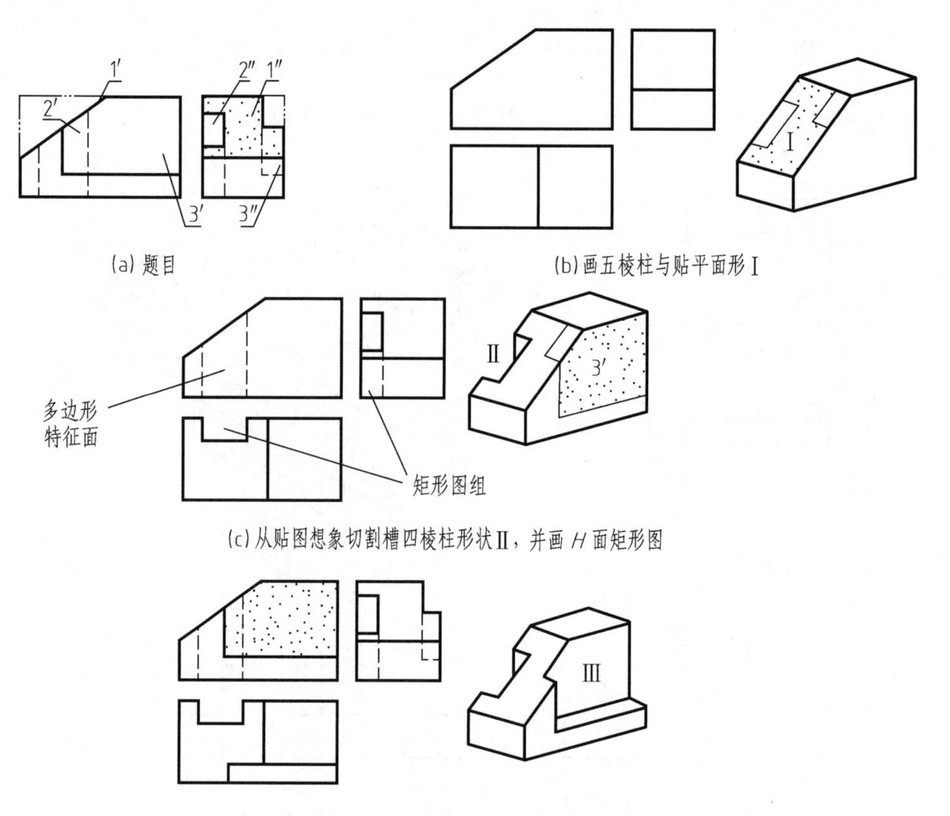

(a) 题目

(b) 画五棱柱与贴平面形Ⅰ

(c) 从贴图想象切割槽四棱柱形状Ⅱ，并画 H 面矩形图

(d) 从贴图想象切口五棱柱形状Ⅲ，并画 H 面矩形图

图 5-19 形体、线面分析法补第三视图

解

① 补左视图切口，完成五棱柱基本体想象，作五棱柱俯视图；由 1″表面十边形对应主视图中 1′高度尺寸，想象出Ⅰ平面空间形状与位置，然后在（b）图对应位置上贴上Ⅰ表面。

② 从Ⅰ贴图位置与主、左视图，想象出切槽四棱柱Ⅱ形状，并从柱体投影图特征知基本体Ⅱ（槽）的俯视图为矩形，按三等关系作出，如图 5-19（c）所示。

③ 在立体图上贴 3′图形，同②分析画出去五棱柱Ⅲ的切口，如图 5-19（d）所示。

【例 5-6】 如图 5-20（a）所示，已知组合体的主、俯视图，完成左视图。

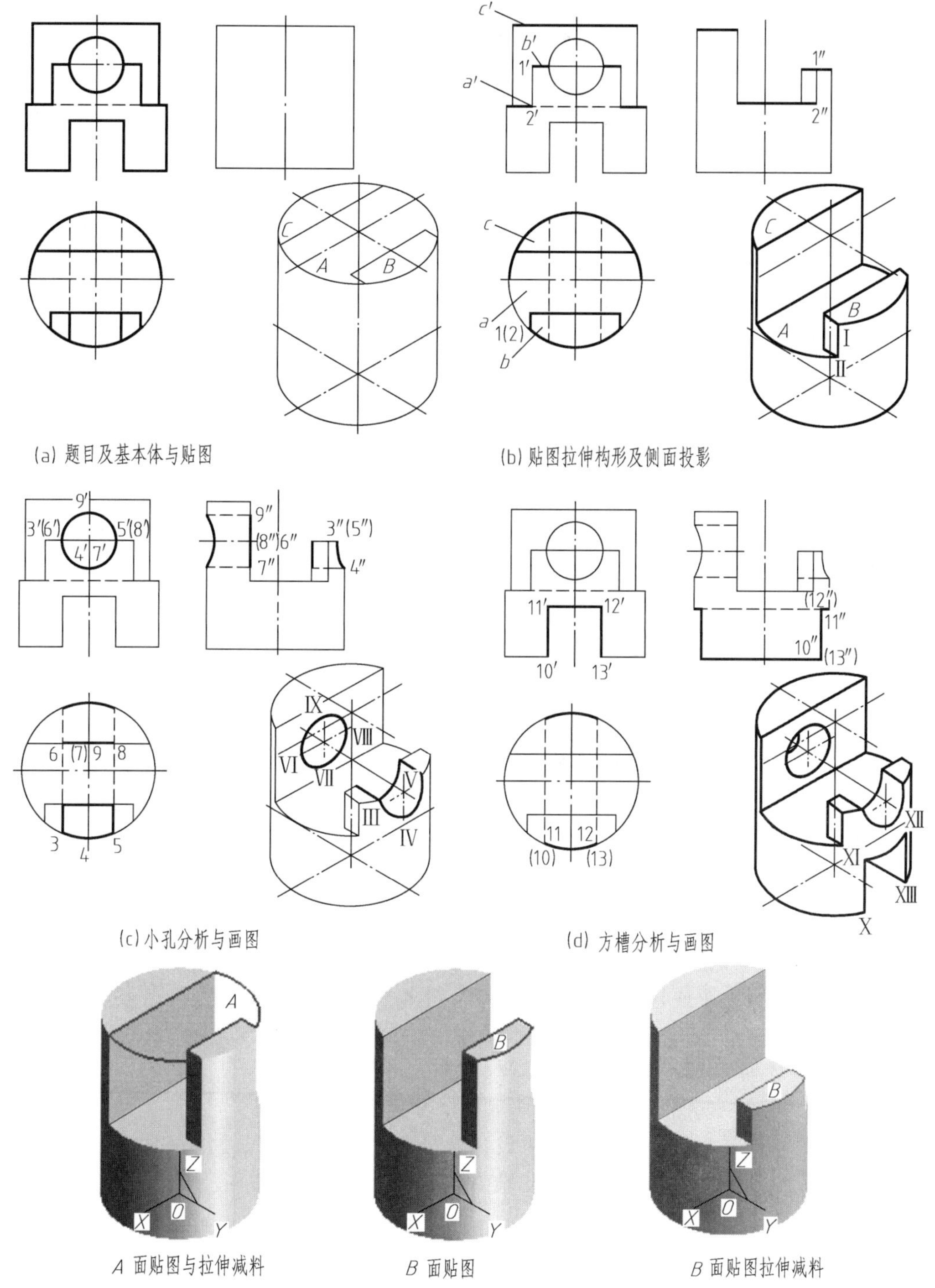

(a) 题目及基本体与贴图　(b) 贴图拉伸构形及侧面投影

(c) 小孔分析与画图　(d) 方槽分析与画图

A 面贴图与拉伸减料　B 面贴图　B 面贴图拉伸减料

(e) CAD 中的“贴图”拉伸三维造型

图 5-20　形体、线面分析法补第三视图

解

① 形体分析作图。补主视图切口，判定为圆柱体，画出基本体左视图及画圆柱体轴测图。线面分析法贴图。忽略主视图上方小圆对正于俯视图上的图线，则俯视图为三个粗实线封闭多边形，把它们贴于圆柱体轴测图上端面，如图 5-20（a）立体图。

② 线面分析三平面形 *A*、*B*、*C* 在主、俯视图上的位置，然后把它们拉或压到实际高度位置，想象立体形状或画出轴测图，在此基础上再绘制各表面在侧投影面的投影，如图 5-20（b）所示。注意 $2''$点是面 *A* 积聚线的前端点。

③ 在上一步的基础上分析主视图中的小圆及其对应于俯视图中的图线，这时很容易想像到是挖去了一个小圆柱体，在后板块上留下圆柱孔、在前板块上留下半圆柱槽。分别画出圆柱孔和半圆柱槽侧面投影图，并对相贯线采用近似画法绘制，如图 5-20（c）所示。

④ 下方方槽为两个矩形断面和一个具有圆弧和直线段围成的四边形断面，按截断面求解方法作出，如图 5-20（d）所示。把图 5-20（d）中可见轮廓线加粗，即获完整三视图。

上例中的贴图拉伸构形，体现了 CAD 三维造型的过程，如图 5-20（e）所示。

形体分析法读图与线面分析法读图相比，形体分析法读图常把一个封闭的多边形看成是某类基本体的一个视图（如特征面视图），线面分析法读图则把一个封闭的多边形图看成是一个空间平面形的投影。只有在采用形体分析法找不出对应的基本体视图或分析起来较困难时，才采用线面分析法进行辅助读图。对组合体构形中的基本体相遇表面连接处图线的分析与处理，应在作图与读图练习中认真思考、逐步领会。

形体分析是组合体作图与读图的基本方法，是把各基本体视图于一定位置进行叠加并作“加减”处理。因此，组合体作图与读图一定要紧紧抓住基本体视图。

第四节　组合体尺寸注写

要做到正确地注写组合体尺寸，首先要能看懂组合体的视图，具有从组合体中分离出基本体视图的能力，才可能理解组合体的尺寸注法，因此，本节中基本体尺寸的注写是基础，在注写组合体的尺寸时要注意体现出这些基本体的尺寸。如果从制作组合体实物的角度考虑，工人师傅最关注如下三类尺寸。

① 制作时所需的原材料尺寸，它不能小于组合体总长、总高、总宽尺寸。确定组合体总长、总高、总宽的尺寸称为总体尺寸，如图 5-21 中的总长 54、总高 38、总宽 30。

② 做组合体是从制作上面的基本体开始的，但首先需要定好（组合体上）基本体的位置尺寸。组合体上的基本体位置尺寸称为定位尺寸，如图 5-21 中三棱柱定位尺寸为 7、8、8（7 为 14/2）。

③ 在做组合体时定好各基本体的位置尺寸后，才开始做基本体。组合体上基本体的形状尺寸称为定形尺寸，如图 5-21 中三棱柱定形尺寸为 12、10、5。

工人师傅关注这三类尺寸，也就要求设计人员在进行组合体尺寸注写时，要分三类尺寸考虑，逐一完成每类尺寸的注写。一般要求沿 *X*、*Y*、*Z* 投影轴方向注写和测量尺寸。

一、尺寸注写基本要求

① 尺寸数字、尺寸界限、尺寸线要符合第一章介绍的国家标准尺寸注法规定。一般不从虚线引出尺寸界线。

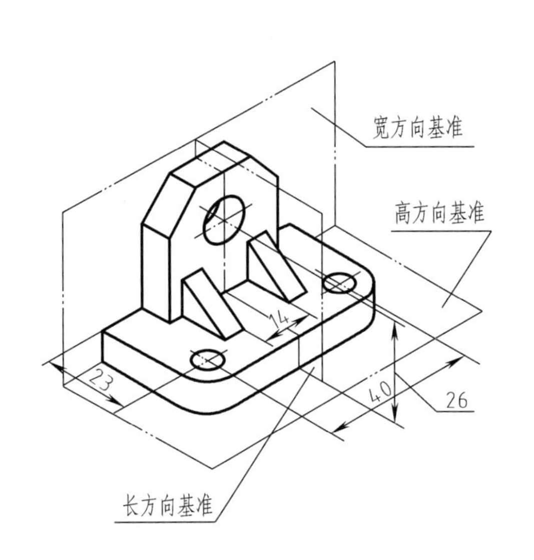

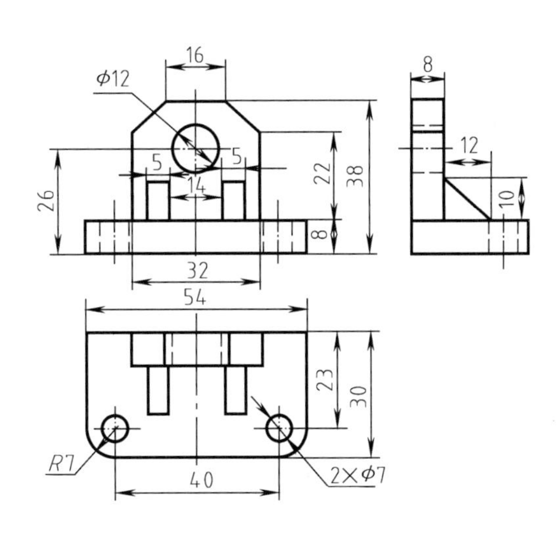

图 5-21　轴承座尺寸

② 尺寸注写要清晰。从尺寸布置上看，尺寸一般注写在视图外，且较大的尺寸注写在外侧，当视图内有较大空间时尺寸就近注写；尺寸线不要与其他尺寸的界限或尺寸线相交；同方向的相邻尺寸尽量对齐在一条直线上。从尺寸类型上看，组合体上基本体的定形尺寸主要注在反映形体特征（如柱体端面实形图）的图上；定位尺寸也以注出形体特征图的位置为主，不能在特征图上注写的尺寸应在其他视图上注出。

③ 尺寸注写要完整。在组合体制作过程中所必需的尺寸不能漏注，也不要重复注写。

二、基本体尺寸注法

如图 5-22 所示，为基本体尺寸注法与行规示例。

柱体尺寸注法一般是标注特征面（底面、端面）尺寸及两特征面的距离尺寸。

锥台（或锥体）尺寸一般是标注两底的特征面形状尺寸及两底距离尺寸，非直棱锥（或锥台）还需确定锥点（或上底特征面）相对基础特征面的偏移位置尺寸。

圆柱、圆锥、圆台直径尺寸数字前有 Φ 符号，具有表示圆形的特征面含义，故在非圆视图上注写了特征面直径尺寸与两特征面距离尺寸，则允许省略投影为圆的视图，同样能把形体表示清楚。

圆球直径尺寸数字前有 $S\Phi$ 符号，S 是球面含义，再加直径符号的直径尺寸注写，球体只需一个视图即可表示清楚。

小于或等于半圆柱面或半球面时，一般在半径尺寸数值前注写 R 或 SR。

另外，如图 5-22（a）主、俯视图，仅从两视图去确定几何体形状，它可以是四棱柱、三棱柱、1/4 圆柱等立体，但工人师傅总是看成是四棱柱，因为他们要求设计者画出该基本体的特征面图形；又如图 5-22（b）的俯视图上仅有一个尺寸，默认它是一个正六边形的特征面，否则尺寸没有注全；图 5-22（c）中四棱台只注写了两底特征面形状尺寸和距离尺寸，没注写两底之间的前后、左右偏移位置的尺寸，同样默认它是一个正四棱台。工程图中的个别尺寸注写行规，需大家多从实例中积累。

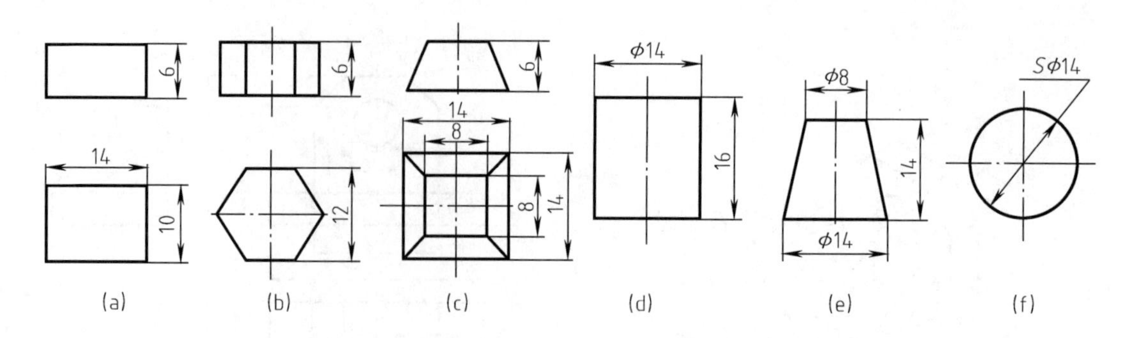

图 5-22 基本体尺寸注法与行规示例

三、主要尺寸基准的确定

标注尺寸的起始点，即尺寸基准。组合体具有长、宽、高三个方向尺寸，每一个方向一般只有一个测量各基本体位置尺寸的重要基准（即起点），以便从该基准出发，测出各基本体相对该基准的位置尺寸（即定位尺寸）。这个确定基本体位置的重要基准称为主要尺寸基准，长、宽、高三个方向都有一个主要尺寸基准。

单纯从几何构形的角度考虑主要尺寸基准选择时，选定主要尺寸基准的优先顺序为组合体的共有轴线、对称面、面积较大的侧面（或底面）。依照这一尺寸基准选择原则，图 5-21 中的长（X）方向的主要尺寸基准选定为组合体的左右对称面，不允许选排在对称面之后的左（或右）侧面作为长（X）方向的主要尺寸基准；同样道理，可分析出高（Z）方向的主要尺寸基准选定为底面，宽（Y）方向的主要尺寸基准选定为后表面。

四、标注尺寸的方法和顺序

1. 标注尺寸的方法

标注组合体尺寸时，要把组合体分解为若干基本形体，逐个地标注出这些基本体的定位尺寸和定形尺寸。这种把复杂形体分解为简单形体的标注尺寸方法，称为标注尺寸的形体分析法。

2. 标注尺寸的一般顺序

先标注总体尺寸，其次标注定位尺寸，最后标注定形尺寸。这种注写尺寸的顺序，思路清晰、修改量少，体现了组合体制作过程所需尺寸的先后顺序。

五、注写尺寸举例

【例 5-7】 注写如图 5-23 所示组合体的尺寸。

解

（1）看懂组合体视图

主要基本体为四棱柱底板（挖槽、孔）、圆柱筒、四棱柱支撑板、五棱柱肋板。为了分析方便，此处把实际形状作简化处理，如底板有圆角暂不计较。

（2）主要尺寸基准选取

按“选定主要尺寸基准的优先顺序”的原则确定 X、Y、Z 三个方向的主要尺寸基准位置，如图 5-23（a）所示。其中，宽度方向尺寸基准选大面积的后表面。

（3）总体尺寸注写

在图 5-23（a）中，总长 60 直接注出。总高尺寸的上端为曲面，该类尺寸一般不许直接注写，而是注写为该曲面半径或直径尺寸（因回转面要以轴线为中心位置进行制作）和其轴线距底面尺寸的组合形式。又因上、下基本体在宽度方向位置错位，且尺寸基准位于中间，故在本例中总宽尺寸也没直接注写，而是注写为从基准出发的 6＋22 的组合形式。

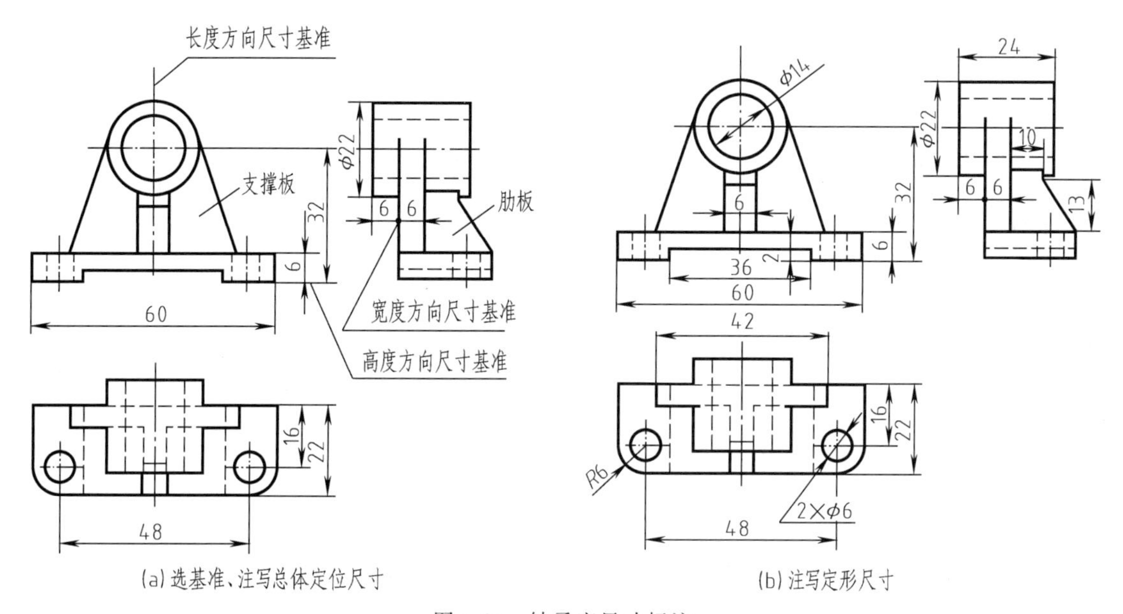

(a) 选基准、注写总体定位尺寸　　(b) 注写定形尺寸

图 5-23　轴承座尺寸标注

（4）定位尺寸注写

对基本体三个方向的定位尺寸要逐个分析、注写。定位尺寸的起点是在主要尺寸基准或辅助尺寸基准线上，终点应在基本体某一要素上，如圆柱体、圆锥体的轴线或端面，平面体的端面、侧面或对称面。如图 5-23 中支撑板的定位尺寸 $X=0$，就是从支撑板的对称面到 X（长）方向尺寸基准的距离为 0（两者重合），不需（也无法）注出；其定位尺寸 $Y=0$，因后靠宽基准面，不需注出；而高方向定位尺寸 $Z=6$，是其下方距底面 6mm。故在视图上只注写了高方向的定位尺寸。

对称分布的两小孔在 X 方向的定位尺寸，本来应注写小孔到基准的距离 24，由于在其对称位置分布有一个完全相同的小孔，工程图上通常直接注写该两个对称结构的距离尺寸 48（此外对安装该组合体时对两孔中心距尺寸有直接距离要求）；底板小孔的 Y 向定位尺寸为 16，Z 向定位尺寸为 0（不注）。圆柱筒和其他基本体的定位尺寸分析与注写，请读者按上述过程思考。

（5）定形尺寸注写

定形尺寸即是基本体的尺寸。注写时还要注意四个问题。

① 定形尺寸已在注写定位尺寸或总体尺寸时已标上，就不要再注写，如图 5-23 中的底板高度尺寸 6，已在注定位尺寸时注明该定形尺寸（双重含义尺寸）。

② 定形尺寸已间接获得，这类尺寸不能再注出，如肋板下方宽度尺寸为已注尺寸（22－6）的值。

③ 定形尺寸的起点在截交线或相贯线上，这类尺寸一般不许注写（其他基本体的位置和形状尺寸会限定它的位置），如图 5-23 中肋板高度尺寸不注（上方为截交线）。

④ 同一基本体上挖出有规律分布的相同孔，一般只在其中的一个孔上注写定形尺寸"孔数×ϕ"，如图 5-23 中"2×ϕ6"；同一基本体上相同半径的圆柱面（称为圆角）若是有规律布置，只注写其中的一个圆弧半径，如图 5-23 中的 $R6$，不注为 2×$R6$。

常见尺寸注法示例如图 5-24～图 5-26 所示。

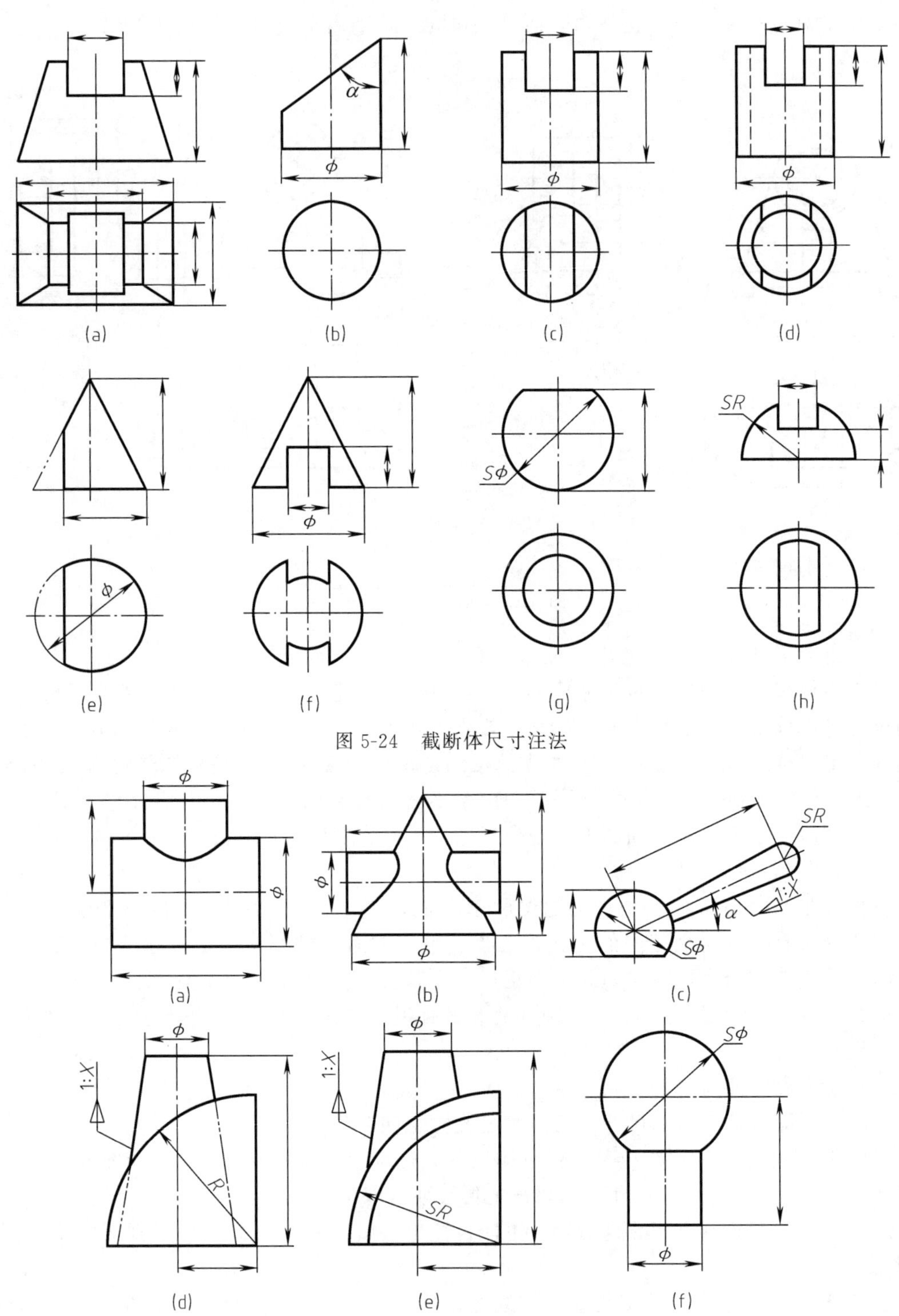

图 5-24　截断体尺寸注法

图 5-25　相贯体尺寸注法

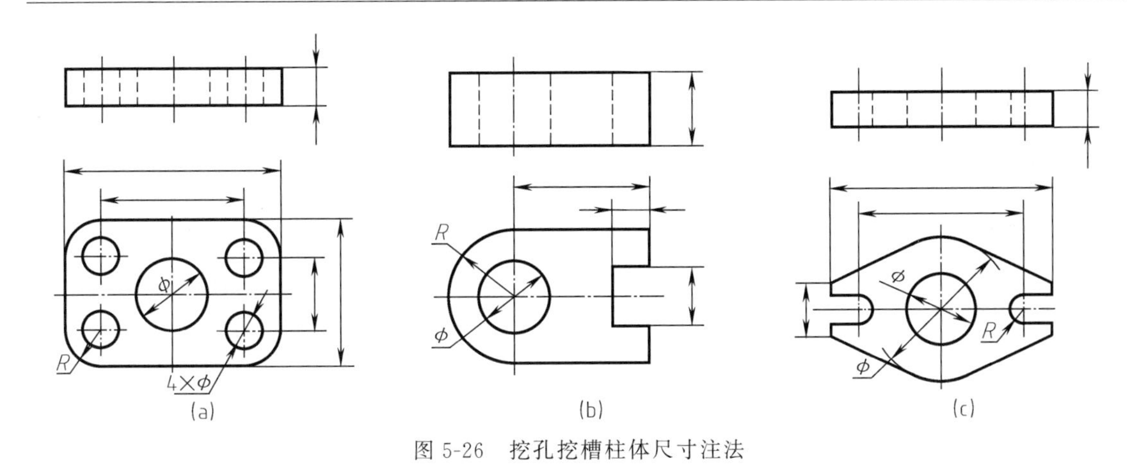

图 5-26　挖孔挖槽柱体尺寸注法

第五节　组合体的构形设计

构形设计是指根据给定条件，以基本体为主，运用各种创造性的思维方式，构形设计出组合体的形状，并确定尺寸大小，最后用图样表示出来的过程。构形设计能把空间想象、构思形体和表达三者结合起来。这不仅能促进画图、读图能力的提高，还能发展空间想象能力，同时在构形设计中还有利于发挥构思者的创造性。

一、构形原则

1. 以基本几何体构形为主

组合体构形设计的目的，是培养利用基本体构造复杂几何体的能力及掌握组合体视图的画法。一方面提倡所设计的组合体应尽可能体现工程产品或零部件的结构形状并满足其功能特点，以培养观察、分析物体轮廓的能力和运用工程图表达的能力；另一方面又不强调完全工程化，所设计的组合体也可以是凭自己想象，以便利于开拓思路，培养创造力和想象力。如图 5-27 所示为表现一部卡车外形的单一形体，不等同由许多零部件组成的真实卡车。

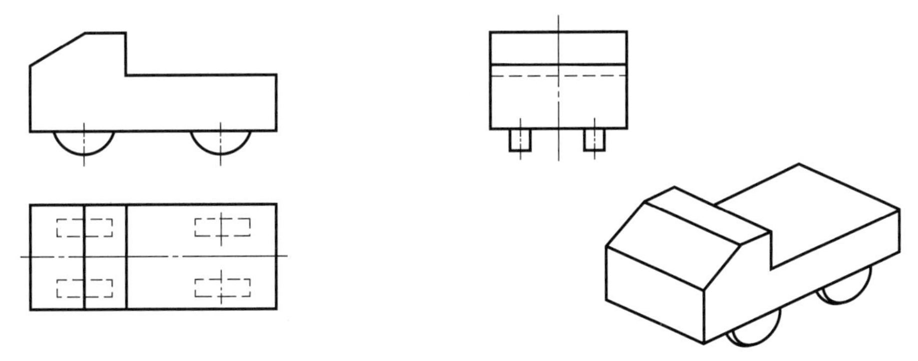

图 5-27　卡车的组合体构形

2. 构形要体现稳定、协调、运动、静止等艺术法则

构思出的物体应稳定、协调和美观，为了使组合体具有稳定、平衡的效果，常设计成对称的结构，如图 5-28（a）所示；设计非对称组合体时应注意形体的分布，以获得力学与视觉上的平衡感与稳定感，如图 5-28（b）所示。

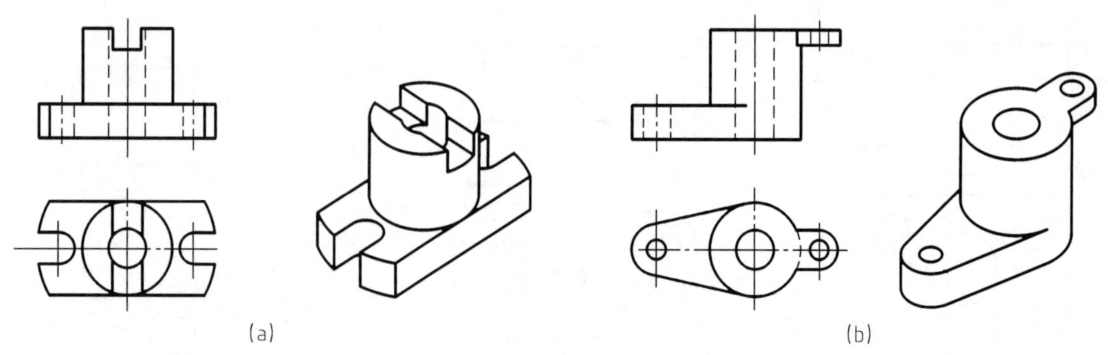

图 5-28 对称与非对称形体的构形设计

3. 构形应多样化，具有创新性

在给定的条件下，构成一个组合体所用的基本体的种类、组合方式、相对位置、表面连接关系尽可能多式样、有变化，构形过程要积极思维，大胆创造，敢于突破常规。如图 5-29 (a) 所示，按所给定的俯视图构思组合体，由于俯视图含五个封闭线框，上表面可有五个表面，可以是平面或曲面，位置可高可低可倾斜；整个外框可表示为底面是平面、曲面或斜面，这样就可以构思出许多方案。如图 5-29 (b) 所示，该方案均由平面体构成，由前向后逐步拔高，显得单调些；图 5-29 (c) 的方案中高低交错，形式活泼，变化多样；而图 5-29 (d) 的方案则采用圆柱切割而成，构思更加新颖。

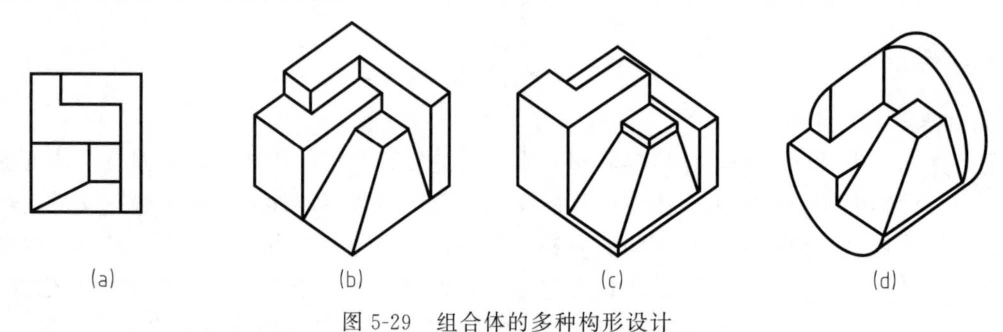

图 5-29 组合体的多种构形设计

二、组合体构形设计应注意的几个问题

① 两个形体组合时，不能出现点接触、线接触和面连接接触，如图 5-30 (a)～(c) 所示。

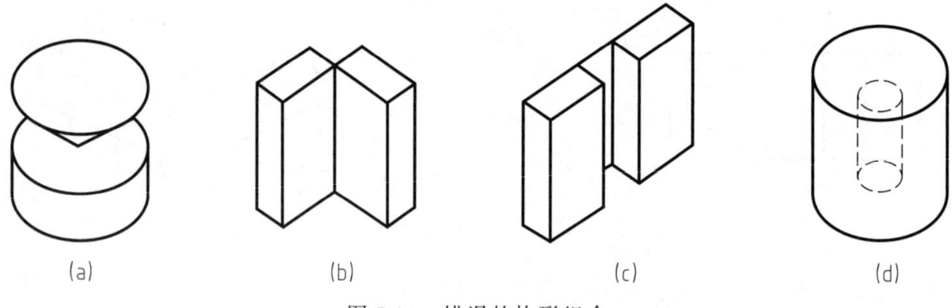

图 5-30 错误的构形组合

② 一般采用平面或回转面构形，没有特殊需要尽量不采用其他曲面。考虑到制作的难度和成本，工程上的产品尽可能由容易制造的柱体、锥体、球体等简单几何体组合或切割形成。

③ 封闭的内腔不便于成形，一般不要采用，如图 5-30（d）所示。

三、构形设计的基本方法

1. 叠加法构形设计

给定几个基本体，按照不同位置和组合方式，通过叠加而构成的不同组合体，称为叠加法构形设计。如图 5-31（a）所示有两个基本形体，二者可以叠加“黏合”组成多种形体，如图 5-31（b）所示给出了十二种叠加组合形状。

(a) 题目　　(b)“黏合”形成的不同形体

图 5-31　叠加法构建组合体

图 5-31 给定的题目，也可用挤入法构形设计，构造出多种形体。

2. 挖切法构形设计

一个基本几何体经数次挖切，可以改造为不同形体的方法，称为挖切法构形设计。如图 5-32 所示的主、俯视图，符合柱体的视图特征，表明是柱体类形体。我们可以看成是以四棱柱或圆柱为基础，仅用平面和圆柱面挖切，就可得到 a～i 九个左视图，分别代表不同的空间形状，如 A～I 立体图一一对应 a～i 左视图挖切所得形体。

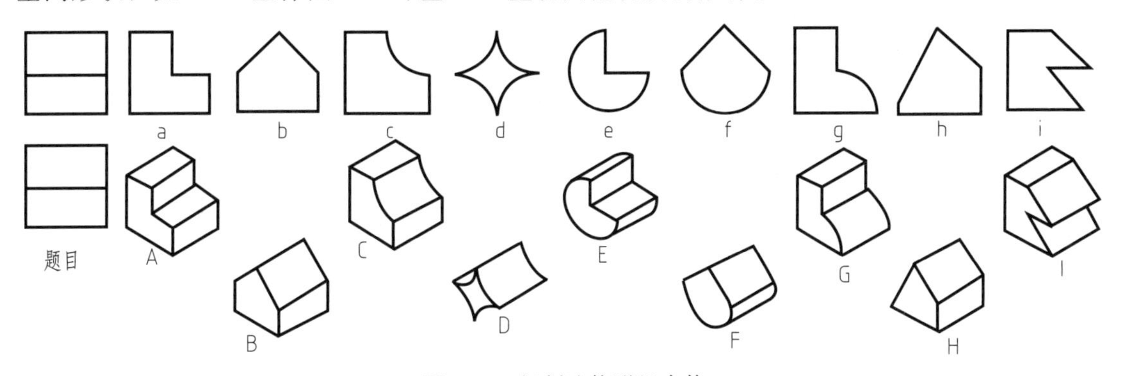

图 5-32　切割法构形组合体

我们看到，该主、俯视图可以对应多种形体，显然，仅仅用这样的两个视图来表示设计意图，那些制作者们会无从下手。该例又回到了柱体特征图问题，想用两个视图表示清楚柱体类型的空间形状，必须有一个是特征面视图，这里的每一个左视图与主视图或俯视图的搭配，都能确定为唯一的空间形状。在工程应用中用尽量少的视图清楚表达设计方案，对特征面的认识和应用显得尤为重要。

3．综合法构形设计

给定几个基本几何体，经过叠加、挤入、挖切等方法而构成的组合体称为综合法构形设计。如图 5-33（a）所示为所给定的三个基本几何体，经过不同的组合设计而构成四个不同的组合体，如图 5-33（b）～（e）所示。

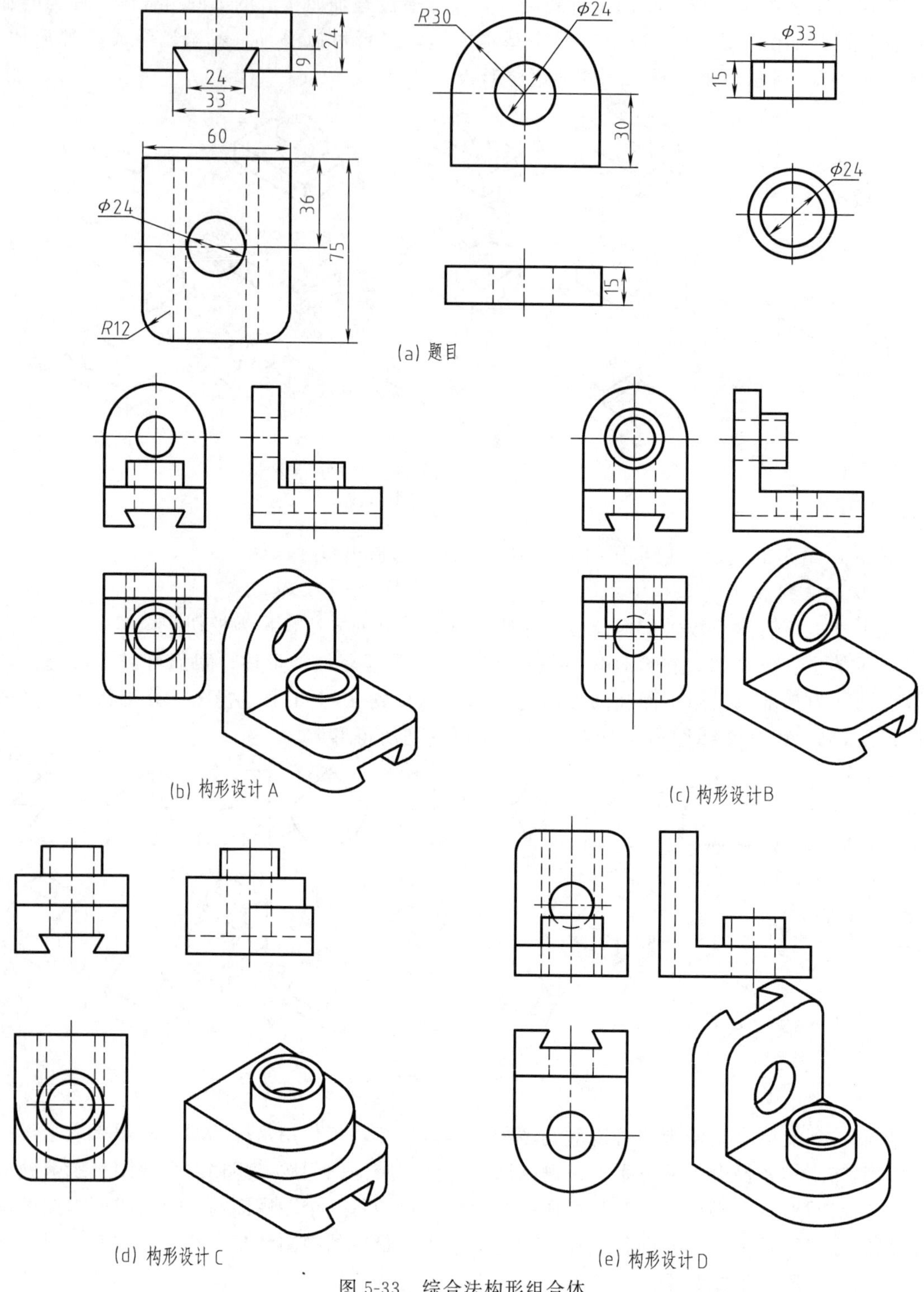

图 5-33　综合法构形组合体

4．仿形构形设计

根据已有组合体结构的特点和规律，构形设计出具有相同特点和规律的同类型组合体。如图 5-34 所示，图（b）是图（a）组合体的仿形构形设计。

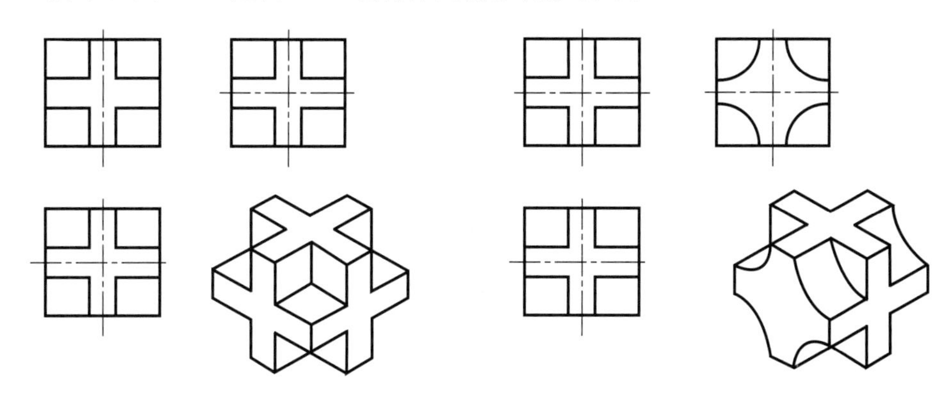

图 5-34　仿形的构形设计

5．互补体的构形设计

根据已知组合体的结构特点，构形设计出凹、凸相反且与原物体镶嵌成一个完整的物体。图 5-35 中的图（a）与图（b）为一对互补体，镶嵌在一起为一完整的长方体。

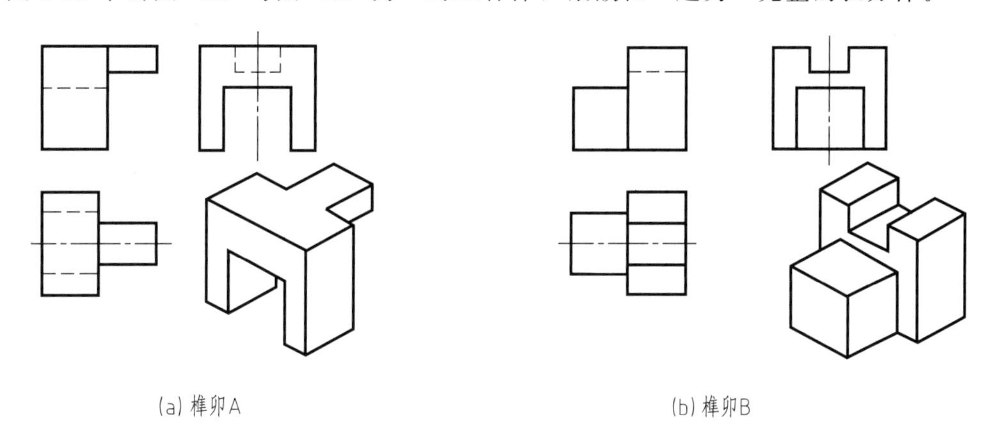

图 5-35　互补体的构形设计

6．构形设计实例

【例 5-8】 如图 5-36（a）所示，已知形体的主视图，构思出形体。

解

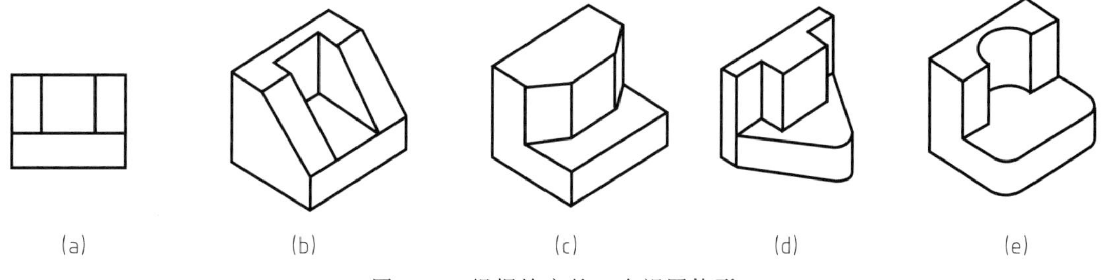

图 5-36　根据给定的一个视图构形

组合体的一个视图，通常不能唯一确定其空间形状。每一个封闭线框可以表示不同基本体形状，以“加”或“减”的方式来构建不同的组合体。图 5-36（b）～（e）为根据主视图构思出的四种不同的组合体。

【例 5-9】 如图 5-37（a）所示，已知组合体的主视图和俯视图相同，构思出空间形体并补画左视图。

解

当组合体的视图选择不当时，有两个视图也不能唯一确定其空间形状，这样就可以根据两个视图，来构建不同组合体。图 5-37（b）～（e）为构建出的不同空间形体。

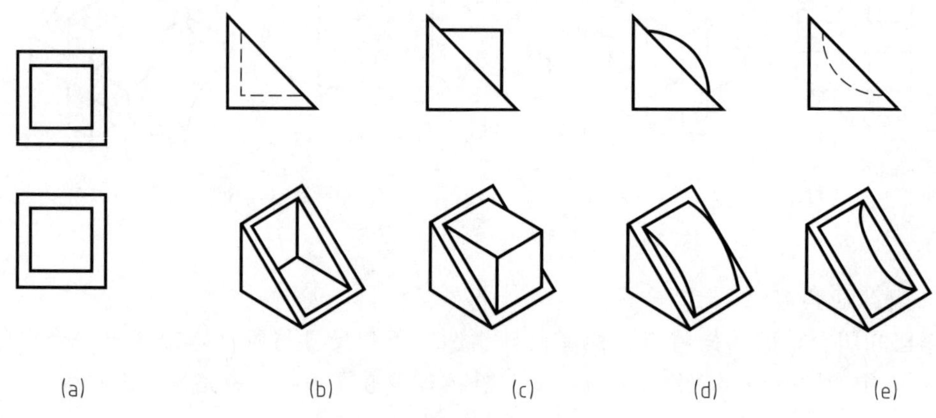

图 5-37　根据给定的两个视图构形

我们从已知两视图的一题多解，放飞我们的想象力；同时，更要懂得一题一解才是我们学习的目的。对身边看到的各种组合体，能用最少的视图把形状清楚地表示出来，又能创造性地仿造或改进原有的结构，这才是我们追求的境界。

图样画法

学习提示

在工程图中，相邻两视图一般按两面投影展开关系配置。向视图及由它演化而来的需名称标注的视图，按两面投影展开后允许平移到其他位置配置。

工程图所表达的机件形状要用反映实形、实距、实厚的简洁图形表达，又不产生歧义，这就需要我们学会图样的各种画法与标注，并对范例多思考、领会，厘清各种具体用法的道理，达到用好的表达方案绘制工程图的能力。

机件是指组成产品的单个制件，机件的图样画法是制图国家标准的重要组成部分。各种工程图样如机械、电气、土木、建筑、化工等均有图样画法的标准，而每一种工程图样都包括了机件的各种表示方法，既有绘制图样的基本方法，又有表达机件的一般方法和特殊方法。其中《机械制图》国家标准是一项涉及面广、影响面大的重要基础标准，对统一工程语言起到了积极的作用，如统一各行业共同性内容制定的《技术制图　图样画法》国家标准，主要依据《机械制图》国家标准制定。《技术制图　图样画法》标准所包括的技术内容有视图、剖视图、断面图、剖面区域的表示法、简化表示法等。前面已介绍了三视图，本章将对这些内容作全面的介绍。

第一节　视　　图

视图是机件投射到投影面上的图形（这里需再强调，视图是采用正投影法获得，投射线总是垂直投影面）。视图分基本视图、向视图、局部视图和斜视图四种。

一、基本视图

把机件放在正六面体中（可看成是教室的六个面），正六面体的每一个面即为基本投影面，将机件分别向六个基本投影面投射，即得到六个基本视图。这六个基本视图，规定按图6-1所示的方法展开，即正立投影面（如同前方黑板所在墙面）保持不动，其余投影面按图中所示旋转到与正立投影面平齐的位置，得到如图6-2所示制图国家标准规定了六个基本视

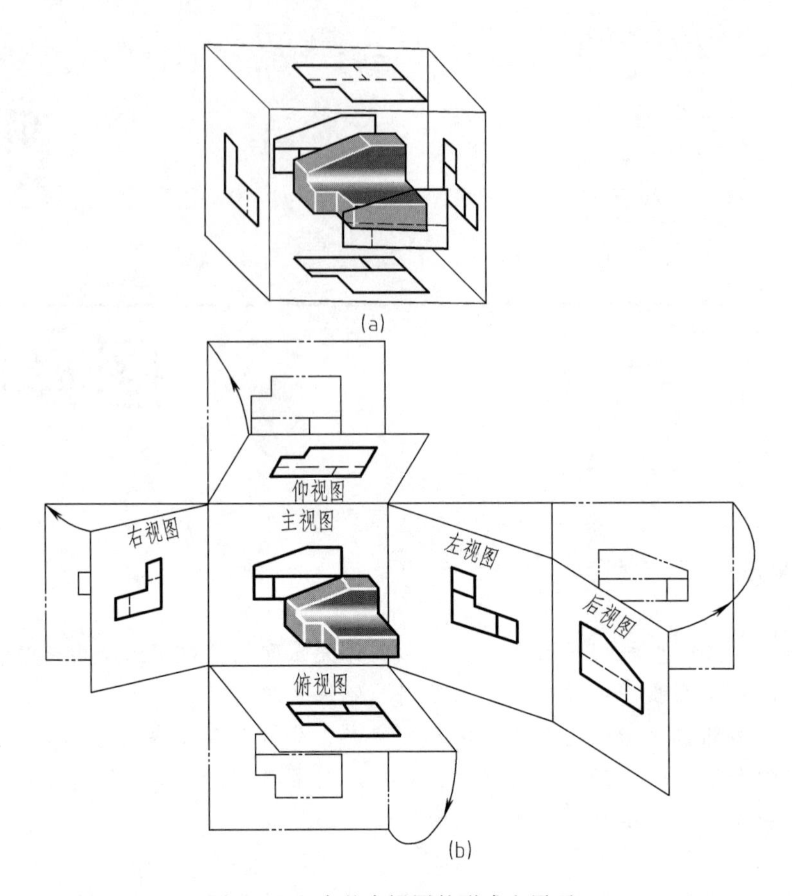

图 6-1 六个基本视图的形成和展开

图的配置位置，且一律不标注视图的名称。

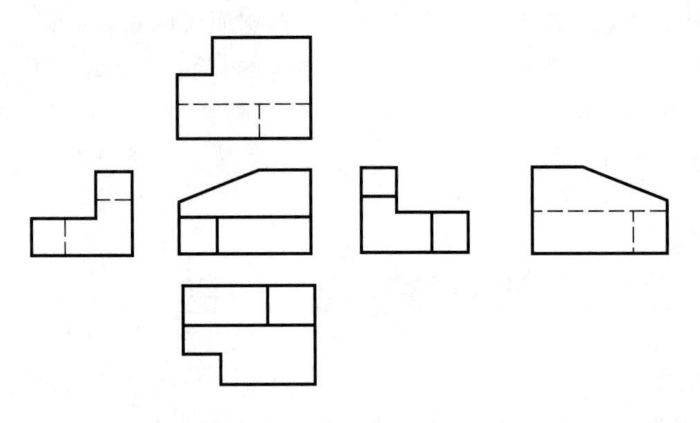

图 6-2 基本视图的配置

若某一基本视图画在其他位置，则不再称其为基本视图。两基本视图之间也不许出现其他视图，否则该两视图的固定配置关系就不成立。

对照图 6-1 可知，图 6-2 所示的六个基本视图投射方向为：

① 主视图：自前向后投射所得的视图。

② 左视图：自左向右投射所得的视图，配置在主视图的正右方。

③ 右视图：自右向左投射所得的视图，配置在主视图的正左方。

④ 俯视图：自上向下投射所得的视图，配置在主视图的正下方。

⑤ 仰视图：自下向上投射所得的视图，配置在主视图的正上方。

⑥ 后视图：自后向前投射所得的视图，配置在左视图的正右方。

六个基本视图之间的尺寸符合“长对正、高平齐、宽相等”的三等关系，因这六个基本视图尺寸都来自同一机件。它们的尺寸对应关系为：

① 右、主、左、后视图的高度尺寸等于机件的高度尺寸，且应满足高平齐位置。

② 俯、主、仰视图的长度尺寸等于机件的长度尺寸，且应满足长对正位置，另外后视图的长度尺寸也等于机件长度尺寸。

③ 俯、左、仰、右视图的宽度尺寸等于机件的宽度尺寸，这四个视图的前后方位以及宽度方向尺寸可从图 6-1（a）中看出，反映在图 6-2 中则是这四个图靠近主视图的这边为机件的后方位置。

另外，六个基本视图有三对是反方向投射获得的视图，故有右、左视图是对称图形，俯、仰视图是对称图形，主、后视图是对称图形，只是因反方向投射出现了可见与不可见轮廓的差别。

基本视图应用：基本视图是绘制图样的基本表示法，主要用于表达沿投影方向看机件的外部形状。在绘制图样时，应根据机件的结构特点，按照实际需要选用基本视图数量。一般优先选用主视图，其次是俯、左视图，再考虑其他的基本视图，总的要求是基本视图的数量尽量少，但机件上各结构位置要表达清楚。

二、向视图

向视图是可自由配置的视图，它是机件向平行于基本投影面的新设立投影面投射所得视图。向视图与箭头所指的视图为二面投影展开关系。

规定在向视图上方正立注写“×”字样的大写拉丁字母，并在相应视图附近的箭头旁正立写上相同字母。向视图的标注不许省略，如图 6-3 中在视图上方标注了名称的三个视图。

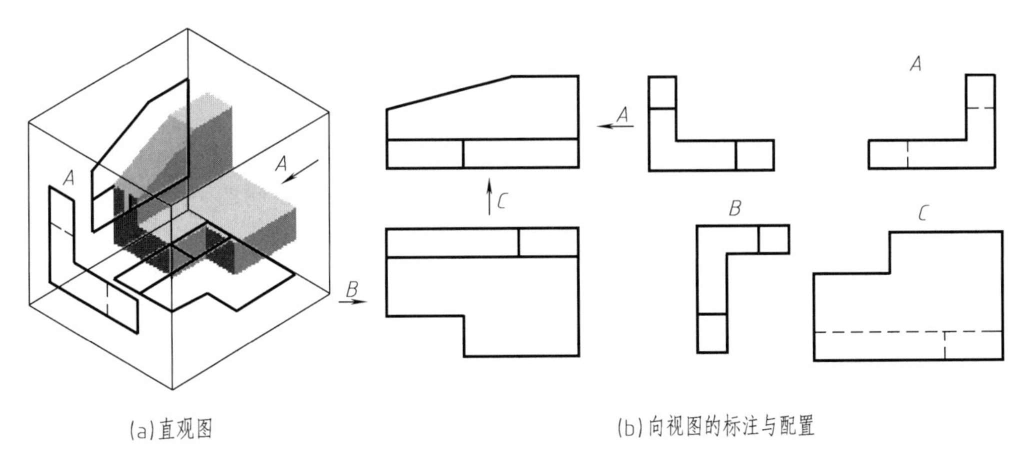

(a)直观图　　(b)向视图的标注与配置

图 6-3　向视图

符合六个基本视图配置位置的视图不许标注名称，不能称为向视图。

图中 A 箭头（平行 X 投影轴）指向主视图，表示把正六面体中机件投射到左侧投影面，然后绕与主视图所在投影面的相交轴线展开获得右视图，因主视图左侧无位置可放，平移到了图中所示位置，成了必须标注名称的 *A* 向视图。

又如图中的 *B* 箭头（平行 *X* 投影轴）指向俯视图，表示把正六面体中机件投射到右侧投影面，但此处是绕与俯视图所在投影面的相交轴线展开获得 *B* 向视图，因该图不在基本视图位置，不是基本视图，视图名称必须标注。这里 B 向视与左视图为同方向看图。

显然，*C* 向视图是 *C* 箭头所指方向获得的视图。

向视图的应用：在工程实际应用中，向视图一般按二面投影展开位置配置，方便看图。如图 6-3 所示的 *B* 向视图，且允许平移到其他位置配置；有时因布图问题某基本视图无法位于规定位置，此时允许采用向视图表示，如图中的 *A*、*C* 向视图。

向视图是通过名称和箭头标注来体现两图的配置关系，它为各种其他视图说明配置关系提出了表示方法。

三、局部视图

将机件的某一部分向基本投影面投射所得的视图称为局部视图，如图 6-4 所示。

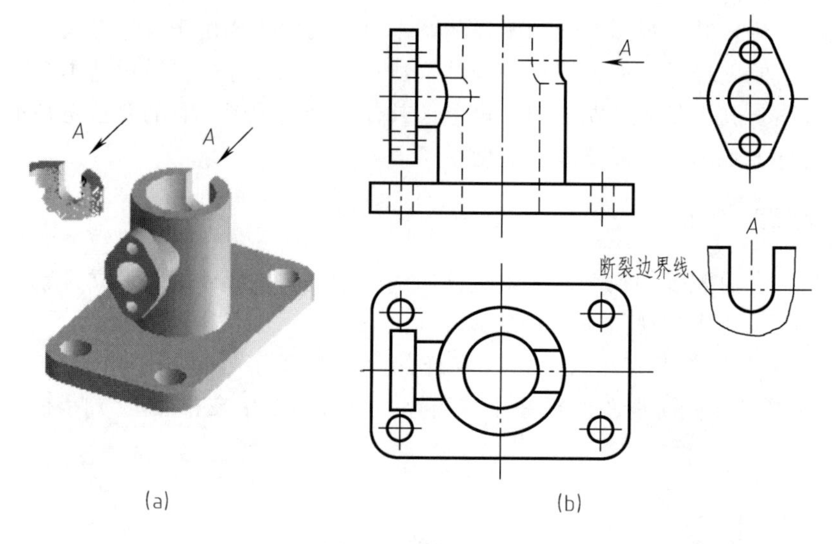

图 6-4　局部视图

画局部视图时，一般应在局部视图上方用正立的大写拉丁字母标出视图的名称“×”，在相应视图的附近，用箭头指明投射方向，并在箭头旁正立注写相同的字母。

当局部视图按基本视图的位置配置时，可省略标注；如图 6-4 所示凸缘局部视图符合其在左视图上的投影位置，故可省略标注。当局部视图不按投影关系配置时，则必须标注，如图 6-4 所示 U 形槽 *A* 向局部视图。

一般以波浪线或双折线表示局部视图断裂处的边界线，如图 6-4 所示的 *A* 向局部视图。当被表达部分的结构完整，且其图形外围轮廓线是封闭的，表示断裂的边界线常省略不画，如图 6-4 所示凸缘局部视图。

局部视图的应用：①当采用一定数量基本视图后，机件上仍有个别结构位置清楚但形状没表达清楚，可用局部视图补充表达。②当机件上有倾斜结构不方便在基本视图上绘制时，把倾斜结构断开，仅留下基本视图中能反映实形的局部图形。

局部视图是对局部结构的表达，一般不要画出其后方的其他结构图线。如图 6-4（a）所示拆分出的 U 形槽局部结构表明了需投影的部分。如果后方结构确有必要表达，才允许画出。

四、斜视图

将机件向不平行于基本投影面的平面投射所得的视图称为斜视图。斜视图主要用来表示机件上倾斜结构的外表，把倾斜结构的表面用实形图表示出来，不能反映实形的其余部分用波浪线或双折线断开。

如图 6-5 所示，机件在俯视图或左视图上不能反映倾斜板的实形，这时可选用一个正垂面的辅助投影面 V_1，使 V_1 与机件上倾斜板的斜面平行，将倾斜板向投影面 V_1 投射得到反映该结构外表面的实形图，再把该图随辅助投影面 V_1 绕 X'轴转 90°与 V 面重合。

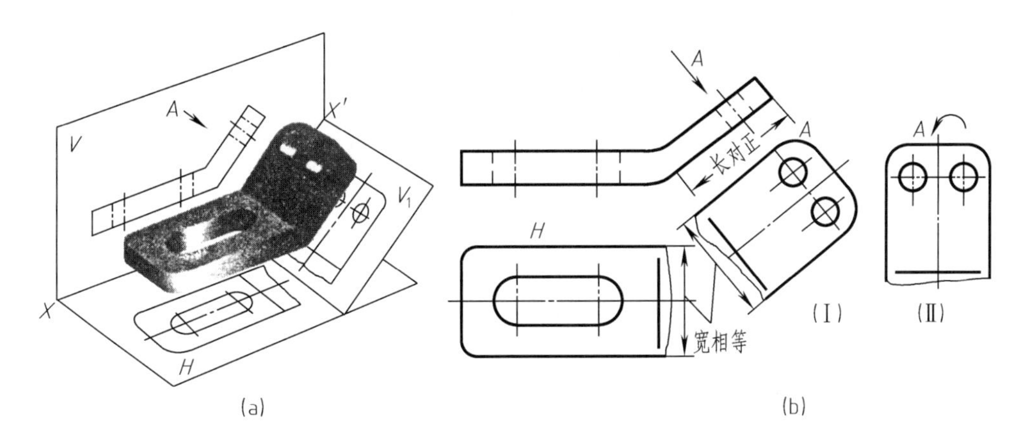

图 6-5　斜视图

斜视图采用了向视图的二面投影展开关系进行配置与标注，即图中（Ⅰ）处的 A 向斜视图与箭头所指主视图上斜板结构是二面投影展开关系，但斜视图不是出现在基本视图位置，故名称与箭头标注不可省略，名称总是正立书写在斜视图上方。斜视图允许平移位置配置。

为了画图方便，在不会引起误解的情况下，还允许将斜视图旋转配置，并在斜视图上方名称旁加注旋转符号，如图中（Ⅱ）处的“A ⌒”符号。要求箭头需靠近字母，旋转方向应与实际转向一致，转角一般不宜大于 45°（必要时可将旋转角度注写在名称之后）。

斜视图应用：当机件上的倾斜结构对基本投影面倾斜时，其投影不反映实形，此时其在基本投影面上的投影可用波浪线断开后不画出，然后通过补充斜视图表示出该结构的外表实形。

第二节　剖　视　图

一、基础知识

1. 剖视图概念

制图国家标准规定，视图一般不用虚线，必要时才允许少量虚线出现，故如图 6-6（b）

所示的主视图虚线过多不符合图样画法要求，需按国家标准规定的剖视方法表示出机件的内部结构；同时，机件上回转孔结构不论是否可见，都应按图样画法的规矩绘制出轴线位置。

剖视是假想用剖切面剖开机件，将处在观察者和剖切面之间的部分移去，再将余下部分向投影面投射，所得的图形称为剖视图，如图 6-6（c）所示。

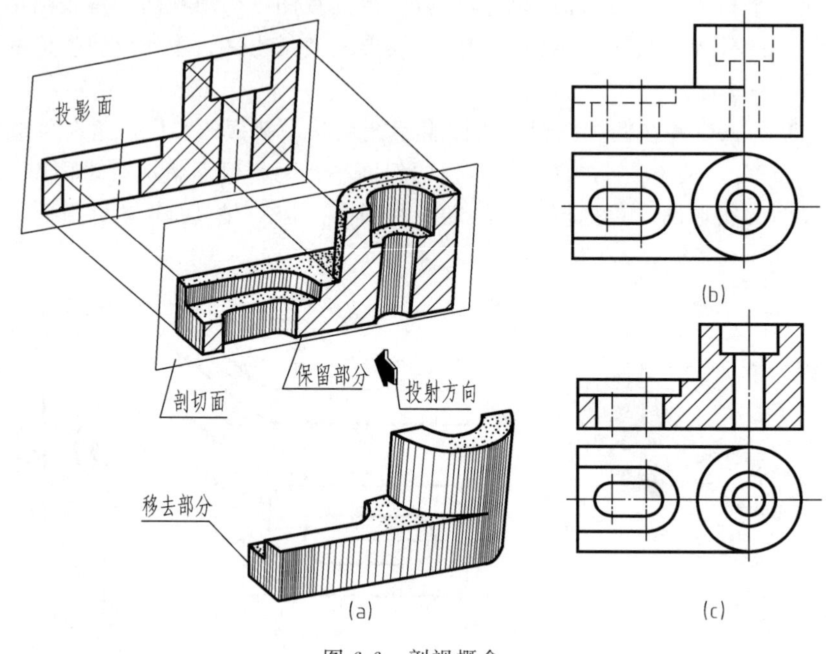

图 6-6　剖视概念

2. 剖面区域的表示法

① 剖切面：假想剖开机件的平面或曲面。用剖切线或剖切符号表示出该位置。单一剖切平面一般会通过机件内部结构的对称面或轴线，使切开的内部结构在剖视图上反映出实形。

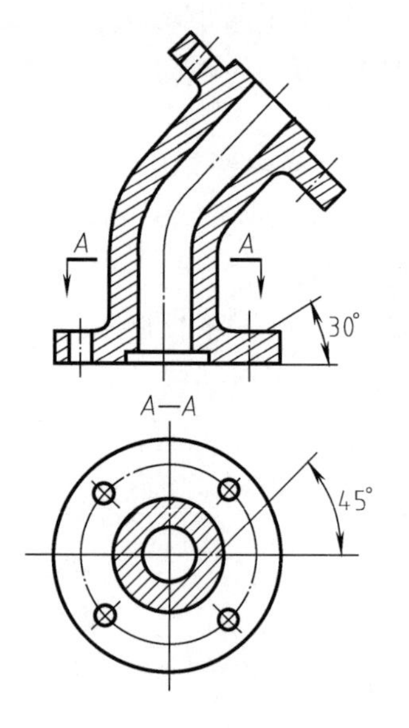

图 6-7　主视图主要轮廓线为 45°时的剖面线画成 30°

② 剖切线：在相应视图上指明单一剖切平面位置的细点画线。如图 6-6（c）、图 6-7 俯视图中的前后对称中心线即为剖切线。

③ 剖切符号：在相应视图上指示剖切面起讫和转折位置的粗短画线。线宽为（1～1.5）b，长约 5～10mm，起讫处不要与轮廓线相交，如图 6- 7、图 6-12（b）主视图所示。

④ 投射箭头：画在起讫处外侧的两个箭头，用来表示投射方向。它总是与剖切面垂直，保证剖切产生的剖面形状的投影一定反映实形，如图 6-7 图 6-14 所示。

⑤ 剖面符号：用剖切面剖开机件，剖切面与机件的接触部分区域，用剖面符号说明是假想剖开产生的表面，如表 6-1 所示，给出了部分常用机件材料的剖面符号。

表 6-1　不同材料的剖面符号（GB/T 14457.5—2013）

材料	剖面符号	材料	剖面符号
金属材料（已有规定剖面符号者除外）		水质胶合板（不分层数）	
线圈绕组元件		基础周围的泥土	
玻璃及供观察用的其他透明材料		混凝土	
非金属材料（已有规定剖面符号者除外）		钢筋混凝土	
型砂、填砂、粉末冶金、砂轮、陶瓷刀片、硬质合金刀片等		砖	

不须表示材料的类别时，在剖面区域一般画上通用剖面线。如表示金属材料的剖面符号若无特别规定，一般采用通用剖面线。

通用剖面线是一组间隔相等、方向一致、相互平行的细实线，一般与主要轮廓线或剖面区域的对称线成 45°；同一机件的所有剖面区域所画剖面线的方向及间隔要一致。如果图中的轮廓线与剖面线走向一致，可将剖面区域的剖面线画成与主要轮廓线（或剖面区域的对称线）成 30°或 60°，但其倾斜方向仍应与该机件其他视图上的剖面线一致，如图 6-7 中主视图所示。

3. 剖视图的标注规则

注法一：在剖视图上方用正立的大写拉丁字母书写剖视图的名称“×—×”，在相应的视图上用剖切符号指明剖切面起讫和转折位置，并在起讫位置处外侧画上与剖切符号垂直的投射箭头（在一定条件下也可省略箭头），以及正立书写同样的大写字母，如图 6-7、图 6-12（b）所示。这种注法可用于所有剖视图的标注。

注法二：单一剖切平面位于机件的对称面上，且剖切位置不易误解，剖视图与相应视图符合二面投影配置关系时，可采用剖切线标注。如图 6-6（c）、图 6-7 俯视图上前后对称位置处的点画线。

二、剖视图种类

根据机件被剖开范围的大小，剖视图分为全剖视图、半剖视图和局部剖视图。

1. 全剖视图

用剖切面完全地剖开机件所得剖视图称全剖视图。

如图 6-6（c）所示的主视图为全剖视图，图 6-7 的主、俯视图都是全剖视图。全剖视图主要用于表达内部形状复杂、外形简单的机件。

全剖视图的标注，按“剖视标注规则”注写。当剖视图与相应视图符合二面投影配置关系时（如图 6-7 所示的 $A—A$ 剖切）可省略箭头注写；如主、俯视图之间有其他视图隔开，则不再符合二面投影展开配置，成了类似于向视图的表示法，名称、箭头标注不许省略。

2. 半剖视图

当机件具有对称平面时，向垂直于对称平面的投影面投射所得视图，以对称中心线为界，一半画成视图、另一半画成剖视图的合成图形，称为半剖视图。如图 6-8（b）所示的主、俯视图都采用了半剖视图表示。图 6-8（c）说明了半剖主视图形成的过程。

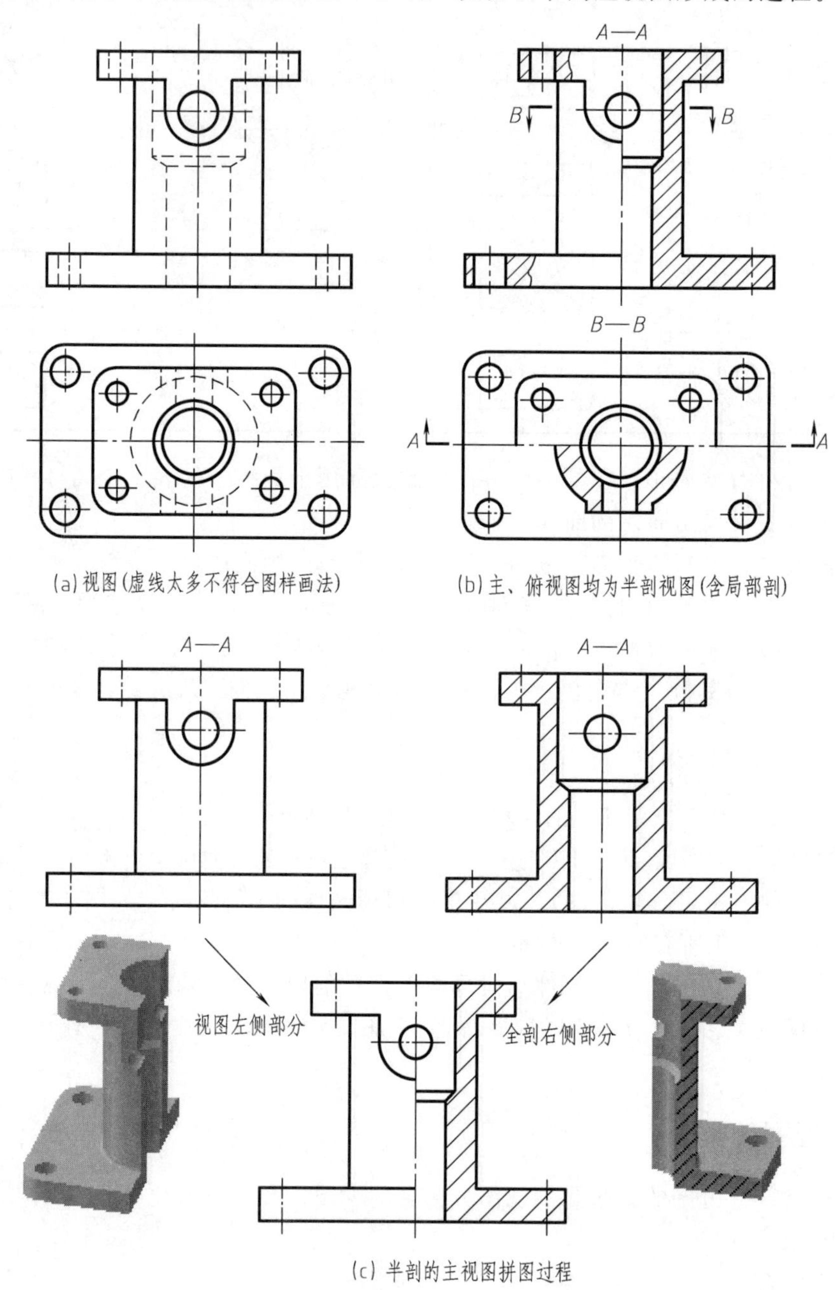

(a)视图(虚线太多不符合图样画法)

(b)主、俯视图均为半剖视图(含局部剖)

(c) 半剖的主视图拼图过程

图 6-8　半剖视图（以点画线为分界线）

半剖视图的标注方法与全剖视图相同。图 6-8（b）中俯视图的 $A—A$ 剖切符号位于机件的前后对称面上，故可改用剖切线注法；主视图的 $B—B$ 位置剖切因机件无上下对称面，不许采用剖切线标注；因主、俯视图是二面投影配置关系，均可省略箭头（图中保留了箭头）。

画半剖视图时应注意：

① 半剖视图中半个视图与半个剖视图的分界线一定是点画线，不许为其他线型。

② 机件的内部形状在半个剖视图中已表达清楚，在另外半个视图上不应再画出虚线轮廓；如没有剖到的孔、槽等结构能用点画线把位置表示清楚但形状并不清楚时，可增加局部剖说明，如图 6-8（c）主视图上的小孔有位置表达，但还需有图 6-8（b）中的局部剖才能把孔深度或是否为通孔表示清楚。

③ 剖切平面应通过机件上的孔、槽对称平面并平行投影面切开。

半剖视图一般适用于下列情况：

① 机件内外形状对称的机件。

② 机件的形状接近于对称，而不对称部分结构已另有图形表达清楚。

注意：外形简单的对称机件，一般不采用半剖而是采用全剖绘制。

3．*局部剖视图*

用剖切面局部地剖开机件所得的剖视图称为局部剖视图。局部剖的剖切面一般都是从孔、槽、空腔的对称面位置切开，因在视图上的位置清楚，故常省略标注。如图 6-9（b）中 $B—B$ 局部剖名称可省略。但不按投影关系配置的单独局部结构剖视图则必须标注。如图 6-9 主视图上 $B—B$ 图单独画在主视图旁边，则需标注。

局部剖视图的视图部分与被剖部分的分界线通常用波浪线分隔，也可用双折线分隔。如图 6-8 所示的主视图上左侧两小孔的局部剖用了波浪线分隔。当剖到回转结构时也允许将轴线作为隔开两个半回转体结构的分界线，如图 6-9（a）的主视图所示。

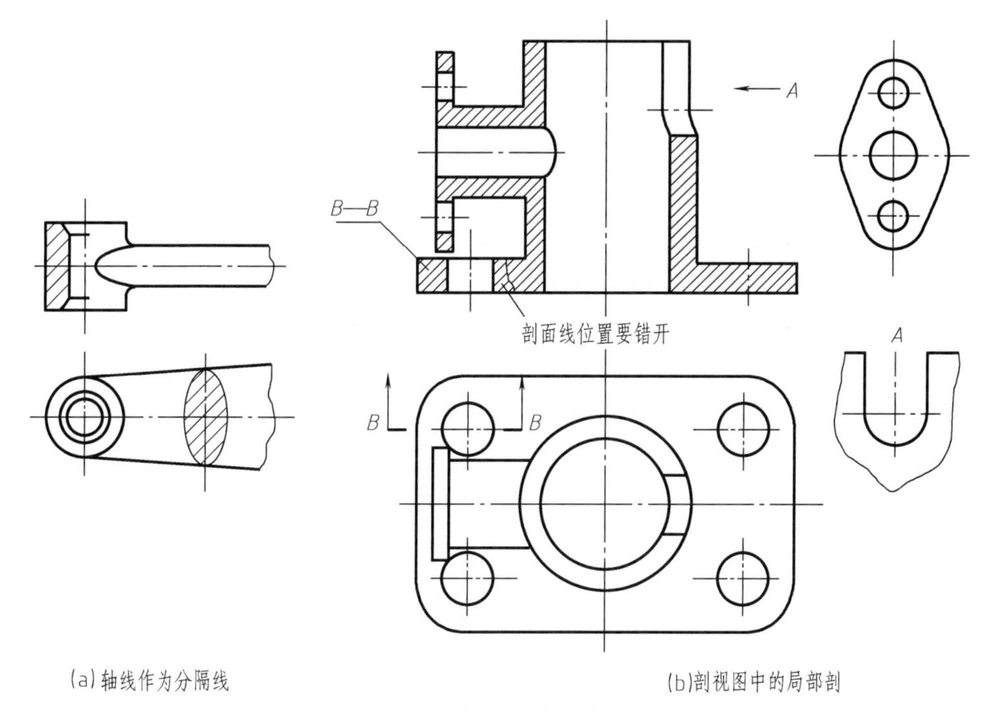

图 6-9　局部剖视图画法

如有需要，允许在剖视图上再作一次局部剖，该局部剖的剖面线方向、间隔保持不变，但剖面线要与原剖面线位置错开。

局部剖视图一般适用于下列情况：

① 机件上有部分内部结构形状需要在同一图上表达，此时需兼顾内外结构形状，可采

用局部剖表示；有时仅少量局部外形要保留也需用局部剖表示（不宜采用全剖）。

② 对称机件的对称中心线位置上重合有轮廓线时不宜用半剖，可用局部剖或全剖。

波浪线画法常见错误：波浪线是假想用剖切面切入后掰下物块时产生的断裂线，故无材料断裂处不能画出波浪线。波浪线也不许重合在轮廓线上或其延长线上。图 6-10 为波浪线画法正误对照图例。

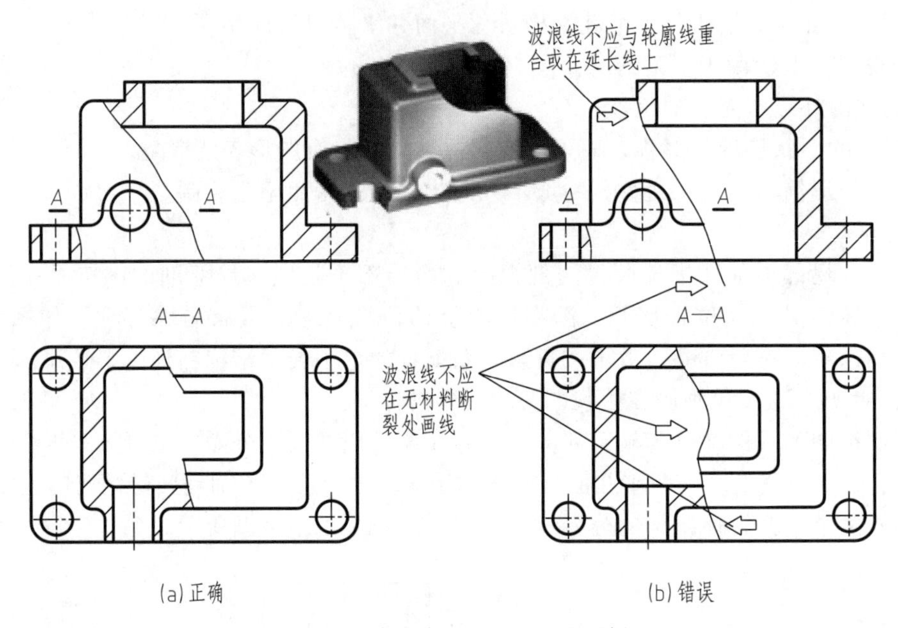

图 6-10 波浪线画法正误对照图例

三、剖切面的种类

根据机件的结构特点和表达需要，可选用合适的剖切面在上述三种剖视图上进行合理应用。

（1）单一剖切平面

① 投影面平行面的剖切面。如图 6-7 所示全剖视图、图 6-8 所示半剖视图及图 6-10 中的 B—B 局部剖视图，都是用这种剖切面获得的剖视图。

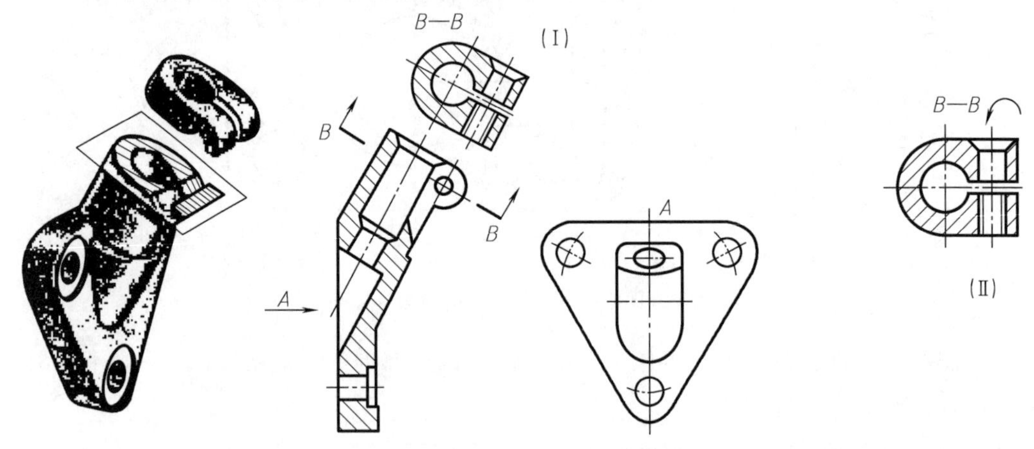

图 6-11 单一剖切面的斜剖视图

② 投影面垂直面的剖切面。用这种剖切面剖开机件的方法习惯上称为斜剖。如图 6-11 所示的 B—B 剖切面垂直主视图所在 V 面，并过小孔轴线且平行上方倾斜的大孔端面切开，然后向箭头所指的辅助投影面投射，获得（Ⅰ）处能反映实形的斜剖视图（它采用了斜视图的两面投影展开配置）。

斜剖视图标注遵守前面所述“剖视标注规则”，不可省略。在不会引起误解的情况下，斜剖视图可旋转画出（让主要轮廓线位于水平或垂直线位置），如改为图 6-11（Ⅱ）处所示配置；为了减少看图难度，习惯上旋转角度不宜大于 45°，旋转符号的注写规则类同斜视图。

机件上有倾斜结构且内外形状均需要表达时，不宜采用斜视图，而应采用斜剖视图。

（2）几个平行的剖切平面

用几个平行的剖切平面剖开机件的方法习惯上称为阶梯剖，如图 6-12 所示。

阶梯剖的标注遵守前面所述“剖视标注规则”。这里出现了与两剖切面垂直的转折面，它也是用剖切符号表示，与剖切面的剖切符号构成一个粗线条的直角符号，如图 6-12（b）所示；制图国家标准规定转折面在阶梯剖视图上不应画出，即图 6-12（a）中指明的转折面在图 6-12 的 A—A 剖视图中不许画出。

如图 6-12（b）所示两图符合二面投影配置关系，故主视图上表示投射方向的箭头可省略；当中间的剖切符号旁无注写字母的位置时可省略字母，如主视图上右侧小孔下方的字母可省略（图中已注出，只好把轮廓线中断了）。

应用：当机件上的孔、槽及空腔等内部结构不在同一平面且呈多层次的位置时，适合采用几个平行剖切平面进行剖切表达。

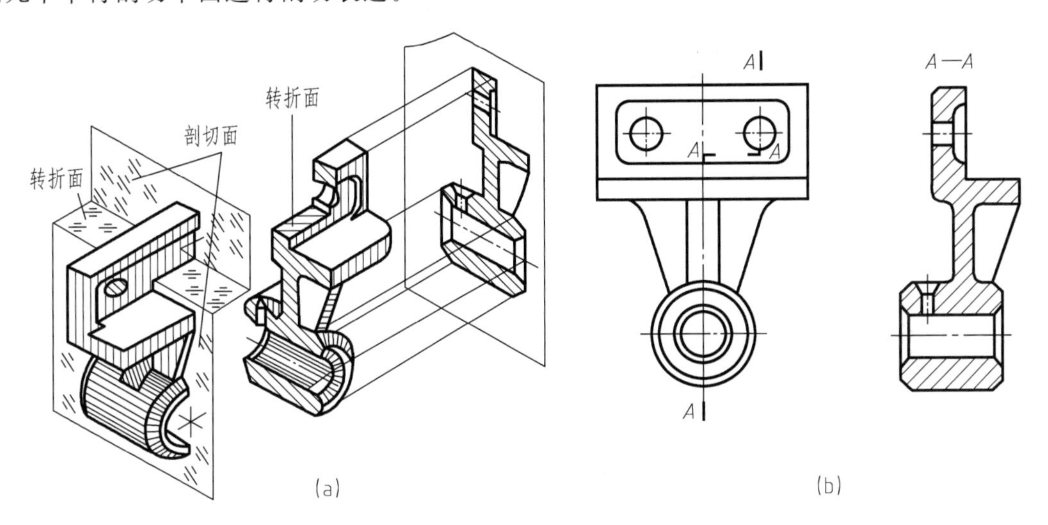

图 6-12　阶梯剖在全剖视图上的应用

图 6-13 为阶梯剖在局部剖视图上的应用。俯视图不可省略 A—A 剖切符号标注（仅可省略箭头），主视图省略了过前方水平圆柱孔轴线位置的剖切符号的标注（也可看成是主视图上该孔的水平对称中心线作为剖切线）。

（3）几个相交的剖切平面

用与投影面垂直的几个相交的剖切平面剖开机件获得剖视图的方法习惯上称为旋转剖，如图 6-14 所示。旋转剖适仅用于具有明显旋转轴的机件，两个相交的剖切平面应交于轴线。

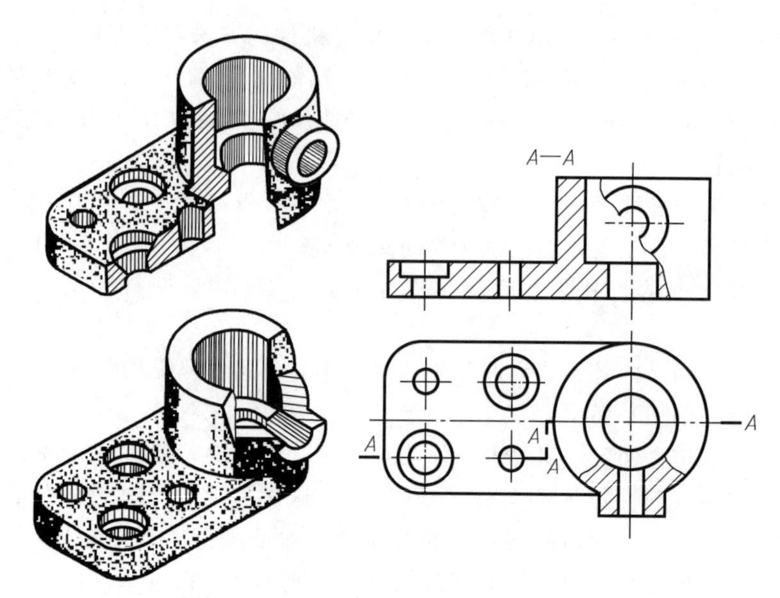

图 6-13　阶梯剖在局部剖视图上的应用

旋转剖的标注遵守前面所述“剖视标注规则”。在起讫剖切符号外端与其垂直的两个箭头不能误认为有两个投射方向，这两个箭头总是规定向同一投影面投射，故需把其中一个或二个相交剖切面绕轴线旋转到平行投影面位置再进行投射。

画旋转剖时应注意两点：①应将剖到的倾斜结构绕两剖切平面交线旋转到与选定的投影面相平行的位置，再进行投射，画成能反映实形、实距（此处为槽与中心孔实距）的剖视图，如图 6-14（a）所示；②将没剖到的其余部分结构（包括仅剖到这些结构的局部时），按原来位置（即不作旋转）进行投射画出，如图 6-14（b）俯视图正右侧实心杆切断一个小角，该实心杆按没切到且处于原位置投影绘制。这样处理保证了前后不平行的 3 横臂向同一个投影面投射时，均为反映实形的图。

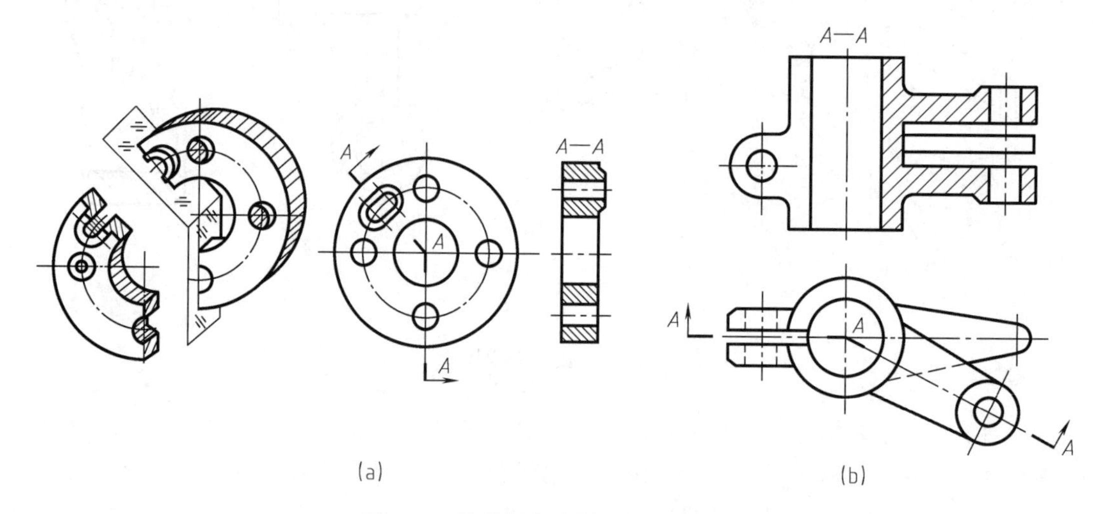

图 6-14　旋转剖在全剖视图上的应用

在图 6-14（a）圆盘剖视图中，4 个相同小孔均布在圆盘上，仅需清楚表达其中一个是否为通孔即可，而它们的位置在另一视图上已得到清楚表示。

图 6-14（a）还需注意夹紧套右侧外圆柱面轮廓与实心杆连接处画法的处理。本章开头的【学习提示】已提醒，我们应尽量画出反映实形的工程图，但相邻两结构是有主次之分或主从之分的，一般优先对主要结构用完整图形展现，故此处应画外圆柱面轮廓隔离剖视与视图。这种做法是工程图上的常见画法。

对于更复杂的机件，剖切时可能同时用到平行剖切平面、相交剖切平面、圆柱剖切面等组成的复合剖。如图 6-15 所示的几个剖切面的名称都是用同一个字母 A，表明这些剖切面要平移或旋转到同一个平面位置，且平行某投影面，保证投射所得剖视图是反映实形、实距的图形。

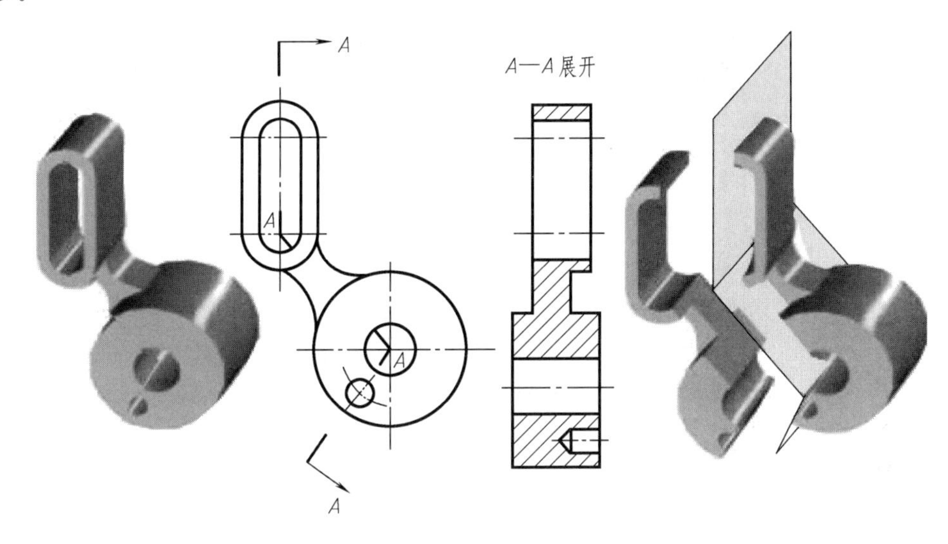

图 6-15　复合剖在全剖视图上的应用

对上述剖视图画法的举例与解读，需初学者应用心领会是如何实现对各种位置的形体结构进行“实形、实距”的简洁表达。

四、作图注意事项

通过对剖视图的各种表示方法的学习，我们知道了工程图总是尽可能用不画虚线的实形图表达。绘制这种图形时的注意事项归纳如下：

① 剖开机件是假想的，是针对剖视图这一表示方法提出的，机件始终是完整形体，每次剖切不会影响其他视图表达。

② 画剖视图是画剖切面后留下的剖开机件的视图，而不仅仅是剖面区域的轮廓投影图，要做到不漏画也不多画图线。如图 6-16 所示是常见孔槽轮廓线是否漏画的正、误对比图。

③ 剖视图中的剖面区域是实形图，而它的真实位置一般处于平行投影面位置，但在旋转剖中有不平行投影面的剖切位置。

④ 剖视图上一般不画虚线，但如画出少量虚线可减少视图数量，则允许画出必要的少量虚线，如图 6-17 所示。

⑤ 剖切到小孔、槽等结构时，所画剖视图一般应体现出这些结构的完整要素；对于重叠且有对称面的两个孔槽结构，允许转折面位于对称面上，使所画剖视图能各画一半进行表

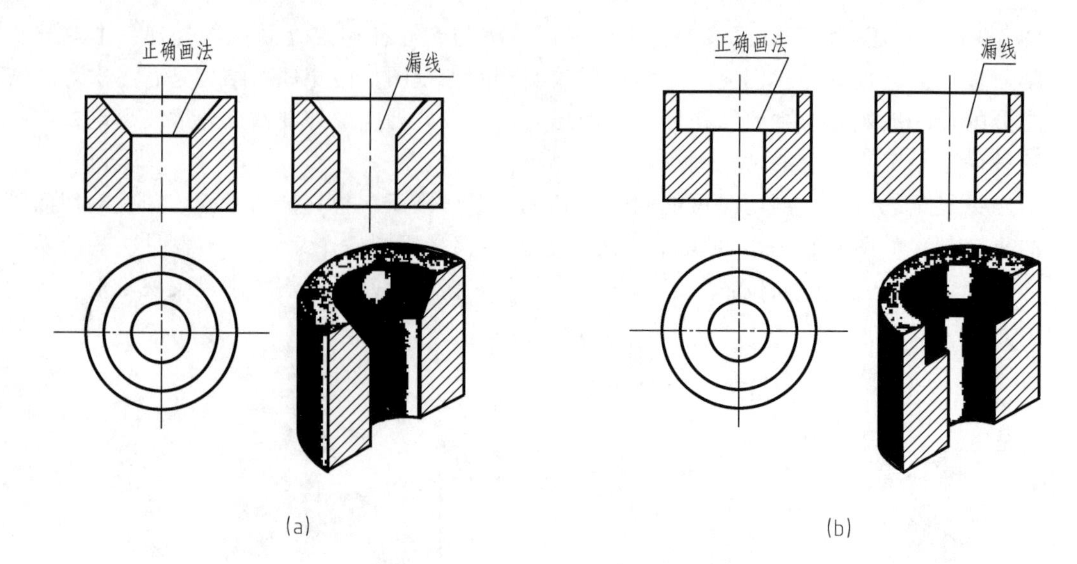

图 6-16 常见孔槽画法正、误对比图

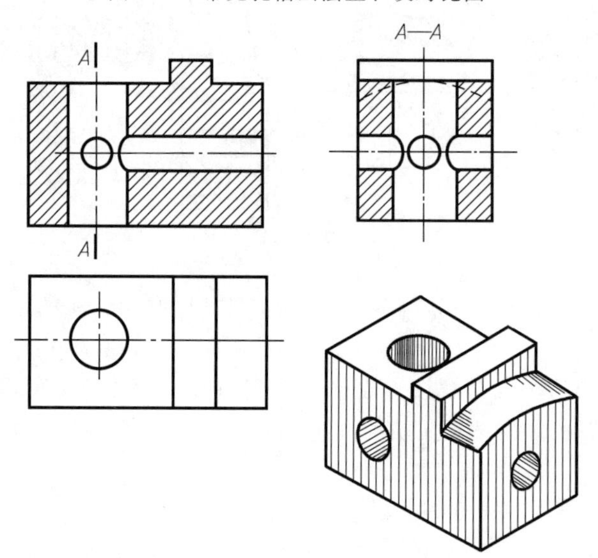

图 6-17 可减少视图数量允许采用必要的虚线

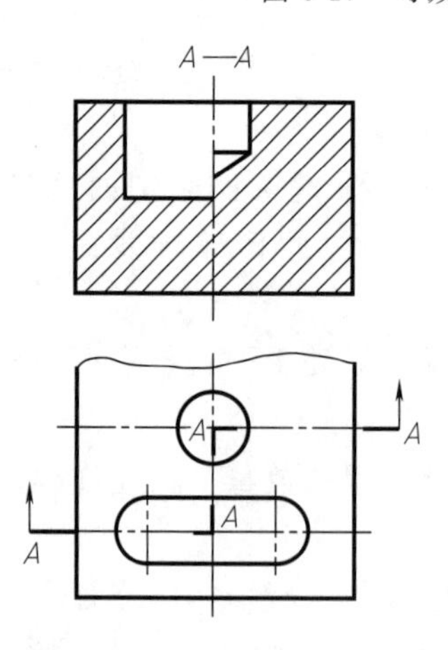

图 6-18 允许转折面处于两个孔槽结构的对称面上

示（这样处理可少画一个视图），如图 6-18 所示；图 6-19 所示的 $A—A$ 剖视图为图 6-18 的灵活应用，且借用了向视图的表示方法。

⑥ 一些可以省略标注的场合。

a. 多个剖切平面剖切时，剖切符号不许省略，但符合二面投影配置关系时可省略箭头，转折处位置较小时可省略字母标注。

b. 局部剖视图的剖切位置一般在孔、槽的对称面切开，位置较明显时，通常省略标注。

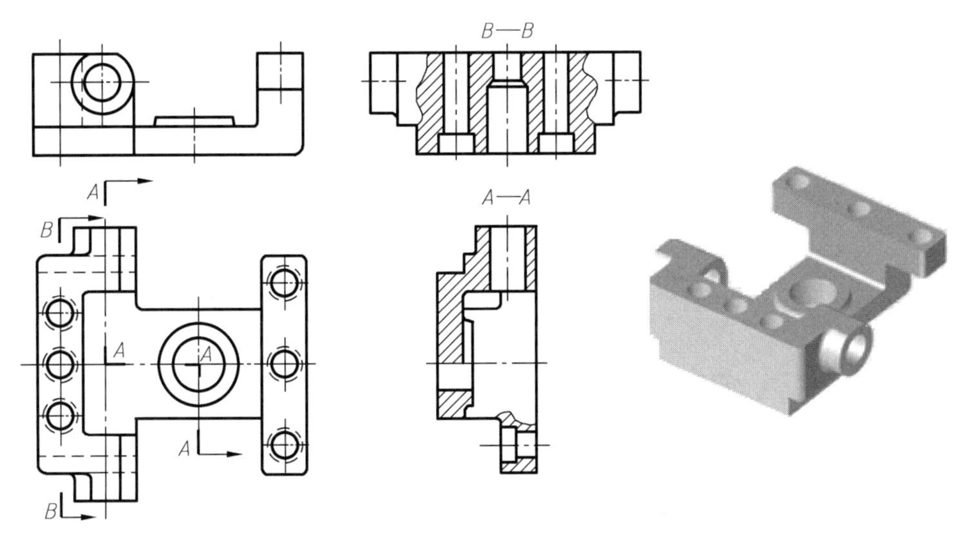

图 6-19　*A*—*A* 剖视允许转折面处于孔槽结构的对称面上

第三节　断　面　图

断面图（GB/T 17452—1998、GB/T 4458.6—2002）主要用来表达机件上某处的断面实形形状。

一、概念和种类

假想用剖切面将机件某处切断，仅画出剖面区域的实形图，称为断面图。断面图分为移出断面图和重合断面图。

二、画法及标注

1. 移出断面图

断面图画在视图外的，称移出断面。移出断面的轮廓线规定用粗实线绘制，优先配置在剖切符号或剖切线的延长线上，也可按单一剖切面的全剖视图的配置规定与标注形式配置在其他位置，如图 6-20 所示。

图中 *A*—*A*、*B*—*B* 断面图没有配置在剖切符号延长线位置，故按单一剖切面的全剖视图标注规则注写；左侧两相交孔的断面图配置在剖切位置的延长线上，且左右对称，故采用剖切线符号标注（它仅用于对称断面的标注）；主视图下方中间挖槽的断面图配置在剖切符号延长线位置，但该图必须注明投射方向（因为反方向投射所得断面图与该断面图有差异）。

国家标准还另有规定，当剖切平面通过由回转孔轴线时，这些圆孔结构应按画剖视图的规则绘制，如图 6-20 中 *A*—*A*、*B*—*B* 断面图；或因剖切面通过非圆孔结构而使断面图变成完全分离的两个图形时，该非圆孔结构按剖视图的画法规则绘制，如图 6-21 所示。故在画断面图时要特别留意剖切到的孔槽结构是否需投影表达，如图 6-22 所示为断面图的正误比较。

若断面图的图形对称时，也可画在视图的中断处，如图 6-23 所示。两个或多个相交的剖切平面剖切得到的移出断面，中间一般应以波浪线断开，如图 6-24 所示。

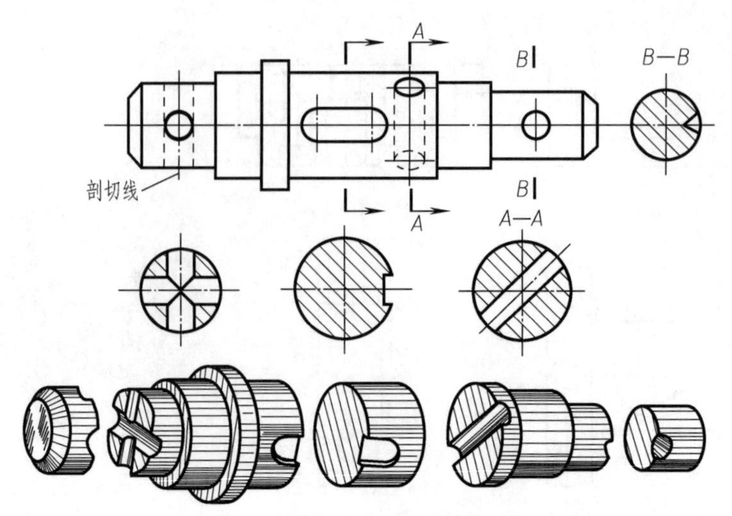

图 6-20 轴断面图及位置配置与标注

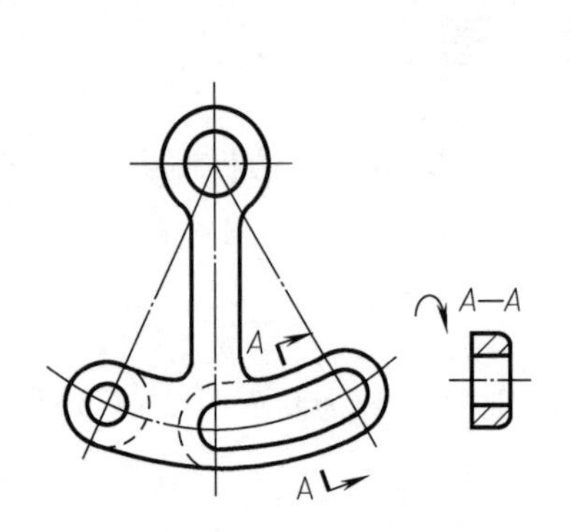

图 6-21 孔结构按剖视规则绘制的图例

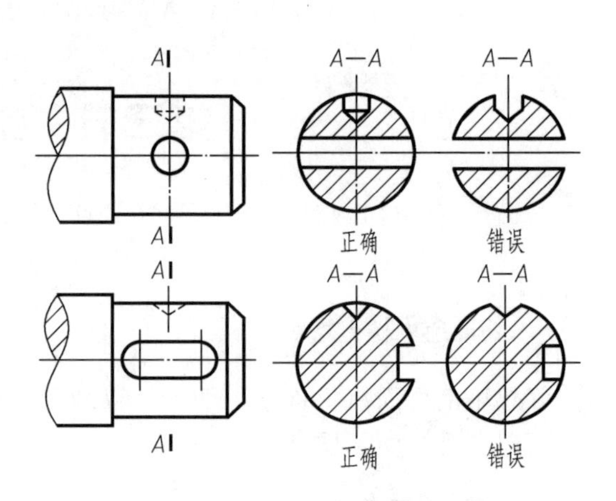

图 6-22 轴头断面图的正误比较

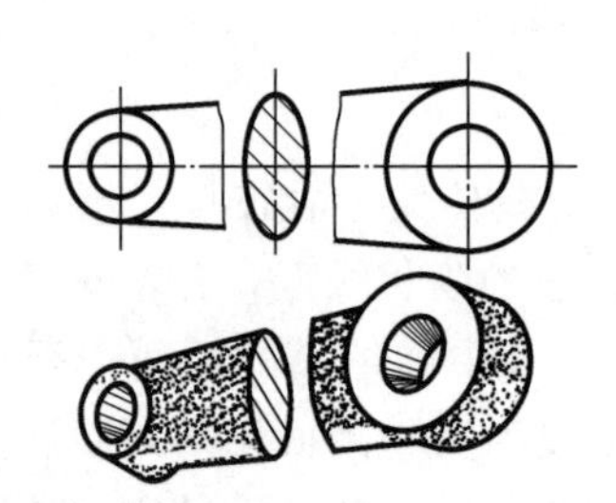

图 6-23 在视图的中断处画断面

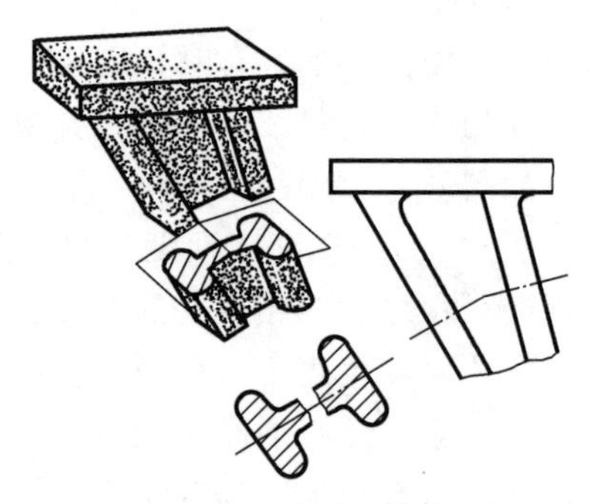

图 6-24 两个相交的剖切平面剖切得到的移出断面

2. 重合断面图

断面图画在剖切符号处的视图之内，称为重合断面图。重合断面图的轮廓线用细实线绘制，如图 6-25、图 6-26 所示。当视图中的轮廓线与重合断面的图线重叠时，视图中的轮廓线优先画出。

对称的重合断面图采用剖切线符号标注。不对称的重合断面应配置在剖切符号旁，并画箭头指出投射方向，但当不会引起误解时，也可省略剖切符号。

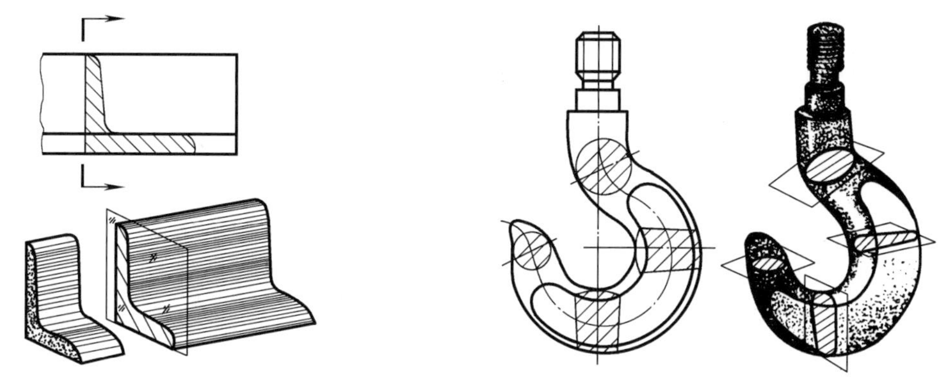

图 6-25　角钢重合断面图画法　　　　图 6-26　吊钩重合断面图画法

第四节　局部放大图和简化画法

一、局部放大图

机件上的小结构，在视图中需要清晰表达时，可用大于原图形的尺寸另外绘制。这种用比原图比例更大比例画出局部结构的图形称为局部放大图，如图 6-27 所示。

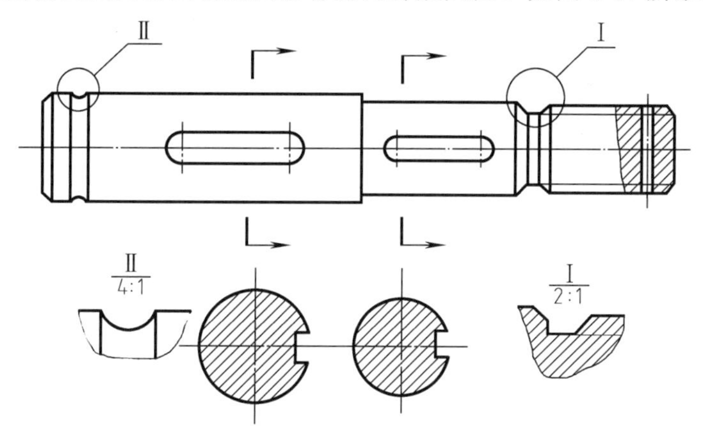

图 6-27　轴上小结构的局部放大图标注与画法

画局部放大图时应注意以下几点。

① 根据表达需要，局部放大图可以画成视图、剖视或断面的形式，与被放大部分的表达形式无关，并用波浪线断开不需表达的其他部分。局部放大图，应尽量配置在被放大部位的附近。放大图上方注写比例，为图形对实际结构线性尺寸的比例值。

② 绘制局部放大图时，应按图 6-27 中的方式用细实线圆圈出被放大的部位。同一机件上有几个被放大的部位时，必须用罗马数字依次标明被放大的部位，并在局部放大图的上方以分数形式标注出相应的罗马数字及采用的比例，各个局部放大图的比例根据表达需要给定，不要求统一。若机件上仅有一个被放大的部位，则在局部放大图的上方只需注明采用的比例。

③ 同一机件上不同部位的相同结构，若它们的局部放大图相同或为对称图形时，只需

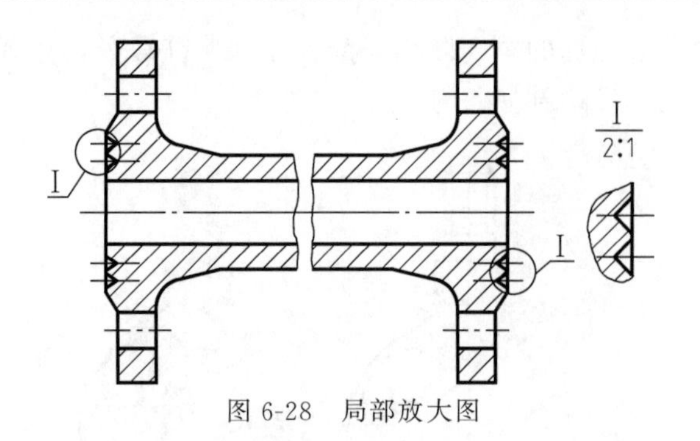

图 6-28 局部放大图

画出一个，如图 6-28 所示。

二、简化画法

简化图形必须保证不致引起误解和不会产生理解的多意性，在此前提下，应力求制图简便。国家标准 GB/T 16675.1—1996 中规定了某些简化画法，这里仅介绍一些常见的简化画法，见表 6-2。

表 6-2 简化画法示例

序号	简化对象	简化画法	规定画法	说明
1	对称结构	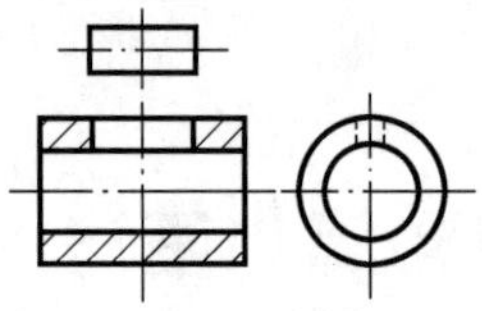	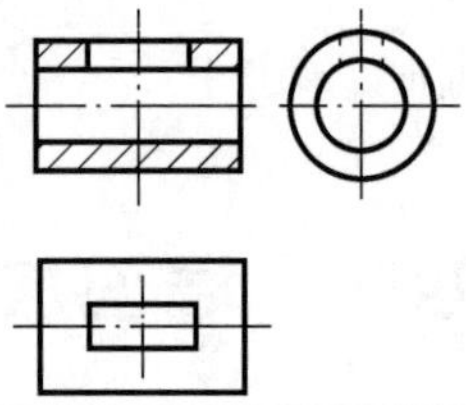	机件上对称结构的局部视图，可按左图所示方法简化绘制
		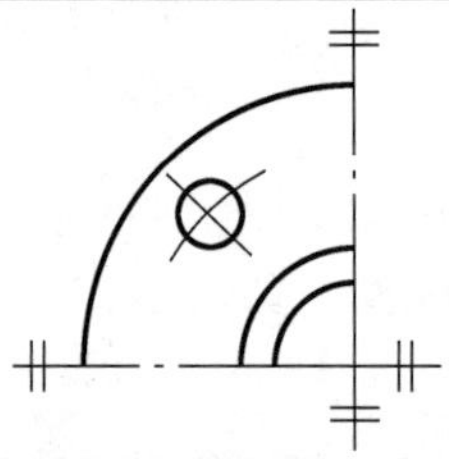		在不致引起误解时，对于对称机件，可只画一半或四分之一，并在对称中心线的两端画出两条与其垂直的平行细实线
2	剖面符号	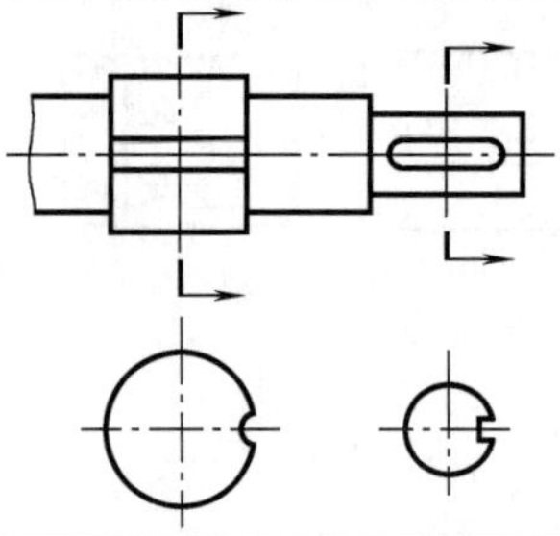	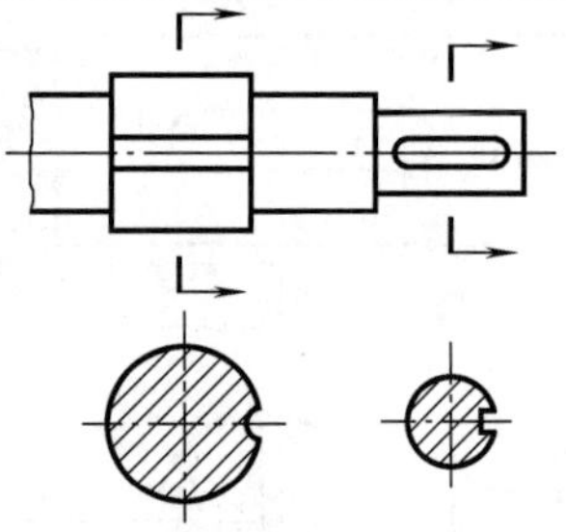	在不致引起误解的情况下，剖面符号可省略
3	相同要素	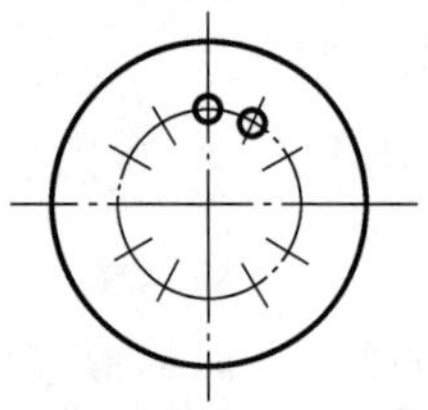	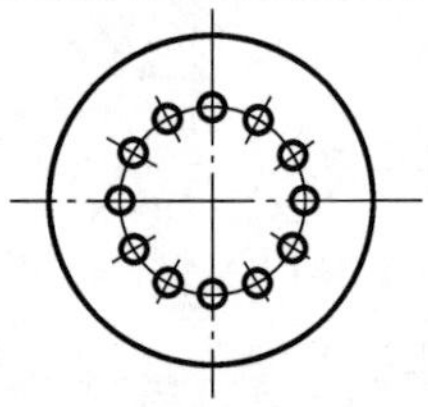	若干直径相同且成规律分布的孔，可以仅画出一个或几个，其余只需用细点画线或"+"表示其中心位置
		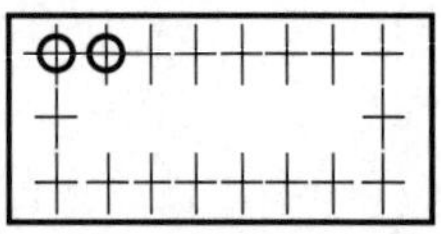	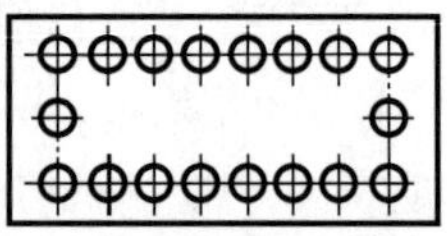	
		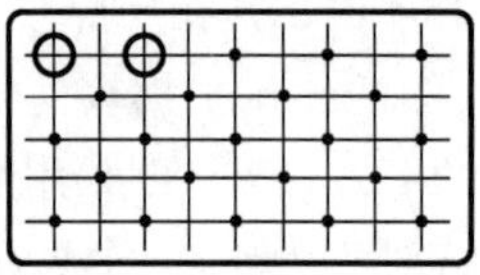	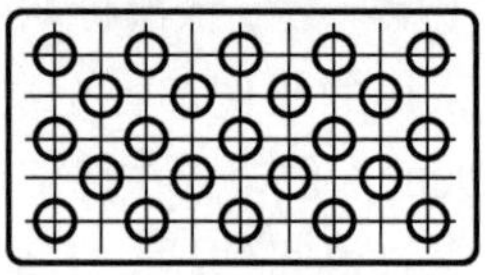	

续表

序号	简化对象	简化画法	规定画法	说明
4	符号表示	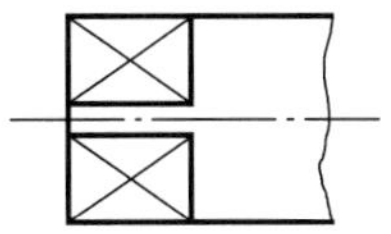	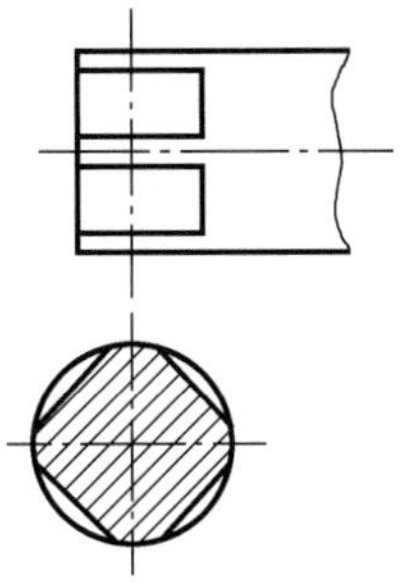	当回转体机件上的平面在图形中不能充分表达时，可用两条相交的细实线表示这些平面
5	较小结构及倾斜要素	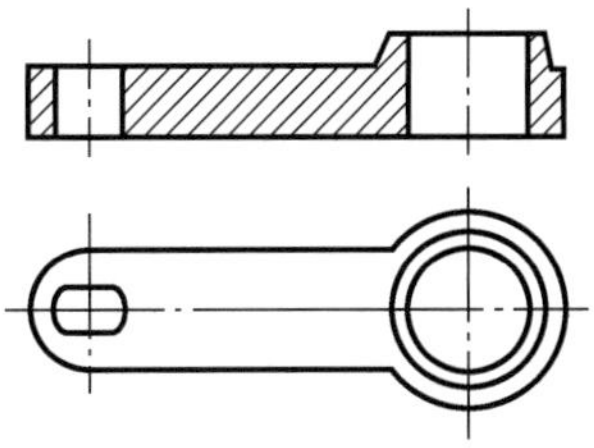	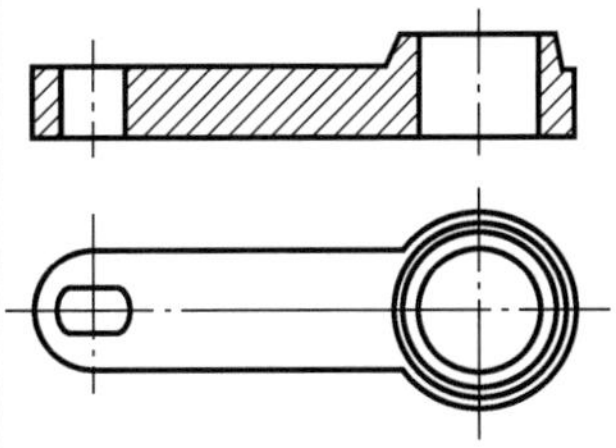	当机件上较小的结构及斜度等已在一个图形中表达清楚时，其他图形应当简化或省略
		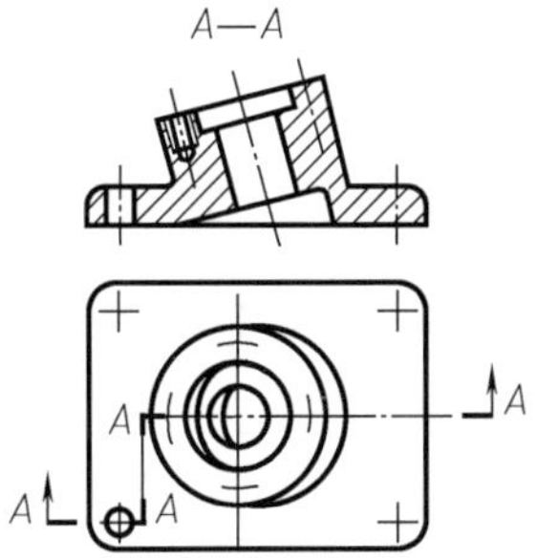 A—A	A—A	与投影面倾斜角度小于或等于 30°的圆或圆弧，其投影可用圆或圆弧代替
		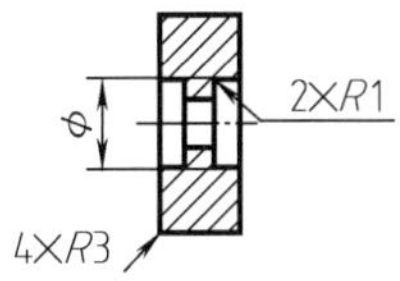 2×R1 4×R3	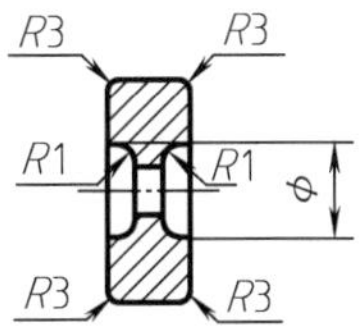 R3 R3 R1 R1 R3 R3	除确属需要表示的某些结构圆角外，其他圆角在机件图中均可不画，但必须注明尺寸，或在技术要求中加以说明
6	滚花结构	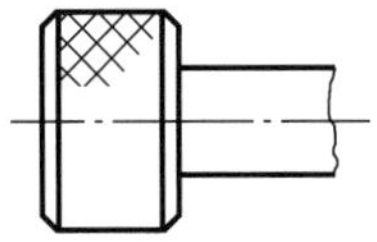	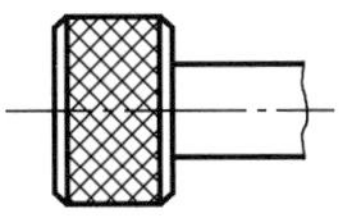	滚花一般采用在轮廓线附近用细实线局部画出的方法表示

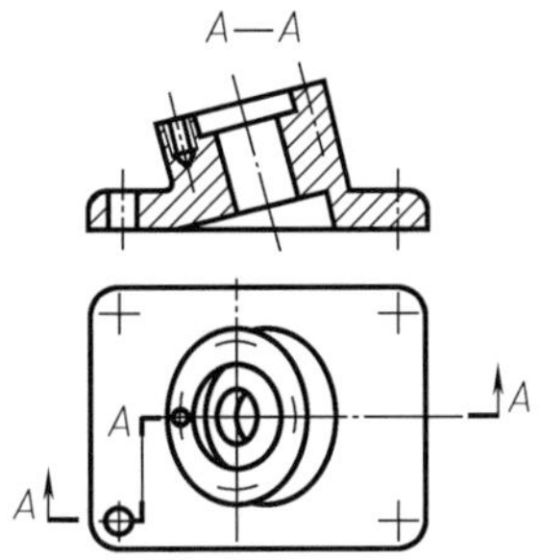

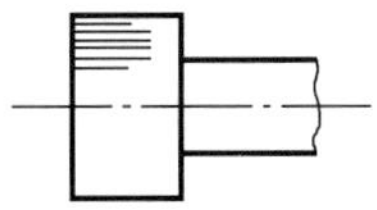

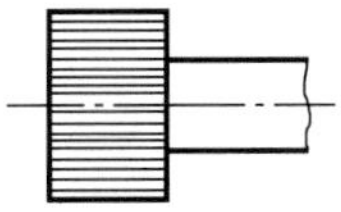

续表

序号	简化对象	简 化 画 法	规 定 画 法	说 明
7	肋、轮辐及薄壁结构	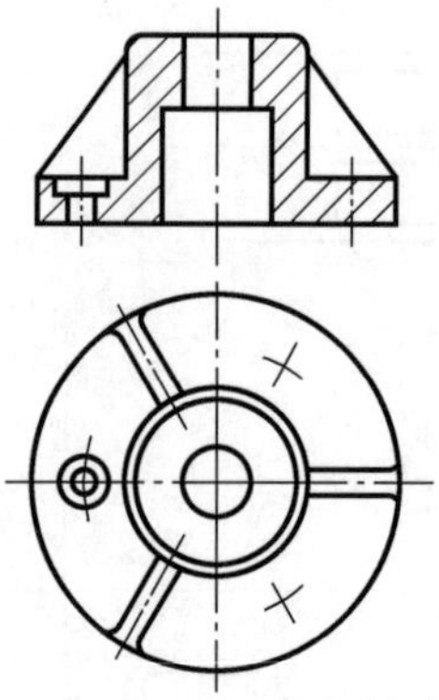		对于机件的肋、轮辐及薄壁等，如按纵向剖切，这些结构都不画剖面符号，而用粗实线将它与其邻接部分分开。当回转体上均匀分布的肋、轮辐、孔等结构不处于剖切平面上时，可将这些结构旋转到剖切平面上画出

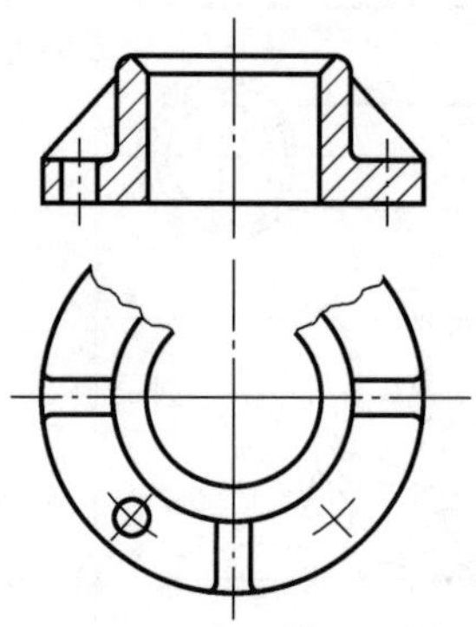

如图 6-29 所示为常见法兰盘上均布孔的简化画法。当法兰上均布小孔标注了定位尺寸 ϕ 符号时，可简化为图中所示均布孔的表示形式（如上方的法兰盘向下投影仅画出均布孔后半部分图形）。

另外，圆柱实心杆的断裂画法还可采用如图 6-22 主视图左端所示的假想扭断表示法；如图 6-23 所示的机件在长度方向的形状按一定规律变化且长度较大时，可断开后缩短绘制。

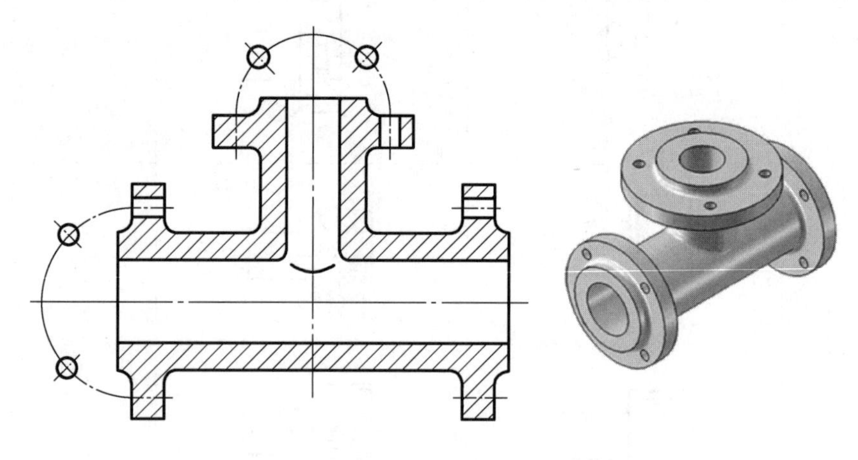

图 6-29　管接头法兰盘上均布孔简化画法

第五节　图样画法应用举例

在绘制机件图样时，首先，应从看图方便的角度出发，选用适当的表示方法，把机件的结构特点完整、清晰地表达出来；其次，要力求制图简便。

以下用三维建模举例说明（也可用实物模型在普通教室讲解）。

一、管座画法举例

1. 观察管座

打开一个管座三维建模（图 6-30），随后，在显示旋转命令操作下从不同角度观察该管座整体形状和各结构形状，如图 6-31 所示。

2. 表达方案分析与判定

在确定（或评选）表达方案时，应抓住以下四个方面。

（1）基本视图尽量少

机件上主要结构的位置（含形状），在基本视图上表达清楚了即可，基本视图数量尽可能少。机件的主视图是最重要的视图，要依照主视图的选择原则放置机件，即符合机件自然放置位置，机件上主要结构的投影尽可能不重叠于同一位置，且重要结构最好为形状特征图。

根据“基本视图尽量少”的表达要求，分析所要表达的管座必需的基本视图数量。该管座的主要结构共有七个，如图 6-30 所示，分别是直立的大、小两个圆柱筒以及底板、拱形柱体（含孔）、水平位置的圆柱筒和凸台、上方倾斜凸缘。另在底板上有四个安装孔、水平位置的圆柱筒端面上有四个均布的小孔（应为螺纹孔，因暂没讲此内容，看成是光孔）。

图 6-30　管座（一）

图 6-31　管座（二）

如图 6-32 所示为按主视图选择原则放置位置，作为主视图的投影方向，其主要结构的上下、左右位置清楚，各结构图的位置独立、基本不重叠（仅凸台重叠在大圆柱图上）。体现这些主要结构前后位置的基本视图可用俯视图或左视图，从图 6-33 和图 6-34 比较可知，图 6-33 反映了底板的形状特征和其上四小孔的位置，同时也反映了重要结构大圆柱筒的形状特征，以及大圆柱筒上三水平方向通孔结构的分布位置，而图 6-34 中大圆柱筒处是三结构图重叠，不利于看图。可见，图 6-33 明显好于图 6-34。主、俯视图完全把主要结构的位置（含一定形状）表达清楚了，即仅需两个基本视图。

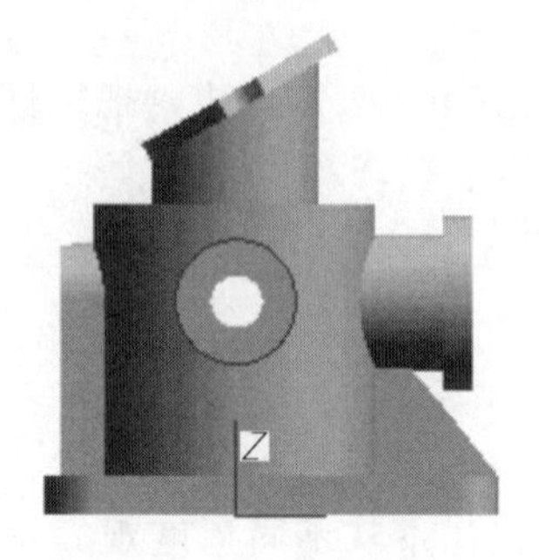

图 6-32 观察主视图的方向

图 6-33 观察俯视图的方向

图 6-34 观察左视图的方向

（2）图形要用实形样

各视图要选用合适的图样画法，尽可能是不含虚线的实形图。

该管座内有多个通孔，如图 6-32 所示位置得到的主、俯视图可在二维工作界面生成，如图 6-35 所示。图中主视图有较多的虚线，俯视图因凸缘倾斜其水平投影不是实形图，根据“图形要用实形样”的表达要求，应对该两基本视图进行画法上的调整，即主视图采用全剖视图，俯视图以剖视的方法设法去掉凸缘形状，再另用其他画法对凸缘特征形状进行补充表达。主视图作全剖处理后，凸台的形状和位置在主视图上不存在了，解决此问题的方法是把图 6-32 管座实体的前方转到后方，使凸台出现在正后方位置，即在全剖的主视图中能体现凸台孔的高度位置，而管座所处的这一新位置不会影响俯视图的表达效果。

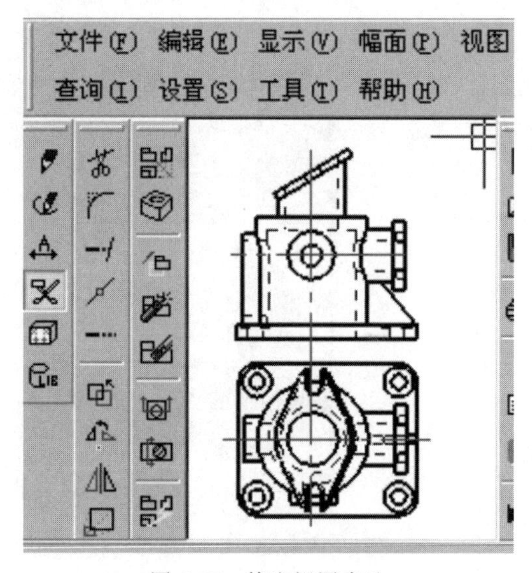

图 6-35 管座视图表达

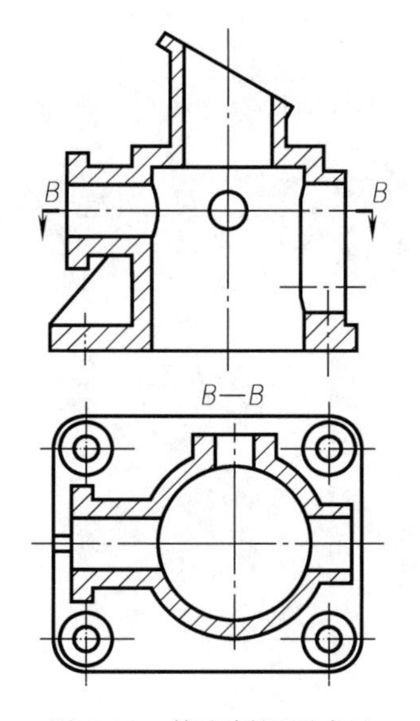

图 6-36 管座剖视图表达

如图 6-36 所示为按调整后的新位置在二维工作界面中获得的基本视图，两图均采用了全剖。其中主视图中剖到的肋板为纵向剖切，肋板范围按国标规定不画剖面线。俯视图已确定采用剖视画法表达，在图中 $B—B$ 位置剖切最合适。

（3）形状、位置表达要完全

有些结构的形状与位置，若在基本视图上没表达清楚，则通过增加必要的其他视图（如剖视、断面等）进行补充表达，使机件形状完全表达清楚。

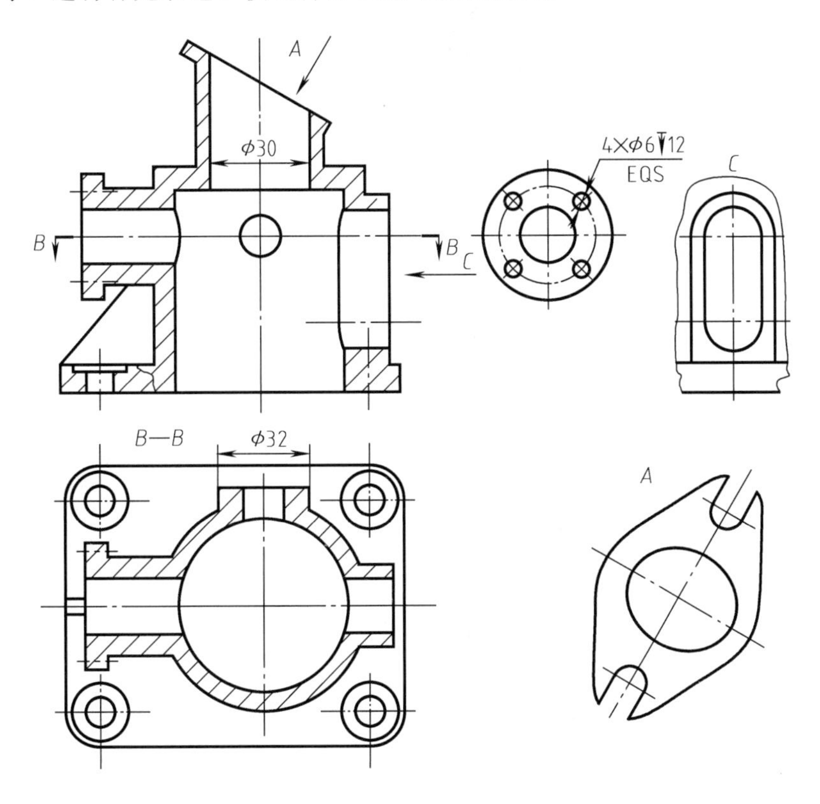

图 6-37　管座表达方案

如图 6-36 所示，拱形柱体（含孔）、水平位置的圆柱筒和凸台、上方倾斜凸缘结构的位置已表达清楚，但没有把这些结构的形状特征绘制出来，故需增加视图进行补充表达。从看图方便、制图简便出发，对这些结构采用局部视图和斜视图表达，如图 6-37 所示。另外，底板上的四个安装孔，为了在主视图上反映形状，可对其中的一个孔再作局部剖表达（也可在俯视图中以尺寸标注说明）。另外，ϕ30 孔无前后位置表达，则只能位于大孔轴线上。

（4）文字符号也是形

尺寸 ϕ、R 符号、均布符号 EQS 及孔数等，以文字形式清楚体现了某些结构的形状或位置，则这些形状或位置就不需再用其他视图表达。如表达圆柱体只需一个投影不为圆的视图，再注写柱面直径尺寸（含 ϕ 符号），就能把圆柱体形状表达清楚。如图 6-37 中的凸台形状特征图及水平圆柱筒端面上的四小孔深度未用图形表达清楚，可依据“文字符号也是形”的表达方式标注尺寸进行说明。

二、脚踏架表达方案实例对比分析

试分析脚踏架三维建模生成的三视图修改为工程图的三个方案，分析他们的表达方案是否恰当。

如图 6-38（a）所示为脚踏架三维建模，图 6-38（b）给出了图样画法的初步方案，图 6-39 为三维建模生成的三视图，图 6-40～图 6-42 为三位工程设计人员绘制的该机件工程图形。

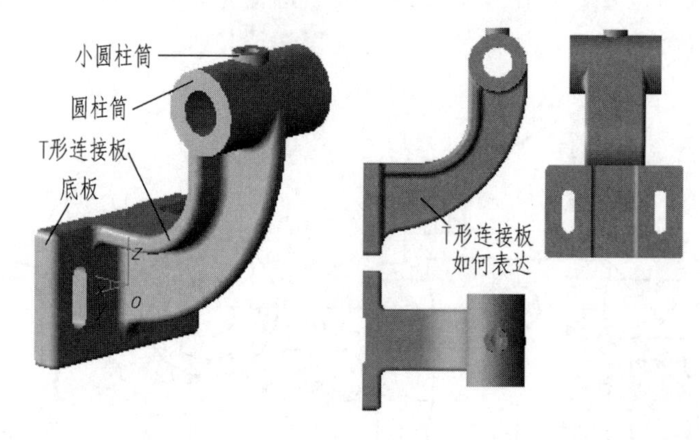

(a) 三维建模　　　　(b) 三视图布置

图 6-38　脚踏架图样画法初步方案

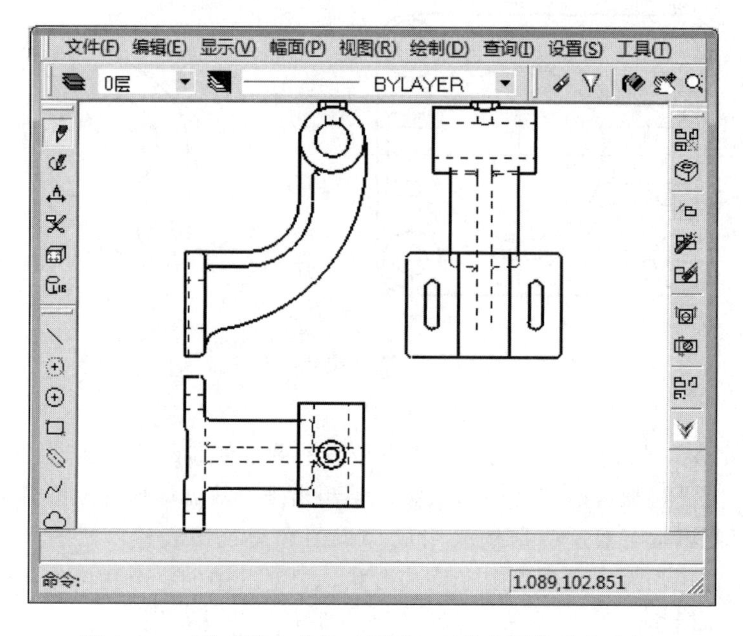

图 6-39　三维建模生成的三视图（不符合图样画法要求）

我们知道工程图形的画法应做到正确、简洁，不产生识读的歧义。如图 6-39 所示为三维建模生成的三视图，该图能表示清楚脚踏架形状，但虚线太多不符合图样画法的规定，且生成的工程图有多余或缺失图线，现有三维软件生成的工程图多数存在这类问题；另外圆柱筒、T 形连接弯板等结构均有重复表达，不符合所画图样简洁的表达要求。这里三位设计人员按工程图的表达要求对生成的三视图作了修改，看看三位设计者哪位做得更好。

1. 方案 A 解读

脚踏架的两个重要基本体结构（简称结构）是上方大圆柱筒和下方底座，其次是它们之间是 T 形连接板，和一些小的辅助结构。

图 6-40 为方案 A 设计者的表达方案。主视图为反映实形的外形视图，左视图为局部剖，两个基本视图反映了各结构的位置，不需再增加基本视图。但从各结构的形状表达上看并没有完全表示清楚（仅大圆柱筒表示清楚 ），故对没表示清楚的结构需进行补充表达。

底座的主、左视图都无特征面图，该设计者采用了 A 向局部视图（注意，这里是向视图的表示方法，需标注），把含凹槽特征的特征面形状表示出来；另外左视图上的长形孔缺深度表达，故在局部视图上增加局部剖的表示；主视图上的连接板图形配上断面图的表示，足以说清楚该结构的几何形状，故肋板结构在左视图上不必再用细虚线表示出来；顶上方的小圆柱筒位置清楚，与大孔相通关系清楚，但无圆形的特征面图出现，该小凸台的内外圆柱面通过注写尺寸符号 Φ 说明即可，不必再用局部视图表达。

该方案做到了表达正确、简洁，不会产生识读的歧义。

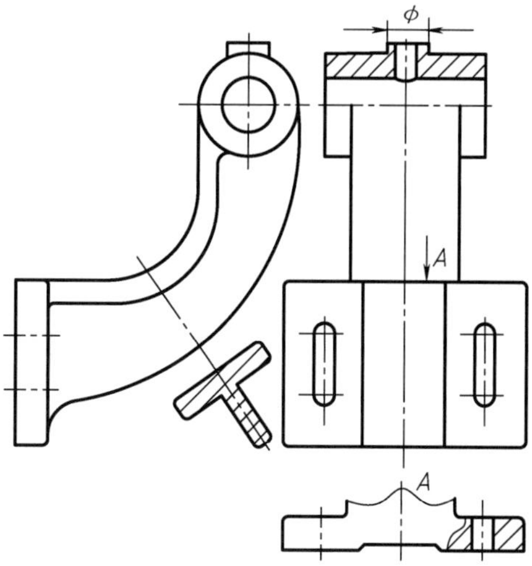

图 6-40　脚踏架（方案 A）

2．方案 B 解读

脚踏架方案 B 的表达如图 6-41 所示，类同方案 A。

顶上方两圆柱筒采用了波浪线的局部剖表示；下方底座仅对凹槽采用了局部视图表示，其上的长形孔与凹槽的深度采用了重叠的两对称结构过对称面转折的阶梯剖表示；T 形连接板也是在主视图旁配上断面图表示。

该表达方案同样做到了正确、简洁，不会产生识读的歧义。但 $C—C$ 局部剖的凹槽表达与 B 向局部视图凹槽表达重复，故此处对长形孔作局部剖即可，减少绘图工作量和读图难度。

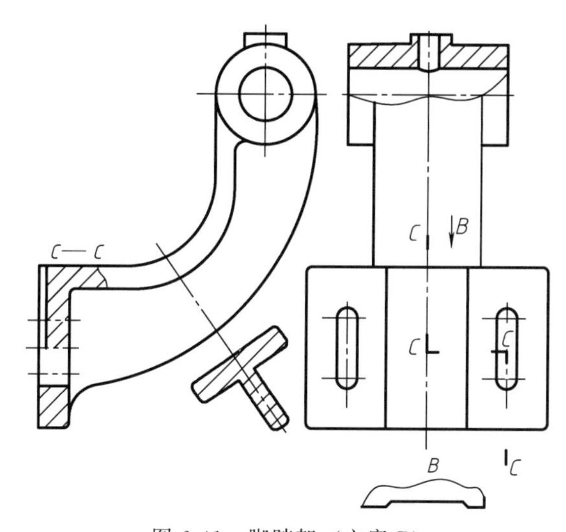

图 6-41　脚踏架（方案 B）

3．方案 C 解读

脚踏架方案 C 的表达如图 6-42 所示，采用了主、俯视图表达，各基本体相对位置清楚。

该表达方案最大不同是反映了下方底座凹槽特征，但其上的长形孔特征没表示出来，故对底座采用了局部视图表示；长形孔的深度在主视图上用局部剖补充说明；主视图旁的断面图比较前两个方案，其位置平移至上方，这样处理就不会有图隔在主视图与局部视图之间，故局部视图可省略标注（局部视图按基本视图位置配置可省略标注）；主视图顶上方两圆柱筒的相通情况，采用波浪线的局部剖表示，俯视图则采用了点画线的局部剖说明是否为通孔。

整体上看，该表达方案做到了正确、简洁，同样不会产生识读的歧义。但工程上的图纸习惯横放，如这样布图则有点浪费纸张；若改为图纸竖放，仅是感觉有点不习惯。

以上三个方案在表达上有些差异，都运用了图样画法中合适的表示法。可见，机件图样的图形表达有时并非只有唯一最佳答案。

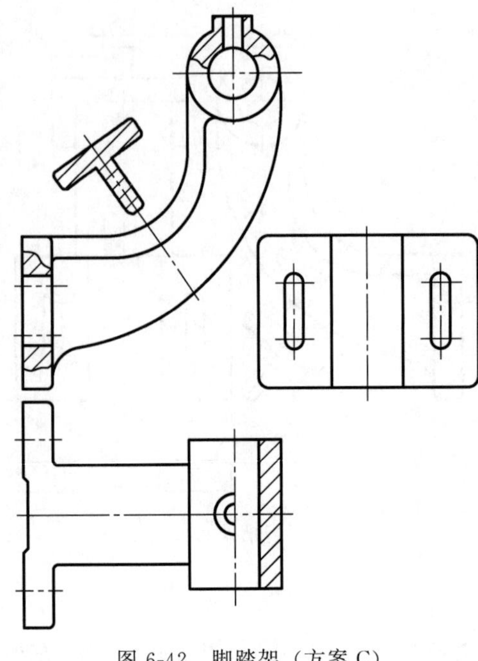

图 6-42 脚踏架（方案 C）

另外，在基本体结构的表达中，看完上述解读后，可能仍存疑惑，比如 T 形弯板的表达，又如图中的局部视图是否可省略标注等。

4. 疑惑问题

① T 形弯板的表达。图 6-43 说明了其表达的道理。图中左侧的直 T 形板可用 T 形特征面扫掠形成，即主、俯视图就能把形状表示清楚；把直 T 形板弯曲则可变成弯板的样子，断面图即如 T 形特征面在扫掠过程中的某一位置，即采用断面图来表示特征面形状。这类连接板或连接杆的常见断面图除了“T”字形外，还有“工”字形、“口”字形、“O”字形等，通常在机件的图形表达中会以断面图形式表示出特征面形状。如前面介绍的图 6-24 所示的“工”字形断面图。

图中断面图注出了一个错误尺寸，该尺寸随扫掠位置不同而改变，故需在主视图上分别注写两曲线轮廓的尺寸，来限制这个错误尺寸处的尺寸大小。

有时这种结构会出现在箱体与底座间的连接，在视图或剖视图难于表达清楚时，采用断面图这种具有特征面形状的图形进行表达，可能是最简便的办法。

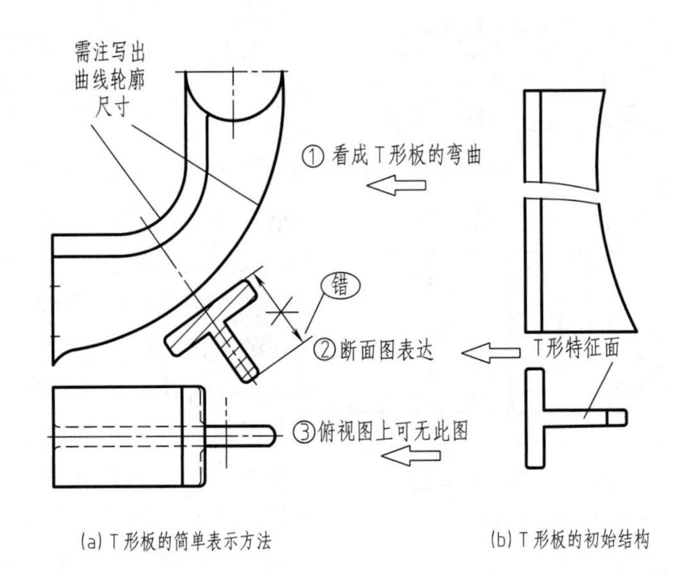

图 6-43 连接板的常用表示方法

② 局部视图是否标注问题。图 6-40、图 6-41 的凹槽局部视图都作了标注，为什么要这样处理可能存在不同看法。通常仅有左右位置布置两个基本视图时，左方这个是主视图，这样看待则凹槽的局部视图均为向视图的表示方法，必须标注，不可省略；但换一个角度看，

这两个基本视图是右图为主视图，则这两个凹槽局部视图均可不标注名称。

向视图概念介绍的是完整机件的视图，在实际应用中经常会灵活应用，比如用于局部视图则是向基本投影面的投影，然后配置在其他位置。又比如图 6-19 中的 A—A 全剖视图，采用了阶梯剖且为向视图的配置关系。

为了提高制定机件表达方案的能力，需大家多对实例中提到的要点认真思考、领会，并动手实践。

第六节　第三角画法简介

国家标准规定，物体的图形按正投影法绘制，并采用第一角画法，必要时（如按合同规定或国际间技术交流）允许使用第三角画法。前面介绍的视图画法都是第一角画法，即是将物体置于第一分角内，保持着“人→物→图”的关系进行投影。

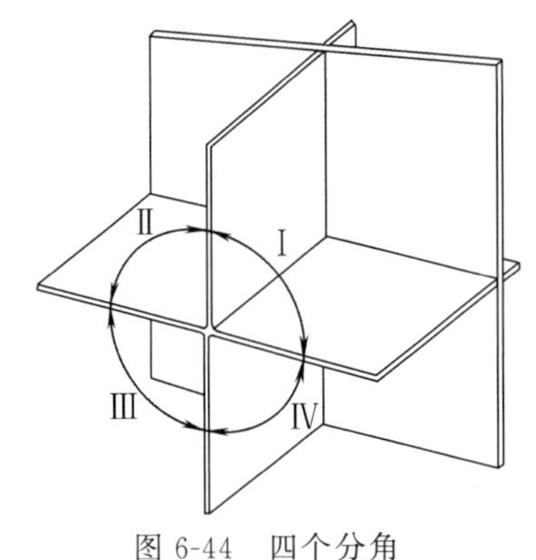

图 6-44　四个分角

第三角画法是将物体置于第三分角内，保持着“人→图→物”的关系进行投影，如图 6-44、图 6-45 所示。物体位于正六面体中，六个投影面展开过程如图 6-46 (a)（视图名称如图中说明），在图样上按图 6-46 (b) 展开位置配置视图时不需注明视图名称。在图样中必须在标题栏中填写图 6-47 所示的第一角画法或第三角画法识别符号。

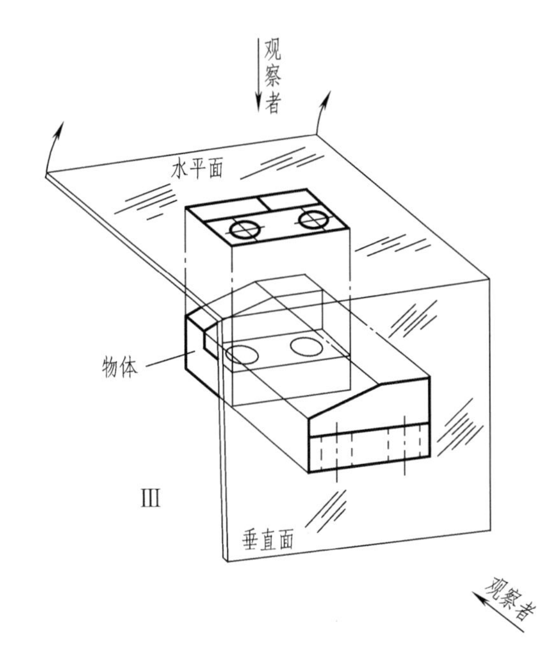

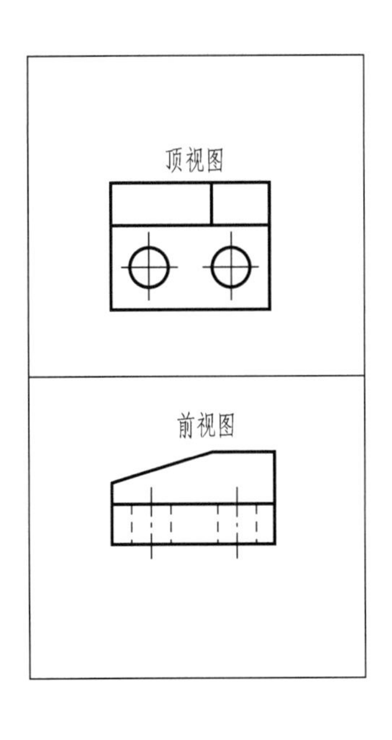

图 6-45　第三分角的画法及展开

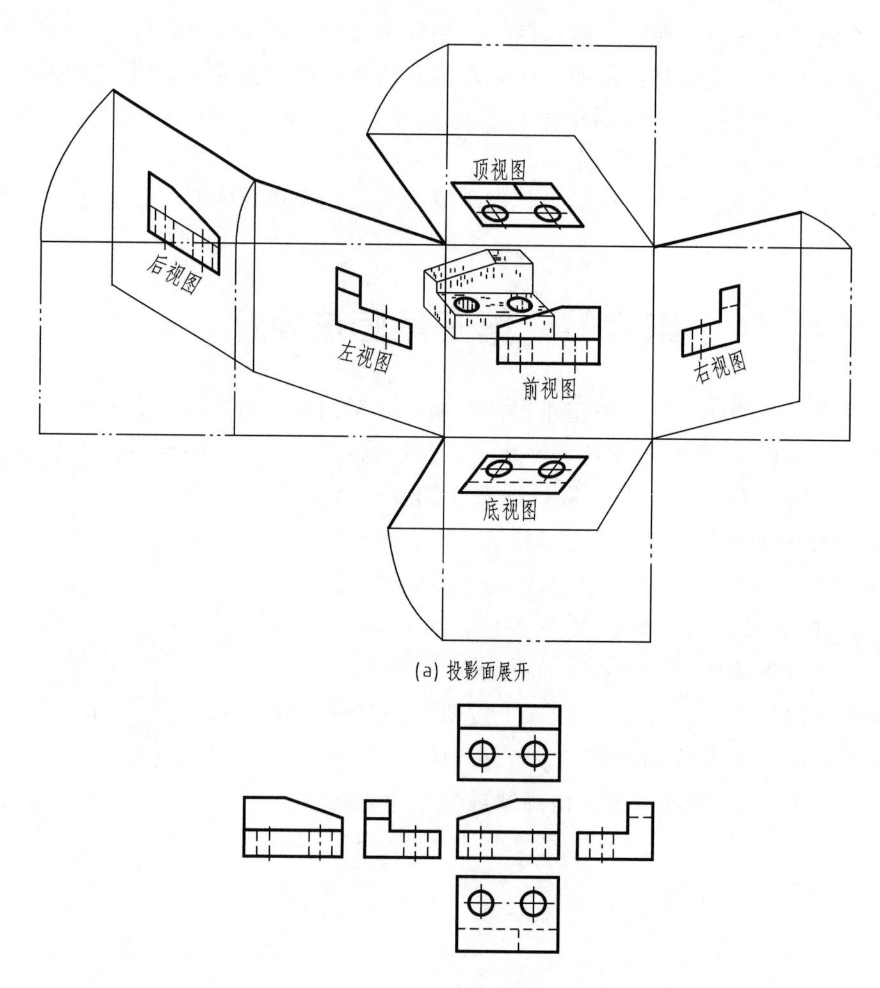

(a) 投影面展开

(b) 六个基本视图的规定配置

图 6-46　第三角画法

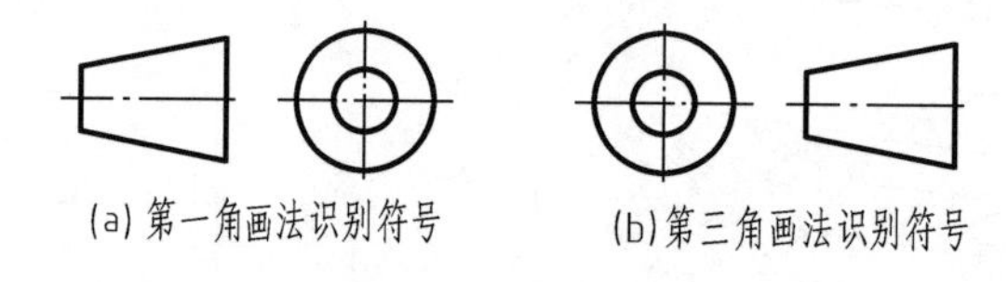

(a) 第一角画法识别符号　　(b) 第三角画法识别符号

图 6-47　第一角画法和第三角画法识别符号

标准件和常用件

学习提示

标准件一般指单独的一个制件（其中轴承是组件）。工人师傅在制造过程中，一般是先做出基本体形状，然后再做出其中的特殊结构。因此，在绘制单个制件的图形时，遵守先画基本体视图，然后再按规定画法补上这些特殊结构的图线。标准件的结构、尺寸等完全标准化，并由专门的厂家生产，一般设计人员只需采用规定画法或简化画法绘制。

标准件和常用件是机器或部件上广泛使用的零件。标准件有螺栓、螺柱、螺钉、螺母、键、销、滚动轴承等，它们的结构、尺寸实行了标准化；常用件有齿轮、弹簧等，它们的结构、尺寸实行了部分标准化。其中有些标准化结构复杂，在工程制图中不按真实轮廓绘制，而是按制图国家标准规定的画法表示。

第一节　螺纹及螺纹紧固件

一、螺纹

1. 螺纹的形成

在圆柱或圆锥表面上，沿着螺旋线所形成的、具有相同断面的连续凸起或沟槽的结构称为螺纹。螺纹凸起部分称为牙，凸起的顶端称为牙顶，沟槽的底称为牙底。在外表面上形成的螺纹称为外螺纹；在内表面上形成的螺纹称为内螺纹。

螺纹可以采用不同的加工方法制成。如图 7-1 表示在车床上车削螺纹的情况：圆柱形工件做等速回转运动，刀具沿工件轴向做等速直线移动，两运动的合成形成了螺纹。如图 7-2 所示为常见螺纹紧固件上出现的螺纹结构。

2. 螺纹要素

螺纹的结构和尺寸是由牙型、公称尺寸、螺距、线数、旋向五个要素确定的。当内外螺纹正常旋合时，两者的五个要素必须相同。

（1）螺纹牙型

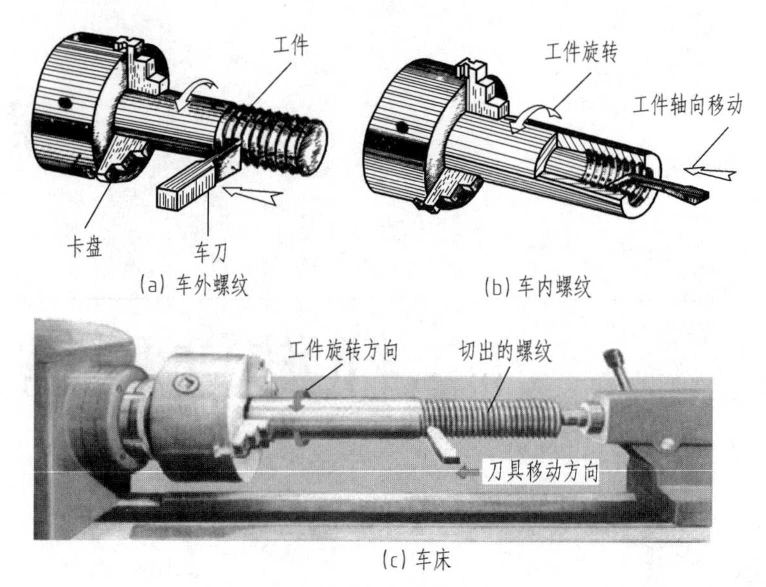

图 7-1 车床上车削螺纹

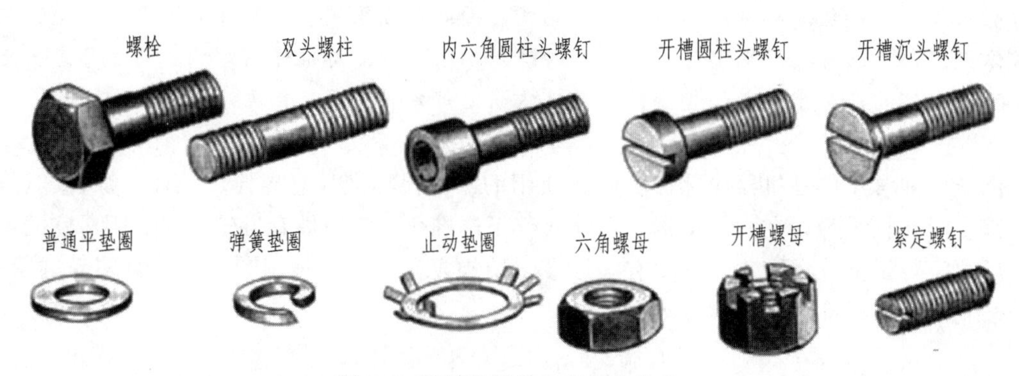

图 7-2 螺纹紧固件上的螺纹结构

在通过螺纹轴线的断面上，螺纹的轮廓形状称为螺纹牙型。不同的螺纹牙型，有不同的用途，如三角形的牙型常用于紧固连接，锯齿形和梯形的牙型常用于传递动力。常用的牙型见表 7-1。

（2）螺纹直径

螺纹的直径有大径、小径和中径。与外螺纹牙顶或内螺纹牙底相重合的假想圆柱面（或圆锥面）直径称为大径。与外螺纹牙底或内螺纹牙顶相重合的假想圆柱面的直径称为小径。在大径与小径的中间，即螺纹牙型的中部，沿轴向可找到一个凸起宽尺寸与沟槽宽尺寸相等的假想圆柱面，该圆柱面对应的螺纹直径称为中径。外螺纹的大径、小径和中径用符号 d、d_1、d_2 表示，内螺纹的大径、小径和中径用符号 D、D_1、D_2 表示，如图 7-3 所示。

公称直径是螺纹要素尺寸的名义直径，一般是螺纹的大径尺寸，但管螺纹是尺寸代号（不是螺纹尺寸）。

（3）线数

沿一条螺纹线所形成的螺纹称为单线螺纹，沿两条或两条以上、在轴向等距离分布的螺旋线所形成的螺纹称为多线螺纹，如图 7-4 所示。

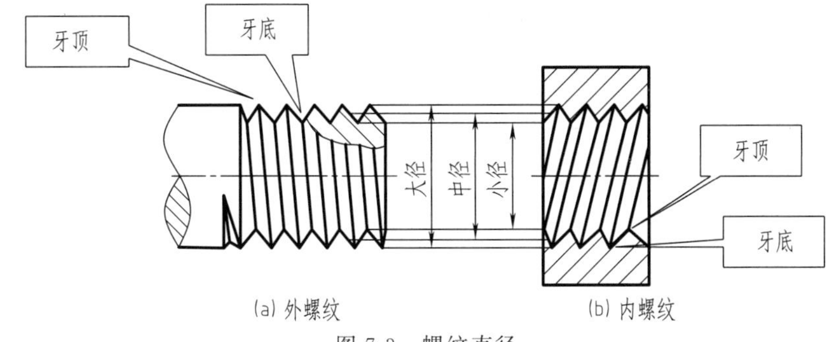

图 7-3　螺纹直径

(4) 螺距与导程

相邻两牙在中径线上对应两点间的轴向距离称为螺距，用字母 P 表示，而在同一条螺旋线上的相邻两牙在中径线对应两点间的轴向距离称为导程，用 P_h 表示。导程、螺距、线数的关系为：$P_h=nP$，如图 7-4 所示。

(5) 旋向

旋向分左旋和右旋两种，工程上常用的是右旋螺纹。顺时针旋转时沿轴向旋入的为右旋，逆时针旋转时旋入的为左旋。

图 7-4　螺纹线数

3. 螺纹分类

为了便于设计和制造，国家标准对螺纹的五个要素（牙型、大径、线数、公称尺寸、旋向）中的牙型、大径和螺距做出了系列规定，按这三要素是否符合标准分为：标准螺纹、特殊螺纹（牙型符合标准，直径和螺距不符合标准）、非标准螺纹（三要素均不符合标准）。

若按螺纹的用途分类，有连接螺纹（如普通螺纹、管螺纹）和传动螺纹等，见表 7-1。

4. 螺纹的规定画法

(1) 外螺纹的规定画法

外螺纹的规定画法如图 7-5 所示，画图时小径尺寸可近似地取 $d_1 \approx 0.85d$。在作图时，按外螺纹的制作过程绘制：先画基本体视图、后补螺纹结构。真实产品是有工艺结构的，如倒角结构（即一个矮小的圆台结构）出现在标准件上，一般在非圆视图上会画出，在投影为圆的视图上不许画出。

① 外螺纹结构在非圆视图上的画法：在已画好的圆柱体或圆柱筒的非圆视图上（包括剖视图），用螺纹终止线（即粗实线）隔开螺纹面与光圆柱面，然后在螺纹大径轮廓线内侧补上表示螺纹小径的细实线。如图 7-5 所示，螺纹结构位于螺纹大径的轮廓线与螺纹小径细实线之间的整个外圆柱面上。

表 7-1 螺纹的牙型、代号和标注示例

螺纹种类		牙型放大图	螺纹特征代号	标注示例	说明
连接螺纹	粗牙普通螺纹	60° 三角形	M	M20LH-7H	粗牙普通螺纹，大径 Φ20，螺距为 2.5(不标螺距，需查表获得)，LH 表示左旋，中径、顶径公差带代号为 7H，中等旋合长度 直观图见图 7-1 内螺纹
	细牙普通螺纹		M	M20×2-5g6g	细牙普通螺纹，大径 Φ20，螺距为 2，右旋，中径公差带代号为 5g、顶径公差带代号为 6g，中等旋合长度 直观图见图 7-1 外螺纹
	非密封管螺纹	55° 三角形	G	G1A	非密封管螺纹，尺寸代号为 1(表示管孔通径)，外螺纹公差等级为 A 请观察水管接头形状
	密封管螺纹		Rc Rp R_1 R_2	Rp1/2	密封管螺纹，尺寸代号为 1/2(表示管孔通径)。其中，Rp 为圆柱内螺纹，Rc 为圆锥内螺纹，R_1（与 Rp 配合）、R_2（与 Rc 配合）为圆锥外螺纹
传动螺纹	梯形螺纹	梯形	Tr	Tr40×14(P7)-LH	梯形螺纹，大径 Φ40，导程 14，螺距 7，左旋 直观图见图 7-4(b)
	锯齿形螺纹	锯齿形	B	B40×7-6e	锯齿形螺纹，大径 Φ40，导程 7，螺距 7，右旋，中径公差带代号为 6e。 直观图见图 7-4(a)

② 外螺纹结构在为圆的视图上画法：在已画好的圆柱体或圆柱筒为圆的视图（包括剖视图）上，画出表示螺纹小径的 3/4 圈细实线圆弧，说明螺纹结构位于外圆柱面的螺纹大径与螺纹小径的细实线圆弧之间的整个外圆柱面上。此处的倒角投影规定不许画。

在剖视图中，螺纹终止线表示了螺纹深度以及分隔螺纹段与非螺纹段界限，螺纹剖面线应终止在粗实线上，如图 7-5（b）中所示。

（2）内螺纹的画法

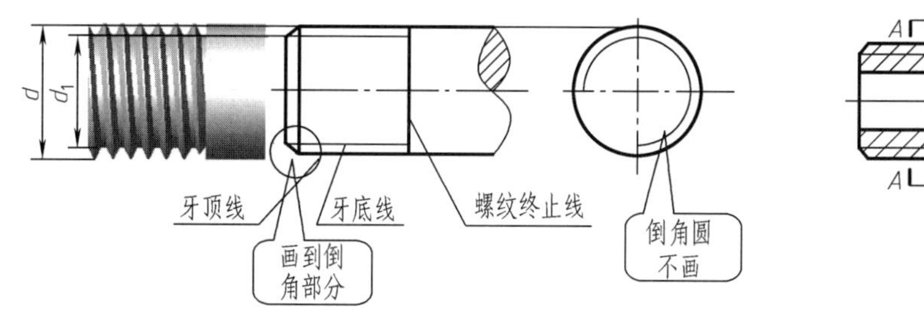

(a) 圆柱体上的螺纹

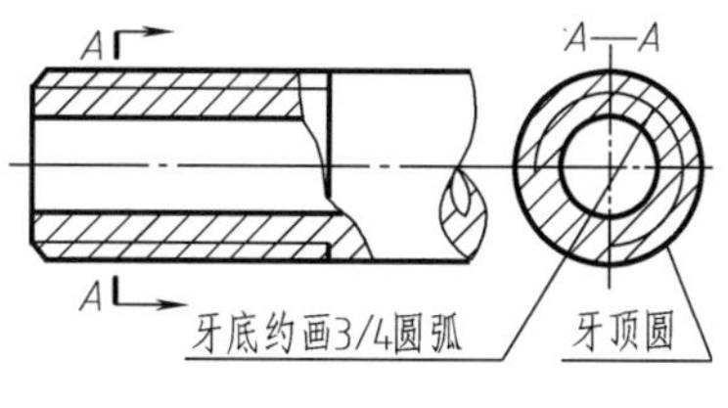

(b) 圆柱筒外圆柱面上的螺纹

图 7-5　外螺纹的画法

内螺纹的规定画法如图 7-6 所示，画图时小径尺寸可近似地取 $D_1 \approx 0.85D$。内螺纹的规定画法类同外螺纹画法，即先画打孔的基本体视图，然后补画螺纹终止线，最后补画大径细实线或约 3/4 细实线圆弧。

当螺纹结构不可见时，在非圆视图上表示螺纹的大小径图线、螺纹终止线都用虚线绘制。如图 7-6 最右侧视图所示。

如图 7-7 所示为不通孔内螺纹的画法。由于加工刀具的原因，孔底为 120°锥角，螺纹终止线位于圆柱孔底部约为 0.5D 的位置（因该线以下做不出标准结构的螺纹）。

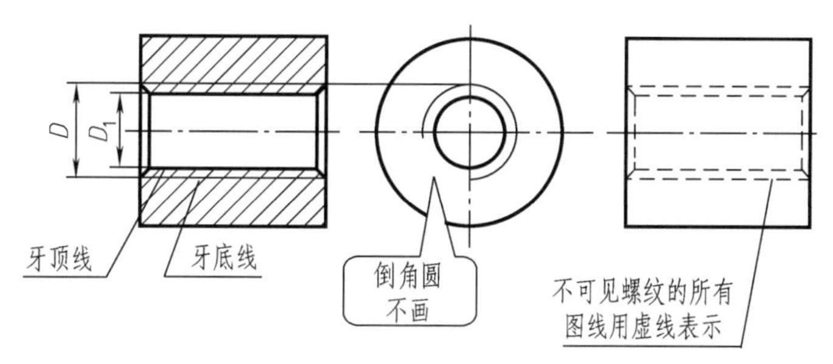

图 7-6　内螺纹的画法

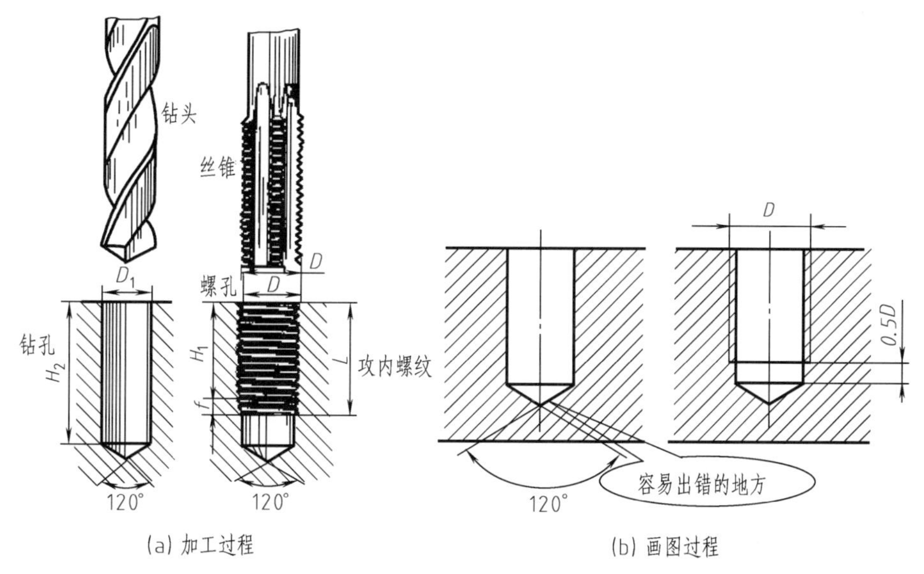

图 7-7　不通孔内螺纹的画图过程

(3) 内、外螺纹连接规定画法

内、外螺纹连接在剖视图中规定画法如图 7-8 所示。先画出有外螺纹的螺杆视图，后画内、外螺纹没旋合的部分视图，即内、外螺纹旋合的部分规定只画外螺纹的图形。同时表示内、外螺纹的大径、小径图线必须对齐。

如图 7-8 所示的主、左视图均为全剖视图。主视图中的螺杆没画剖面线，在上一章的图样画法中已强调“实心杆件纵向剖切规定不画剖面线”，故这里按视图绘制实心螺杆；左视图中的螺杆和做有螺孔的零件同时被剖开，为区分两零件的图形区域，规定两零件的剖面线要画成方向相反或间隔不相等，而同一零件的部面线在主、左视图上必须相同。

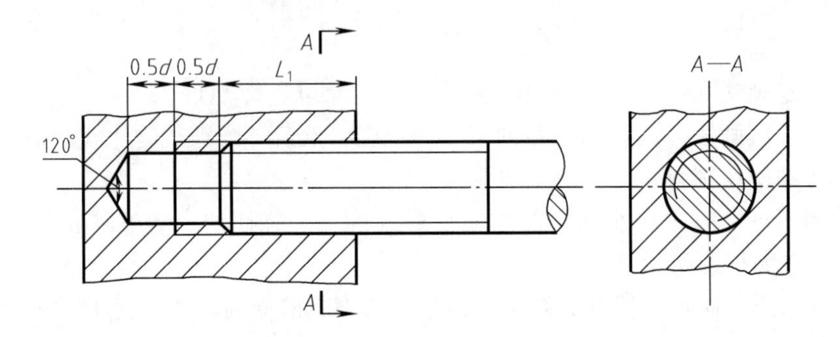

图 7-8　螺纹连接剖视图的规定画法

5. 牙型表示法

标准螺纹牙型一般在图形中不作表示。当需要表示时（非标准螺纹必须表示牙型），可按图 7-9 的形式绘制。

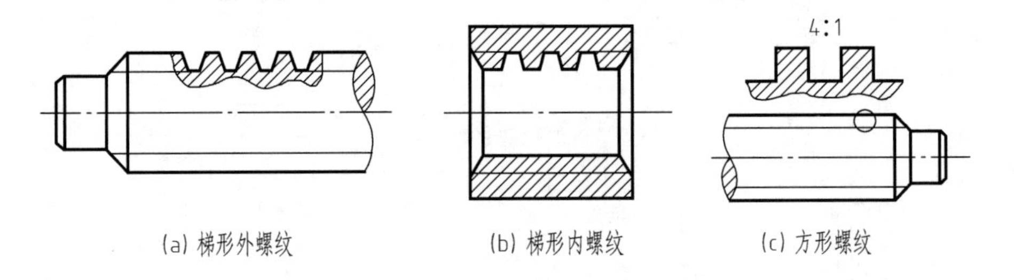

(a) 梯形外螺纹　　(b) 梯形内螺纹　　(c) 方形螺纹

图 7-9　牙型表示方法

6. 螺纹的标注

由于各种螺纹的画法都相同，为区别不同种类的螺纹，规定用注写螺纹特征代号说明。标准螺纹标注的一般格式与项目为：

[螺纹特征代号]　[公称直径]×[P_h 导程 P 螺距]－[公差带代号]－[旋合长度代号]－[旋向]

(1) 普通螺纹

通常其线数为 1，故[P_h 导程 P 螺距]项为[螺距]；因有粗牙和细牙之分，查附表 1 中可看出，同一螺纹公称尺寸对应有几种螺距，其中粗牙螺距仅一种，而细牙螺距有几种，故粗牙普通螺纹不注螺距。普通螺纹尺寸注写形式类同一般尺寸注写，见表 7-1。

表 7-1 中螺纹尺寸示例 M12-5g6g 的公差带代号 5g6g 说明如下：表示螺纹的公差等级的数字在前，表示基本偏差代号的拉丁字母（内螺纹用大写字母，外螺纹用小写字母）在后；

先写中径公差带代号，后写顶径公差带代号；如果中径和顶径的公差带代号一样，则只注一个代号，如 M12×1.5-6g-LH。

螺纹的旋合长度分为短（S）、中（N）、长（L）三组，在一般情况下，均采用中等旋合长度，即不标注旋合长度为 N 组。螺纹旋向左旋注“LH”，右旋省略不注。

（2）梯形、锯齿形螺纹

它们的标注举例见表 7-1，当导程等于螺距时 P_h 导程 P 螺距 项为 导程 。

（3）管螺纹

其尺寸注法说明如下：

① 非密封管螺纹的标注格式与项目：

螺纹特征代号 G　尺寸代号　公差等级代号-旋向

② 密封的管螺纹标注格式与项目：

螺纹特征代号 R_1 或 R_2 或 R_C 或 R_P　尺寸代号　旋向

其中，R_C 表示圆锥内螺纹，R_P 表示圆柱内螺纹，R_1 或 R_2 表示圆锥外螺纹。

非密封管螺纹的尺寸代号对应的螺纹大、小径尺寸请查阅附表 2。

特别注意：管螺纹的尺寸标注是用指引线从螺纹的大径引出，其尺寸代号的数值不是螺纹大径，而是对应外螺纹的管孔尺寸（单位：英寸），是一个表示通过流体能力的参数。标注举例与说明见表 7-1。

公差等级代号只对非密封的外管螺纹分为 A、B 两级标记，如 G1½B，对内螺纹不标记，如 G1½。仅当螺纹旋向为左旋时，才在公差代号后加注 LH。

（4）非标准螺纹

应标出牙型，并注出所需要的尺寸，如图 7-10 所示。

（5）特种螺纹

特种螺纹的标注应在螺纹特征符号前注“特”字，并注上大径和螺距，如图 7-11 所示。

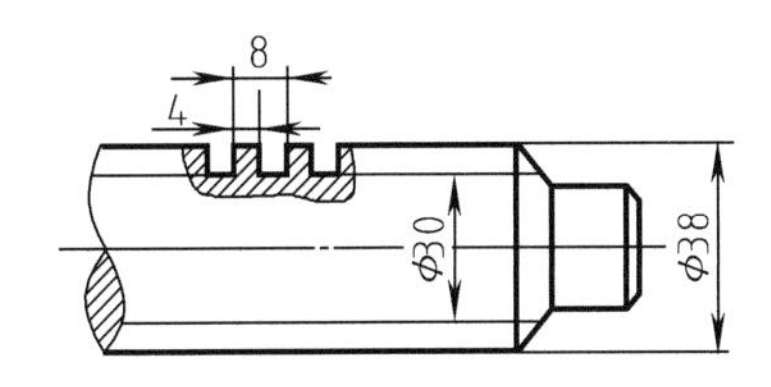

图 7-10 非标准螺纹的标注

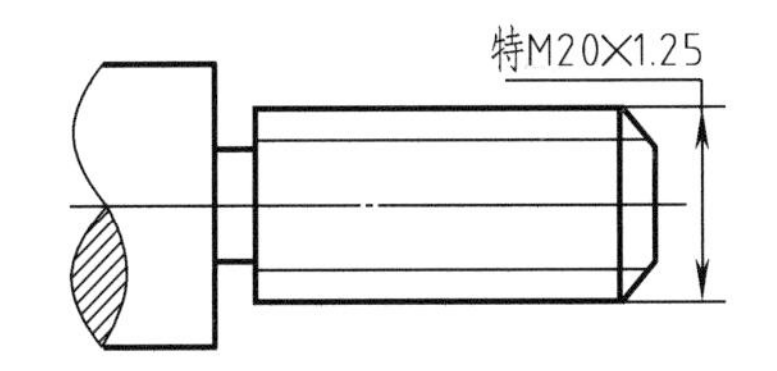

图 7-11 特种螺纹的标注

二、螺纹紧固件的标记与画法

1. 螺纹紧固件尺寸与标记

螺纹紧固件连接是工程上应用最广泛的连接方式。按照所使用的螺纹紧固件的不同，可分为螺栓连接、螺柱连接、螺钉连接等。常用螺纹紧固件有六角螺栓、双头螺柱、螺钉、螺母和垫圈等。它们的形状、尺寸、标记，在国家标准中均有统一规定，见附表 3～附表 7。

国家标准 GB/T 1237—2000 中规定了紧固件的标记格式和内容（11 项内容），在设计和生产中一般采用紧固件的简化标记，形式如下。

产品名　标准编号（可省年号）　螺纹规格尺寸×公称长度（必要时）

例如，螺母 GB/T 6170 M12，螺钉 GB/T 67　M12×35。

2. 螺纹紧固件的比例画法

设计机器时，经常会用到螺栓、螺柱、螺钉、螺母、垫圈等螺纹紧固件，其各部分尺寸可以从相应的国家标准中查出。为了简化作图，这些紧固件通常由螺纹大径尺寸 d（或 D），按比例折算得出各部分尺寸后绘制，见表 7-2。

表 7-2　常用紧固件的比例画法

名称	比例画法图例
螺栓、螺母	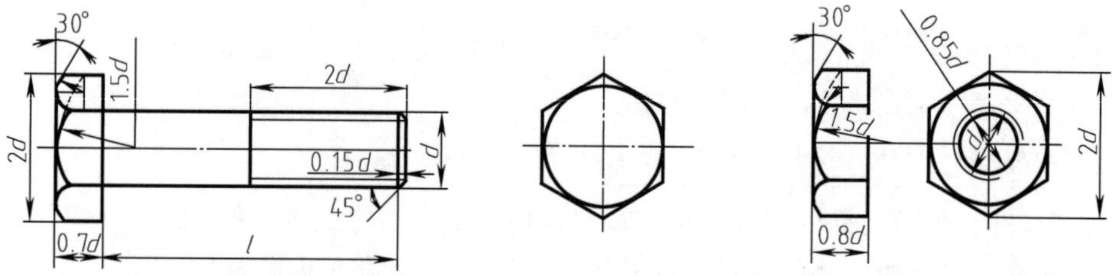
螺柱、垫圈	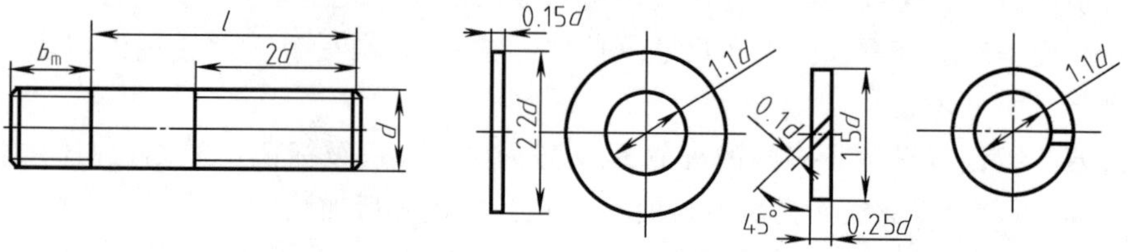
开槽圆柱头螺钉、紧定螺钉	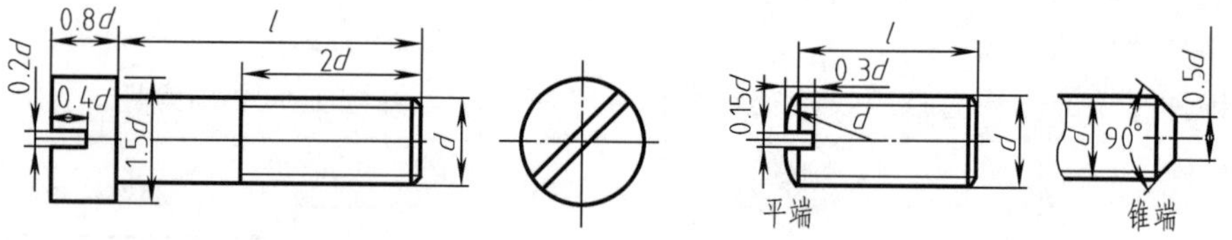
沉头螺钉、半圆头螺钉	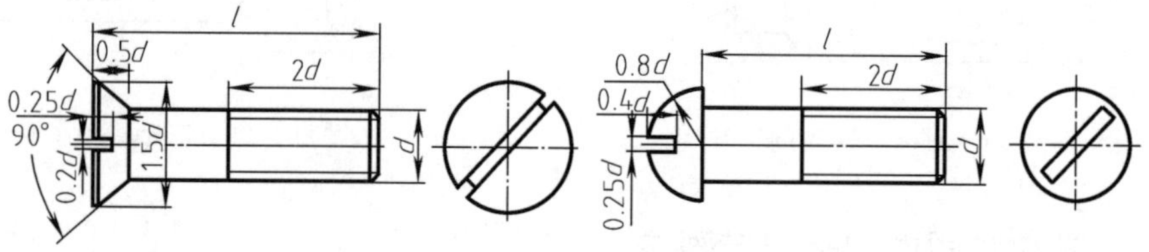

三、螺纹紧固件的连接画法

1. 螺栓连接

螺栓常用来连接两个不太厚的零件。如图 7-12 所示为螺杆穿过两个零件的通孔，再套上垫圈，然后旋紧螺母的螺栓连接方式。一般采用比例画法，其中，螺栓杆身长度 L 的算法为 $L \geqslant \delta_1 + \delta_2 + s + H + a\,(a \approx 0.3d)$。然后从附表 3 中选出最接近标准长度的 L 值。

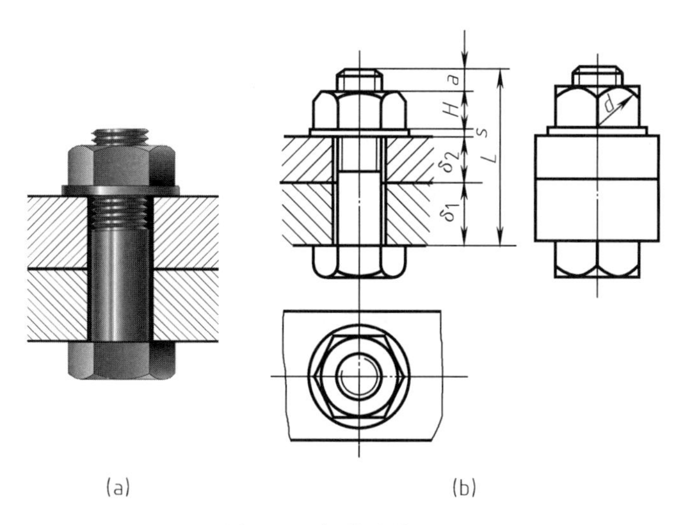

图 7-12　螺栓连接画法

在画螺栓连接的装配图时，应遵守下列基本规定。

① 当剖切平面通过螺栓、螺母、垫圈等标准件的轴线时，则这些零件均按不剖绘制。

② 在剖视图中，两相邻零件的剖面线方向应相反，但同一零件在各个剖视图中其剖面线方向和间距应相同。

③ 零件的接触面应只画一条粗实线，螺杆与孔间有间隙，应画出各自的轮廓。

④ 两个以上的零件同时在一个视图上出现，需体现出两零件的前后层次关系（即一零件遮住另一零件轮廓的关系），如图 7-12（b）主视图中的螺栓遮住了结合面轮廓段，故不应画出遮住轮廓。

2. 双头螺柱连接

当两个被连接的零件中一个较厚，或因结构的限制不适宜用螺栓连接时，常采用双头螺柱连接，如图 7-13（a）所示 。双头螺柱的两端都有螺纹，一端（旋入端）旋入较厚零件的

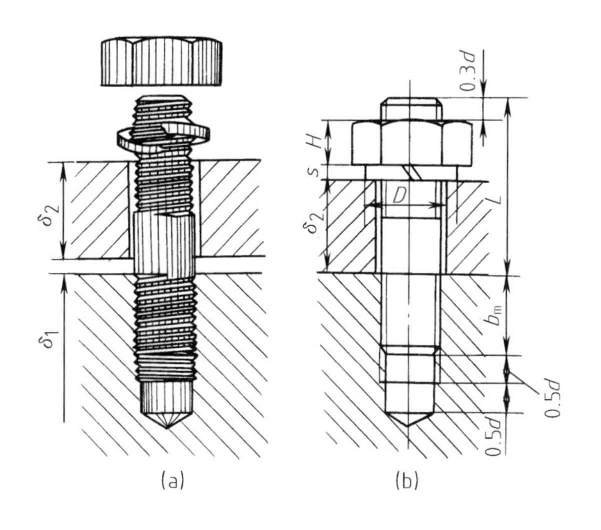

图 7-13　螺柱连接画法

螺孔中，另一端（紧固端）穿过薄零件的通孔，套上垫圈，再用螺母拧紧。双头螺柱连接的紧固端画法与螺栓连接相同，旋入端按内、外螺纹连接画法绘制。通常，旋入端螺纹终止线要画成与结合面轮廓线重合。

螺柱连接的比例画法，如图 7-13（b）所示，螺柱的公称长度为 $L \geqslant \delta_2 + 0.3d + H + s$（$\delta_2$ 为已知，H、s 值见表 7-2，b_m 由设计确定），然后，查附表 7 选取最接近标准长度的值。

在装配图中，对于螺栓连接和螺柱连接也可采用如图 7-14 所示的简化画法。即螺栓、螺柱末端的倒角、螺栓头部和螺母的倒角部分省略不画；未钻通的螺孔可以不画圆柱光孔段图形，仅按螺纹部分深度画出（不包括螺尾）。弹簧垫圈的缺口可以涂黑表达。

3. 螺钉连接

螺钉的种类很多，按其用途可分为连接螺钉和紧定螺钉两类。

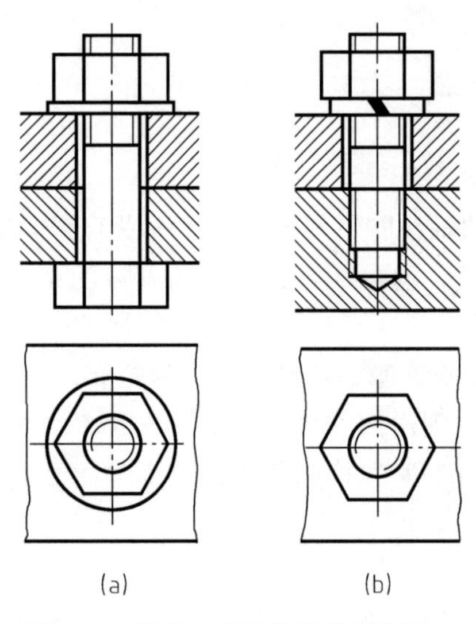

图 7-14　螺栓、螺柱连接的简化画法

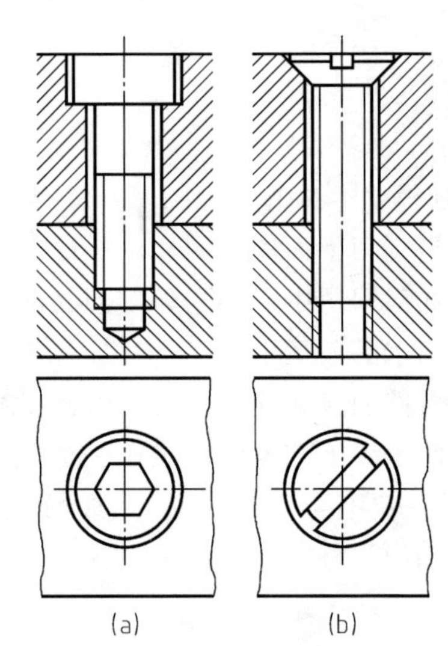

图 7-15　螺钉的连接画法

（1）连接螺钉

用以连接两个零件，它不需与螺母配用，常用在受力不大和不经常拆卸的场合。如图 7-15 所示为圆柱内六方螺钉和开槽沉头螺钉连接的装配画法。螺钉连接是将螺杆穿过一个零件的通孔（孔径 $\approx 1.1d$），旋入另一个零件的螺孔，使螺钉头部支承面压紧另一零件而固定在一起。旋入端的长度一般为 $(1.5 \sim 2)d$，而螺孔的深度一般可取 $(2 \sim 2.5)d$。但必须注意，螺杆上的螺纹终止线应在螺孔端面以上画出。对于开槽螺钉，在投影为圆的视图上，国标规定一字槽画成与水平方向倾斜 45°，如图 7-15（b）所示。

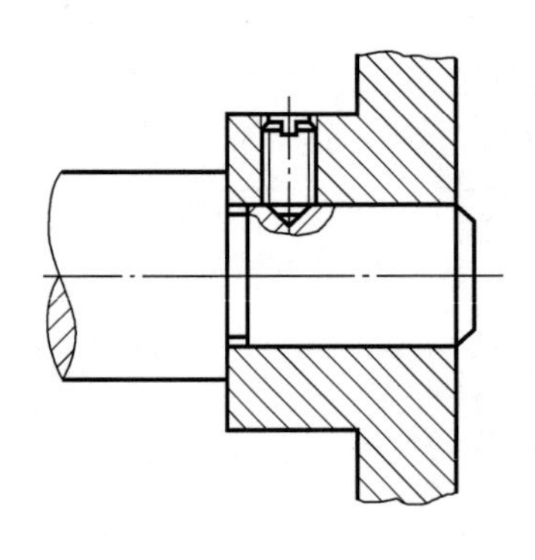

图 7-16　紧定螺钉的连接画法

（2）紧定螺钉

紧定螺钉是用于防止两个相邻部件产生相对运动。如图 7-16 所示为用开槽锥端紧定螺钉固定轮和轴的相对位置。

第二节　键、销及滚动轴承

一、键连接

为使轴与轮连接在一起并一同转动，通常在轴和轮孔中分别加工出键槽，将键嵌入槽中，这种连接称为键连接。键连接是可拆连接。

常用的键有普通平键、半圆键和钩头楔键三种。其中最常用的是普通平键，如图 7-17 所示，其标准尺寸可查附表 8。键槽的形式和尺寸也随键的标准化而有相应的标准。

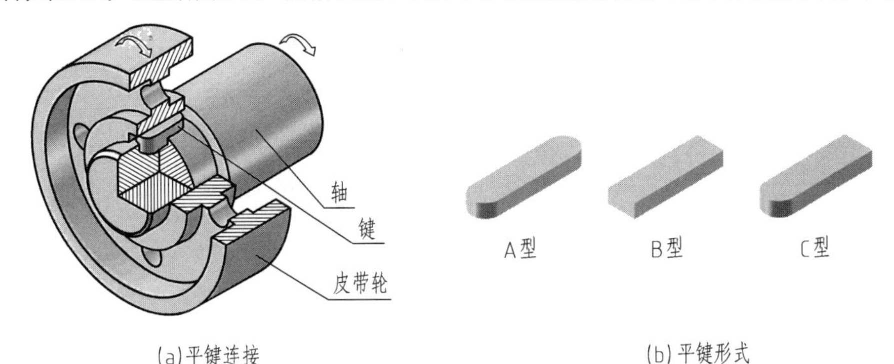

图 7-17　平键连接及平键形式

如图 7-18 所示为键槽的常见加工方法。如图 7-19 所示为平键键槽的画法及尺寸标注，如轴径 $d=\phi 52$，查附表 8，得 $b=16$，$t_1=6$，$t_2=4.3$。

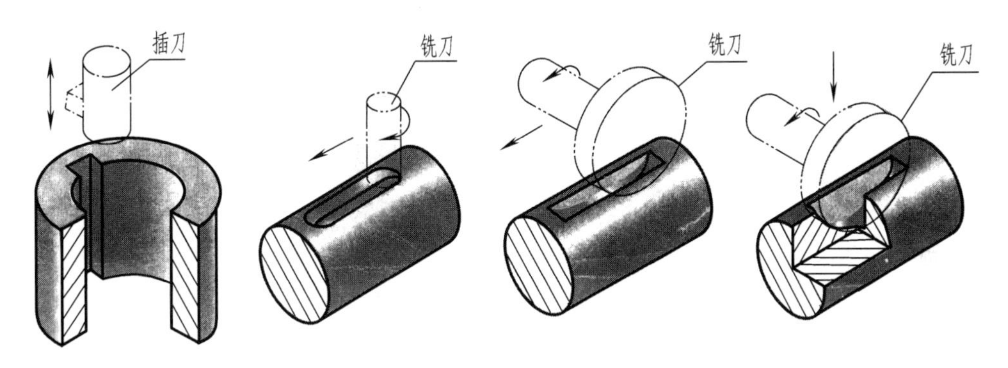

图 7-18　键槽加工示意

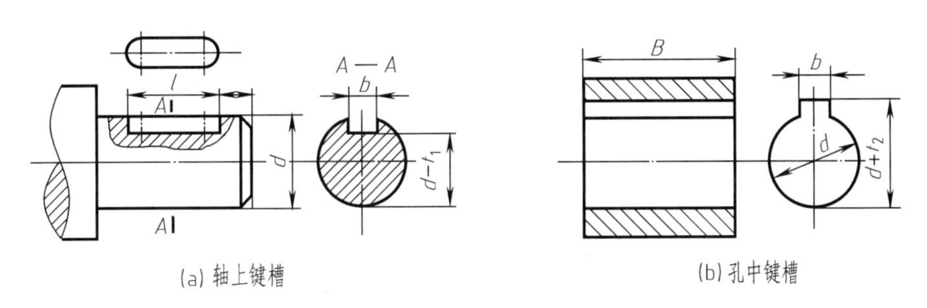

图 7-19　平键槽的图示及尺寸标注

（1）键连接画法

① 普通平键连接：普通平键有 A 型（圆头）、B 型（方头）和 C 型（单圆头）三种，见附表 8。连接时它的两个侧面是工作面，上顶面和下底面是非工作面。接触面只画一条线。键的上顶面与轮毂槽的顶面之间存在一定间隙，要画两条线，如图 7-20 所示。

② 半圆键连接：半圆键常用在载荷不大的传动轴上，连接情况与普通平键相似，即键的两侧面与键槽侧面接触，画一条线。上顶面留有间隙，画两条线。如图 7-21 所示。

③ 钩头楔键连接：它的顶面有 1∶100 的斜度，连接时沿轴向把键打入键槽内，依靠键的顶面和底面在轴和轮孔之间挤压的摩擦力而连接。故上下面为工作面，画一条线。而侧面为非工作面，但只画一条线。如图 7-22 所示。

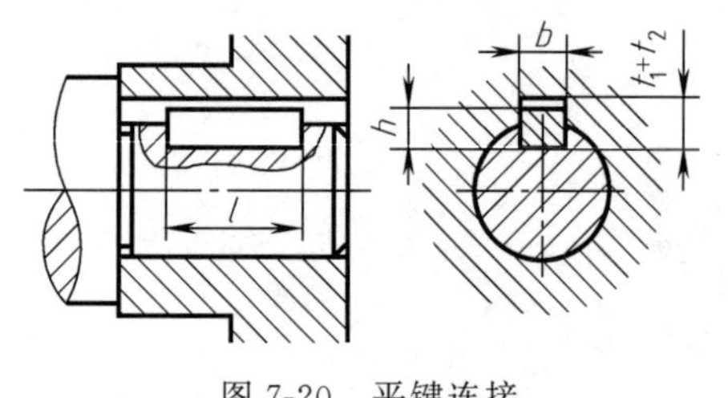

图 7-20　平键连接

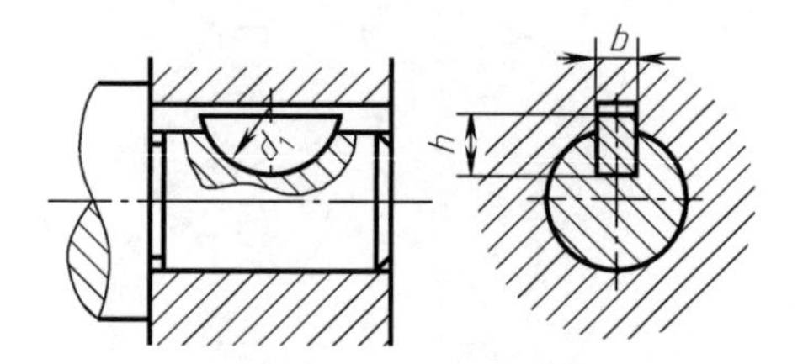

图 7-21　半圆键连接

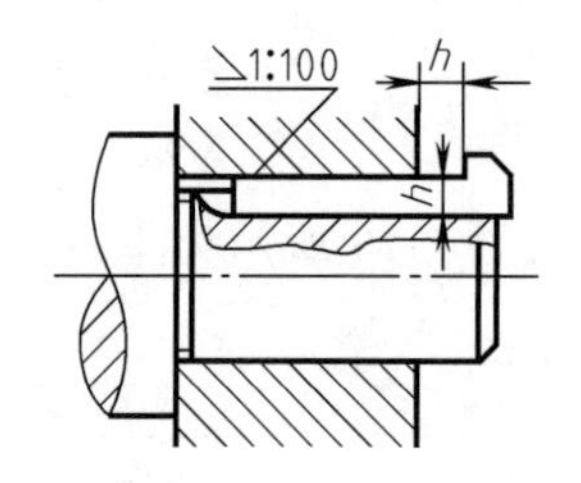

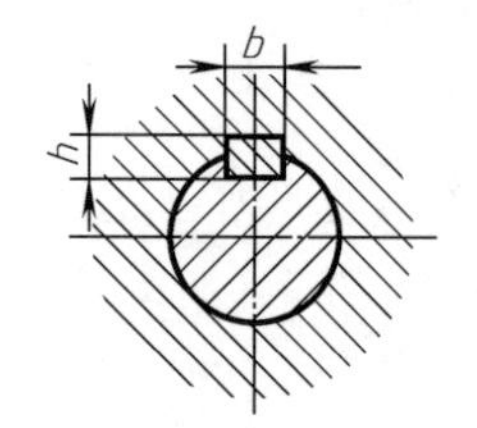

图 7-22　钩头楔键连接

（2）各种键的规定标记示例

① B 型普通平键，宽 $b=12$mm，高 $h=8$mm，长 $l=50$mm。其标记为：GB/T 1096 键 B×12×8×50。其中 A 型的 A 字省略不注，而 B 型、C 型分别标注 B、C。

② 半圆键，宽 $b=6$mm，高 $h=10$mm，直径 $d_1=25$mm，长 $l=24.5$mm。其标记为：GB/T 1099 键 6×10×25。

③ 钩头楔键，宽 $b=18$mm，高 $h=10$mm，长 $l=100$mm。其标记为：GB/T 1564 键 18×10×100。

二、销连接

常用销有圆柱销、圆锥销、开口销等，它们都是标准件。销在机器中可起定位和连接作用，而开口销常与开槽螺母配合使用，它穿过螺母上的槽和螺杆上的孔，以防止螺母松动，三种销及其连接画法，如图 7-23～图 7-25 所示。

销的标记示例如下。

① 公称直径 $d=10$mm，公差代号为 m6，长度 $l=60$mm，材料为 35 钢，不经表面处理的圆柱销的标记为

销　　GB/T 119.1　10m6×60

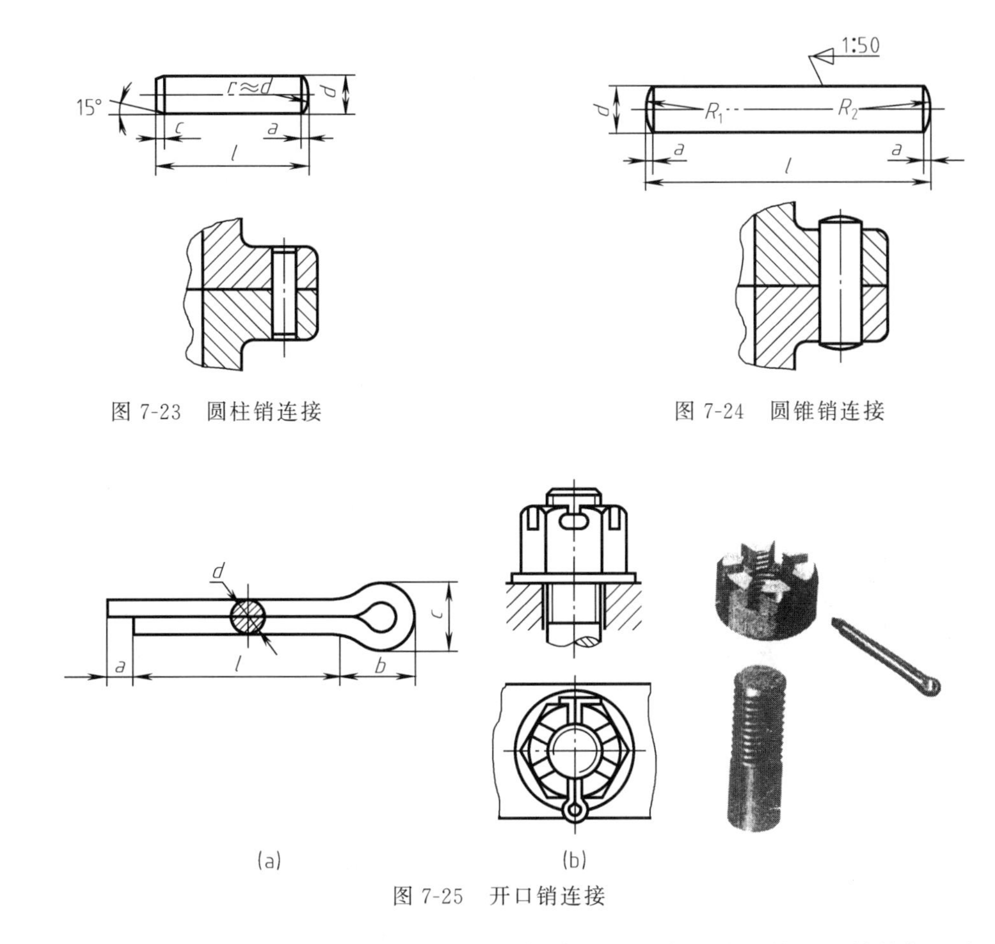

图 7-23　圆柱销连接

图 7-24　圆锥销连接

图 7-25　开口销连接

② 公称直径 d=5mm，长度 l=50mm，材料为低碳钢不经表面处理的开口销的标记为

销　　GB/T 91　5×50

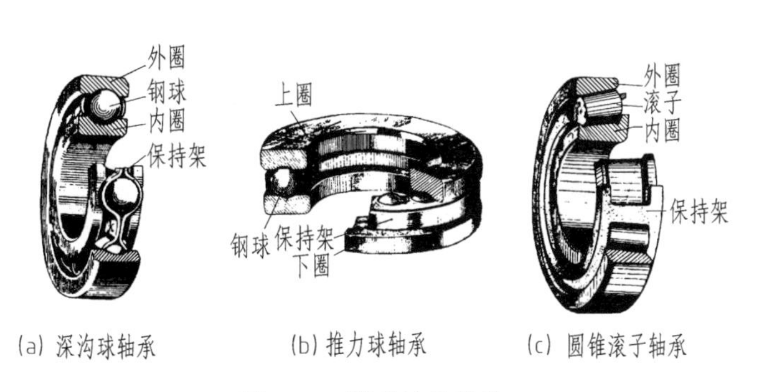

(a) 深沟球轴承　(b) 推力球轴承　(c) 圆锥滚子轴承

图 7-26　滚动轴承种类

三、滚动轴承

滚动轴承是用来支撑轴的标准部件，它由内圈、外圈、滚动体、保持架构成，如图 7-26 所示。滚动轴承由于摩擦阻力小，结构紧凑等优点，在机器中被广泛使用。

1. 分类

按可承受载荷的方向，滚动轴承分为三类，即主要承受径向载荷的向心轴承，只承受轴向载荷的推力轴承，同时承受径向和轴向载荷的向心推力轴承。

根据滚动体的形状可分为两类，即滚动体为钢球的球轴承，滚动体为圆柱形、圆锥形或针状的滚子轴承。

2. 画法

滚动轴承是标准部件，由专门的工厂生产。在装配图中，国标规定了三种画法，见表7-3。同一图样中应采用其中一种画法，表中 B、D、d 分别是滚动轴承宽度、外径、内径尺寸，$A=(D-d)/2$ 。

表 7-3　滚动轴承的表示法

轴承名称及代号	结构形式	通用画法	规定画法	特征画法
深沟球轴承	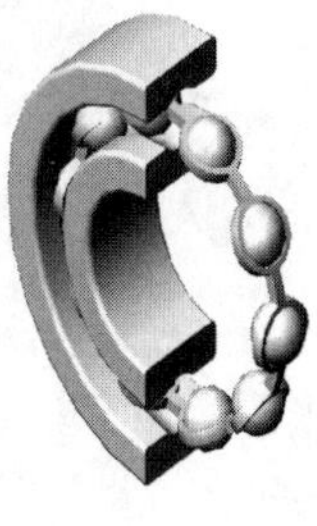		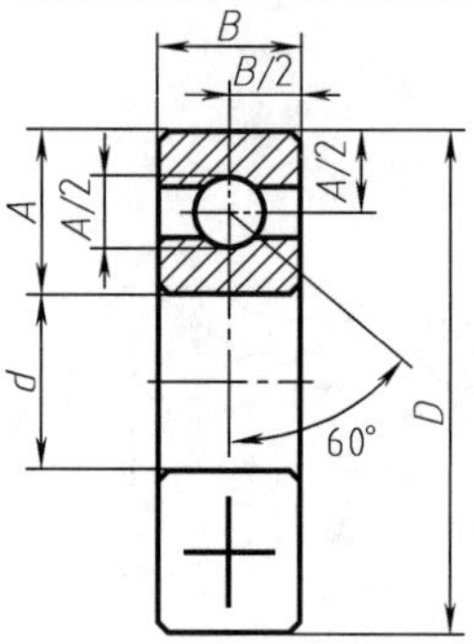 B B/2 A A/2 A/2 d D 60°	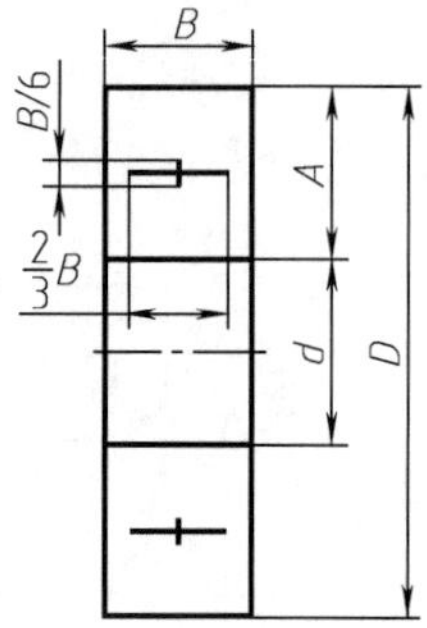 B B/6 $\frac{2}{3}B$ A d D
圆锥滚子轴承	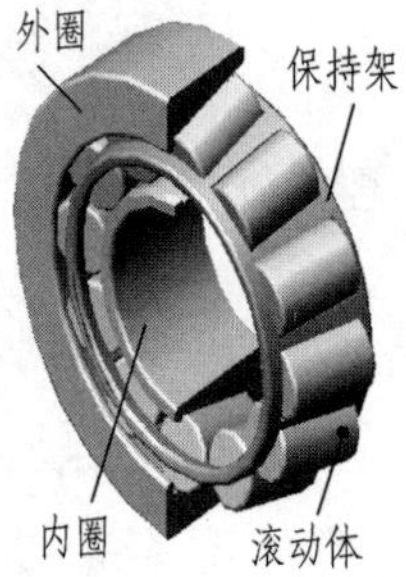 外圈 保持架 内圈 滚动体	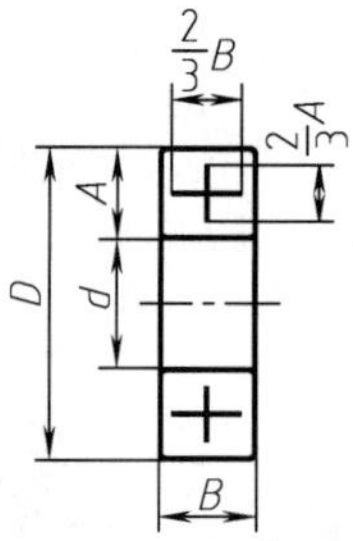 $\frac{2}{3}B$ $\frac{2}{3}A$ A D d B	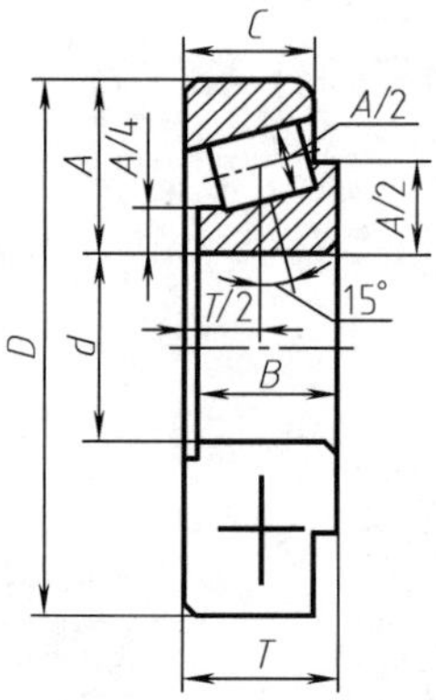 C A/2 A/4 A A/2 T/2 15° B D d T	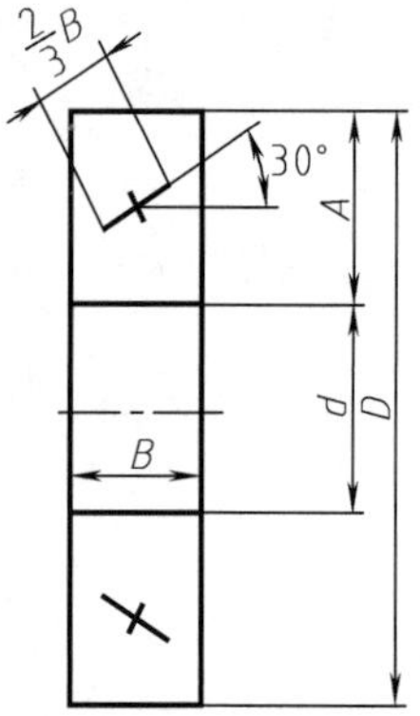 $\frac{2}{3}B$ 30° A B d D
推力球轴承	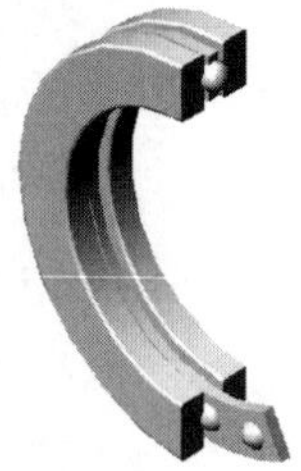		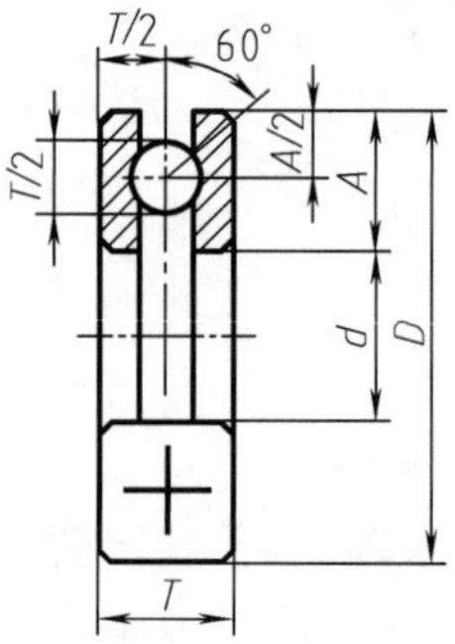 T/2 60° T/2 A/2 A d D T	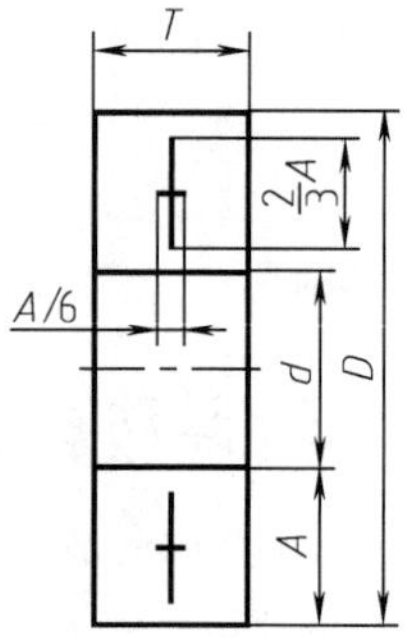 T $\frac{2}{3}A$ A/6 d D A

在规定画法中，轴承的滚动体不画剖面线，各套圈画成方向和间隔相同的剖面线。

装配图中滚动轴承的画法如图 7-27 所示，滚动轴承轴线垂直于投影面的特征画法如图 7-28 所示。

3. 代号和标记

(1) 代号

滚动轴承代号由字母加数字来表示，该代号由前置代号、基本代号、后置代号构成，排列形式为

前置代号　基本代号　后置代号

一般只需注写基本代号。基本代号由轴承类型代号、尺寸系列代号、内径代号构成。表 7-4 为滚动轴承类型代号；尺寸系列代号为两位数形式，宽度系列代号占左位，直径系列代号占右位，当宽度系列代号为 0 时不注出 0；内径代号表示轴承公称内径，一般为两位数值。基本代号的排列形式为

类型代号　尺寸系列代号　内径代号

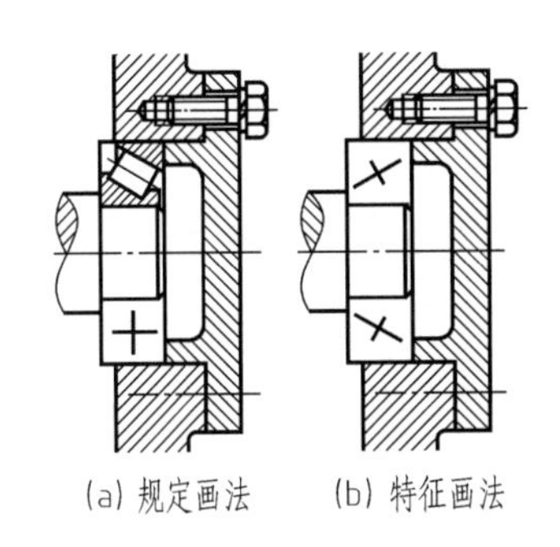

图 7-27　装配图中滚动轴承的画法

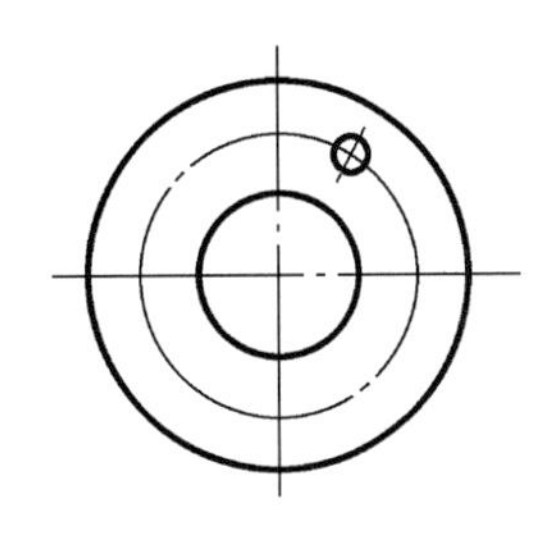

图 7-28　滚动轴承轴线垂直于投影面的特征画法

表 7-4　滚动轴承类型代号（摘自 GB/T 272—2017）

代　号	轴　承　类　型	代　号	轴　承　类　型
0	双列角接触球轴承	6	深沟球轴承
1	调心球轴承	7	角接触球轴承
2	调心滚子轴承和推力调心滚子轴承	8	推力圆柱滚子轴承
3	圆锥滚子轴承	N	圆柱滚子轴承(双列或多列用字母 NN 表示)
4	双列深沟球轴承	U	外球面球轴承
5	推力球轴承	QJ	四点接触球轴承

注：在表中代号后或前加字母或数字表示该类轴承中的不同结构。

(2) 标记与查表

滚动轴承的标记由三部分组成，即轴承名称、轴承代号、标准编号。

标记示例：滚动轴承　6305　GB/T 276—2013

查表 7-4 知，该滚动轴承类型代号为 6，是深沟球轴承。尺寸系列代号为 3，即宽度系列代号为 0，直径系列代号为 3。查附表 10 知，该滚动轴承内径代号 05 对应的内径尺寸 d 为 25，还可查到其他尺寸，如简化画法中的 D、B 尺寸分别为 62、17。

第三节 齿 轮

齿轮是机器上常用的传动零件，它可以传递动力，改变转速和旋转方向。齿轮种类很多，按其传动情况可分为三类，如图 7-29 所示。

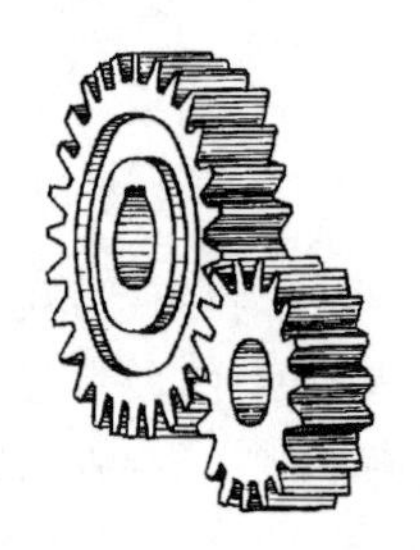
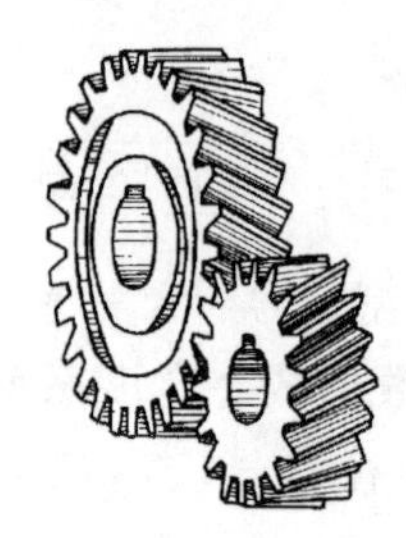

(a) 圆柱齿轮

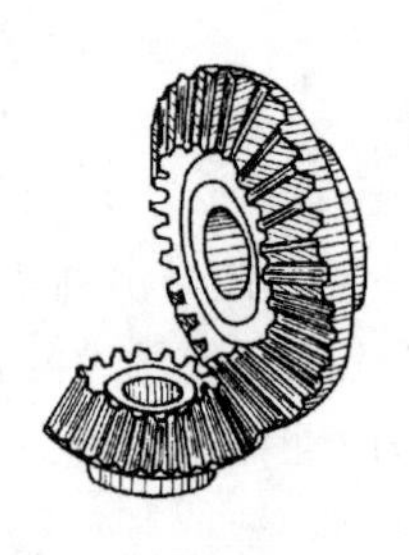

(b) 圆锥齿轮

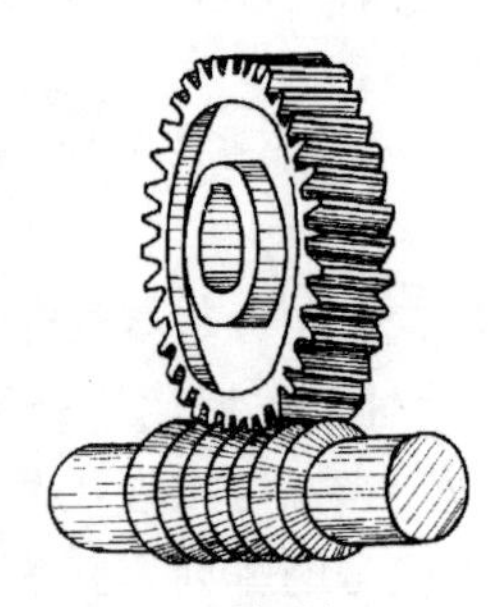

(c) 蜗轮蜗杆

图 7-29 常见的传动齿轮

① 圆柱齿轮：用于两平行轴的传动。

② 圆锥齿轮：用于两相交轴的传动。

③ 蜗轮蜗杆：用于两交叉轴的传动。

齿轮有标准齿轮和非标准齿轮，具有标准齿形的齿轮称为标准齿轮。下面介绍的均为标准齿轮的基本知识和规定画法。

一、圆柱齿轮

圆柱齿轮主要用于两平行轴的传动，轮齿的方向有直齿、斜齿和人字齿等。

1. 直齿圆柱齿轮

(1) 各部分名称及代号

如图 7-30 所示。

① 齿顶圆：通过齿轮齿顶的圆，其直径用 d_a 表示。

② 齿根圆：通过齿轮齿根的圆，其直径用 d_f 表示。

③ 分度圆：设计、计算和制造齿轮的基准圆，其直径用 d 表示。它在齿顶圆与齿根圆之间。

④ 齿距：分度圆上相邻两齿对应点之间的弧长，用 p 表示。齿距分为两段，一段称为齿厚，用 s 表示，一段称为槽宽，用 e 表示。分度圆上齿厚、槽宽与齿距的关系为 $s=e=p/2$。

⑤ 齿高：齿顶圆和齿根圆之间的径向距离，用 h 表示。齿高分为两段，一段叫齿顶高，用 h_a 表示，一段叫齿根高，用 h_f 表示。h_a 是分度圆与齿顶圆的径向距离；h_f 是分度圆与齿根圆的径向距离。齿高、齿顶高和齿根高的关系为 $h=h_a+h_f$。

⑥ 节圆：两啮合齿廓在两轮圆心连线上的接触点称为节点 K，通过节点的两个圆分别为两个齿轮的节圆，其直径用 d' 表示。当两啮合齿轮正常安装时，标准齿轮的分度圆与节圆重合，即 $d=d'$。

⑦ 中心距：两啮合齿轮轴线之间的距离，用 a 表示，中心距与两节圆的关系为 $a=(d'_1+d'_2)/2$。

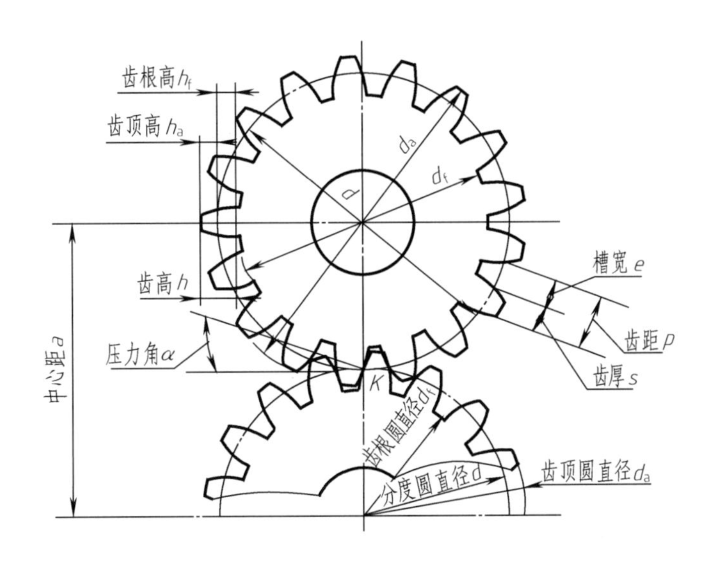

图 7-30　直齿圆柱齿轮各部分名称及代号

(2) 基本参数

① 齿数 z：它是一个齿轮上轮齿的总数。

② 模数 m：齿轮的齿数 z、齿距 p 和分度圆直径 d 之间的关系为分度圆周长 $d\pi = zp$，即 $d=(p/\pi)z$，其中将 p/π 称为模数，用 m 表示。它是设计、制造齿轮的重要参数。制造齿轮时依据 m 值选择刀具；设计齿轮时 m 值大，则齿厚 s 大，齿轮承载能力强。模数 m 的数值已系列化，见表 7-5。一对相互啮合的齿轮模数必须相等。

表 7-5　齿轮模数系列（GB/T 1357—2008）　　单位：mm

第一系列	1　1.25　1.5　2　2.5　3　4　5　6　8　10　12　16　20　25　32　40　50
第二系列	1.75　2.25　2.75　(3.25)　3.5　(3.75)　4.5　5.5　(6.5)　7　9　(11)　14　18　22　28　36　45

③ 压力角 α：在节点 K 处两齿廓的公法线（正压力方向）和两节圆的公切线方向（瞬时运动方向）之夹角称为压力角。我国规定标准齿轮的压力角 $\alpha = 20°$。

④ 传动比 i：主动齿轮转速 n_1(r/min) 与从动齿轮的转速 n_2 之比，同时也等于从动齿轮齿数 z_2 与主动齿数 z_1 之比，用 i 表示，$i = n_1/n_2 = z_2/z_1$。

(3) 各部分尺寸的计算公式　见表 7-6。

设计齿轮时，首先确定模数、齿数、压力角，主要尺寸可按表 7-6 中的公式求出。

(4) 画法

① 单个齿轮：在投影为圆的视图上，齿顶圆用粗实线绘制，分度圆用细点画线绘制，齿根圆用细实线绘制或省略不画。如图 7-31 所示。

在投影为非圆的视图上，齿顶线用粗实线绘制，分度线用细点画线绘制并超出轮廓线 2～4mm，齿根线用细实线绘制或省略不画。当画成剖视图时，齿根线用粗实线绘制，轮齿范围内不画剖面线。如图 7-31 所示。

表 7-6 直齿圆柱齿轮的尺寸计算公式

基本参数：模数 m、齿数 z			已知：$m=2$，$z=29$
名　称	符　号	计　算　公　式	计　算　举　例
齿距	p	$p=\pi m$	$p=6.28$
齿顶高	h_a	$h_a=m$	$h_a=2$
齿根高	h_f	$h_f=1.25m$	$h_f=2.5$
齿高	h	$h=2.25m$	$h=4.5$
分度圆直径	d	$d=mz$	$d=58$
齿顶圆直径	d_a	$d_a=m(z+2)$	$d_a=62$
齿根圆直径	d_f	$d_f=m(z-2.5)$	$d_f=53$
中心距	a	$a=\frac{1}{2}m(z_1+z_2)$	

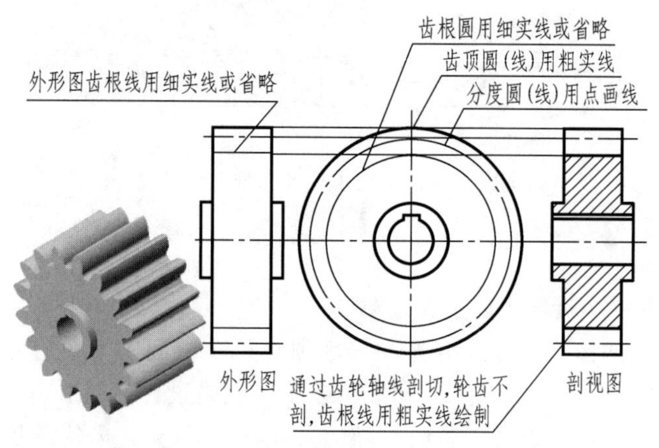

图 7-31 直齿圆柱齿轮的画法

② 齿轮啮合：在投影为圆的视图上，节圆（或分度圆）相切，用细点画线绘制；齿顶圆用粗实线绘制，而在啮合区内的齿顶圆可画出或不画，如图 7-32（b）、（d）所示；齿根圆用细实线绘制（一般省略不画）。

在投影为非圆的剖视图中，啮合区范围的两齿轮节圆线（或分度线）重合，共一条点画线，并看成一轮齿遮住另一轮齿，即两齿轮齿根线画成粗实线，两齿轮齿顶线，一条画粗实线（主动轮），另一条画虚线（从动轮）。其他处的画法同单个齿轮的画法。如图 7-32（a）所示。在不剖的视图中，啮合区内齿顶线和齿根线不画，而在节圆（或分度）线位置用粗实线画出齿轮圆柱面交线，如图 7-32（c）所示。

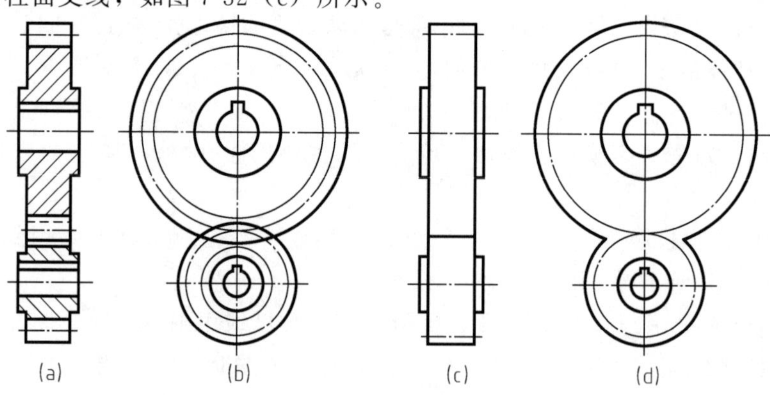

图 7-32 直齿圆柱齿轮啮合画法

③ 单个轮齿齿形：采用圆弧代替渐开线齿廓的画法，如图 7-33 所示。

④ 齿轮、齿条啮合：齿条可看成是直径无限大的齿轮，这时齿顶圆、齿根圆、分度圆都是直线。它的模数与其啮合的齿轮模数相同。画法与圆柱齿轮啮合画法相同，如图 7-34 所示。

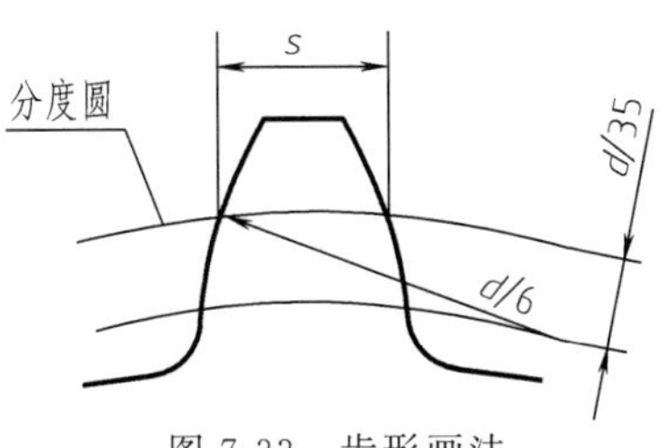

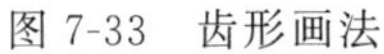

图 7-33　齿形画法

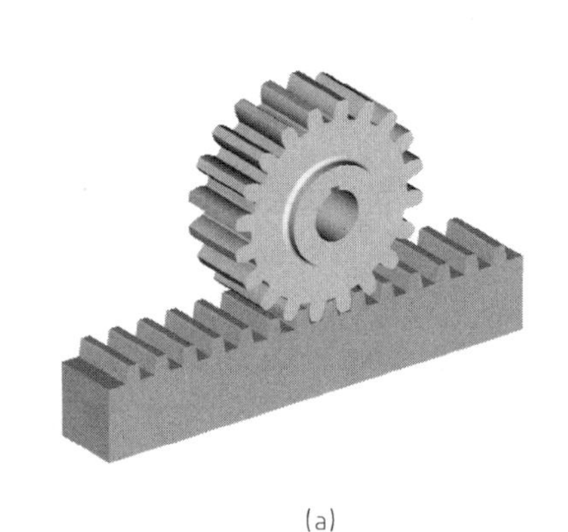

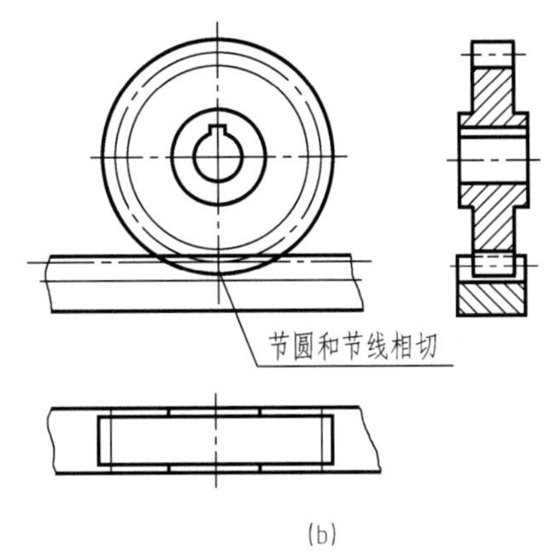

(a)　(b)

图 7-34　齿条与齿轮啮合画法

(5) 测绘

根据实物齿轮，经测量计算，确定主要参数及各部分尺寸。测绘步骤如下。

① 画出测绘草图，注尺寸线（此处草图略）。

② 数出被测齿轮的齿数 z，如 $z=18$。

③ 测量出齿顶圆直径 d'_a。当齿轮的齿数是偶数时，d'_a可用游标卡尺直接量出，如图 7-35（a）；当齿数为奇数时，d'_a要通过测量 e 和 D 的尺寸，然后根据 $d'_a=D+2e$ 算出，如图 7-35（c）。其中，e 为齿顶到轴孔边缘的距离，D 为齿轮的轴孔直径。如图 7-35（b）所示的直接测法不准确。假如测得 $d'_a=\phi50.804$。

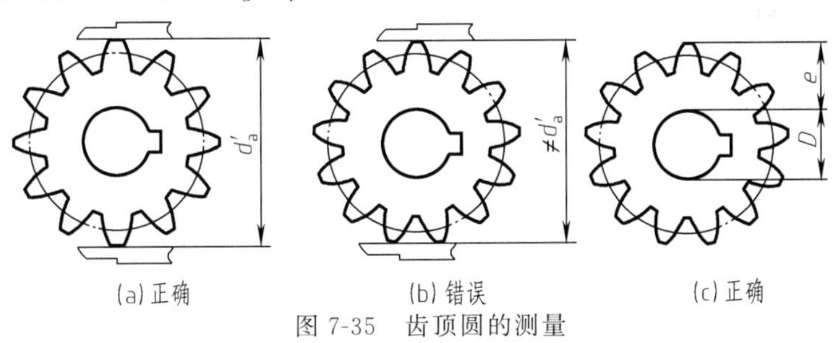

(a) 正确　(b) 错误　(c) 正确

图 7-35　齿顶圆的测量

④ 根据表 7-6 中的 d_a 公式计算 m 值得 2.54，再查表 7-5 选取与其最近的标准模数，取 $m=2.5$。

⑤ 根据标准模数，利用表 7-6 中的公式，算出各公称尺寸 d、h、h_a、h_f、d_a、d_f。

⑥ 测量其他各部分尺寸。把以上获得的尺寸填入草图中对应的尺寸线上。

⑦ 根据草图绘制齿轮零件图。如图 7-36 所示为一标准直齿圆柱齿轮零件图的内容。

2. 斜齿圆柱齿轮

斜齿圆柱齿轮的轮齿与轴线倾斜一个角度，该夹角称为螺旋角，用 β 表示，如图 7-37

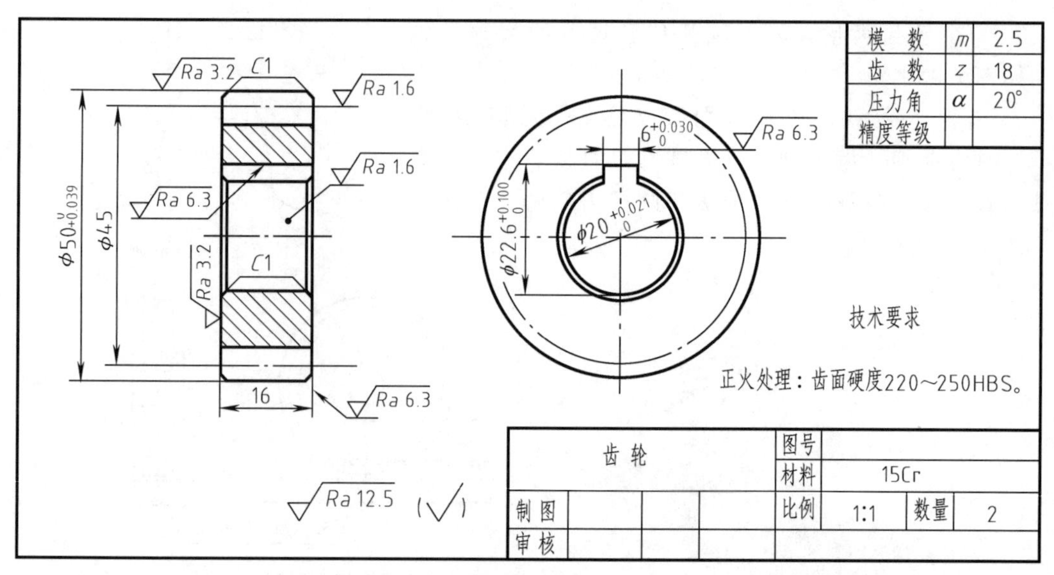

图 7-36　直齿圆柱齿轮零件图

所示。由于轮齿与轴线倾斜，因此，它的端面齿形和垂直轮齿方向的法向齿形不同，其端面齿距 p_t 与法向齿距 p_n 也不同，如图 7-37（b）所示，故端面模数 m_t 与法向模数 m_n 不同。斜齿圆柱齿轮的加工，是沿轮齿的方向进行的，为了与直齿圆柱刀具通用，规定法向模数 m_n 取表 7-5 中的标准模数。

① 标准斜齿圆柱齿轮各部分公称尺寸的计算公式见表 7-7。

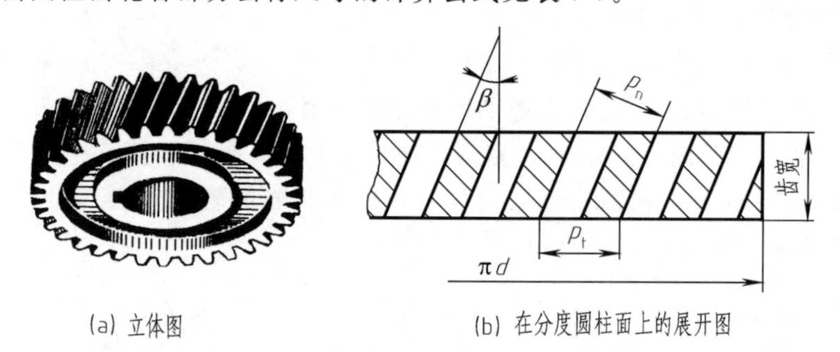

(a) 立体图　(b) 在分度圆柱面上的展开图

图 7-37　斜齿圆柱齿轮的齿距关系

表 7-7　标准斜齿圆柱齿轮各部分公称尺寸的计算公式

基本参数：法向模数 m_n、齿数 z、螺旋角 β			已知：$m_n=3.5, z=21, \beta=21°47'12''$
名　称	符　号	计　算　公　式	计　算　举　例
法向齿距	p_n	$p_n=m_n\pi$	$p_n=3.5\times3.14=10.99$
齿顶高	h_a	$h_a=m_n$	$h_a=3.5$
齿根高	h_f	$h_f=1.25m_n$	$h_f=1.25\times3.5=4.375$
齿高	h	$h=2.25m_n$	$h=2.25\times3.5=7.875$
分度圆直径	d	$d=\dfrac{m_n z}{\cos\beta}$	$d=\dfrac{3.5\times21}{\cos21°47'12''}=79.15$
齿顶圆直径	d_a	$d_a=d+2m_n$	$d_a=79.15+2\times3.5=86.15$
齿根圆直径	d_f	$d_f=d-2.5m_n$	$d_f=79.15-2.5\times3.5=70.4$
中心距	a	$a=\dfrac{m_n(z_1+z_2)}{2\cos\beta}$	

② 斜齿圆柱齿轮的画法与直齿圆柱轮的画法基本相同。单个齿轮的画法一般采用半剖或局部剖，视图部分用于画三条与齿向一致的细实线，如图 7-38 所示；一对相互啮合的斜齿圆柱齿轮，模数相等，螺旋角相等、但方向相反，其画法如图 7-39 所示。

③ 斜齿圆柱齿轮的零件图，如图 7-40 所示。

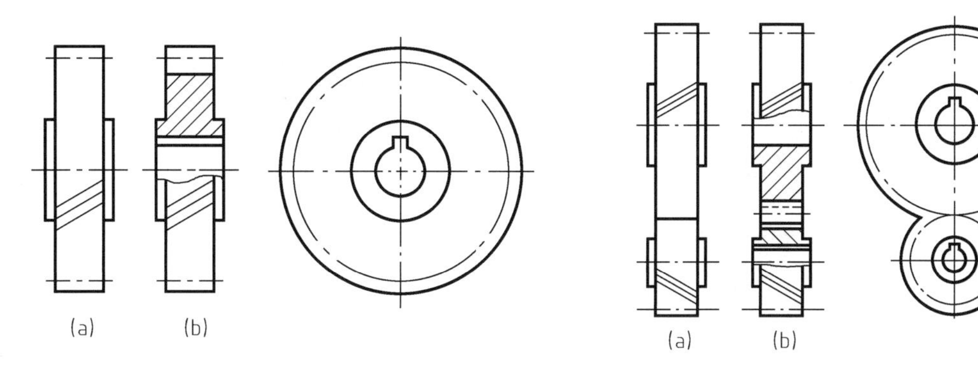

图 7-38　斜齿圆柱齿轮的画法　　　　图 7-39　斜齿圆柱齿轮的啮合画法

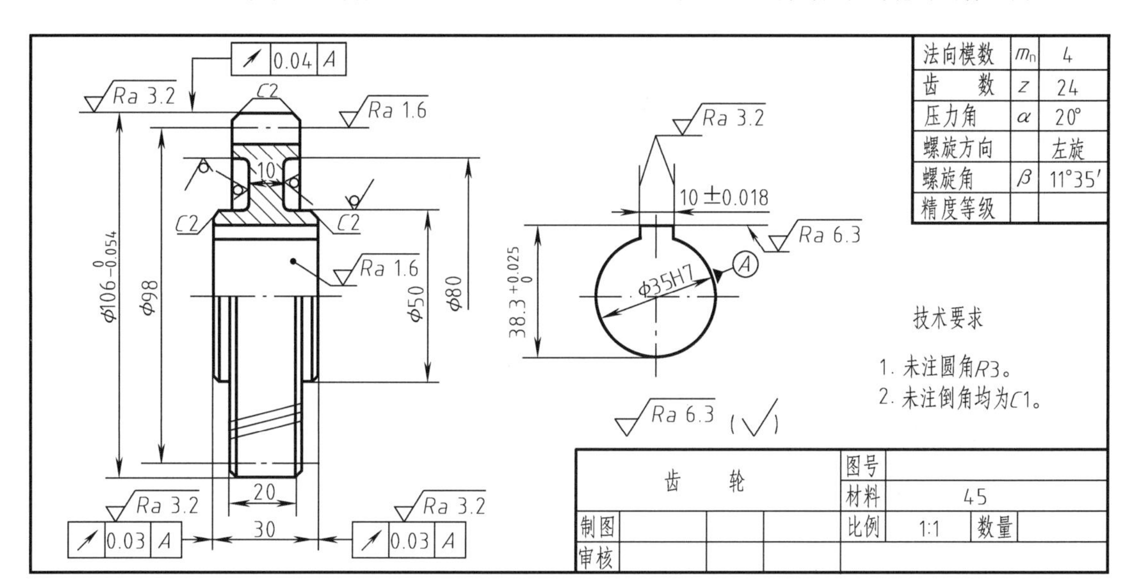

图 7-40　斜齿圆柱齿轮零件图

二、直齿圆锥齿轮

圆锥齿轮是用来传递两相交轴之间的运动，通常情况下，两轴相交 90°，如图 7-29（b）所示。圆锥齿轮的齿形是在圆锥面上加工而成的，从大端到小端，其齿形由大逐渐变小，如图 7-41 所示。为了设计和制造方便，国家标准规定以大端模数为标准模数来确定其他尺寸，如齿顶圆、分度圆和齿根圆尺寸。

圆锥齿轮各部分名称如图 7-41 所示。表 7-8 为圆锥齿轮各部分名称及尺寸的计算公式。

圆锥齿轮的背锥素线与分度圆锥素线垂直，圆锥齿轮轴线与分度圆锥素线间的夹角称为分度圆锥角，是圆锥齿轮的一个基本参数。若一对圆锥齿轮轴线垂直相交，则 $\delta_1+\delta_2=90°$。当一个圆锥齿轮的齿数 z、模数 m、分度圆锥角 δ 确定后，就可按表 7-8 计算其他尺寸。

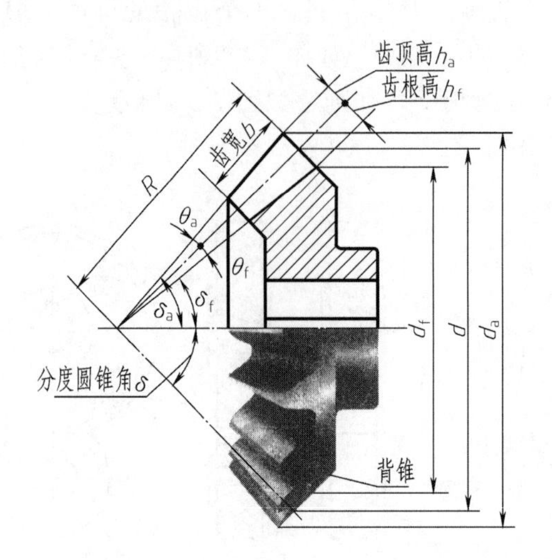

图 7-41 圆锥齿轮各部分的名称

表 7-8 圆锥齿轮各部分名称及尺寸的计算公式

基本参数:模数 m、齿数 z、分度圆锥角 δ			已知:$m=3.5$,$z=25$,$\delta=45°$
名　称	符　号	计　算　公　式	计　算　举　例
齿顶高	h_a	$h_a=m$	$h_a=3.5$
齿根高	h_f	$h_f=1.2m$	$h_f=4.2$
齿高	h	$h=2.2m$	$h=7.7$
分度圆直径	d	$d=mz$	$d=87.5$
齿顶圆直径	d_a	$d_a=m(z+2\cos\delta)$	$d_a=92.45$
齿根圆直径	d_f	$d_f=m(z-2.4\cos\delta)$	$d_f=81.55$
外锥距	R	$R=\dfrac{mz}{2\sin\delta}$	$R=61.88$
齿顶角	θ_a	$\tan\theta_a=\dfrac{2\sin\delta}{z}$	$\tan\theta_a=\dfrac{2\times\sin\delta 45°}{25}$,故 $\theta_a=3°14'$
齿根角	θ_f	$\tan\theta_f=\dfrac{2.4\sin\delta}{z}$	$\tan\theta_f=\dfrac{2.4\times\sin\delta 45°}{25}$,故 $\theta_f=3°53'$
分度圆锥角	δ	当 $\delta_1+\delta_2=90°$时,$\delta_1=90°-\delta_2$	
顶锥角	δ_a	$\delta_a=\delta+\theta_a$	$\theta_a=45°+3°14'=48°14'$
根锥角	δ_f	$\delta_f=\delta-\theta_f$	$\theta_f=45°-3°53'=41°07'$
齿宽	b	$b\leqslant\dfrac{R}{3}$	

单个圆锥齿轮的画法如图 7-42（c）所示。主视图通常采用全剖视图，左视图中要用粗实线画出齿轮大端和小端的齿顶圆，用细点画线画出大端分度圆，而齿根圆不画出。画图步骤如图 7-42（a）、（b）、（c）所示。

圆锥齿轮啮合的作图步骤如图 7-43 所示，其啮合区的关系表达与圆柱齿轮画法相同。如图 7-44 所示为圆锥齿轮的零件图。

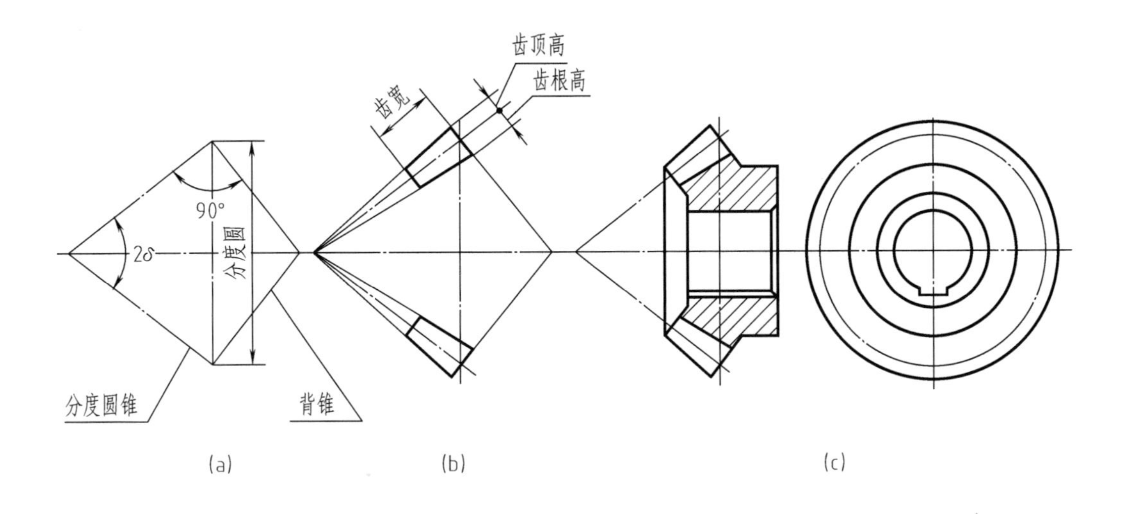

图 7-42　圆锥齿轮的画图步骤

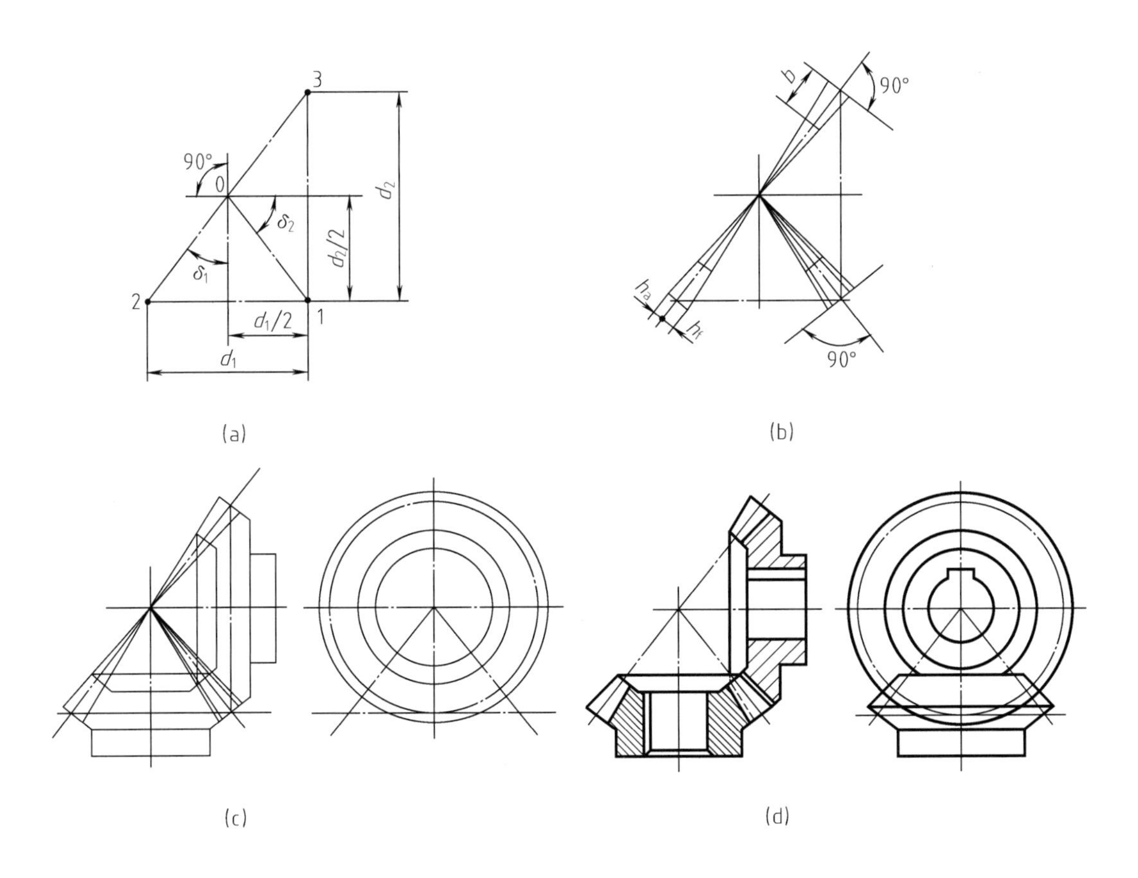

图 7-43　圆锥齿轮啮合画法

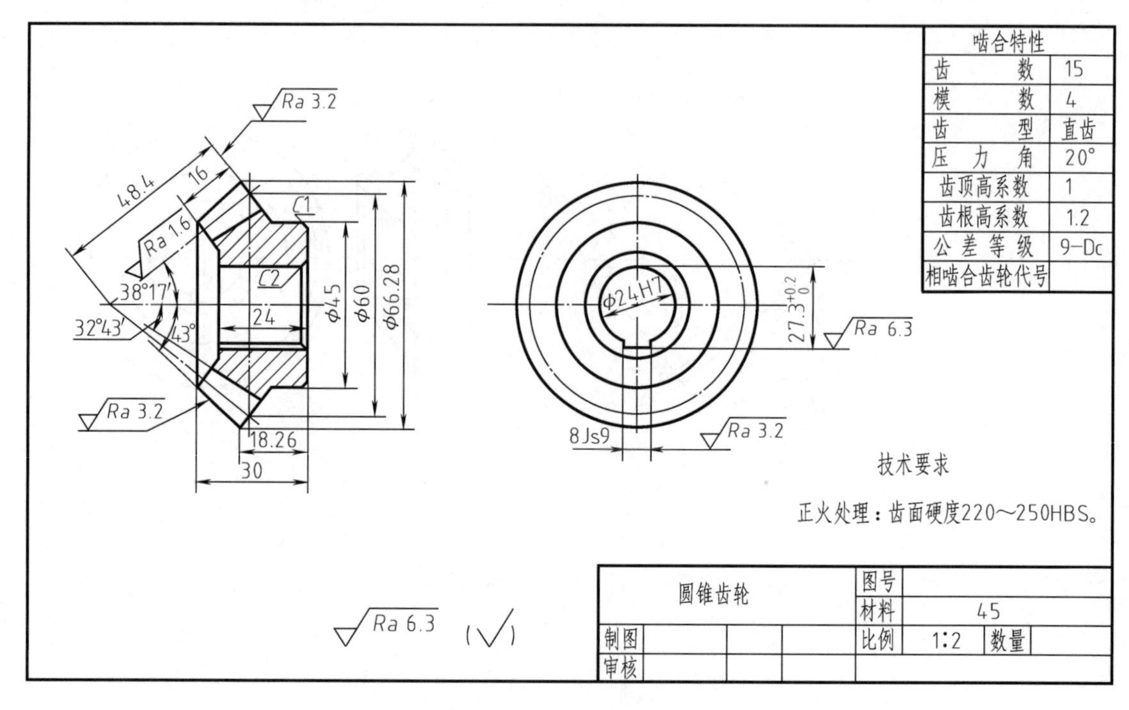

图 7-44　圆锥齿轮零件图

第四节　弹　　簧

弹簧的用途很广，主要用于减震、夹紧、承受冲击、储存能量、复位和测力等。其特点是受力后能产生较大的弹性变形，去除外力后又恢复原状。弹簧的种类很多，常见的有螺旋弹簧、弓形弹簧、碟形弹簧、涡卷弹簧、片弹簧等。圆柱螺旋弹簧的种类如图 7-45 所示。

图 7-45　圆柱螺旋弹簧的种类

一、圆柱螺旋压缩弹簧的各部分名称

圆柱螺旋压缩弹簧的各部分名称如图 7-46 所示。

① 簧丝直径 d：制造弹簧用的金属丝直径。

② 弹簧外径 D：弹簧的最大直径。

③ 弹簧内径 D_1：弹簧的最小直径，$D_1=D-2d$。

④ 弹簧中径 D_2：弹簧的平均直径，$D_2=(D+D_1)/2=D-d$。

⑤ 有效圈数 n、支承圈数 n_0 和总圈数 n_1：为使压缩弹簧工作平稳，端面受力均匀，制造时将弹簧两端的部分圈数并紧磨平，这些并紧磨平的圈称为支承圈，其余圈称为有效圈。

支承圈和有效圈的圈数之和称为总圈数。$n_1=n+n_0$，n_0 一般为 1.5 圈、2 圈、2.5 圈。

⑥ 节距 t：有效圈上相邻两对应点间的轴向距离。

⑦ 自由长度 H_0：未受负荷时的弹簧长度，$H_0=nt+(n_0-0.5)d$ 。

⑧ 展开长度 L：制造弹簧时所需金属丝的长度。

⑨ 旋向：螺旋弹簧分右旋和左旋。把弹簧竖放，簧丝右部较高者为右旋弹簧，反之为左旋。

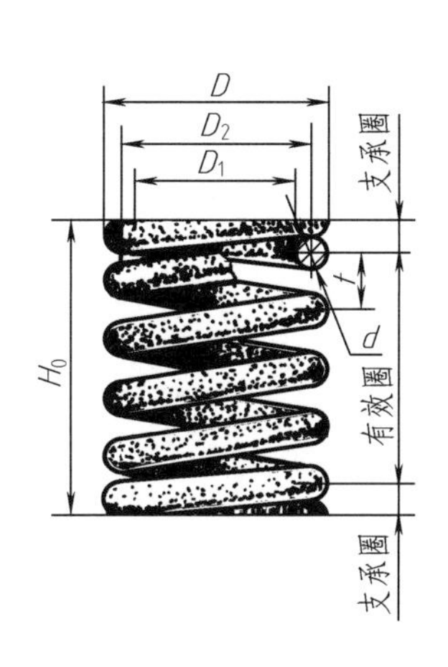

图 7-46　螺旋弹簧各部分名称

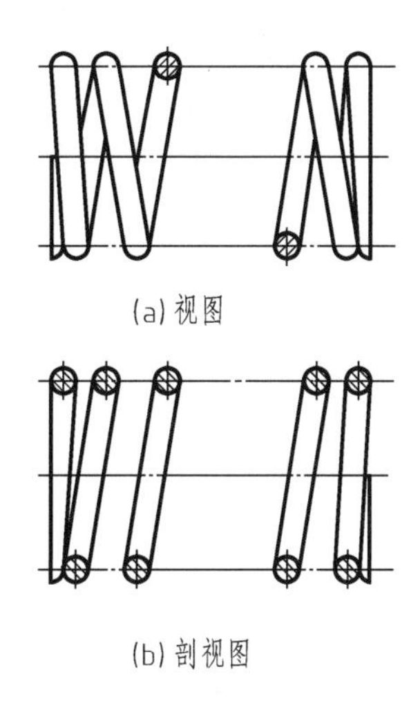

图 7-47　弹簧画法

GB/T 2089—2009 中对普通圆柱螺旋压缩弹簧的 d、D_2、t、H_0、n、L 等尺寸、力学性能及标记等作了规定，在使用、制造和绘图时，都应以标准中所列数值为依据。

二、圆柱螺旋压缩弹簧的规定画法和标记

弹簧的真实投影很复杂，因此，国标（GB/T 4459.4—2003）规定了弹簧的画法。弹簧既可画成视图［图 7-47（a）］，也可画成剖视图［图 7-47（b）］。

1. 螺旋弹簧的画法

① 弹簧在平行其轴线的投影面视图中，其各圈轮廓应画成直线。

② 有效圈数在四圈以上的弹簧，可以在每一端只画出 1～2 圈（支承圈除外），中间只需通过簧丝断面中心的细点画线连起来，如图 7-47 所示，且可适当缩短图形长度。

③ 螺旋弹簧均可画成右旋。但左旋弹簧不论画成左旋或右旋，一律注出旋向“左”字。

④ 对于螺旋压缩弹簧，如要求两端并紧且磨平时，不论支承圈数多少和末端贴紧情况如何，可取支承圈为 2.5 圈（有效圈是整数）的形式绘制，必要时可按支承圈的实际结构绘制。

⑤ 在装配图中，被弹簧挡住的结构一般不画出，可见部分从弹簧的外轮廓线或从通过簧丝断面中心的细点画线画起，如图 7-48（a）所示。

⑥ 在装配图中，簧丝直径或厚度在图形上等于或小于 2mm 时，螺旋弹簧允许用示意图绘制，如图 7-48（b）所示。当弹簧被剖切，也可涂黑表示，且各圈的轮廓线不画，如

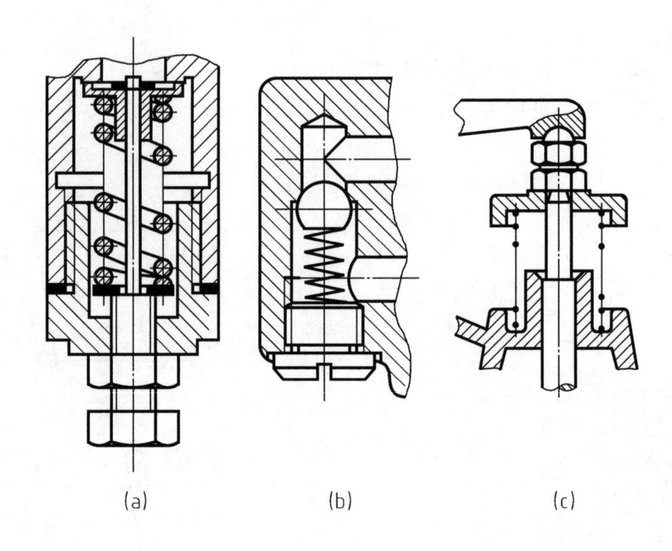

图 7-48 装配图中的画法

图 7-48（c）所示。

2. 螺旋弹簧的画图步骤

画圆柱螺旋压缩弹簧时，可按图 7-49 所示分四步进行。

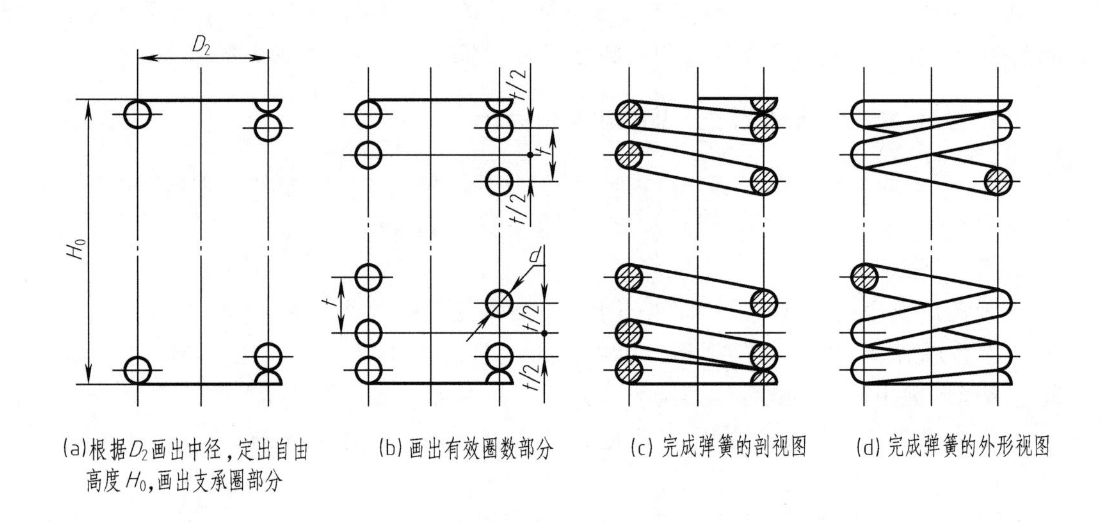

(a)根据D_2画出中径，定出自由高度H_0，画出支承圈部分　(b)画出有效圈数部分　(c)完成弹簧的剖视图　(d)完成弹簧的外形视图

图 7-49 圆柱螺旋压缩弹簧的画法

图 7-49 中的弹簧是按支承圈为 2.5 圈绘制，这样并不影响加工制造，制造时是按图所注圈数加工。

弹簧的参数应直接标注在图形上，当直接标注有困难时可在“技术要求”中说明，力学性能曲线均画成直线，用粗实线绘出，并标注在主视图上方，如图 7-50 所示。

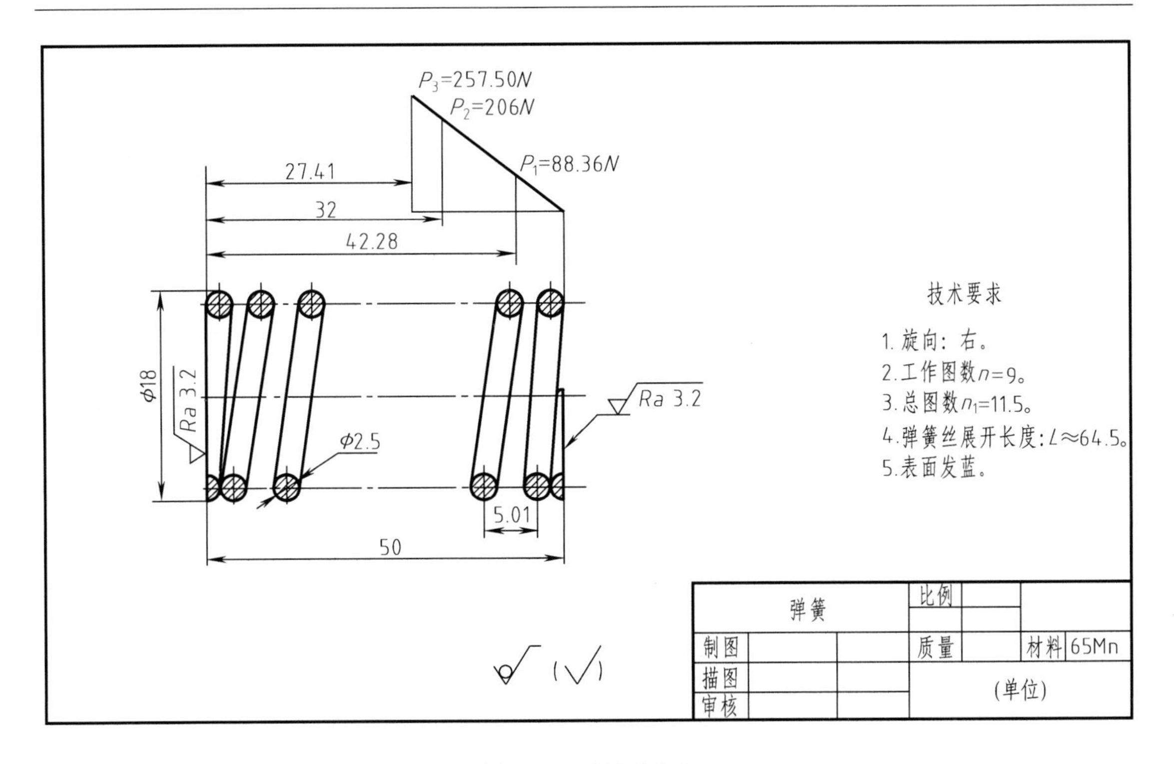

P_3=257.50N
P_2=206N
P_1=88.36N
27.41
32
42.28
ϕ18
Ra 3.2
Ra 3.2
ϕ2.5
5.01
50
技术要求
1.旋向：右。
2.工作图数n=9。
3.总图数n_1=11.5。
4.弹簧丝展开长度：L≈64.5。
5.表面发蓝。
弹簧
比例
制图
质量
材料
65Mn
描图
(单位)
审核

图 7-50　弹簧零件图

零件图

学习提示

零件是机器上的单一制件，其形状分为功能结构和工艺结构。功能结构如同组合体上的各基本体结构，要使组合体成为零件，不仅要对功能结构的形状、尺寸等提出技术要求，还应添加工艺结构，以满足制造、装配、使用等多方面的要求。

第一节　概　　述

零件是组成机器的最小单元，任何机器或部件都是由若干零件按照一定的装配关系及技术要求装配而成。如图 8-1 所示的齿轮油泵是用于机床供油系统中的一个部件，它由泵体、泵盖、主动齿轮轴、从动齿轮轴、螺钉、螺母、销、密封圈等零件组成。

根据零件在机器或部件中的作用，一般可将零件分为以下三类。

① 标准零件：标准零件的结构、尺寸、加工要求、画法等均已标准化。如螺栓、螺母、垫圈、键、销、滚动轴承等。

② 常用零件：常用零件经常使用，但只是部分结构、尺寸和参数已标准化。如齿轮、带轮、弹簧等。

③ 一般零件：一般零件的结构、形状取决于它们在机器或部件中的作用和制造工艺。

根据零件的结构特点，还可以将零件分为轴套类、盘盖类、叉架类和箱体类四大类零件。

表达零件结构形状、尺寸以及技术要求的图样称为零件图，它是制造和检验零件的依据，是设计和生产过程中重要的技术文件。产品设计一般先设计出机器或部件的装配图，然后根据装配图拆画零件图；生产部门则根据零件图加工出零件，将零件装配成机器。

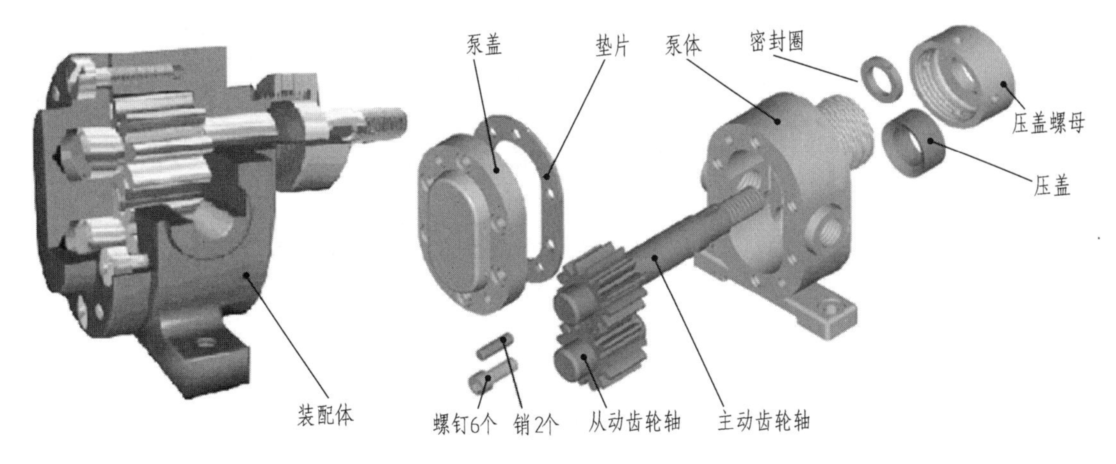

图 8-1　齿轮油泵

第二节　零件图的作用和内容

图 8-2 是齿轮油泵泵盖零件图，从图中可以看出，零件图一般应包括以下几个方面内容：

① 一组图形：包括视图、剖视图、断面图等表达方法，用来正确、完整、清晰地表达零件各部分的内、外结构形状。

② 完整的尺寸：正确、完整、清晰、合理地注出零件在制造和检验时所需要的全部尺寸。

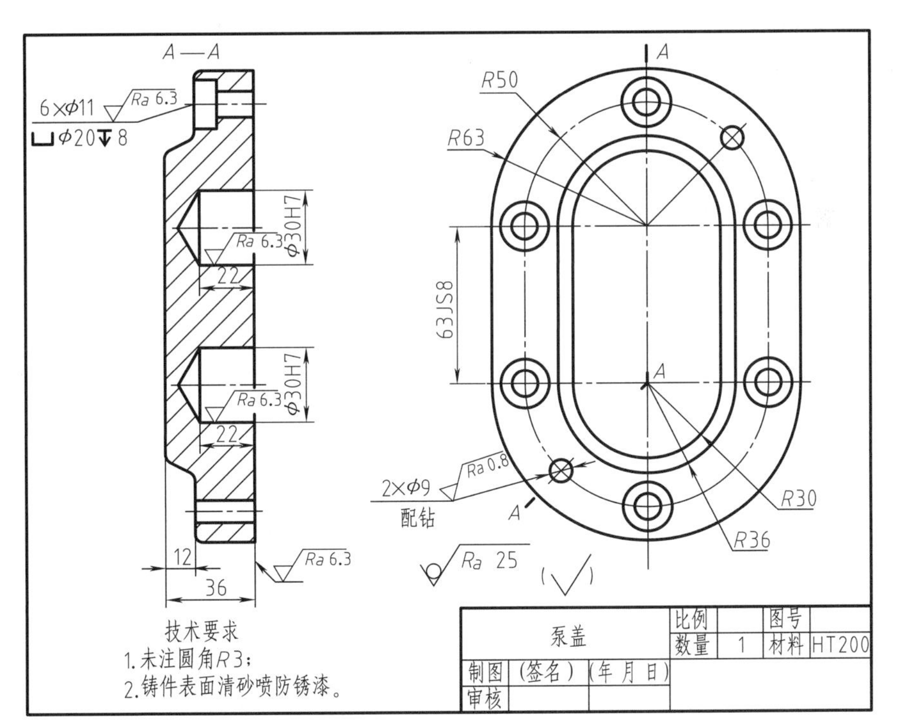

图 8-2　泵盖零件图

③ 技术要求：注明零件在制造、检验时应达到的技术指标和要求，如表面粗糙度、尺寸公差、几何公差、材料热处理及其他特殊要求等。

④ 标题栏：填写零件的名称、数量、材料、比例、图号以及责任签署等。

第三节　零件的结构

在表达零件之前，必须了解零件的结构形状，零件的结构形状是根据零件在机器中的作用和制造工艺、工业美学等方面的要求确定的。它分为功能结构和工艺结构。

一、零件的功能结构

零件的功能结构主要指包容、支承、连接、传动、定位、密封等方面的构形。为使这些结构设计合理，需要注意以下几个方面。

1. 包容零件的结构

当零件间有包容与被包容的关系时，往往是根据被包容零件的外形确定包容件的内形。如图 8-1 所示，在齿轮泵泵体中装有一对齿轮，泵体包容部分的内外表面应与被包容的两齿轮回转面对应。

2. 相邻零件的结构

相邻零件（尤其是箱体类和端盖类）间的外形与接触面应协调一致，使外观统一，给人以整体美感。如图 8-1 中泵盖与泵体接触面形状一致，都是长圆形；泵盖上设有光孔，泵体对应部位设有螺纹孔。

3. 受力与结构

机件的形状与机件的受力状况有密切的关系。受力大的机件部位结构应厚些，或为增加强度增加一些加强肋等。

4. 质量与结构

在保证机件有足够强度、刚度的情况下，如何使机件质量最轻、用料最省，这也是结构设计所要考虑的问题。

二、零件的工艺结构

1. 零件的铸造工艺结构

（1）起模斜度

铸造零件在制作毛坯时，为了便于将模样从砂型中取出，一般沿脱模方向做出斜度，称为起模斜度，如图 8-3（a）所示。相应的铸件上也有起模斜度，如图 8-3（b）所示。起模斜度在零件图上可简化画出，必要时可在技术要求中说明，如图 8-3（c）所示。

（2）铸造圆角与过渡线

为防止浇铸铁水时冲坏砂型，同时也为了防止铸件在冷却时转角处产生缩孔和裂纹，铸件转角处应有圆角，称为铸造圆角，如图 8-4 所示。视图中一般不注出圆角半径，而是在技术要求中加以说明，如“未注铸造圆角为 $R3$”；铸件表面经机加工切去圆角后会成为尖角。

由于圆角的出现，铸件表面的交线（相贯线和截交线）变得不太明显，为了区分不同的表面，用过渡线代替两面交线，其画法与没有圆角时的两面交线相同，只是过渡线不应与圆角轮廓线接触，线型为细实线，如图 8-5 所示。

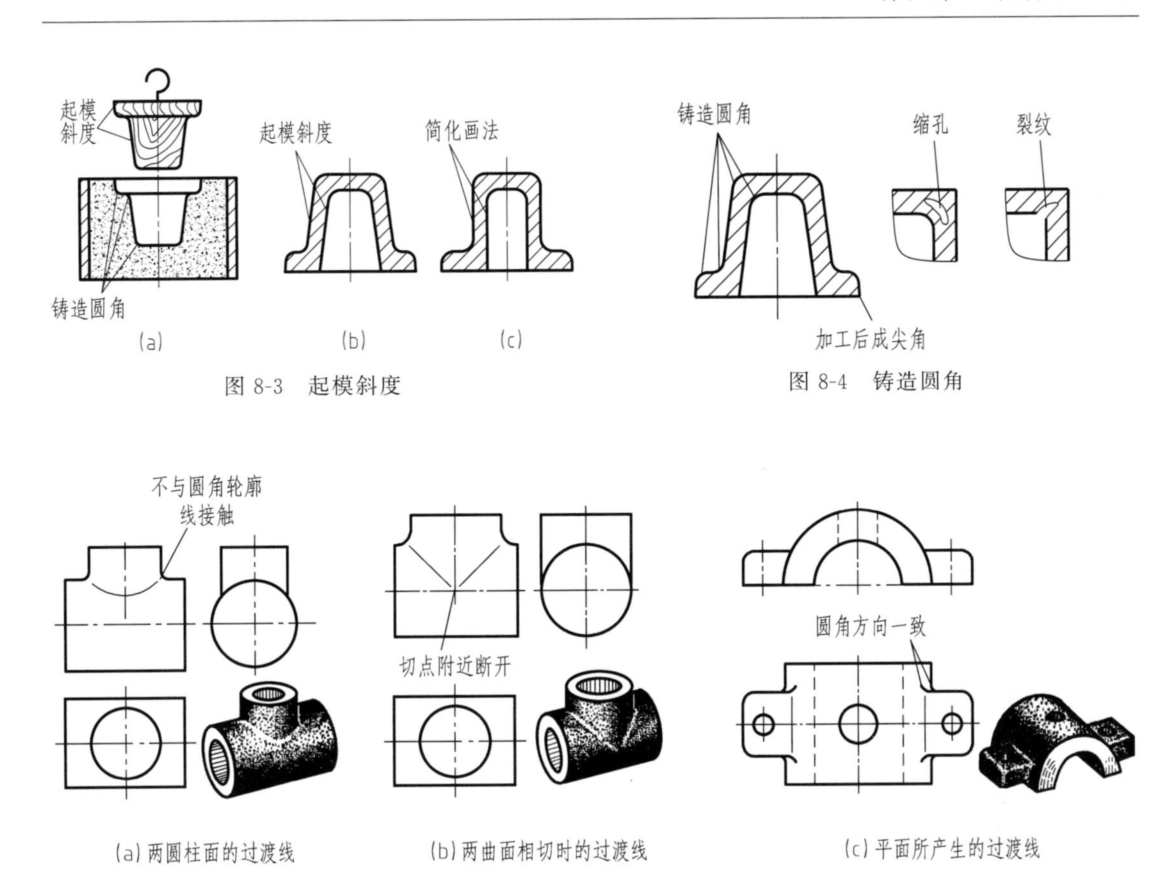

图 8-3　起模斜度

图 8-4　铸造圆角

图 8-5　过渡线画法

(3) 铸件壁厚

为了保证铸件的铸造质量，防止铸件各部分因冷却速度不同而产生组织疏松以致出现缩孔和裂纹，铸件壁厚要均匀或逐渐变化，如图 8-6 所示。

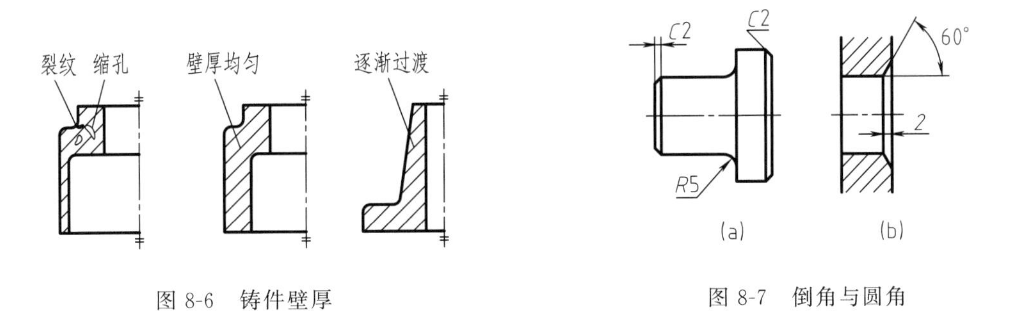

图 8-6　铸件壁厚

图 8-7　倒角与圆角

2. 机械加工工艺结构

(1) 倒角和圆角

为了便于装配和防止锐边伤人，常在轴端、孔端和台阶处加工出小锥面，这种结构就是倒角。常用的倒角为 45°，如图 8-7 (a) 所示 $C2$ (C 表示 45°，2 为轴向尺寸)。倒角也可以是 60°或 30°，如图 8-7 (b) 所示；为避免应力集中，轴肩处常加工出圆角，如图 8-7 (a) 中的尺寸 $R5$。

（2）退刀槽和越程槽

在车削螺纹和内孔时，为了便于退出刀具和保证切削质量，常在待加工面末端先切出退刀槽，如图 8-8（a）所示；在磨削加工中，也预先切出越程槽，以保证加工表面全长上都能被磨削，如图 8-8（b）所示。

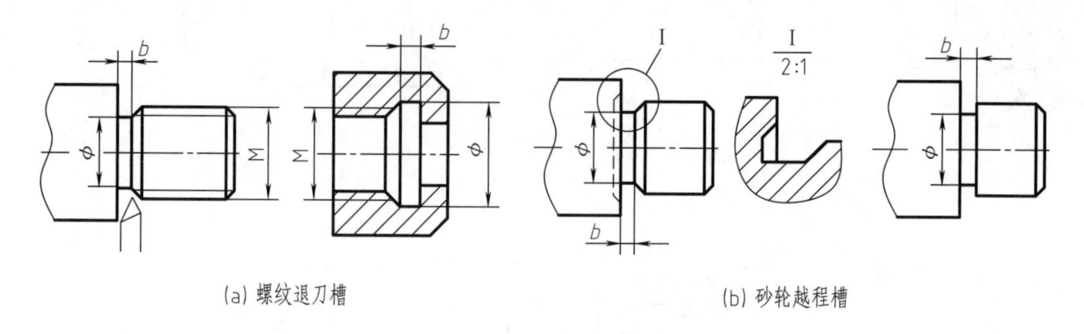

(a) 螺纹退刀槽　　(b) 砂轮越程槽

图 8-8　退刀槽和越程槽

（3）凸台和凹坑

为了减少加工面积，并保证零件间接触面的良好接触，常把要加工的部分设计成凸台或凹坑，如图 8-9 所示。

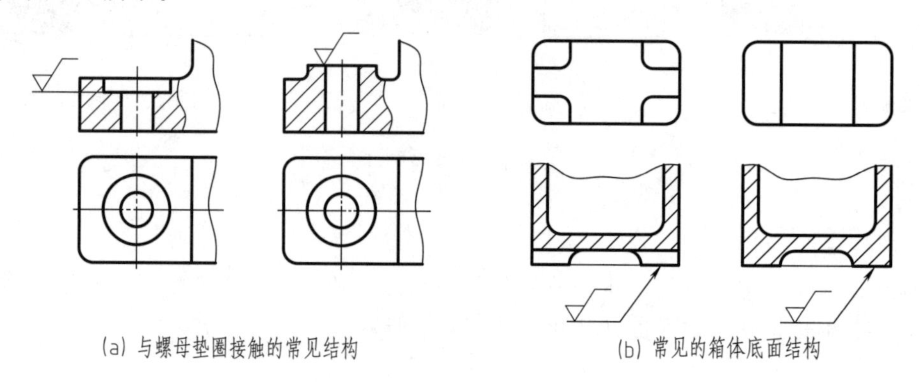

(a) 与螺母垫圈接触的常见结构　　(b) 常见的箱体底面结构

图 8-9　凸台和凹坑

（4）钻孔结构

用钻头钻孔时，为了防止出现单边切削和单边受力，导致钻头轴线偏斜，甚至使钻头折断，要求孔的端面为平面，且与钻头轴线垂直，如图 8-10 所示。用钻头钻出的盲孔或阶梯孔，应有 120°（实际为 118°）锥角，如图 8-11 所示。

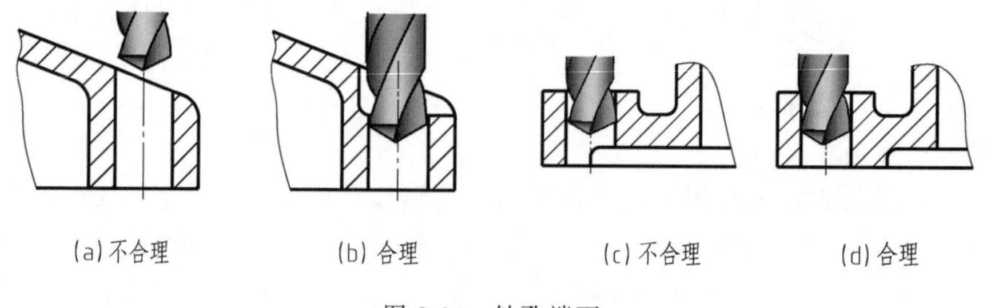

(a) 不合理　　(b) 合理　　(c) 不合理　　(d) 合理

图 8-10　钻孔端面

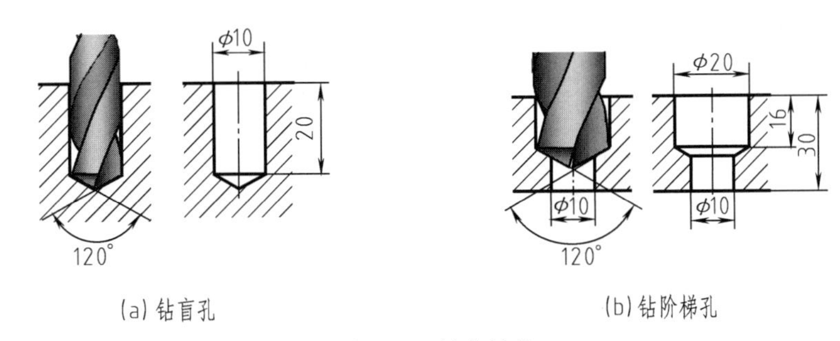

(a) 钻盲孔 (b) 钻阶梯孔

图 8-11 钻孔结构

第四节 零件图中的技术要求

零件图中的技术要求包括表面粗糙度、尺寸公差、几何公差、材料热处理等。技术要求在图样中的表示方法有两种，一种是用规定的符号、代号标注在视图中，另一种是在“技术要求”的标题下，用简明的文字说明，逐项书写在图样的适当位置。本节主要介绍表面粗糙度及尺寸公差的基本概念和在图样上的标注方法。

一、表面粗糙度

1. 表面粗糙度的概念

零件的表面结构参数分为 3 类，即 3 种轮廓（*R*，*W*，*P*），*R* 轮廓采用的是粗糙度参数；*W* 轮廓采用的是波纹度参数；*P* 轮廓采用的是原始轮廓参数。其中，评价零件的表面质量最常用的是 *R* 轮廓。表面粗糙度是指零件表面上具有的较小间距和峰谷组成的微观几何形状特征，如图 8-12 中看上去光滑的零件表面，经放大观察发现有微量高低不平的痕迹。

表面粗糙度是衡量零件表面质量的一项重要技术指标。它对零件的配合性质、耐磨性、抗蚀性、密封性等都有影响。因此应根据零件的工作要求，在图样上对零件的表面粗糙度作出相应的要求。

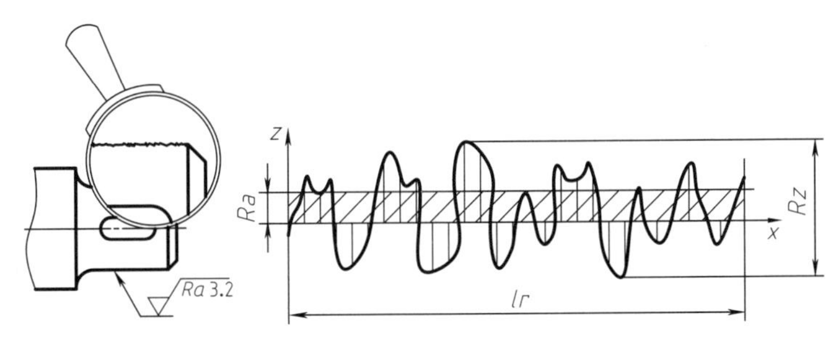

图 8-12 轮廓算术平均偏差 *Ra*

2. 表面粗糙度的参数及其数值

评定表面粗糙度的主要参数有两种（GB/T 3505—2009）：轮廓算术平均偏差 *Ra*、轮廓最大高度 *Rz*。两项参数中，优先选用 *Ra* 参数。

（1）轮廓算术平均偏差 *Ra*

轮廓算术平均偏差 *Ra* 是指在取样长度 *lr*（用于判别具有表面粗糙度特征的一段基线长度）内，轮廓偏差 *z*（表面轮廓上点至基准线的距离）绝对值的算术平均值，如图 8-12 所示。可用下式表示：

$$Ra=\frac{1}{lr}\int_{0}^{l} \mid z(x) \mid \mathrm{d}x \approx \frac{1}{n}\sum_{i=1}^{n} z_{i}$$

很明显，Ra 的值越小，零件表面越光滑。为统一评定与测量，提高经济效益，Ra 的值已经标准化，在设计选用时，应按国家标准（GB/T 1031—2009）规定的系列值选取，其第一系列的 Ra 数值列于表 8-1 中。

表 8-1 轮廓算术平均偏差 Ra 的第一系列值 单位：μm

Ra	0.012 0.025 0.05 0.1	0.2 0.4 0.8 1.6	3.2 6.3 12.5 25	50 100

（2）轮廓最大高度 Rz

在取样长度内，轮廓峰顶线和轮廓谷底线之间的距离即为 Rz，如图 8-12 所示。

3. 表面粗糙度的标注

国家标准（GB/T131—2006）规定了表面粗糙度的符号、代号及在图样上的标注。表面粗糙度代号由符号及相应粗糙度值构成。

① 表示零件表面粗糙度的符号及意义见表 8-2。

表 8-2 表面粗糙度符号及意义

符号	含 义
	基本图形符号（简称基本符号），表示未指定工艺方法的表面，仅用于简化代号的标注，没有补充说明时不能单独使用
	扩展图形符号（简称扩展符号），基本符号加一短横，表示指定表面是用去除材料的方法获得。如通过机械加工的车、铣、钻、磨、剪切、抛光、腐蚀、电火花加工、气割等方法获得的表面
	扩展图形符号，基本符号加一小圆圈，表示指定表面是用不去除材料的方法获得。例如：铸、锻、冲压变形、热轧、冷轧、粉末冶金等。或者是用于保持原供应状况的表面（包括保持上道工序的状况）
	完整图形符号（简称扩展符号），当要求标注表面结构特征的补充信息时，在允许任何工艺图形符号的长边加一横线
	完整图形符号，当要求标注表面结构特征的补充信息时，在去除材料图形符号的长边加一横线
	完整图形符号，当要求标注表面结构特征的补充信息时，在不去除材料图形符号的长边加一横线

② 表面粗糙度图形符号的画法如图 8-13（a）所示，图形符号和附加标注的尺寸见表 8-3。

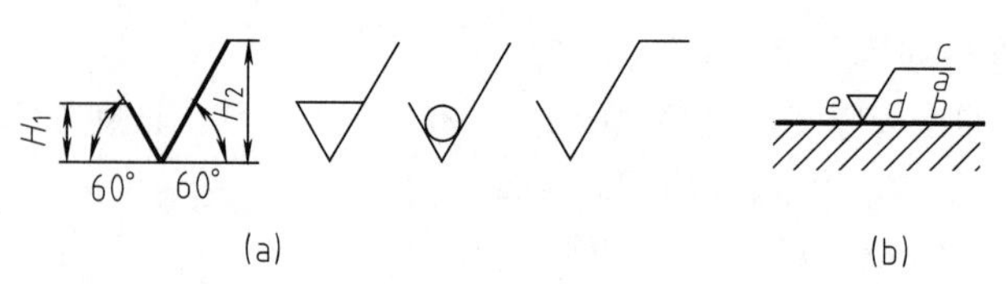

图 8-13 表面粗糙度的图形符号

表 8-3　表面粗糙度符号和附加标注的尺寸　　单位：mm

数字及字母高度 h（见 GB/T 14690）	2.5	3.5	5	7	10	14	20
符号线宽 d' 字母线宽 d	0.25	0.35	0.5	0.7	1	1.4	2
高度 H_1	3.5	5	7	10	14	20	28
高度 H_2（最小值）	7.5	10.5	15	21	30	42	60

注：H_2 及图形符号长边的横线的长度取决于标注内容。

③ 表面粗糙度代号。在表面粗糙度符号中，按功能要求加注一项或几项有关规定后，称表面粗糙度代号，如图 8-13（b）。图中“a”“b”“c”“d”“e”区域中的所有字母高度应等于 h，各区域中注写的内容如下：

位置 a：注写表面结构的单一要求。

位置 a 和 b：注写两个或多个表面粗糙度要求。

位置 c：注写加工方法、表面处理、涂层或其他加工工艺要求等。

位置 d：注写所要求的表面纹理和纹理方向。

位置 e：注写加工余量。

表 8-4 是部分表面粗糙度代号及意义。

表 8-4　表面粗糙度 Ra 的代号及意义

代号	意　义	代号	意　义
√Ra 3.2	任何方法获得的表面粗糙度，Ra 的上限值为 3.2μm	▽Ra 3.2	用去除材料方法获得的表面粗糙度，Ra 的上限值为 3.2μm
⌽Ra 3.2	用不去除材料方法获得的表面粗糙度，Ra 的上限值为 3.2μm	▽U Ra 3.2 L Ra 1.6	用去除材料方法获得的表面粗糙度，Ra 的上限值为 3.2μm，Ra 的下限值为 1.6μm

④ 表面粗糙度代号在图样中的标注方法

a. 在同一图样上，零件的每一表面一般只标注一次代（符）号，并按规定分别注在可见轮廓线、尺寸界线、尺寸线及其延长线上。

b. 符号尖端应由材料外指向加工表面。

c. 表面粗糙度参数值的大小、方向与尺寸数字的大小、方向一致。

表面粗糙度要求在图样中的标注方法，见表 8-5。

表 8-5　表面粗糙度标注图例

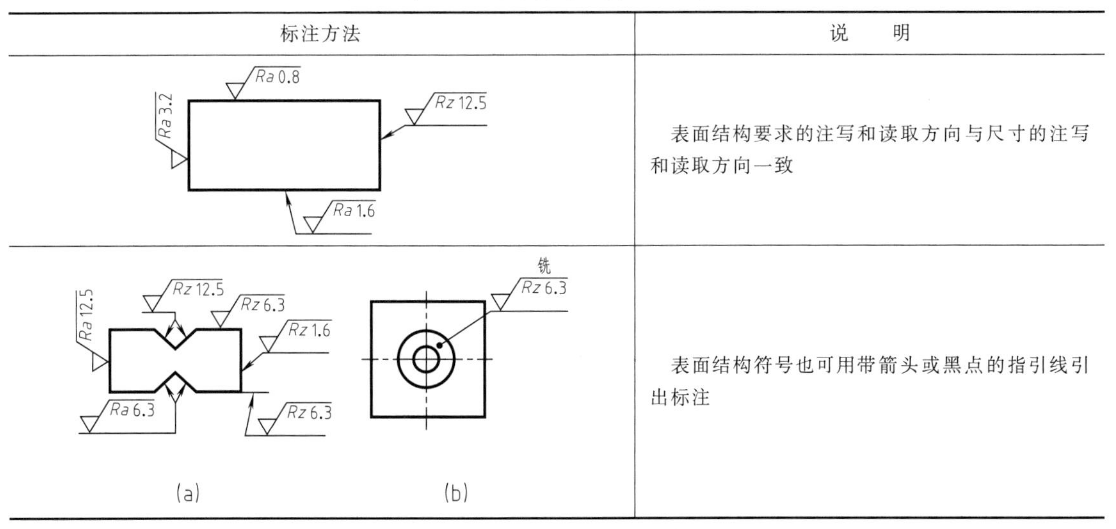

标注方法	说　明
（图）	表面结构要求的注写和读取方向与尺寸的注写和读取方向一致
（图 (a)、(b)）	表面结构符号也可用带箭头或黑点的指引线引出标注

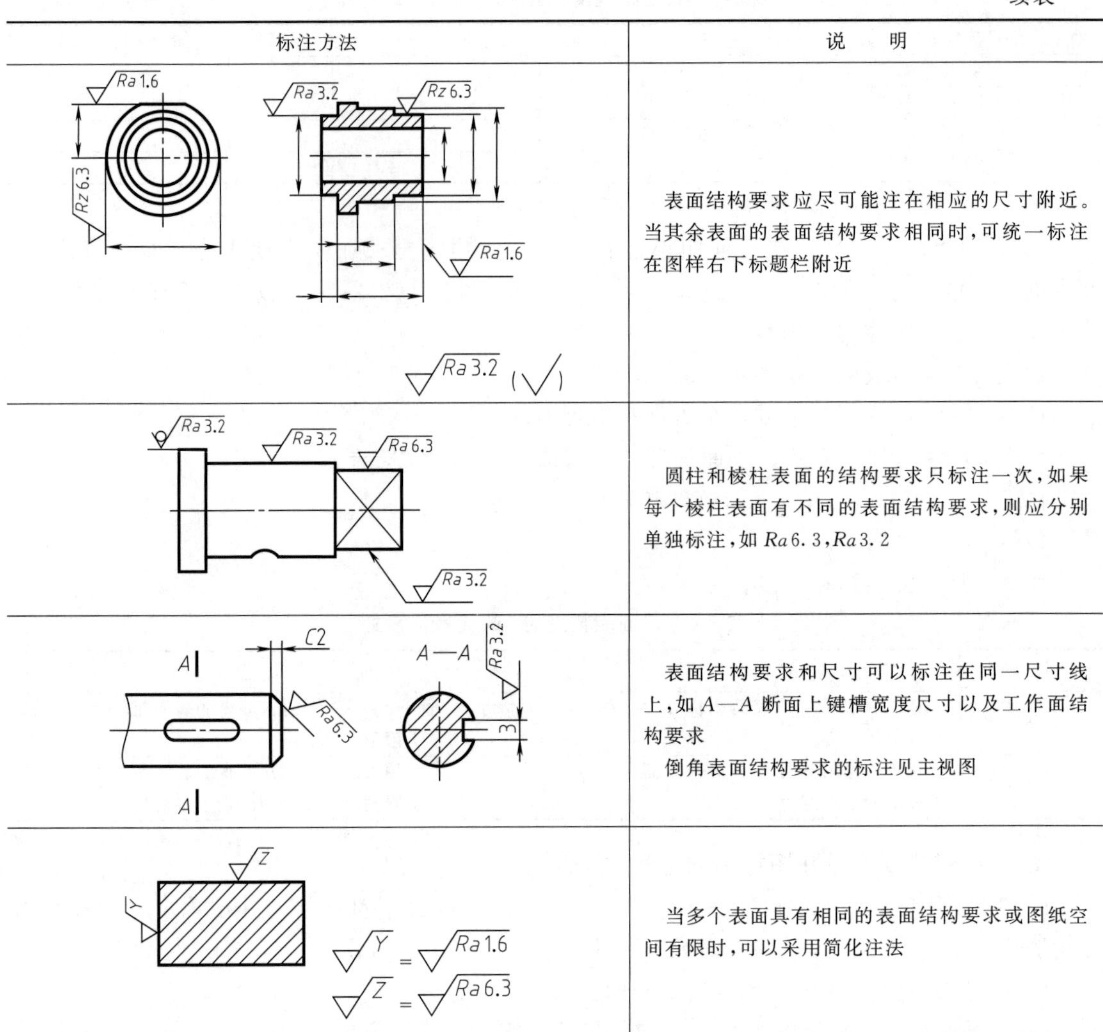

续表

标注方法	说　明
	表面结构要求应尽可能注在相应的尺寸附近。当其余表面的表面结构要求相同时，可统一标注在图样右下标题栏附近
	圆柱和棱柱表面的结构要求只标注一次，如果每个棱柱表面有不同的表面结构要求，则应分别单独标注，如 *Ra*6.3，*Ra*3.2
	表面结构要求和尺寸可以标注在同一尺寸线上，如 *A*—*A* 断面上键槽宽度尺寸以及工作面结构要求 倒角表面结构要求的标注见主视图
	当多个表面具有相同的表面结构要求或图纸空间有限时，可以采用简化注法

二、极限与配合

1. 零件的互换性

从成批相同规格的零件中任选一个，不经任何修配就能装到机器（或部件）上去，并能满足使用要求，零件的这种性质称为互换性。零件的互换性是现代化机械工业的重要基础，既有利于装配或维修机器又便于组织生产协作，进行高效率的专业化生产。

在实际生产过程中，由于各种因素（刀具、机床精度、工人技术水平）的影响，实际制成的零件尺寸不可能做得绝对准确，这就需要根据零件的工作要求，对零件的尺寸规定一个许可的变动范围，这个变动范围即极限。

建立极限与配合制度是保证零件具有互换性的必要条件。极限与配合所涉及的主要国家标准有 GB/T 1800.1—2009、GB/T 1800.2—2009

2. 相关术语

如图 8-14（a）中轴和孔的配合尺寸为 $\phi 30\dfrac{H7}{k6}$，如图 8-14（b）、（c）分别注出了孔径和

轴径尺寸的上下偏差值。如图 8-15（a）、（b）极限配合示意图分别对应图 8-14（b）、（c）所注尺寸。

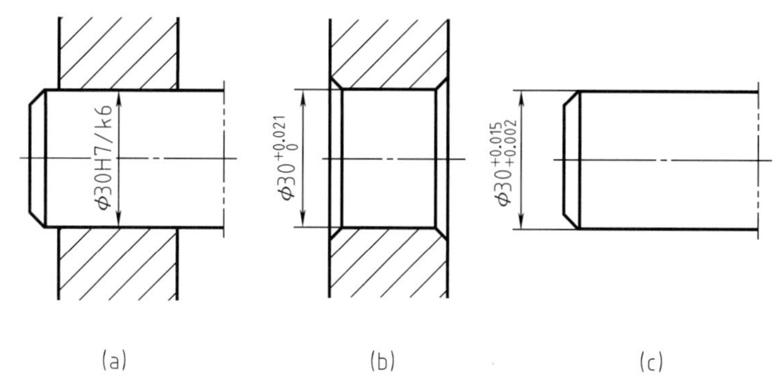

图 8-14　轴、孔及其配合尺寸

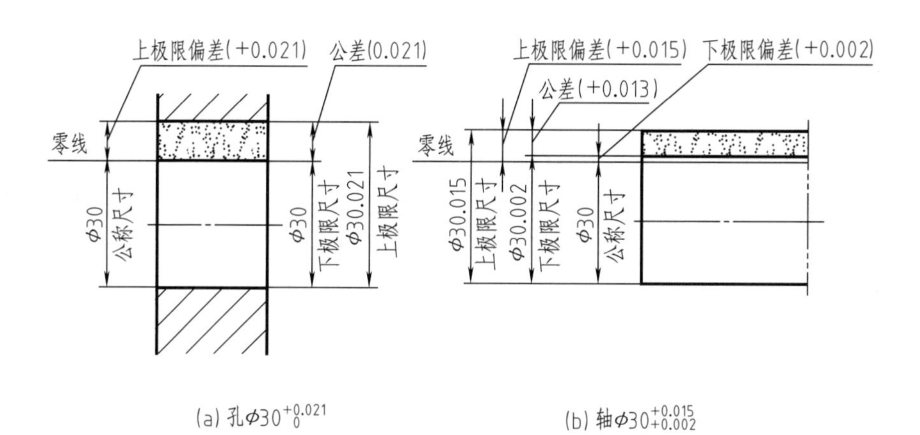

图 8-15　极限与配合示意图

下面以轴的尺寸 $\phi30^{+0.015}_{+0.002}$、孔的尺寸 $\phi30^{+0.021}_{0}$ 为例，将极限与配合的相关术语列于表 8-6 中。

表 8-6　极限与配合相关术语

名称	解释	示例	
		轴 $\phi30^{+0.015}_{+0.002}$	孔 $\phi30^{+0.021}_{0}$
公称尺寸	由图样规范确定的理想形状要素的尺寸	$\phi30$	$\phi30$
实际尺寸	通过测量获得的某一孔、轴的尺寸		
极限尺寸	尺寸要素允许的尺寸的两个极端		
上极限尺寸	尺寸要素允许的最大尺寸	$\phi30.015$	$\phi30.021$
下极限尺寸	尺寸要素允许的最小尺寸	$\phi30.002$	$\phi30$
偏差	某一尺寸减其公称尺寸所得的代数差		
上极限偏差（ES es）	上极限尺寸减其公称尺寸所得的代数差	es：+0.015	ES：+0.021
下极限偏差（EI ei）	下极限尺寸减其公称尺寸所得的代数差	ei：+0.002	EI：0

续表

名称	解释	示例	
		轴 $\phi30^{+0.015}_{+0.002}$	孔 $\phi30^{+0.021}_{0}$
尺寸公差	上极限尺寸减下极限尺寸之差，或上极限偏差减下极限偏差之差	0.013	0.021
公差带图	极限与公称尺寸的图示图解，如右图	0.021 +0.021 H7 + 0 − $\phi30$ 孔公差带	0.013 +0.015 k6 +0.002 + 0 − $\phi30$ 轴公差带
零线	公差带图中，表示公称尺寸或零偏差的一条直线，零线之上的偏差为“正”，零线之下的偏差为“负”		
公差带	公差带图中，由代表上、下极限偏差所确定的一个区域，如右图，其中 H7 和 k6 分别为孔、轴公差带代号		

3. 标准公差和基本偏差

(1) 标准公差与公差等级

标准公差是用以确定公差带大小的公差，如表 8-7 所示。标准公差用 IT 表示，IT 后面的阿拉伯数字为标准公差等级。国家标准将公差等级分为 20 级，即 IT01、IT0、IT1、…、IT18，其尺寸精度从 IT01～IT18 依次降低。

(2) 基本偏差

国家标准规定的用以确定公差带相对于零线位置的极限偏差。一般是指靠近零线的那个极限偏差。孔和轴各有 28 个基本偏差，如图 8-16 所示。

从图 8-16 中可以看出：

① 孔的基本偏差用大写字母表示，轴的基本偏差用小写字母表示。

② 当公差带在零线上方时，基本偏差为下极限偏差；当公差带在零线下方时，基本偏差为上极限偏差。

③ 公差带只封闭了基本偏差的一端，开口的另一端由标准公差值确定。

(3) 公差带代号

由基本偏差代号与公差等级数值组成。例如 H7，表示基本偏差代号为 H，公差等级为 7 级的孔公差带；k6 表示基本偏差代号为 k，公差等级为 6 级的轴公差带。反映孔、轴尺寸和公差带代号的尺寸注法为 $\Phi30$H7、$\Phi30$k6。

表 8-7 标准公差数值

基本尺寸/mm	标准公差等级																			
	IT01	IT0	IT1	IT2	IT3	IT4	IT5	IT6	IT7	IT8	IT9	IT10	IT11	IT12	IT13	IT14	IT15	IT16	IT17	IT18
	μm													mm						
≤3	0.3	0.5	0.8	1.2	2	3	4	6	10	14	25	40	60	0.1	0.14	0.25	0.4	0.6	1	1.4
>3～6	0.4	0.6	1	1.5	2.5	4	5	8	12	18	30	48	75	0.12	0.18	0.3	0.48	0.75	1.2	1.8
>6～10	0.4	0.6	1	1.5	2.5	4	6	9	15	22	36	58	90	0.15	0.22	0.36	0.58	0.9	1.5	2.2
>10～18	0.5	0.8	1.2	2	3	5	8	11	18	27	43	70	110	0.18	0.27	0.43	0.7	1.1	1.8	2.7
>18～30	0.6	1	1.5	2.5	4	6	9	13	21	33	52	84	130	0.21	0.33	0.52	0.84	1.3	2.1	3.3

续表

基本尺寸/mm	标准公差等级																			
	IT01	IT0	IT1	IT2	IT3	IT4	IT5	IT6	IT7	IT8	IT9	IT10	IT11	IT12	IT13	IT14	IT15	IT16	IT17	IT18
	μm													mm						
＞30～50	0.6	1	1.5	2.5	4	7	11	16	25	39	62	100	160	0.25	0.39	0.62	1	1.6	2.5	3.9
＞50～80	0.8	1.2	2	3	5	8	13	19	30	46	74	120	190	0.3	0.46	0.74	1.2	1.9	3	4.6
＞80～120	1	1.5	2.5	4	6	10	15	22	35	54	87	140	220	0.35	0.54	0.87	1.4	2.2	3.5	5.4
＞120～180	1.2	2	3.5	5	8	12	18	25	40	63	100	160	250	0.4	0.63	1	1.6	2.5	4	6.3
＞180～250	2	3	4.5	7	10	14	20	29	46	72	115	185	290	0.46	0.72	1.15	1.85	2.9	4.6	7.2
＞250～315	2.5	4	6	8	12	16	23	32	52	81	130	210	320	0.52	0.81	1.3	2.1	3.2	5.2	8.1
＞315～400	3	5	7	9	13	18	25	36	57	89	140	230	360	0.57	0.89	1.4	2.3	3.6	5.7	8.9
＞400～500	4	6	8	10	15	20	27	40	63	97	155	250	400	0.63	0.97	1.55	2.5	4	6.3	9.7

注：基本尺寸小于或等于1mm时，无IT4～IT18。

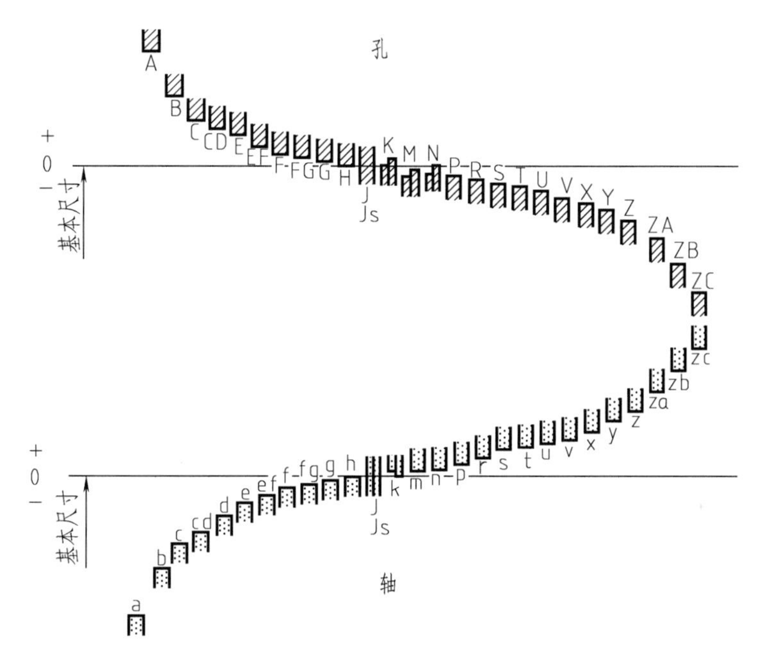

图 8-16　孔、轴基本偏差系列

4. 配合

(1) 配合及其种类

公称尺寸相同的、相互结合的孔和轴公差带之间的关系称为配合。根据孔、轴配合松紧程度的不同，可将配合分为间隙配合、过盈配合和过渡配合三类。

① 间隙配合：具有间隙（包括最小间隙等于零）的配合，此时孔的公差带总位于轴的公差带之上，如图 8-17 (a) 所示。

② 过盈配合：具有过盈（包括最小过盈等于零）的配合，此时孔的公差带总位于轴的公差带之下，如图 8-17 (b) 所示。在过盈配合中，轴的直径总是大于（或等于）孔的直径，当过盈量较大时，往往采用一些特殊的装配方法，如利用材料热胀冷缩的原理将轴和孔装配

在一起。

③ 过渡配合：可能具有间隙，也可能具有过盈的配合，此时孔的公差带和轴的公差带相互交叠，如图 8-17（c）所示。

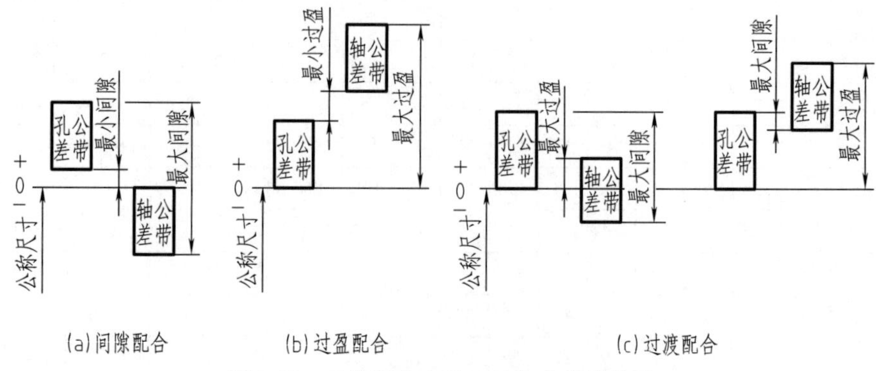

图 8-17 三类配合中孔、轴公差带的关系

（2）配合基准制

由标准公差和基本偏差可以组成大量的孔、轴公差带，并形成三种类型的配合。为设计和制造上的方便，以及减少选择配合的盲目性，国家标准规定了两种配合制。

① 基孔制。

基本偏差代号一定的孔公差带，与不同基本偏差代号的轴公差带形成的各种配合称为基孔制。国家标准规定基本偏差代号是 H 的孔为基准孔（其下极限偏差为零），固定该孔的公差带位置不变，改变轴的公差带位置就可得到不同松紧程度的配合。含基准孔（H）的配合叫基孔制配合，如图 8-18（a）所示。

② 基轴制。

基本偏差代号一定的轴公差带，与不同基本偏差代号的孔公差带形成的各种配合称为基轴制。国家标准规定基本偏差代号是 h 的轴为基准轴（其上极限偏差为零），固定该轴的公差带位置不变，改变孔的公差带位置就可得到不同松紧程度的配合。含基准轴（h）的配合叫基轴制配合，如图 8-18（b）所示。

由图 8-16 基本偏差系列示意图可以看出，由于基准孔和基准轴的基本偏差代号为 H 和 h，因此基孔制中的轴，a～h 用于间隙配合，j～zc 用于过渡配合或过盈配合；基轴制中的孔，A～H 用于间隙配合，J～ZC 用于过渡配合或过盈配合。

③ 配合代号。

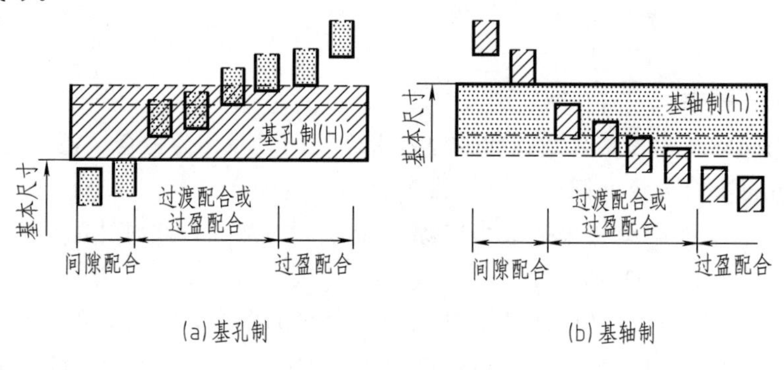

图 8-18 基准制

配合代号由组成配合的孔、轴公差带代号组成，写成分数形式，分子为孔的公差带代号，分母为轴的公差带代号，例如 H8/s7、K7/h6，也可写成$\frac{H8}{s7}$、$\frac{K7}{s7}$。

④ 优先和常用配合。

常用配合和优先配合是在总结了大量实际使用经验的基础上，国家标准把孔、轴公差带组成了基孔制常用配合 59 种、基轴制常用配合 47 种以及优先配合各 13 种列在了零件设计手册中，我们在产品设计中尽量选用优先配合和常用配合，且优先采用基孔制。表 8-8 为国家标准规定的优先选用配合。

表 8-8　优先配合

	基孔制优先配合	基轴制优先配合
间隙配合	$\frac{H7}{g6}$、$\frac{H7}{h6}$、$\frac{H8}{f7}$、$\frac{H8}{h7}$、$\frac{H9}{d9}$、$\frac{H9}{h9}$、$\frac{H11}{c11}$、$\frac{H11}{h11}$	$\frac{G7}{h6}$、$\frac{H7}{h6}$、$\frac{H8}{h7}$、$\frac{H8}{h7}$、$\frac{D9}{h9}$、$\frac{H9}{h9}$、$\frac{C11}{h11}$、$\frac{H11}{h11}$
过渡配合	$\frac{H7}{k6}$、$\frac{H7}{n6}$	$\frac{K7}{h6}$、$\frac{N7}{h6}$
过盈配合	$\frac{H7}{p6}$、$\frac{H7}{s6}$、$\frac{H7}{u6}$	$\frac{P7}{h6}$、$\frac{S7}{h6}$、$\frac{U7}{h6}$

5. 极限与配合在图样中的标注（GB/T 4458.5—2003）

(1) 在零件图上的标注

在零件图上可按下面三种形式之一标注：只标注公差带代号，如图 8-19（a）所示；只标注极限偏差，如图 8-19（b）所示；同时标注公差带代号和相应的极限偏差且极限偏差应加上圆括号，如如图 8-19（c）所示。

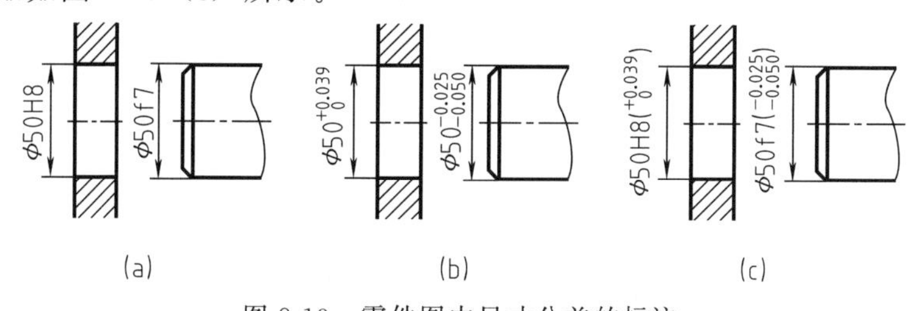

图 8-19　零件图中尺寸公差的标注

(2) 在装配图上的标注

在装配图上，两零件有配合要求时，应在公称尺寸的右边注出相应的配合代号，并按图 8-20 标注。

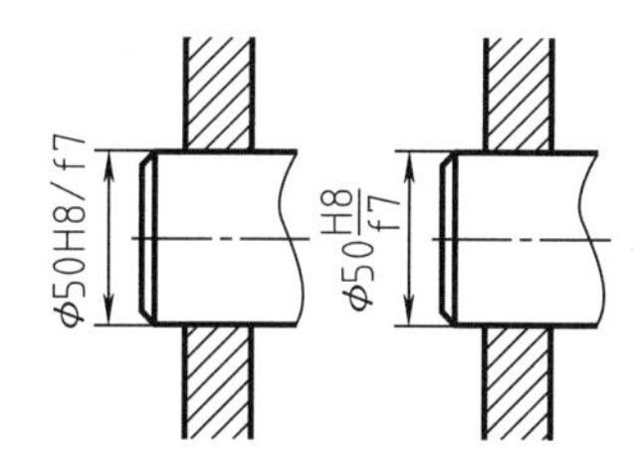

图 8-20　装配图中配合尺寸的标注

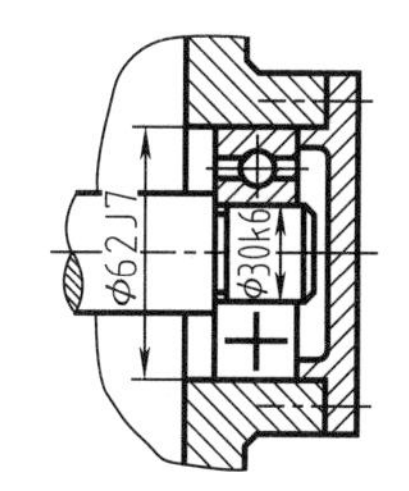

图 8-21　与轴承配合的标注

(3) 与标准件和外购件配合的标注

标准件、外购件与零件配合时，可以仅标注相配零件的公差带代号，如图 8-21 所示为与滚动轴承相配合时的配合代号注法。滚动轴承为标准部件，内圈直径与轴配合，按基孔制配合，只标轴的公差带代号；轴承外圈与零件孔的配合按基轴制配合，而且只标注零件孔的公差带代号。

6. 综合举例

【例 8-1】 试解释孔、轴配合尺寸 ϕ30F7/h6 的含义。

解 ϕ30F7/h6 表示公称尺寸为 ϕ30 的孔和轴相配合，孔的尺寸为 ϕ30F7，其基本偏差代号为 F，精度等级 7 级；轴的尺寸为 ϕ30h6，其基本偏差代号为 h，精度等级 6；根据图 8-16 可知：轴的公差带（h6）在零线下方，且其上极限偏差为零，孔的公差带（F7）在零线上方，因此，属基轴制间隙配合。

【例 8-2】 已知孔、轴的配合尺寸 ϕ50H7/p6，试确定孔和轴的极限偏差、画出公差带图并确定配合性质。

解 ① 根据公称尺寸 ϕ50 和孔的公差带代号 H7，查附表 13：ϕ50 属于＞40～50 尺寸分段，孔的上极限偏差为＋25μm，下极限偏差为 0。

② 根据公称尺寸 ϕ50 和轴的公差带代号 p6，查附表 12：轴的上极限偏差为＋42μm，下极限偏差为＋26μm。

③ ϕ50H7/p6 的公差带图如图 8-22 所示，孔、轴是基孔制过盈配合，最大过盈为 0.042，最小过盈为 0.001。

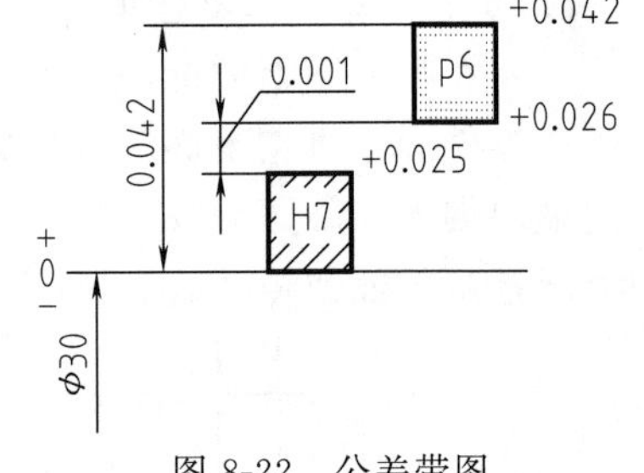

图 8-22 公差带图

三、几何公差

1. 几何公差的基本概念

在生产实际中，零件尺寸不可能制造得绝对准确，同样也不可能制造出绝对准确的几何形状和相对位置。因此对零件上精度要求较高的部位，必须根据实际需要对零件加工提出相应的几何误差的允许范围，即必须限制零件几何误差的最大变动量（称为几何公差 t，见表 8-9 说明），并在图纸上标出几何公差。

表 8-9 形位公差带的形状与公差值

公差带的形状	公差值	公差带的形状	公差值	公差带的形状	公差值
1. 两平行直线	t	4. 一个圆	ϕt	7. 两同轴圆柱	t
2. 两等距曲线	t	5. 一个球	$S\phi t$	8. 两平行平面	t
3. 两同心圆	t	6. 一个圆柱	ϕt	9. 两等距曲面	t

2. 几何公差代号、基准代号

图样中几何公差采用代号标注，应含公差框格、指引线（指向被测要素）和基准代号（仅对有基准要求的要素）三组内容，其画法规定如图 8-23 所示（细实线绘制）。当无法采用代号标注时，允许在技术要求中用文字说明。

图家标准 GB/T1182—2018 将几何公差分为形状公差、方向公差、位置公差及跳动公差四种类型，共计 19 个几何特征，每个几何特征都规定了专用符号，如表 8-10 所示。

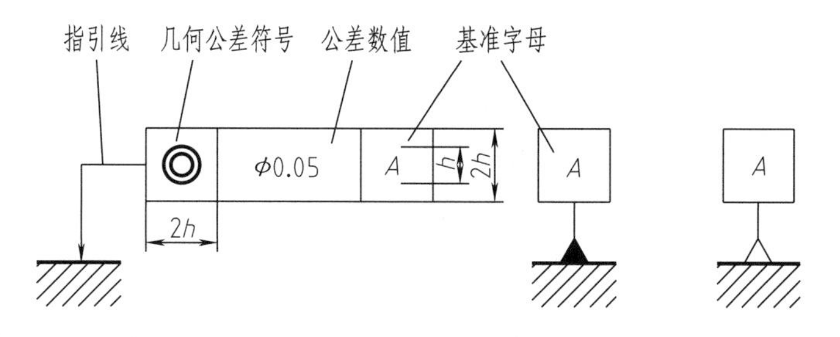

(a) 几何公差框格　　(b) 涂黑基准　　(c) 空白基准

图 8-23　几何公差代号与基准代号

表 8-10　几何公差的分类和符号

公差类型	几何特征	符号	有无基准
形状公差	直线度	—	无
	平面度	▱	
	圆度	○	
	圆柱度	⌭	
	线轮廓度	⌒	
	面轮廓度	⌓	
方向公差	平行度	//	有
	垂直度	⊥	
	倾斜度	∠	
	线轮廓度	⌒	
	面轮廓度	⌓	
位置公差	位置度	⌖	有或无
	同心度（用于中心线）	◎	有
	同轴度（用于轴线）	◎	
	对称度	⌯	
	线轮廓度	⌒	
	面轮廓度	⌓	
跳动公差	圆跳动	↗	
	全跳动	⌰	

3. 几何公差的标注

① 当被测要素是零件表面上的线或表面时，指引线的箭头应垂直指向被测要素的轮廓线或其延长线上，但必须与相应尺寸线明显地错开，如图 8-24 所示。

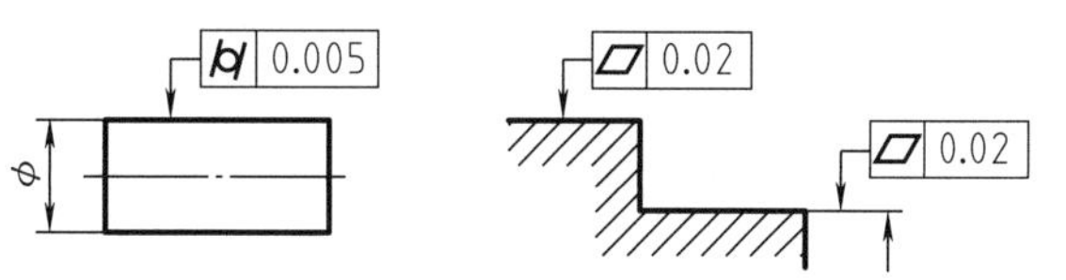

图 8-24　几何公差的标注（一）

② 当被测要素是零件的轴线或中心平面时，指引线的箭头应与该要素尺寸线对齐，如图 8-25（b）所示。

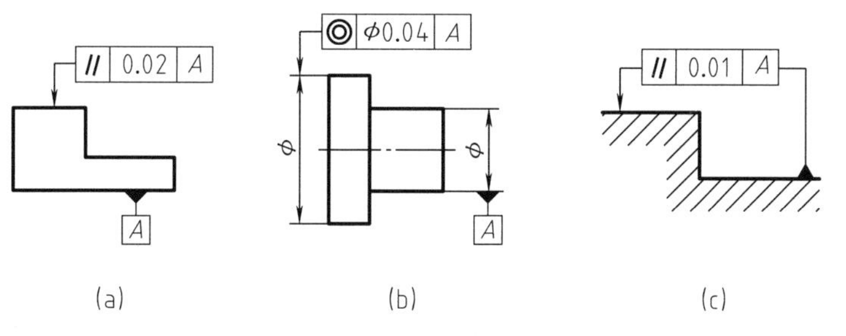

(a)　　(b)　　(c)

图 8-25　几何公差的标注（二）

③ 当基准要素是零件的轴线或中心平面时，基准符号应与该要素的尺寸线对齐，如图 8-25（b）所示；当基准要素是零件表面时，基准符号应画在轮廓线外侧或其延长线上，如图 8-25（a）所示，并与尺寸线明显地错开。

代表基准符号的三角形可以用连线与几何公差框格的另一端相连，如图 8-25（c）所示。

【例 8-3】 试说明图 8-26 气门阀杆零件图上所注几何公差的含义。

① ↗|0.003|A 表示 $S\phi750$ 的球面对于 $\phi16$ 圆柱轴线的跳动公差是 0.003。

② ⌭|0.005 表示 $\phi16$ 杆身的圆柱度公差是 0.005。

③ ◎|ϕ0.1|A 表示 M8×1 的螺孔轴线对于 $\phi16$ 轴线的同轴度公差是 $\phi0.1$。

④ ↗|0.1|A 表示右端面对于 $\phi16$ 圆柱轴线的端面跳动公差是 0.1。

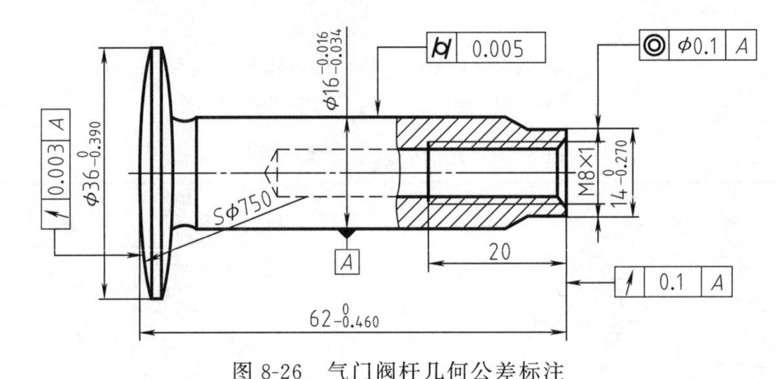

图 8-26　气门阀杆几何公差标注

第五节　零件图的视图选择及尺寸标注

一、零件图的视图选择

零件的视图选择是在分析零件结构形状的基础上，利用前面所学的“机件表达方法”，选用一组图形将零件全部结构形状正确、完整、清晰、简洁地表达出来。

1. 主视图的选择

主视图是零件图中最重要的视图，主视图选择是否合理，直接关系到看图和画图是否方便。在选择主视图时，应考虑以下三个方面。

(1) 主视图的投射方向

主视图的投射方向应最能反映零件的结构和形状特征。

(2) 零件的加工位置

零件的加工位置是指零件被加工时在机床上的装夹位置。主视图与加工位置一致，可以图物对照，便于加工和测量，如图 8-27 所示。轴套、轮盘类等回转体零件，主要是在车床或外圆磨床上加工，在选择主视图时，也应尽量符合加工位置，即轴线水平放置。

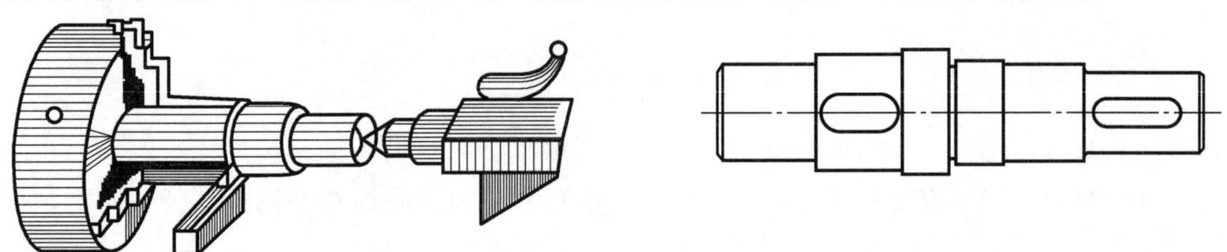

(a) 轴在车床上的加工位置　　(b) 按加工位置放置的主视图

图 8-27　轴套类零件的主视图

（3）零件的工作位置

零件的工作位置是指零件在机器或部件中工作时所处的位置。主视图与工作位置一致，便于将零件和机器或部件联系起来，了解零件的结构形状特征，有利于画图和读图。箱壳、叉架类零件加工工序较多，加工位置经常变化，因此，这类零件在投影面系中常按工作位置摆放。

2. 其他视图的选择

主视图选定以后，其他视图的选择可以考虑以下几点：

① 优先采用基本视图，并采用相应的剖视图和断面图；

② 根据零件的复杂程度和结构特点，确定其他视图的数量；

③ 在完整、正确、清晰地表达零件结构形状的前提下，尽量减少视图的数量，以免重复、烦琐，导致主次不分。

二、零件图的尺寸标注

零件图中的尺寸是指导零件加工和检验的依据，应满足正确、完整、清晰和合理的要求。前三项要求和组合体的尺寸标注一致。而尺寸标注的合理性，是指所标注的尺寸既要满足设计要求，又要满足工艺要求，便于加工、测量和检验。为了达到合理标注尺寸，需要具备较丰富的设计和工艺知识，这需要通过后续专业课的学习以及在工作实践中逐步掌握。

1. 尺寸基准的选择

尺寸基准是标注尺寸的起点，要做到合理标注尺寸，首先必须选择好尺寸基准。根据基准的作用不同，一般把基准分成设计基准和工艺基准两大类。

（1）设计基准

设计基准是用来确定零件在机器或部件中位置的接触面、对称面、回转面的轴线等。如图 8-28（a）所示的轴承座底面和对称面均为设计基准。

（2）工艺基准

工艺基准是确定零件在机床上加工时的装夹位置，以及测量零件尺寸时所利用的点、线、面。如图 8-28（b）所示的套筒在车床上加工时，用其左端的大圆柱面来定位；而测量有关轴向尺寸 a、b、c 时，则以右端面为起点，因此这两个面是工艺基准。

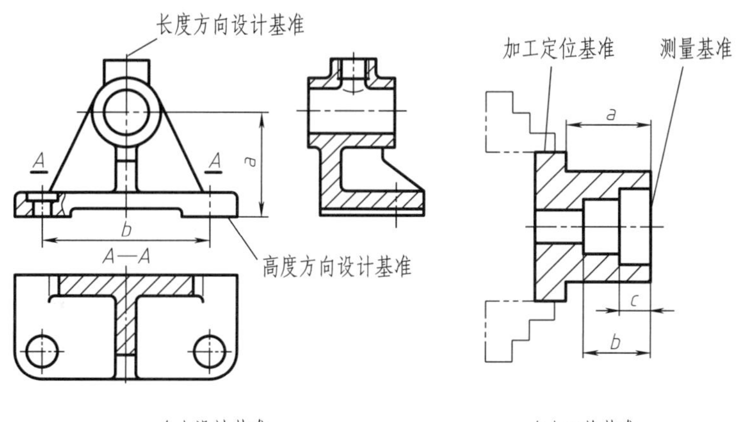

图 8-28　设计基准与工艺基准

（3）基准的选择

在标注尺寸时，最好使设计基准与工艺基准重合，以保证设计与工艺要求。当基准不重合时，在保证设计要求的前提下，满足工艺要求。因此，在同一方向上可以有几个基准，其中有一个基准为主要基准，其余为辅助基准。主要基准一般为设计基准，辅助基准应为工艺基准，两者之间应有尺寸联系。

2. 合理标注尺寸时应注意的一些问题

（1）主要尺寸必须直接注出

主要尺寸是指影响机器或部件工作性能的配合尺寸、重要的结构尺寸、重要的定位尺寸等。为了满足设计要求这些尺寸需直接注出。如图 8-28（a）所示轴承座是一个用于支承轴的零件，在机器中是成对使用的，设计时应保证两轴承座的中心高一致，才能使轴正常运转，因此中心高尺寸 a 必须以底面为基准直接标注；同理，底板上安装孔的中心距也需直接注出。又如图 8-33 所示泵体和泵盖上的轴孔中心距 42 ± 0.012，直接影响两齿轮的正常啮合，因而它也是一个重要的定位尺寸，必须直接注出。

非主要尺寸是指不影响机器或部件主要性能的一般结构尺寸，例如无装配关系的外形轮廓尺寸、不重要的工艺结构尺寸（例如：倒角、退刀槽、凹槽、凸台、沉孔、倒圆等尺寸），这些尺寸通常按工艺要求或形体特征进行标注。

（2）应尽量符合加工顺序

图 8-29（a）中的阶梯轴，其加工顺序为：先车外圆 $\phi14$、长 40，如图 8-29（b）所示；其次车 $\phi10$、长 30 一段，如图 8-29（c）所示；再车 $\phi8$、长 15 一段，如图 8-29（d）所示；最后车距右端面 15、宽 2、直径 $\phi6$ 的越程槽以及 $C2$ 倒角，如图 8-29（e）所示。所以它的尺寸应按图 8-29（a）标注。

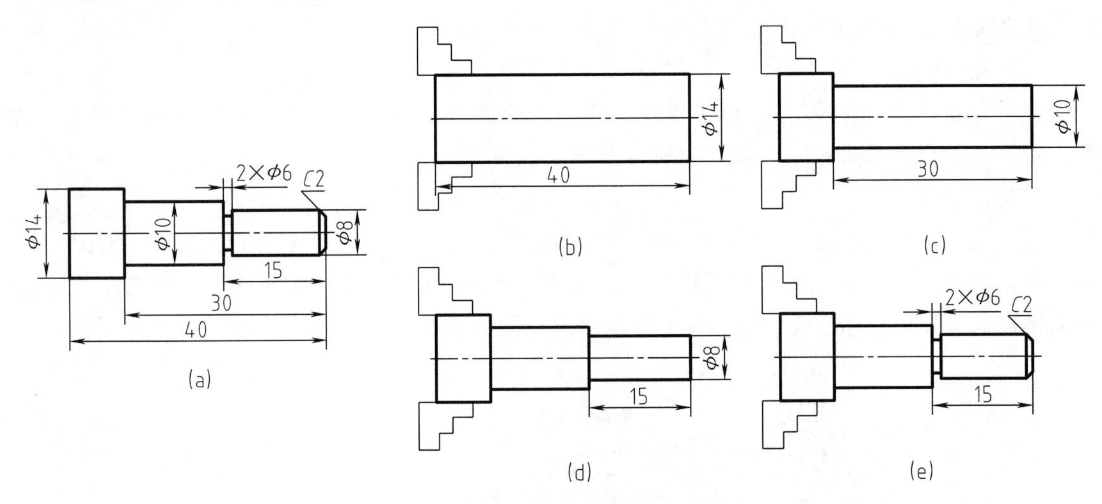

图 8-29　尺寸标注应符合加工顺序

（3）应考虑测量方便

加工阶梯孔时，一般是从端面起按相应深度先做成小孔，然后依次加工出大孔。图 8-30（a）中，尺寸 e 的测量不方便，若将图 8-30（a）中的尺寸 e 改注成图 8-30（b）中尺寸 g 所示，测量起来就方便多了。

（4）毛面与加工面之间的尺寸注法

对铸件同一方向上的加工面与毛面应各选一个基准分别标注尺寸，且两个基准之间只允许有一个联系尺寸。如图 8-31 所示，毛面与加工面之间只用一个尺寸 L 联系。

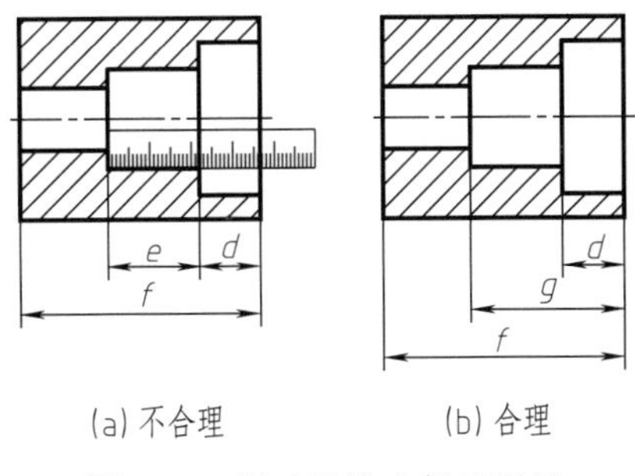

图 8-30　尺寸标注应便于测量

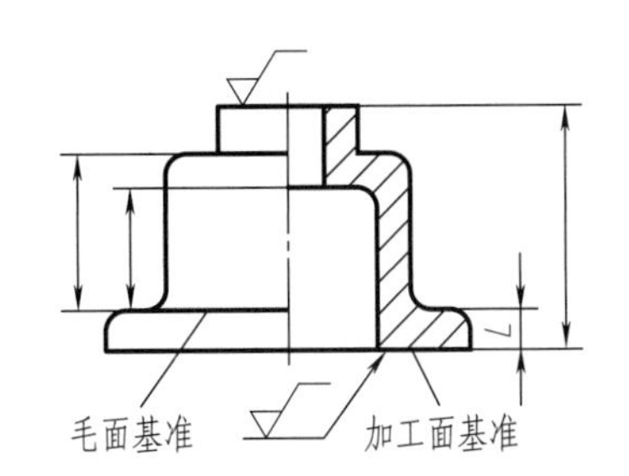

图 8-31　毛面与加工面之间尺寸注法

（5）避免出现封闭的尺寸链

尺寸同一方向串连并首尾相接，会构成封闭的尺寸链［图 8-32（a）］，这是错误的标注，按这样的尺寸进行加工，可能出现加工的累计误差超过设计许可的情况，因而在标注尺寸时，将最不重要的一个尺寸不注［称开口环，见图 8-32（b）］，或注成带括号的参考尺寸［图 8-32（c）］。

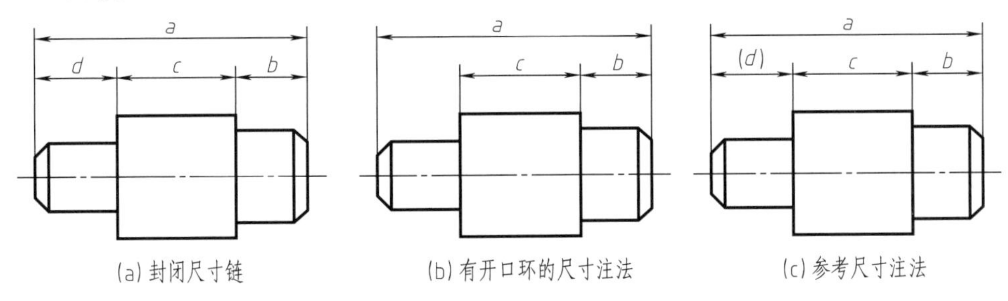

图 8-32　不要注成封闭的尺寸链

（6）关联尺寸的标注应一致

在相互连接的各零件间，总有一个或几个相关的表面，关联尺寸就是保证这些相关表面的定形、定位一致的尺寸。如图 8-33 所示，齿轮油泵泵体和泵盖的端面为相关表面，端面定形尺寸均为 $R40$；小孔的定位尺寸均为 $R32$、45°；轴孔中心距均为 42±0.012。

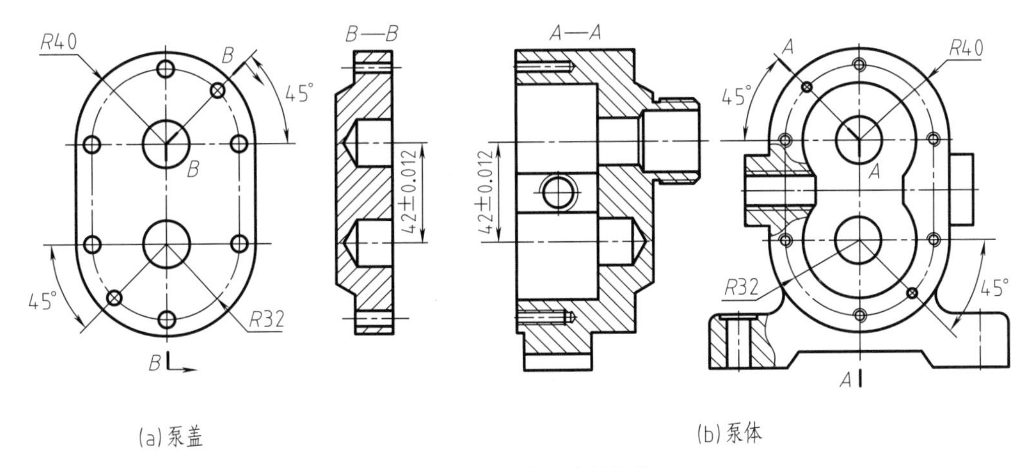

图 8-33　关联尺寸的标注

3. 零件上常见典型结构的尺寸注法

倒角、退刀槽尺寸注法见表 8-11；光孔、沉孔、螺纹孔的尺寸注法见表 8-12。

表 8-11 倒角、退刀槽的尺寸注法

结构名称	尺寸标注方法	说明
倒角	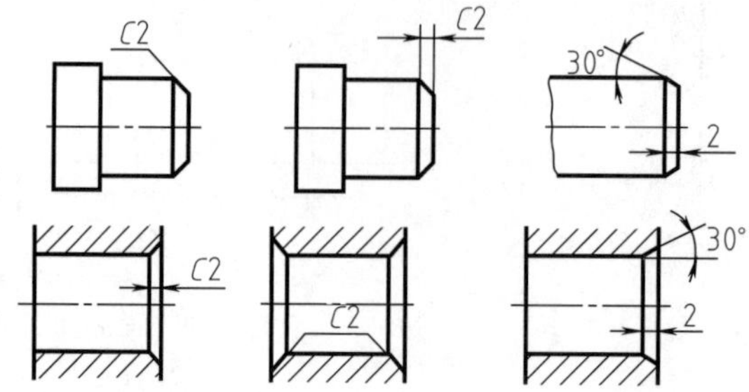 C2　C2　30°　2 C2　C2　30°　2	一般45°倒角按"C 轴向尺寸"注出。30°或60°倒角，应分别注出宽度和角度
退刀槽	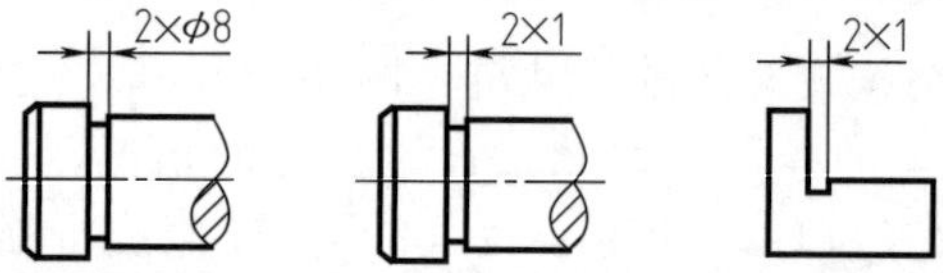 2×φ8　2×1　2×1	一般按"槽宽×槽深"或"槽宽×直径"注出

表 8-12 各种孔的尺寸注法

类型	旁注法		普通注法	说明
光孔	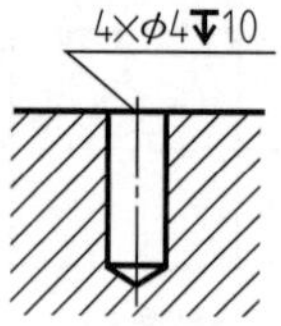 4×φ4↧10	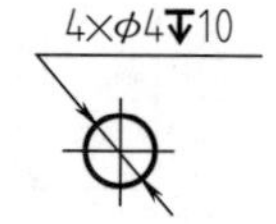 4×φ4↧10	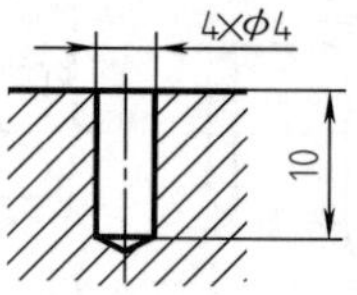 4×φ4　10	四个直径为4，深度为10，均匀分布的孔
埋头孔	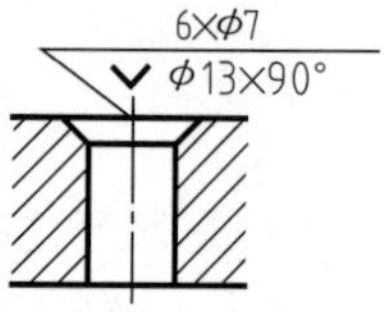 6×φ7 ⌵φ13×90°	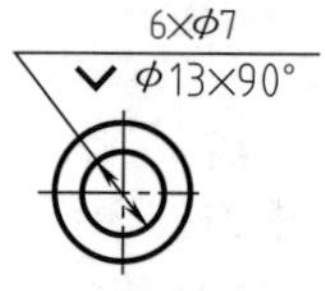 6×φ7 ⌵φ13×90°	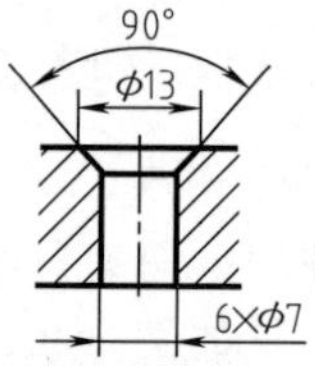 90°　φ13　6×φ7	锥形沉孔的直径 φ13 及锥角90°，均需标注
沉孔	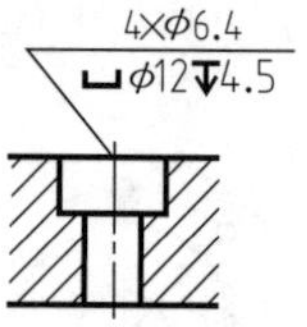 4×φ6.4 ⌴φ12↧4.5	 4×φ6.4 ⌴φ12↧4.5	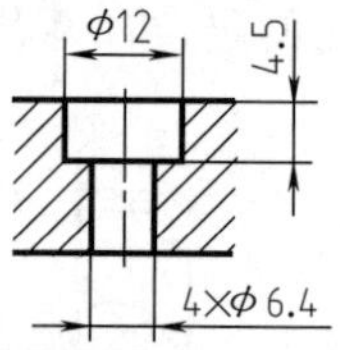 φ12　4.5　4×φ6.4	柱形沉孔的直径 φ12 及深度4.5，均需标注
锪平孔	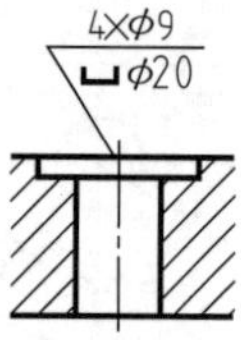 4×φ9 ⌴φ20	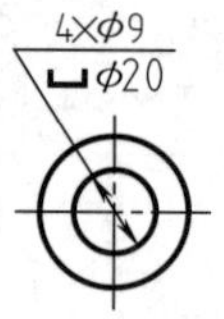 4×φ9 ⌴φ20	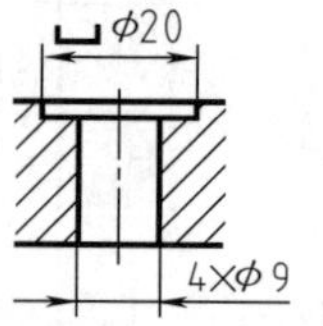 ⌴φ20　4×φ9	锪平 φ20 的深度不需标注，一般锪平到光面为止
螺孔	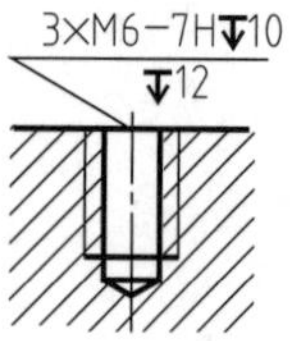 3×M6−7H↧10 ↧12	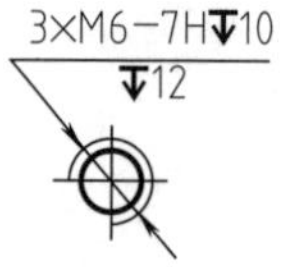 3×M6−7H↧10 ↧12	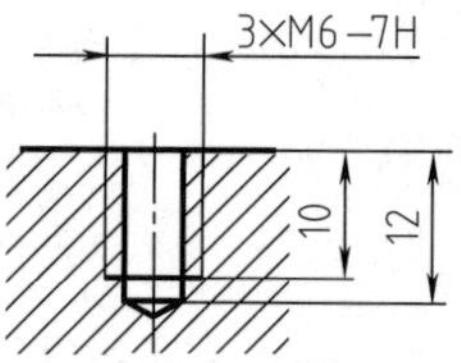 3×M6−7H　10　12	三个螺纹孔，大径为M6，螺纹公差带代号为7H，螺孔深度为10，光孔深为12，均匀分布

注：↧表示孔深度；⌴表示沉孔或锪平；⌵表示埋头孔。

三、典型零件分析

在考虑零件的表达方法之前，必须先了解零件上各结构的作用和特点，才能选择一组合适的表达方案将其全部结构表达清楚。

下面分别讨论轴套类、盘盖类、叉架类、箱体类零件的结构特点、表达方案及尺寸标注。

1. 轴套类零件

(1) 结构特点

轴套类零件的主体部分由同轴回转体组成，且轴向尺寸大于径向尺寸，这类零件上常具有键槽、销孔、退刀槽、越程槽、螺纹、中心孔、倒角等结构。轴类零件一般呈中间大，两头依次变小的台阶状，这些台阶用于装配定位和通过零件，如图 8-34（a）和图 8-35 所示。图 8-34（b）和图 8-34（c）为套筒类零件立体图。

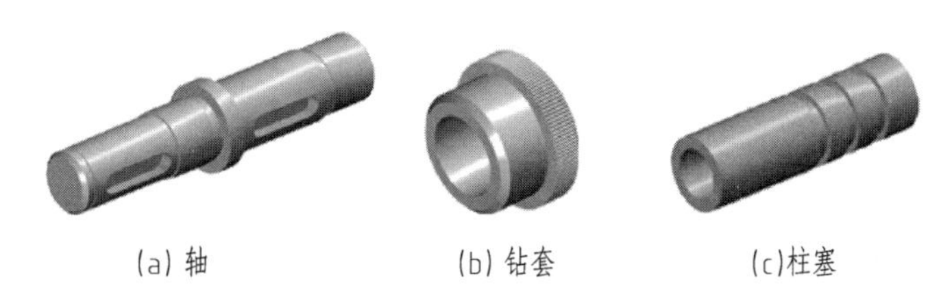
(a) 轴　(b) 钻套　(c)柱塞

图 8-34　轴套类零件立体图

(2) 视图选择

轴套类零件的加工主要在车床、磨床上进行。这类零件只需一个基本视图（轴线水平，投射方向垂直轴线）。实心轴不必剖视，对轴上的键槽、销孔及退刀槽等结构，常用移出断面、局部剖视图和局部放大图表示，如图 8-35 所示为减速箱从动轴零件图。对于套筒类零件，主视图常采用剖视或半剖视表达。

(3) 尺寸标注

轴的径向尺寸基准（即宽、高方向尺寸基准）是轴线，以此为基准标注各轴段直径。轴向（即长度方向）主要基准一般选重要的端面、接触面。如图 8-35 所示，ϕ36 轴段的右端面为轴向主要尺寸基准，从基准方向出发向右注出 74，16。右边的键槽在轴线方向标注定位尺寸 3，长度 25，键槽宽度和深度尺寸在 A—A 断面图中标注，分别为 8 和 20（为了方便测量，不直接注出槽的深度）。在 ϕ30 和 ϕ36 圆柱体之间标注越程槽尺寸 2×1.5（槽的宽度为 2，深度为 1.5）。标注倒角尺寸 $C2$。

2. 盘盖类零件

(1) 结构特点

盘盖类零件与轴套类零件类似，一般由回转体构成，所不同的是盘盖类零件的径向尺寸大于轴向尺寸，因而呈扁平盘状。这类零件上常具有退刀槽、凸台、凹坑、键槽、倒角、轮辐、轮齿、肋板和作为定位用的小孔等结构。如图 8-36 所示为轮盘类零件立体图。

(2) 视图选择

盘盖类零件的加工主要在车床上进行。盘盖类零件较轴类零件复杂，一般选择过对称面或回转轴线的剖视图作主视图，轴线水平放置，同时还需增加适当的其他视图（如左视图、右视图）才能将零件的外形和其他结构表达清楚。如图 8-37 所示为轴承盖零件图。

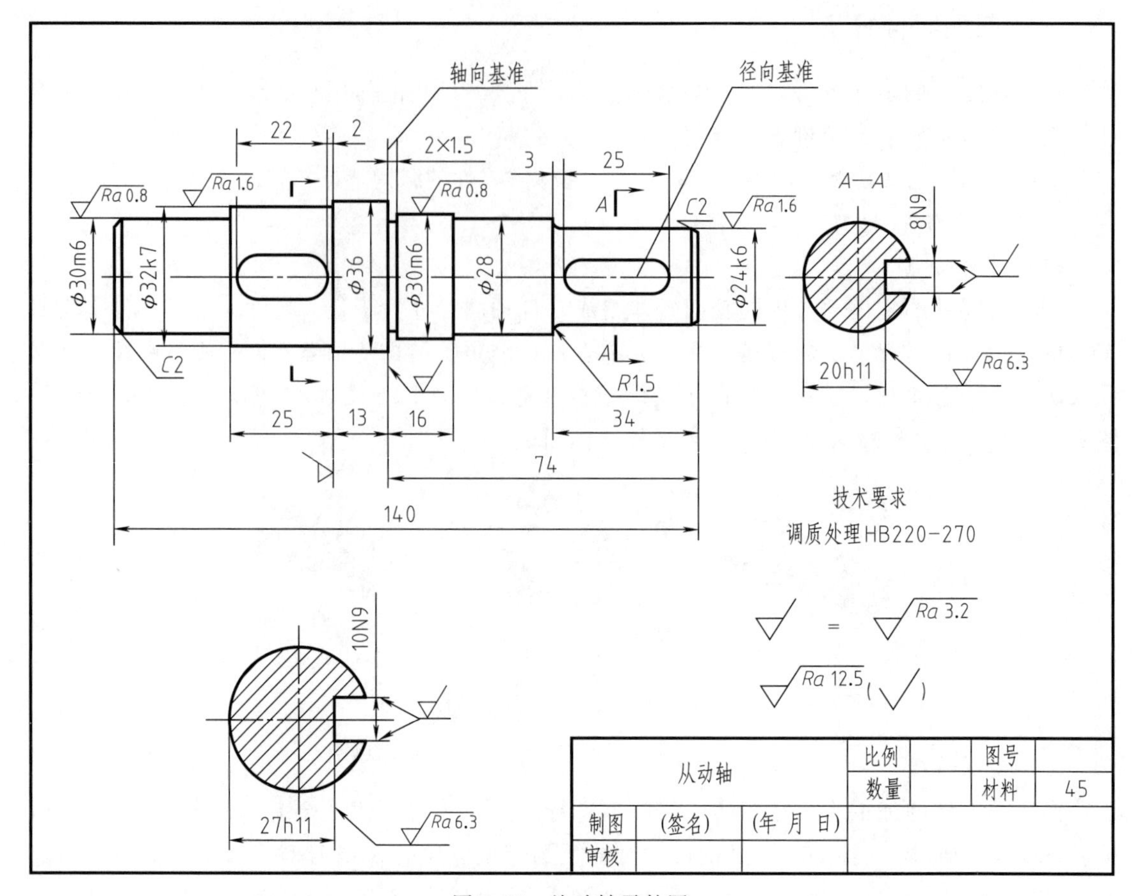

图 8-35　从动轴零件图

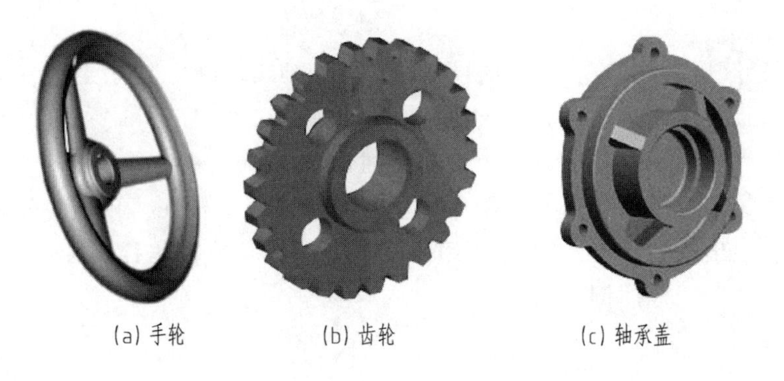

图 8-36　盘盖类零件立体图

（3）尺寸标注

盘盖类零件一般以轴线作为径向基准，轴向主要基准是经过加工的较大端面，圆周上均匀分布小孔的定位圆直径是这类零件典型定位尺寸。如图 8-37 所示，以轴线为基准标注 ϕ62J7、ϕ56、ϕ160 等直径尺寸，轴向基准为标注了跳动公差的加工表面，以此为基准标注尺寸 28，6 个 ϕ9 小圆孔均匀分布在直径为 ϕ160 的定位圆上。

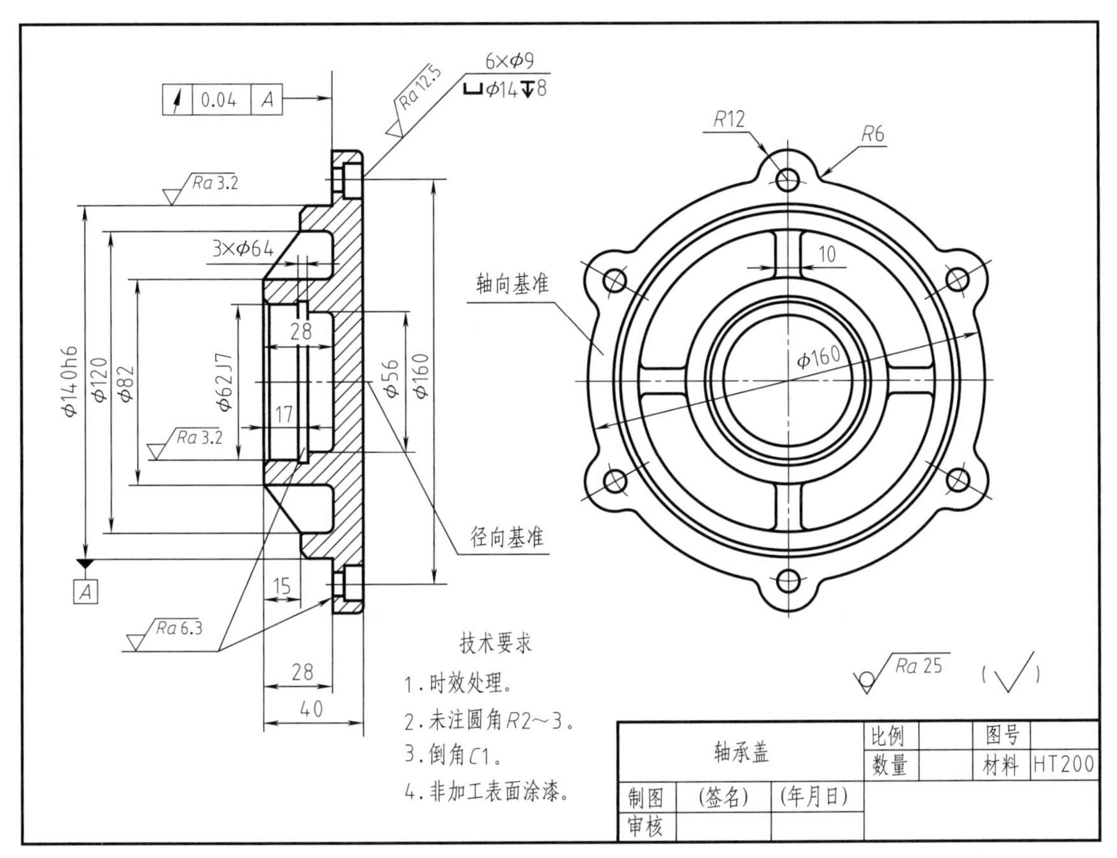

图 8-37　轴承盖零件图

3. 叉架类零件

(1) 结构特点

叉架类零件一般都是锻件或铸件，结构形状比较复杂，常有倾斜或弯曲的结构及凸台、凹坑、肋板等结构。一般可归纳为由支承、安装和连接三个部分组成。如图 8-38 所示为叉架类零件立体图。

图 8-38　叉架类零件立体图

(2) 视图选择

叉架类零件各加工面往往在不同机床上加工。这类零件一般需要两个或两个以上的基本视图（按工作位置放置），另外根据零件结构特征可能需要采用局部视图、斜视图和局部剖视图来表达一些局部结构的内外形状，用断面图来表示肋、板、杆等的断面形状。如

图 8-39 为叉架零件图，除采用了主、左视图外，还采用了断面图、局部视图和局部剖视图等表达方法。

（3）尺寸标注

叉架类零件标注尺寸时，常选用轴线、安装面或零件的对称面作为主要尺寸基准。如图 8-39 所示，长度方向的主要基准选择右边的垂直安装面，标注 15、60 尺寸；高度方向的主要基准面选择右边的水平安装面，标注 20、80、10 尺寸；宽度方向的主要基准选择对称面，标注 40、50、82 尺寸。

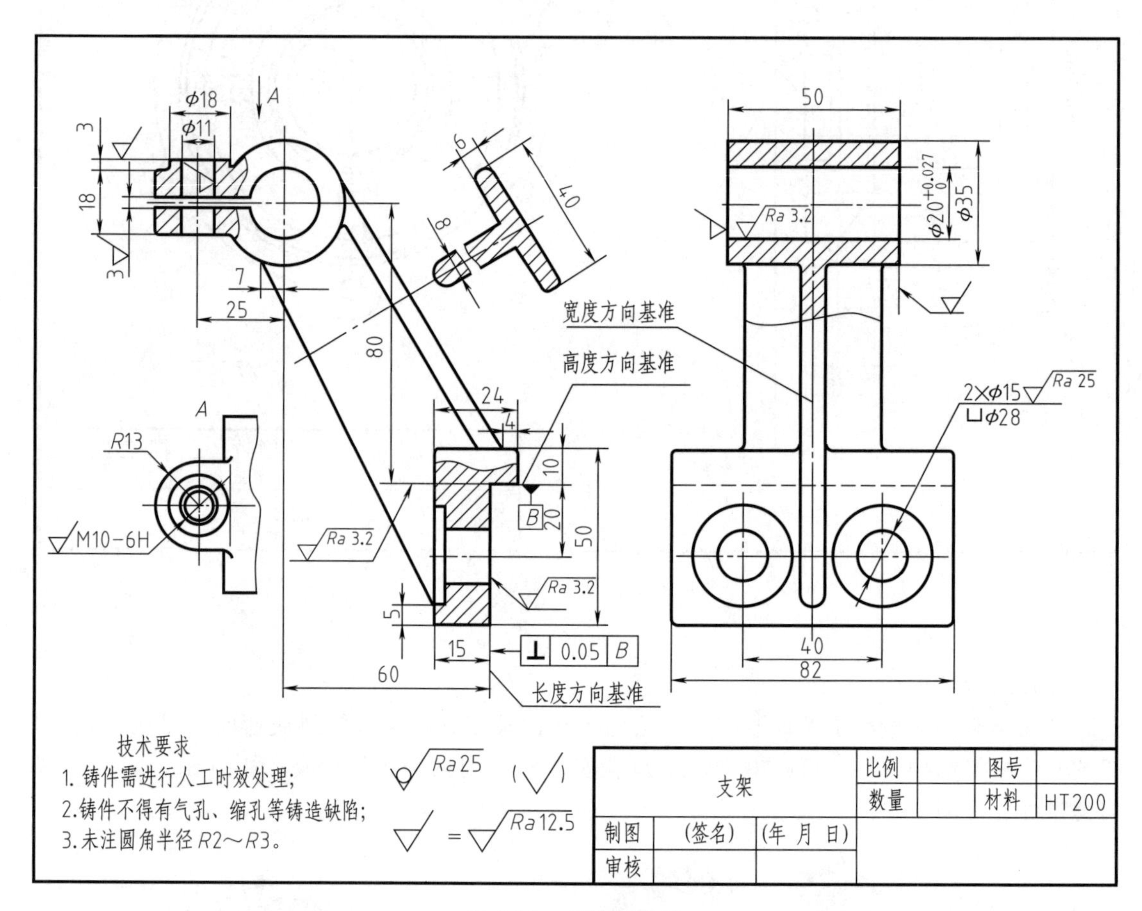

图 8-39　支架零件图

4．箱体类零件

（1）结构特点

箱体类零件主要用来支承、包容、保护其他零件，其结构形状最为复杂，而且加工位置变化最多。减速箱体、阀体、泵体等都属于箱体类零件，如图 8-40 所示为这类零件的立体图。

（2）视图选择

由于箱体类零件的加工位置多变，主视图按工作位置放置，根据表达需要，再选用其他基本视图，结合剖视、断面、局部视图等多种表达方法表达零件的内外结构。如图 8-41 所示为泵体零件图，主视图采用全剖视图，表达泵体内部结构形状。左视图用两处局部剖分别表达进出油口结构和安装孔结构。

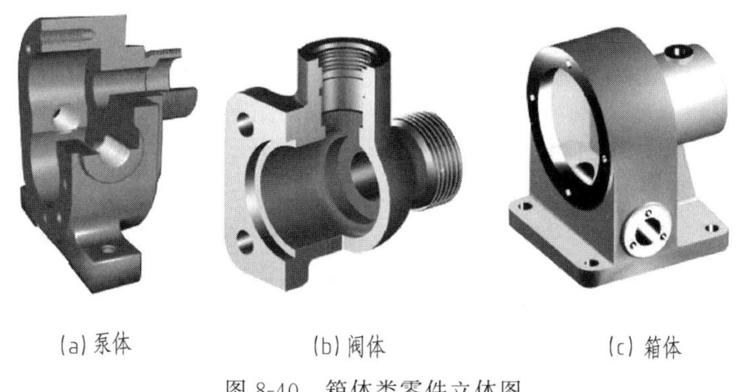

图 8-40 箱体类零件立体图

(3) 尺寸标注

这类零件的尺寸基准常选用轴线、重要的安装面、接触面（或加工面）和箱体的对称面等，对于箱体上需要切削加工部分的尺寸标注，应尽可能方便加工和检验。如图 8-41 所示的泵体，左端面、对称面和底面分别是长度方向、宽度方向和高度方向的尺寸基准。在主视图上，以左端面为基准自上而下标注 62、25、15、10、3 尺寸。在左视图上，以对称面为基准自上而下标注 28、40、70、85 尺寸；以底面为基准标注 50、2、12 尺寸。

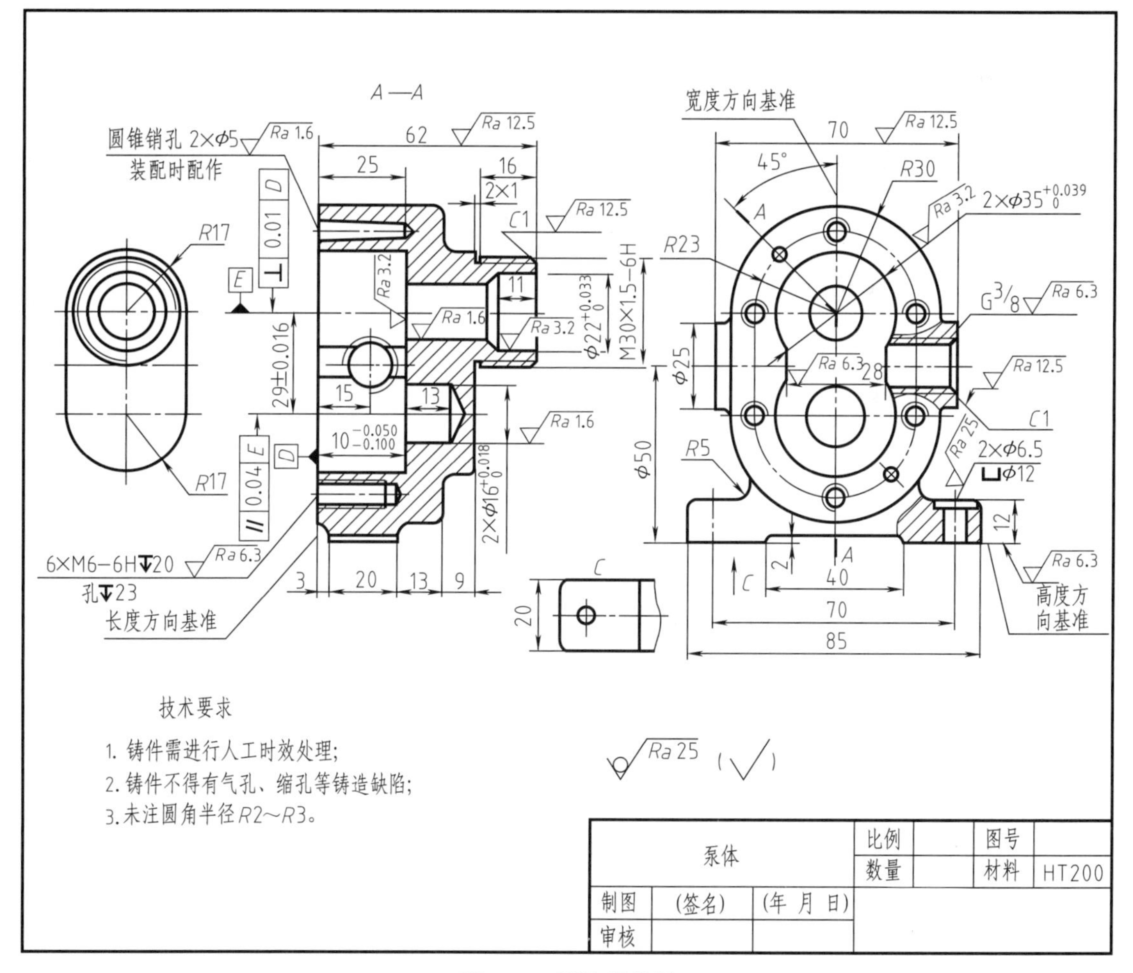

图 8-41 泵体零件图

第六节 读零件图

读零件图的目的在于弄清该零件结构形状、尺寸和技术要求等，以便指导生产或评价零件设计的合理性，必要时提出改进意见。因此看图能力是每个工程技术人员必须具备的基本能力。现以如图 8-42 所示泵体零件图为例，介绍看零件图的一般方法和步骤。

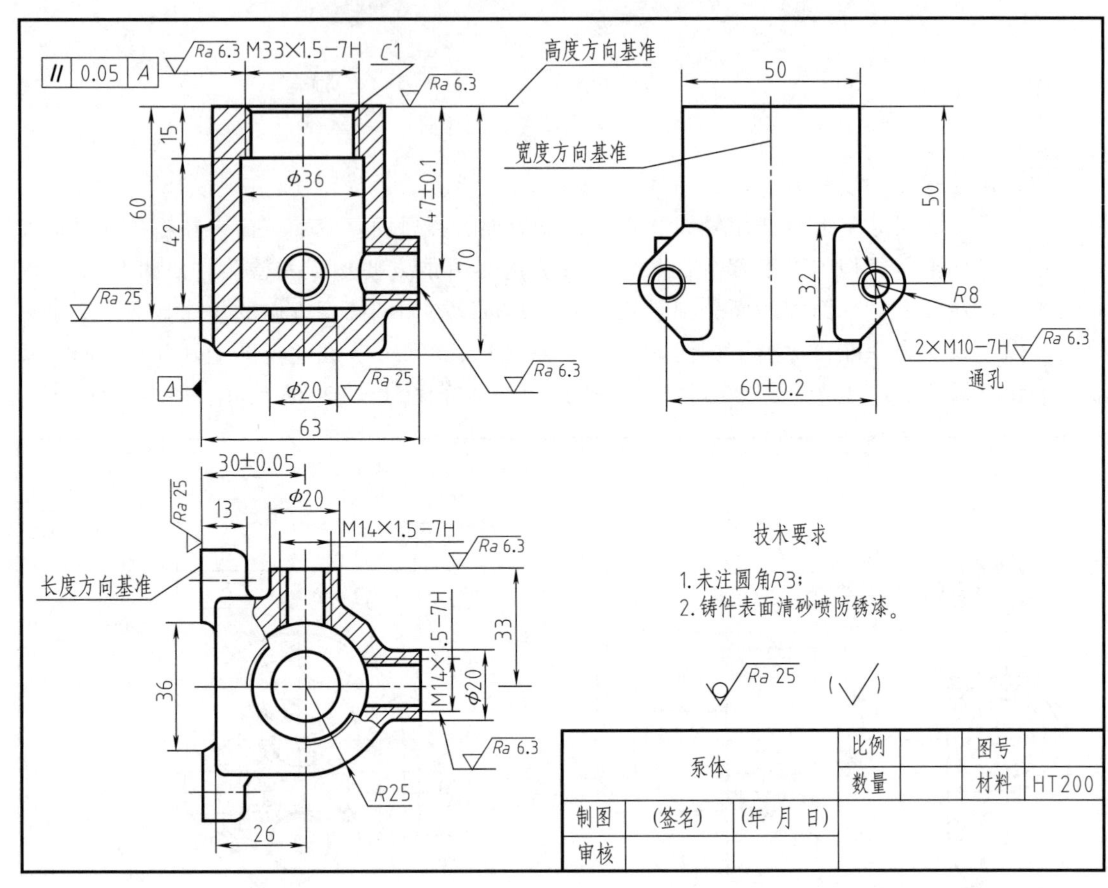

图 8-42 泵体零件图

一、概括了解

首先从零件图的标题栏，了解零件的名称、材料、比例等。然后从相关的技术资料（如装配图、说明书等）了解零件在机器或部件中的作用以及它与其他零件的连接关系。

从图 8-42 可知，该零件的名称为泵体，属于箱体类零件。它应具有容纳其他零件的内腔结构。材料是 HT200，零件的毛坯是铸造而成，结构较复杂，加工工序较多。

二、看懂零件的结构形状

1. 分析视图

看懂零件的内、外结构形状是看图的重点。先找出主视图，分析各视图间的关系，弄清剖视图、断面图的剖切位置、投射方向，研究各视图所表达的重点。

该泵体共采用了三个基本视图来表达零件的内外结构。主视图采用全剖视，主要表达泵体内部结构；俯视图表达外形，其上有一处局部剖，表达进出油孔结构；左视图为外形图，主要表达安装底板的形状。

2. 想象形状

零件的结构形状主要取决于零件的功能和制造工艺。功能结构是零件上的主要结构，看图方法仍然是形体分析法。分析图 8-42 的各投影可知，泵体零件由泵体和两块安装板组成。

① 泵体部分：其外形为左面方形右面半圆柱形状；内腔为圆柱形，容纳柱塞泵的柱塞等零件；后面和右面各有一个圆柱形的凸台，分别为与内腔相通的进、出油孔。

② 安装板部分：从左视图和俯视图可知，在柱塞泵的左边有两块三角形安装板，其上有螺纹孔。

通过以上分析，看出泵体的结构形状如图 8-43 所示。

三、分析尺寸

分析尺寸时，应先分析长、宽、高三个方向的主要尺寸基准，了解各部分的定位尺寸和定形尺寸，分清哪些是主要尺寸。

如图 8-42 所示，由俯视图尺寸 30±0.05 和 13 可知长度方向的尺寸基准是安装板的左端面；从主视图的尺寸 60 和 47±0.1 可知高度方向的尺寸基准是泵体上表面；从俯视图的尺寸 33 和左视图的尺寸 60±0.2 可知宽度方向的尺寸基准是泵体的前后对称面。进出油孔的定位尺寸 47±0.1、30±0.05 以及安装板两螺孔的中心距 60±0.2 要求比较高，加工时必须保证。

四、了解技术要求

了解零件图中的表面粗糙度、尺寸公差、几何公差及热处理等技术要求。

如图 8-42 所示，M14×1.5-7H、M33×1.5-7H 为细牙普通螺纹，中径及顶径公差带均为 7H，螺纹粗糙度及端面粗糙度均为 Ra6.3，要求较高，以便对外连接紧密，防止漏油；圆柱形内腔轴线相对安装底面的平行度公差 0.05；零件材料为铸铁，为保证泵体加工后不致变形而影响工作，因此铸件应经时效处理；未注铸造圆角 R3。

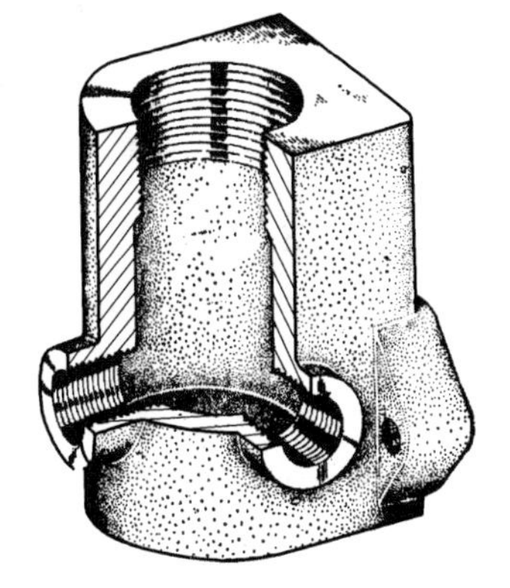

图 8-43　泵体立体图

五、综合归纳

通过以上分析，对泵体的结构形状和尺寸大小有了比较深刻的认识，对技术要求也有一定的了解，最后综合归纳，对泵体就会有一个总体概念，从而达到能够指导生产的目的。

第七节　零件的测绘

零件的测绘就是根据实际零件画出它的图形，测量出它的尺寸及制定出技术要求，如在机器仿制设计、修配改造等工作中，最重要的一个环节就是零件测绘。测绘过程通常是先画出零件草图，然后再根据零件草图画出正规零件图（或零件工作图）。

一、常用的测绘工具及测量方法

1. 常用测量工具

常用的测量工具有测量长度用的直尺、内外卡钳、游标卡尺和千分尺等；测量角度用的角度规，测量圆角用的圆角规，测量螺纹用的螺纹规等。

2. 常用的测量方法

表 8-13　尺寸测量方法

尺寸	测量方法	尺寸	测量方法
孔中心距	中心距 $L=A+\frac{D_1}{2}+\frac{D_2}{2}$	壁厚	壁厚 $X=A-B$
直线尺寸	直线尺寸可以用钢直尺直接测量读数，如图中的长度 L_1(94)、L_2(13)和 L_3(28)	中心高	中心高可以用钢直尺测出，如图中 $H=A+\frac{D}{2}=B+\frac{d}{2}$
直径尺寸	直径尺寸可以用游标卡尺直接测量读数，如图中直径 d(ϕ14)	螺纹的螺距	螺距可以用螺纹规或钢直尺测得，如图中螺距$t=1.5$

续表

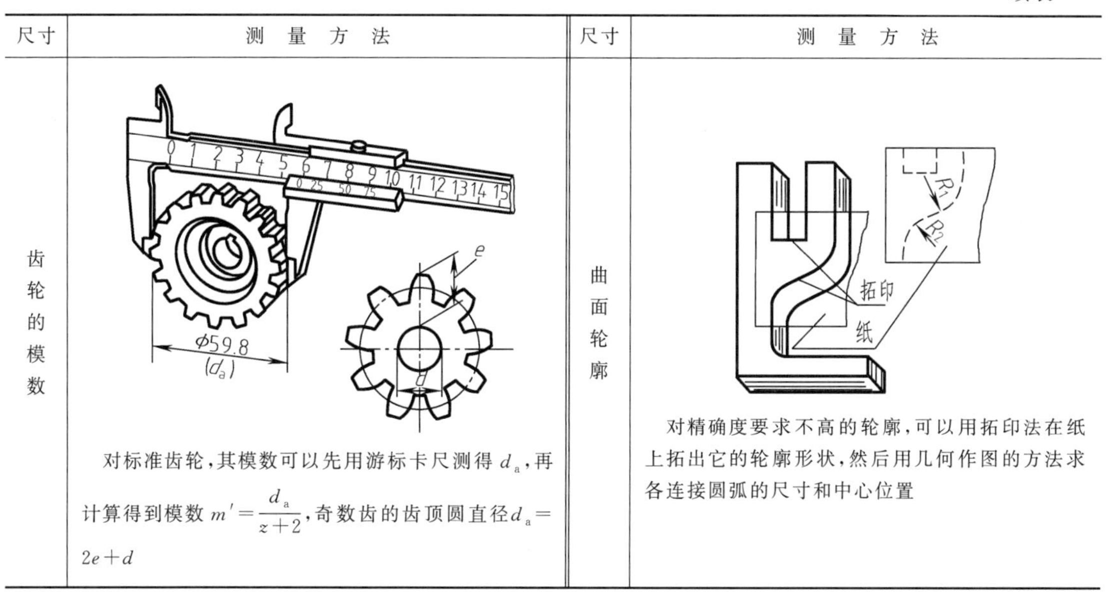

尺寸	测量方法	尺寸	测量方法
齿轮的模数	对标准齿轮，其模数可以先用游标卡尺测得 d_a，再计算得到模数 $m'=\frac{d_a}{z+2}$，奇数齿的齿顶圆直径 $d_a=2e+d$	曲面轮廓	对精确度要求不高的轮廓，可以用拓印法在纸上拓出它的轮廓形状，然后用几何作图的方法求各连接圆弧的尺寸和中心位置

在测绘零件中，常用简单量具如直尺、内卡尺和外卡尺测量未注公差值的线性尺寸，用游标卡尺、千分尺、高度游标尺等测量精度要求高的尺寸，用螺纹规测量螺距，用圆角规测量圆角，用曲线尺、铅丝和印泥等用具测量曲面、曲线，用角度规测量角度。各种测量方法见表 8-13 说明。

二、零件测绘的步骤

1. 分析零件，确定表达方案

在零件测绘以前，必须对零件进行详细分析，这是能否真实可靠地测绘好零件的前提，分析的步骤及内容如下。

① 了解该零件的名称和用途。

② 鉴定零件的材料。

③ 对零件进行结构分析。由于零件总是装上机器（部件）后才发挥其功能的，所以分析零件结构功能时应结合零件在机器上的安装、定位、运动方式等进行，这项工作对测绘已破旧、磨损的零件尤为重要。只有在结构分析的基础上，才能确定零件的本来面目。

④ 确定零件的表达方案。在通过上述分析的基础上，按照前述零件图样表达方案的选择方法确定零件的主视图、视图数量和表达方法，为绘制零件草图作准备。

⑤ 对零件进行工艺分析，因同一零件，采用不同的制造加工工序，会有不同的尺寸注法、表面质量等。这一过程我们暂采用同类零件的类比方法处理尺寸注写、尺寸精度要求、形位精度要求、表面质量等，对这些处理结果应作列表记录（实际工作中一定要有更多相关专业知识及一定工作经验）。

2. 绘制零件草图

零件草图并不是“潦草的图”，它具有与零件工作图一样的全部内容，包括一组视图、完整的尺寸、技术要求和标题栏。它与手工尺规绘图的区别是画图时不使用或部分使用绘图工具，只凭目测确定零件实际形状大小和大致比例关系，然后用铅笔徒手画出图形。

对视图要求：目测尺寸要准，视图正确，比例匀称，表达清楚，线型分明，字体工整，尺

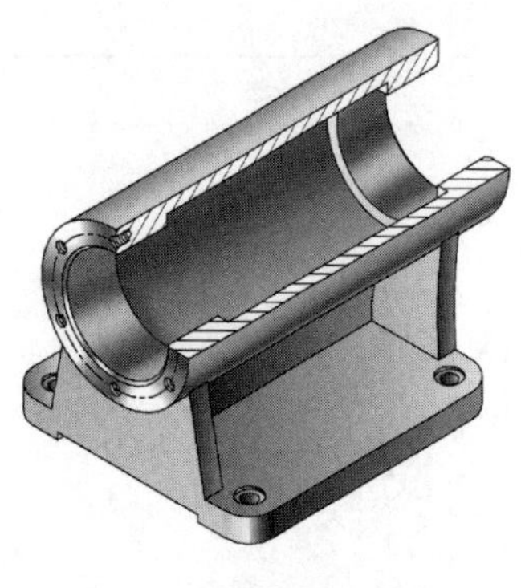
图 8-44 座体（实体图）

寸完整。当然，草图的作图精度及线型都会比尺规绘图差一些。

画零件草图的步骤与画正规图的步骤基本相同。现以座体零件（图 8-44）为例，说明绘制零件草图的过程。

① 画基准线、基本体，如图 8-45（a）所示。注意视图间留出标注尺寸的空间，并留出标题栏的位置。

② 根据确定的表达方案，详细画出零件的外部及内部结构形状，如图 8-45（b）所示。

③ 确定需要标注的尺寸，画出尺寸界线、尺寸线及箭头，如图 8-45（b）所示。经过仔细校核后，将全部轮廓线描深。

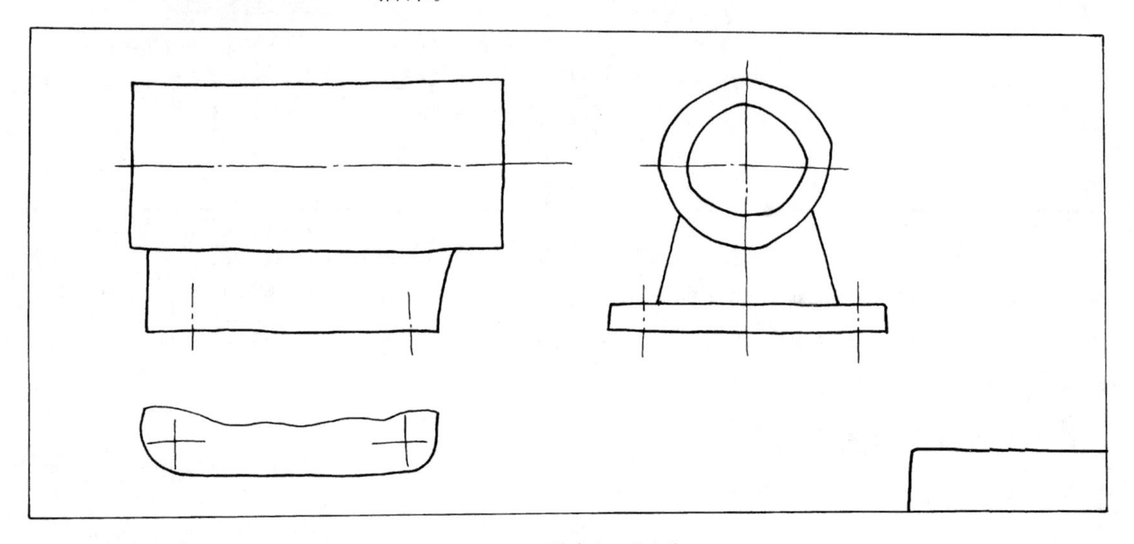
(a) 画基准线、基本体

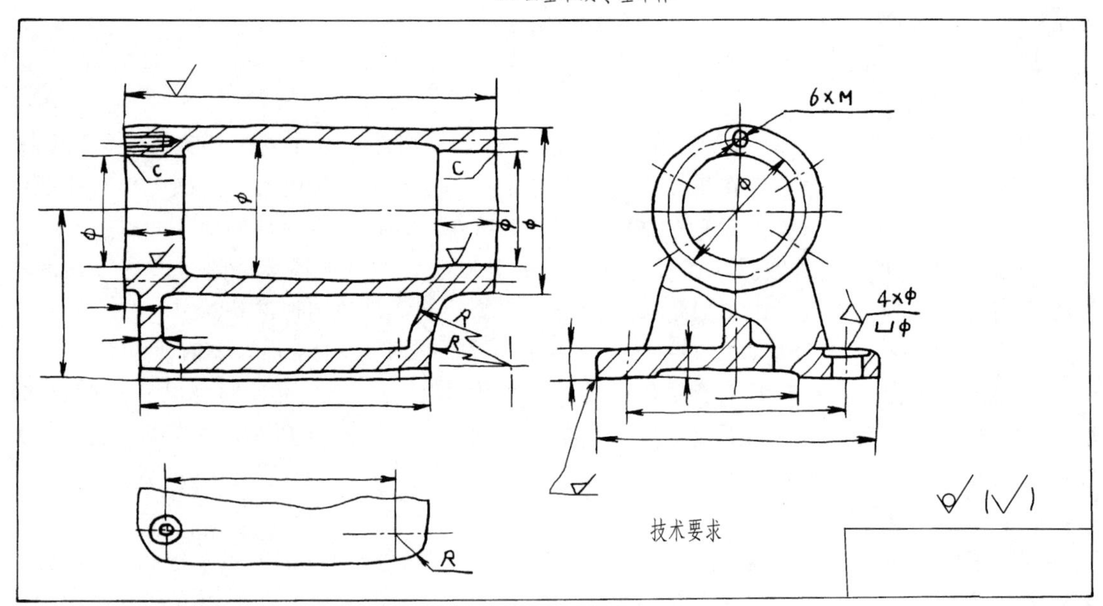

(b) 画详细结构，画尺寸线

图 8-45 绘制零件草图过程

④ 逐一测量尺寸，填写尺寸数据。注意零件与零件之间某些尺寸的关联性。

⑤ 类比法注写技术要求，填写标题栏（略）。

3. 由零件草图绘制零件工作图

由于零件测绘往往在现场进行，由于时间有限，有些问题虽已表达清楚，尚不一定完善，同时，零件草图一般不直接用于指导生产。因此，需要根据草图作进一步完善，画出零件工作图，用于生产、加工、检验。

画零件工作图的基本步骤如下。

（1）校核零件草图

① 表达方案是否完整、清晰和简便，否则应根据草图加以整理。

② 零件上的结构形状是否因零件的破损尚未表达清楚。

③ 尺寸标注是否合理。

④ 技术要求是否完整、合适。

（2）画零件工作图

① 零件工作图的视图绘制与画组合体视图绘制过程基本相同。根据国家标准图样画法，力求采用反映实形、无虚线的图形表达。

② 图形画好后再注写尺寸和技术要求，画剖面线等。

③ 检查无误后认真填写标题栏等内容。

最终绘制的座体零件图如图 8-46 所示。

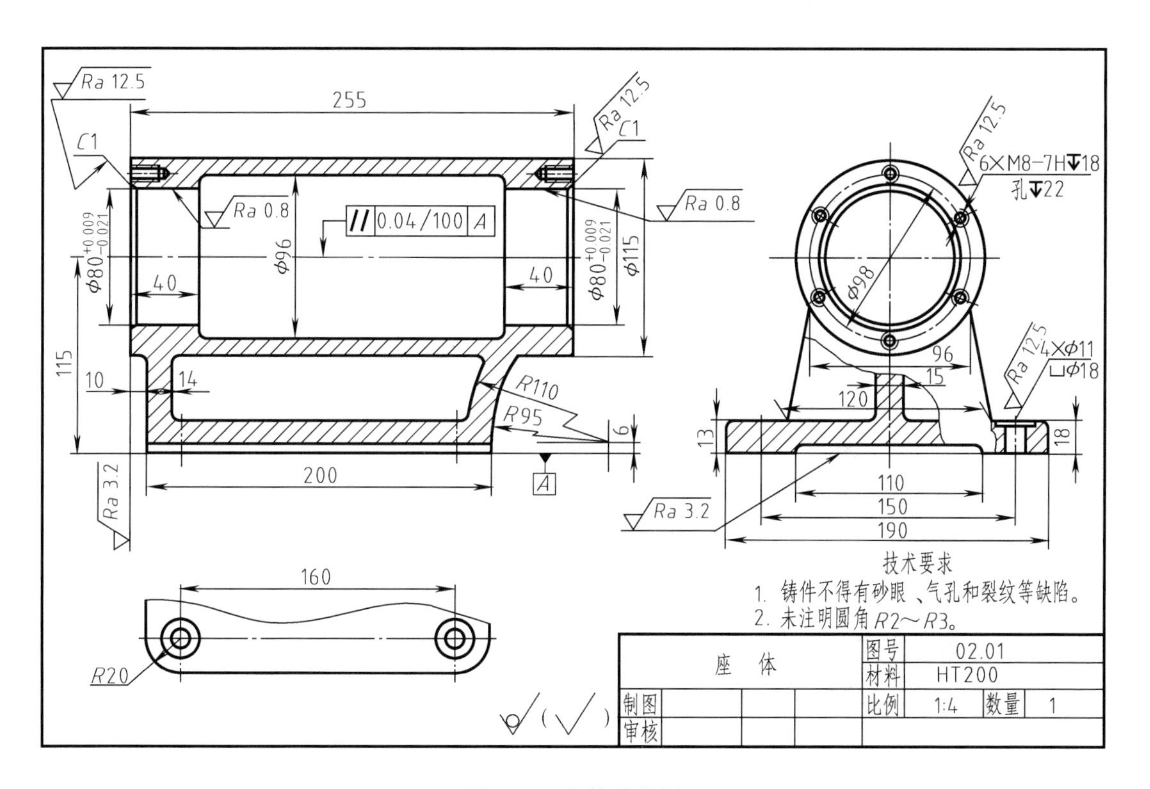

图 8-46　座体零件图

第九章 装配图

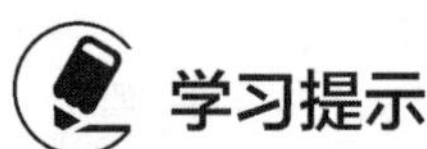

学习提示

装配图的视图是多个零件的图形拼合，要求既能体现出各零件的独立性又能表示出相邻两零件间的装配关系。因此，装配图中的零件位置及功能结构应尽量表达清楚，同时，机械制图国家标准制定了装配图的表示方法，实现了零件间的位置关系、相互连接关系和装配关系的清晰表达。

装配图是表示机器或部件各组成部分之间连接、装配关系及其技术要求等的图样。表达一台完整机器的装配图，称为总装配图（总图），表达机器中某个部件（或装配体）的装配图，称为部件装配图。

第一节 装配图的作用与内容

装配图是设计、制造以及技术交流的重要技术文件。产品设计中，根据拟定的产品功能要求，一般先绘制出机器或部件的装配图，然后根据装配图进行各个零件的设计并完成零件图；产品制造中，装配图是零件组装成部件或部件组装成机器的过程中进行装配和检验的依据；产品安装、使用和维修中，装配图是了解机器或部件的安装尺寸、使用要求及零件间的装配关系等的资料。

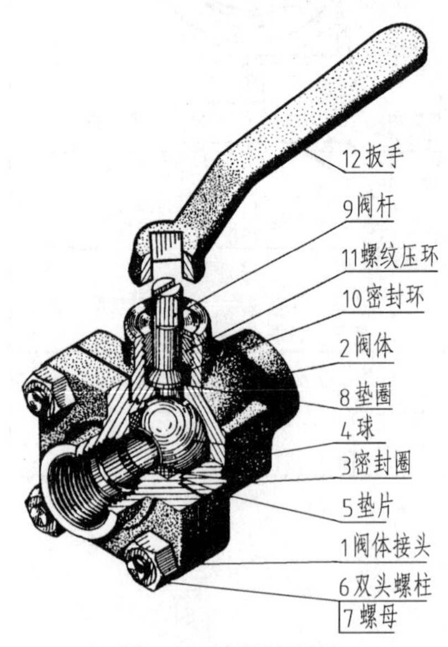

图 9-1 球阀轴测图

总之，装配图是生产中的重要技术文件之一，在现代工业生产中起着非常重要的作用。

如图 9-1 所示的球阀，是由 12 种规格的零件组成的用于启闭和调节流量的部件。如图 9-2 是该球阀的装配图。由该图可知，装配图包括以下四方面内容：

（1）一组图形

用一组图形正确、完整、清晰和简洁地表示机器

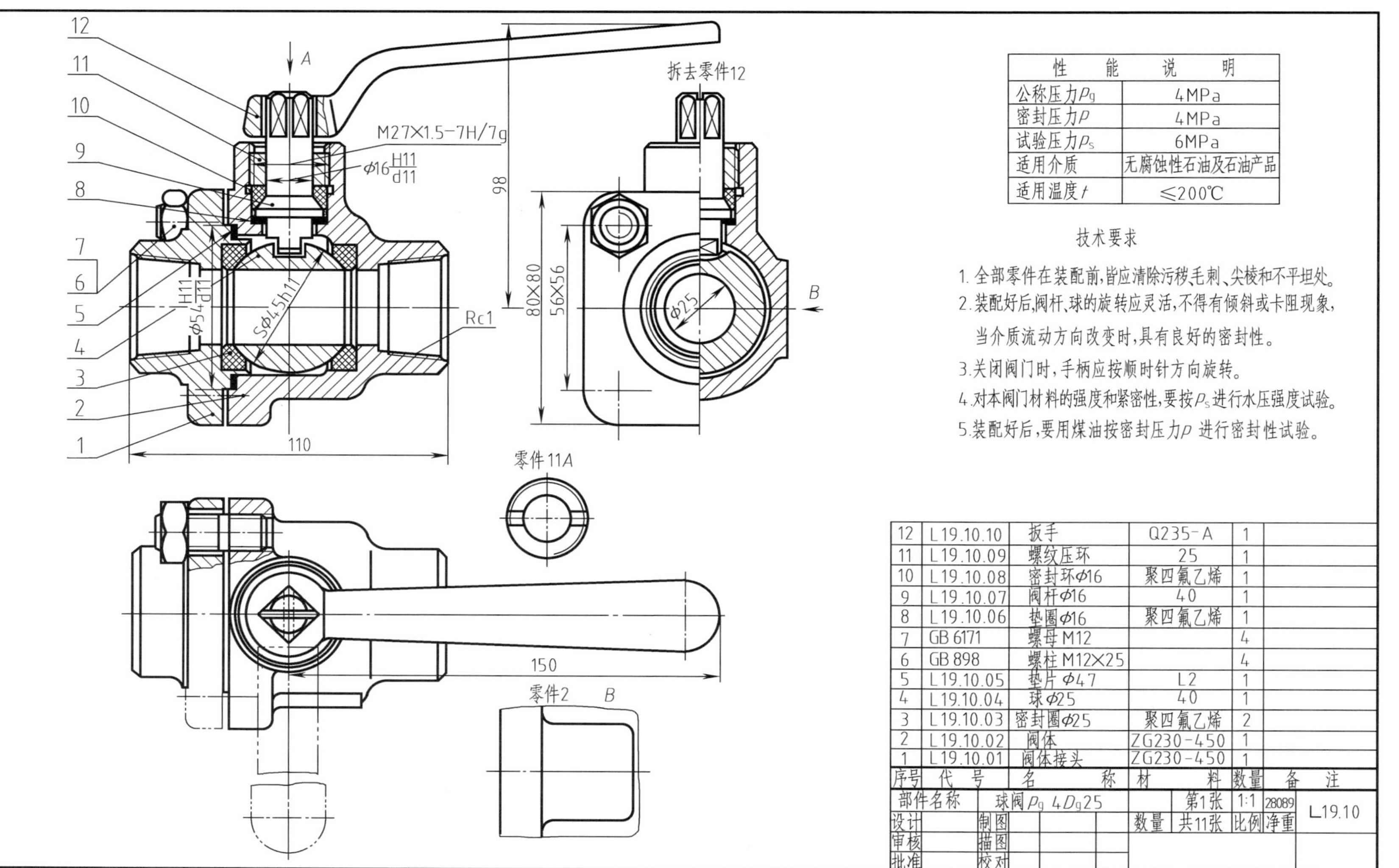

性能	说明
公称压力p_g	4MPa
密封压力p	4MPa
试验压力p_s	6MPa
适用介质	无腐蚀性石油及石油产品
适用温度t	≤200℃

技术要求

1. 全部零件在装配前，皆应清除污秽毛刺、尖棱和不平坦处。
2. 装配好后，阀杆、球的旋转应灵活，不得有倾斜或卡阻现象，当介质流动方向改变时，具有良好的密封性。
3. 关闭阀门时，手柄应按顺时针方向旋转。
4. 对本阀门材料的强度和紧密性，要按p_s进行水压强度试验。
5. 装配好后，要用煤油按密封压力p进行密封性试验。

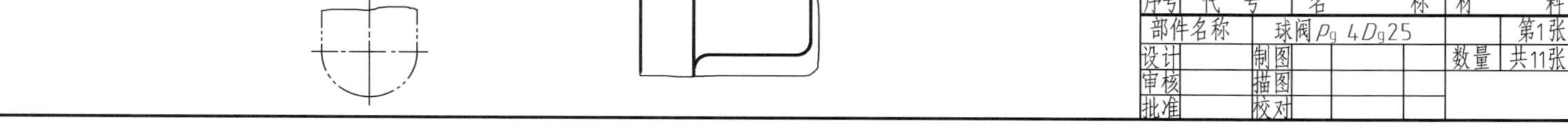

序号	代号	名称	材料	数量	备注
12	L19.10.10	扳手	Q235-A	1	
11	L19.10.09	螺纹压环	25	1	
10	L19.10.08	密封环ϕ16	聚四氟乙烯	1	
9	L19.10.07	阀杆ϕ16	40	1	
8	L19.10.06	垫圈ϕ16	聚四氟乙烯	1	
7	GB 6171	螺母M12		4	
6	GB 898	螺柱M12×25		4	
5	L19.10.05	垫片ϕ47	L2	1	
4	L19.10.04	球ϕ25	40	1	
3	L19.10.03	密封圈ϕ25	聚四氟乙烯	2	
2	L19.10.02	阀体	ZG230-450	1	
1	L19.10.01	阀体接头	ZG230-450	1	

部件名称	球阀p_g 4D_g25		第1张	1:1	28089	L19.10
设计	制图		数量	共11张	比例	净重
审核	描图					
批准	校对					

图 9-2 球阀装配图

或部件的工作原理、零件间的装配关系以及零件的主要结构形状。

（2）必要的尺寸

标注出反映机器或部件的性能、规格、外形以及装配、检验、安装时所必需的尺寸。

（3）技术要求

用文字或符号简要说明机器或部件的性能、装配、检验、调整要求，以及验收条件、试验使用、维护规则等。

（4）标题栏、序号和明细栏

根据生产组织和管理工作的需要，在装配图上对每一种规格的零件都要编写序号，并把有关内容填写在明细栏、标题栏中。

在绘制装配图时，需要表示清楚的是零部件之间的位置关系、连接关系、配合关系以及装配体的工作原理、关键尺寸、技术要求等内容。显然，装配图不同零件图，它不是用于表示清楚每一个零件详细形状的图样，两者在表达内容的取向上存在差异。

对于零件在装配图上的画法，分为两大类。一类是标准件（如螺纹紧固件、键、销等），标准件具有国家统一制定的规格，为了降低制造成本、提高生成效率，设计人员应尽量合理选用标准件，在装配图上一般采用规定或简化画法，并在明细栏注明标记代号。另一类是非标准件，它在装配图中主要强调该零件的整体形状及其功能结构的表达，而零件上的工艺结构等在装配图上常常省略或简化绘出。装配图上的零件图形重在体现零件间的连接关系、装配关系、工作原理等。

在产品的开发过程中，装配图的形成并不是一步到位的，通常有两种途径可以得到，一是根据设计任务明确设计要求，通过查阅文献资料等方式理解现有的机构装置并进行借鉴、创新，然后依据需要实现的动作绘制工作机构简图，通过方案评审后绘制装配图。二是根据设计任务选定相近或相同的装置后购买一台样品机，通过测绘掌握样品机的工作原理、装配关系、技术要求等，进而绘制样品机装配图，再通过一定的改进设计与技术评审后，重新绘制装配图。

当确定装配图后，可以绘制非标准件零件图，完成图纸审核后制定加工工艺，并进行零件制造以及购买标准件，最后根据装配图完成设备组装、进行一定的调试和检验。在此过程中，机构的优化、零件结构的改进、工艺的调整、必要的计算校核、配合类型与精度确定等设计内容需要不断重复，直到形成正确合理的装配图，为后续零件加工、设备组装与调试等工作提供依据和保证。

第二节　装配图的表示法

装配图采用了零件图的各种表示法，如图 9-3（b）中的主视图用全剖视图表示，俯视图用视图表示。另一方面，从投射方向看该装配体的主视图，各零件间除了横向位置关系可在主视图上得到体现，而且它们的前后层次关系也得到了体现。如剖视图中上、下板的两半圆柱面孔与螺钉之间存在的前后位置关系，是通过前方螺钉遮住后方板孔的轮廓来体现这种层次关系。

由于装配图要清楚表达多个零件的相对位置，国家标准《机械制图》对装配图画法补充了新的内容，比如补充了零件间是否接触、是否存在配合关系以及如何区分不同零件等的表示法。

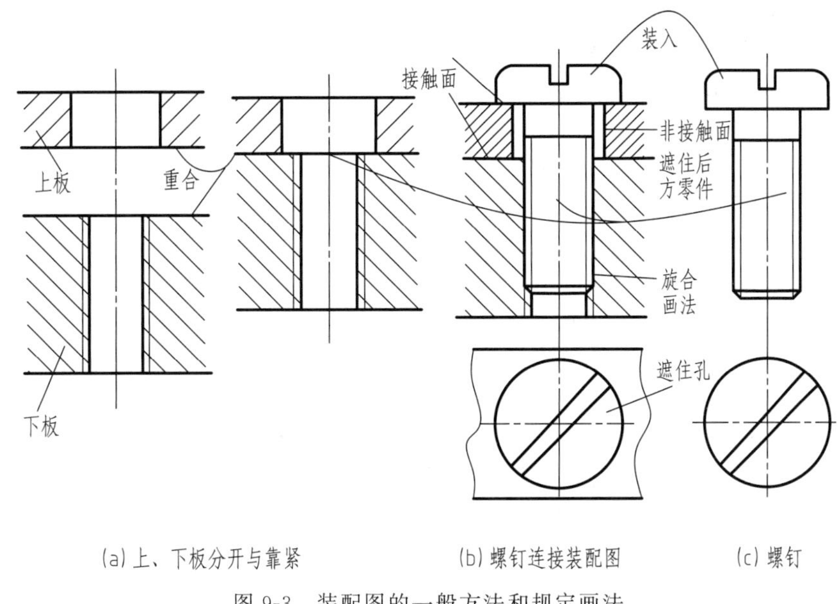

(a) 上、下板分开与靠紧　　(b) 螺钉连接装配图　　(c) 螺钉

图 9-3　装配图的一般方法和规定画法

一、装配图的规定画法

1. 剖面线的画法

在装配图中，同一零件的剖面线在各个视图上的方向和间隔均应一致，来表明是同一个零件的图形。两相邻零件的剖面线应画成反方向或不同间隔以示区别，如图 9-3 所示上、下板两相邻零件的剖面线方向相反而各自的剖面线方向与间隔保持一致；三个零件相邻时，可改变其中两个同剖面线方向的间隔距离或让剖面线位置错开来区分不同零件，如图 9-4 所示调整环处的四个零件彼此为邻，相邻两零件的剖面线方向无法反方向时，只能以剖面线间隔距离不等作为区分两零件的图形范围。

2. 标准件和实心件纵向剖切画法

在装配图中，若剖切平面通过螺栓、螺母、键、销等标准件和轴、连杆、拉杆等实心件的对称平面完全剖开（称为纵向剖），这些零件均按不剖绘制。如图 9-3 主视图中的螺钉，图 9-4 中的螺钉、钢球，因剖切平面通过它们的对称平面剖切，均要求按不剖绘制。图 9-4 中的中心轴也是通过其对称面剖切，按不剖绘制，但因右端开槽、打孔且内部装有其他零件时，允许用局部剖再次剖切，画成局部剖才能表示出轴上孔、槽与其中零件的装配关系。这里的局部剖对键和螺栓来说属纵向全剖，故两次全剖仍不能画上剖面线。

3. 接触面或配合面与非接触面的画法

① 两相邻零件的接触面或公称尺寸相等的轴、孔配合面，只画一条粗实线表示其公共轮廓。图 9-3（c）中所示的接触面只需画一条轮廓线。图 9-2 主视图中注有尺寸 ϕ16H11/d11 的孔轴两圆柱面为间隙配合，只画一条轮廓线，即使该间隙配合导致两个实物零件间出现了小的间隙，也只能画一条轮廓线（强调了装配图中零件的图线位置是按公称尺寸绘制，此处因孔、轴公称尺寸都是 ϕ16）。

② 相邻两零件的非配合面或非接触面，应画两条线表示各自轮廓。如相邻两零件的公称尺寸不相等时，即使间隙很小也非配合面、非接触面。图 9-3（c）中所示的螺钉与板孔画出了各自轮廓，即该种表示法说明孔的柱面与螺杆柱面的公称直径尺寸一定不等，是非配合面。如图 9-4 所示的右侧轴端面轮廓与挡圈左端面轮廓、轴上键的上表面轮廓与齿轮中心孔上槽底面轮廓均为非接触面轮廓，都清楚地画出了各自的轮廓线。

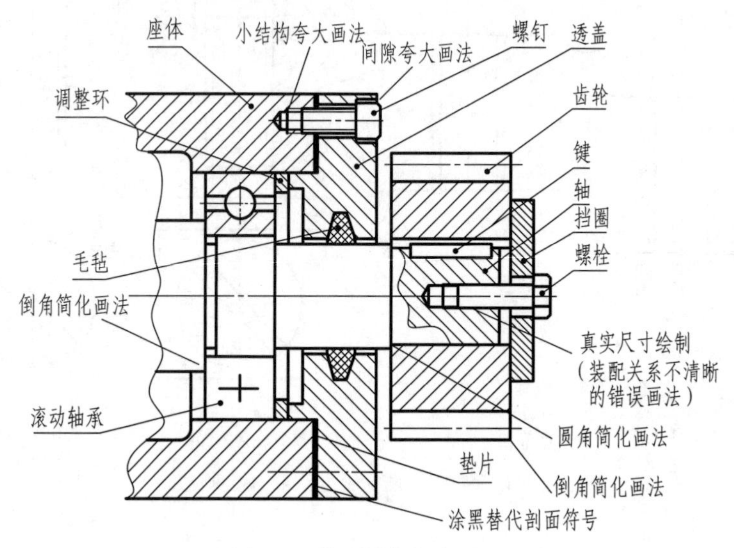

图 9-4 装配图的规定画法

二、特殊画法

1. 夸大画法

对于装配图上微小的间隙、螺纹结构图形、薄片零件、细丝弹簧或较小的斜度和锥度等，当无法按实际尺寸画出或者虽能如实画出但表达不清晰时，可不按比例而适当夸大画出，体现出清晰的装配关系。图 9-4 中上方螺钉连接的螺纹结构及螺钉与孔之间的间隙采用了夸大画法；图中右侧螺栓连接没有采用夸大画法，而是按真实尺寸绘制，使得所绘螺纹大径和小径的图线靠紧，螺纹结构等无法体现，成了错误的表达。

2. 简化画法

为了装配体上各零件主要结构和位置简明表达，装配图常用到简化画法。

① 若干相同的零件组（如螺栓连接等），允许仅详细地画出一处的形状与位置，其余各处以点画线表示其中心位置。如图 9-4 中透盖用多个螺钉紧固，仅详细地画出上方螺钉连接，下方螺钉仅表达其中心位置；如图 9-5 中主、左视图上相同的螺钉组表达也采用了这一画法，并用尺寸注写说明螺钉组数量。

② 零件的工艺结构如小圆角、倒角、退刀槽等允许不画出。图 9-4 中轴上大、小两圆柱的台阶处的倒角和圆角结构均没画出。

③ 滚动轴承允许采用规定画法、特征画法（或通用画法），但同一图样中只允许采用一种画法。图 9-5 中序号 6 轴承采用了规定画法。

④ 薄片零件的剖面区域的图形宽度不超过 2mm 时，其剖面符号可涂黑代替。如图 9-4 中的垫片被剖后以涂黑剖面区域替代剖面符号。

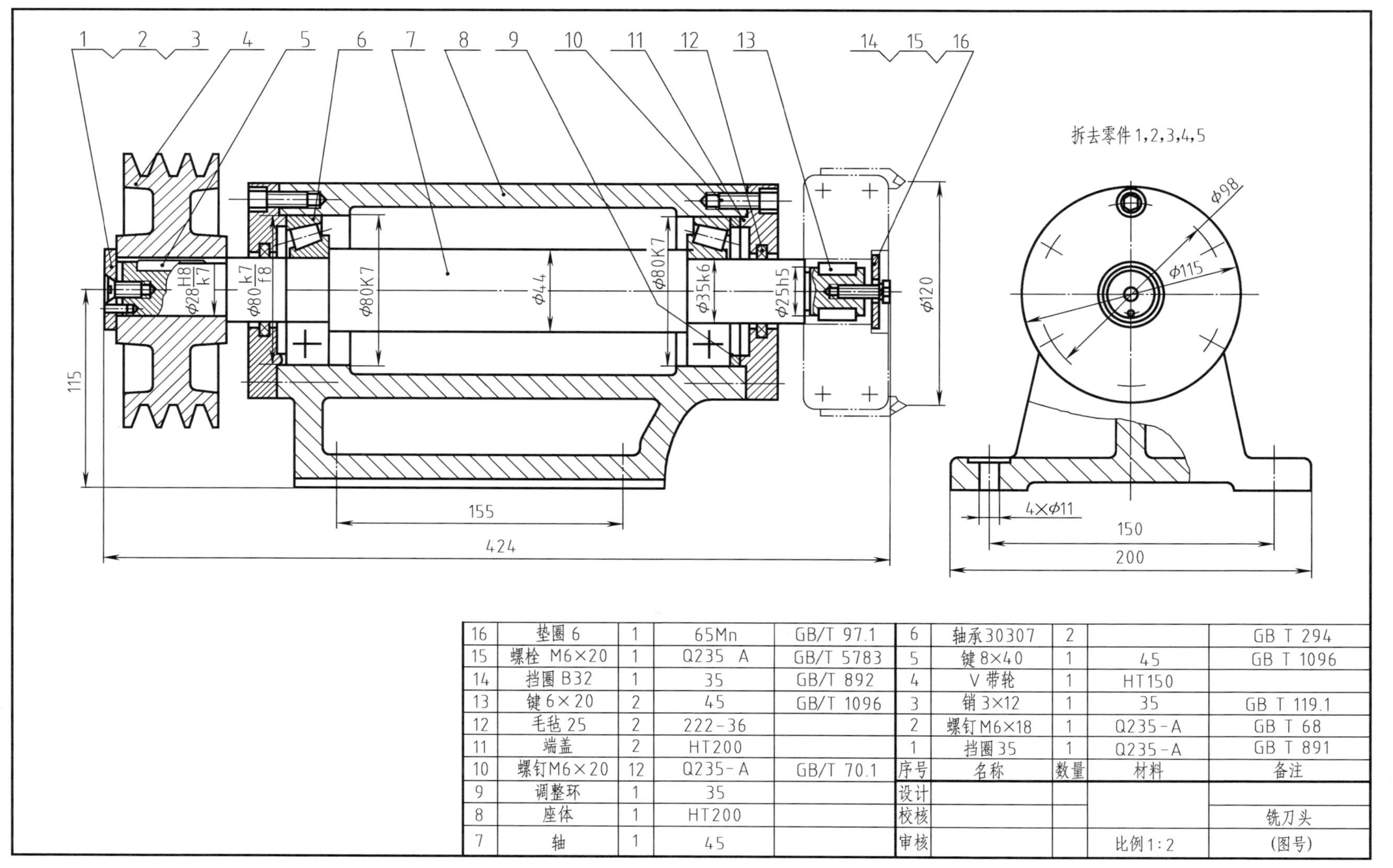

16	垫圈 6	1	65Mn	GB/T 97.1	6	轴承30307	2		GB T 294
15	螺栓 M6×20	1	Q235 A	GB/T 5783	5	键 8×40	1	45	GB T 1096
14	挡圈 B32	1	35	GB/T 892	4	V 带轮	1	HT150	
13	键 6×20	2	45	GB/T 1096	3	销 3×12	1	35	GB T 119.1
12	毛毡 25	2	222-36		2	螺钉 M6×18	1	Q235-A	GB T 68
11	端盖	2	HT200		1	挡圈 35	1	Q235-A	GB T 891
10	螺钉M6×20	12	Q235-A	GB/T 70.1	序号	名称	数量	材料	备注
9	调整环	1	35		设计				
8	座体	1	HT200		校核				铣刀头
7	轴	1	45		审核			比例1:2	(图号)

图 9-5 铣刀头装配图

3. 拆卸画法

在装配图中，某个或几个零件遮住了需要表达的其他零件或装配关系，而这些遮挡零件在其他视图上已表达清楚，则可假想将它们拆去，然后画出所要表示部分的视图，但需在该视图上方加注“拆去零件××”，说明已拆去哪几号零件。如图 9-5 中的左视图上方的注释，即为拆卸画法。

另一种拆卸画法是沿两零件间的结合面剖开再进行投影绘制，在结合面区域不许画剖面符号，被剖切到的零件其剖面区域则必须画上剖面符号。如图 9-6 左视图所示的轴径被剖断，故画出了剖面线；图中管螺纹孔处是在拆卸画法的基础上进行的局部剖。

4. 假想画法

在装配图中，为了表示某些运动件的极限位置，或者为了表示其与相邻零、部件的安装连接关系，可用双细点画线画出这些运动零件的另一极限位置，或与其相邻的零、部件的部分轮廓。如图 9-2 中 12 号件的扳手转动到另一极限位置用了双细点画线表示；又如图 9-5 中表示铣刀盘在铣刀头 7 号件的轴右端安装位置，用了双细点画线表示（在生产过程中因要使用不同刀具，需时常更换铣刀盘）。

总之，装配图的画法包含了零件图的各种画法，而零件的区分、零件间的装配关系等，需要合理运用装配图的规定画法和特殊画法才能清晰体现，装配体的工作原理才能做到清楚表达。若个别零件在装配图上的结构不清楚而又需清楚表示才能看懂装配关系时，可单独画出该零件或它的局部视图，避免了重复绘制已经表示清楚（或无需表示清楚）的其他零件形状。如图 9-1 中两个零件的表示法。

第三节　装配图的尺寸与技术要求

在零件组装成部件或部件组装成机器的过程中，以及安装、使用和维修中，要求从装配图上知道零件间的装配关系、检验项目、安装尺寸等。

一、尺寸

在装配图上要体现出机器或部件的性能、工作原理、装配关系和安装要求等方面的尺寸。它不同于零件图，不需要注出每个零件的全部尺寸，而只需注写如下几类尺寸：

1. 性能尺寸（规格尺寸）

表示机器或部件的性能、规格的尺寸。这类尺寸在设计时就已给定，是设计机器和选用机器的依据。如图 9-6 所示齿轮油泵中的管螺纹尺寸代号 G⅜是性能尺寸，它表明了连接泵体的油管孔径的大小及通过流体的能力。

2. 装配尺寸

装配尺寸包括作为装配依据的配合尺寸和重要的相对位置尺寸。

（1）配合尺寸

表示两零件间配合性质的尺寸，能从装配或拆卸零件的松紧程度上得到体现。如图 9-6 中主视图 $\phi16H7/h6$ 尺寸是孔轴间隙配合尺寸，它表明轴在泵盖孔中能轻松转动（相当于滑动轴承）。

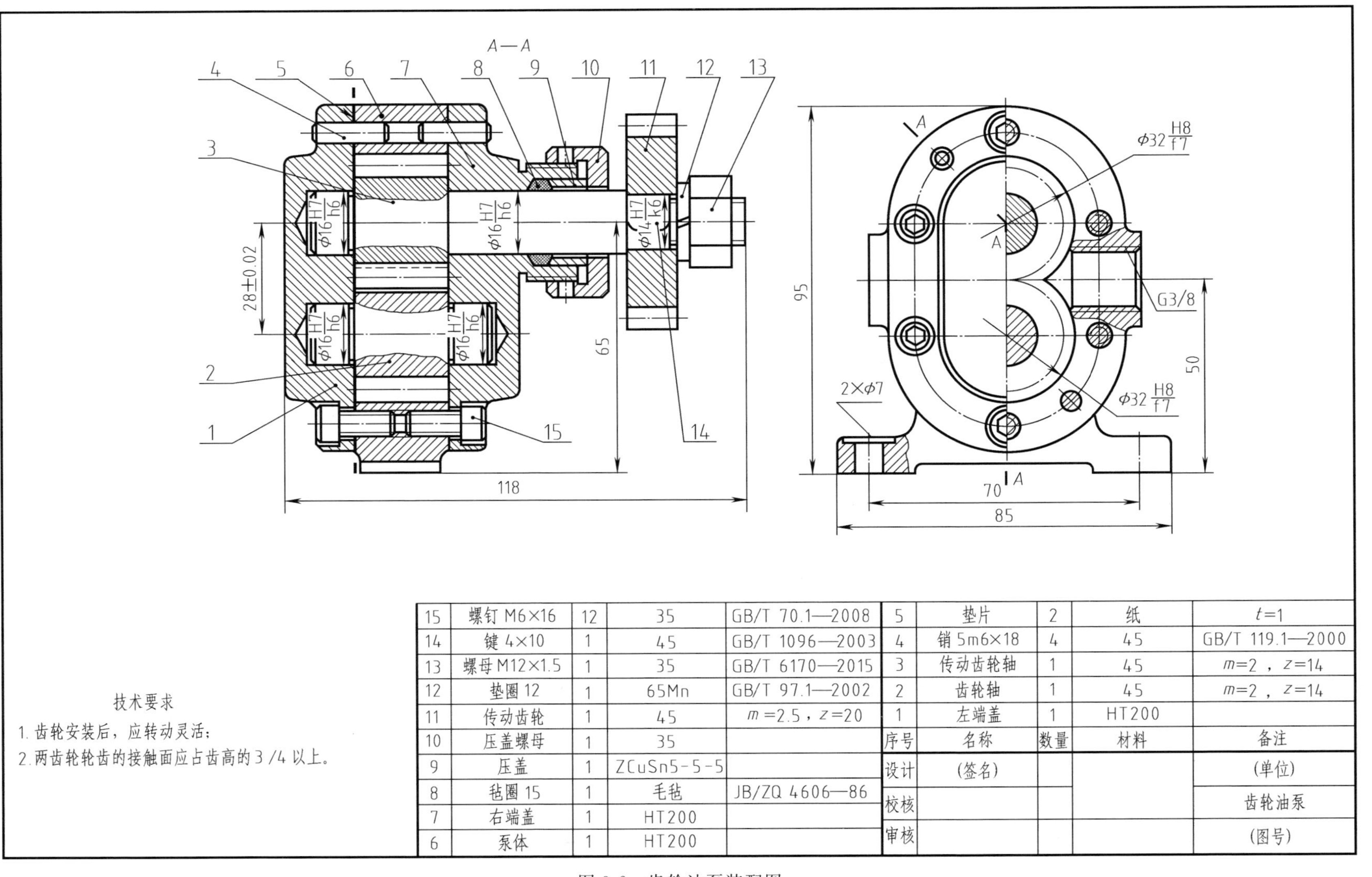

技术要求

1. 齿轮安装后，应转动灵活；
2. 两齿轮轮齿的接触面应占齿高的3/4以上。

15	螺钉 M6×16	12	35	GB/T 70.1—2008	5	垫片	2	纸	t=1
14	键 4×10	1	45	GB/T 1096—2003	4	销 5m6×18	4	45	GB/T 119.1—2000
13	螺母 M12×1.5	1	35	GB/T 6170—2015	3	传动齿轮轴	1	45	m=2，z=14
12	垫圈 12	1	65Mn	GB/T 97.1—2002	2	齿轮轴	1	45	m=2，z=14
11	传动齿轮	1	45	m=2.5，z=20	1	左端盖	1	HT200	
10	压盖螺母	1	35		序号	名称	数量	材料	备注
9	压盖	1	ZCuSn5-5-5		设计	(签名)			(单位)
8	毡圈 15	1	毛毡	JB/ZQ 4606—86	校核				齿轮油泵
7	右端盖	1	HT200		审核				(图号)
6	泵体	1	HT200						

图 9-6 齿轮油泵装配图

（2）相对位置尺寸

表示设计或装配机器时必须保证的零件间相对位置尺寸，也是装配、调整和校验时所需要的尺寸，如图 9-6 中两齿轮的中心距尺寸 28±0.02，它表明两齿轮装配好后其中心距尺寸应在 27.98～28.02 之间才能保证两齿轮正常工作。

3. 安装尺寸

表示将机器或部件安装在地基上或与其他部件相连接时所需要的尺寸。如图 9-6 中的安装地脚螺栓所需孔径尺寸 $\phi 7$，以及预埋两地脚螺栓所需中心距尺寸 70。

4. 外形尺寸（总体尺寸）

表示机器或部件外形总长、总宽、总高的尺寸。它反映了机器或部件的大小，是机器或部件在包装、运输和安装过程中确定其所占空间大小的依据，这三个尺寸一般必须注出。如图 9-6 中的 118、85、95 尺寸。

5. 其他重要尺寸

在设计过程中，经过计算确定或选定的尺寸，但又不包括在上述几类尺寸之中的重要尺寸。如轴向设计尺寸、主要零件的结构尺寸、主要定位尺寸、运动件极限位置尺寸等。如图 9-6 中油孔中心距座体底部尺寸 50，主动轴中心距座体底部尺寸 65，是零件主要结构的定位尺寸及装配关联配套零件所需定位尺寸。

装配图中需标注哪些尺寸，需根据具体情况确定，上述五类尺寸不一定都必须出现。

二、技术要求

在装配图中用于说明对机器或部件的性能、装配、检验、使用等方面的要求和条件的内容，统称为装配图的技术要求。装配图上技术要求的表示可采用两种方法：

1. 符（代）号标注

用符（代）号直接标注在被控制的结构图形上，如表面粗糙度、尺寸公差、几何公差等，如图 9-2 和图 9-4～图 9-6 中所注写的这类技术要求符（代）号。

2. 用文字说明

不方便在图形上直接注写技术要求时，可用文字说明。如产品的试验方法、环境的要求等，图 9-6 中左下方所写文字即为技术要求的内容。

编制装配图中的技术要求时，可参阅同类产品的图样，并根据具体情况确定。技术要求中的文字注写应准确、简练，一般写在明细栏的上方或图纸下方空白处，也可另写成技术要求文件作为图样的附件。

第四节　零部件的序号和明细栏

为了便于看图、图样管理、备料和组织生产，对装配图中每种规格的零、部件都必须编注序号，并填写明细栏。

一、序号

在装配图中需对所有零、部件编写序号，并与明细栏中的序号一致。同一装配图中相同的零、部件只编写一个序号，且一般只标注一次。序号编写需按顺时针（或逆时针）的顺序从小到大编制号码，且应水平或垂直对齐，如图 9-6 所示。编制零件序号时应注意如下几点。

① 编写序号和指引线时，从反映该零件最明显的可见轮廓内用细实线向图外画指引线，并在线的引出端画一个小圆点，线的另一端可以用细实线画一水平直线段或圆（指引线应通过圆的中心），序号写在水平直线上方或圆内，序号字体高度要比尺寸数字大一号或两号，如图 9-7（a）所示；当在指引线另一端附近直接注写序号时，序号的字高要比该装配图中所注尺寸数字高度大两号，如图 9-7（b）所示。

② 装配图中的每种规格的零件（或部件）都要进行编号。形状、尺寸完全相同的同规格零件（或部件）只编一个号，该零件（或部件）的数量需填在明细栏。

③ 对于很薄的零件或涂黑的剖面，指引线的末端用箭头表示，并指向该部分的轮廓，如图 9-7（c）所示。

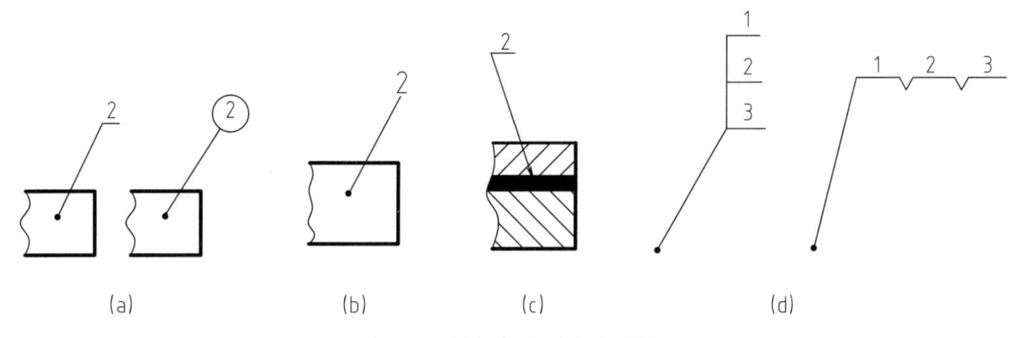

图 9-7　序号与指引线在编写

④ 装配关系清楚的零件组，如螺栓、螺母、垫片等连接件，可采用公共指引线。如图 9-7（d）及图 9-5 中 1、2、3 号组件。

⑤ 装配图中的标准化组件（如油杯、滚动轴承等）作为一个整体，只编写一个序号，如图 9-5 中的 6 号轴承。

⑥ 同一装配图中编注序号的形式应一致；指引线在必要时允许画成折线，但只可弯折一次；当穿过有剖面线的区域时，不应与剖面线平行。

⑦ 序号应按顺时针或逆时针方向在整个一组图形的外围顺次整齐排列，不得跳号。编注序号时应先按一定位置画好横线或圆圈，然后再找好各零、部件轮廓内的适当处画圆点，再一一对应地连指引线。

二、明细栏

装配图的明细栏是机器或部件中全部零件的详细目录，它画在标题栏的上方，当标题栏上方位置不够用时，续接在标题栏的左方。明细栏外框竖线为粗实线，其余线为细实线，其下边线与标题栏上边线重合，尺寸相等。

对零、部件序号的填写应自下而上，方便在增加零件时可继续向上画格。

GB 10609.1—2009 和 GB 10609.2—2009 分别规定了标题栏和明细栏的统一格式，要求尽量采用，如图 9-8 所示为其中的一种。图 9-9 中的标题栏、明细栏为学生作业的简化格式。

明细栏的填写内容：

代号栏——填写相应组成部分的图样代号，或标准代号，如图 9-1 所示“L19.10.01”

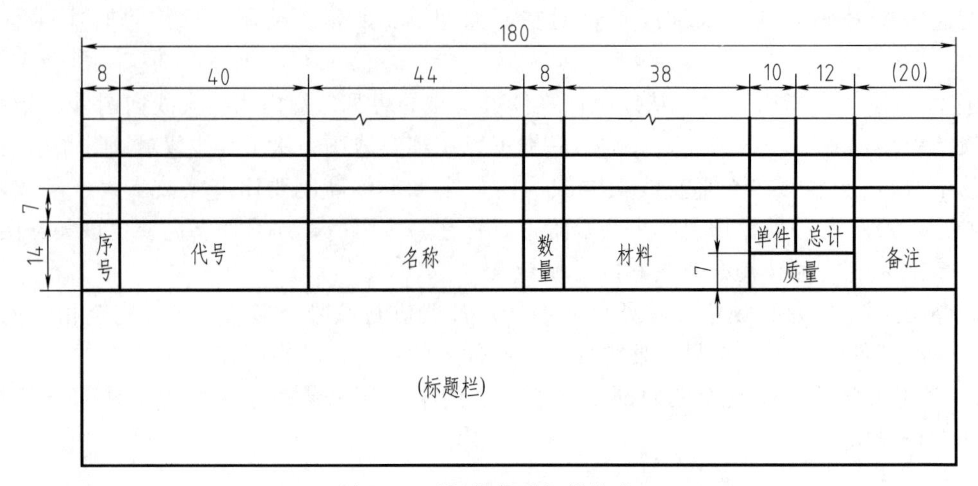

图 9-8 国标推荐明细栏格式

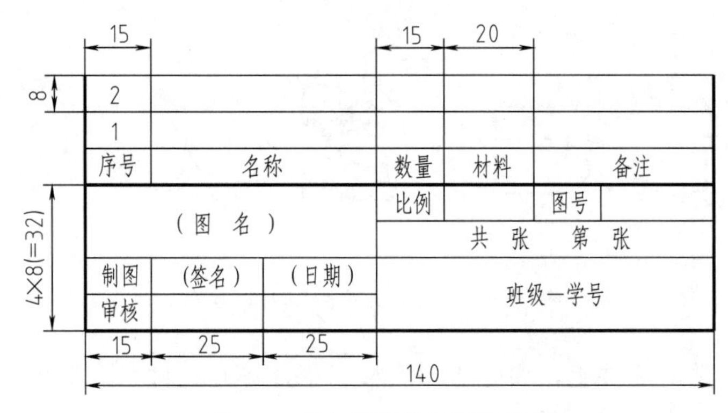

图 9-9 简化标题栏和明细栏

“GB/T 898”等填于代号栏中。若在明细栏中没画代号栏，则应注写在备注栏；

名称栏——填写相应组成部分的名称，必要时也可写出其形式和尺寸，如“螺母 M12”；

材料栏——填写材料的标记，如“45”；

重量栏——填写出相应组成部分单件和总件数的计算重量。

备注栏——填写必要的附加说明或其他有关的重要内容，例如齿轮的齿数、模数等常在备注栏内填写。当需要明确表示某零件或组成部分所处的位置时，可在备注栏内填写其所在分区代号。

三、代号

根据 JBT 5054.4—2000《产品图样设计文件-编号原则》，图样和文件编号一般可采用下列字符：A～Z 拉丁字母（O、I 除外）；0～9 阿拉伯数字；“—”短横线、“·”圆点、“/”斜线。一般要求每个产品、部件、零件的图样和文件均应有独立的代号。

装配图常采用隶属编号，即按产品、部件、零件的隶属关系编号。隶属编号的代号由产品代号和隶属号组成，中间可用圆点或短横线隔开，必要时可加尾注号。产品代号由字母和数字组成，隶属号由数字组成，其级数和位数应按产品结构的复杂程度而定。如图 9-1 中明细栏填写的零件代号，如“L19.10.01”，而该装配图的产品代号和隶属号“L19.10.00”出现在标题栏右下角的图样代号栏位置。

第五节　常见装配工艺结构与局部装配图

为保证机器或部件能顺利装配，并达到设计规定的性能要求，而且拆装方便，必须使零件间的装配结构满足装配工艺要求。所以，在设计及绘制装配图时，应确定合理的装配工艺结构，可参照以下介绍的典型局部装配图进行表达。

一、零件接触表面的处理

1. 接触面的数量

① 两零件在同一方向上（横向或竖向）只用一对接触面或配合面，这样既能保证接触良好，又能降低加工要求，否则将造成加工困难，如图 9-10 所示。

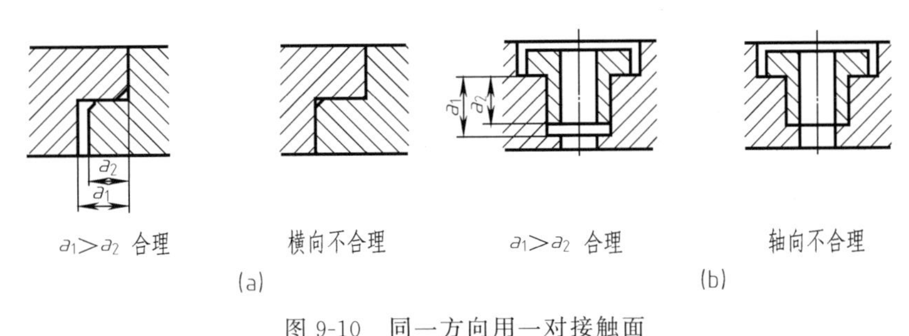

图 9-10　同一方向用一对接触面

② 如图 9-11 所示，为保证 ϕA 已经形成的配合，ϕB 和 ϕC 就不应再形成配合关系。

③ 一对锥面的配合可同时确定轴向和径向的位置，因此，当锥孔不通时，锥体下端与锥孔底面之间必须留有间隙。如图 9-12 中必须保持 $L_1 < L_2$，否则得不到稳定的配合。

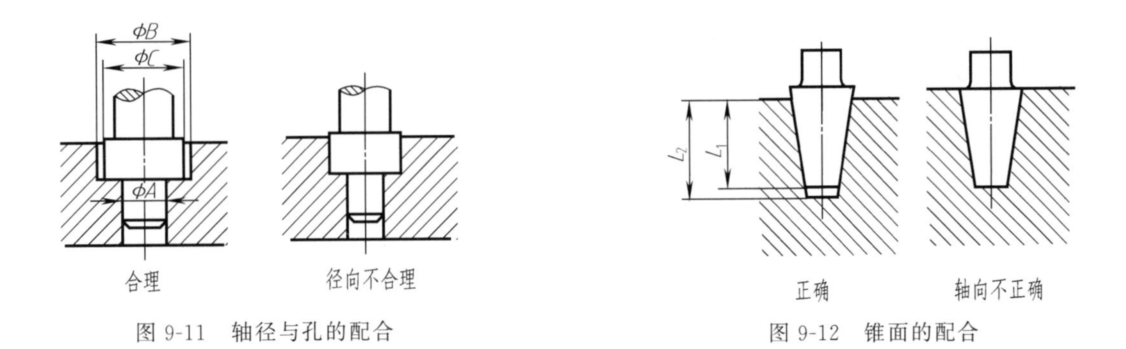

图 9-11　轴径与孔的配合　　图 9-12　锥面的配合

2. 零件接触面转折处的处理

为保证零件在转折处接触良好，应在转折处做成倒角、圆角或凹槽，以保证两个方向的接触面均接触良好。转折处不应都加工成直角或尺寸相同的圆角，因为这样会使装配时于转折处发生干涉，造成接触不良而影响装配精度（图 9-13）。

3. 合理减少接触面积

在装配体上，尽可能合理地减少零件与零件之间的接触面积，使机加工的面积减少，易于保证接触质量，并可降低加工成本，如图 9-14 所示。

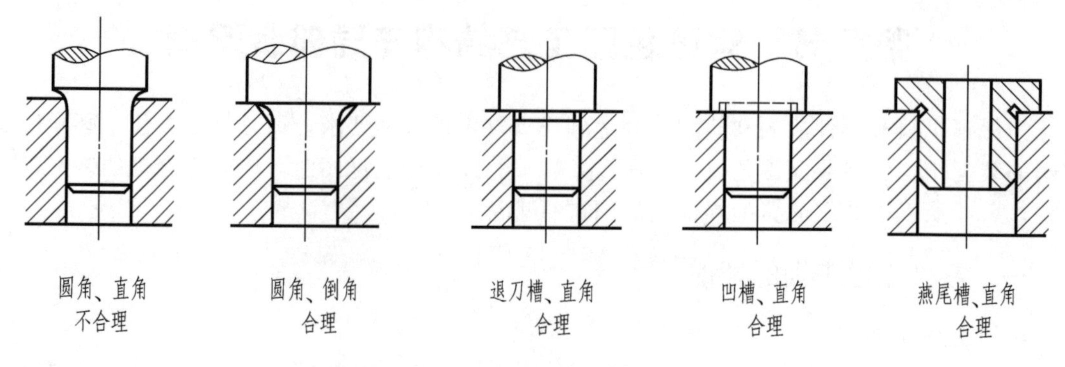

图 9-13 轴与孔接触面转折处的结构搭配

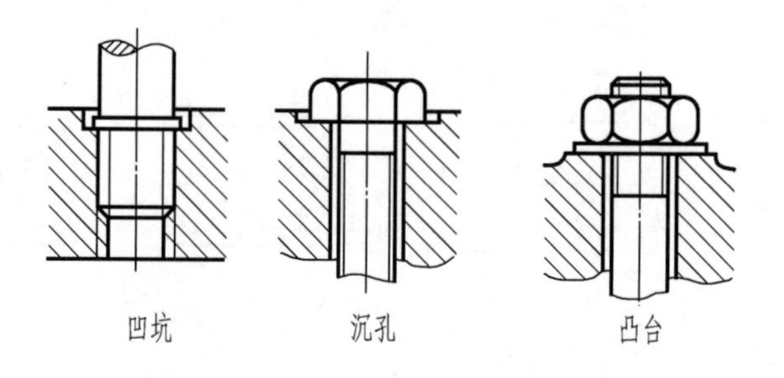

图 9-14 合理减少加工面积

二、轴向定位结构

为了防止滚动轴承产生轴向窜动，必须采用一定的结构来固定其内、外圈。常用的轴向固定结构形式有轴肩、孔肩、弹性挡环、端盖凸缘、轴端挡圈、圆螺母与止退垫圈等。

滚动轴承转动应灵活而且热胀后不致卡住，一般滚动轴承外圈与端盖凸缘间留有少量的轴向间隙（约 0.1～0.3mm），常用更换不同厚度的金属垫片进行调整，如图 9-15 所示。

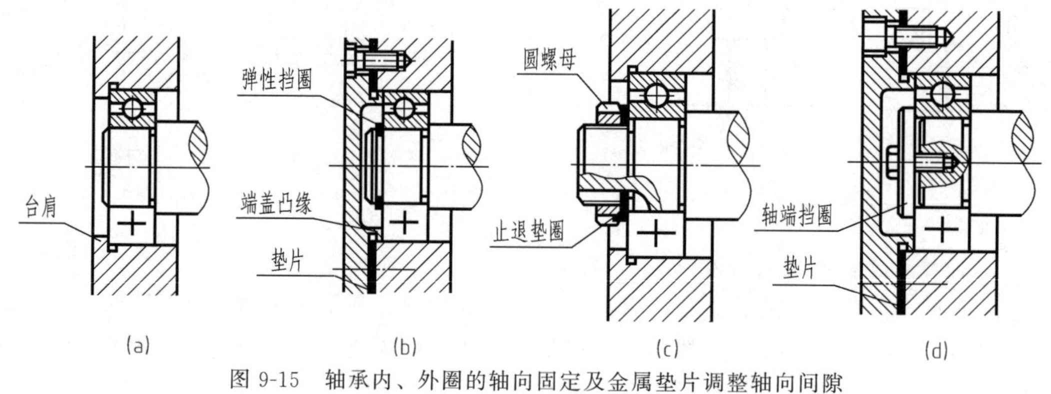

图 9-15 轴承内、外圈的轴向固定及金属垫片调整轴向间隙

三、防漏密封结构

机器或部件上的旋转轴或滑动杆的伸出处，应有密封或防漏装置，用以防止外界的灰尘

杂质侵入箱体内部，或为了阻止工作介质（液体或气体）沿轴、杆泄漏。

1. 滚动轴承的密封与防护

常见的密封方法有毡圈式、沟槽式、皮碗式、挡片式等，如图 9-16 所示。其中挡片式防护结构是为防止箱内飞溅的稀油冲洗轴承内黄油。

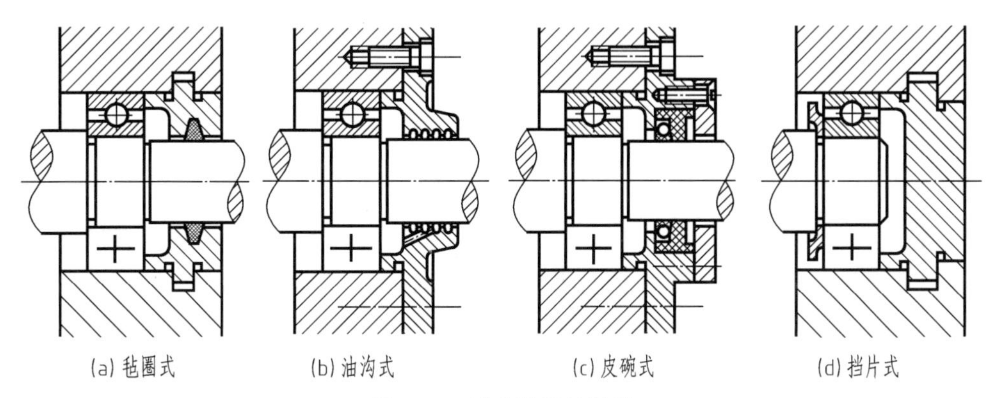

图 9-16　滚动轴承的密封

以上各种密封方法所用的零件（如皮碗和毡圈等）已标准化，它们所对应的结构（如毡圈槽、油沟等）也为标准结构，其尺寸可从附表 15 等有关表格中查取。

2. 防漏结构

在机器的旋转轴或滑动杆（阀杆、活塞杆等）伸出箱体（或阀体）的地方，做成一填料箱，填入具有特殊性质的软质填料，用压盖或螺母将填料压紧，使填料紧贴在轴（杆）上，达到既不阻碍轴（杆）运动，又起密封防漏作用。画图时，压盖画在开始压住填料的位置，如图 9-17 所示。

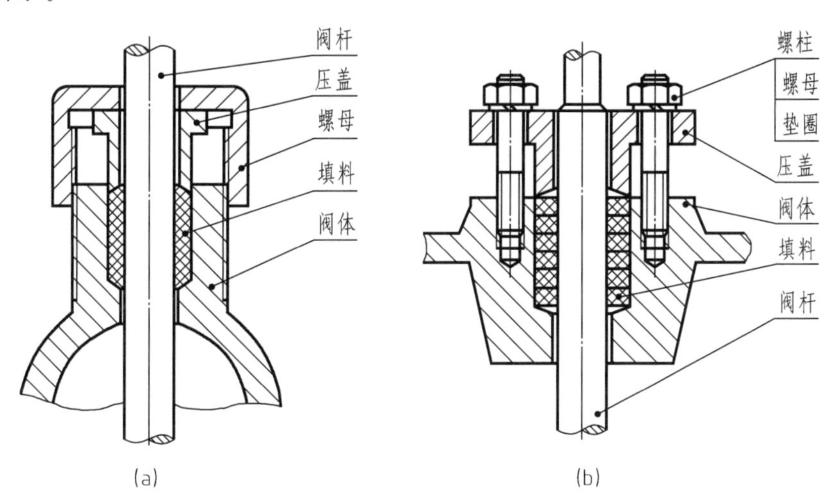

图 9-17　防漏结构

四、拆装方便结构

滚动轴承在用轴肩或孔肩定位时，应注意到维修时拆卸的方便与可能，如图 9-18 所示。当用螺纹连接件连接零件时，应考虑到拆装的可能性及拆装时的操作空间，如图 9-19 所示。

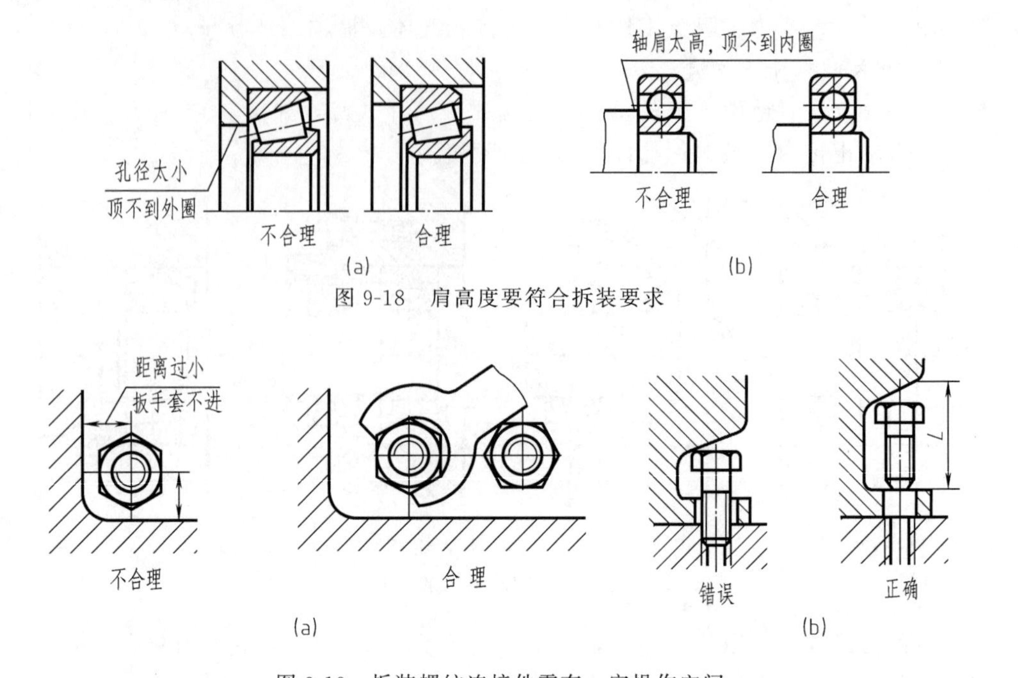

图 9-18　肩高度要符合拆装要求

图 9-19　拆装螺纹连接件需有一定操作空间

五、常见连接结构和弹簧结构

在一台机器或部件中，常有螺纹连接、键连接、销连接等连接结构以及弹簧结构。这些局部结构的装配图画法在第六章中已作了详细介绍。

六、焊缝连接结构

焊接是一种不可拆卸的连接。由于它施工方便，连接可靠，故在生产上应用很广，大多数用金属板材制作的产品需采用焊接的方法。连接两金属板材的焊缝画法及其符号表示等都有国标规定，如在剖视图中焊缝所连接的两金属板材的剖面线不能画成一致，如图 9-20 所示。

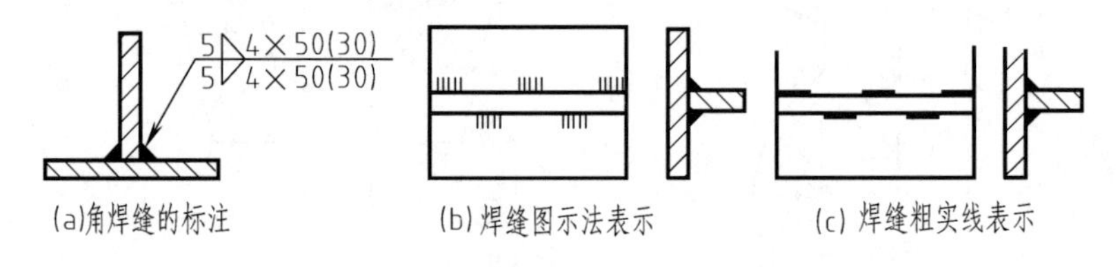

图 9-20　焊缝结构的画法与表示

七、镶嵌件连接结构

镶嵌件又称压塑镶嵌件，为便于装配，压塑件需将嵌装的实心杆、卡套等金属件提前装入模具中，等压入塑料后就可形成不可拆卸的整体，如图 9-21 所示。

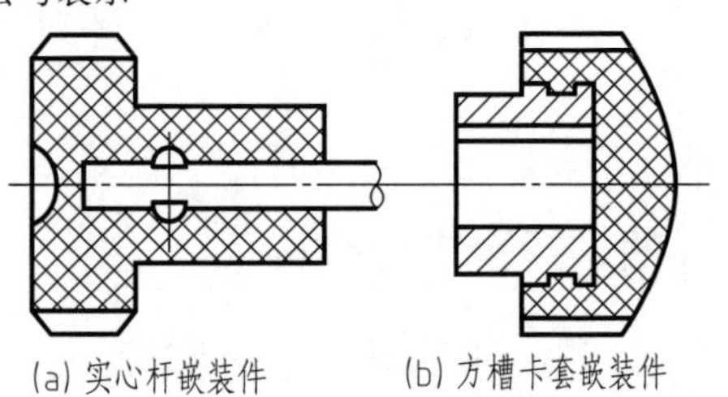

图 9-21　镶嵌件画法

第六节　读装配图与拆画零件图

一、读装配图要了解的内容

① 机器或部件的名称、性能、用途和工作原理。

② 主要零件的结构形状和作用。

③ 各零件间的装配关系、拆装顺序。

二、读装配图的方法和步骤

1. 概括了解

读装配图时，首先从标题栏了解该机器或部件的名称；由明细栏了解组成机器或部件的各种零件的名称、数量、材料以及标准件的规格；从画图的比例、视图大小和外形尺寸了解机器或部件的大小；从产品说明书和有关资料，了解机器或部件的性能、功用等。从而对装配图的内容有一个概括的了解。

如图 9-6 所示，从标题栏可知该部件名称为齿轮油泵。对照图上的序号和明细栏，可知它是由 15 种零件组成，其中 6 种标准件，9 种非标准件，从图中也可看出各零件的大致形状；根据实践知识或查阅有关资料，可知它是机器润滑、供油系统中的一个主要部件。

2. 分析表达方案

从图 9-6 中可以看出，装配图由主视图、左视图组成。主视图按泵的工作位置选取，采用了 A—A 全剖视图，表达了泵的主要装配关系、主要零件的位置与结构形状。左视图采用了沿泵体与左端盖的接合面进行半剖表达，主要说明泵的工作原理、进出油口的结构，并与主视图配合表达泵体的结构形状。图中还采用了适当的局部剖表达。

3. 分析零件

分析零件，深入了解零件间的装配关系以及装配体的工作原理，这是读图的难点。利用件号和各零件剖面线的不同方向和间隔，把一个个零件的视图范围划分出来。从主视图入手，根据各装配干线，对照零件在各视图中的投影关系，弄清各零件的结构形状。

在图 9-6 中，首先将熟悉的常用件、标准件（如图中 4、11、12、13、15 件）从装配图中“分离”出去，然后分离出简单零件（如图中 10、9、8、2、3 件），最后分离复杂件（如图中 1、7、6 件），并应用形体分析法、线面分析法和零件视图的各种表示方法，弄清它们的结构形状。

4. 综合归纳

在对装配体各零件进行分析的基础上，还要对尺寸、技术要求进行全面的综合，进一步明确零件的形状、动作过程，装配关系，形成全面、完整的认识。

通过图 9-6 主视图中 $\phi16H7/h6$ 配合的标注，可以看出传动齿轮轴 3 与泵盖孔是间隙配合。件 3 轴与件 11 齿轮采用 $\phi14H7/k6$ 的过渡配合，并有键 14 连接传递扭矩。

通过分析，可知齿轮油泵的工作原理。当动力通过齿轮 11、键 14 把扭矩传给件 3 传动齿轮轴时，即带动从动齿轮轴一起旋转，两个齿轮的旋转方向如图 9-22 所示。流体从左孔进入泵体 6 中，充满各个齿间，并被两轮齿间的齿槽带着流体沿泵体的内壁送到另一侧，由于流体不但增加而压力增大，被挤压的流体从出口处以一定的压力排出。

另外，图 9-6 中零件 8、9、10 构成密封装置，零件 12、13 构成防松装置。

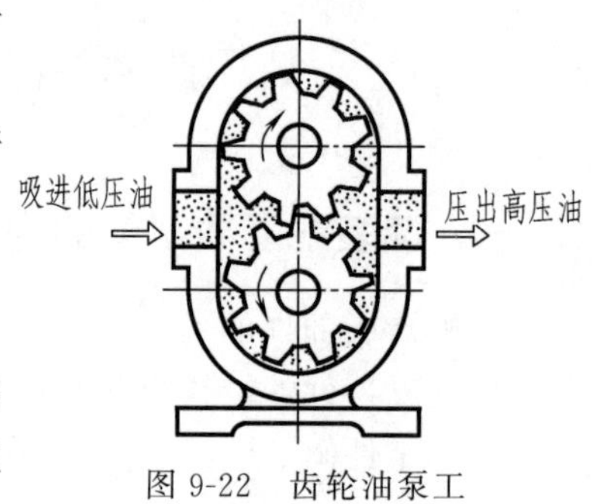

图 9-22　齿轮油泵工作原理示意

三、由装配图拆画零件图

根据装配图拆画零件工作图，应在读懂装配图的基础上进行。第八章对零件的结构、画法已作了介绍，这里仅介绍从装配图拆画零件图时应注意的问题。

1. 确定零件的形状

装配图主要是表达零件间的连接关系、装配关系，往往对某些局部结构未表达清楚，同时，零件上某些标准的工艺结构（如倒角、倒圆、退刀槽等）进行了省略。因此，在拆画零件图时，应根据零件的作用和要求予以完善，补画出这些结构。

2. 确定表达方案

装配图的表达方案是从整个装配体来考虑的。在拆画零件图时，零件的表达方案应根据零件的结构特点来考虑，不能强求与装配图一致。通常，壳体、箱体类零件的主视图位置常与装配图上的位置一致，这样便于装配时对照。而对于轴、套类零件，则一般按加工位置选取主视图。

3. 零件图上尺寸的处理

零件图上的尺寸可按第八章讨论的方法标注。零件尺寸的大小，应根据装配图来确定，通常使用以下方法。

① 装配图已注出的尺寸，必须直接标注在有关零件图上。对于配合尺寸、某些相对位置尺寸，要注出偏差数值。

② 与标准件相配合或相连接的有关尺寸，要从相应标准中查取，如螺纹孔尺寸、销孔和键槽等尺寸。

③ 某些尺寸需要根据装配图给出的参数进行计算而定，如齿轮分度圆等尺寸。

④ 对于标准结构或工艺结构尺寸，如沉孔、倒角、砂轮越程槽、键槽、螺纹等，应查找有关标准核对后再进行标注。

⑤ 对于装配图中未标注的尺寸，从装配图上直接量取，再按绘图比例折算后注出。如所得的尺寸不是整数，暂时取按四舍五入取整。在今后设计中需查标准长度和标准直径系列表，取最近值圆整后再进行标注。

4. 表面粗糙度与其他技术要求

零件上各表面的粗糙度，应根据零件表面的作用和要求确定。一般地讲，有相对运动和配合的表面，以及有密封要求、耐腐蚀要求的表面，其表面粗糙度数值应小些，其他表面粗糙度数值应大些。

零件图上技术要求的确定涉及有关专业知识，我们暂且参照同类产品零件类比法确定。

【例 9-1】 从图 9-6 中拆画泵体 6 的零件图。

解

(1) 从装配图中分离出泵体 6 的图形

在读懂齿轮泵装配图的基础上，可用草图绘制分离出的泵体主、左视图，如图 9-23

所示。

（2）确定泵体表达方案

按零件图表达的要求确定表达方案。泵体主视图与装配图的放置位置一致，而投射方向取装配图中的左视图方向（该方向是重要结构腰圆形的轮廓形状特征图）；为了反映进出油孔及螺纹孔、销孔的形状，采用 $A—A$ 全剖的左视图；主、左视图还没反映清楚的底板及安装孔位置与形状可用 B 向局部视图表达。即绘制出图 9-24 的草图。

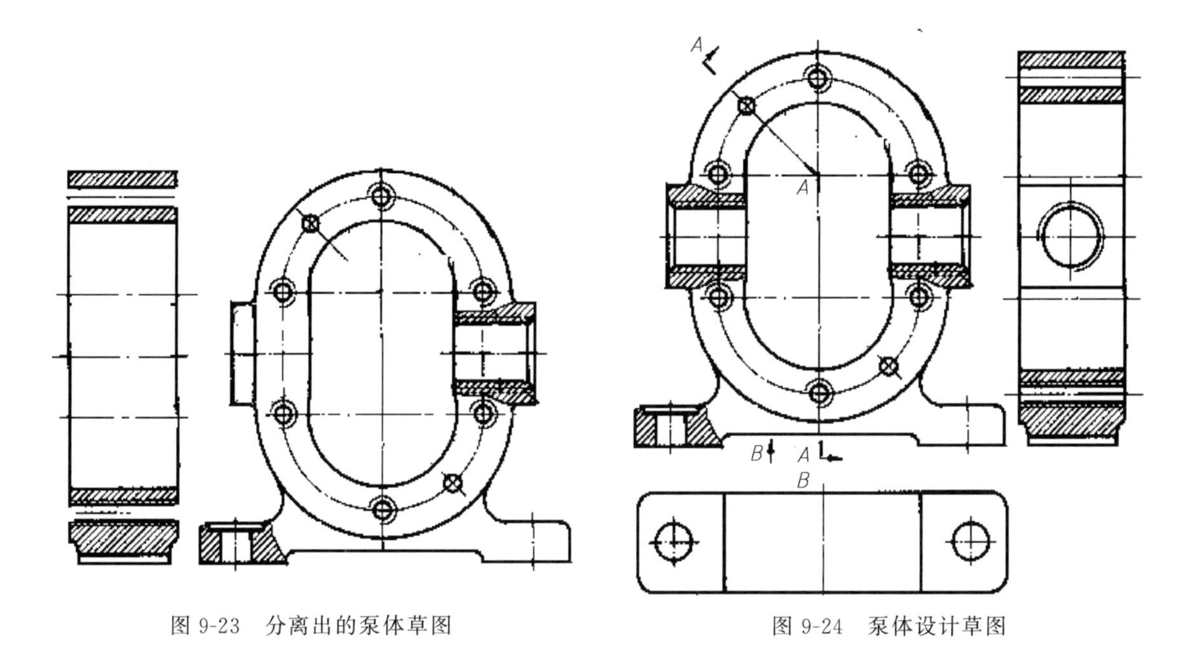

图 9-23 分离出的泵体草图

图 9-24 泵体设计草图

（3）在草图上标注尺寸

① 把装配图上已给出的泵体尺寸先标注出来，如底板长 85、安装孔尺寸 $\phi 7$、中心距 70，腰圆形孔轮廓中两圆柱面中心距 28.76、两圆柱面直径 $\phi 34.5$、上方圆柱面轴线到底面的距离 65，而螺纹孔大径尺寸可依据明细表中标注的管螺纹公称尺寸 G⅜ 从附录表中查到。

② 量取装配图上未注尺寸按图中比例折算后标注各结构尺寸。

③ 装配图中省略的工艺结构要查阅有关资料绘制出来，并作尺寸标注。

另外，对有装配关系的尺寸，在零件图上标注相关的尺寸时，还要注意互相对应，不可出现矛盾。如泵体上腰圆形的外轮廓尺寸以及六个螺孔的位置尺寸，都要与泵盖的尺寸标注一致；对零件某局部结构的确定（设计）是否合理，与其相关的零件是否协调、一致等都要全面考虑。

（4）确定技术要求

① 按零件图介绍的内容，确定表面粗糙度。

② 根据齿轮泵装配图上所注要求确定零件上对应尺寸的公差，如孔 $\phi 34.5H8$、两圆柱面中心距 28.76 ± 0.02 等。

③ 根据齿轮泵的工作情况和泵体加工要求确定必要的几何公差。如两圆柱面轴线的平行度公差要求等。

（5）绘制正规零件图，填写标题栏，如图 9-25 所示。

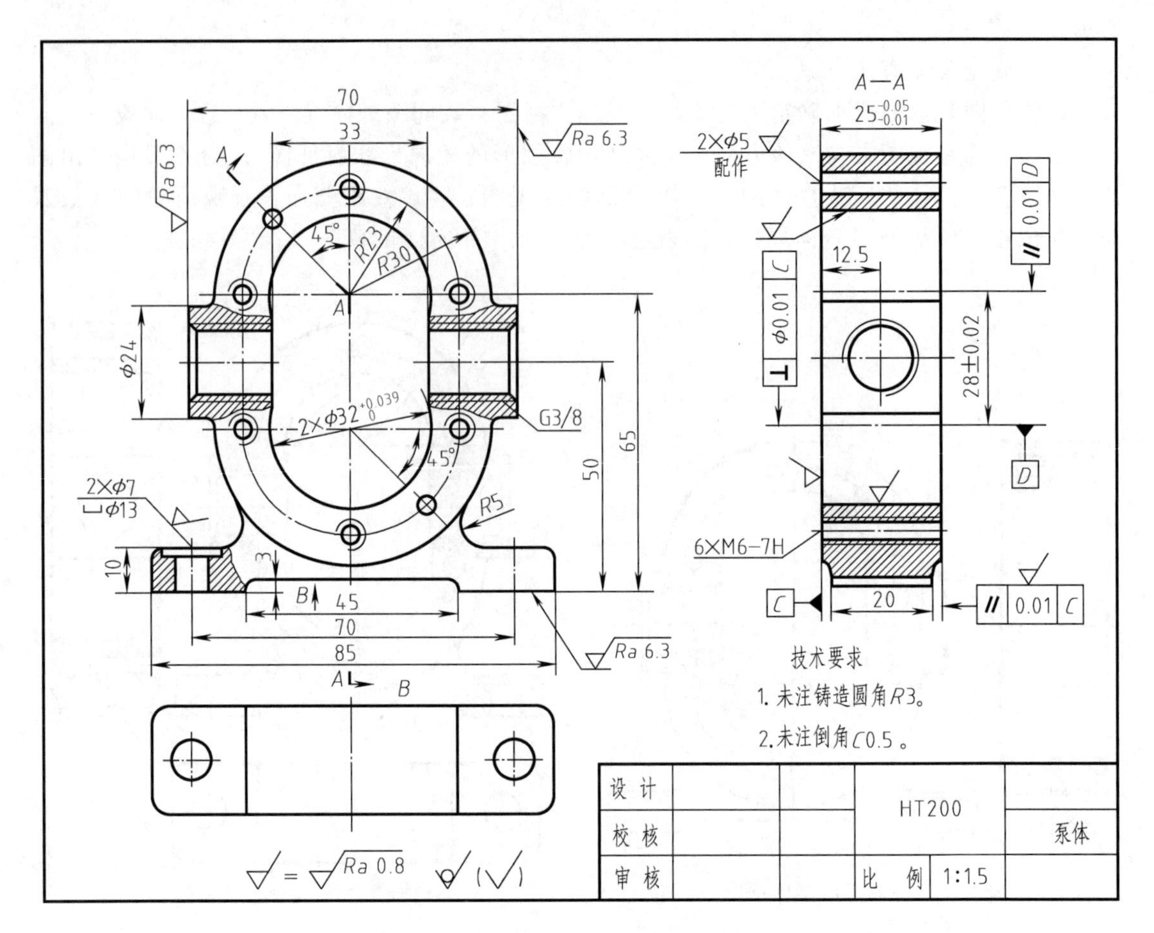

图 9-25　泵体

第七节　测绘装配体

一、现场测绘过程

装配体测绘是指根据实物部件（或机器），先画零件草图，再画装配图，最后画零件图。

生产实践中，仿制、维修机器设备或技术改造时，在没有现成技术资料的情况下，就需要对机器或部件进行测绘，以得到有关的技术资料。下面以机用平口虎钳为例，介绍部件测绘的一般方法和步骤。

1. 测绘前准备

测绘装配体之前，应根据其复杂程度制定进程计划，编组（2～6 人/组）分工，并准备拆卸工具，如扳手、榔头、铜棒、木棒，测量用钢尺、皮尺、卡尺等量具及细铅丝、标签及绘图用品等。

2. 分析了解测绘对象

首先应了解测绘的任务和目的，确定测绘工作的内容和要求。通过观察实物和查阅相关图样资料，了解部件（或机器）的性能、功用、工作原理和运转情况等。

① 分析测绘对象（平口虎钳）的功用、性能和特点。

如图 9-26 所示为机用平口虎钳实体。它安装在钳工工作台上，用它的钳口来夹紧被加工零件。它由活动钳身、固定钳身、丝杠等 11 种不同零件组成，最大张口尺寸为 70mm。

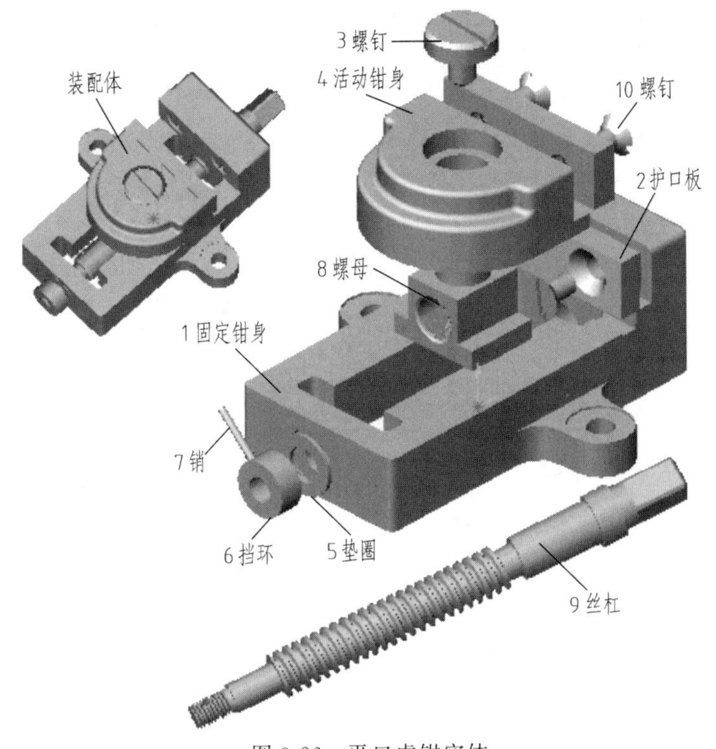

图 9-26　平口虎钳实体

② 分析平口虎钳的工作原理。

从实体图中可以看出，钳口的夹紧或放松动作是转动丝杠 9 时因挡环、圆锥销和丝杠上轴肩的限制，使丝杠在固定钳身的孔内不能作轴向移动，只能原地转动，从而带动螺母 8 做轴向移动。螺母 8 是用螺钉 3 固定在活动钳身上，左护口板是用沉头螺钉 10 固定在活动钳身上的。所以，当旋转丝杠时，活动钳身便可带动活动钳身上的护口板左右移动，以夹紧或松开工件。另一护口板用圆沉头螺钉固定在固定钳身 1 上。

按传动路线进一步分析装配关系与装配尺寸等。

3. 画装配示意图及零件草图

要求与注意事项如下。

① 首先要制定拆卸顺序，采用正确的拆卸方法，按一定顺序拆卸，严防乱敲打。

② 拆卸前的测量，获得的一些必要尺寸数据（如某些零件间的相对位置尺寸、运动件极限位置的尺寸等）要在示意图上记录，作为测绘画图时校核图纸的数据。

③ 对精度较高的配合部位（如过盈配合），应尽量少拆或不拆，以免降低精度或损坏零件。

④ 拆下的零件要分类、分组，并对所有零件进行编号登记，零件实物对应地拴上标签，有秩序地放置，防止碰伤、变形、生锈或丢失，以便装配后仍能保证部件的性能和要求。

⑤ 拆卸时要认真研究每个零件的作用、结构特点及零件间的装配关系，正确判别配合性质和加工要求。

(1) 徒手画装配示意图

图 9-27 是在平口虎钳拆卸过程中所绘制的装配示意图。装配示意图一般以简单的线条徒手画出零件的大致轮廓，即按国家标准规定的简图符号，以示意的方法表示每个零件的位置、装配关系和部件的工作情况。对各零件的表达通常不受前后层次的限制，尽可能把所有零件集中在一个视图上表达，如有必要也可补画其他视图。图形画好后，应将各零件编上序号或写出零件名称（要与零件标签上的编号一致）。这一过程要严谨、细心，记录错误会导致测绘工作出问题，即所绘制装配图或依示意图重新装配，均会不符合装配体的原始情况。

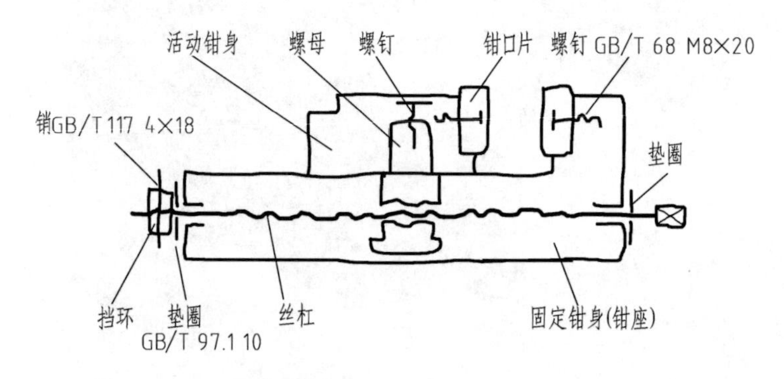

图 9-27 平口虎钳装配示意

(2) 绘零件草图

零件草图是徒手绘制的零件图，是画装配图和零件图的依据。零件草图画法及有关要求，已在第八章第八节中介绍。部件测绘中画零件草图还应注意以下几点。

① 凡属标准件只需测量其主要尺寸，再查有关标准定下规定标记，并填写标准件明细表，不必画零件草图。其余所有零件都必须画出零件草图。如平口钳共有 11 种零件，除 4 种标准件只需标记代号之外，其余 7 种非标准件都必须画出零件草图。

② 画零件草图可先从主要的或大的零件着手，按装配关系依次画出各零件（尽量采用 1∶1 比例），以便随时校核和协调零件的相关尺寸。如平口钳，可先画固定钳身、活动钳身、丝杠，再画其他零件。如图 9-28、图 9-29 所示。

③ 测零件尺寸，并在草图上填写尺寸。

二、画图设计过程

1. 确定装配体表达方案

分析表达对象，明确表达内容。一般从实物和有关资料了解机器或部件的功用、性能和工作原理，仔细分析各零件的结构特点以及装配关系，从而明确所要表达的具体内容。

(1) 主视图的选择

首先要符合虎钳的安放位置，即符合“工作位置原则”。其次，要选择最能反映该虎钳的工作原理、传动路线、零件间主要的装配关系和主要结构特征的方向作为主视图的投射方向。

通常沿主要装配干线或主要传动路线的轴线剖切，以使主视图能较多地反映工作原理和装配关系。

（2）其他视图的选择

主视图选好后，还要选择适当的其他视图来补充表达机器或部件的工作原理、装配关系和零件的主要结构形状。每个视图都要明确目的、表达重点，应避免对同一内容的重复表达。

平口钳的表达方案主要采用主、俯、左三个基本视图，把传动、装配关系表示清楚。其中，主视图采用全剖视图，左视图采用了半剖视，俯视图采用了局部剖视图。

2. 画装配图的方法步骤

平口虎钳装配图的画图步骤，如图 9-30 所示。

（1）选比例、定图幅

一般尽量采用 1∶1 比例画图，根据虎钳外形尺寸和表达方案，采用 A3 图幅绘制。首先画图框、留出标题栏和明细栏的位置和填写技术要求文字说明的地方；其次根据表达方案布置图形，画主要基准线。通常用主要轴线、中心线、对称线以及主要零件的主要轮廓线作为各视图的画图主要基准线，将各视图定位。如图 9-30（a）所示。

（2）画底稿

一般先从主视图画起，按投影关系与其他几个视图联系起来画，以保证作图的准确性和提高作图速度。画每个视图应先从主要装配干线的装配定位面开始，画最明显的零件和与其直接相关的零件，如先画固定钳身，再画套在丝杠上的垫圈 11 和丝杆 9，然后画螺母和活动钳身，最后画其他小零件和细节。如图 9-30（b）、（c）所示。

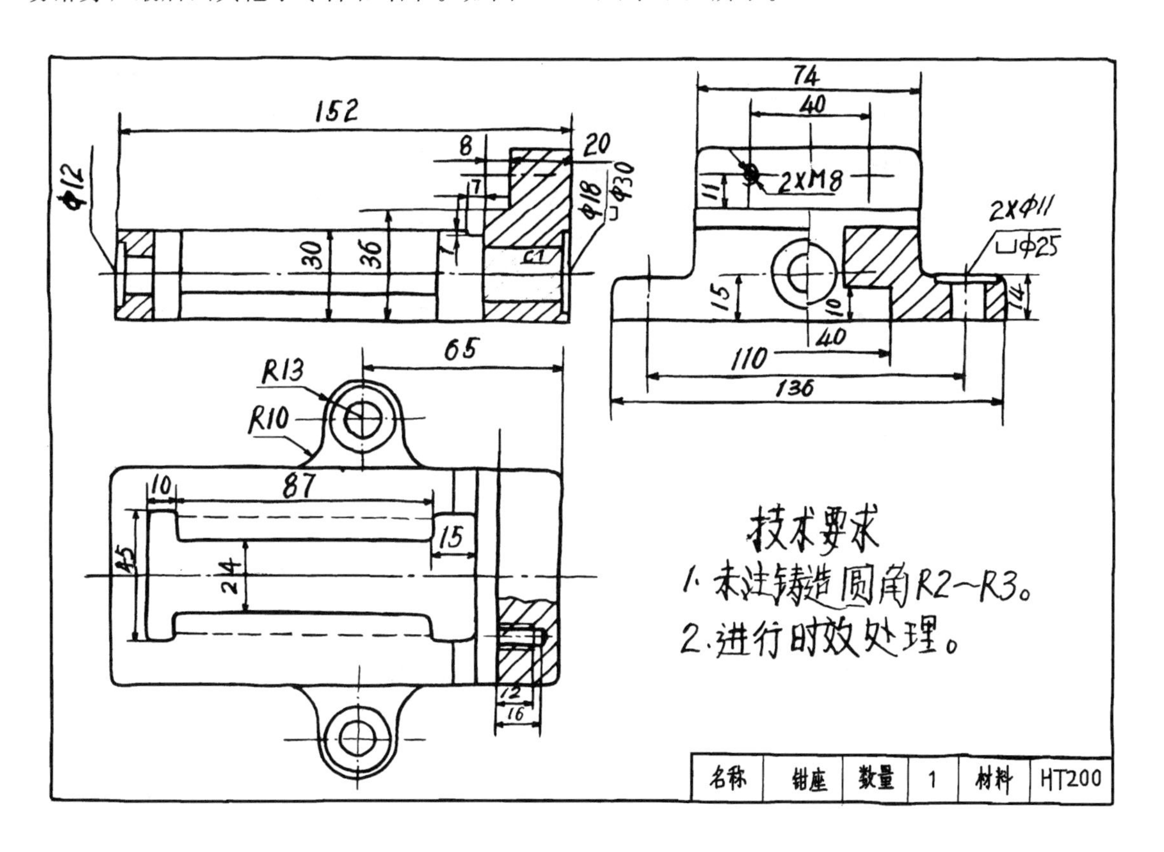

图 9-28　零件草图

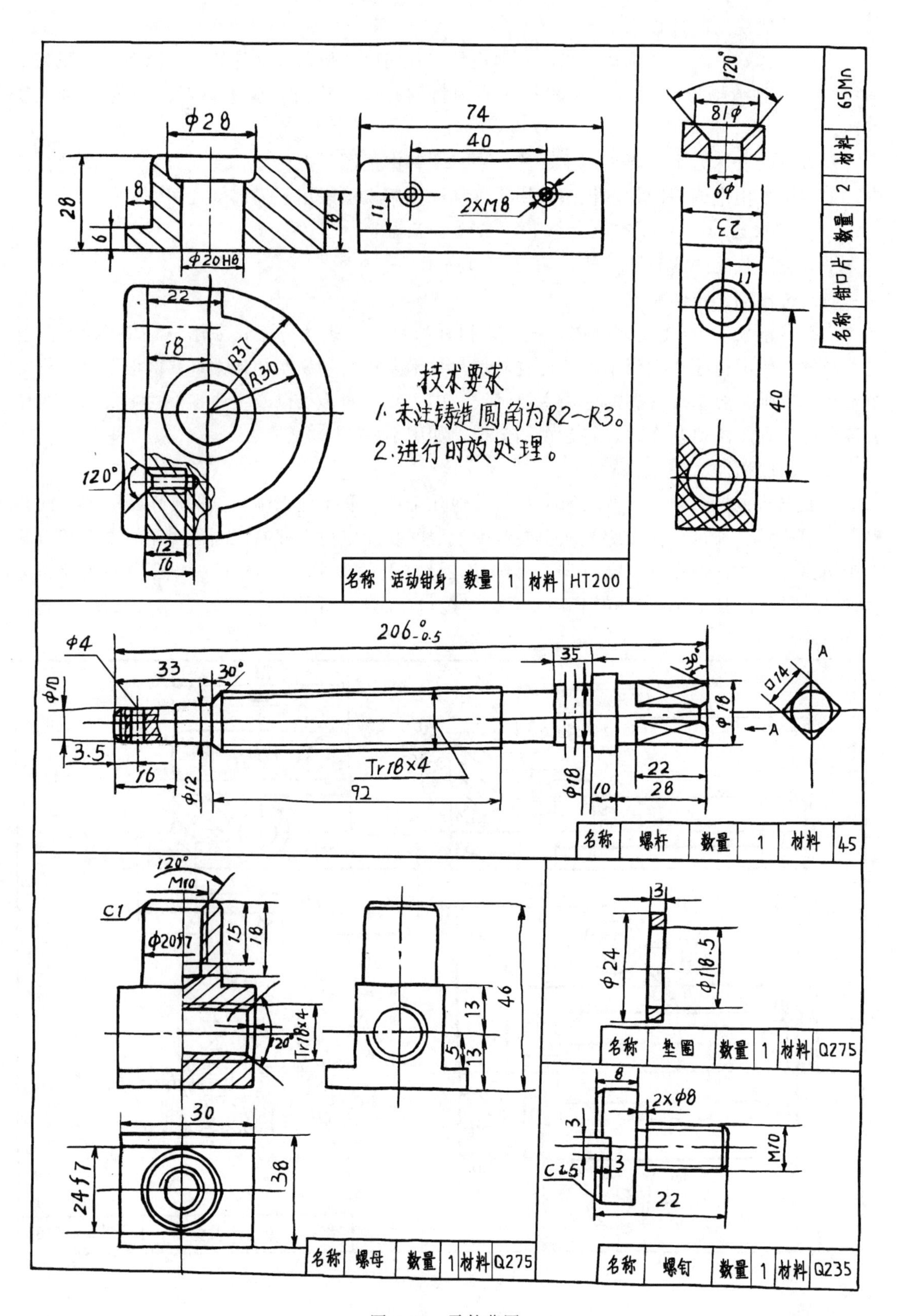
技术要求
1. 未注铸造圆角为R2~R3。
2. 进行时效处理。
名称 活动钳身 数量 1 材料 HT200
名称 钳口片 数量 2 材料 65Mn
名称 螺杆 数量 1 材料 45
名称 螺母 数量 1 材料 Q275
名称 垫圈 数量 1 材料 Q275
名称 螺钉 数量 1 材料 Q235

图 9-29 零件草图

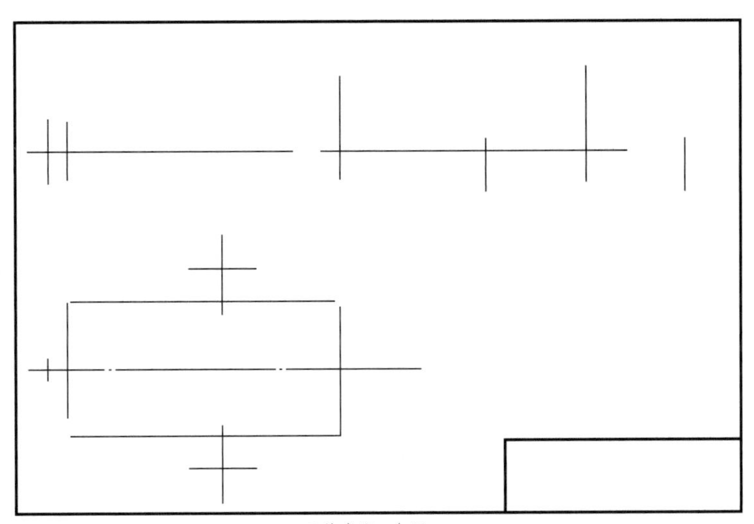

(a) 画基准线、布图

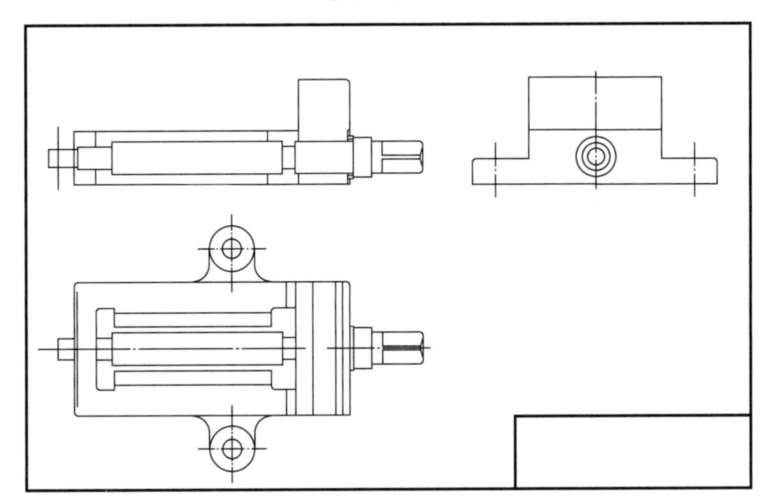

(b) 画基础零件与相关零件底稿

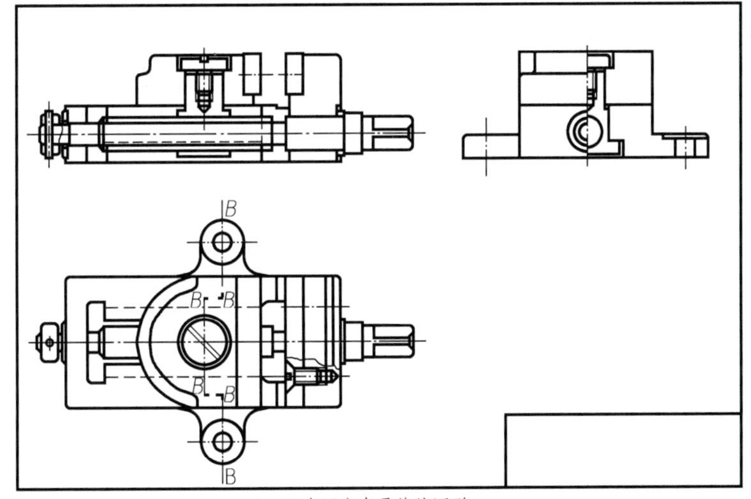

(c) 逐个画出各零件的图形

图 9-30 平口虎钳的装配图画图步骤

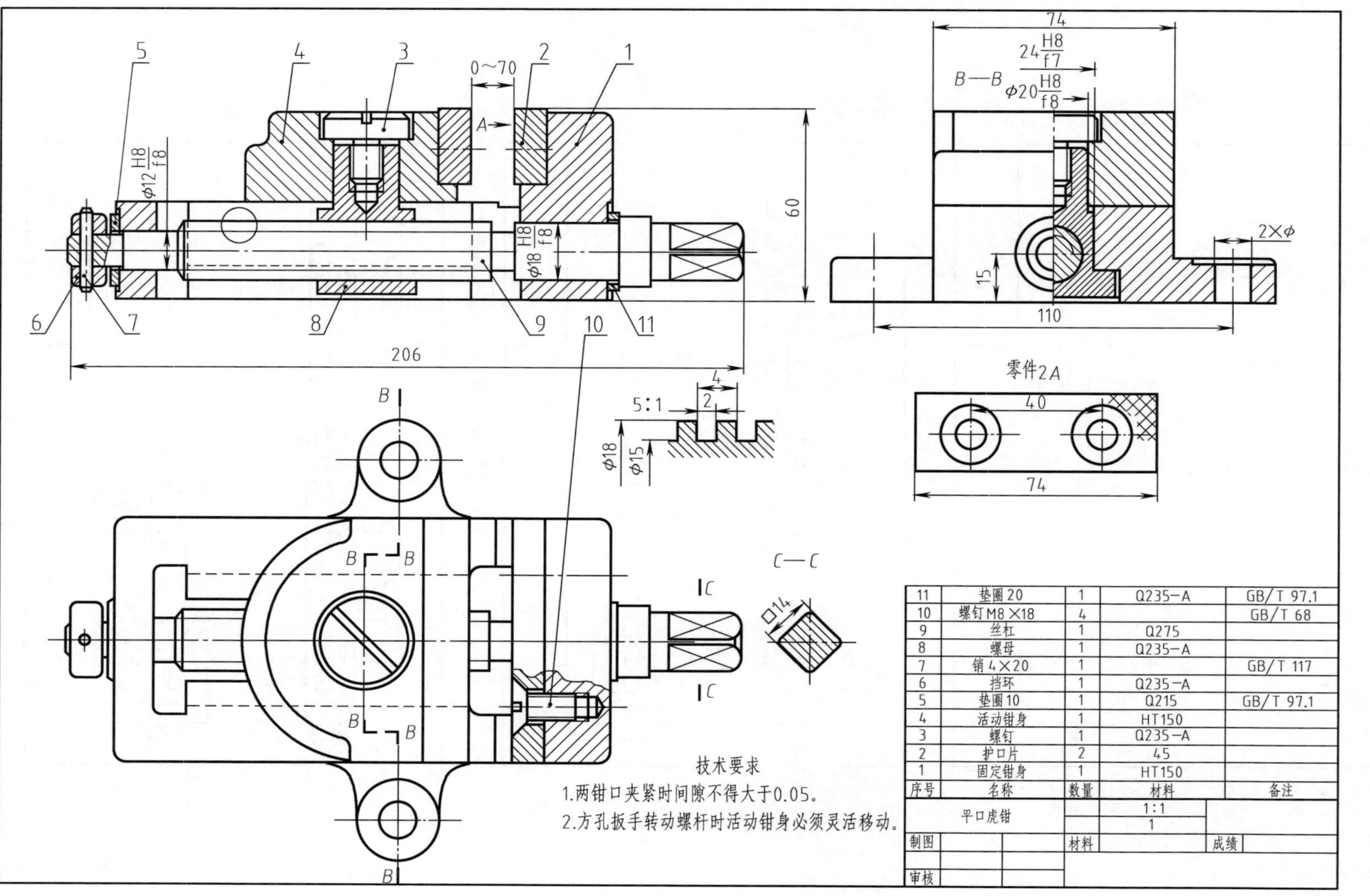

序号	名称	数量	材料	备注
11	垫圈20	1	Q235-A	GB/T 97.1
10	螺钉M8×18	4		GB/T 68
9	丝杠	1	Q275	
8	螺母	1	Q235-A	
7	销4×20	1		GB/T 117
6	挡环	1	Q235-A	
5	垫圈10	1	Q215	GB/T 97.1
4	活动钳身	1	HT150	
3	螺钉	1	Q235-A	
2	护口片	2	45	
1	固定钳身	1	HT150	

平口虎钳		1:1	
		1	
制图		材料	成绩
审核			

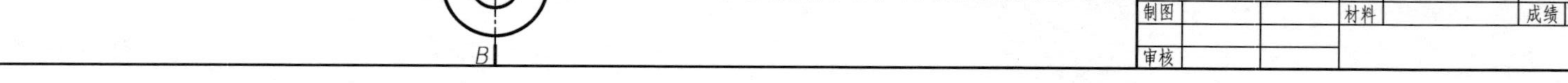
技术要求

1.两钳口夹紧时间隙不得大于0.05。

2.方孔扳手转动螺杆时活动钳身必须灵活移动。

图 9-31 平口虎钳装配图

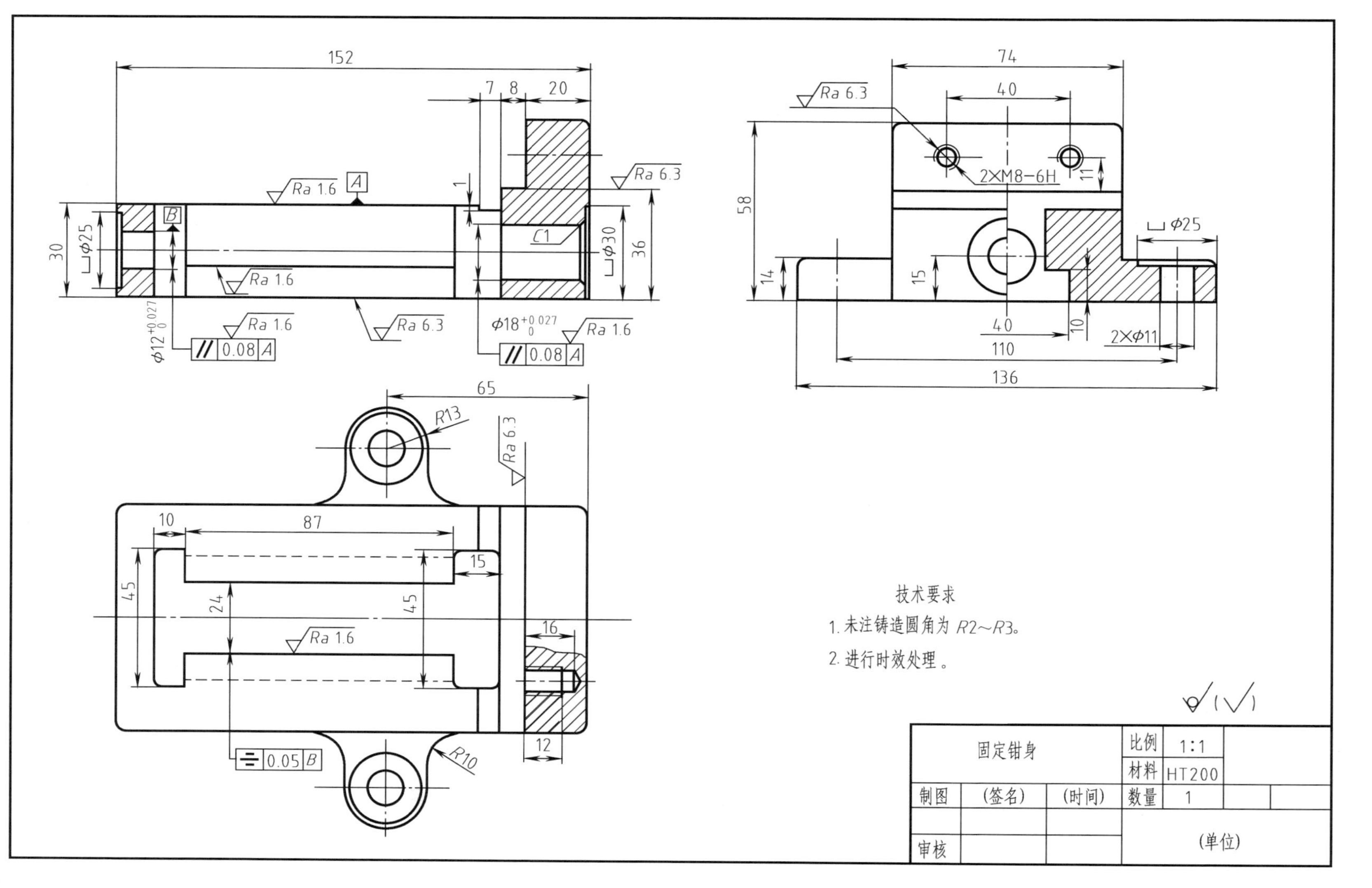
技术要求
1. 未注铸造圆角为R2~R3。
2. 进行时效处理。
固定钳身
比例 1:1
材料 HT200
制图 (签名) (时间)
数量 1
审核
(单位)
2×M8-6H
2×Φ11
⊔Φ25
⊔Φ30
Φ18+0.027 0
Φ12+0.027 0
C1
R13
R10

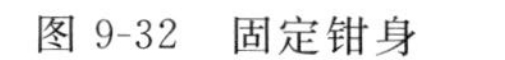

图 9-32 固定钳身

（3）加粗描深

检查无误后画剖面线、标注装配尺寸，编写序号、填写技术要求、明细栏、标题栏，加粗描深完成全图，如图 9-31 所示。

3. 画零件图

根据装配图和零件草图，整理绘制出一套零件图。如图 9-32 所示为平口虎钳全套零件图中的固定钳身。

画零件图时，其视图选择不强求与零件草图或装配图的表达方案完全一致。画装配图时发现零件草图中的问题（如零件草图中的某尺寸与装配图中的该尺寸有出入），应在画零件图时加以修正，保证配合尺寸或相关尺寸的协调。表面粗糙度等技术要求可参阅有关资料及同类或相近产品图样，结合生产条件及生产经验加以制定和标注。

Auto CAD绘制工程图

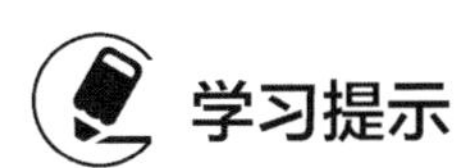

本章简要介绍使用 Auto CAD 软件绘制工程图的基础知识以及操作要领等。工程图的绘制也有一定规矩，比如“图层”这个命令，画图前要创建多个图层，给每一层定制线型、颜色等，如其中的“尺寸层”专门用于尺寸标注，便于统一管理。这些规矩会在规范线型、图形修改、图形提取等方面带来很大便利，不能忽视。

Auto CAD 是美国 Autodesk 公司在 1982 年推出的微机绘图软件，它是一个通用的交互式绘图软件包，不仅具有完善的二维功能，而且其三维造型功能亦很强，并支持 Internet 功能。

目前，Auto CAD 在全世界的应用已相当广泛，是当前工程设计中十分流行的绘图软件。本章主要介绍 Auto CAD 的基本功能以及运用 Auto CAD 绘制机械图的方法和步骤。

第一节　Auto CAD 绘图基础

一、 Auto CAD2011 的启动

安装 Auto CAD2011 后会在桌面上出现一个图标，双击该图标，或者从 Windows 桌面左下角选择“开始”→“所有程序”→“Auto CADdesk”→“Auto CAD2011—Simplified Chinese”→“Auto CAD2011”，或者双击已有的任意一个图形文件（*.dwg），均可以启动 Auto CAD。

二、用户界面

Auto CAD 为用户提供了“二维草图与注释”“Auto CAD 经典”“三维基础”“三维建模”四种工作空间模式，这四种工作空间可以自由切换和设置，只需点击屏幕左上角的“工作空间”选择器，在其下拉列表中选择相应的选项，或在屏幕右下角点击状态栏中的“切换工作空间”按钮，在弹出的菜单中选择相应的选项即可实现

工作空间的切换。

默认状态下的“二维草图与注释”空间如图 10-1 所示，在该空间中用户可以很方便地绘制二维图形；“Auto CAD 经典”空间如图 10-2 所示。

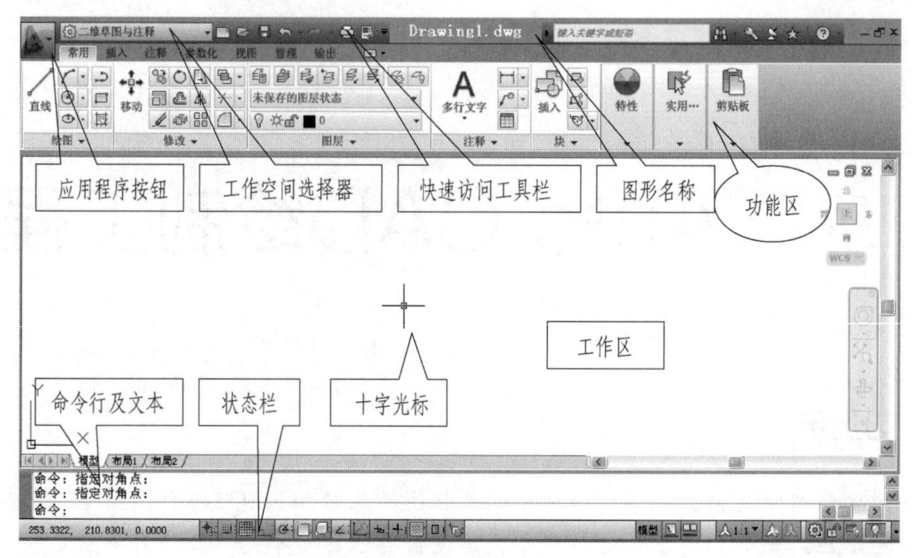

图 10-1　“二维草图与注释”空间

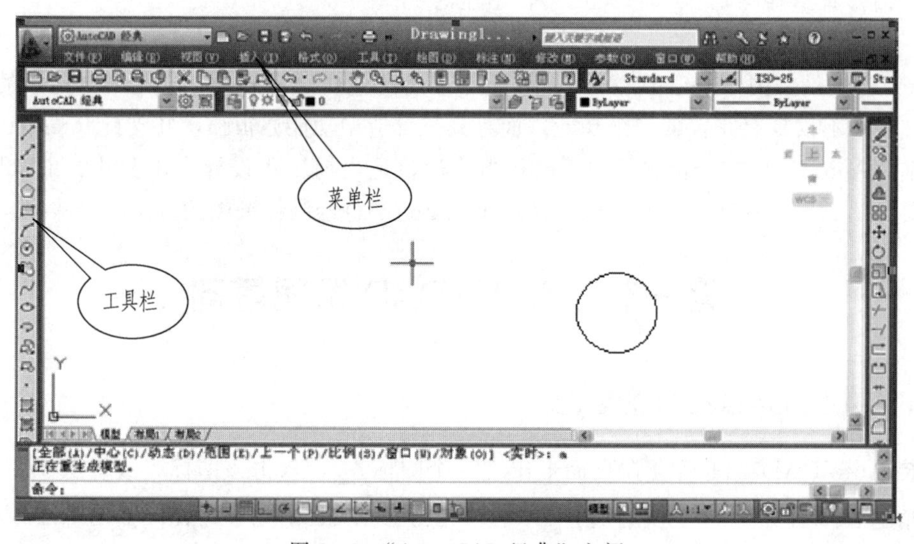

图 10-2　“Auto CAD 经典”空间

1. “应用程序”按钮

位于界面左上角（图 10-1 和图 10-2），点击该按钮将出现一下拉菜单，它集成了 Auto CAD2011 的一些通用操作命令，包括新建、打开、保存、另存为、输出、打印、发布、图形实用工具、关闭。

2. 快速访问工具栏

位于界面的顶部，它提供了系统最常用的操作命令。默认的快速访问工具有“新建”“打开”“保存”“另存为”“放弃”“重做”和“打印”。

3．“工作空间”选择器 二维草图与注释

位于界面左上角，点击“工作空间”选择器，在出现的下拉菜单中选择需要的选项。如：要从默认的“二维草图与注释”空间切换到“Auto CAD经典”空间，只需从菜单中选择“Auto CAD经典”即可。

4．图形名称 Drawing1.dwg

位于界面的顶部，用于显示当前所编辑的图形文件名。

5．功能区

如图10-1所示的“功能区”提供了常用、插入、注释、参数化、视图、管理和输出七个按任务分类的选项卡，各个选项卡中又包含了许多面板。比如，在“常用”选项卡中提供了绘图、修改、图层、注释、块、特性、实用工具和剪贴板八个面板，可以在这些面板中找到需要的功能图标。

6．菜单栏

如图10-2所示的“菜单栏”集成了Auto CAD的大多数命令，点击某个菜单项，即可出现相应的下拉菜单。

7．工具栏

如图10-2所示的“工具栏”包括了标准、样式、工作空间、图层、对象特性、绘图和修改等工具栏。工具栏是一组命令图标的集合，把光标移动到某个图标上稍停片刻，即在该图标的一侧显示相应的命令名称。点击工具栏上的某一图标，即可执行对应的命令。

8．绘图窗口

绘图窗口是用户进行绘图的区域。绘图窗口中鼠标位置用十字光标显示，光标主要用于绘图、选择对象等操作。窗口左下角还显示当前使用的坐标系及各轴正方向。默认状态下，坐标系为世界坐标系（WCS）。

9．命令行窗口

命令行窗口位于绘图窗口的下方，主要用于显示用户输入的命令及相关提示信息。按下“Ctrl＋9”可实现命令窗口的打开与关闭。

10．状态栏

状态栏位于Auto CAD界面的底部。它用于显示当前十字光标所处位置的三维坐标和一些辅助绘图工具按钮的开关状态，如捕捉、栅格、正交、极轴、对象捕捉、对象追踪、DUCS、DYN、线宽和快捷特性等，点击这些按钮，可以进行开关状态切换。

三、 Auto CAD命令的调用与终止

① 键盘输入：直接从键盘输入Auto CAD命令（简称键入），然后按回车键或空格键。输入的命令可以大写或小写，也可输入命令的快捷键，如line命令只需输入L。

② 菜单输入：点击菜单名，即在出现的下拉式菜单中，点击所选择的命令。

③ 工具栏输入：点击工具栏图标，即可输入相应的命令。

④ 功能区输入：点击功能区选项板上图标，即可输入相应的命令。

此外，在命令行出现提示符“命令：”时，按回车键或空格键，可重复执行上一个命令；还可右击鼠标输入命令。

⑤ 命令的终止（Esc）、放弃（Undo）与重做（Redo）

按下“Esc”键可终止或退出当前命令。

“放弃（Undo）”即撤消上一个命令的动作，点击“快速访问工具栏”上的放弃图标即可撤消上一个命令的动作。如：用户可以用放弃命令将误删除的图形进行恢复。

“重做（Redo）”即恢复上一个用“放弃（Undo）”命令所做的动作，点击“快速访问工具栏”上的重做图标即可恢复所放弃的动作。

注意：命令的调用方式不同，命令行的显示也有所区别。

四、命令行中特定符号的含义及操作说明

例如，绘制直径为Φ20的圆时，命令行的显示如下（斜体字屏幕上不显示）。

命令：c(*键入c，回车*)

CIRCLE 指定圆的圆心或［三点(3P)/两点(2P)/切点、切点、半径(T)］：(*在屏幕上拾取一点*)

指定圆的半径或［直径(D)］<15.0000>：d(*回车*)

指定圆的直径 <30.0000>：20(*回车*)

对上段文字中的符号说明如下。

“［　］”：方括号中的内容表示选项，如“三点（3P）”表示三点画圆。

“/”：分隔命令中各个不同的选项。

“<　>”：尖括号中的内容为默认选项（数值）或当前选项（数值），若直接敲回车键则系统按括号内的选项（数值）进行操作。

“(　)”：命令栏中选项后的圆括号内字母或数字，为系统提供，若选择某选项进行操作则需从键盘输入该项字母或数字，如选择三点画圆，则需从键盘输入“3P”。

特别说明：在命令行窗口中出现的内容的字体是6号仿宋体；数值或字母下方有下划线时，表示操作者从键盘输入。

五、图形的显示控制

Auto CAD 提供的显示控制命令，有缩放命令 Zoom，其作用是放大或缩小对象的显示；平移命令 Pan，其作用是移动图形，不改变图形显示的大小。几种操作方式如下。

① 点击功能区“视图”选项卡的“导航”面板上图标。

② 点击“标准”工具栏上的图标。

③ 在绘图区域右击鼠标，在弹出的快捷菜单中选择“平移（A）”或“缩放（Z）”。

④ 利用鼠标滚轮：滚动鼠标滚轮，直接执行实时缩放的功能；双击滚轮按钮，可以缩放到图形范围，即只显示有图形的区域；按住滚轮按钮并拖动鼠标，则直接平移视图。

⑤ 从键盘输入 Zoom 或 Pan 命令。

六、图形文件的基本操作

1. 新建图形文件

Auto CAD 提供了多种创建新图形文件的方法，常见的有以下两种方法。

① 自动新建图形文件：启动 Auto CAD 时，系统自动按默认参数创建一个暂名为 drawing1. dwg 的空白图形文件。

② 用“选择样板”对话框新建图形文件：启动 Auto CAD 后，点击快速访问工具栏中的“新建”图标，或点击“应用程序”按钮→“新建”，将出现如图10-3所示的“选

择样板”对话框。选择“acadiso.dwt”样板后点击“打开”按钮，即可以进入新图形的工作界面。

2. 打开已有图形文件

① 用“选择文件”对话框打开图形文件：点击快速访问工具栏中的“打开”图标，或点击→“打开”，将出现如图 10-4 所示的“选择文件”对话框。选择一个或多个文件后点击“打开”按钮，即可打开指定的图形文件。

图 10-3　“选择样板”对话框

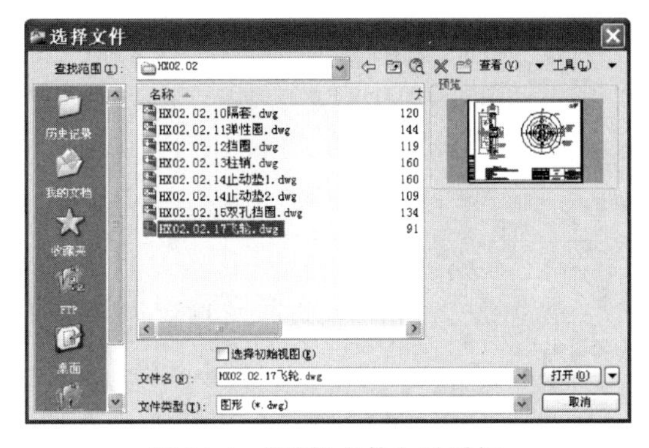

图 10-4　“选择文件”对话框

② 双击如图 10-4“选择文件”对话框“＊.dwg”格式的图形文件，可以自动启动 Auto CAD 并打开图形文件。

3. 保存图形文件

点击快速访问工具栏中的“保存”图标，或点击→“保存”，系统会自动将当前编辑的已命名的图形文件以原文件名存入磁盘，扩展名为“.dwt”。或点击菜单“文件(F)”→“另存为（A）…”打开对话框，另外给定文件名和路径。

七、绘图环境的设置

1. 工具栏的打开与关闭

利用鼠标可打开或关闭某一工具栏。将鼠标置于已弹出的工具栏上，点击鼠标右键，在弹出的快捷菜单上选择所需要打开（或关闭）的工具栏。大部分工具栏只有在需要时才打开。

2. 设置绘图单位（Units）

绘图单位命令指定用户所需的测量单位的类型，Auto CAD 提供了适合任何专业绘图的各种绘图单位（如英寸、英尺、毫米），而且精度范围选择很大。

命令调用方法：

①键入“Units”并回车；

②→“图形实用工具”→“单位”；

③“格式（O）”菜单→“单位（U）…”。

执行命令后，在打开的“图形单位”对话框中设置所需的长度类型、角度类型及其精度。

3. 设置绘图界限

绘图界限是 Auto CAD 绘图空间中的一个假想区域，相当于用户选择的图纸图幅的大小。利用图形界限命令“Limits”设置绘图范围。

命令调用方法：

① 键入“Limits”并回车；

②“格式（O）”菜单→“图形界限（I）”。

【例 10-1】 设置“A2”图纸的绘图环境。

操作步骤如下：

① 单击“新建”图标，选择“acadiso. dwt”公制样板，命名为“A2”。

② 用“Limits”命令设置 A2 图纸幅面。

命令：limits（*键入 limits 并回车*）
重新设置模型空间界限：
指定左下角点或［开（ON）/关（OFF）］<0.0000,0.0000>：（*回车*）
指定右上角点 <420.0000,297.0000>：594,420（*键入图纸右上角坐标*）
命令：（*回车*）

③ 用“Zoom”命令，将栅格界限缩放到绘图区域。

命令：zoom（*键入 zoom 或 z 并回车*）
指定窗口的角点，输入比例因子（nX 或 nXP），或者
［全部（A）/中心（C）/动态（D）/范围（E）/上一个（P）/比例（S）/窗口（W）/对象（O）］<实时>：*a*
正在重生成模型。

④ 单击状态栏上栅格图标，打开栅格显示。

注意：上述③和④的操作可以交换顺序；在绘图过程中，适当进行③和④的操作，可以观察全局，有利于绘图。

特别说明：所有例题均可当作学生的上机练习，后续练习（例题）均可在【例 10-1】所设置的绘图环境下完成。

4. 退出 Auto CAD

退出 Auto CAD 的方法：

① 界面右上角按钮；

② → “退出 Auto CAD”；

③“文件（F）”菜单→“退出（X）”；

④ 键入“Quit”命令并回车。

第二节 坐标值的输入及绘图命令

一、 Auto CAD 坐标值的输入

通过输入坐标值确定点的位置，坐标值的输入主要有以下方式。

① 绝对直角坐标的输入：绘制平面图形时，只需输入（X，Y）两个坐标值，每个坐标值之间用逗号相隔，如“30，20”，其原点是世界坐标系（WCS）的原点。

② 绝对极坐标的输入：极坐标包括距离和角度两个坐标值。其中距离值在前，角度值在后，两数值之间用小于符号“<”隔开，如“35<45”，其原点为世界坐标系（WCS）的原点。

③ 相对直角坐标的输入：在绝对直角坐标表达式前加@符号，如“@30，20”，其原点为该命令最近一次操作给定的位置点作为原点。

④ 相对极坐标的输入：在绝对极坐标表达式前加@符号，如“@30<20”，其原点是该命令最近一次操作给定的位置点作为原点。

⑤ 光标拾取输入：光标逗留在绘图区的某点位置，点击鼠标左键，则提取光标位置点（X，Y）坐标值作为输入数据，或该坐标值与前一坐标值的距离作为输入数据（如画圆半径值）。

【例 10-2】 绘制如图 10-5 所示的图形。

绘制如图 10-5（a）的操作步骤如下。

命令：_rectang(点击 □)

指定第一个角点或［倒角(C)/标高(E)/圆角(F)/厚度(T)/宽度(W)］：(在屏幕上拾取点 *A*)

指定另一个角点或［面积(A)/尺寸(D)/旋转(R)］：@30,20(回车)

绘制图 10-5(b)的操作步骤如下。

命令：_line 指定第一点：(在屏幕上拾取点 *E*)

指定下一点或［放弃(U)］：@20,-10(回车)

指定下一点或［放弃(U)］：@35<45(回车)

指定下一点或［闭合(C)/放弃(U)］：(回车)

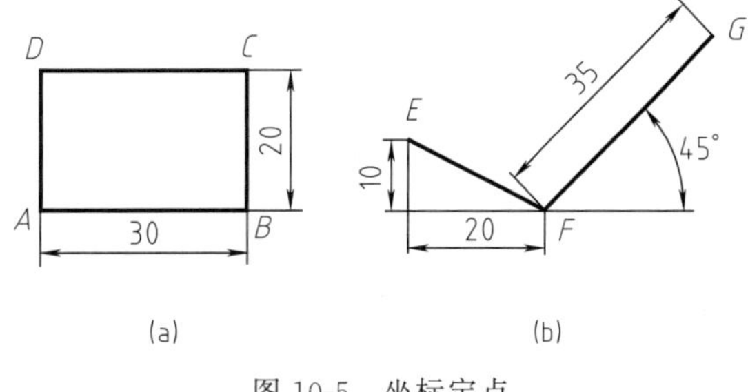

图 10-5　坐标定点

注意：上述命令是通过点击图标或菜单输入的，故在英文词命令前有一下划线。

二、基本绘图命令

表 10-1　常用绘图命令

图标	命令/快捷键	功能
	Line/L	绘制直线
	Xline/XL	绘制两端无限长的构造线，用作作图辅助线
	Pline/PL	绘制由直线、圆弧组成的多段线
	Polygon/POL	绘制正多边形
	Rectang/REC	绘制矩形
	Arc/A	绘制圆弧
	Circle/C	绘制整圆
	Spline/SPL	绘制样条曲线
	Ellipse/EL	绘制椭圆
	Ellipse/EL	绘制椭圆弧
	Point/PO	绘制点
	Bhatch/Hatch/BH/H	图案填充
	Region/REG	面域

图形中的线段、圆弧、矩形、文字等在Auto CAD中称为对象。绘图命令的调用方法：

① 功能区→“常用”选项卡→“绘图”面板；

② “绘图”工具栏；

③ “绘图（D）”菜单；

④ 键入命令。表10-1中列出了常用绘图命令及其功能。

1. 直线命令（Line）

使用“Line”命令绘制直线时，既可绘制单条直线，也可绘制一系列的连续直线。在连续画了两条以上的直线后，可在“指定下一点:”提示符下输入“C”（闭合）形成闭合折线；输入“U”（放弃），删除直线序列中最近绘制的线段。

【例 10-3】 用“Line”命令绘制如图10-6（a）所示矩形。

操作步骤如下：

命令:_line 指定第一点:(拾取点A)
指定下一点或[放弃(U)]:@30,0(回车)
指定下一点或[放弃(U)]:@0,20(回车)
指定下一点或[闭合(C)→放弃(U)]:@－30,0(回车)
指定下一点或[闭合(C)→放弃(U)]:c(回车)

2. 矩形命令（Rectang）

使用“Rectang”命令可以绘制如图10-6所示的直角矩形、倒角矩形、圆角矩形等。

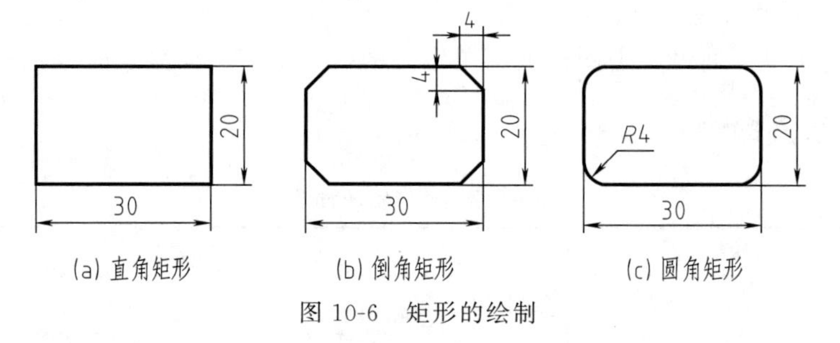

图10-6 矩形的绘制

【例 10-4】 用“Rectang”命令绘制如图10-6（c）所示矩形。

操作步骤如下：

命令:_rectang 当前矩形模式： 圆角＝0.00
指定第一个角点或[倒角(C)/标高(E)/圆角(F)/厚度(T)/宽度(W)]:f(回车)
指定矩形的圆角半径<0.00>:4(回车)
指定第一个角点或[倒角(C)/标高(E)/圆角(F)/厚度(T)/宽度(W)]:(在屏幕上拾取矩形的左下角点)
指定另一个角点或[面积(A)/尺寸(D)/旋转(R)]:@30,20(回车)

3. 正多边形命令（Polygon）

使用“Polygon”命令，绘制正多边形有如下三种（图10-7）：

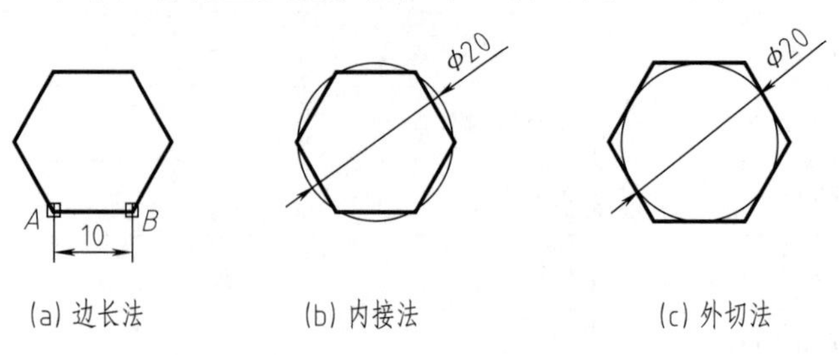

图10-7 正多边形画法

① 根据边长画正多边形；

② 指定圆的半径，画内接于圆的正多边形；

③ 指定圆的半径，画外切于圆的正多边形。

【例 10-5】 绘制图 10-7（b）所示的内接于圆的正六边形。

操作步骤如下：

命令：_polygon 输入侧面数 <4>：6（*回车*）

指定正多边形的中心点或［边(E)］：（*在屏幕上拾取任一点作为六边形的中心*）

输入选项［内接于圆(I)/外切于圆(C)］<C>：i（*回车*）

指定圆的半径：10（*回车*）

通过以上几个命令的操作可以看出，我们进行的每一步操作都是按命令栏的提示进行，当出现选项提示或方括号［ ］中的选项内容时，只需从键盘输入该项字母然后回车，即转为该选项内容的操作。另外，数据的输入（如坐标、半径等）可键盘敲入，也可按鼠标左键点击屏幕上的某位置点输入。其他绘图命令的操作方法类同。

4. 图案填充（Bhatch 或 Hatch）

点击绘图工具条上的▨，或输入“Bhatch”或“Hatch”命令，弹出图 10-8 对话框，在“图案（P）”的卡号处点击会出现图案下拉列表，选择“ANSI31”图案，在“角度”“比例”栏中可根据需要输入所需数值（如比例取 2 则图案中线条间隔大一倍），然后点击“边界”栏中的“添加：拾取点”左侧按钮，会自动关闭对话框，这时可移动光标到图 10-9（a）需画剖面线的封闭区内点击变成选中状态（可多次点击），然后按回车键又重新弹回对话框，点击“确认”按钮，即可以绘制出如图 10-9（b）所示的剖面线。

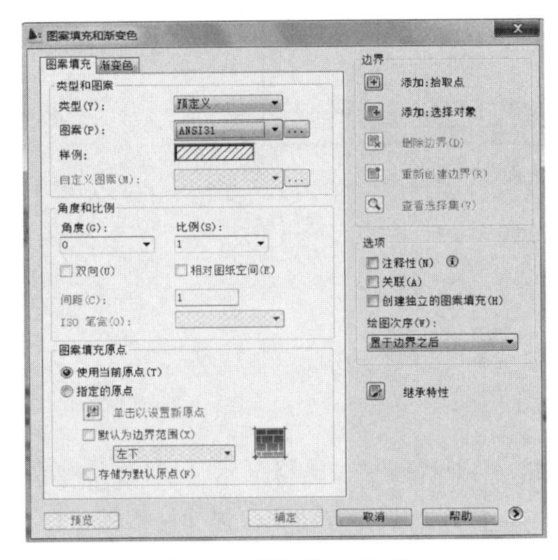

图 10-8 图案填充对话框

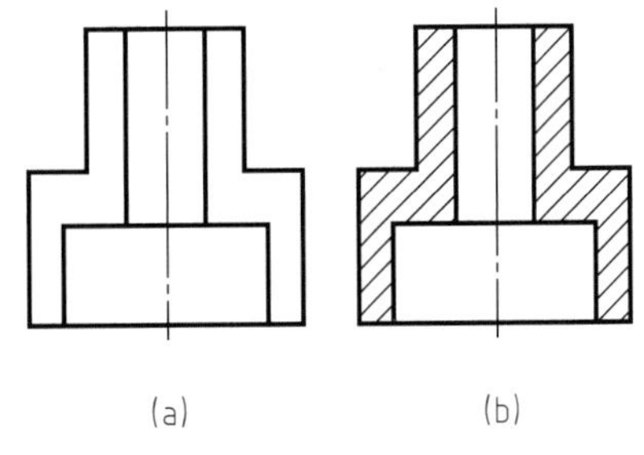

图 10-9 剖面线填充

图案选择也可点击对话框中“图案（P）”最右方的按钮，在弹出的图案选项卡中挑选图案。

第三节 利用辅助工具绘图

一、“状态栏”按钮

Auto CAD 为精确绘图提供了很多工具。如图 10-10 所示的“状态栏”按钮大多是精确绘图工具。Auto CAD 默认状态下显示如图 10-10（a）所示的图标按钮。通过右击状态栏上的任意按钮，在弹出的快捷菜单中选择“√使用图标（U）”，则显示如图 10-10（b）所示的文字按钮。

(a) 图标按钮

(b) 文字按钮

图 10-10　“状态栏”按钮

二、“草图设置”对话框

打开图 10-11 对话框的方法：

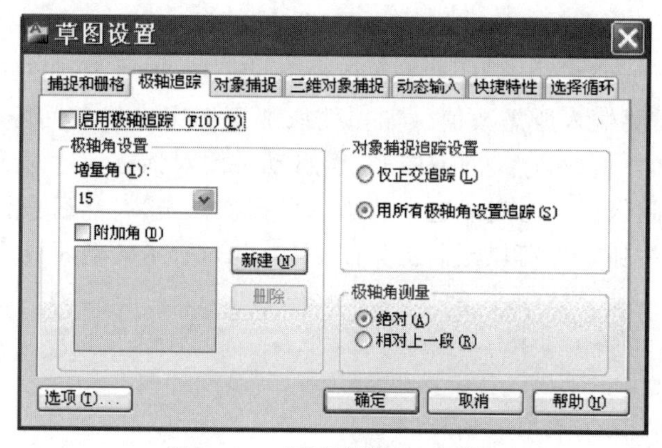

图 10-11　“草图设置”对话框

① 在状态栏右击“对象捕捉”按钮→“设置（S）…”；

② 点击菜单“工具（T）”→“草图设置（F...）”；

③ 在“对象捕捉”工具栏点击。

三、栅格捕捉

栅格是指在绘图区域上排列规则的点阵图案。点击状态栏“栅格显示”按钮，或按下 F7 键，可实现栅格显示的打开或关闭。开启栅格捕捉功能，可精确捕捉到栅格坐标点。

四、正交模式

点击状态栏“正交模式”按钮，或按下 F8 键，可打开或关闭正交模式。

当打开“正交”模式，就会强行要求光标水平或垂直方向移动，如在此状态下从键盘输入两点间的距离值并回车，就可实现按距离值精确画水平或垂直线。

【例 10-6】 用“Line”命令和“正交模式”绘制图 10-6（a）。

操作步骤如下：

命令：_line 指定第一点：(*启动正交，在屏幕上拾取点 A*)

指定下一点或［放弃(U)］:30(向右移动鼠标并回车,确定B点)

指定下一点或［放弃(U)］:20(向上移动鼠标并回车,确定C点)

指定下一点或［闭合(C)/放弃(U)］:30(向左移动鼠标并回车,确定D点)

指定下一点或［闭合(C)/放弃(U)］:c(回车)

五、极轴追踪

点击状态栏“极轴追踪”按钮，或按下F10键，可打开或关闭“极轴追踪”

极轴追踪是指按预先设定的角度增量来追踪坐标点。

极轴追踪的设置：【草图设置】对话框→“极轴追踪”选项卡→增量角（I）→15°。

【例10-7】 用line命令以及“极轴追踪”绘制如图10-12所示的直线AB。

操作步骤如下：

命令:_line 指定第一点:(在屏幕上拾取A点)

指定下一点或［放弃(U)］:35(向右上角移动光标,当出现参考线和极坐标时键入30并回车,确定B点)

指定下一点或［放弃(U)］:(回车)

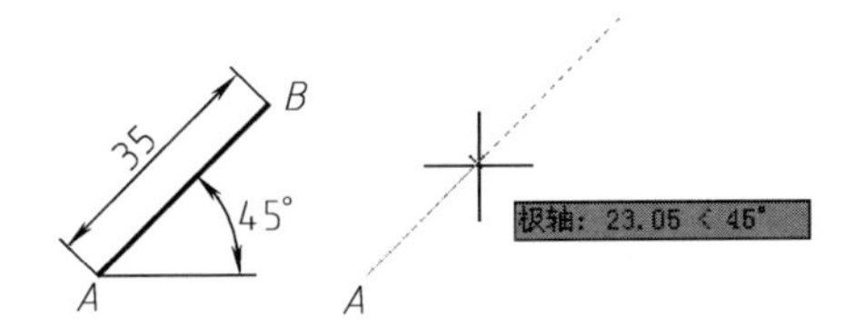

图10-12 极轴追踪

六、对象捕捉

对象捕捉是指将需要输入的点定位在现有对象的端点、中点、圆心、切点、节点、交点等特征点的位置上。

1. 临时对象捕捉

如在命令行出现“指定下一点”提示时，可在如图10-13所示的对象捕捉工具栏中插入临时命令来打开捕捉模式。各临时命令的名称可将光标停留在某图标上即可出现中文名称。

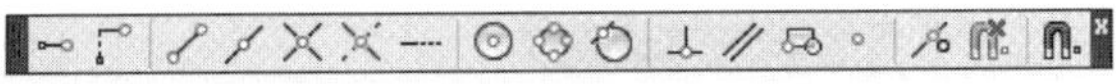

图10-13 对象捕捉工具栏

【例10-8】 利用临时对象捕捉绘制如图10-14（b）所示的公切线AB。

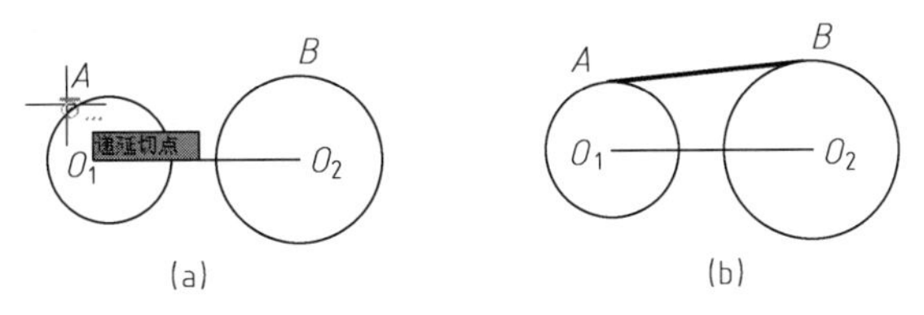

图10-14 对象捕捉

操作步骤如下：

命令：_line 指定第一点：(点击相切图标插入 *Tan* 命令)_tan 到[再将鼠标移到 *A* 点附近捕捉 *A* 后点击，如图 10-14(*a*)所示]

指定下一点或[放弃(U)]：(点击相切图标插入 *Tan* 命令)_tan 到(在 *B* 点附近捕捉 *B* 后点击)

指定下一点或[放弃(U)]：(回车)

2. 自动对象捕捉

Auto CAD 提供了另一种对象捕捉模式，开启该模式即处于运行状态。

点击状态栏的“捕捉”按钮或按钮，可启动或关闭自动对象捕捉功能。

自动对象捕捉类型的设置：【草图设置】对话框→“对象捕捉”选项卡，勾选常用对象捕捉类型，如端点、圆心、交点等。

七、对象捕捉追踪

利用对象追踪可以快捷地确定一个或两个对象特征点的水平垂直方向上点的位置。

点击状态栏“捕捉追踪”按钮或按钮，或按下 F11 键，可打开或关闭捕捉追踪功能。

对象捕捉追踪时必须将状态栏上的“捕捉”与“捕捉追踪”同时打开，并且设置了相应的捕捉类型。

在画物体视图时，利用“对象捕捉追踪”，可以确保视图间“长对正、高平齐”。

【例 10-9】 绘制如图 10-15 (a) 所示六棱柱的主、俯视图。

绘图步骤如下：

① 用多边形命令绘制六边形的俯视图。

② 同时启动“极轴”“对象捕捉”“对象追踪”三个按钮。

③ 绘主视图。执行 line 命令，先将光标吸住 1 点再移动到 1′点位置点击 [图 10-15 (b)]，然后光标吸住 2 点后再移动到 2′点位置点击 [如图 10-15 (c)，光标同时吸住了 1′和 2]，再依此法确定其他各点位置，画出主视图。

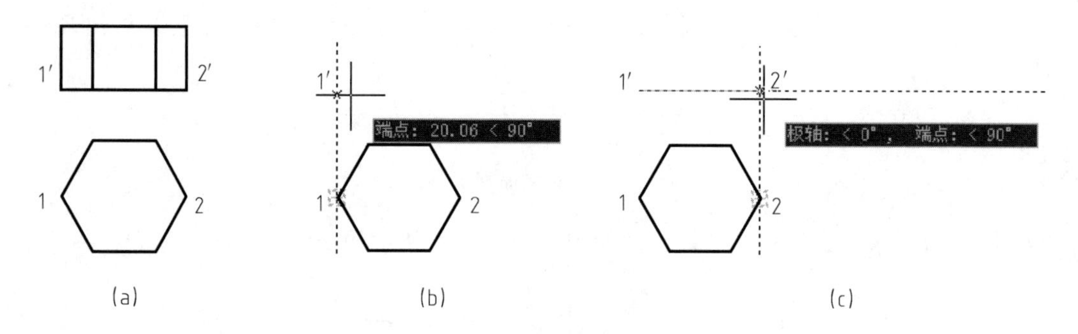

图 10-15　六棱柱视图画法

第四节　图层及其应用

图层是用户用来组织和管理图形最为有效的工具。一个图层就像一张透明的图纸，不同的图元对象设置在不同的图层。将这些透明纸叠加起来，就可以得到最终的图形。

一、图层的创建

图层的创建在如图 10-16 所示“图层特性管理器”对话框中进行。打开该对话框的常用方法：

① 键入“Layer”并回车；

② 功能区/“常用”选项卡/“图层”面板/；

③ 图层工具栏中按钮。

在图 10-16 中，点击新建图层按钮，即可创建新图层，并命名图层、设置图层状态和属性。

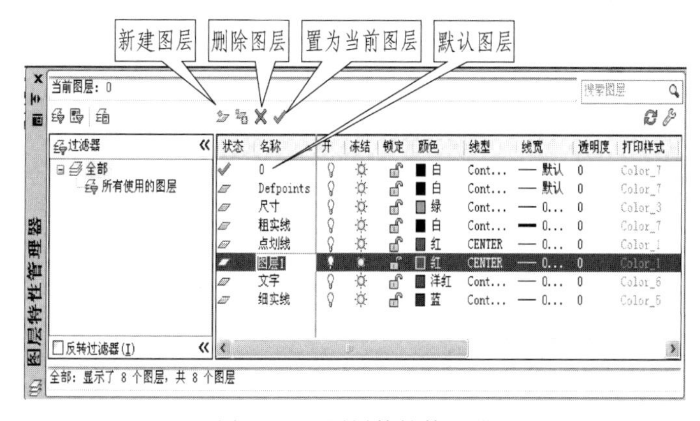

图 10-16　图层特性管理器

二、图层状态设置

每个图层可以有以下六种状态：

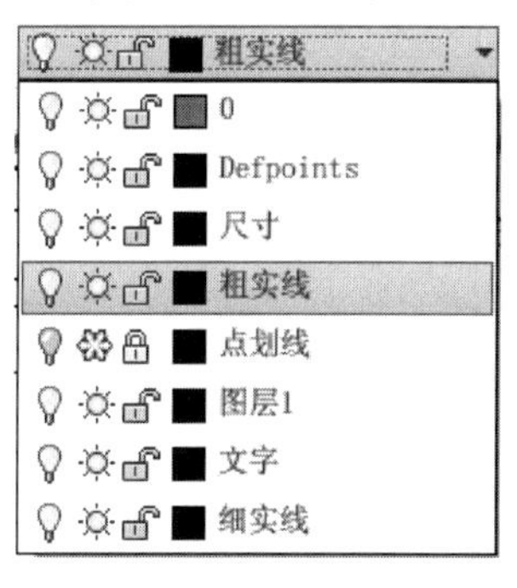

图 10-17　图层下拉列表

① 打开/关闭：当图层被关闭时，该层上的对象不可见也不可选取，计算机自动刷新图形。

② 解冻/冻结：当图层被冻结时，该层上的对象不可见也不可选取。

③ 解锁/锁定：当图层被锁定时，图层上的对象可见，但不能被选取，不能进行修改操作。

在如图 10-17 所示的图层下拉列表中，点击相应图标可以设置图层状态。打开列表方法：

① 功能区/“常用”选项卡/“图层”面板/ 粗实线；

② “图层”工具栏/ 粗实线。

此外还可以在“图层特性管理器”对话框中进行设置。

三、图层特性设置

每个图层都有颜色、线型和线宽三项特性。

(1) 线型的设置

单击“图层特性管理器”中线型名称（如 Continuous），在弹出的对话框中选择线型，如图 10-18（a）所示。如果显示的线型不够用，可单击“加载”按钮，在弹出的对话框中加载线型，如图 10-18（b）所示。

绘制机械图样时常用的线型有实线（Continuous）、虚线（Hidden）、点画线（Center）、双点画线（Phantom）

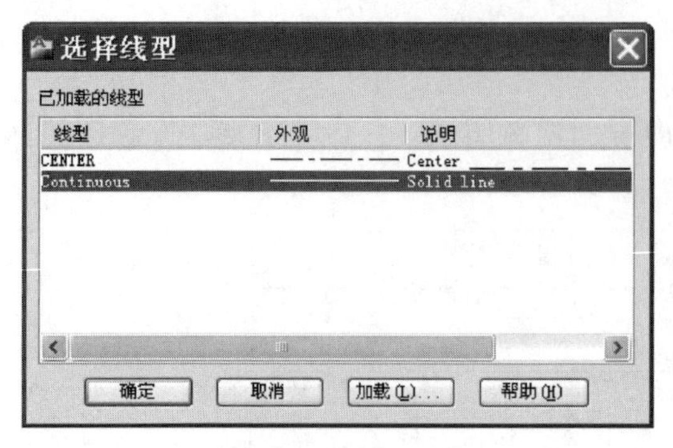

(a)“选择线型”对话框

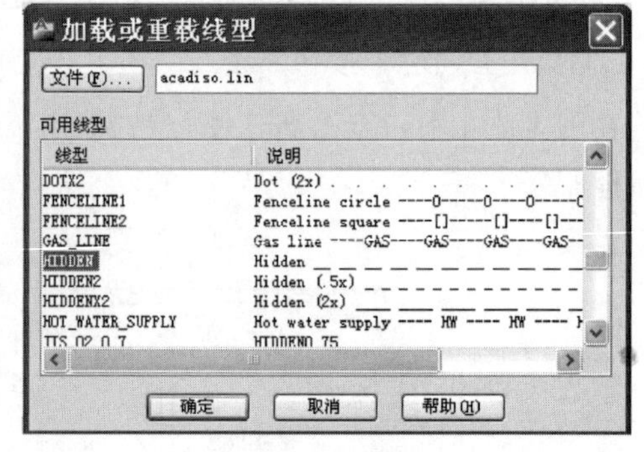

(b)“加载或重载线型”对话框

图 10-18 线型设置

线型比例设置（LTscale）：键入“Lts”并回车，在命令行提示下，输入新线型比例因子即可设置图层的线型比例。

(2) 颜色的设置

单击“图层特性管理器”中颜色处（如：■ 白），在弹出的对话框中选取所需颜色，如图 10-19 所示。

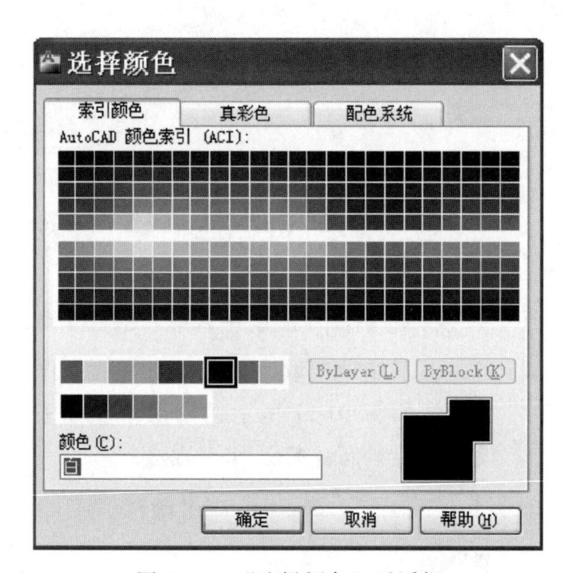

图 10-19 “选择颜色”对话框

(3) 线宽的设置

单击“图层特性管理器”中线宽处（如：—— 0.40 毫米），在弹出的对话框中，选取所需线宽，如图 10-20 所示。

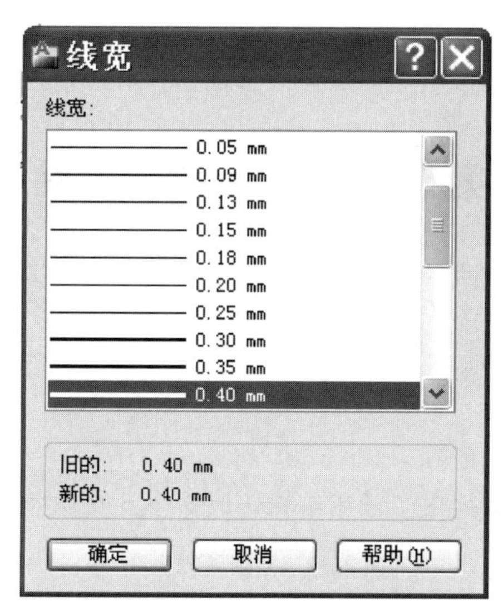

图 10-20 “线宽”对话框

线宽的显示：单击状态栏“线宽”按钮，可以显示或隐藏线宽。

四、图层的使用与管理

(1) 设置当前图层

① 通过打开如图 10-17 所示的图层下拉列表，单击图层名称；

② 单击“图层”工具条或功能区图层面板上图标，可将当前图层设置为选定对象所在的图层。

(2) 图层的清理 (Purge)

该命令可清理未使用图层。

(3) 图层的合并 (Laymrg)

该命令可将源图层对象合并到目标图层上，同时删除源图层。

五、更改对象的图层

更改对象所在图层的方法：

① 点击图层面板上的匹配工具，先选定需转换图层的对象，再点击目标对象，即可更改为目标对象的图层。

② 先选定需转换图层的对象，再点击“图层下拉列表”中的某一图层，即可转换成该图层的对象，并按“Esc”键退出选中状态。

【例 10-10】 创建如图 10-16 所示图层。

创建图层步骤如下：

① 执行“Layer”命令，打开“图层特性管理器”对话框，如图 10-16 所示。

② 在“图层特性管理器”对话框中单击“新建”按钮，新的图层以临时名称“图层 1”显示在列表中，并显示默认特性。

③ 将“图层 1”更名为“点画线”，同时修改图层颜色、线型、线宽等特性。

④ 重复②、③，创建“粗实线”“细实线”“尺寸”(文字) 等图层。

⑤ 设置当前图层。

⑥ 点击左上角图标X，退出“图层样式管理器”对话框。

第五节 常用编辑命令

图形编辑是指对已有的图形对象进行删除、复制、移动、旋转、缩放、修剪、延伸等操作。编辑修改命令的调用方法：

① 功能区→“常用”选项卡→“修改”面板；

②“修改”工具栏；

③“修改（M）”菜单；

④ 键入命令。表10-2中列出了常用编辑修改命令及其功能。

表 10-2 常用编辑命令

图标	命令→快捷键	功能
	Erase→E	删除画好的图形或全部图形
	Copy→CO→CP	复制选定的图形
	Mirror→MI	画出与原图形相对称的图形
	Offset→O	绘制与原图形平行的图形
	Array→AR	将图形复制成矩形或环形阵列
	Move→M	将选定图形位移
	Rotate→RO	将图形旋转一定的角度
	Scale→SC	将图形按给定比例放大或缩小
	Stretch→S	将图形选定部分进行拉伸或变形
	Trim→TR	对图形进行剪切，去掉多余的部分
	Extend→EX	将图形延伸到某一指定的边界
	Break→BR	将直线或圆、圆弧断开
	Join→J	合并断开的直线或圆弧
	Chamfer→CHA	对不平行的两直线倒斜角
	Fillet→F	按给定半径对图形倒圆角
	Explode→X	将复杂实体分解成单一实体

若执行某一编辑命令，命令行将会显示“选择对象”提示。此时，十字光标将会变成一个拾取框，选中对象后，Auto CAD 用虚线显示它们。常用的选择方法如下：

（1）直接拾取

用鼠标将拾取框移到要选取的对象上点击。此种方式为默认方式，可连续选择多个对象。

（2）选择全部对象

在“选择对象”提示时，键入 ALL 并回车，该方式可以选择全部对象。

（3）窗口方式

在“选择对象”提示时，通过先左后右点击两个角点产生的实线矩形选择对象。这种方式只有被矩形窗口完全围在里面的对象才被选中。

（4）窗口交叉方式

在“选择对象”提示时，通过先右后左点击两个角点产生的虚线矩形选择对象。这种方式凡是被矩形窗口相交或围在里面的对象都能被选中。

【例 10-11】 把如图 10-21 所示的直线或六边形（源对象）定距偏移。

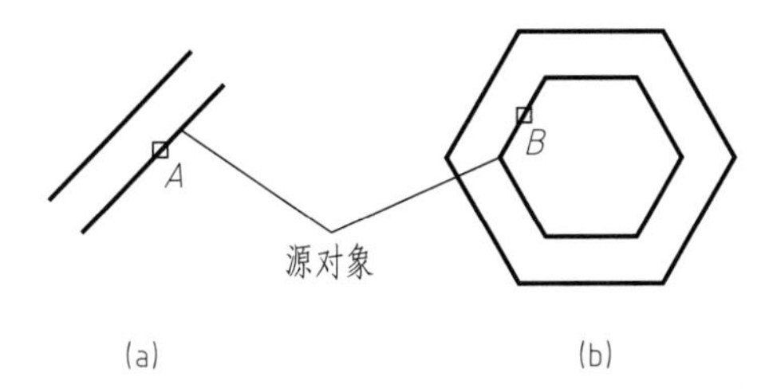

图 10-21　偏移复制对象

操作步骤如下：

命令：_offset（*点击工具条*图标）（*注：字母前方出现短下画线的命令，为点击工具条图标输入*）

当前设置：删除源＝否　图层＝源　OFFSETGAPTYPE＝0

指定偏移距离或［通过(T)/删除(E)/图层(L)］＜0.00＞：5（*回车*）

选择要偏移的对象，或［退出(E)/放弃(U)］＜退出＞：（*拾取直线 A*）

指定要偏移的那一侧上的点，或［退出(E)/多个(M)/放弃(U)］＜退出＞：（*在直线 A 的左上方拾取一点*）

选择要偏移的对象，或［退出(E)/放弃(U)］＜退出＞：（*拾取六边形 B*）

指定要偏移的那一侧上的点，或［退出(E)/多个(M)/放弃(U)］＜退出＞：（*在六边形外拾取一点*）

选择要偏移的对象，或［退出(E)/放弃(U)］＜退出＞：（*回车*）

【例 10-12】 在图 10-22（a）的基础上进行修剪操作，完成键槽的图形，如图 10-22（b）所示。

操作步骤如下：

命令：_trim

当前设置：投影＝UCS，边＝无

选择剪切边...

选择对象或＜全部选择＞：　找到 1 个（*拾取 A*）

选择对象：找到 1 个，总计 2 个（*拾取 B*）

选择对象：（*回车*）

选择要修剪的对象，或按住 Shift 键选择要延伸的对象，或［栏选(F)/窗交(C)/投影(P)/边(E)/删除(R)/放弃(U)］：（*拾取 C*）

选择要修剪的对象，或按住 Shift 键选择要延伸的对象，或［栏选(F)/窗交(C)/投影(P)/边(E)/删除(R)/放弃(U)］：

（拾取 *D* ）

选择要修剪的对象，或按住 Shift 键选择要延伸的对象，或[栏选(F)/窗交(C)/投影(P)/边(E)/删除(R)/放弃(U)]：（回车）

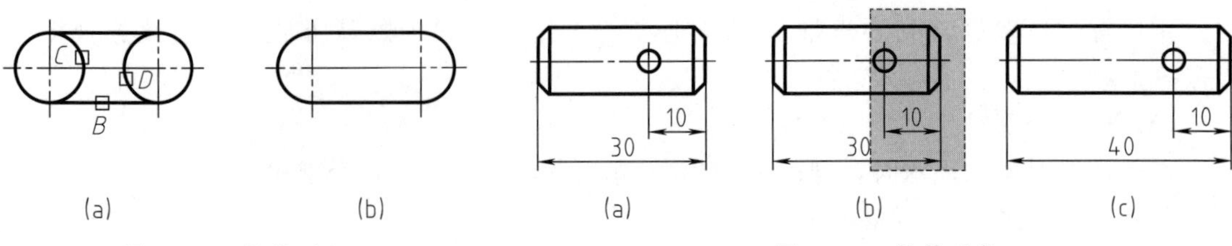

图 10-22　修剪对象　　　　图 10-23　拉伸对象

【例 10-13】 在图 10-23（a）的基础上进行拉伸操作，使轴的总长由 30 拉伸至 40，如图 10-23（c）所示。

使用“Stretch”命令可以将选定的对象进行拉伸或压缩。使用“Stretch”命令时，必须用“窗口交叉”方式来选择对象，与窗口相交的对象被拉伸，包含在窗口内的对象则被移动。

操作步骤如下：

命令：_stretch 以交叉窗口或交叉多边形选择要拉伸的对象...

选择对象：指定对角点：找到 12 个[*以窗口交叉方式选择对象，将尺寸 10 包含在窗口内，如图 10-23(b)所示*]

选择对象：（*回车*）

指定基点或 [位移(D)] ＜位移＞：（*任取一点作为基点*）

指定第二个点或 ＜使用第一个点作为位移＞： @10，0（*回车*）

【例 10-14】 将图 10-24（a）阵列成图 10-24（b）。

操作步骤如下：

命令：_array（*点击环形阵列工具条图标，在弹出的图 10-25 对话框中输入相应的参数，然后点击“中心点”正右方的拾取按钮*）

指定阵列中心点：_cen（*捕捉大圆圆心 O_1 作为中心点*）

选择对象：找到 1 个（*拾取小圆*）

选择对象：找到 1 个，总计 2 个（*拾取六边形*）

选择对象：（*回车或点击对话框中的“确定”按钮*）

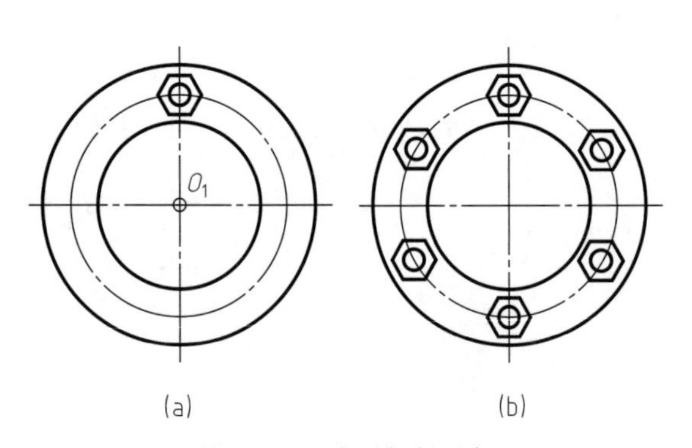

图 10-24　阵列复制对象

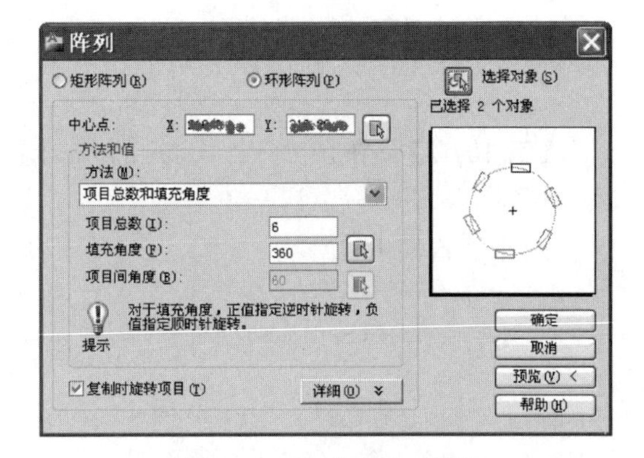

图 10-25　阵列操作对话框

【例 10-15】 在图 10-26（a）的基础上缩放粗糙度符号，缩放效果分别如图 10-26（b）和图 10-26（c）所示。

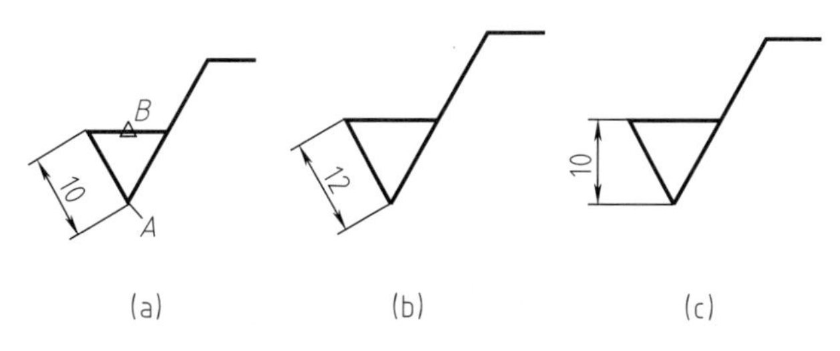

图 10-26　缩放对象

选择“指定比例因子”缩放至图 10-26（b）的操作步骤如下：

命令：_scale
选择对象：指定对角点：找到 5 个（窗口交叉方式选择全部对象）
选择对象：（回车）
指定基点：（捕捉基点 *A* ）
指定比例因子或［复制(C)/参照(R)］：1.2（回车）

选择“参照（R）”方式缩放至图 10-26（c）的操作步骤如下：

命令：_scale
选择对象：指定对角点：找到 5 个（窗口交叉方式选择全部对象）
选择对象：（回车）
指定基点：（捕捉基点 *A* ）
指定比例因子或［复制(C)/参照(R)］：r（回车）
指定参照长度 <1.00>：（捕捉交点 *A* ）指定第二点：（捕捉中点 *B*、*A*、*B* 两点的距离作为参照长度）
指定新的长度或［点(P)］<1.00>：10（回车）

另外，使用夹点功能可以方便地进行拉伸、移动、旋转、缩放等编辑操作。

如图 10-27 所示，在不输入任何命令时选择对象（直线），此时在直线上将出现三个蓝色小方框（称为夹点）；点击夹点 *B* 使其变成红色；再沿着 x 方向移动鼠标，即可将直线拉伸到指定的长度。

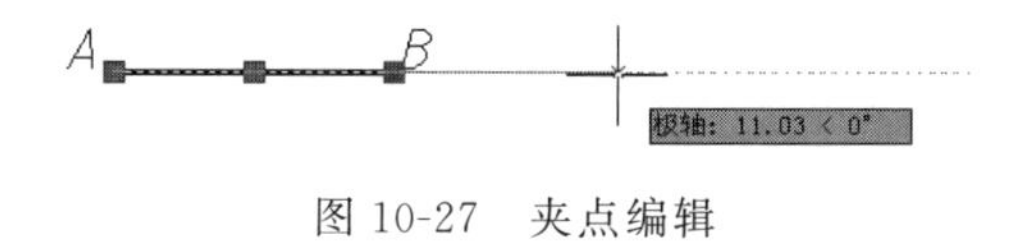

图 10-27　夹点编辑

第六节　文字注写与尺寸标注

一、文字注写

1. 文字样式的创建

打开对话框的方法：

① 键入“Style”或“ST”并回车；

② 功能区→“常用”选项卡→ 注释▾ → ；

③“格式（O）”菜单→“文字样式（S）...”；

④“样式”工具栏→ 。

文字样式的创建、设置与修改在如图 10-28 所示的对话框中进行，点击“新建”按钮即可新建文字样式。

在机械图样中，一般创建如下两种文字样式：

① 汉字　字体：仿宋 _ GB2312，其他为默认设置。

② 数字和字母：字体：gbeitc. shx；其他为默认设置。

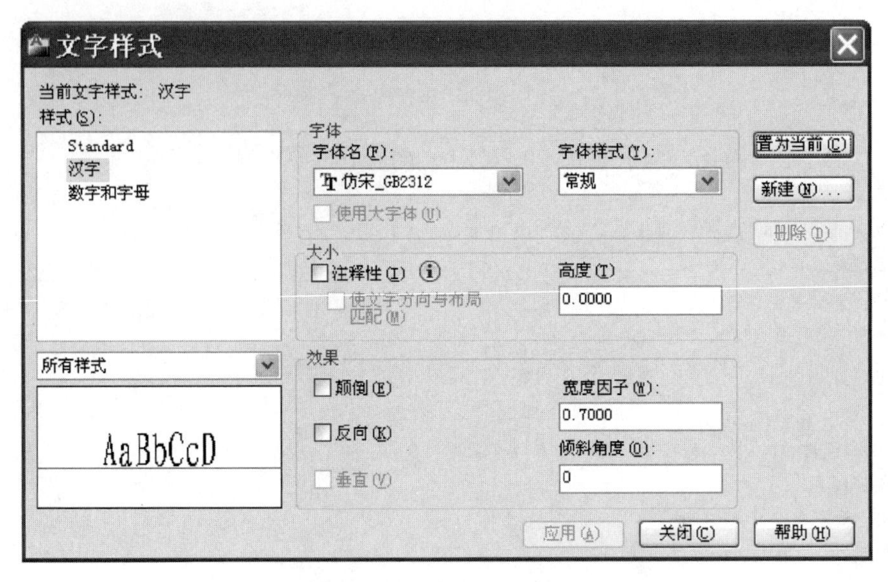

图 10-28　文字样式的创建与设置

2. 设置当前文字样式

设置当前文字样式的方法：

① 功能区→“常用”选项卡→ 注释 ▾ → Standard ；

② “样式”工具栏 → Standard 。

3. 注写文字命令

Auto CAD 提供了两种文字注释形式：单行文字（Text）和多行文字（Mtext）。这里介绍常用的多行文字命令（Mtext）。利用 Auto CAD 中提供的文字编辑器可输入和编辑文字，如图 10-29 所示。打开文字编辑器的方法：

① 键入“Mtext”或“T”并回车；

② “绘图”工具栏→ A 。

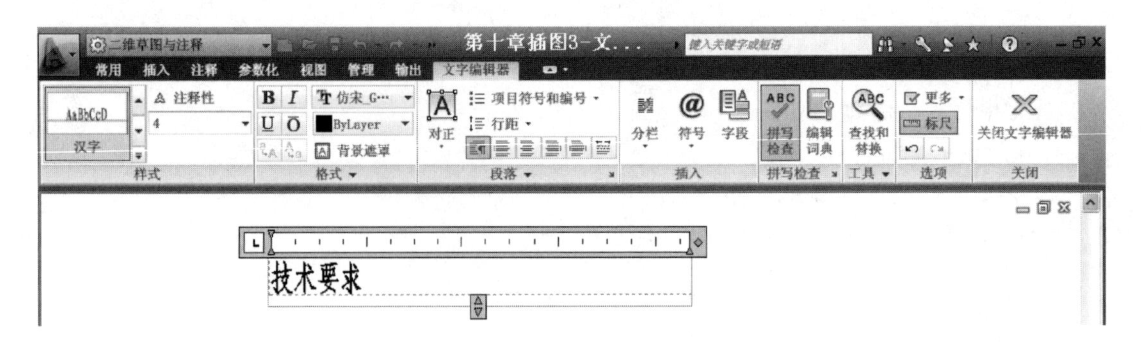

图 10-29　“二维草图与注释”文字编辑器

4. 特殊符号与文字的输入

(1) 特殊符号

特殊符号是指键盘上没有的符号。在打开的“文字编辑器”中点击图标@，将弹出一下拉菜单，选择菜单上的代码即可输入相应的符号。如选择“直径 (I)%%C”，可输入符号“ϕ”。其他常用的代码有：“%%d”代表符号“°”，“%%p”代表符号“±”。这些代码也可以从键盘输入。

(2) 偏差与分数

$\phi50_{-0.041}^{-0.025}$ 的输入方法：先输入代码“%%C50-0.025^-0.041”，然后选中“−0.025^−0.041”(显示蓝底色)，再点击编辑器上方图标 b/a。

$\phi40\dfrac{H7}{k6}$的输入方法：先输入代码“%%C40H7/k6”，然后选中“H7/k6”(显示蓝底)，再点击图标 b/a。

5. 文本的编辑

双击需要编辑的文本或键入文本编辑命令 (Ddedit 或 ED)，在打开的“文字编辑器”对话框中可对文本的内容进行编辑。此外，输入的文本可以当作图形对象进行删除、复制、移动、旋转、缩放、分解等操作。利用“Purge”命令，可以清除无用的文字样式。

二、尺寸标注

1. 尺寸标注命令

尺寸标注命令的调用方法：

① 功能区→“常用”选项卡→“注释”面板→ ；

②“标注”菜单；

③“标注”工具栏。

常用标注命令及其功能如表 10-3 所示。

表 10-3 常用标注命令

图标	命令	功能	图标	命令	功能
	Dimlinear	线性标注		Dimbaseline	基线标注
	Dimaligned	对齐标注		Dimcontinur	连续标注
	Dimradius	半径标注		Mleader	引线标注
	Dimdiameter	直径标注		Tolerance	几何公差标注
	Dimangular	角度标注			

2. 尺寸样式的创建

【例 10-16】 创建“机械”尺寸样式

(1) 打开“标注样式管理器”对话框 (图 10-30)。

打开对话框的方法：

① 键入“Dimstyle”或“Dst”并回车；

② 功能区→“常用”选项卡→ 注释 ▾ → ；

③“格式（O）”菜单→“标注样式（D）...”；

④“样式”工具栏→ 。

（2）新建“机械”样式

在如图 10-30 所示对话框中选择“ISO-25”作为基础样式，点击“新建”按钮，弹出如图 10-31 所示对话框。在该对话框中输入新样式名“机械”。

（3）设置“机械”样式

在如图 10-31 所示对话框中，点击“继续”按钮，弹出如图 10-32 所示对话框。在该对话框中，按照表 10-4 所提供的各项参数进行设置。该参数设置适用于 A4～A2 图纸。

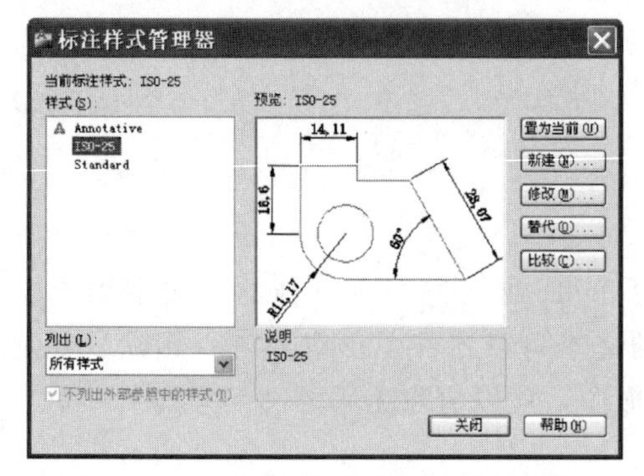

图 10-30 “标注样式管理器”对话框

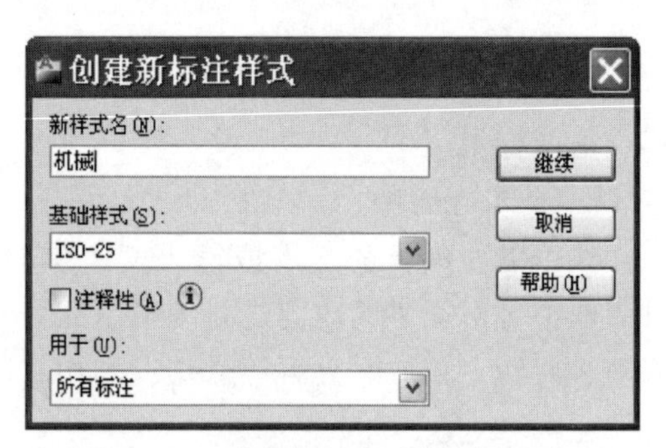

图 10-31 “创建新标注样式”对话框

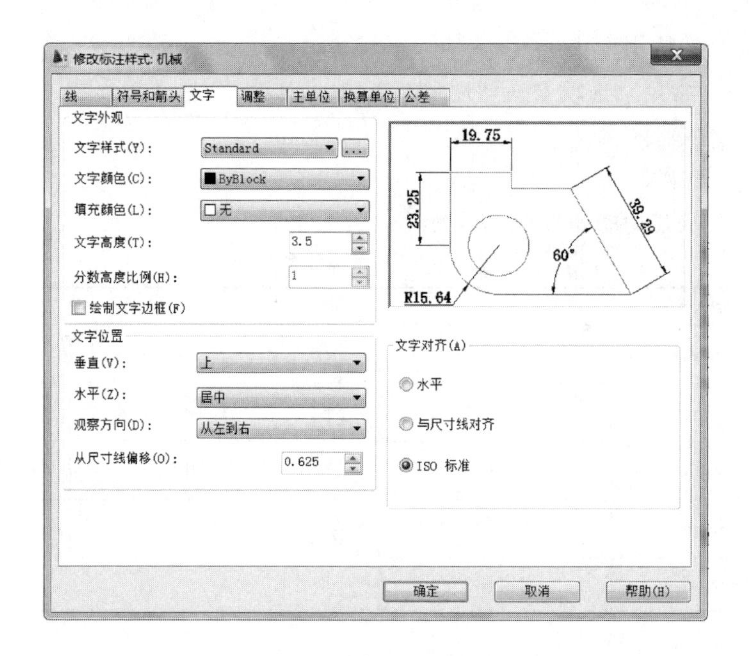

图 10-32 “机械”样式

（4）建立“角度子样式”

在“标注样式管理器”中选择“机械”作为基础样式，点击“新建”按钮，弹出如图 10-33（a）所示对话框。在该对话框中将“用于（U）”设置为“角度标注”，点击“继续”按钮，在弹出的对话框中将文字设置为“水平”，确认后的显示如图 10-33（b）所示。

表 10-4　“机械”标注样式参数列表

类别	名称	设置新值
延伸线	与起点偏移量	0
	超出尺寸线	2
箭头	第一个	实心闭合
	第二个	实心闭合
	箭头大小	3
文字外观	文字样式	数字和字母
	文字高度	3.5
文字对齐		ISO 标准
文字位置	垂直	上
	水平	居中
	从尺寸线偏移	1
主单位	小数分隔符	.

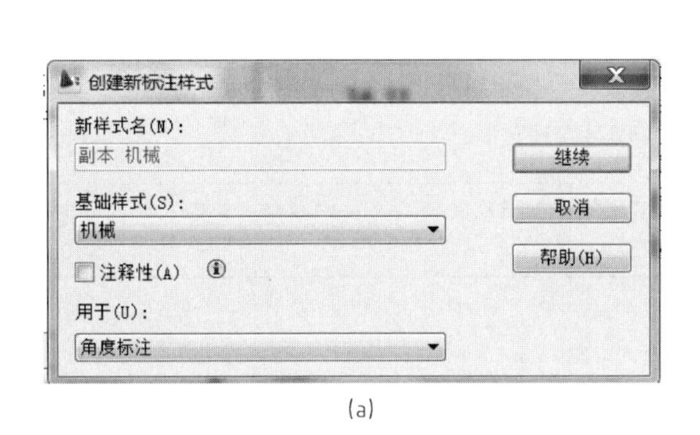

(a)

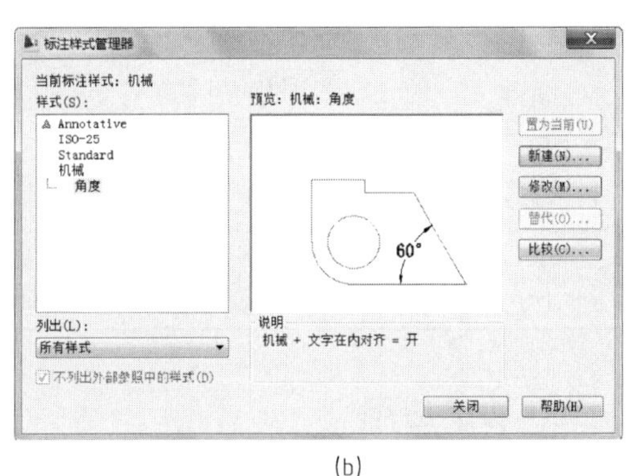

(b)

图 10-33　创建标注子样式

（5）完成设置

在如图 10-33（b）所示对话框中，选择“机械”，点击“置为当前”按钮，点击“关闭”按钮，完成设置。

3. 设置当前标注样式

标注样式位于：

① 功能区→“注释”选项卡→“标注”面板→ ISO-25 ；

②“样式”工具栏→ ISO-25 。

设置当前标注样式的方法：点击 ISO-25 下拉按钮，选中所需标注样式，则在“标注样式控制”窗口中显示的即为当前标注样式。

4. 编辑尺寸标注

① 利用夹点编辑尺寸位置。该方法可改变尺寸线和尺寸文本的位置。

② 双击需要编辑的尺寸，直接打开“特性”对话框，再编辑标注的内容。

③ 键入文本编辑命令（Ddedit 或 ED）框选尺寸，在打开的“文字编辑器”对话框中编辑尺寸文本。

第七节 块及其应用

块是已绘制的若干对象的组合，组合后成为一个独立的对象。可以对块进行多种编辑修改操作。

一、常用块命令

常用块命令的调用方法：

① 功能区→“常用”选项卡→“块”面板；

②“绘图（D）”菜单→块（K）；

③“绘图”工具栏→ 。常用块命令及其功能如表 10-5 所示。

表 10-5 常用块命令

图标	命令	功能
	Block	创建块：将所选图形定义成非图形文件块
	Wblock	创建外部块：将所选图形定义为图形文件块
	Insert	插入块：将块插入当前图形中
	Attdef	定义块属性：实现块中图与临时输入文本的结合。如插入块的同时临时加入粗糙度值等内容

二、块的应用

【例 10-17】“粗糙度”块的定义和使用。

（1）按尺寸绘制粗糙度符号［图 10-34（a）］

具体操作见【例 10-15】

（2）定义块属性

执行“Attdef”命令，在弹出的对话框中给粗糙度符号添加属性，输入属性标记为“RA”，其他设置如图 10-34（b）所示。点击“确定”关闭对话框，按照提示将属性“RA”定位在 *Ra* 后方，如图 10-34（c）所示。

（3）定义块

执行“Block”命令，打开如图 10-35 所示的“块定义”对话框。在“名称”栏输入“粗糙度”；点击“选择对象”按钮，选取如图 10-34（c）所示图形和符号；点击“拾取点”按钮，拾取如图 10-34（c）所示三角形下方角顶，最后点击“确定”按钮关闭对话框，即完成了“粗糙度”块的定义。

（4）插入块

执行“Insert”命令，打开如图 10-36 所示的“插入”对话框，在“名称”栏中选择“粗糙度”块，点击“确定”按钮关闭对话框。再根据命令行提示确定插入位置，输入 *Ra* 数值，即完成一个 *Ra* 标注。

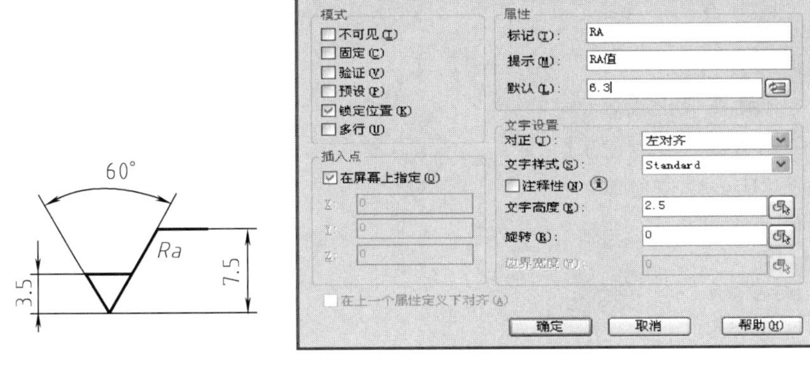

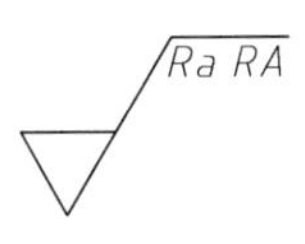

(a) 绘制粗糙度符号　　(b) 填写“属性定义”对话框　　(c) 定位“RA”

图 10-34　块的创建

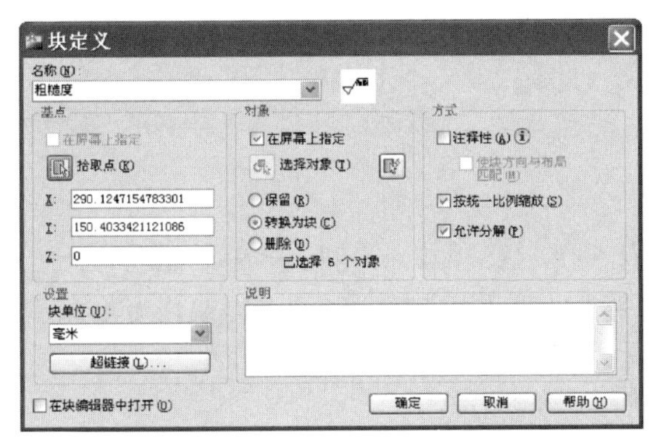

图 10-35　“块定义”对话框

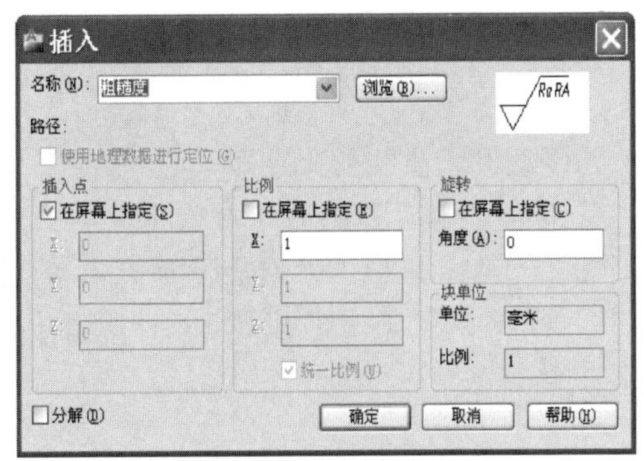

图 10-36　“插入”对话框

第八节　Auto CAD 绘图综合举例

一、 AutoCAD 绘制平面图形

绘制平面图形时，应先对其进行线段分析，以确定画图顺序，即先画已知线段，再画中间线段，最后画连接线段。

【例 10-18】 绘制如图 10-37 所示拖钩的平面图形并标注尺寸。

作图步骤：

1. 设置绘图环境

新建图形文件并命名为“拖钩”，设置 A4 图纸幅面，具体操作见【例 10-1】。

2. 创建图层

创建绘图所需要的图层，如粗实线、点画线、尺寸图层，具体操作见【例 10-10】。

3. 绘图

(1) 绘制基准线

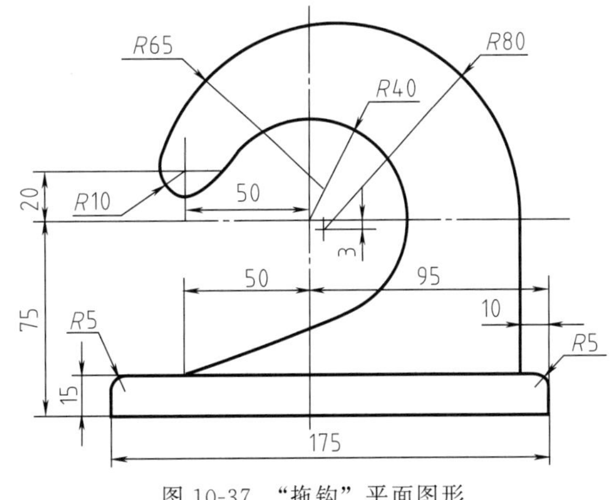

图 10-37　“拖钩”平面图形

将“点画线”层设置为当前层，画中心线，如图 10-38（a）所示。

（2）画已知线段（$R10$、$R40$、175×15 矩形、直线 L_1）［图 10-38（b）］。

① $R10$ 圆弧：根据圆心尺寸（20、50），用构造线（Xline）命令的“偏移（O）”功能，定出圆弧圆心，画出整圆及其中心线。

确定 $R10$ 圆心“O_1”的操作步骤如下：

命令：_xline 指定点或［水平(H)/垂直(V)/角度(A)/二等分(B)/偏移(O)］：o

指定偏移距离或［通过(T)］<20.00>：20

选择直线对象：(拾取 *A*)

指定向哪侧偏移：(在 *A* 上方拾取任意点)

选择直线对象：(回车，得一水平线)

命令：(回车)

XLINE 指定点或［水平(H)/垂直(V)/角度(A)/二等分(B)/偏移(O)］：o

指定偏移距离或［通过(T)］<20.00>：50

选择直线对象：(拾取 *B*)

指定向哪侧偏移：(在 *B* 左侧拾取任意点)

选择直线对象：(回车，得一垂直线)

水平线和垂直线的交点即圆心“O_1”

② $R40$ 圆弧：用圆命令画整圆。

③ 175×15 矩形：根据矩形顶点 C 的定位尺寸（95、75），用构造线（Xline）命令的“偏移（O）”功能确定矩形顶点 C；用直线命令并打开“正交模式”画矩形或用矩形命令画矩形。

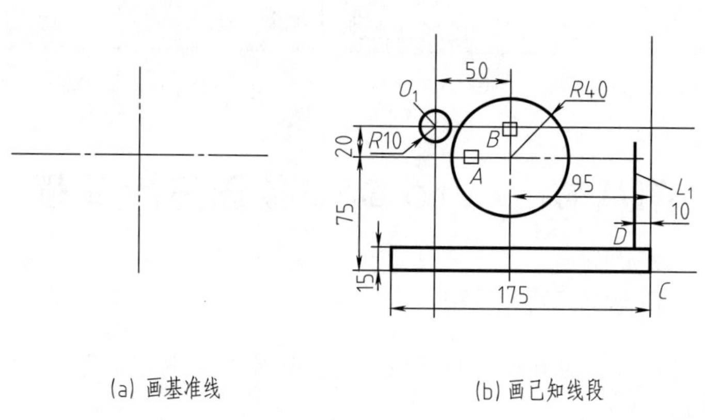

(a) 画基准线　　(b) 画已知线段

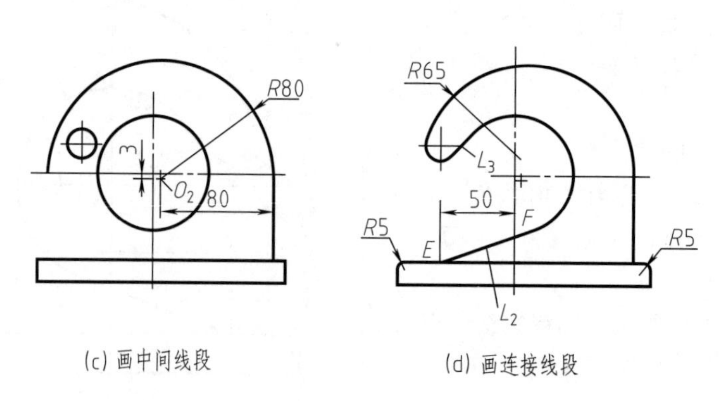

(c) 画中间线段　　(d) 画连接线段

图 10-38　拖钩的画图步骤

④ 直线 L_1：该直线的起点是矩形上的 D 点，利用“对象捕捉追踪”确定直线的起点位置，并画出直线 L_1。

（3）画中间线段（$R80$）[图 10-38（c）]

$R80$ 圆弧与直线 L_1 相切，其圆心的一个定位尺寸为 3。根据这两个条件以及偏移（Offest）命令可确定其圆心 O_2 的位置。

（4）画连接线段（$R65$、$R5$、直线 $L2$、$L3$）[图 10-38（d）]

① $R65$ 圆弧：$R65$ 圆弧与 $R10$ 及 $R80$ 圆弧均内切。可先用圆（Circle）命令的“相切、相切、半径”方式画圆，然后再作修剪。

② 直线 L_2：该直线的起点是矩形上的 E 点，打开“对象捕捉追踪”确定起点 E 的位置，插入切点捕捉命令确定终点 F。

③ 直线 $L3$：该直线的起点是与 $R10$ 圆弧相切的切点，端点是与 $R40$ 圆弧相切的切点。

④ $R5$ 圆弧：用圆角（Fillet）命令直接画出。

4. 创建“平面图形”尺寸样式，标注尺寸

创建“平面图形”尺寸样式的具体操作见【例 10-16】，标注尺寸的步骤如下。

① 将尺寸图层置为当前层。

② 将“平面图形”尺寸样式设置为当前样式。

③ 标注尺寸，如图 10-37 所示。

二、绘制零件图

【例 10-19】 绘制如图 10-39 所示齿轮零件图，采用 A3 图纸，作图比例为 2∶1。

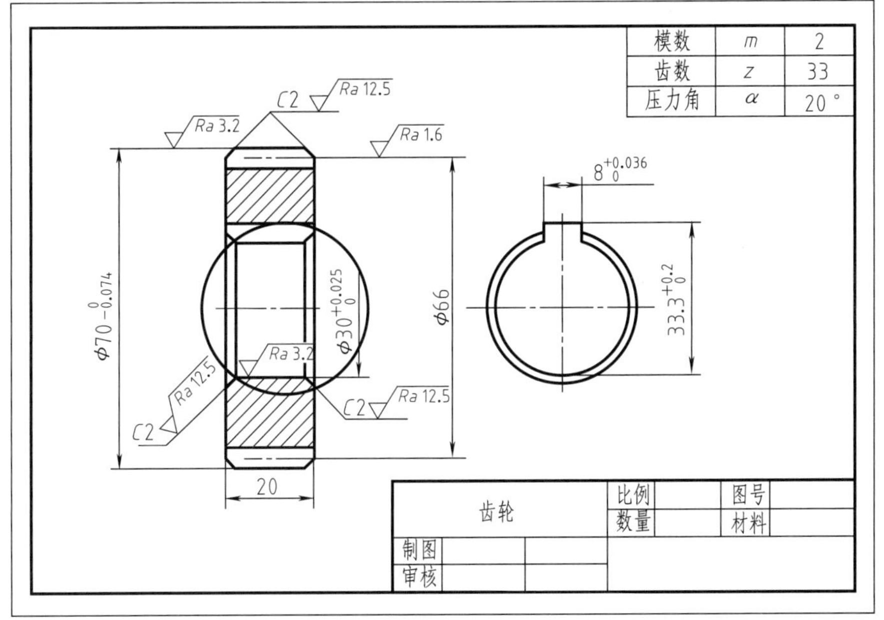

图 10-39　齿轮零件图

1. 设置绘图环境

新建图形文件并命名为“齿轮”，设置绘图环境。具体操作见【例 10-1】。

2. 创建图层

创建绘图所需要的图层，如粗实线、细实线、点画线、尺寸图层，具体操作见【例 10-10】。

3. 绘图

① 绘制基准线：将“点画线”层设置为当前层，用 Line 命令画轴线、对称中心线，并画出主视图左端面轮廓线、局部视图的圆（暂为点画线线型）。

② 用 Offset 命令分别偏移出水平、垂直图线，如图 10-40（b）所示。

③ 利用“图层下拉列表”，把部分点画线调整为粗实线。如图 10-40（c）所示。

④ 用 Trim 命令修剪掉多余图线。

⑤ 用 Chamfer 命令画倒角斜边（注意，它有修剪与非修剪两种模式），并用 Trim、Line 命令完成圆孔倒角绘制。

⑥ 按下状态栏中“正交”按钮，利用夹点编辑功能调整中心线长度。

⑦ 点击绘图工具条上▦，或输入“Hatch”命令，完成剖面线填充，图形如图 10-40（a）所示。

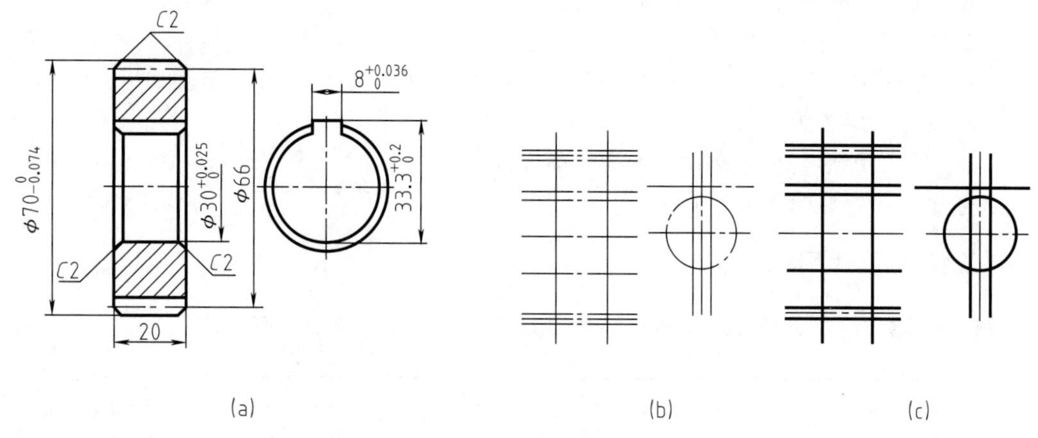

图 10-40　齿轮零件的视图绘制

4. 注写文本和标注尺寸

创建“汉字”和“数字和字母”两种文字样式，注写表格中的文字和技术要求。

按照【例 10-16】创建“机械”尺寸样式，并将标注特征比例调整为 0.5。

标注尺寸的步骤如下。

① 将尺寸图层设置为当前层。

② 将“机械”尺寸样式设置为当前样式。

③ 标注线性尺寸 $\phi70_{-0.074}^{\ 0}$，$\phi66$，$33_{\ 0}^{+0.2}$，$8_{\ 0}^{+0.036}$，20，$\phi30_{\ 0}^{+0.25}$。

其中，标注尺寸 $\phi70_{-0.074}^{\ 0}$ 的操作步骤说明如下：

命令：_dimlinear（点击标注工具条中的线性标注图标）

指定第一个延伸线原点或 <选择对象>：（拾取上方齿顶线）

指定第二条延伸线原点：（拾取下方齿顶线）

指定尺寸线位置或[多行文字(M)/文字(T)/角度(A)/水平(H)/垂直(V)/旋转(R)]：m（回车，然后在文字编辑器中加注符号 φ 和极限偏差）（极限偏差输入见“文字注写”说明）

指定尺寸线位置或[多行文字(M)/文字(T)/角度(A)/水平(H)/垂直(V)/旋转(R)]：（移动光标使尺寸线位置于适当处后按鼠标左键）

可用相同的方法标注尺寸 $\phi66$，$33_{\ 0}^{+0.2}$，$8_{\ 0}^{+0.036}$，20。

含上下偏差的尺寸，也可专门设置一个公差标注样式，直接注出尺寸与上下偏差，然后利用“特性”对话框，修改上下偏差值。

④ 标注只有一条尺寸界线的尺寸 $\phi30^{+0.25}_{\ 0}$ 的方法。利用“替代当前样式”临时注写，修改方法：【标注样式管理器】对话框→“替代”按钮→【替代当前样式】对话框→“线”选项→隐藏“尺寸线（2）”和“延伸线（2）”。

注意，这类尺寸标注结束，应重新打开“标注样式管理器”，将“机械”样式置为当前样式。

标注完毕后的图形如图 10-40（a）所示。

5. 标注粗糙度

创建带属性的粗糙度块，插入所需位置。具体操作见【例 10-17】

6. 添加幅面、图框和标题栏

① 绘制 A3 幅面矩形框。

② 绘制图框和标题栏（格式和大小参考教材）。

③ 将所画幅面、图框和标题栏整体缩小 0.5 倍。

④ 将所画图形及其他整体移入图框中。

⑤ 将全部移至 A3 幅面格点范围内。

⑥ 用 Zoom 命令显示全部，如图 10-39 所示。

7. 打印

用 A3 纸放大一倍打印全部，则输出图形的比例为 2∶1。

三、Auto CAD 装配图画法

① 设计画装配图：用于机械设计。可参考零件图画法。

② 拼画装配图：用于测绘。可建立一个装配图文件，将所有画好的零件图图形部分（关闭所有标注图层）复制粘贴到该文件中，编辑修改即可。

四、“机械图”样板的创建

由于每次创建新的图形文件均需重复设置绘图环境、图层、文字和尺寸样式，因此需要建立一个设置完整的空白样板文件，供新建文件时使用，以简化操作。

将设置完整的文件另存为“*.dwt”格式，命名“机械图”，这时文件的保存位置自动更新到“Template”文件夹，保存后，“Template”文件夹中将增加样板文件“机械图.dwt”。新建文件时，在“选择样板”对话框中直接选择“机械图.dwt”，打开该文件即可绘图，如图 10-41 所示。

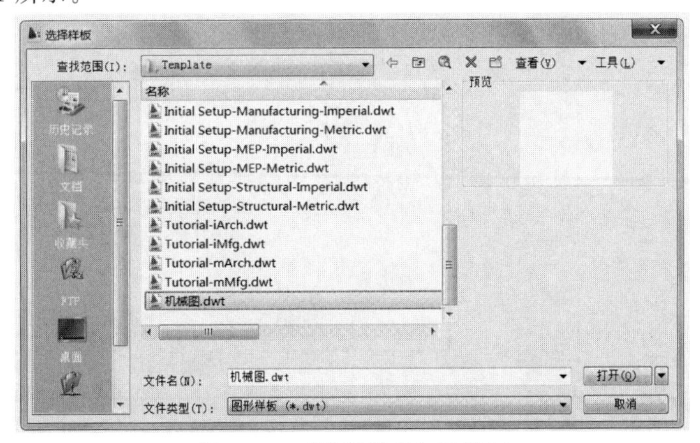

图 10-41　“选择样板”对话框

SolidWorks三维建模与工程图生成

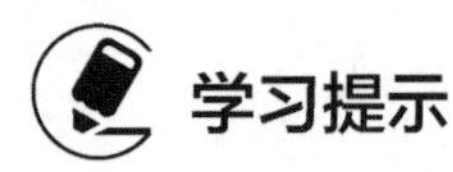

多数三维设计软件采用基准平面上绘制二维草图来构建三维数字化模型，这种构形方法大家已非常熟悉。我们已经具备了良好的工程图学知识，还需具备这些先进设计工具的使用能力，这是现代企业提出的基本要求。

传统工程图学的体系是一个解决空间形体的二维表达与标注的体系，它与传统手工设计相适应。现代工程制图必须依靠计算机实现，不仅要提供空间形体的二维表达与标注内容，而且必须首先提供三维数字化模型，如图 11-1 所示。

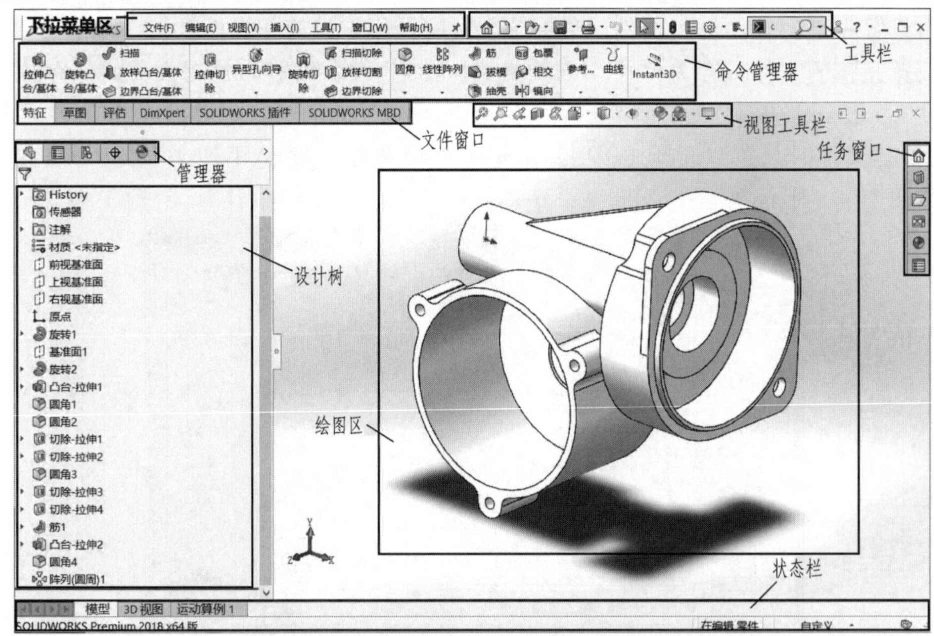

图 11-1　SolidWorks 三维工作界面

任何产品在构思上都是三维的，过去没有一种方法能迅速实现人们头脑中三维形体的构建，而现在的三维 CAD 系统已经实现了这种表达。同时，三维设计所得到的三维数字化模型是有限元分析、模拟仿真及数控加工等设计、制造活动的信息源。

SolidWorks 三维建模软件是世界上第一个基于 Windows 开发的三维 CAD 系统，遵循易用、稳定和创新三大原则，具有功能强大、易学易用和技术创新三大特点，能够高效提供不同的设计方案、减少设计过程中的错误以及提高产品质量。SolidWorks 三维建模的操作十分简单，建模过程符合传统制图思维，并与国际上各类流行的参数化三维 CAD（如 UG、CATIA、Pro/E 等）软件的建模操作过程基本一致，能适用于各种产品设计（如机械、航空、航天、汽车、船舶、轻工、纺织等领域）。本章通过示例介绍 SolidWorks 三维建模的基本内容，为读者学习各类三维 CAD 软件以及在现代制造业从事三维 CAD 工作打下基础。

第一节　三维与工程图工作界面

一、SolidWorks 零件建模工作界面

在 Windows 桌面上移动光标，点击“开始”→“程序”→“SolidWorks 2018”，或直接在桌面上双击图标“”，再双击“零件”，进入 SolidWorks 零件三维建模工作界面，如图 11-2 所示。

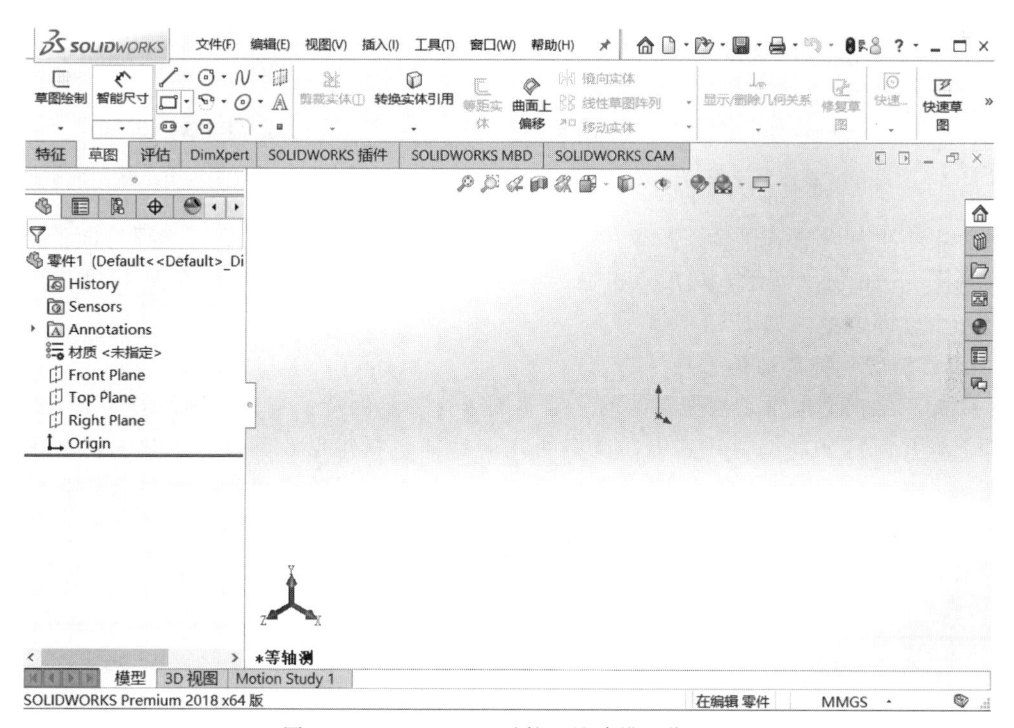

图 11-2　SolidWorks 零件三维建模工作界面

1. 绘图区

绘图区是用户进行绘图设计的工作区域，如图 11-2 所示的空白区域。它们位于屏幕的中心，并占据了屏幕的大部分面积。广阔的绘图区为显示全图提供了空间。

在绘图区的中央设置了一个三维直角坐标系，该坐标系称为世界坐标系。它的坐标原点为（0.0000，0.0000，0.0000）。用户在操作过程中的所有坐标均以此坐标系的原点为基准。

在绘图区有两种画图线的状态：草图状态和非草图状态。草图是画在基准平面上的平面图形，是用它来形成三维实体；基准平面是草图必须依托的平面，是设计树中显示为图标的平面，如“前视基准面”；进入草图状态，首先要选定一个基准面点击，其次要点击绘制草图命令按钮，使之处于按下状态。非草图状态时，处于非按下状态，是在这一状态下通过点击特征工具条上的特征造型命令把草图变成三维实体；同时在绘图区所画图线可用作草图旋转的轴线、草图导动的轨迹线等。

2. 主菜单

主菜单是界面最上方的菜单条，主菜单包括文件、编辑、视图、插入、工具、窗口和帮助，如图11-3、图11-4所示。

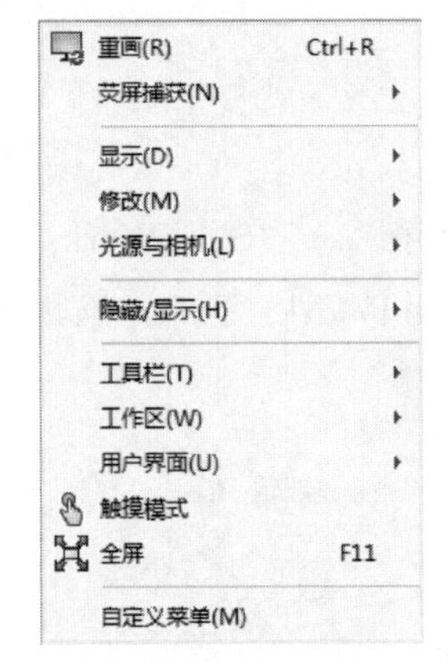

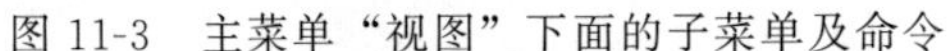
图11-3　主菜单“视图”下面的子菜单及命令

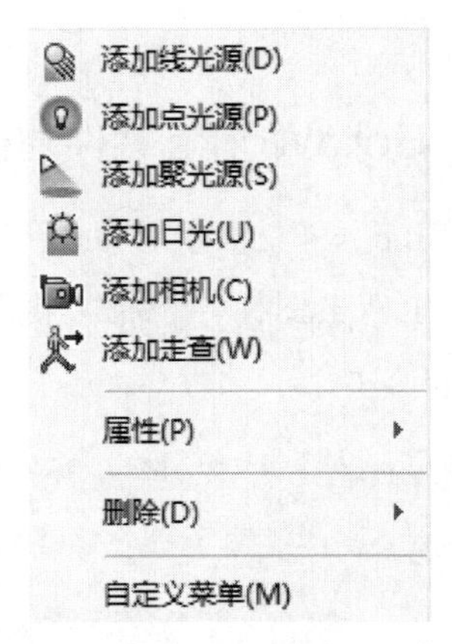

图11-4　光源与相机下一级功能示例

每个主菜单都含有若干个下拉菜单。如点击主菜单中的“视图”后，光标指向下拉菜单中的“视图”，如11-3所示，然后点击命令菜单中的“光源与相机”，则在图11-3界面右侧会弹出一个立即菜单，如图11-4所示。

3. 几何绘制和特征编辑菜单

零件的三维模型通常是根据零件的二维草图进行一定的特征编辑而得到的。草图绘制就是零件二维几何特征的编辑，其中，典型的几何特征包括矩形、圆弧等，其编辑菜单如图11-5所示。单击不同的几何特征就会弹出相应的对话框，进而根据相应的技术信息绘制正确的几何特征。当完成草图绘制后，需要对二维草图进行适当的特征编辑，比如拉伸、旋转、扫描和放样等，如图11-6所示。同样，单击不同的特征编辑就会出现不一样的对话框，依次按照提示的信息进行参数编辑，就可以完成零件三维模型的绘制工作。

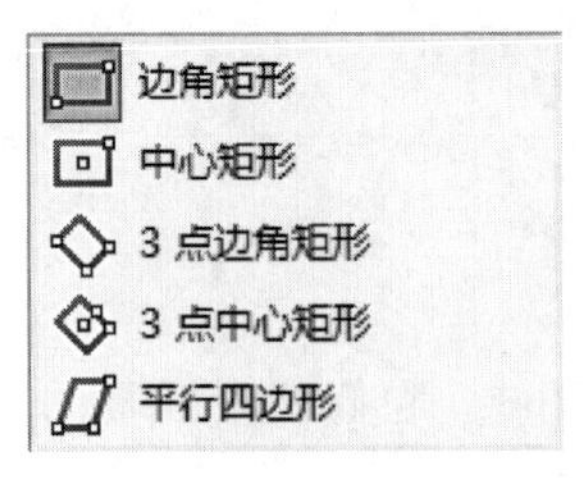

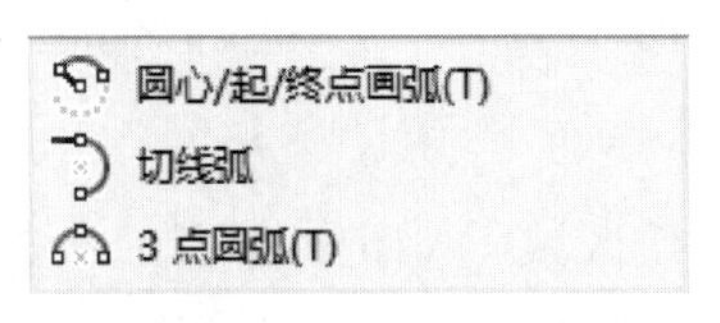

图11-5　矩形和圆弧编辑菜单

图11-6　部分特征编辑菜单

4. 快捷键

光标处于不同的位置，按相应的快捷键会弹出不同的快捷菜单。如将光标移到直线几何特征上，可显示“**直线　(L)**”。因此，进入草图界面后，在键盘上输入快捷键“L”，则会直接弹出绘制直线的对话框。另外，还可以通过 SolidWorks 下拉菜单中的工具命令对功能或者特征编辑操作等设置相应的快捷键。单击“工具”命令，光标移到“自定义”按钮，单击后弹出如图 11-7 所示的对话框，再单击“键盘”按钮，找到你想要设置的功能模块，在快捷键一栏输入符合个人习惯的功能键，就可以完成快捷键的设置。在几何建模过程中，熟练和合理使用快捷键有助于提高建模速度，高效完成设计工作。

图 11-7　快捷键设置模块

5. 对话框

某些选项要求用户以对话的形式予以回答，单击这些菜单或按钮命令时，系统会弹出一个对话框，用户可根据当前操作做出响应。如在图 11-5 的上方点击“边角矩形”后，弹出如图 11-8 所示的对话框，可以在任意位置建立几何图形，然后在图 11-8 参数列表中修改数值，就可以建立你需要的几何模型。

图 11-8　矩形建模对话框

二、SolidWorks 装配体建模工作界面

在 Windows 桌面上移动光标，点击“开始”→“程序”→“SolidWorks 2018”，或直接在桌面上双击图标“ ”，再双击

“装配体”，进入 SolidWorks 装配体三维建模工作界面，如图 11-2 所示。当完成装配体的零件三维模型建立后，需要依次点击插入零部件，将每一个零件导入到装配体文件中来，导入的零件如果初始位置和状态与装配方向关系等不吻合，可以点击“ ”移动和旋转按钮，将每一个零件的初始方向状态调整好。如果导入的零件还存在几何特征上的误差，可以通过点击“ ”编辑零部件按钮对已经建好的零件三维模型进行修改，直至符合设计要求为止。当零件初始摆放完成后，就可以点击“ ”配合按钮，会弹出如图 11-9 所示的对话框，根据装配体已有的几何装配关系（如平行、同轴、垂直等）进行虚拟组装，直至完成所有零件的装配关系，形成如图 11-10 所示的装配体。

图 11-9　虚拟装配对话框

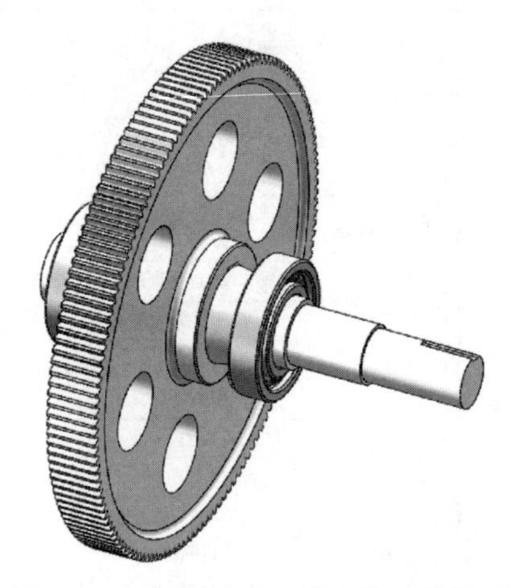

图 11-10　SolidWorks 装配体三维模型

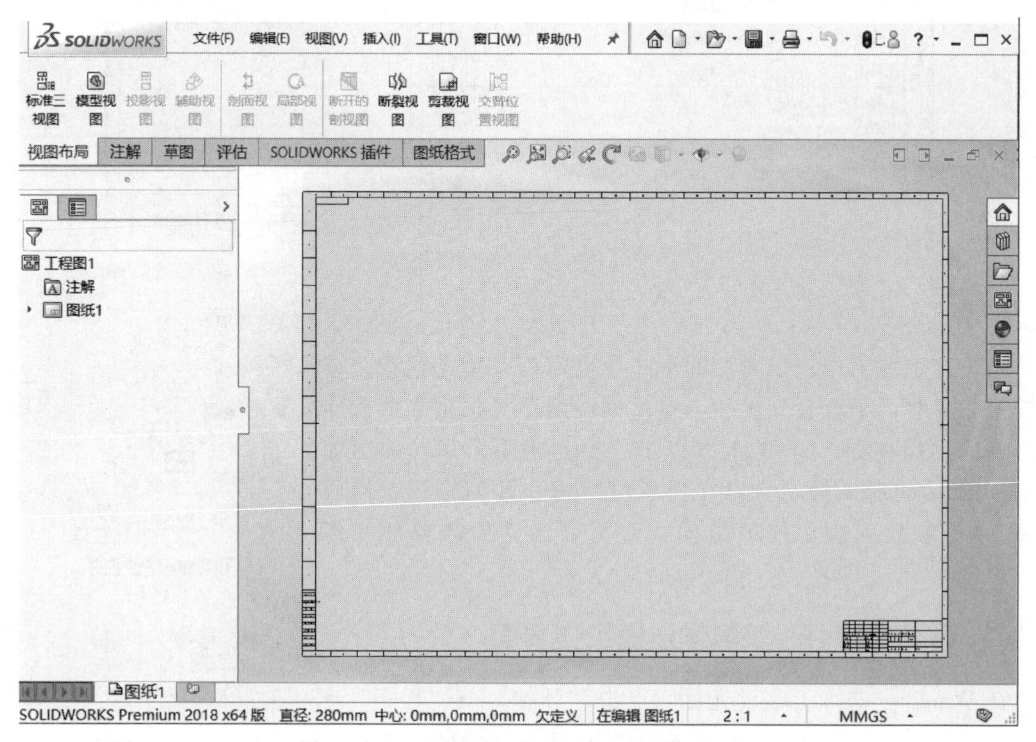

图 11-11　SolidWorks 工程图生成工作界面

三、SolidWorks 工程图生成工作界面

在 Windows 桌面上移动光标，点击“开始”→“程序”→“SolidWorks 2018”，或直接在桌面上双击图标“”，再双击“ 工程图”，进入 SolidWorks 工程图生成工作界面，如图 11-11 所示。单击“ ”模型视图按钮，弹出相应的对话框，然后将零件三维模型或者装配体插入进来，选择好需要配置的视图，就可以在图 11-11 绘图区中 A4 图幅框内画出相应的基本视图。如果需要配置其他视图，比如剖视图，局部视图等，可以在图 11-12 中选择相应的功能按钮。当完成视图配置后，需要对工程图样进行尺寸和形位公差等标注，并编写技术要求和标题栏等技术信息，如图 11-13 所示。

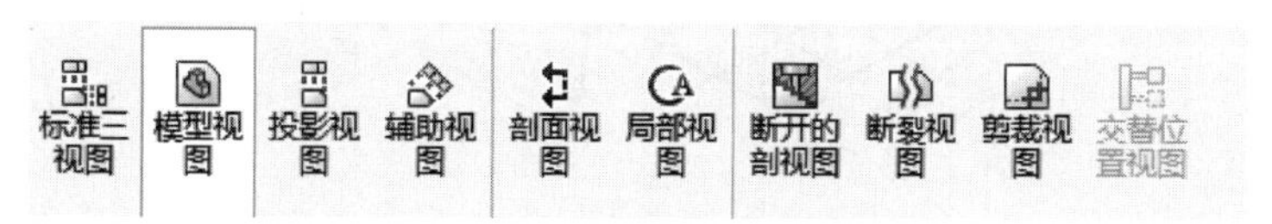

图 11-12 视图表达工具栏

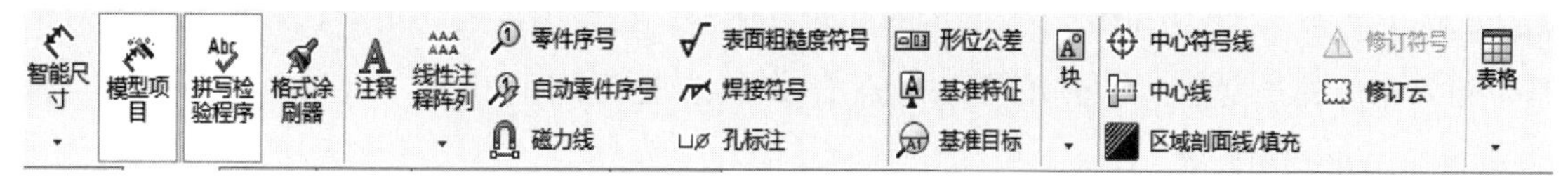

图 11-13 尺寸标注和技术要求标注工具栏

第二节 三维造型实例

一、常用热键

① F 键：显示全部。

② Ctrl+ R 键：重画。

③ Ctrl+1 键：显示主视方向的实体。

④ Ctrl+3 键：显示左视方向的实体。

⑤ Ctrl+5 键：显示俯视方向的实体。

⑥ Ctrl+7 键：显示轴测方向的实体。

⑦ Ctrl+方向键：显示平移。

⑧ Shift +方向键：显示旋转。

二、造型举例

【例 11-1】 对图 11-14 轴测图进行三维实体造型。

解

1. 底板的拉伸增料建模

① 设定基准面：点击设计树中“ 前视基准面”，再点击草图按钮 为按下状态。

② 画草图：即在绘图区画出“ 前视基准面”基准面上的矩形图。点击矩形按钮

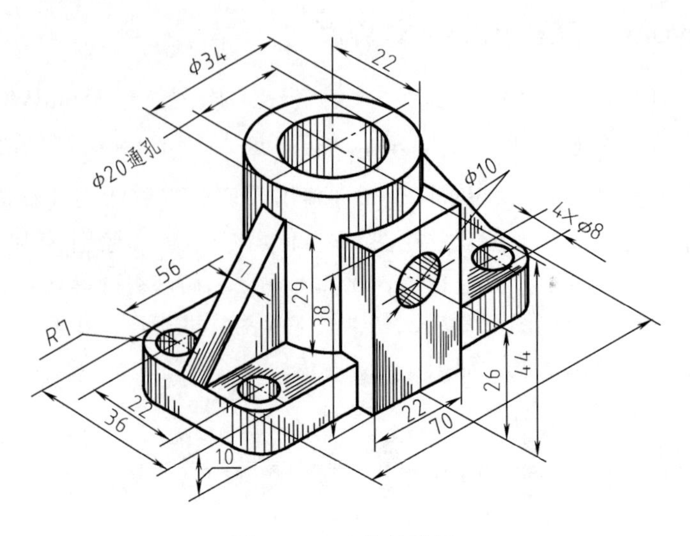

图 11-14 座体轴测图

(按下状态)，出现如图 11-8 所示的立即对话框，在绘图区建立矩形，然后在参数对话框中输入相应的长度值 70，宽度值 36，点击 ，则矩形草图产生，如图 11-15 所示。点击 按钮退出草图状态。

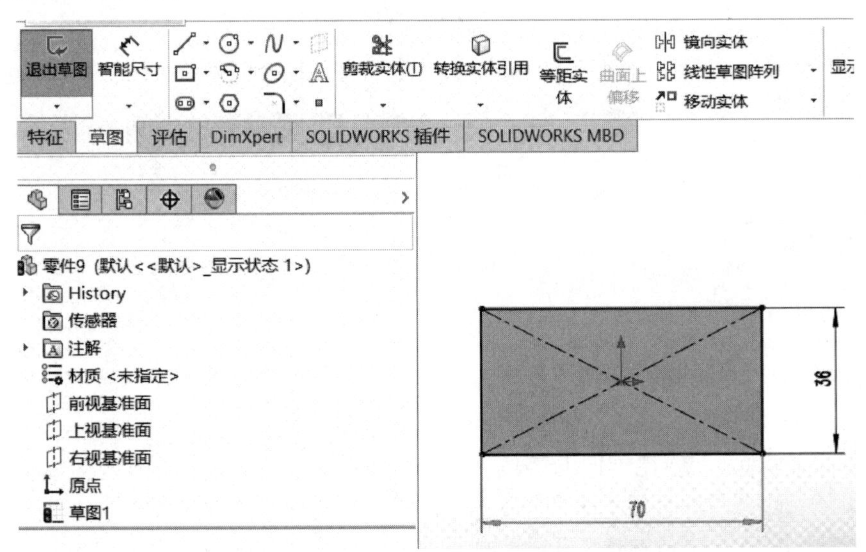

图 11-15 矩形草图绘制

③ 拉伸出柱体：点击“拉伸凸台/基体”按钮 ，弹出图 11-16 对话框，在“深度”栏 输入“10”，拉伸对象为从“草图基准面”，“方向”选择增料方向。其他如对话框中设置。点击按钮 ，完成四棱柱建模。

2. 圆柱体的旋转增料建模

① 绘制圆柱体的轴线：使当前绘图坐标面为平面 YZ，进入草图绘制状态，按 L 键一次，选择“中心线”按钮 ，如图 11-17 所示。再于坐标原点点击、Z 轴上方适当处点击，画一条直线，作为圆柱体的轴线。

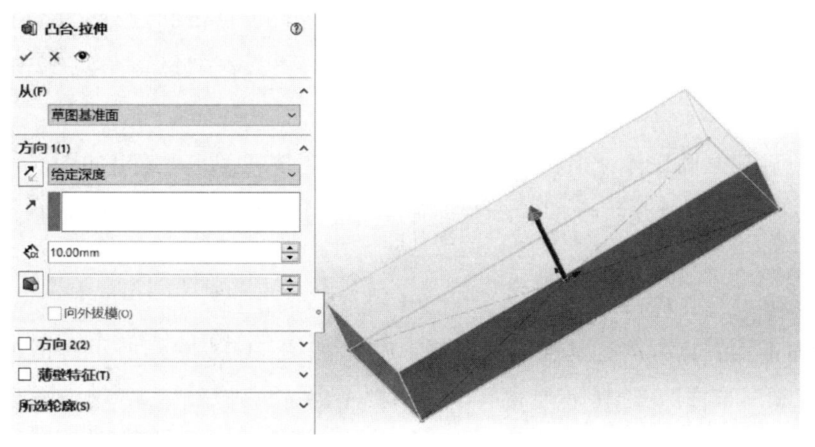

图 11-16　底板拉伸建模

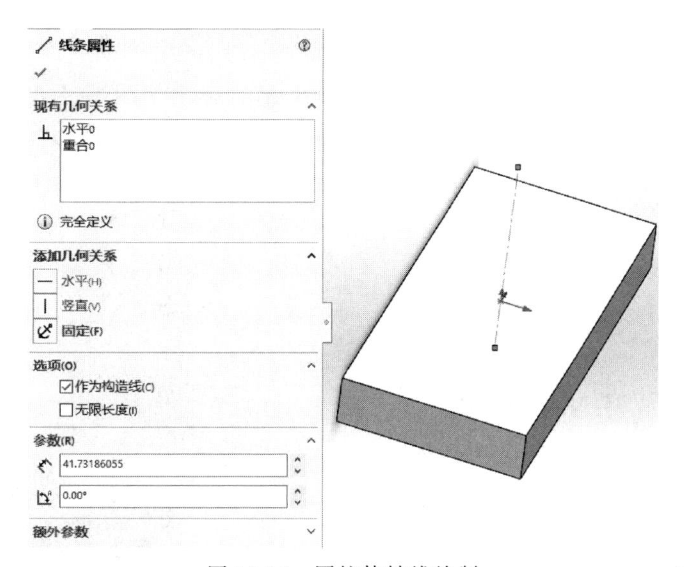

图 11-17　圆柱体轴线绘制

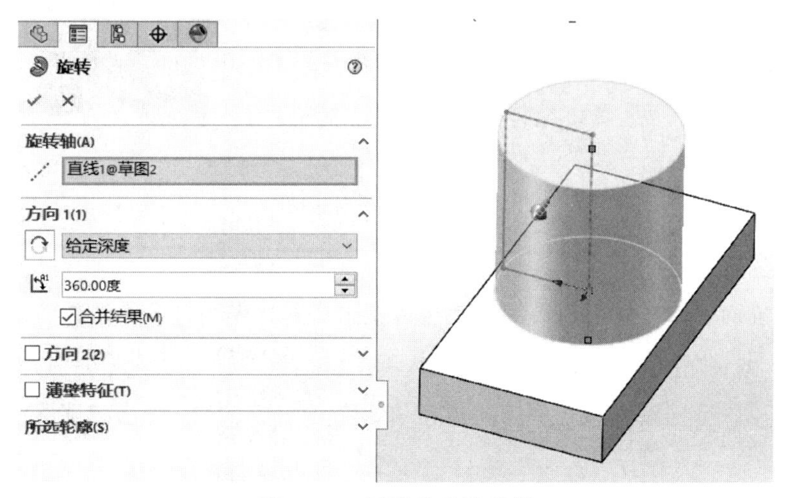

图 11-18　圆柱体旋转建模

② 画矩形截面：点击零件设计树中“右视基准面”，再点击按钮为按下，进入草图状态。按圆柱体尺寸造型。点击绘“矩形”按钮，然后建立一个长 44，宽 17 的矩形。点击按钮，退出草图状态。

③ 通过旋转建立圆柱体：点击“旋转凸台/基体”按钮，弹出如图 11-18 所示对话框，旋转轴选为步骤①建立的中心线，方向通过角度选项设置，点击按钮，完成圆柱体建模，如图 11-18 右侧所示。

3. 立板的拉伸增料建模

① 构造基准面：点击构造基准面按钮，弹出如图 11-19 左侧所示对话框，第一参考平面选择“上视基准面”，选择平行关系，“距离”选项输入“22”，各项设置如图所示，点击按钮，完成基准面的建立，如图 11-19 右侧所示。

② 画矩形草图：点击按钮，进入草图状态，以步骤①所建立的基准面为绘图面，点击矩形按钮（按下状态），绘制长 38，宽 22 的矩形，点击按钮，完成矩形草图绘制。

③ 拉伸出柱体：点击“拉伸凸台/基体”按钮，弹出如图 11-20 左侧所示的对话框，把“方向”选项改为“成形到下一面”，然后选择“上视基准面”，点击按钮，完成如图 11-20 右侧所示的立板拉伸建模。

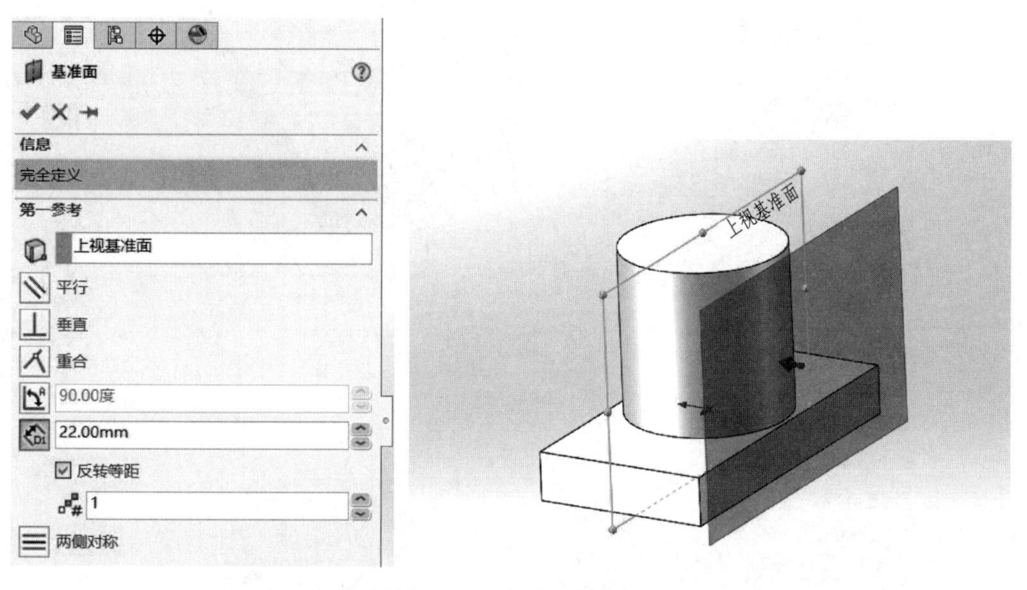

图 11-19　基准面建模

4. 水平小圆孔的拉伸除料建模

① 选择基准面：点击立板前表面，使边界矩形亮显，作为打孔的基准面。

② 画圆草图：点击按钮，进入草图状态，以步骤①所选择的基准面为绘图面，点击绘“圆”按钮，分别输入圆心坐标和半径值，完成如图 11-21 所示的圆线。点击按钮，退出草图状态。

③ 小圆孔的拉伸切除建模：点击“拉伸切除”按钮，弹出如图 11-22 所示的对话

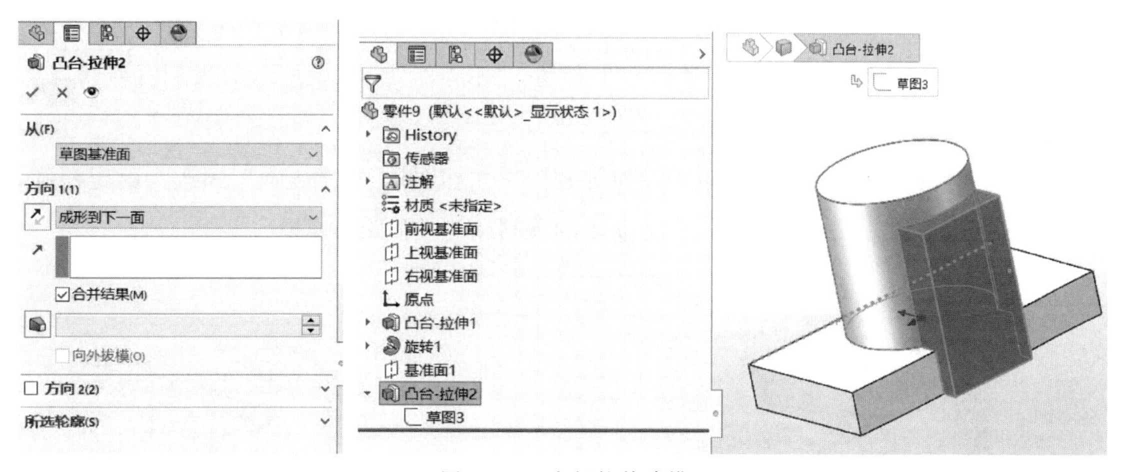

图 11-20　底板拉伸建模

框，把“方向”项改为给定深度，设为 20，点击按钮 ✓，完成如图 11-22 右侧所示的水平小圆孔的拉伸除料建模。

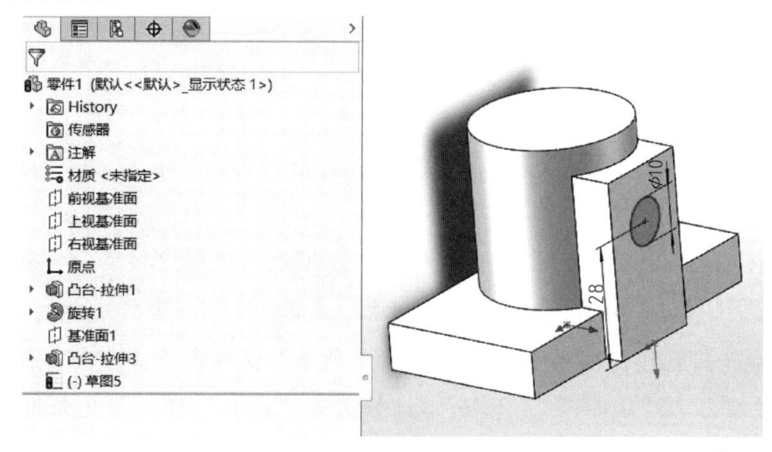

图 11-21　小圆孔草图绘制

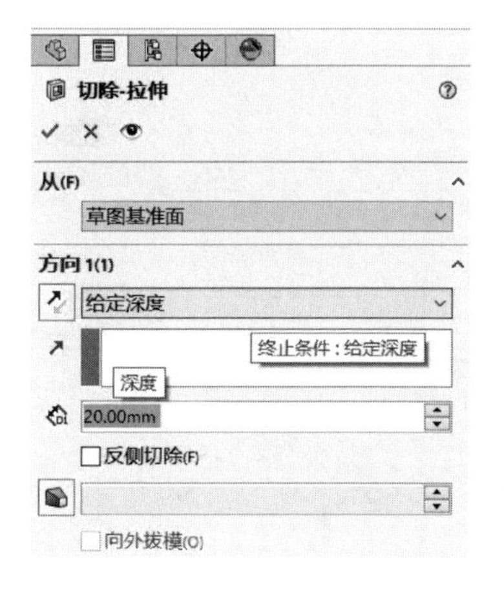

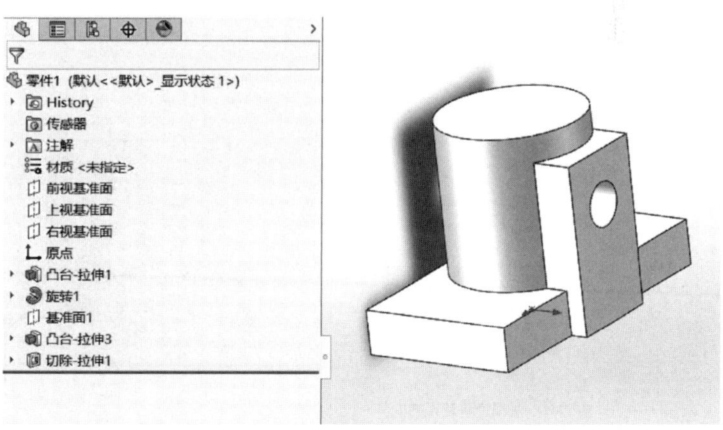

图 11-22　小圆孔拉伸建模

5. 大圆孔的拉伸除料建模

① 建立基准面：点击圆柱体上端面，使边界圆亮显，作为打孔的基准面。

② 画圆草图：点击按钮，进入草图状态，以步骤①所选择的基准面为绘图面，点击绘“圆”按钮，分别输入圆心坐标和半径值，完成如图 11-23 所示的大圆孔线。点击按钮，退出草图状态。

③ 大圆孔的拉伸切除建模：点击“拉伸切除”按钮，把“方向”项改为给定深度，设为 44，点击按钮，完成如图 11-24 所示的大圆孔的拉伸除料建模。

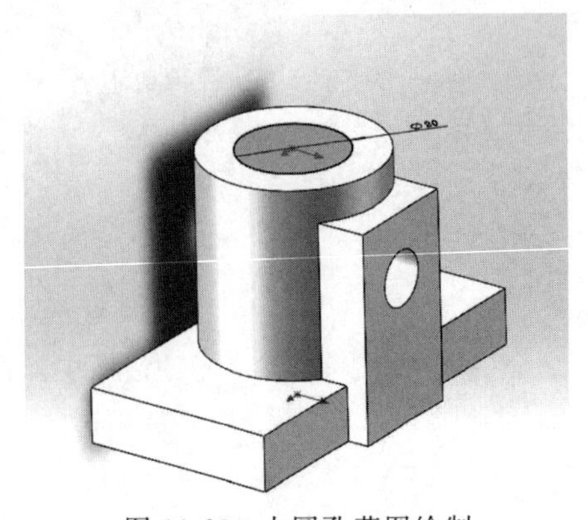

图 11-23 大圆孔草图绘制

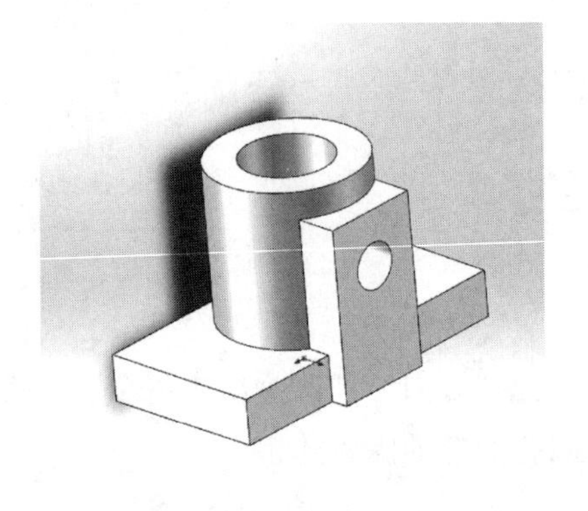

图 11-24 大圆孔拉伸建模

6. 四个安装孔的拉伸除料建模

① 实体视向定位：点击视向定位按钮，选择后视方向，如图 11-25 所示。然后在绘图区点击，击活绘图区。

② 确定打孔位置点：使当前绘图平面为“平面 XY”，选择底板表面为基准面。点击矩形按钮（按下状态），绘制长 56，宽 22 的矩形，如图 11-26 所示。

③ 打孔：点击打孔按钮，弹出如图 11-27 所示对话框，选择简单直孔，然后确定孔的尺寸，把直径设为“8”，如图 11-28 所示；并选择“通孔”项，终止条件设为“完全贯穿”；然后选择打孔位置，分别单击步骤一所建立矩形的四个顶点，如图 11-29 所示。双击“视向定位”框中的“正等测”，如图 11-30 所示。

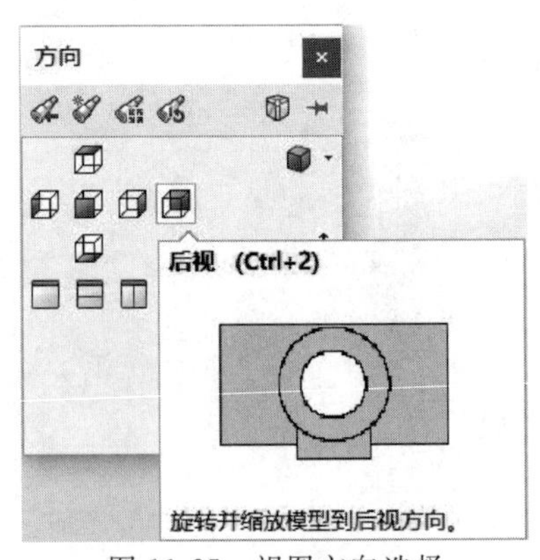

图 11-25 视图方向选择

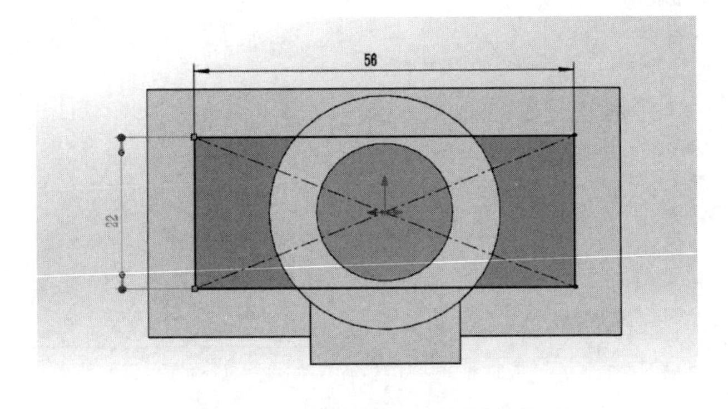

图 11-26 矩形绘制（确定打孔位置）

7. 四个圆角的建模

点击“圆角”按钮，弹出如图 11-31 所示对话框，设半径值为“7”，然后逐一点击底板上的三条侧棱变为亮显。最后，点击“确定”按钮✓，完成圆角建模。点击“视向定位”中“正等测”项，如图 11-32 所示。

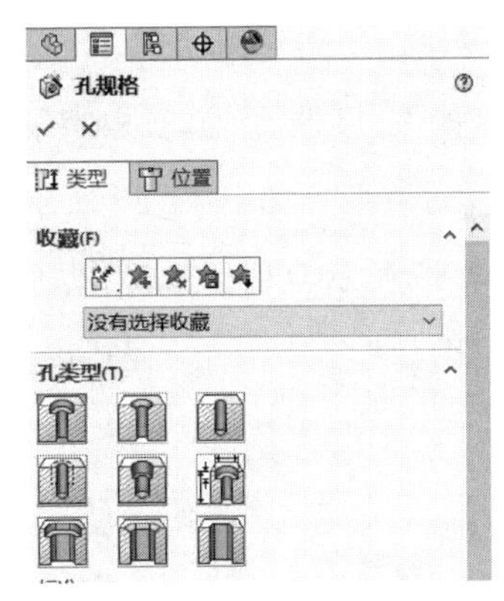

图 11-27　打孔类型选择

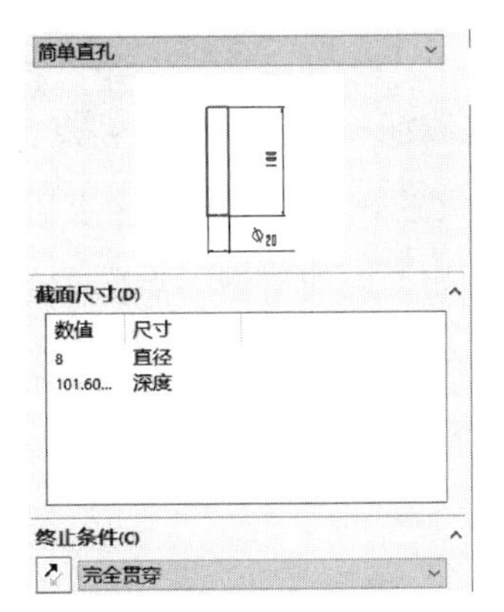

图 11-28　孔尺寸设置

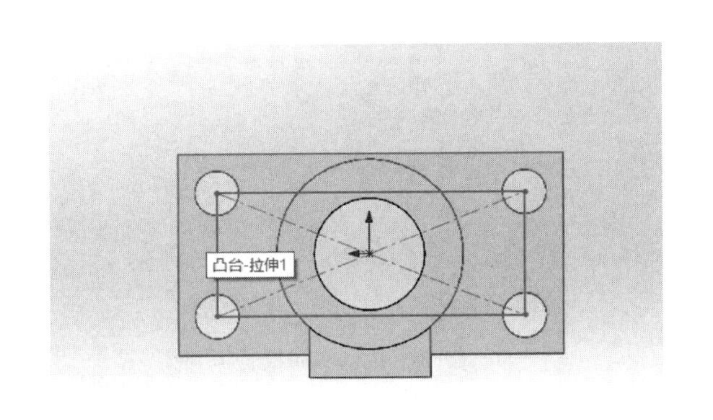

图 11-29　打孔过程示意

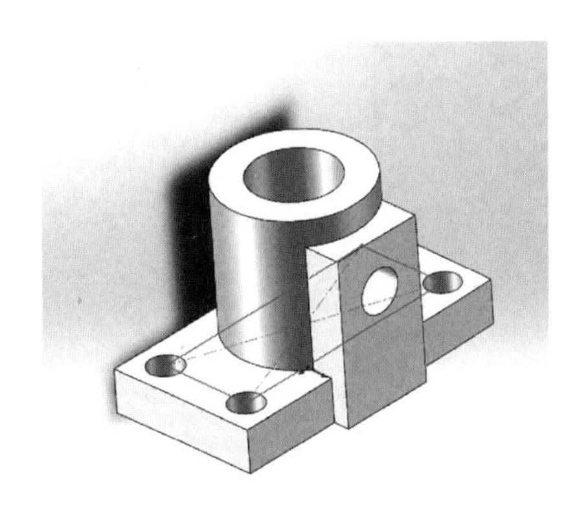

图 11-30　四个安装孔

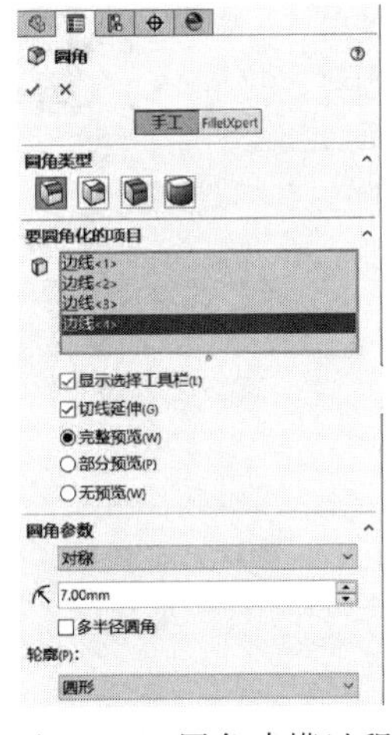

图 11-31　圆角建模过程

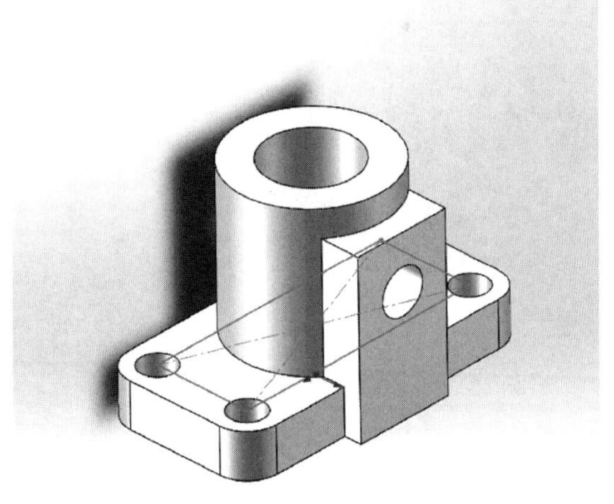

图 11-32　四个圆角

8. 筋板的造型

① 实体视向定位：点击视向定位按钮，选择“下视”方向。

② 画左侧筋板的草图线：点击设计树中 上视基准面 ，使当前绘图平面为“平面 XZ”，作为画草图的基准面，再点击草图按钮 为按下，进入草图状态。通过直线方式绘制一个高为 29mm 的直角三角形，如图 11-33 所示。点击 按钮，退出草图状态。

③ 左侧筋板的拉伸建模：点击筋特征 按钮，弹出如图 11-34 所示筋板特征对话框，按对话框设置好后，点击“确定”按钮 ，完成左侧筋板的造型，如图 11-35 所示。

④ 右侧筋板的造型：点击镜像按钮 ，弹出如图 11-36 所示对话框。镜像面选择右视基准面，要镜像的特征选择刚才建立的筋板特征，点击“确定”按钮 ，完成右侧筋板的造型，如图 11-37 所示。

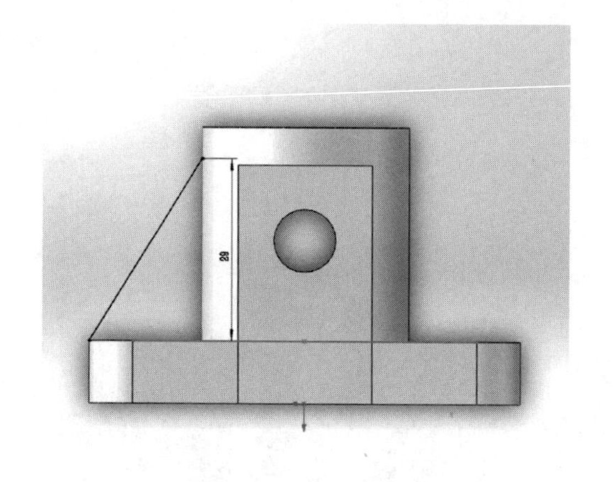

图 11-33 筋板草图绘制

图 11-34 筋板特征建模

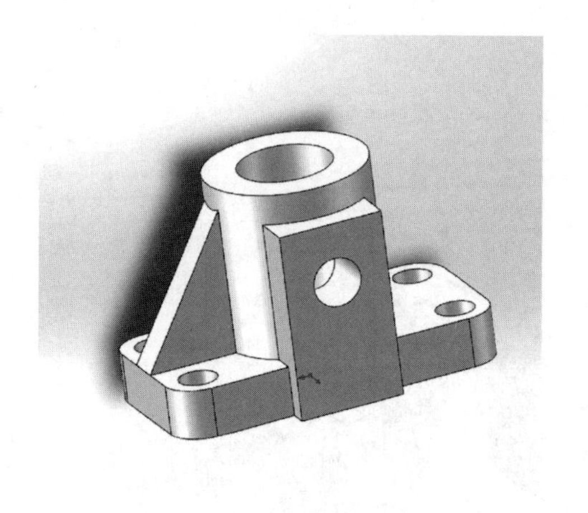

图 11-35 左侧筋板

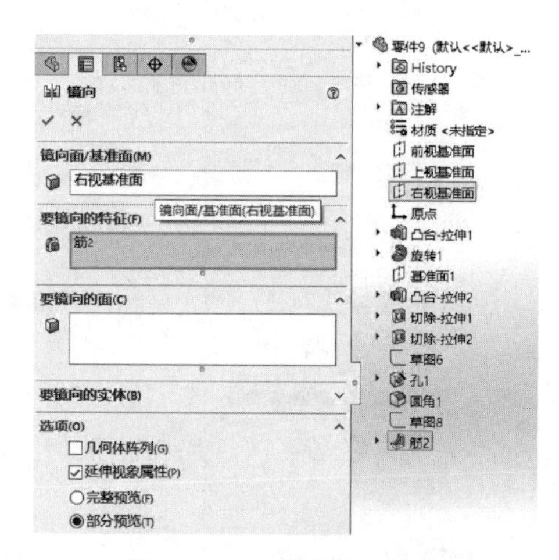

图 11-36 镜向特征建模

9. 文件保存

点击下拉菜单“文件”，选择“另存为”，弹出如图 11-38 所示的保存文件对话框，选择需要存放该零件模型的文件夹。SolidWorks 有强大的数据交换功能，可以保存多种类型的数据文件，如图 11-38 下拉部分所示。点击“保存”按钮，完成后缀名为“. SLDPRT”的文件保存。

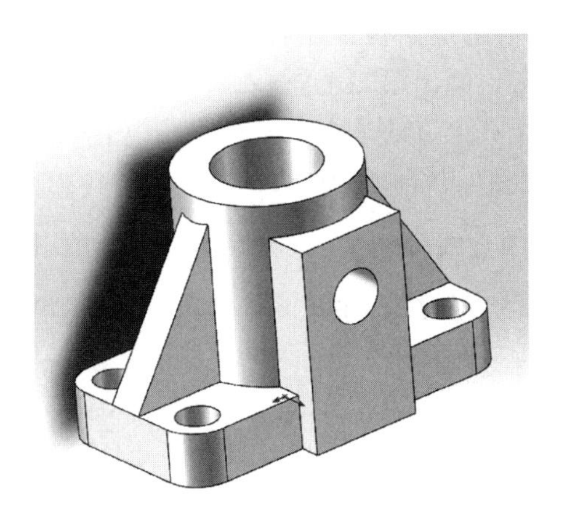

图 11-37　右侧筋板

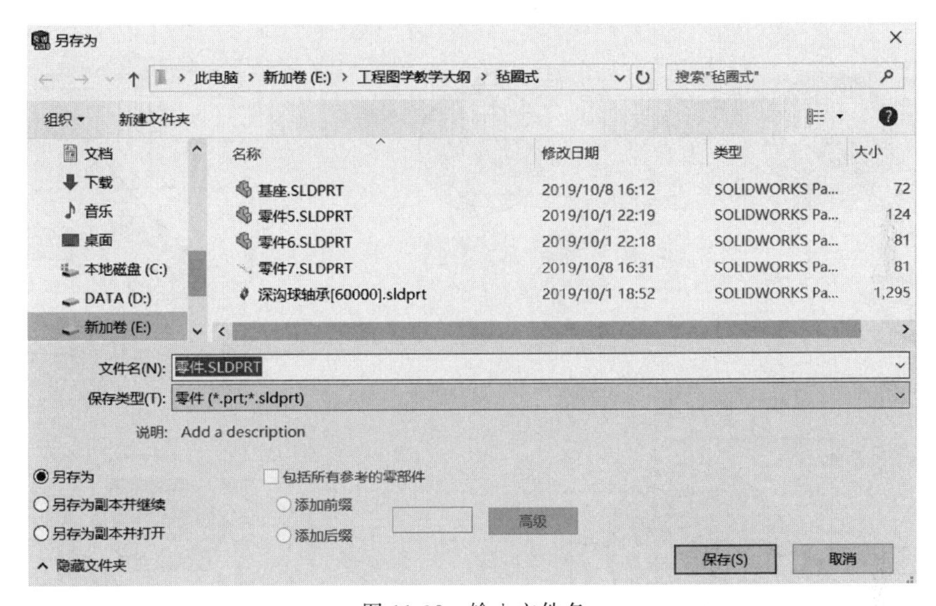

图 11-38　输入文件名

【例 11-2】 扳手的草图尺寸驱动及造型。

解

(1) 按图 11-39 的平面图形绘制草图

点击下拉菜单“文件”，选择“新建”，再选择零件按钮“ ”，建立新文件（原文件自动关闭）。

① 设定基准面：点击设计树中“ 前视基准面”，再点击草图按钮 为按下状态。

② 画草图：在绘图区画出“平面 XY”基准面上的扳手平面图形

a. 绘制下方两同心圆：点击绘圆按钮 （按下状态），出现立即对话框，移动光标在坐标原点点

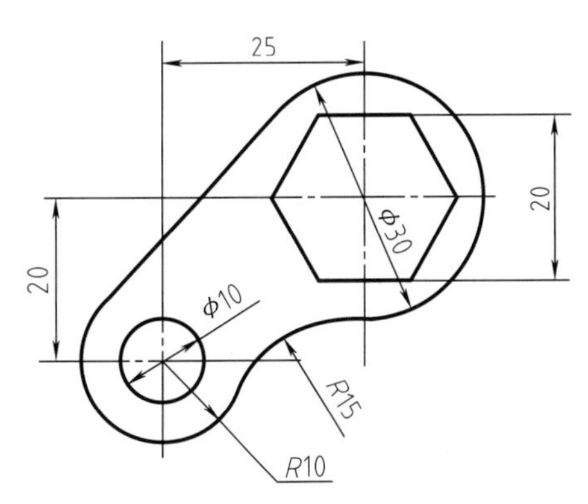

图 11-39　扳手的平面图形

击（作为圆心点），然后距圆心的适当位置处点击（两点击点的距离即为半径值），画出第一个圆；接着于另一位置处点击，画出第二个同心圆，按鼠标右键结束命令；因画圆命令仍处于执行状态，只需移动光标于右上方的适当位置处点击（作为圆心），然后距圆心的适当位置处点击，即画出上方圆，点击“确定”按钮，完成圆线建模，如图 11-40（a）所示。

b. 绘切线与切圆：点击画直线按钮，然后在圆线上单击捕捉到的切点，绘出切线；点击画圆按钮，类同画直线方法绘制相切圆，如图 11-40（b）所示。

c. 点击剪裁按钮，选择强制剪裁按钮“”，点击多余的线段，剪裁后如图 11-40（c）所示。

d. 尺寸注写与驱动：点击智能尺寸注写按钮，移动光标在绘图区点击圆弧注定形尺寸，而注写定位尺寸需分别点击上、下两圆弧，这时自动给出该两圆弧的直径，如图 11-40（c）所示，将尺寸改写成如图 11-39 所示尺寸。接着点击其他尺寸，进行相同的驱动操作，绘制出符合图 11-40（d）尺寸的图形。

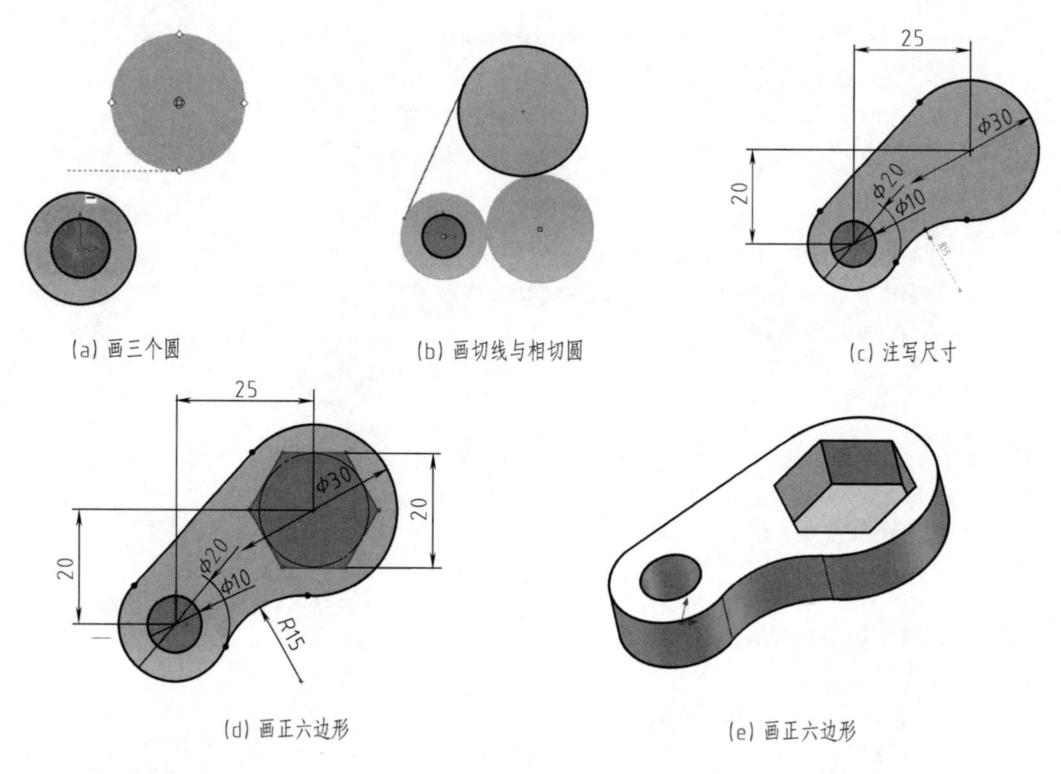

(a) 画三个圆　(b) 画切线与相切圆　(c) 注写尺寸

(d) 画正六边形　(e) 画正六边形

图 11-40　草图的绘制过程

e. 绘制正六边形：点击画正多边形按钮，以直径为 30 圆线的圆心为正六边形的中心，选择内切圆绘制方式，输入内切圆的直径参数，然后通过智能尺寸驱动功能，将对边的距离设为 20，即可完成如图 11-40（d）所示的正六边形，完成全部草图的绘制。点击按钮，退出草图状态。

（2）拉伸出扳手实体

点击“拉伸凸台/基体”按钮，在“深度”栏输入“11”，拉伸对象为从“草图基准面”，“方向”选择增料方向。点击按钮✓，完成扳手三维建模，如图 11-40（e）所示。

第三节　零件图生成与工程标注

SolidWorks 二维工作界面中的许多画图命令的操作是与 SolidWorks 三维草图状态下的画图命令、编辑命令等的操作一致或基本一致，如画直线、圆等命令，曲线裁剪、尺寸注写命令等，在学习绘制二维图时要注意这些特点及操作风格，故二维绘图内容不再作详细介绍。另外，在二维工作界面状态栏的下侧，有捕捉信息栏，可以选择不同的捕捉对象，使光标在绘图区作图时自动吸附在特定点上（自由状态除外），方便准确作图。

利用 SolidWorks 二维图板可以很方便地生成或绘制符合国家标准的工程图纸，并打印出图。也可以接受其他主流 CAD 二维图形，并将它转换成标准的工程图纸。

一、三维实体生成三视图

在 Windows 桌面上移动光标，点击“开始”→“程序”→“SolidWorks 2018”，或直接在桌面上双击图标“SW 2018”，单击工程图按钮“”，弹出选择图幅的对话框，如图 11-41 所示，选择相应的图纸大小，即可打开如图 11-41 的工作界面。单击模型视图按钮“”，在要插入的零件一列选择例题【11-1】所建立的座体三维模型，然后分别布置三视图，如图 11-42 所示。当选择视图方向后，所生成的视图不是想要的投影方向时，可以在对话框中通过“镜向”功能，得到想要的视图效果，然后再重新调整视图的分布位置。如果视图中多余或者缺少部分线条，可以选择相应的视图，再点击右键，选择“将视图转换为草图”，在草图中对投影视图进行调整。座体的三视图如图 11-43 所示。

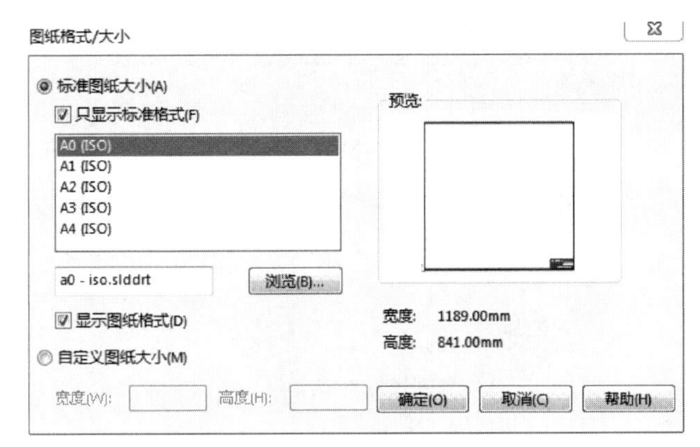

图 11-41　图幅选择对话框

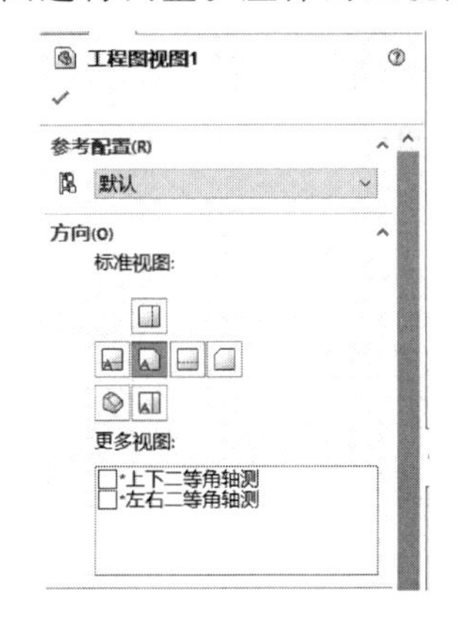

图 11-42　三视图布置对话

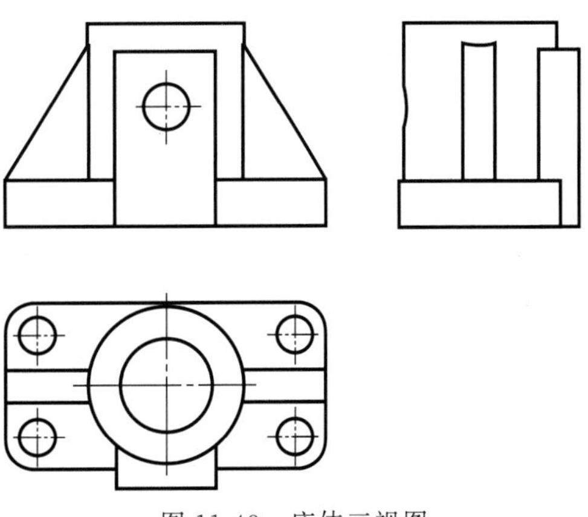

图 11-43　座体三视图

二、二维视图生成剖视图

对俯视图作剖视生成主、左剖视图，再通过在主视图上的画图增加局部剖。

① 绘制点画线。点击草图栏的中心线绘制按钮“ ”，在座体三视图基础上绘制点画线。

② 生成半剖和全剖视图。点击视图布局工具条中生成剖面视图按钮“ ”，出现如图11-44所示的对话框。选择半剖面，然后根据投影关系选择相应的半剖面，再在俯视图上选择剖切位置，然后点击按钮 ，完成座体主视图半剖视图的生成，如图11-45所示。在图11-45中选择剖面视图，则出现如图11-46所示的全剖视图对话框。同样，根据投影关系

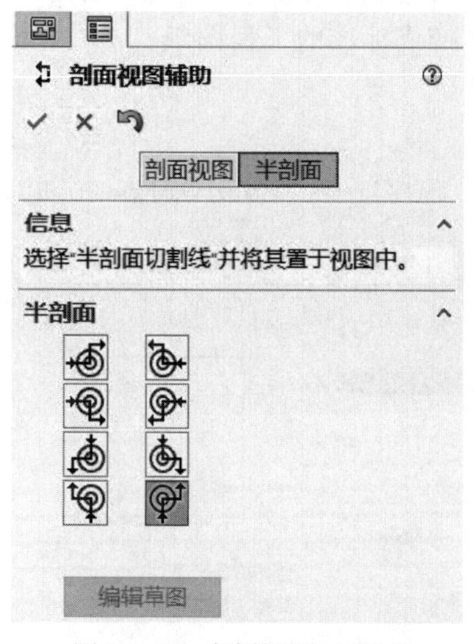

图 11-44　半剖视图对话框

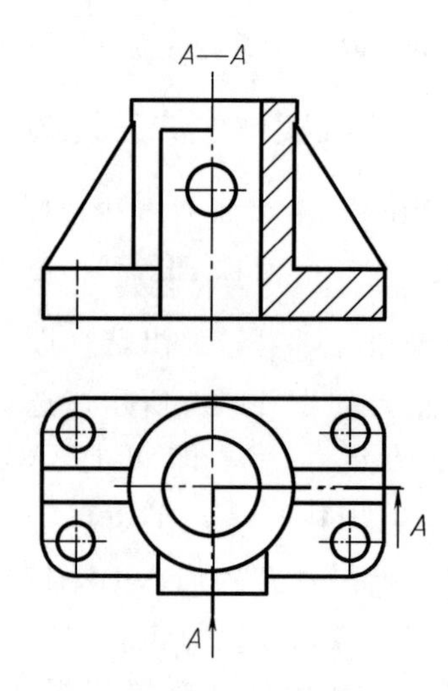

图 11-45　座体半剖视图生成

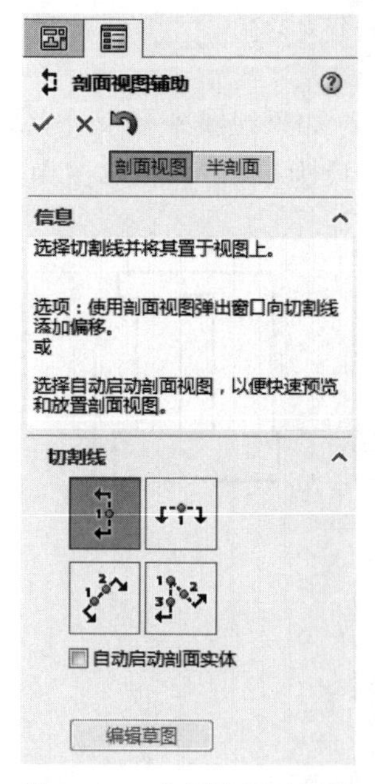

图 11-46　全剖视图对话框

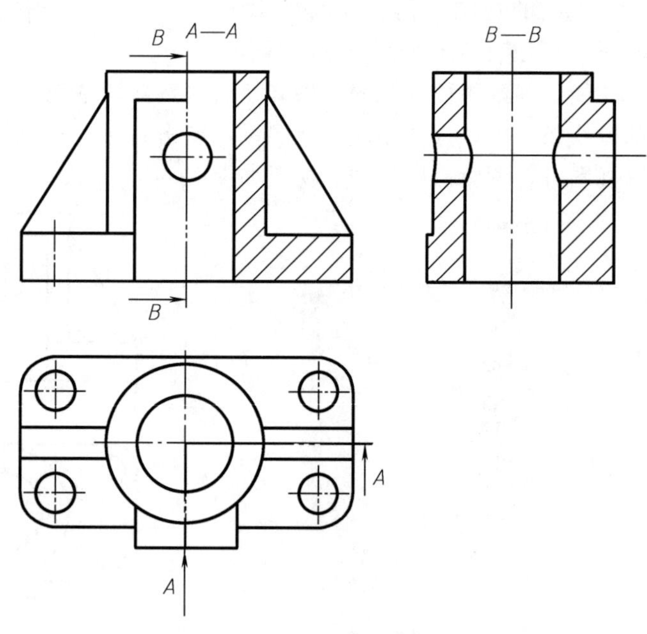

图 11-47　座体全剖视图生成

选择相应的剖切面，然后在主视图上选择剖切位置，然后点击按钮，则生成如图 11-47 所示的座体全剖视图（左视图）。注意：在选定剖切面和剖切位置后，可以通过“反向”对话框，调整投影方向，进而生成需要的剖视图，其中剖面线会自动生成；如果形成的剖视图需要调整，可以单击相应的视图，再点击右键，选择“将视图转换为草图”，在草图中对投影视图进行调整。

③ 绘制主视图上的局部剖视图。点击视图布局工具条中生成断开的剖视图按钮，然后点击鼠标左键在需要剖切的位置形成一个封闭的样条曲线，该曲线表示生成局部剖视图的范围。然后会弹出如图 11-48 所示的对话框，根据结构特征，选择需要剖切的深度，即可生成如图 11-49 所示的座体局部剖视图。

图 11-48　局部剖视图对话框

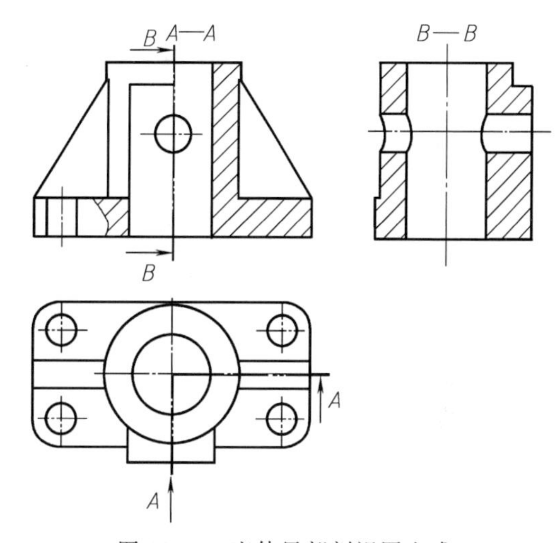

图 11-49　座体局部剖视图生成

三、尺寸和技术要求注写

1. 尺寸的注写

在注解命令工具条中单击智能尺寸按钮“ ”，弹出如图 11-50 所示的下拉选项，根据尺寸标注的需要选择不同类型的尺寸标注形式进行尺寸标注。例如左视图的总高尺寸，选择竖直尺寸进行标注，分别单击尺寸起始和终止位置即可，后续类同；左视图的宽度尺寸，选择水平尺寸进行标注；主视图的角度尺寸，选择智能尺寸进行标注。

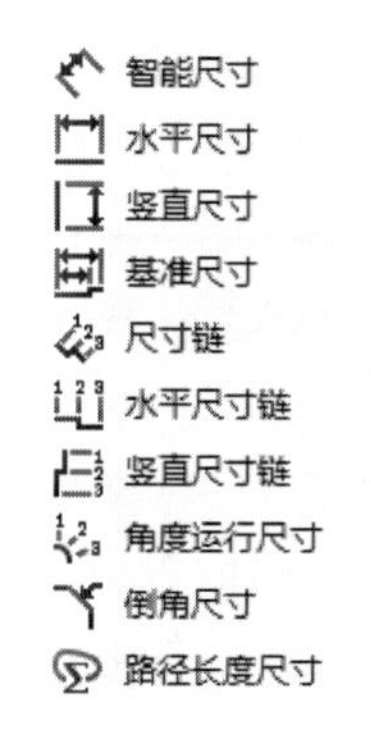

图 11-50　尺寸标注类型

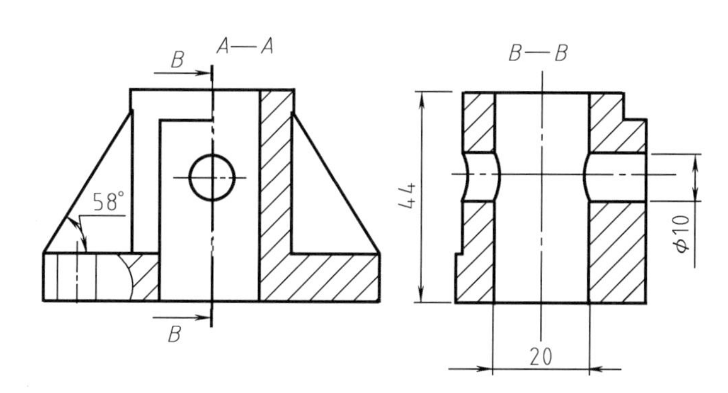

图 11-51　典型尺寸标注示例

2. 尺寸技术要求注写

它包括尺寸公差、表面粗糙度、形位公差的注写。

① 尺寸公差。当完成如图 11-51 所示的尺寸标注时，将公差/精度一栏激活，如图 11-52 所示的尺寸公差对话框，下拉菜单弹出尺寸公差类型（图 11-53），根据技术信息选择需要标注的类型。如选择对称类型，可以对 44 高度尺寸标注±类型的尺寸公差，“±”在标注尺寸文字栏的下方进行选择，如图 11-54 所示。如选择与公差套合类型，则可以标注上下偏差，如图 11-55 所示。还可以在尺寸数字前面加 ϕ 符号，尺寸数字后面加“°”符号以及公差代号，如图 11-55 所示。

图 11-52　尺寸公差对话框

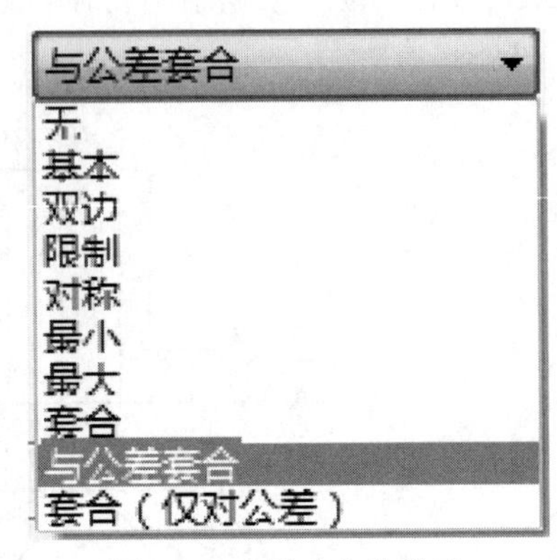

图 11-53　尺寸公差类型

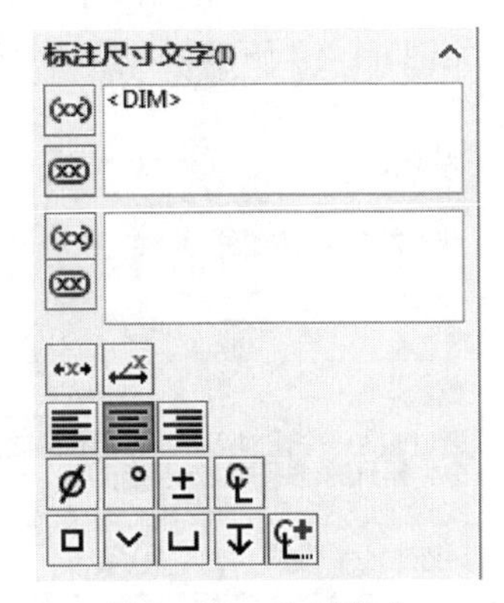

图 11-54　特征符合

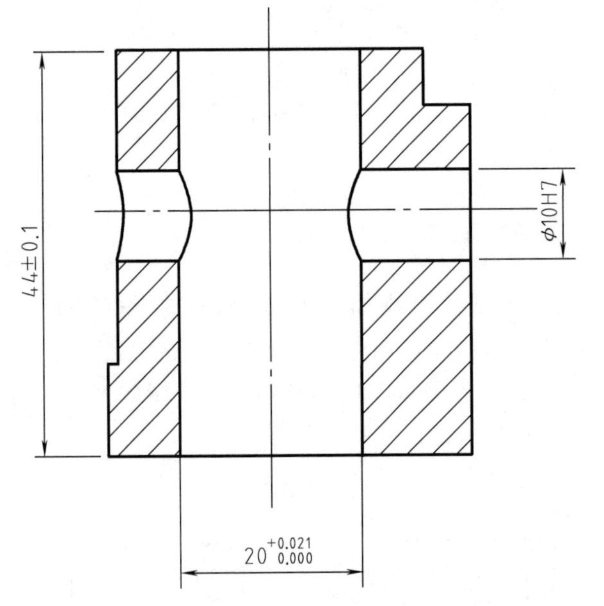

图 11-55　尺寸公差标注示例

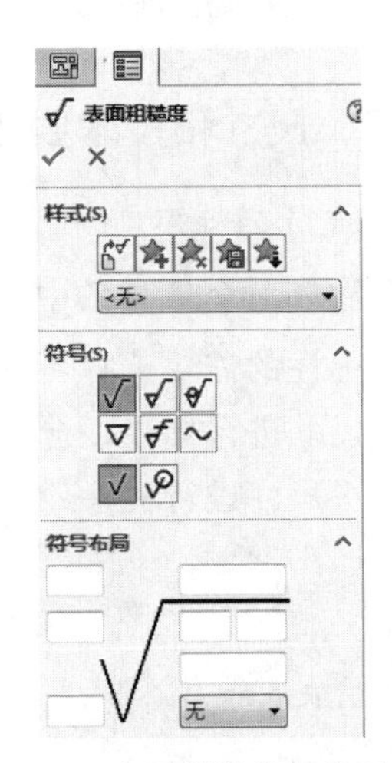

图 11-56　表面粗糙度标注对话框

② 表面粗糙度的注写。点击粗糙度标注按钮√弹出立即菜单，弹出如图 11-56 所示的对话框，在符合栏可以选择不同类型的表面粗糙度符号，在符合布局栏写入不同的数值，在角度栏可以输入相应的角度值，选择不同方位的表面粗糙度符号。如图 11-57 所示的表面粗糙度符合标注示例。

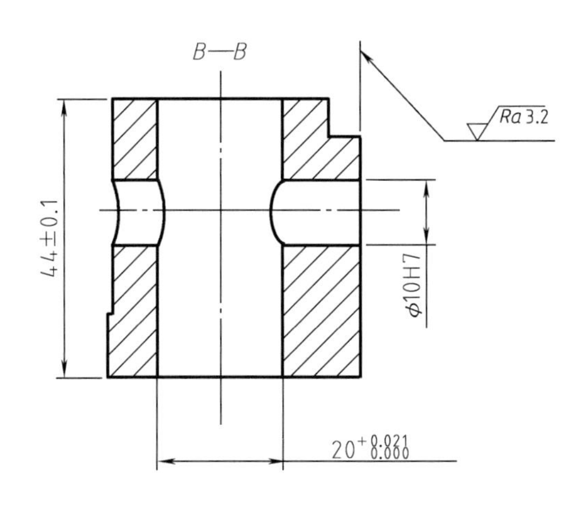

图 11-57　表面粗糙度标注示例

图 11-58　基准对话框

③ 形位公差注写。首先点击基准特征按钮“”，弹出如图 11-58 所示的对话框，选择相应的轮廓线作为基准平面。再单击形位公差标注按钮“”，弹出如图 11-59 所示对话框，根据技术要求填入相应的形位公差。然后将完成的图框放在合适的位置上，再在对话框中选择指引线，完成形位公差的标注，如图 11-60 所示。

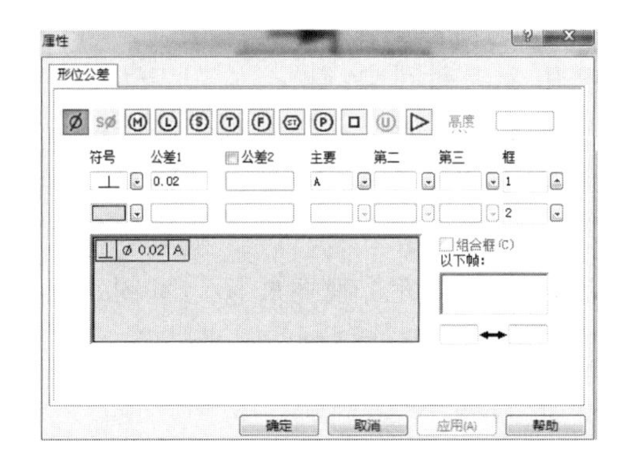

图 11-59　形位公差对话框

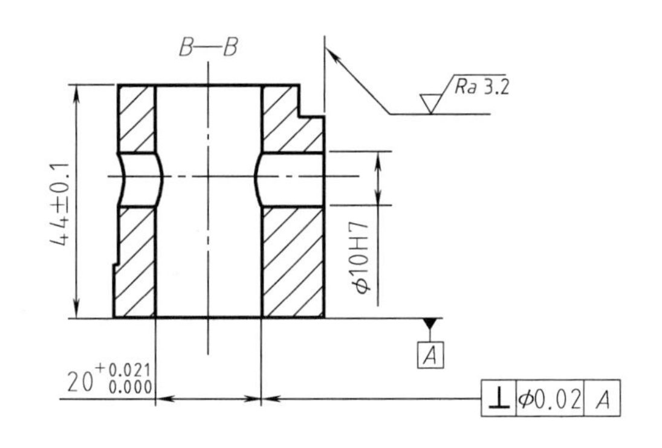

图 11-60　形位公差标注示例

在以上举例中有许多命令没用到，但它们的操作方法和过程是相同的，只要在计算机上按立即菜单内容、状态栏提示或对话框中项目进行操作，就能做出符合要求的零件图，标题栏、技术要求等在此不做过多介绍。

第四节　装配图生成

SolidWorks 二维图板中的装配图绘制，是将装配好的三维模型导入到图纸中来，按一定的位置（即装配零件的相对位置）放置并进行视图配置，然后修改视图表达装配关系，并注写装配尺寸（同零件尺寸注写操作）、技术要求、序号和填写明细栏、标题栏等。

绘制装配图

在 Windows 桌面上移动光标，点击“开始”→“程序”→“SolidWorks 2018”，或直

接在桌面上双击图标“”，单击工程图按钮“”，弹出选择图幅的对话框，如图 11-41 所示，选择相应的图纸大小，即可打开如图 11-11 的工作界面。单击模型视图按钮“”，将装配体三维模型导入到图幅中来，在适当位置配置视图，如图 11-61 所示。

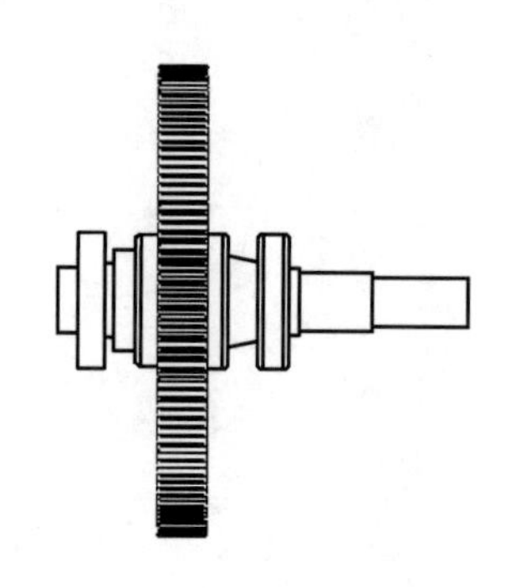

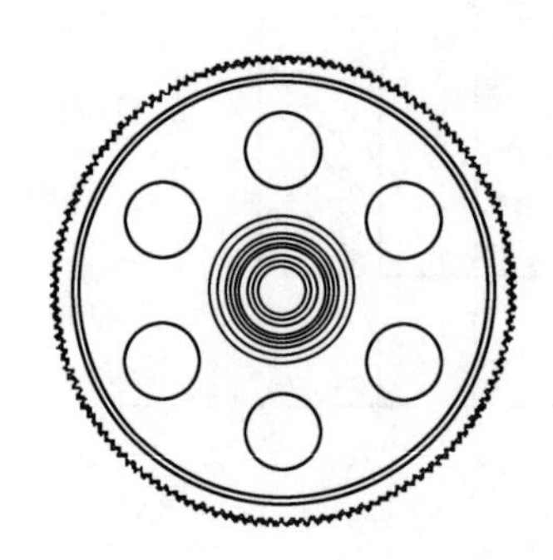

图 11-61 导入装配体

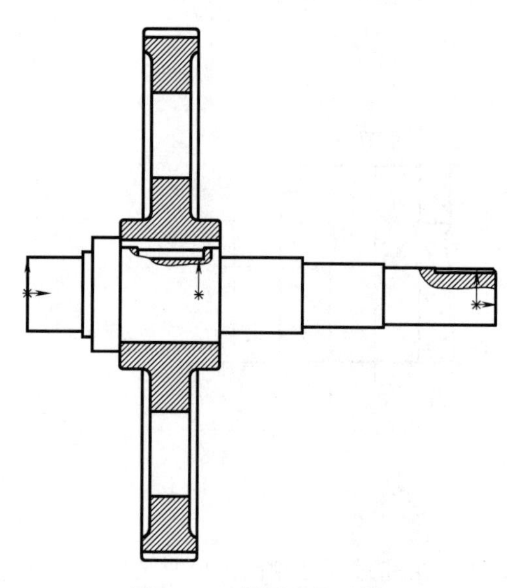

图 11-62 视图配置示例

1. 配置视图

根据装配体模型的特征和装配关系，本练习只需要保留主视图，删除左视图。同时，在主视图采用全剖和剖中剖的方式，表达零件之间的装配关系。全剖和局部剖视图的生成方法和上一节的步骤完全一致，在此不重复介绍，最终完成的视图配置如图 11-62 所示。如果视图表达需要调整，可将视图转换为草图，再进行修改和调整直至得到需要的视图表达。

2. 序号和明细栏制作

在注解工具栏选择零件序号按钮“”，然后依照顺时针或者逆时针方向依次给每一个零件布置序号，布置时直接将指引线指向需要标记的零件位置即可。下拉表格按钮“”，选择总表按钮，输入你想要的行数和列数，然后按照国家标准对表格进行适当的调整，即可得到明细栏，再通过注释按钮“A”完成相应的文字编写，如图 11-63 所示。

3. 配合尺寸标注和技术要求编写

同样，在注解命令工具条中单击智能尺寸按钮“”，在需要标注配合尺寸的位置进行尺寸标注，在文字对话框可以输入 H6/r5 等符号。然后通过注释按钮“A”完成相应的技术要求文字编写，如图 11-63 所示。明细栏、标题栏、技术要求等在此不做过多介绍。

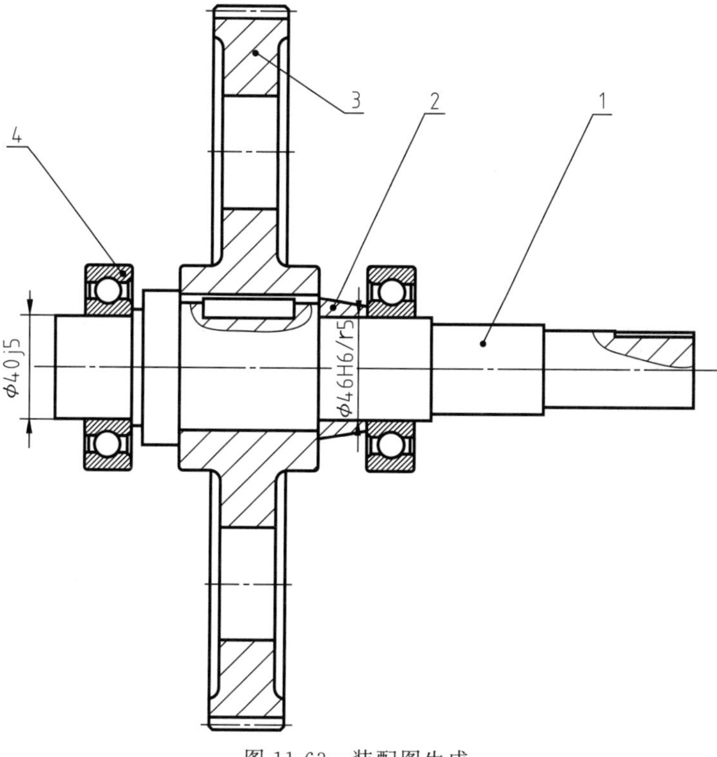

图 11-63 装配图生成

换面法、展开图与曲线曲面

学习提示

在实际工作中，除了展开图绘制要用到换面法或旋转法外，有时还会遇到非常特别的零件，它的某局部结构的视图无法反映实际形状，必须采用换面法进行处理，如第六章介绍的斜视图、斜剖视图等就是采用了换面法。根据多次换面法的作图原理，一个斜视图还不能反映其部分结构实形，可再用换面法继续进行两面投影作图，直到能反映出结构实形。同时，了解曲线、曲面知识对学习复杂形体的三维建模是非常必要的。

本章主要讲述换面法的基本原理与作图方法、展开图及其作图、典型曲线与曲面的形成与画法。本章作为本书的选修内容。

第一节　换　面　法

由前述可知，当直线或平面与投影面处于特殊位置时，则其投影反映某种特性（如实长、实形、倾角等）；并且可方便解决某些度量和定位问题（如求距离、交点、交线等）。换面法就是研究如何通过改变空间几何元素对投影面的相对位置及改变投射方向来简化解题的一种方法。

一、换面法基本原理

换面法是使空间几何元素的位置保持不动，而用新投影面来代替原来的投影面，使空间几何元素在新投影面中处于有利于解题的位置。

如图 12-1 表示一般位置直线 AB，若求其实长及对 H 面的倾角，则取$/\!/AB$ 且$\perp H$ 面的 V_1 面代替 V 面，则 V_1 和 H 面构成一个新的投影体系 V_1/H（新投影轴为 X_1），直线 AB 在 V_1 面的投影 $a'_1b'_1$就反映 AB 的实长和对投影面 H 的倾角 α。

显然新投影面的设置不是任意的，首先空间几何元素在新投影面上的投影必须有利于解题，并且新投影面必须与一个原投影面垂直，构成一个直角投影体系，这样才能应用正投影原理求出新投影。因此，选择新投影面应遵循下列原则：

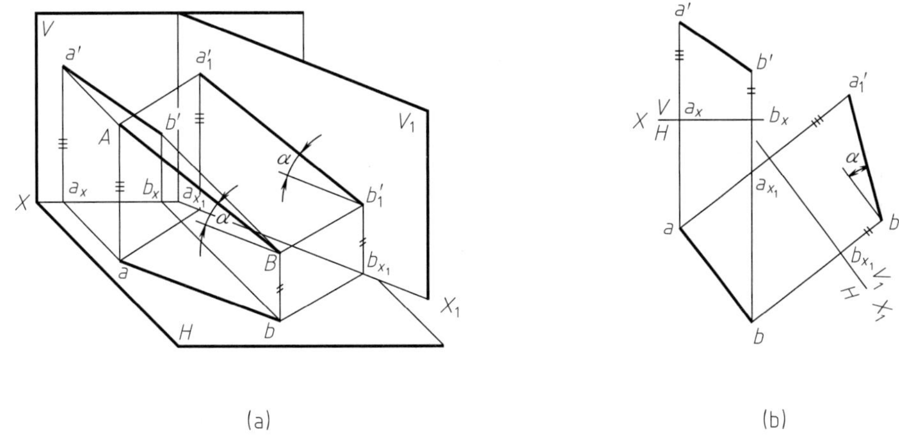

图 12-1　换面法求直线的实长与倾角

① 新投影面应使空间元素处于解题的位置。

② 新投影面必须垂直被保留的投影面。

二、点的换面

点是一切几何体中最基本的元素，因此，首先研究点在换面时的投影规律。

1. 点的一次换面

如图 12-2（a）所示，用新投影面 V_1 更换 V 面，使 $V_1 \perp H$，组成新的投影面体系 V_1/H，V_1 面与 H 面的交线为新投影轴 X_1，过点 A 向 V_1 面作投射线，得点 A 在 V_1 面的正投影 a_1'。这样新的投影体系 V_1/H 取代了原投影体系 V/H，H 面为保留投影面。从图 12-2（a）可看出：$a'_1a_{x_1}=Aa=a'a_x$，将 V_1 面绕 X_1 轴旋转 90°与 H 面重合后，此时 $aa_1' \perp X_1$ 轴。

综合所述，可得更换投影面时点的投影变换规律。

① 点的新投影和其保留投影的连线垂直于新投影轴（$aa_1' \perp X_1$ 轴）。

② 点的新投影到新投影轴的距离，等于被更换的投影到原投影轴的距离（$a_1'a_{x_1}=aa_x'$）。

根据上述关系，点在换 V 面时的作图步骤如下，如图 12-2（b）所示。

① 作新投影轴 X_1。

② 过 a 作新投影轴 X_1 的垂线，设交点 a_{x_1}。

③ 在垂线上截取 $a_1'a_{x_1}=a'a_x$，即得点 A 在 V_1 面上的新投影 a_1'。

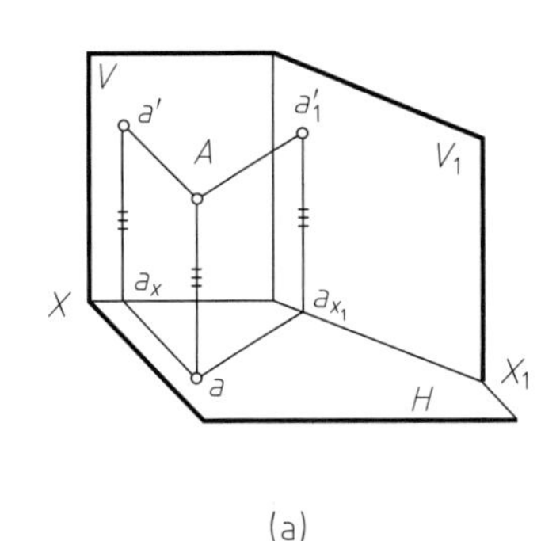

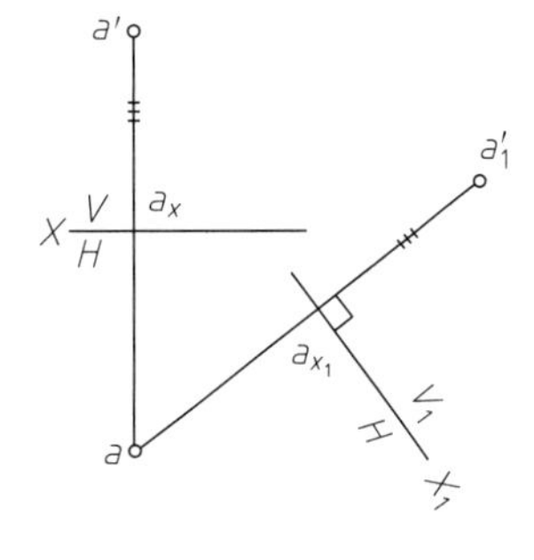

图 12-2　点的一次换面（更换 V 面）

同理也可保留投影面 V 而更换 H 面，如图 12-3（a）所示，设立一个垂直于 V 面的投影面 H_1 面来代替原 H 面，组成新的投影体系 V/H_1，由于 V 面不动，所以点到 V 面的距离不变，即 $a_1a_{x_1}=aa_x=A\,a'$，且 $a_1a'\perp X_1$ 轴。如图 12-3（b）所示。

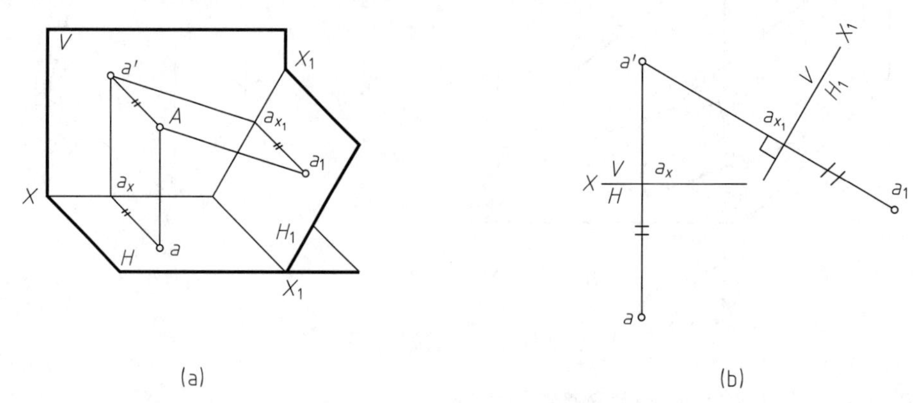

图 12-3　点的一次换面（更换 H 面）

2. 点的二次换面

换面法在解决实际问题时，有时经一次换面还不能完全解决问题，还必须经过两次或多次换面。图 12-4（a）表示点的两次换面直观图，第一次用 V_1 更换 V 面，第二次用 H_2 更换 H 面。点的第二次换面作图原理与一次换面相同，只是将作图过程依次重复了一次，如图 12-4（b）所示。

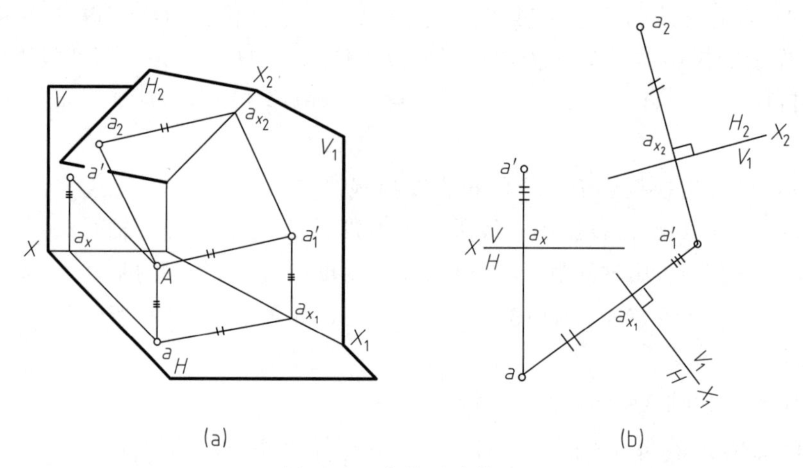

图 12-4　点的二次换面

必须注意，在多次换面时，新投影面的选择除符合前述的两个条件外，还必须是在一个投影更换完后，在新的两面体系中交替更换另一个。如图 12-4 中先由 V_1 面代替 V 面，构成新体系 V_1/H，再以这个体系为基础，取 H_2 代替 H 面，又构成新投影体系 V_1/H_2。

三、换面法的基本作图

1. 一般位置直线变换成新投影面平行线

如图 12-1（a）所示，为了求出 AB 的实长和对 H 面的倾角，可以用一个既垂直于 H 面，又平行于 AB 的 V_1 更换 V 面，通过一次换面即可达到目的。具体作图过程如下，如

图 12-1（b）所示。

① 作新投影轴 $X_1 // ab$；

② 作出 A、B 两点在 V_1 面的新投影 a_1' 和 b_1'，连线 $a_1'b_1'$ 即为 AB 的实长，$a_1'b_1'$ 与 X_1 轴的夹角即为 AB 对 H 面的倾角 α 。

【例 12-1】 如图 12-5（a）所示，求直线 AB 实长及对 V 面的倾角 β。

分析：如需求直线 AB 实长及对 V 面的倾角 β，则须 V 面不变，用一个既垂直于 V 面，又平行于 AB 的 H_1 更换 H 面。在 V/H_1 投影体系中，求出 AB 在 H_1 面的新投影即可得直线实长 a_1b_1 及倾角 β，作图过程如图 12-5（b）所示。

它实际上与直角三角形法求直线实长与倾角的原理是相一致的，如图 12-5（c）所示。

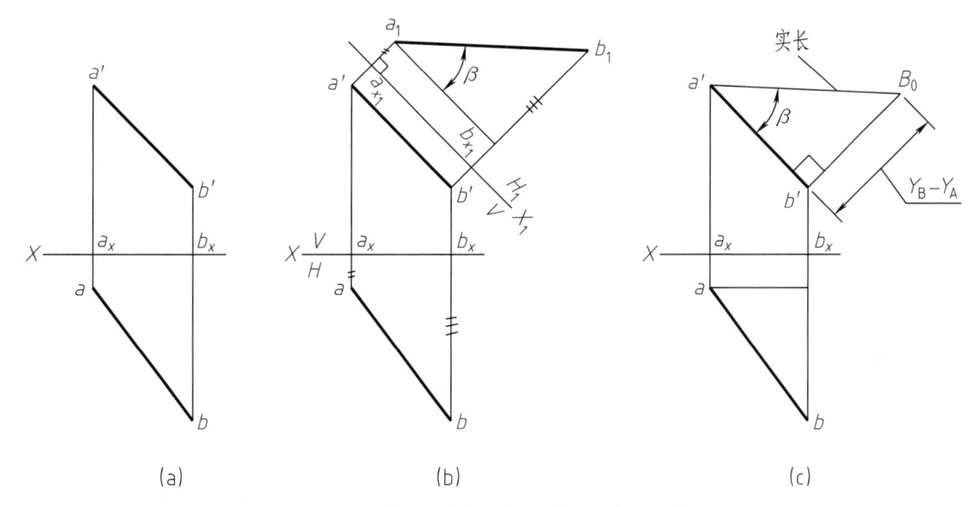

图 12-5　换面法求一般直线实长及倾角

2. 投影面平行线变换成新投影面垂直线

选择哪一个投影面进行变换，要根据给出的直线的位置而定。若给出的是正平线，要使正平线在新投影体系中成为垂直线，则应变换 H 面；若给出的是水平线，则应变换 V 面。

图 12-6（a）表示对正平线 AB 变换成投影面垂直线的空间情况，这里我们只有变换 H 面为 H_1 面，才能做到新投影面 H_1 既垂直于 AB，又垂直于 V 面。

具体作图过程如下，如图 12-6（b）所示。

① 作新投影轴 $X_1 \perp a'b'$。

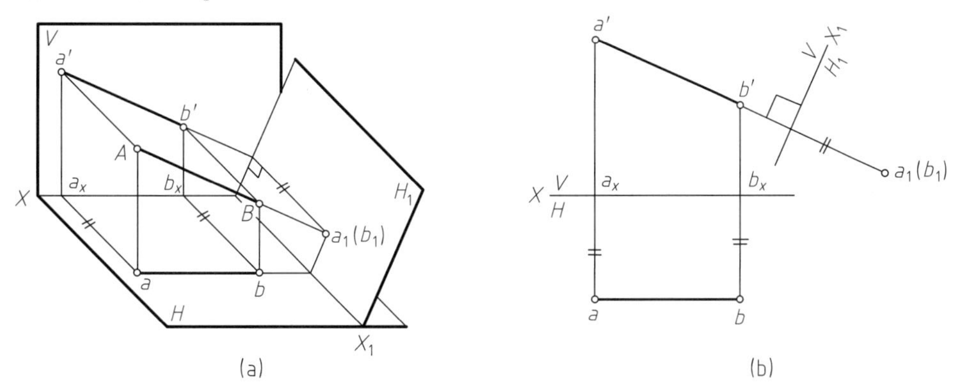

图 12-6　投影面平行线变换成新投影面垂直线

② 作出点 A、B 在 H_1 面的投影，它必然积聚成一点 $a_1(b_1)$。

值得注意，投影面平行线变换成投影面垂直线只需一次变换。把一般位置直线变换成投影面垂直线则至少需要两次变换：先变换成投影面平行线，再变换成投影面垂直线。

【例 12-2】 如图 12-7（a）所示，求点 C 到直线 AB 的距离及其投影。

解 ① 分析：如图 12-7（b）所示，若所给直线 AB 是一条垂直于某一投影面的直线，则从 C 向 AB 所作垂线 CD 一定平行该投影面，且 CD 在该投影面的投影反映实际距离。

由于直线 AB 是一般位置直线，故须两次换面才能将直线 AB 变换成投影面垂直线。

② 具体作图过程如下，如图 12-7（c）所示。

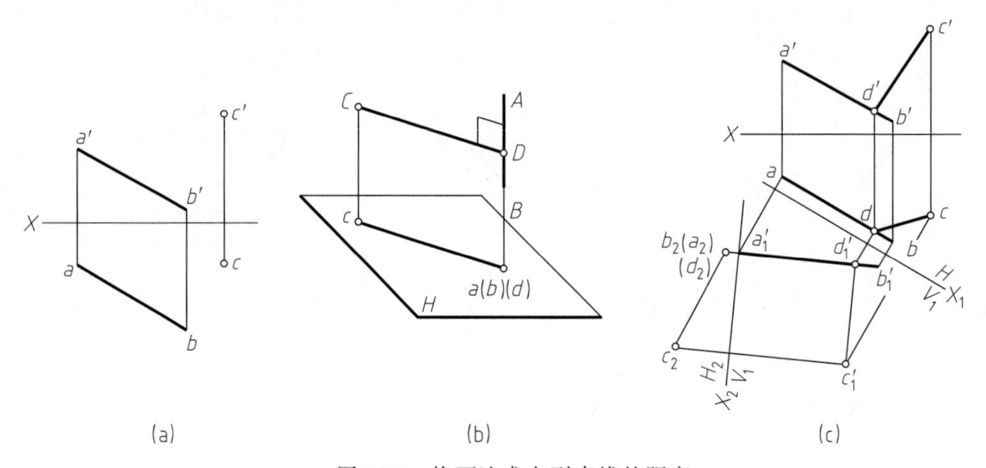

图 12-7 换面法求点到直线的距离

先作 X_1 轴//ab，求出直线 AB 及 C 在 V_1 面的新投影 $a_1'b_1'$和 c_1'；

再作 X_2 轴$\perp a_1'b_1'$，求出直线 AB 及点 C 在 H_2 面的新投影 a_2、b_2 和 c_2，b_2（a_2）积聚成一点。c_2 和 b_2（a_2）的连线即为距离 CD 的实长，垂足 d_2必与 b_2（a_2）重合。

最后求距离的投影：在 V_1/H_2 体系中，从 C 点作直线 AB 的垂线 CD，即有 $c_1'd_1'$//X_2 轴得到 d_1'，由 d_1'返回原投影，得 d 和d'，连 cd、$c'd'$即得点 C 到 AB 距离的投影。

讨论：如先变换水平投影面 H，观察结果是否相同。

3. 一般位置平面变换成新投影面垂直面

如图 12-8（a）所示，$\triangle ABC$ 为一般位置平面，但要将它变换成新投影面垂直面，则新投影面必须垂直于平面$\triangle ABC$。由初等几何知识可知，若直线垂直平面，则包含该直线的平面必定垂直于该平面。

据此，新投影面必须要垂直于$\triangle ABC$ 平面上的某一直线，但是把一般位置直线变换成投影面垂直线须变换两次投影面，而投影面平行线变换成投影面垂直线只需变换一次投影面。因此，通常在平面上任取一条投影面平行线（水平线 CD）为辅助线，然后使新投影面垂直于该投影面平行线，这时新投影面必垂直于$\triangle ABC$ 平面。

作图过程如下，如图 12-8（b）所示。

① 在$\triangle ABC$ 上取水平线 CD，其投影为 $c'd'$和 cd。

② 作新投影轴 $X_1\perp cd$。

③ 求作$\triangle ABC$ 在 V_1 面的投影 $a_1'b_1'c_1'$，则 $a_1'b_1'c_1'$必定积聚成一直线。它与 X_1 轴的夹角反映$\triangle ABC$ 平面对 H 面的倾角 α。

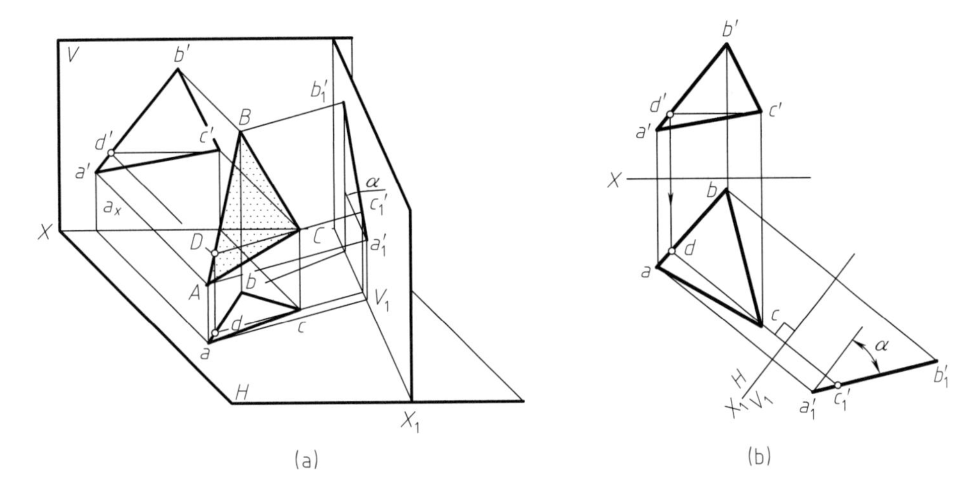

图 12-8　一般位置平面变换成新投影面垂直面

【例 12-3】 如图 12-9（a）所示，求点 A 到平面△BCD 的距离及其投影。

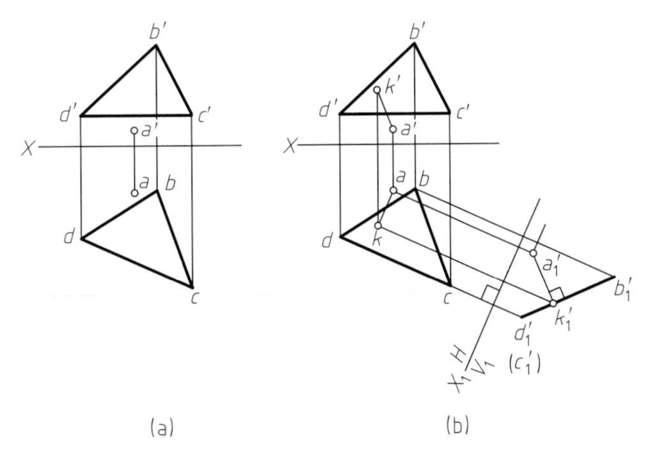

图 12-9　换面法求点到平面的距离

解　① 分析：当平面为某一投影面的垂直面时，则点到该平面的垂线即为该投影面的平行线。同时，点至垂足的距离在该投影面上反映实长。当前主要是将所给平面△BCD 变换成新投影面的垂直面。由于△BCD 上有水平线 CD，所以新投影面 V_1 应该与水平线 CD 垂直，不需要另作辅助线（投影面的平行线）。

② 具体作图过程如下，如图 12-9（b）所示：先作新轴 $X_1 \perp cd$，作出△BCD 及点 A 在 V_1 面的新投影 $b_1'(c_1')d_1'$及 a_1'，△BCD 在 V_1 面积聚成一直线 $b_1'(c_1')d_1'$。自 a_1'向 $b_1'(c_1')d_1'$作垂线交于 k_1'，则 $a_1'k_1'$反映点 A 到△BCD 的距离，垂线平行于 V_1 面即 $ak /\!/ X_1$ 轴。

最后求距离的投影：由 k 返回作图得 k'，连 ak、$a'k'$即得点 A 到△BCD 距离的投影。

4. 投影面垂直面变换成新投影面平行面

投影面垂直面变换成新投影面平行面，要随给出平面的位置而定。若给出的是正垂面，要使正垂面在新投影体系中成为投影面平行面，只能变换 H 面；而要使铅垂面在新投影体系中成为投影面平行面，只能变换 V 面。

图 12-10（a）中△ABC 为铅垂面，取新投影面 V_1 平行于△ABC，则 V_1 面必垂直于 H 面。

具体作图过程如下，如图 12-10（b）所示。

① 作新投影轴 $X_1 // abc$。

② 求作点 A、B、C 的新投影 a_1'、b_1'、c_1'，连成△$a_1'b_1'c_1'$即为△ABC 的实形。

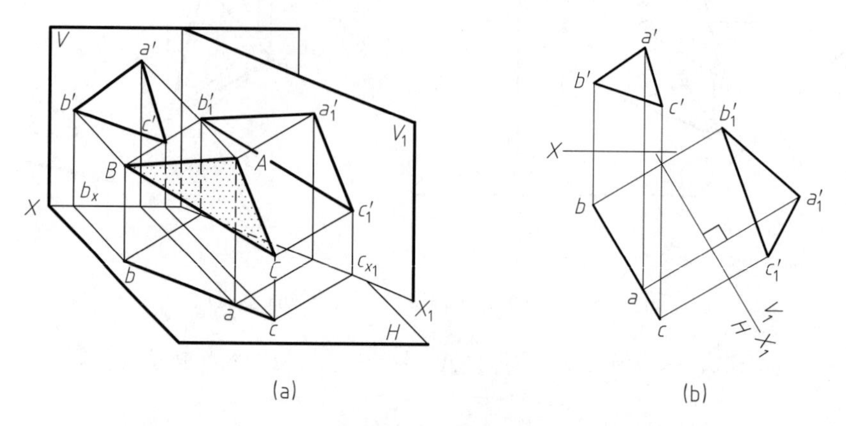

图 12-10 投影面垂直面变换成新投影面平行面

值得注意，投影面垂直面变换成新投影面的平行面只需一次变换。一般位置平面变换成投影面平行面则至少需要两次变换：先变换成投影面垂直面，再变换成投影面平行面。

【例 12-4】 如图 12-11（a）为斜截圆锥体的投影图与立体图，求斜截面（椭圆）实形。

从图分析可知，斜截面是正垂面，只需将其变换成投影面的平行面即可得到实形。V 面不变，作 X_1 轴// P_v，用新的 H_1 面替换 H 面。在 V/H_1 投影体系中，$a_1b_1c_1d_1$ 面即反映斜截面椭圆的实形，椭圆长轴为 a_1b_1、短轴为 c_1d_1。作图过程如图 12-11（b）所示。

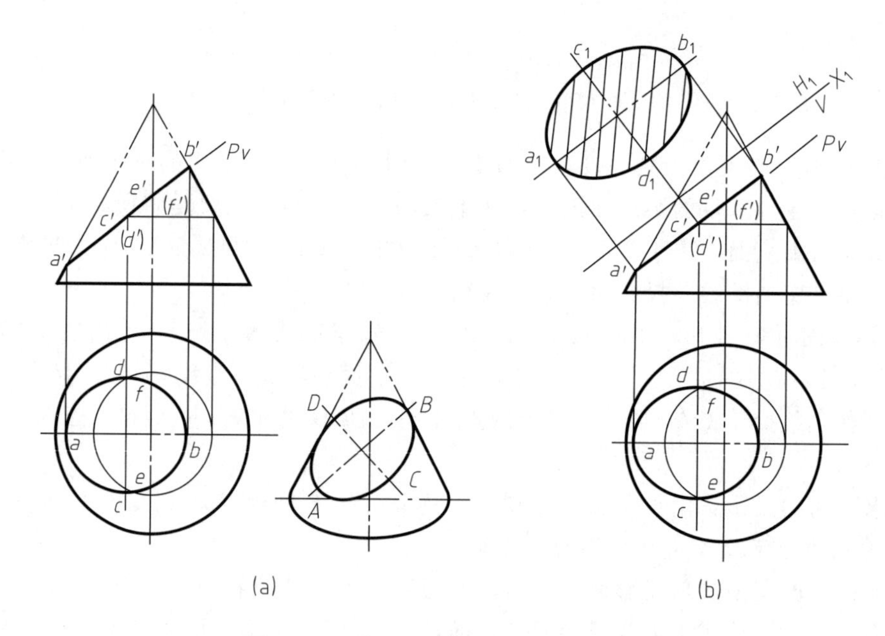

图 12-11 换面法求截面（椭圆）实形

第二节　表面展开图

在工业产品设计过程中，主要涉及两类表面展开问题，第一是当产品是由薄板加工制成时，需要预先画出产品有关的展开图（放样），然后才能裁剪下料，必要时还需弯卷成形，最后用咬缝或焊缝连接成形，图 12-12（a）所示的卧式化工容器，其制作主要是用钢板经裁剪落料、弯卷成形，最后焊接而成。第二是产品在销售过程中，需要设计特定的容器或外包装。因此包装设计中的一个基本内容就是包装盒的设计与展开，如图 12-12（b）所示。

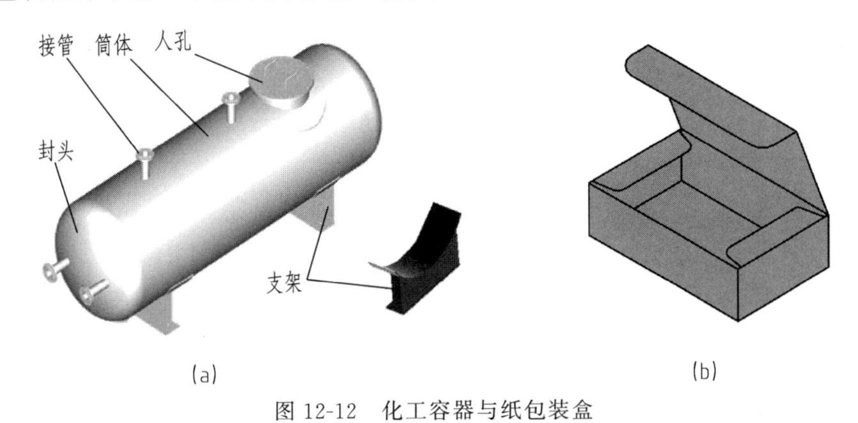

图 12-12　化工容器与纸包装盒

立体的表面展开就是将立体表面按其真实形状和大小，依次连续地摊平在一个平面上。展开后所得到的图形，称为立体表面展开图（简称展开图）。如图 12-13 所示为圆柱管的投影图及其展开与示意图。

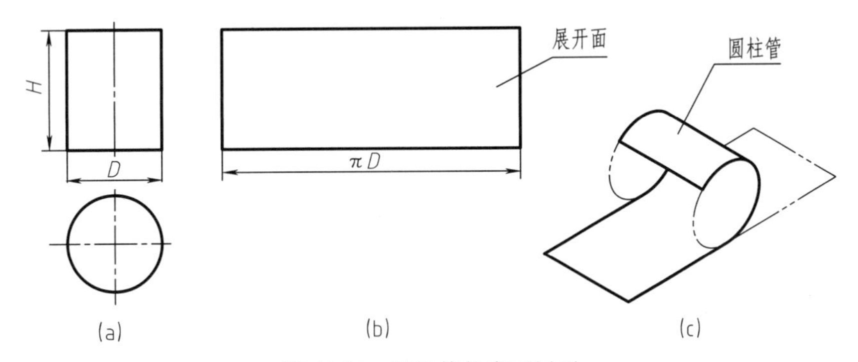

图 12-13　圆柱管的表面展开

一、旋转法求倾斜直线实长

由立体视图获得其表面展开图，主要是作出反映形体的各个表面的实形。其中，求作某些直线的实长是其最基本的方法。对于特殊位置的直线可以直接找出实长；对于一般位置直线，根据投影基础可以用直角三角形法求出实长。实际上，还可以用旋转法求实长。如图 12-14 所示为旋转法求一般位置直线实长的原理。

它是保持投影面不动，使空间几何元素绕某一轴线旋转到有利于解题位置的方法。如图 12-14（a）所示：一般直线 AB 绕过 A 点且垂直于 H 面的轴线 O_1A 旋转时，B 点在 H

面上的轨迹是圆且水平投影长度不变，B 点在 V 面上的轨迹则是垂直于铅垂轴的直线。当直线旋转到与 V 面平行的新位置 AB_1 时，则直线在 V 面上的投影反映实长以及与 H 面的倾角 α。

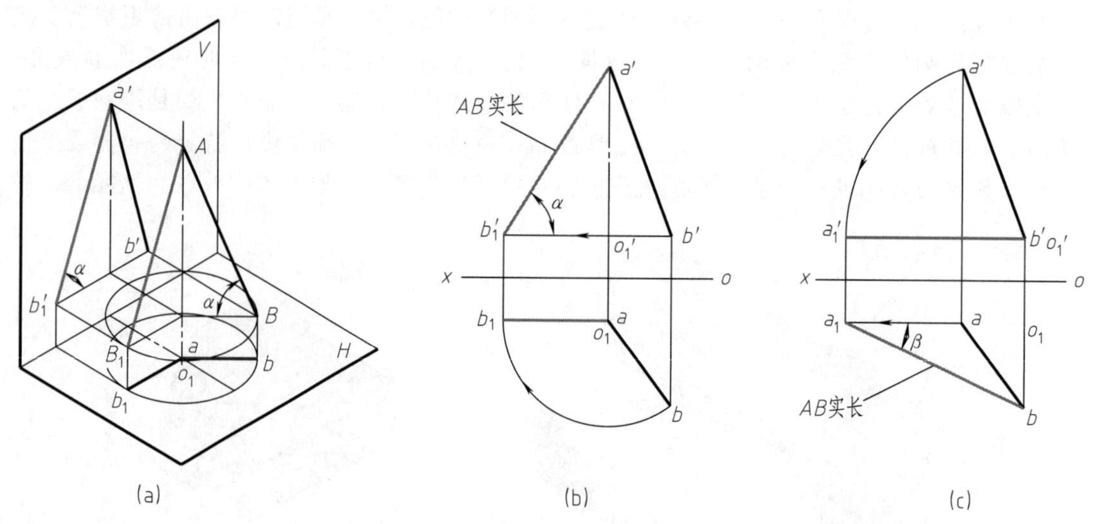

图 12-14 旋转法求作线段实长

具体作图如图 12-14（b）所示，已知直线 AB 的两面投影 ab，$a'b'$，将水平投影 ab 绕铅垂轴 o_1a 旋转到与 OX 轴平行的新位置成为 ab_1，其正面投影则为 $a'b_1'$。则 $a'b_1'$反映实长，$a'b_1'$与 OX 轴的夹角反映直线 AB 对 H 面的倾角 α。

按上述方法，假设将 AB 直线绕过 B 点且垂直于 V 面的轴线旋转到与 H 面平行位置时，同样可以求解 AB 的实长与对正立投影面 V 面的倾角 β，如图 12-14（c）所示。

二、平面立体表面的展开

平面立体表面的展开图画法，就是求出立体表面上所有平面多边形的实形，并按一定顺序排列摊平。

【例 12-5】 求作如图 12-15（a）、（b）所示斜切薄板四棱柱侧面的展开图。

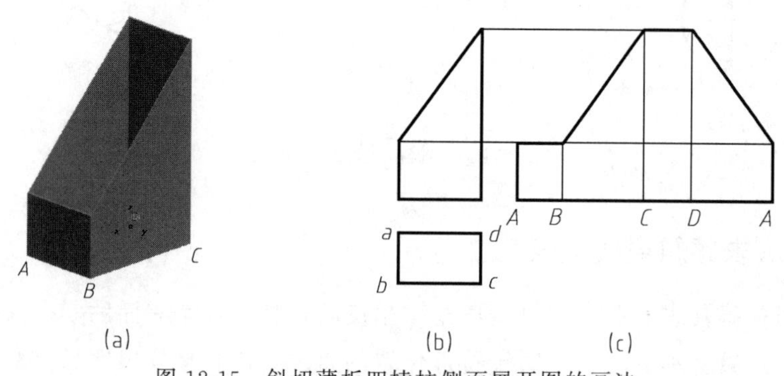

图 12-15 斜切薄板四棱柱侧面展开图的画法

① 分析：如图 12-15（b）所示，四棱柱前后两侧面在主视图上反映实形，并反映了四条侧棱的实际高度，而在俯视图上反映了每个侧板的实际宽度尺寸（即 AB、BC、CD、DA 实长）。

② 作图：沿主视图底部作一条水平细实线，令 $AB=ab$、$BC=bc$、$CD=cd$、$DA=da$。过 A、B、C、D、A 作 Z 轴平行线，再过主视图上的棱线上的端点作水平线，截取展开图上相应棱线的高度，获得棱线上方的五个点。用直线依次连接这些端点，最后加粗外轮廓，即得斜切薄板四棱柱侧面的展开图，如图 12-15（c）所示。

【例 12-6】 求作如图 12-16（a）、（b）所示四棱台各面的展开图。

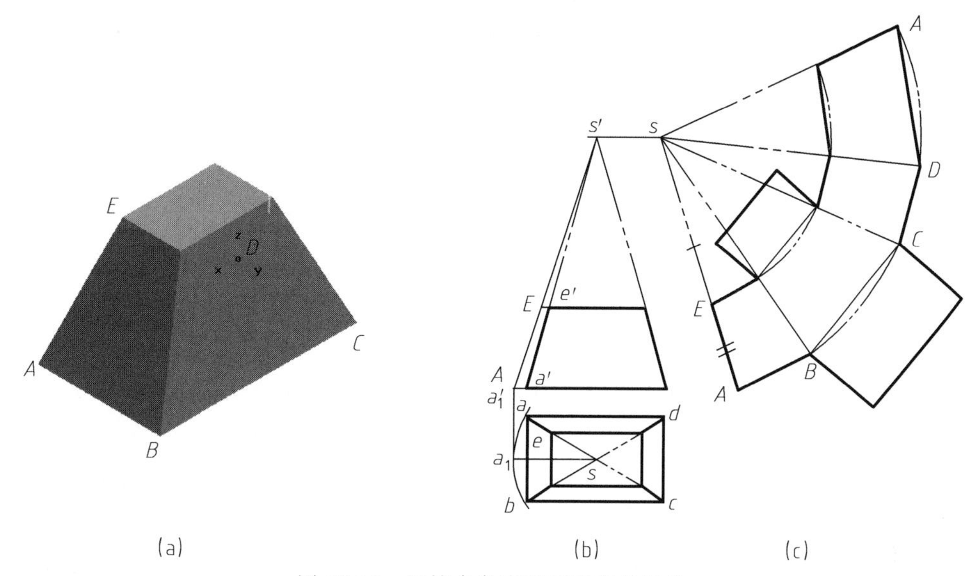

图 12-16 四棱台各表面展开图的画法

① 分析：如图 12-16（a）所示四棱台有六个表面，上、下表面在图 12-16（b）的俯视图上反映实形，如底面 $ABCD$ 实形与矩形 $abcd$ 全等；四侧面在两个视图上都不反映实形。四条侧棱延长交于一点 S，可以形成一个四棱锥。

用旋转法求出 SA 实长，同时获得侧棱 EA 实长。由于该四条侧棱实长相等，其他三条侧棱实长与 EA 实长相同。为方便作图，先作出共顶三角形侧面实形图，再作出顶面、底面矩形实形图。

② 作图：如图 12-16（b）、（c）所示，先用旋转法求出 SA、EA 实长。再绘出 SA、EA 实长直线，以 SA 和 SE 为半径，S 点为圆心分别绘制两圆弧。

在大圆弧上作出底面各边长，即截取 $AB=ab$、$BC=bc$、$CD=cd$、$DA=da$。把截取点与 S 连线得 SA、SB、SC、SD、SA 直线，过它们与小圆弧的交点连线，构成各侧面展开图。

底面实形图以 BC 为矩形边，按矩形 $abcd$ 的实际尺寸绘制。顶面矩形亦在对于位置绘出，最后加粗展开图的外轮廓。

三、可展曲面的展开

曲面上素线为直线，且相邻素线平行或相交，则这样的曲面为可展开的曲面。常见的有圆柱面、圆锥面，在工程设备上有的是这些曲面的一部分。

1. 圆柱面展开图的画法

【例 12-7】 求作如图 12-17（a）所示截头圆柱面的展开图。

① 分析：如图 12-17（a）所示，把圆柱面上方切去部分用双细点画线补上，构成一个

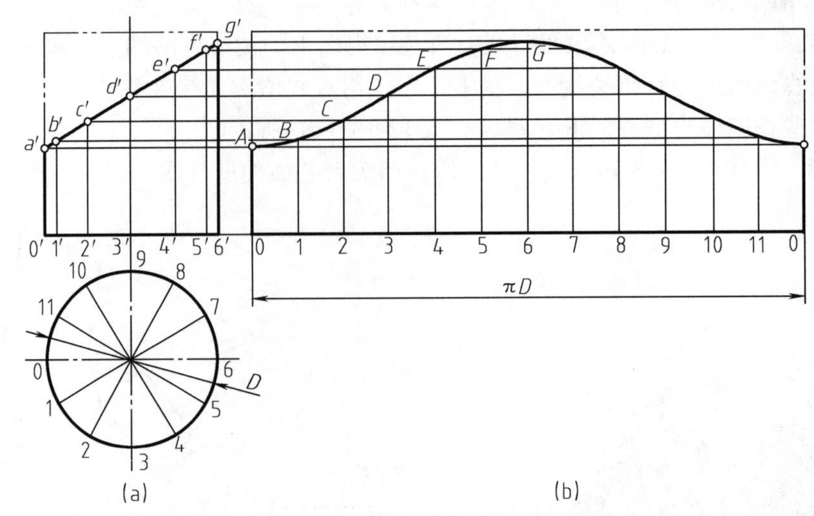

图 12-17 截头圆柱面的展开图画法

完整的圆柱面，若把该完整圆柱面沿某一素线切开，即可展开成一矩形平面，其高度为柱面高，长度为周长 πD。

截头圆柱面上各素线在主视图上反映实长，若能找出这些素线在展开的矩形图中位置，则截头处曲线可绘制出来。

② 作图：如图 12-17 所示，先按圆柱高度和周长作出图中的矩形图，再把俯视图中的圆周分为 12 等份（等份越多作图越精确），对应地把矩形图的底边分为 12 等份。

然后过矩形图上等分点作素线，找出每条素线在主视图上的对应位置，按“高平齐”依次作出 A、B……各点。用光滑曲线连接各点并加粗外轮廓，即得截头圆柱面展开图。

【例 12-8】 求作如图 12-18（a）所示等直径圆柱面弯管的展开图。

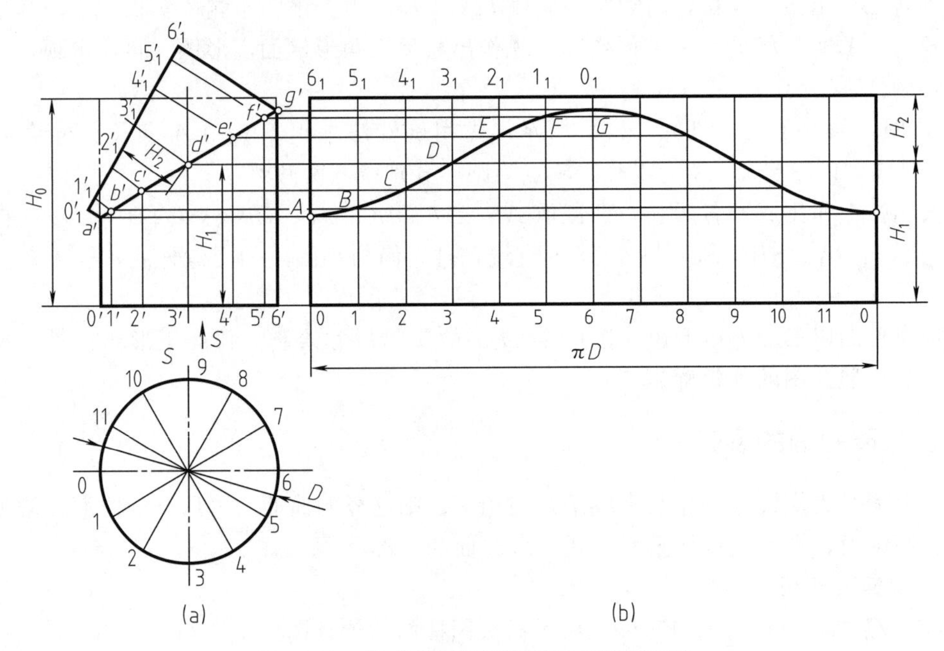

图 12-18 等直径圆柱面弯管的展开图画法

① 分析：如图 12-18（a）所示，等直径弯管的制作，就是把长圆柱管［图 12-17（a）］用截平面按某一角度截断（如在主视图上过 $a'g'$ 正垂面截切），在截断处形成上、下完全相等的截交线椭圆，再把上方截下的圆管（双点画线表示）在截平面内旋转 180°，保证上、下圆管两椭圆依然完全吻合，再通过焊接就可制作出两轴线相交的弯管。两圆柱面的轴线高 H_1+H_2 一定等于长圆柱的总高度 H_0。

② 作图：上方圆柱面展开图即为图 12-17 展开图上方双点画线图形。由于上方圆柱面是长圆柱面斜切后，把上段柱面旋转 180°后再与下段柱面于椭圆截交线处合上，故主视图中 $0_1'a'$、$g'6_1'$ 两素线与展开图中 0_1G、$A6_1$ 素线对应，其余类推，如图 12-18 所示。

2. 锥面展开图的画法

【例 12-9】 求作如图 12-19（a）所示锥面的展开图。

(a)

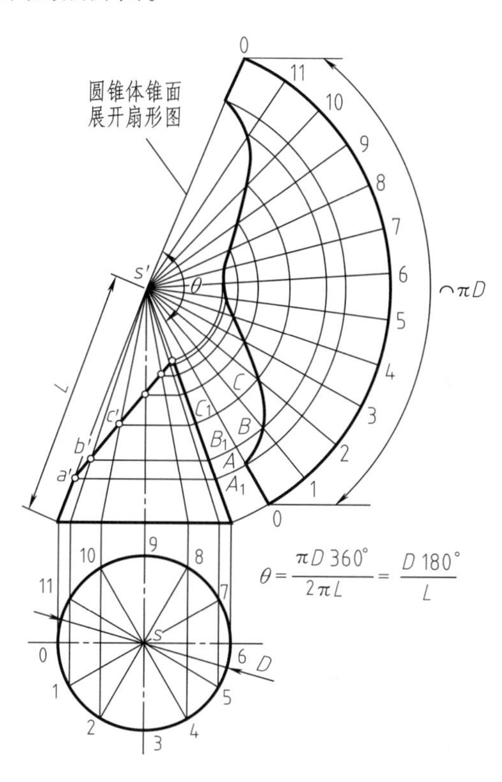

(b)

图 12-19　截头锥面的展开图画法

① 分析：如图 12-19（a）所示截头圆锥面，是被倾斜轴线的平面截切后留下部分，而截切前的完整锥面上所有素线相等，这些素线都是从顶点 S 发出，至底圆周的实际距离均为 L，故以 S 为圆心、L 为半径画圆弧，圆弧长度为锥体底圆周长 πD，其对应的圆心角 $\theta=180°D/L$。此完整锥面展开的扇形图可根据素线实长 L、圆心角 θ 画出，在此基础上用“旋转法”再作出截头圆锥面上系列素线上的截取长度，最终完成展开图。

② 作图：如图 12-19（b）所示，先以 S 为圆心、L 为半径，取圆心角 $\theta=180°D/L$ 画圆弧，作出完整圆锥的展开扇形图。再在俯视图上，把底圆分为 12 等份（等份越多越精确），对应地把底圆的展开圆弧分为 12 等份，并在主视图和扇形图上分别画出这 12 条素线。

主视图上位于最左和最右的转向素线（轮廓线）反映实长 L，其他位置素线用旋转法转到最右侧转向轮廓线位置，求出实长及素线截断点位置，如主视图中作图求得 $S'a'$ 实长为 $S'A_1$，$S'b'$ 实长为 $S'B_1$，$S'c'$ 实长为 $S'C_1$，……然后以这些所求素线实长为半径画圆弧，依次在扇形图中对应的素线上作出 A、B、C……各点。用光滑曲线连接各点并加粗外轮廓，得截头圆锥面展开图。

四、不可展曲面——近似展开

如图 12-20（a）所示为球面沿经线撕开的情况，撕下条块为不可展曲面，当球面上均布的经线足够多时，两相邻经线围成的条块可近似看成是从与球面等直径的圆柱面上撕下，如图 12-20（b）所示，使球面展开问题成为柱面展开的求解。图中 AB、CD、EF、GH 为圆柱面素线，O1234 为柱面上垂直圆柱面轴线的 1/4 圆弧。

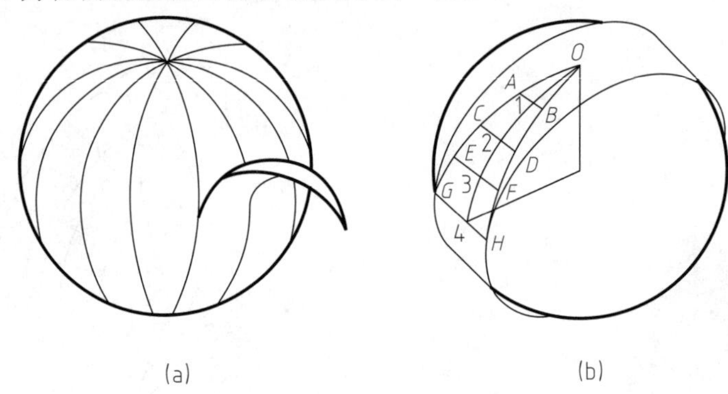

(a)　　(b)

图 12-20　球体表面近似展开方法

如图 12-21 所示为球面近似展开图画法。

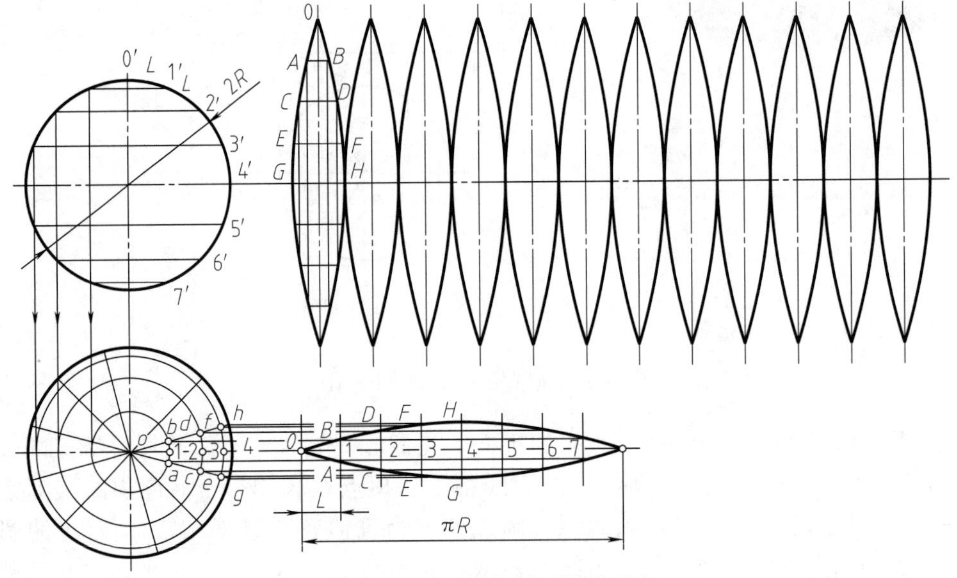

图 12-21　球面近似展开图的画法

第三节　曲线和曲面

本节主要介绍圆柱螺旋线、正螺旋柱状面、单叶双曲回转面、柱状面、锥状面及双曲抛物面的形成与画法。方便大家理解三维 CAD 建造有关曲线曲面的内容。

一、圆柱螺旋线

1. 圆柱螺旋线的形成

当一个动点沿着一直线等速移动，而该直线同时绕与它平行的一轴线等速旋转时，动点的轨迹就是一根圆柱螺旋线。如图 12-22 所示。

2. 圆柱螺旋线的画法

如图 12-23 所示，在俯视图上，以包络圆柱螺旋线的圆柱面直径画圆，并把圆周等分为若干等份（如 12 等份）；在正投影面上，把一个节距高等分为若干等份（如 12 等份）。然后找出圆周上 12 个等分点在正投影面上的对应位置（最上、最下位置是两个水平投影面上的重影点），再过这些点绘制出光滑曲线，即得圆柱螺旋线的投影图。

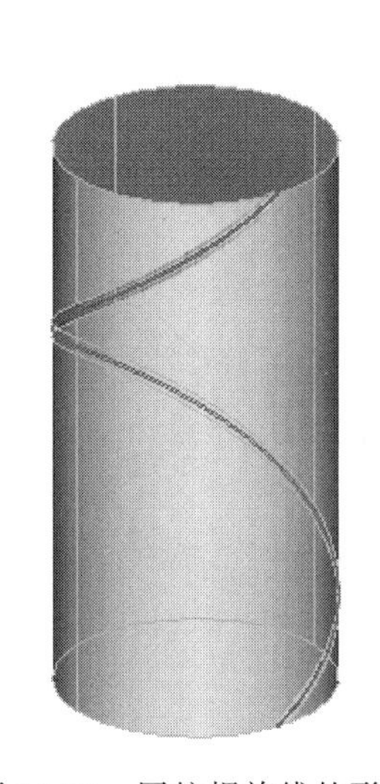

图 12-22　圆柱螺旋线的形成

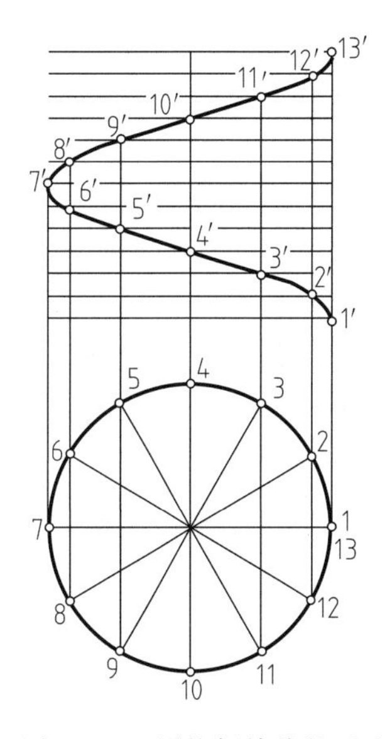

图 12-23　圆柱螺旋线的画法

二、曲面

1. 正螺旋柱状面

（1）正螺旋柱状面的形成

正螺旋柱状面的两条曲导线皆为圆柱螺旋线，连续运动的直母线始终垂直于圆柱轴线。如图 12-24 所示。

（2）正螺旋柱状面的画法

① 应用如图 12-23 所示画法，画出两条曲导线（圆柱螺旋线）。

② 找出直母线在不同位置时两端点的两面投影位置。

③ 作出各素线的两面投影完成该曲面。如图 12-25 所示。

（3）正螺旋柱状面应用的例子

如图 12-26 所示为螺旋式扶手，图 12-27 为螺旋式楼梯。这是两个正螺旋柱状面的应用实例。

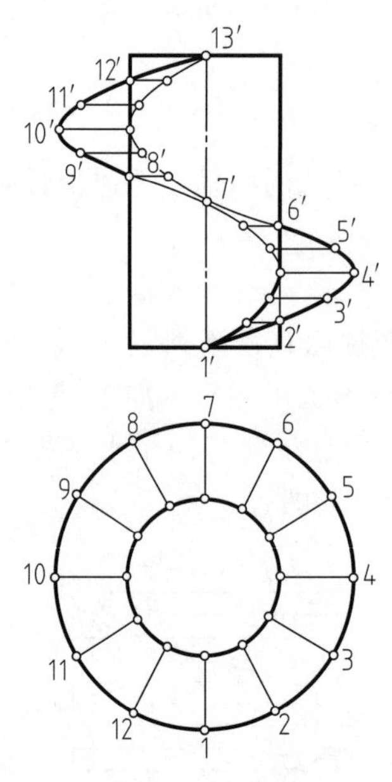

图 12-24 正螺旋柱状面

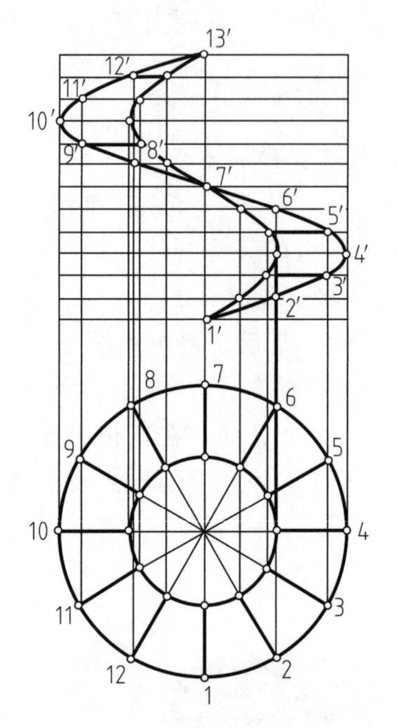

图 12-25 正螺旋柱状面的画法

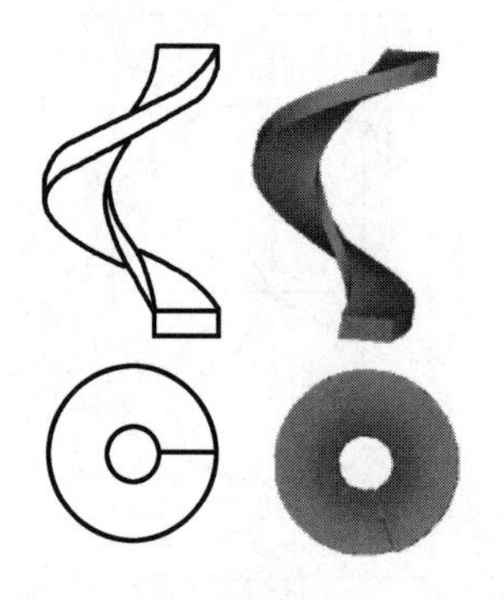

图 12-26 螺旋扶手

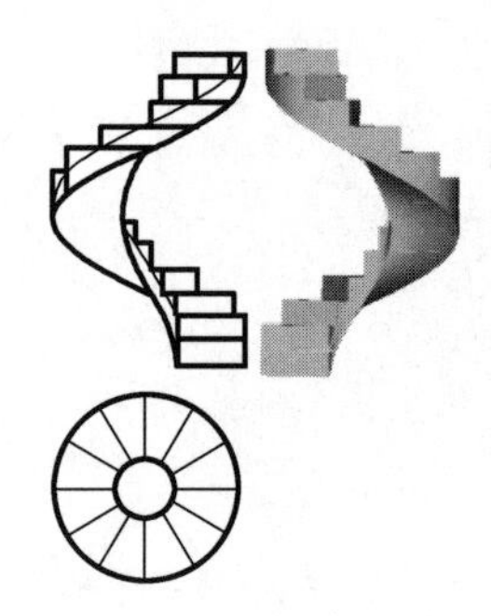

图 12-27 螺旋楼梯

2. 单叶双曲回转面

(1) 单叶双曲回转面的形成

单叶双曲回转面是由直母线 IA 绕与它交叉的轴线 O_1O_2 旋转而形成。如图 12-28 所示。

(2) 单叶双曲回转面的画法

① 画出回转轴及直导线两端点的纬圆（顶圆、底圆）投影。

② 作出若干条均布素线（直导线）的两面投影。

③ 作出两投影面上转向轮廓线的投影。如图 12-29 所示。

3. 柱状面

(1) 柱状面的形成

一直母线沿两条曲导线连续运动，同时始终平行于一导平面，这样形成的曲面称为柱状面。如图 12-30 所示。

(2) 柱状面的画法

① 画出两条曲导线的两面投影。

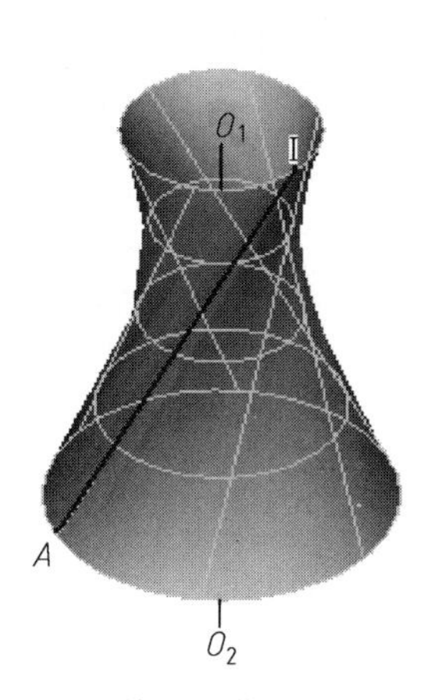

图 12-28 单叶双曲回转面的形成

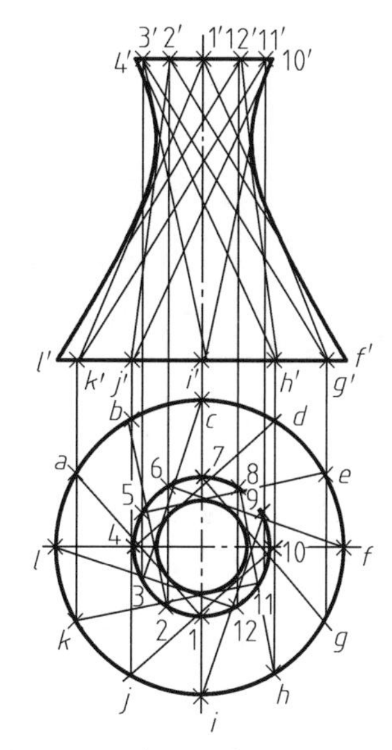

图 12-29 单叶双曲回转面的画法

② 作出直母线的两面投影。

③ 作出该曲面上各素线的投影。如图 12-31 所示。

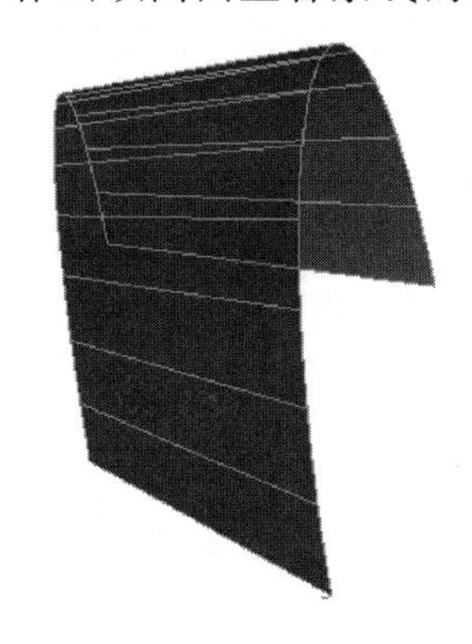

图 12-30 柱状面的形成

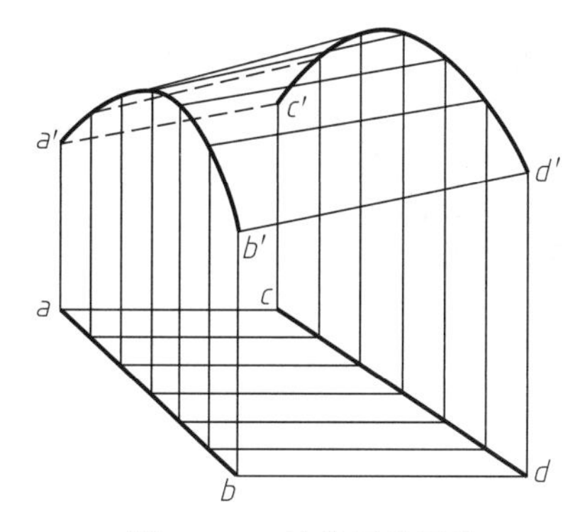

图 12-31 柱状面的画法

4. 锥状面

(1) 锥状面的形成

一直母线沿一直导线和曲导线连续运动，同时始终平行于一导平面，这样形成的曲面称为锥状面。如图 12-32 所示。

(2) 锥状面的画法

① 画出一直导线和曲导线的两面投影。

② 作出直母线的两面投影。

③ 作出该曲面上各素线的投影。如图 12-33 所示。

5. 双曲抛物面

(1) 双曲抛物面的形成

一直母线沿两交叉直导线连续运动，同时始终平行于一导平面，其运动轨迹称为双曲抛物面。如图 12-34 所示。

图 12-32 锥状面的形成

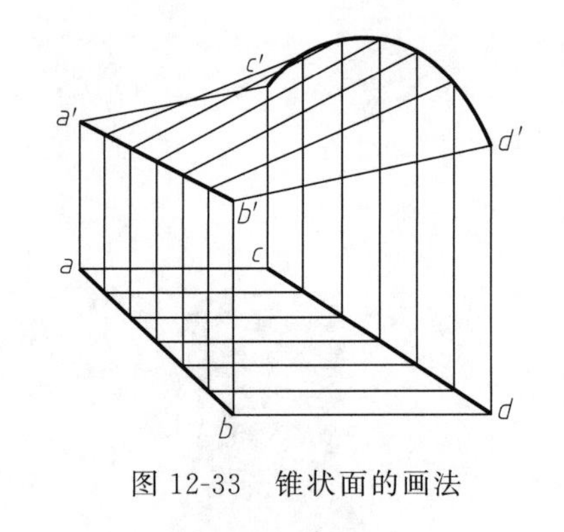

图 12-33 锥状面的画法

（2）双曲抛物面的画法

① 画出两条交叉直导线的两面投影。

② 作出直母线的两面投影。

③ 作出该曲面上各素线的投影。如图 12-35 所示。

图 12-34 双曲抛物面的形成

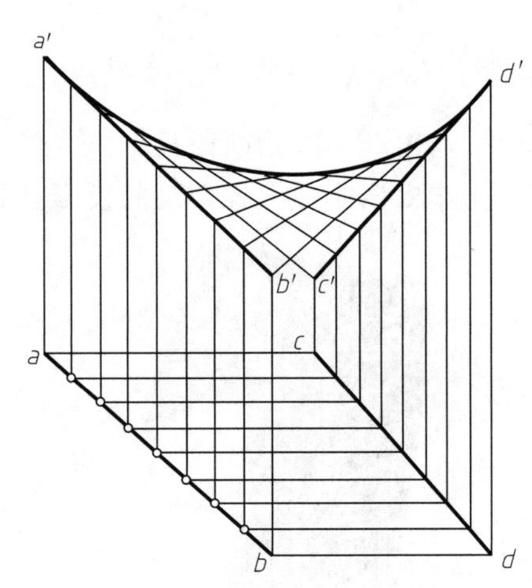

图 12-35 双曲抛物面的画法

附表 1　普通螺纹公称直径、螺距（GB/T 193—2003）

标记示例

粗牙普通螺纹，公称直径 10mm，右旋，中径公差带代号 5g，顶径公差带代号 6g，短旋合长度的外螺纹：

M10—5g69—S

细牙普通螺纹，公称直径 10mm，螺距 1mm，左旋，中径和顶径公差带代号都是 6H，中等旋合长度的内螺纹：

M10×1—6H—LH

直径与螺距系列、公称尺寸　　　　单位：mm

公称直径 D、d		螺距 P		粗牙小径 D_1、d_1	公称直径 D、d		螺距 P		粗牙小径 D_1、d_1
第一系列	第二系列	粗牙	细牙		第一系列	第二系列	粗牙	细牙	
3		0.5	0.35	2.459		22	2.5	2,1.5,1,(0.75),(0.5)	19.294
	3.5	(0.6)		2.850	24		3	2,1.5,1,(0.75)	20.752
4		0.7	0.5	3.242		27	3	2,1.5,1,(0.75)	23.752
	4.5	(0.75)		3.688					
5		0.8		4.134	30		3.5	(3),2,1.5,1,(0.75)	26.211
6		1	0.75(0.5)	4.917		33	3.5	(3),2,1.5,(1),(0.75)	29.211
8		1.25	1,0.75,(0.5)	6.647	36		4	3,2,1.5,(1)	31.670
10		1.5	1.25,1,0.75,(0.5)	8.376		39	4		34.670
12		1.75	1.5,1.25,1,(0.75),(0.5)	10.106	42		4.5	(4),3,2,1.5,(1)	37.129
	14	2	1.5,(1.25),1,(0.75),(0.5)	11.835		45	4.5		40.129
16		2	1.5,1,(0.75),(0.5)	13.835	48		5		42.587
	18	2.5	2,1.5,1,(0.75),(0.5)	15.294		52	5		46.587
20		2.5		17.294	56		5.5	4,3,2,1.5,(1)	50.046

注：1. 优先选用第一系列，括号内尺寸尽可能不用。

2. 公称直径 D、d 第三系列未列入。

附表 2　非螺纹密封的管螺纹（GB/T 7307—2001）

标记示例

尺寸代号 1 1/2 的左旋 A 级外螺纹：

G1½A—LH

管螺纹代号及其公称尺寸　　　　单位：mm

螺纹尺寸代号	每 25.4mm 内的牙数	螺距 P	基本直径		螺纹尺寸代号	每 25.4mm 内的牙数	螺距 P	基本直径	
			大径 d,D	小径 d_1,D_1				大径 d,D	小径 d_1,D_1
1/8	28	0.907	9.728	8.566	1 1/4	11	2.309	41.910	38.952
1/4	19	1.337	13.157	11.445	1 1/2		2.309	47.807	44.845
3/8		1.337	16.662	14.950	1 3/4		2.309	53.746	50.788
1/2	14	1.814	20.955	18.631	2		2.309	59.614	56.656
(5/8)		1.814	22.911	20.587	2 1/4		2.309	65.710	62.752
3/4		1.814	26.441	24.117	2 1/2		2.309	75.184	72.226
(7/8)		1.814	30.201	27.877	2 3/4		2.309	81.534	78.576
1	11	2.309	33.249	30.291	3		2.309	87.884	84.926
11/8		2.309	37.897	34.939	4		2.309	113.030	110.072

附表 3　六角头螺栓

六角头螺栓—A 和 B 级(GB/T 5782—2016)　　　六角头螺栓—全螺纹—A 和 B 级(GB/T 5783—2016)

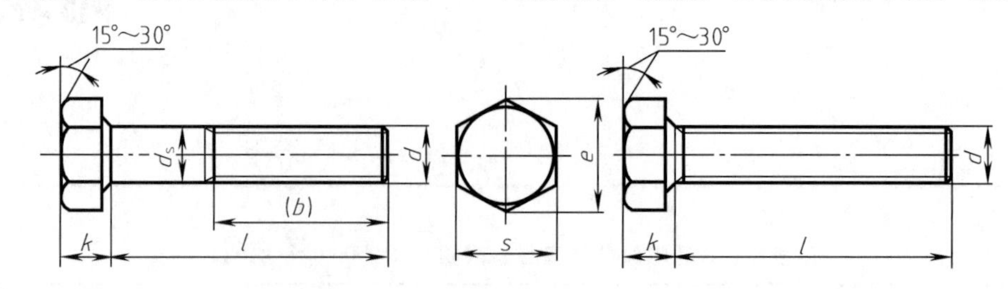

标记示例

螺纹规格 d=M12,公称长度 l=80mm,性能等级为 8.8 级,表面氧化,产品等级为 A 级的六角头螺栓：

螺栓　GB/T 5782　M12×80

螺纹规格 d=M12,公称长度 l=80mm,性能等级为 8.8 级,表面氧化,全螺纹,产品等级为 A 级的六角头螺栓：

螺栓　GB/T 5783　M12×80

单位:mm

螺纹规格	d		M4	M5	M6	M8	M10	M12	M16	M20	M24	M30	M36	M42	M48
b 参考	l≤125		14	16	18	22	26	30	38	46	54	66	—	—	—
	125<l≤200		20	22	24	28	32	36	44	52	60	72	84	96	108
	l>200		33	35	37	41	45	49	57	65	73	85	97	109	121
k			2.8	3.5	4	5.3	6.4	7.5	10	12.5	15	18.7	22.5	26	30
d_{smax}			4	5	6	8	10	12	16	20	24	30	36	42	48
s_{max}			7	8	10	13	16	18	24	30	36	46	55	65	75
e_{min}	产品等级	A	7.66	8.79	11.05	14.38	17.77	20.03	26.75	33.53	39.98	—	—	—	—
		B	—	8.63	10.89	14.2	17.59	19.85	26.17	32.95	39.55	50.85	60.79	72.02	82.6
l 范围	GB/T 5782		25~40	25~50	30~60	40~80	45~100	50~120	65~160	80~200	90~240	110~300	140~360	160~440	180~480
	GB/T 5783		8~40	10~50	12~60	16~80	20~100	25~120	30~200	40~200	50~200	60~200	70~200	80~200	100~200
l 系列	GB/T 5782		20~65(5 进位)、70~160(10 进位)、180~400(20 进位);l 小于最小值时,全长制螺纹												
	GB/T 5783		8、10、12、16、18、20~65(5 进位)、70~160(10 进位)、180~500(20 进位)												

注：1. 末端倒角按 GB/T 2 规定。

2. 螺纹公差：6g；力学性能等级：8.8。

3. 产品等级：A 级用于 d=1.6~24mm 和 l≤10d 或 l≤150mm（按较小值）；B 级用于 d>24mm 或 l>10d 或 >150mm（按较小值）的螺栓。

4. 螺纹均为粗牙。

附表 4　六角螺母

六角螺母—C 级(GB/T 41—2016)　　Ⅰ型六角螺母—A 和 B 级(GB/T 6170—2015)

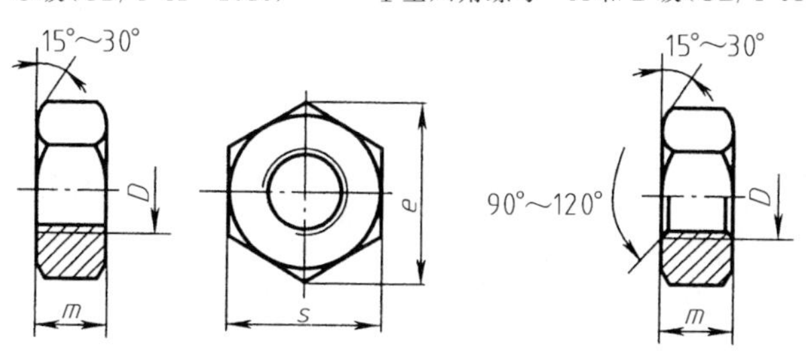

标记示例

螺纹规格 D＝M12,性能等级为 10 级,不经表面处理,产品等级为 A 级的Ⅰ型六角螺母:

螺母　GB/T 6170　M12

螺纹规格 D＝M12,性能等级为 5 级,不经表面处理,产品等级为 C 级的六角螺母:

螺母　GB/T 41　M12

单位:mm

螺纹规格 D		M4	M5	M6	M8	M10	M12	M16	M20	M24	M30	M36	M42	M48
s_{max}		7	8	10	13	16	18	24	30	36	46	55	65	75
e_{min}	A、B 级	7.66	8.79	11.05	14.38	17.77	20.03	26.75	32.95	39.55	50.85	60.79	71.3	82.6
	C 级	—	8.63	10.89	14.2	17.59	19.85	26.17	32.95	39.55	50.85	60.79	71.3	82.6
m_{max}	A、B 级	3.2	4.7	5.2	6.8	8.4	10.8	14.8	18	21.5	25.6	31	34	38
	C 级	—	5.6	6.4	7.9	9.5	12.2	15.9	19	22.3	26.4	31.5	34.9	38.9

注：1. A 级用于 $D\leqslant16$ 的螺母；B 级用于 $D>16$ 的螺母；C 级用于 $D\geqslant5$ 的螺母。

2. 螺纹公差：A、B 级为 6H，C 级为 7H；力学性能等级：A、B 级为 6、8、10 级，C 级为 4、5 级。

3. 均为粗牙螺纹。

附表 5　平垫圈

平垫圈—A 级(GB/T 97.1—2002)　　平垫圈　倒角型—A 级(GB/T 97.2—2002)

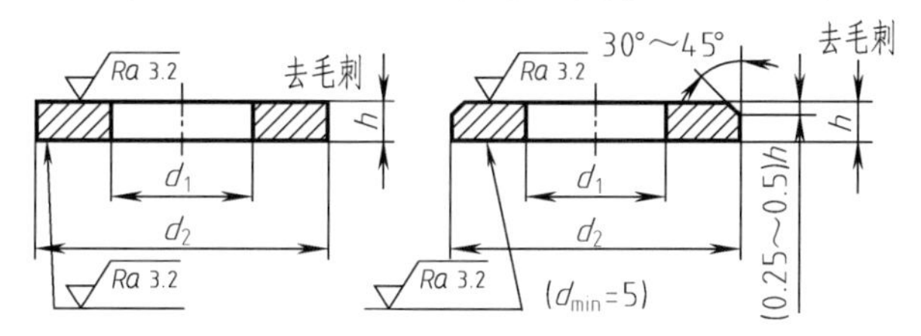

标记示例

标准系列、公称尺寸 d＝80mm,性能等级为 140HV 级,不经表面处理的平垫圈:

垫圈　GB/T 97.1　8　140HV

单位:mm

公称尺寸(螺纹规格)d	3	4	5	6	8	10	12	14	16	20	24	30	36
内径 d_1	3.2	4.3	5.3	6.4	8.4	10.5	13	15	17	21	25	31	37
外径 d_2	7	9	10	12	16	20	24	28	30	37	44	56	66
厚度 h	0.5	0.8	1	1.6	1.6	2	2.5	2.5	3	3	4	4	5

附表 6 螺钉

开槽圆柱头螺钉(GB/T 65—2016)

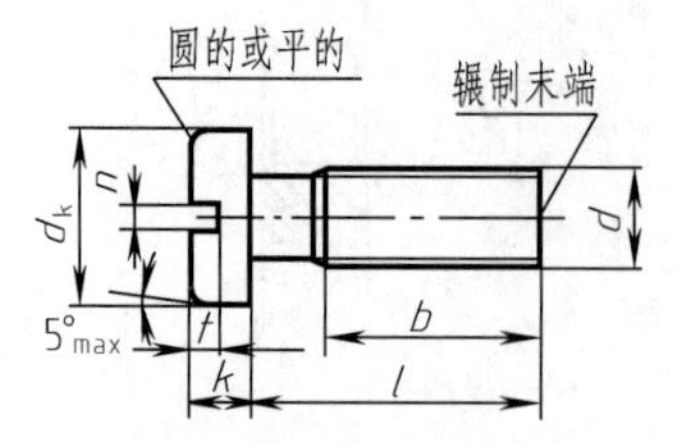

开槽盘头螺钉(GB/T 67—2016)

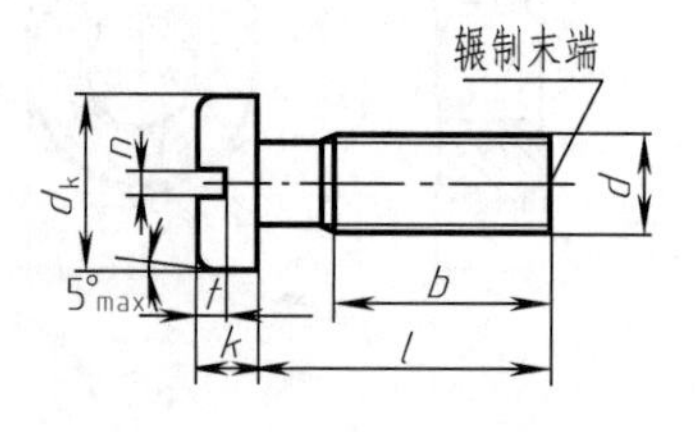

开槽沉头螺钉(GB/T 68—2016)

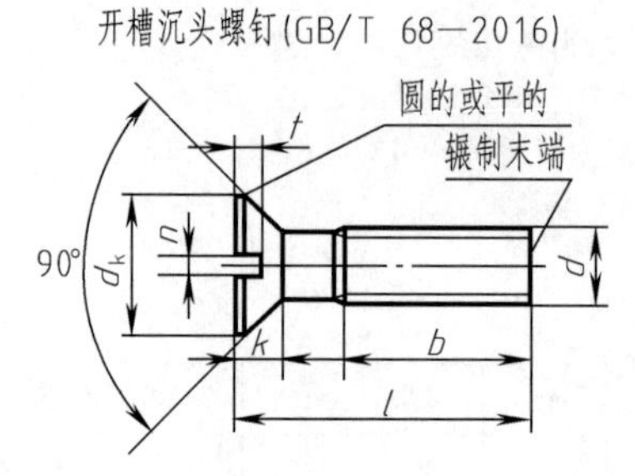

开槽半沉头螺钉(GB/T 69—2016)

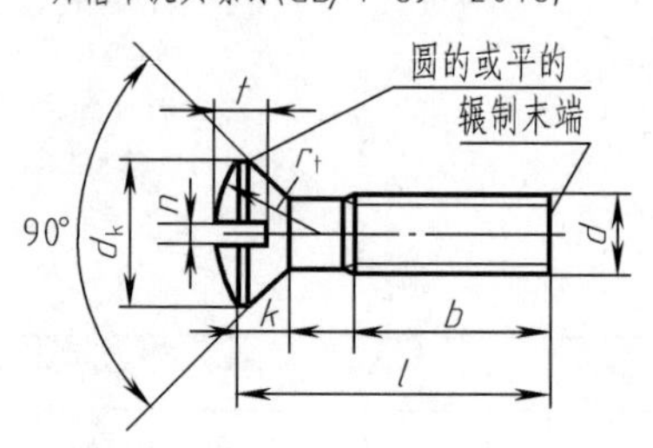

无螺纹部分杆径≈中径或=螺纹大径

标记示例

螺纹规格 d=M5、公称长度 l=20mm、性能等级为 4.8 级、不经表面处理的 A 级开槽圆柱头螺钉：

螺钉 GB/T 65 M5×20

单位：mm

螺纹规格 d	P	b_{min}	n 公称	r_f	k_{max}			d_{kmax}			t_{min}				l 范围
				GB/T 69	GB/T 65	GB/T 67	GB/T 68 GB/T 69	GB/T 65	GB/T 67	GB/T 68 GB/T 69	GB/T 65	GB/T 67	GB/T 68	GB/T 69	
M3	0.5	25	0.8	6	2	1.8	1.65	5.5	5.6	5.5	0.85	0.7	0.6	1.2	4～30
M4	0.7	38	1.2	9.5	2.6	2.4	2.7	7	8	8.4	1.1	1	1	1.6	5～40
M5	0.8	38	1.2	9.5	3.3	3.0	2.7	8.5	9.5	9.3	1.3	1.2	1.1	2	6～50
M6	1	38	1.6	12	3.9	3.6	3.3	10	12	11.3	1.6	1.4	1.2	2.4	8～60
M8	1.25	38	2	16.5	5	4.8	4.65	13	16	15.8	2	1.9	1.8	3.2	10～80
M10	1.5	38	2.5	19.5	6	6	5	16	20	18.3	2.4	2.4	2	3.8	12～80
l 系列			4,5,6,8,10,12,(14),16,20,25,30,35,40,50,(55),60,(65),70,(75),80												

附表7 双头螺柱

($b_m=1d$)(GB/T 897—1988)、($b_m=1.25d$)(GB/T 898—1988)

($b_m=1.5d$)(GB/T 899—1988)、($b_m=2d$)(GB/T 900—1988)

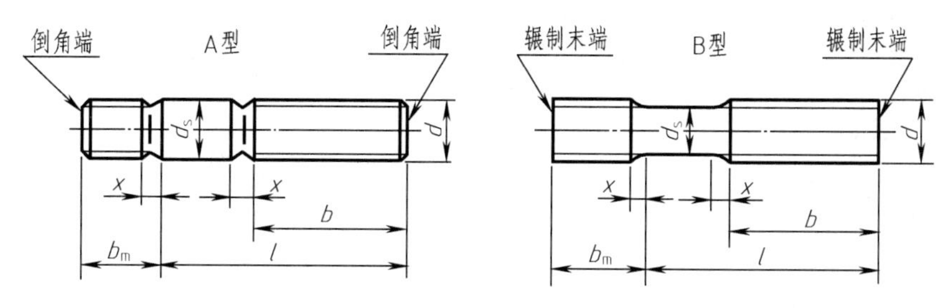

末端按GB2规定，$d_s\approx$螺纹中径(仅适用于B型)

标记示例

1. 两端均为粗牙普通螺纹、$d=10$mm、$l=50$mm、性能等级为4.8级、不经表面处理、B型、$b_m=1d$的双头螺柱标记为：

螺柱 GB/T 897 M10×50

2. 旋入机体一端为粗牙普通螺纹，旋螺母一端为螺距$P=1$mm的细牙普通螺纹、$d=10$mm、$l=50$mm、性能等级为4.8级、不经表面处理、A型、$b_m=1d$的双头螺柱标记为：

螺栓 GB/T 897 AM10－M10×1×50

常用双头螺柱的基本规格(GB/T 897～900—1988)摘编　　单位：mm

d		2	2.5	3	4	5	6	8
b_m	GB/T 897—1988					5	6	8
	GB/T 898—1988					6	8	10
	GB/T 899—1988	3	3.5	4.5	6	8	10	12
	GB/T 900—1988	4	5	6	8	10	12	16
$\frac{l}{b}$		$\frac{12\sim25}{6}$	$\frac{14\sim30}{8}$	$\frac{16\sim18}{6}$、$\frac{22\sim40}{10}$	$\frac{16\sim20}{8}$、$\frac{22\sim40}{12}$	$\frac{16\sim20}{10}$、$\frac{22\sim50}{14}$	$\frac{20\sim22}{10}$、$\frac{25\sim28}{14}$、$\frac{30\sim75}{16}$	$\frac{20\sim22}{12}$、$\frac{25\sim28}{16}$、$\frac{30\sim90}{20}$
d		10	12	16	20	36	42	48
b_m	GB/T 897—1988	10	12	16	20	36	42	48
	GB/T 898—1988	12	15	20	25	45	50	60
	GB/T 899—1988	15	18	24	30	54	63	72
	GB/T 900—1988	20	24	32	40	72	84	96
$\frac{l}{b}$		$\frac{25\sim28}{14}$、$\frac{30\sim35}{16}$、$\frac{38\sim130}{25}$	$\frac{25\sim30}{16}$、$\frac{32\sim40}{20}$、$\frac{45\sim180}{30}$	$\frac{30\sim38}{20}$、$\frac{40\sim55}{30}$、$\frac{60\sim200}{40}$	$\frac{35\sim45}{25}$、$\frac{50\sim70}{40}$、$\frac{75\sim200}{50}$	$\frac{65\sim75}{45}$、$\frac{80\sim110}{60}$、$\frac{120\sim300}{80}$	$\frac{70\sim80}{50}$、$\frac{85\sim120}{70}$、$\frac{130\sim300}{90}$	$\frac{80\sim90}{60}$、$\frac{95\sim140}{80}$、$\frac{150\sim300}{100}$
l		12 16 18 20 25 30 35 40 45 50 55 60 65 70 75 80 85 90 95 100 110 120 130 140 150 160 170 180 190 200 210 220 230 240 250 260 280 300						

附表 8 平键和键槽的尺寸（摘自 GB 1095～1096—2003）

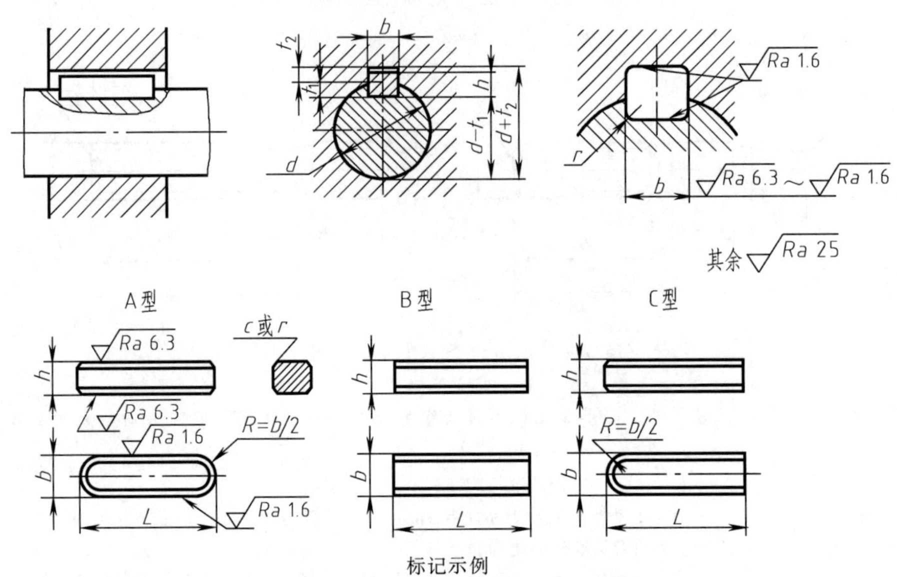

标记示例

GB 1096 键 16×10×100 （圆头普通平键 A 型，$b=16$mm，$h=10$mm，$L=100$mm）

GB 1096 键 B16×10×100 （平头普通平键 B 型，$b=16$mm，$h=10$mm，$L=100$mm）

GB 1096 键 C16×10×100 （单圆头普通平键 C 型，$b=16$mm，$h=10$mm，$L=100$mm）

单位：mm

轴	键		键槽											
公称直径 d	公称尺寸 $b\times h$	长度 L	宽度 b						深度				半径 r	
			公称尺寸 b	偏差					轴 t_1		毂 t_2			
				较松键联接		一般键联接		较紧键联接						
				轴 H9	毂 D10	轴 N9	毂 JS9	轴和毂 P9	公称	偏差	公称	偏差	最小	最大
>10～12	4×4	8～45	4	+0.030 0	+0.078 +0.030	0 −0.030	±0.015	−0.012 −0.042	2.5	+0.1 0	1.8	+0.1 0	0.08	0.16
>12～17	5×5	10～56	5						3.0		2.3		0.16	0.25
>17～22	6×6	14～70	6						3.5		2.8			
>22～30	8×7	18～90	8	+0.036 0	+0.098 +0.040	0 −0.036	±0.018	−0.015 −0.051	4.0	+0.2 0	3.3	+0.2 0		
>30～38	10×8	22～110	10						5.0		3.3		0.25	0.40
>38～44	12×8	28～140	12	+0.043 0	+0.120 +0.050	0 −0.043	±0.021 5	−0.018 −0.061	5.0		3.3			
>44～50	14×9	36～160	14						5.5		3.8			
>50～58	16×10	45～180	16						6.0		4.3			
>58～65	18×11	50～200	18						7.0		4.4			
>65～75	20×12	56～220	20	+0.052 0	+0.149 +0.065	0 −0.052	±0.026	−0.022 −0.074	7.5		4.9		0.40	0.60
>75～85	22×14	63～250	22						9.0		5.4			
>85～95	25×14	70～280	25						9.0		5.4			
>95～110	28×16	80～320	28						10.0		6.4			

注：1. （$d-t_1$）和（$d+t_2$）两组组合尺寸的偏差按相应的 t_1 和 t_2 的偏差选取，但（$d-t_1$）偏差的值应取负号（−）。

2. L 系列：6～22（2 进位），25，28，32，36，40，45，50，56，63，70，80，90，100，110，125，140，160，180，200，220，250，280，320，360，400，450，500。

3. 轴径 d 是 GB/T 1095—1979 中数据，供选用时参考，本标准中取消了该项。

附表 9 圆柱销、不淬硬钢和奥氏体不锈钢

圆柱销	圆锥销	开口销
GB/T 199.1—2000	GB/T 177—2000	GB/T 91—2000

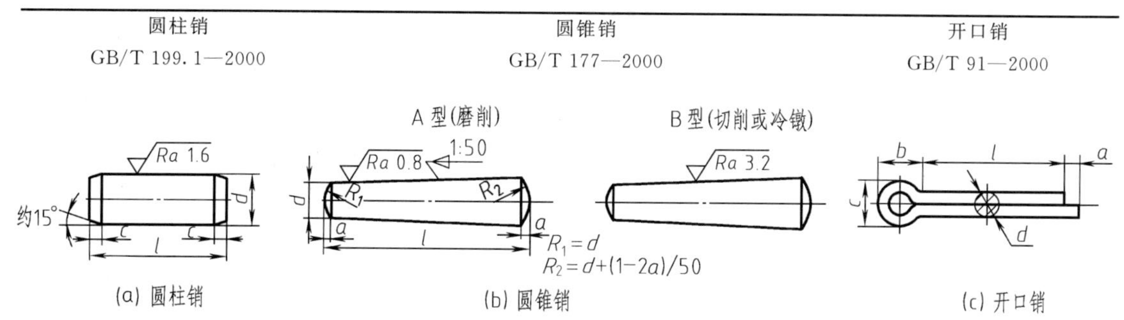

(a) 圆柱销　(b) 圆锥销　(c) 开口销

标记示例

公称直径 10mm、长 50mm 的 A 型圆柱销，其标记为：销　GB/T 119.1　10m6×50

公称直径 10mm、长 60mm 的 A 型圆锥销，其标记为：销　GB/T 117　10×60

公称直径 5mm、长 50mm 的开口销，其标记为：销　GB/T 91　10×50

销各部分尺寸　　单位：mm

名称	公称直径 d	1	1.2	1.5	2	2.5	3	4	5	6	9	10	12
圆柱销 (GB/T 199.1—2000)	$n\approx$	0.12	0.16	0.20	0.25	0.30	0.40	0.50	0.63	0.80	1.0	1.2	1.6
	$c\approx$	0.20	0.25	0.30	0.35	0.40	0.50	0.63	0.80	1.2	1.6	2	2.5
圆锥销 (GB/T 117—2000)	$a\approx$	0.12	0.16	0.20	0.25	0.30	0.40	0.50	0.63	0.80	1	1.2	1.6
开口销 (GB/T 91—2000)	d(公称)	0.6	0.8	1	1.2	1.6	2	2.5	3.2	4	5	6.3	8
	c	1	1.4	1.8	2	2.8	3.6	4.6	5.8	7.4	9.2	11.8	15
	$b\approx$	2	2.4	3	3	3.2	4	5	6.4	8	10	12.6	16
	a	1.6	1.6	1.6	2.5	2.5	2.5	2.5	4	4	4	4	4
	l(商品规格范围公称长度)	4～12	5～16	6～0	8～6	8～2	10～40	12～50	14～65	18～80	22～100	30～120	40～160
l 系列	2,3,4,5,6,8,10,12,14,16,18,20,22,24,26,28,30,32,35,40,45,50,55,60,65,70,75,80,85,90,95,100,120												

附表 10 滚动轴承

单位：mm

深沟球轴承 (画法摘自 GB/T 4459.7—2007)	圆锥滚子轴承 (画法摘自 GB/T 4459.7—2007)	推力球轴承 (画法摘自 GB/T 4459.7—2007)

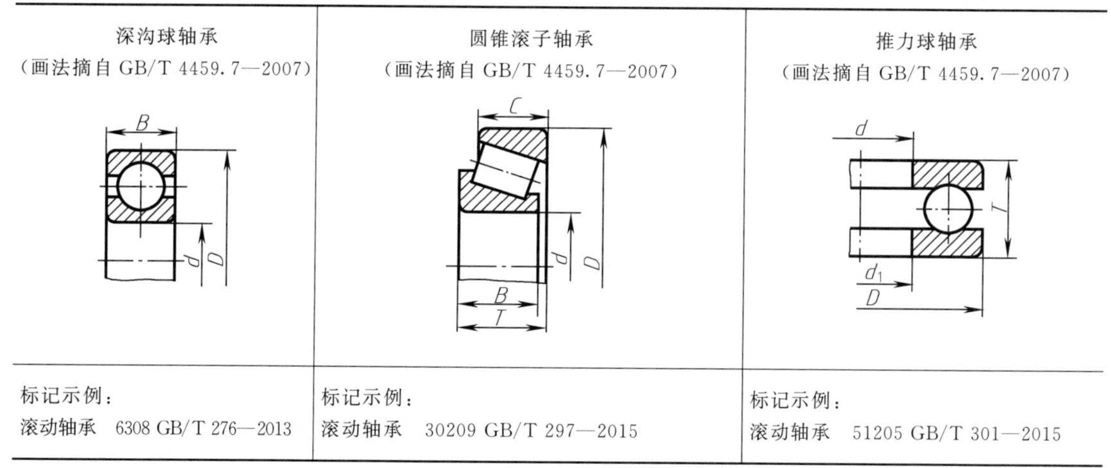

标记示例：滚动轴承　6308 GB/T 276—2013	标记示例：滚动轴承　30209 GB/T 297—2015	标记示例：滚动轴承　51205 GB/T 301—2015

续表

轴承型号	d	D	B	轴承型号	d	D	B	C	T	轴承型号	d	D	T	$d_{1\min}$
尺寸系列(02)				尺寸系列(02)						尺寸系列(12)				
6202	15	35	11	30203	17	40	12	11	13.25	51202	15	32	12	17
6203	17	40	12	30204	20	47	14	12	15.25	51203	17	35	12	19
6204	20	47	14	30205	25	52	15	13	16.25	51204	20	40	14	22
6205	25	52	15	30206	30	62	16	14	17.25	51205	25	47	15	27
6206	30	62	16	30207	35	72	17	15	18.25	51206	30	52	16	32
6207	35	72	17	30208	40	80	18	16	19.75	51207	35	62	18	37
6208	40	80	18	30209	45	85	19	16	20.75	51208	40	68	19	42
6209	45	85	19	30210	50	90	20	17	21.75	51209	45	73	20	47
6210	50	90	20	30211	55	100	21	18	22.75	51210	50	78	22	52
6211	55	100	21	30212	60	110	22	19	23.75	51211	55	90	25	57
6212	60	110	22	30213	65	120	23	20	24.75	51212	60	95	26	62
尺寸系列(03)				尺寸系列(03)						尺寸系列(13)				
6302	15	42	13	30302	15	42	13	11	14.25	51304	20	47	18	22
6303	17	47	14	30303	17	47	14	12	15.25	51305	25	52	18	27
6304	20	52	15	30304	20	52	15	13	16.25	51306	30	60	21	32
6305	25	62	17	30305	25	62	17	15	18.25	51307	35	68	24	37
6306	30	72	19	30306	30	72	19	16	20.75	51308	40	78	26	42
6307	35	80	21	30307	35	80	21	18	22.75	51309	45	85	28	47
6308	40	90	23	30308	40	90	23	20	25.25	51310	50	95	31	52
6309	45	100	25	30309	45	100	25	22	27.25	51311	55	105	35	57
6310	50	110	27	30310	50	110	27	23	29.25	51312	60	110	35	62
6311	55	120	29	30311	55	120	29	25	31.5	51313	65	115	36	67
6312	60	130	31	30312	60	130	31	26	33.5	51314	70	125	40	72
6313	65	140	33	30313	65	140	33	28	36.0	51315	75	135	44	77

附表 11　公称尺寸小于 500mm 的标准公差　　单位：μm

公称尺寸/mm	公差等级																			
	IT01	IT0	IT1	IT2	IT3	IT4	IT5	IT6	IT7	IT8	IT9	IT10	IT11	IT12	IT13	IT14	IT15	IT16	IT17	IT18
≤3	0.3	0.5	0.8	1.2	2	3	4	6	10	14	25	40	60	100	140	250	400	600	1 000	1 400
>3～6	0.4	0.6	1	1.5	2.5	4	5	8	12	18	30	48	75	120	180	300	480	750	1 200	1 800
>6～10	0.4	0.6	1	1.5	2.5	4	6	9	15	22	36	58	90	150	220	360	580	900	1 500	2 200
>10～18	0.5	0.8	1.2	2	3	5	8	11	18	27	43	70	110	180	270	430	700	1 100	1 800	2 700
>18～30	0.6	1	1.5	2.5	4	6	9	13	21	33	52	84	130	210	330	520	840	1 300	2 100	3 300
>30～50	0.7	1	1.5	2.5	4	7	11	16	25	39	62	100	160	250	390	620	1 000	1 600	2 500	3 900
>50～80	0.8	1.2	2	3	5	8	13	19	30	46	74	120	190	300	460	740	1 200	1 900	3 000	4 600
>80～120	1	1.5	2.5	4	6	10	15	22	35	54	87	140	220	350	540	870	1 400	2 200	3 500	5 400
>120～180	1.2	2	3.5	5	8	12	18	25	40	63	100	160	250	400	630	1 000	1 600	2 500	4 000	6 300
>180～250	2	3	4.5	7	10	14	20	29	46	72	115	185	290	460	720	1 150	1 850	2 900	4 600	7 200
>250～315	2.5	4	6	8	12	16	23	32	52	81	130	210	320	520	810	1 300	2 100	3 200	5 200	8 100
>315～400	3	5	7	9	13	18	25	36	57	89	140	230	360	570	890	1 400	2 300	3 600	5 700	8 900
>400～500	4	6	8	10	15	20	27	40	68	97	155	250	400	630	970	1 550	2 500	4 000	6 300	9 700

附表 12 轴的极限偏差 单位：μm

公称尺寸/mm		常用公差带												
		a	b		c			d				e		
大于	至	11	11	12	9	10	11	8	9	10	11	7	8	9
—	3	−270 −330	−140 −200	−140 −240	−60 −85	−60 −100	−60 −120	−20 −34	−20 −45	−20 −60	−20 −80	−14 −24	−14 −28	−14 −39
3	6	−270 −345	−140 −215	−140 −260	−70 −100	−70 −118	−70 −145	−30 −48	−30 −60	−30 −78	−30 −105	−20 −32	−20 −38	−20 −50
6	10	−280 −370	−150 −240	−150 −300	−80 −116	−80 −138	−80 −170	−40 −62	−40 −76	−40 −98	−40 −130	−25 −40	−25 −47	−25 −61
10	14	−290 −400	−150 −260	−150 −330	−95 −165	−95 −165	−95 −205	−50 −77	−50 −93	−50 −120	−50 −160	−32 −50	−32 −59	−32 −75
14	18													
18	24	−300 −430	−160 −290	−160 −370	−110 −162	−110 −194	−110 −240	−65 −98	−65 −117	−65 −149	−65 −195	−40 −61	−40 −73	−40 −92
24	30													
30	40	−310 −470	−170 −330	−170 −420	−120 −182	−120 −220	−120 −280	−80 −119	−80 −142	−80 −180	−80 −240	−50 −75	−50 −89	−50 −112
40	50	−320 −480	−180 −340	−180 −430	−130 −192	−130 −230	−130 −290							
50	65	−340 −530	−190 −380	−190 −490	−140 −214	−140 −260	−140 −330	−100 −146	−100 −174	−100 −220	−100 −290	−60 −90	−60 −106	−60 −134
65	80	−360 −550	−200 −390	−200 −500	−150 −224	−150 −270	−150 −340							
80	100	−380 −600	−200 −440	−200 −570	−170 −257	−170 −310	−170 −399	−120 −174	−120 −207	−120 −260	−120 −340	−72 −107	−72 −126	−72 −159
100	120	−410 −630	−240 −460	−240 −590	−180 −267	−180 −320	−180 −400							
120	140	−520 −710	−260 −510	−260 −660	−200 −300	−200 −360	−200 −450	−145 −208	−145 −245	−145 −305	−145 −395	−85 −125	−85 −148	−85 −185
140	160	−460 −770	−280 −530	−280 −680	−210 −310	−210 −370	−210 −460							
160	180	−580 −830	−100 −560	−310 −710	−230 −330	−230 −390	−230 −480							
180	200	−660 −950	−340 −630	−340 −800	−240 −355	−240 −425	−240 −530	−170 −242	−170 −285	−170 −355	−170 −460	−100 −146	−100 −172	−100 −215
200	225	−740 −1 030	−380 −670	−380 −840	−260 −375	−260 −445	−260 −550							
225	250	−820 −1 110	−420 −710	−420 −880	−280 −395	−280 −465	−280 −570							
250	280	−920 −1 240	−480 −800	−480 −1 000	−300 −430	−300 −510	−300 −620	−190 −271	−190 −320	−190 −400	−190 −510	−110 −162	−110 −191	−110 −240
280	315	−1 050 −1 370	−540 −860	−540 −1 060	−330 −460	−330 −540	−330 −650							
315	355	−1 200 −1 560	−600 −960	−800 −1 170	−360 −500	−360 −590	−360 −720	−210 −299	−210 −350	−210 −440	−210 −570	−125 −182	−125 −214	−125 −265
355	400	−1 350 −1 710	−680 −140	−680 −1 250	−400 −540	−400 −630	−400 −760							

续表

公称尺寸/mm		常用公差带															
		f					g			h							
大于	至	5	6	7	8	9	5	6	7	5	6	7	8	9	10	11	12
—	3	−6 −10	−6 −12	−6 −16	−6 −20	−6 −31	−2 −6	−2 −8	−2 −12	0 −4	0 −6	0 −10	0 −14	0 −25	0 −40	0 −60	0 −100
3	6	−10 −15	−10 −18	−10 −22	−10 −28	−10 −40	−4 −9	−4 −12	−4 −16	0 −5	0 −8	0 −12	0 −18	0 −30	0 −48	0 −75	0 −120
6	10	−13 −19	−13 −22	−13 −28	−13 −35	−13 −49	−5 −11	−5 −14	−5 −20	0 −6	0 −9	0 −15	0 −22	0 −36	0 −58	0 −90	0 −150
10	14	−16 −24	−16 −27	−16 −34	−16 −43	−16 −59	−6 −14	−6 −17	−6 −24	0 −8	0 −11	0 −18	0 −27	0 −43	0 −70	0 −110	0 −180
14	18																
18	24	−20 −29	−20 −33	−20 −41	−20 −53	−20 −72	−7 −16	−7 −20	−7 −28	0 −9	0 −13	0 −21	0 −33	0 −52	0 −84	0 −130	0 −210
24	30																
30	40	−25 −36	−25 −41	−25 −50	−25 −64	−25 −87	−9 −20	−9 −25	−9 −34	0 −11	0 −16	0 −25	0 −39	0 −62	0 −100	0 −160	0 −300
40	50																
50	65	−30 −43	−30 −49	−30 −60	−30 −76	−30 −104	−10 −23	−10 −29	−10 −40	0 −13	0 −19	0 −30	0 −46	0 −74	0 −120	0 −190	0 −300
65	80																
80	100	−36 −51	−36 −58	−36 −71	−36 −90	−36 −123	−12 −27	−12 −34	−12 −47	0 −15	0 −22	0 −35	0 −54	0 −87	0 −140	0 −220	0 −350
100	120																
120	140	−43 −61	−43 −68	−43 −83	−43 −106	−43 −143	−14 −32	−14 −39	−14 −54	0 −18	0 −25	0 −40	0 −63	0 −100	0 −160	0 −250	0 −400
140	160																
160	180																
180	200	−50 −70	−50 −79	−50 −96	−50 −122	−50 −165	−15 −35	−15 −44	−15 −61	0 −20	0 −29	0 −46	0 −72	0 −115	0 −185	0 −290	0 −460
200	225																
225	250																
250	280	−56 −79	−56 −88	−56 −108	−56 −137	−56 −186	−17 −40	−17 −49	−17 −69	0 −23	0 −32	0 −52	0 −81	0 −130	0 −210	0 −320	0 −520
280	315																
315	355	−62 −87	−62 −98	−62 −119	−62 −15	−62 −202	−18 −43	−18 −54	−18 −75	0 −25	0 −36	0 −57	0 −89	0 −140	0 −230	0 −360	0 −570
355	400																

续表

公称尺寸/mm		常用公差带														
		js			k			m			n			p		
大于	至	5	6	7	5	6	7	5	6	7	5	6	7	5	6	7
—	3	±2	±3	±5	+4 0	+6 0	+10 0	+6 +2	+8 +2	+12 +2	+8 +4	+10 +4	+14 +4	+10 +6	+12 +6	+16 +6
3	6	±2.5	±4	±6	+6 +1	+9 +1	+13 +1	+9 +4	+12 +4	+16 +4	+13 +8	+16 +8	+20 +8	+17 +12	+20 +12	+24 +12
6	10	±3	±4.5	±7	+7 +1	+10 +1	+16 +1	+12 +6	+15 +6	+21 +6	+16 +10	+19 +10	+25 +10	+21 +15	+24 +15	+30 +15
10	14	±4	±5.5	±9	+9 +1	+12 +1	+19 +1	+15 +7	+18 +7	+25 +7	+20 +12	+23 +12	+30 +12	+26 +18	+29 +18	+36 +18
14	18															
18	24	±4.5	±6.5	±10	+11 +2	+15 +2	+23 +2	+17 +8	+21 +8	+29 +8	+24 +15	+28 +15	+36 +15	+31 +22	+35 +22	+43 +22
24	30															
30	40	±5.5	±8	±12	+13 +2	+18 +2	+27 +2	+20 +9	+25 +9	+34 +9	+28 +17	+33 +17	+42 +17	+37 +26	+42 +26	+51 +26
40	50															
50	65	±6.5	±9.5	±15	+15 +2	+21 +2	+32 +2	+24 +11	+30 +11	+41 +11	+33 +20	+39 +20	+50 +20	+45 +32	+51 +32	+62 +32
65	80															
80	100	±7.5	±11	±17	+18 +3	+25 +3	+38 +3	+28 +13	+35 +13	+48 +13	+38 +23	+45 +23	+58 +23	+52 +37	+59 +37	+72 +37
100	120															
120	140	±9	±12.5	±20	+21 +3	+28 +3	+43 +3	+33 +15	+40 +15	+55 +15	+45 +27	+52 +27	+67 +27	+61 +43	+68 +43	+83 +43
140	160															
160	180															
180	200	±10	±14.5	±23	+24 +4	+33 +4	+50 +4	+37 +17	+46 +17	+63 +17	+51 +31	+60 +31	+77 +31	+70 +50	+79 +50	+96 +50
200	225															
225	250															
250	280	±11.5	±16	±26	+27 +4	+36 +4	+56 +4	+43 +20	+52 +20	+72 +20	+57 +34	+66 +34	+86 +34	+79 +56	+88 +56	+108 +56
280	315															
315	355	±12.5	±18	±28	+29 +4	+40 +4	+61 +4	+46 +21	+57 +21	+78 +21	+62 +37	+73 +37	+94 +37	+87 +62	+98 +62	+119 +62
355	400															

续表

公称尺寸/mm		常用公差带														
		r			s			t			u		v	x	y	z
大于	至	5	6	7	5	6	7	5	6	7	6	7	6	6	6	6
—	3	+14 +10	+16 +10	+20 +10	+18 +14	+20 +14	+24 +14	—	—	—	+24 +18	+28 +18	—	+26 +20	—	+32 +26
3	6	+20 +15	+23 +15	+27 +15	+24 +19	+27 +19	+31 +19	—	—	—	+31 +23	+35 +23	—	+36 +28	—	+43 +35
6	10	+25 +19	+28 +19	+34 +19	+29 +23	+32 +23	+38 +23	—	—	—	+37 +28	+43 +28	—	+43 +34	—	+51 +42
10	14	+31 +23	+34 +23	+41 +23	+36 +28	+39 +28	+46 +28	—	—	—	+44 +33	+51 +33	—	+51 +40	—	+61 +50
14	18							—	—	—			+50 +39	+56 +45	—	+71 +60
18	24	+37 +28	+41 +28	+49 +28	+44 +35	+48 +35	+56 +35	—	—	—	+54 +41	+62 +41	+60 +47	+67 +54	+76 +63	+86 +73
24	30							+50 +41	+54 +41	+62 +41	+61 +48	+69 +48	+68 +55	+77 +64	+88 +75	+101 +88
30	40	+45 +34	+50 +34	+59 +34	+54 +43	+59 +43	+68 +43	+59 +48	+64 +48	+73 +48	+76 +60	+85 +60	+84 +68	+96 +80	+110 +94	+128 +112
40	50							+65 +54	+70 +54	+79 +54	+86 +70	+95 +70	+97 +81	+113 +97	+130 +114	+152 +136
50	65	+54 +41	+60 +41	+71 +41	+66 +53	+72 +53	+83 +53	+79 +66	+85 +66	+96 +66	+106 +87	+117 +87	+121 +102	+141 +122	+163 +144	+191 +172
65	80	+56 +43	+62 +43	+73 +43	+72 +59	+78 +59	+89 +59	+88 +75	+94 +75	+105 +75	+121 +102	+132 +102	+139 +120	+165 +146	+193 +174	+229 +210
80	100	+66 +51	+73 +51	+86 +51	+86 +71	+93 +71	+106 +91	+106 +91	+113 +91	+126 +91	+146 +124	+159 +124	+168 +146	+200 +178	+236 +214	+280 +258
100	120	+69 +54	+76 +54	+89 +54	+94 +79	+101 +79	+114 +79	+110 +104	+126 +104	+136 +104	+166 +144	+179 +144	+194 +172	+232 +210	+276 +254	+332 +310
120	140	+81 +63	+88 +63	+103 +63	+110 +92	+117 +92	+132 +92	+140 +122	+147 +122	+162 +122	+195 +170	+210 +170	+227 +202	+273 +248	+325 +300	+390 +365
140	160	+83 +65	+90 +65	+105 +65	+118 +100	+125 +100	+140 +100	+152 +134	+159 +134	+174 +134	+215 +190	+230 +190	+253 +228	+305 +280	+365 +340	+440 +415
160	180	+86 +68	+93 +68	+108 +68	+126 +108	+133 +108	+148 +108	+164 +146	+171 +146	+186 +146	+235 +210	+250 +210	+277 +252	+335 +310	+405 +380	+490 +465
180	200	+97 +77	+106 +77	+123 +77	+142 +122	+151 +122	+168 +122	+185 +166	+195 +166	+212 +166	+265 +236	+282 +236	+313 +284	+379 +350	+454 +425	+549 +520
200	225	+100 +80	+109 +80	+126 +80	+150 +130	+159 +130	+176 +130	+200 +180	+209 +180	+226 +180	+287 +258	+304 +258	+339 +310	+414 +385	+499 +470	+604 +575
225	250	+104 +84	+113 +84	+130 +84	+160 +140	+169 +140	+186 +140	+216 +196	+225 +196	+242 +196	+313 +284	+330 +284	+369 +340	+454 +425	+549 +520	+669 +640
250	280	+117 +94	+126 +94	+146 +94	+181 +158	+290 +158	+210 +158	+241 +218	+250 +218	+270 +218	+347 +315	+367 +315	+417 +385	+507 +475	+612 +680	+742 +710
280	315	+121 +98	+130 +98	+150 +98	+193 +170	+202 +170	+222 +170	+263 +240	+272 +240	+292 +240	+382 +350	+402 +350	+457 +425	+557 +525	+682 +650	+822 +790
315	355	+133 +108	+144 +108	+165 +108	+215 +190	+226 +190	+247 +190	+293 +268	+304 +268	+325 +268	+426 +390	+447 +390	+511 +475	+626 +590	+766 +730	+936 +900
355	400	+139 +114	+150 +114	+171 +114	+233 +208	+244 +208	+265 +208	+319 +294	+330 +294	+351 +294	+471 +435	+492 +435	+566 +530	+696 +660	+856 +820	+1 036 +1 000

附表 13　孔的极限偏差　　单位：μm

公称尺寸/mm		常用公差带													
		A	B		C	D				E		F			
大于	至	11	11	12	11	8	9	10	11	8	9	6	7	8	9
—	3	+330 +270	+200 +140	+240 +140	+120 +60	+34 +20	+45 +20	+60 +20	+80 +20	+28 +14	+39 +14	+12 +6	+16 +6	+20 +6	+31 +6
3	6	+345 +270	+215 +140	+260 +140	+145 +70	+48 +30	+60 +30	+78 +30	+105 +30	+38 +20	+50 +20	+18 +10	+22 +10	+28 +10	+40 +10
6	10	+370 +280	+240 +150	+300 +150	+170 +80	+62 +40	+76 +40	+98 +40	+170 +40	+47 +25	+61 +25	+22 +13	+28 +13	+35 +13	+49 +13
10	14	+400 +290	+260 +150	+330 +150	+205 +95	+77 +50	+93 +50	+120 +50	+160 +50	+59 +32	+75 +32	+27 +46	+34 +16	+43 +16	+59 +16
14	18														
18	24	+430 +300	+290 +160	+370 +160	+240 +110	+98 +65	+117 +65	+149 +65	+195 +65	+73 +40	+92 +40	+33 +20	+41 +20	+53 +20	+72 +20
24	30														
30	40	+470 +310	+330 +170	+420 +170	+280 +170	+119 +80	+142 +80	+180 +80	+240 +80	+89 +50	+112 +50	+41 +25	+50 +25	+64 +25	+87 +25
40	50	+480 +320	+340 +180	+430 +180	+290 +180										
50	65	+530 +340	+389 +190	+490 +190	+330 +140	+146 +100	+170 +100	+220 +100	+290 +100	+106 +60	+134 +80	+49 +30	+60 +30	+76 +30	+104 +30
65	80	+550 +360	+330 +200	+500 +200	+340 +150										
80	100	+600 +380	+440 +220	+570 +220	+390 +170	+174 +120	+207 +120	+260 +120	+340 +120	+126 +72	+159 +72	+58 +36	+71 +36	+90 +36	+123 +36
100	120	+630 +410	+460 +240	+590 +240	+400 +180										
120	140	+710 +460	+510 +260	+660 +260	+450 +200	+208 +145	+245 +145	+305 +145	+395 +145	+148 +85	+135 +85	+68 +43	+83 +43	+106 +43	+143 +43
140	160	+770 +520	+530 +280	+680 +280	+460 +210										
160	180	+830 +580	+560 +310	+710 +310	+480 +230										
180	200	+950 +660	+630 +340	+800 +340	+530 +240	+242 +170	+285 +170	+355 +170	+460 +170	+172 +100	+215 +100	+79 +50	+96 +50	+122 +50	+165 +50
200	225	+1 030 +740	+670 +380	+840 +380	+550 +260										
225	250	+1 110 +820	+710 +420	+880 +420	+570 +280										
250	280	+1 240 +320	+800 +480	+1 000 +480	+620 +300	+271 +190	+320 +190	+400 +190	+510 +190	+191 +110	+240 +110	+88 +56	+108 +56	+137 +56	+186 +56
280	315	+1 375 +1 050	+860 +540	+1 060 +540	+650 +330										
315	355	+1 560 +1 200	+960 +600	+1 170 +600	+720 +360	+299 +210	+350 +210	+440 +210	+570 +210	+214 +125	+265 +125	+98 +62	+119 +62	+151 +62	+202 +62
355	400	+1 710 +1 350	+1 040 +680	+1 250 +680	+760 +400										

续表

公称尺寸/mm		常用公差带																	
		G		H							JS			K			M		
大于	至	6	7	6	7	8	9	10	11	12	6	7	8	6	7	8	6	7	8
—	3	+8 +2	+12 +2	+6 0	+10 0	+14 0	+25 0	+40 0	+60 0	+100 0	±3	±5	±7	0 −6	0 −10	0 −11	−2 −8	−2 −12	−2 −16
3	6	+12 +4	−16 −4	+8 0	+12 0	+18 0	+30 0	+48 0	+75 0	+120 0	±4	±6	±9	+2 −6	+3 −9	+5 −13	−1 −9	0 −12	+2 −16
6	10	+14 +5	+20 5	+9 0	+15 0	+22 0	+36 0	+58 0	+90 0	+150 0	±4.5	±7	±11	+2 −7	+5 −10	+6 −16	−3 −12	0 −15	+1 −21
10 14	14 18	+17 +6	+24 +6	+11 0	+18 0	+27 0	+43 0	+70 0	+110 0	+180 0	±5.5	±9	±13	+2 −9	+6 −12	+8 −19	−4 −15	0 −18	+2 −25
18 24	24 30	+20 +7	+28 +7	+13 0	+21 0	+33 0	+52 0	+84 0	+130 0	+210 0	±6.5	±10	±16	+2 −11	+6 −15	+10 −22	−4 −17	0 −21	+4 −29
30 40	40 50	+25 +9	+34 +9	+16 0	+25 0	+39 0	+62 0	+100 0	+160 0	+250 0	±8	±12	±19	+3 −13	+7 −18	+12 −27	−4 −20	0 −25	+5 −34
50 65	65 80	+29 +10	+40 +10	+19 0	+30 0	+46 0	+74 0	+120 0	+190 0	+300 0	±9.5	±15	±23	+4 −15	+9 −21	+14 −32	−5 −24	0 −30	+5 −41
80 100	100 120	+34 +12	+47 +12	+22 0	+35 0	+54 0	+87 0	+140 0	+220 0	+350 0	±11	±17	±27	+4 −18	+10 −25	+16 −33	−6 −28	0 −35	+6 −43
120 140 160	140 160 180	+39 +14	+54 +14	+25 0	+40 0	+63 0	+100 0	+160 0	+250 0	+400 0	± 12.5	±20	±31	+4 −21	+12 −28	+20 −43	−8 −33	0 −40	+8 −55
180 200 225	200 225 250	+44 +15	+61 +15	+29 0	+46 0	+72 0	+115 0	+185 0	+290 0	+460 0	± 14.5	±23	±36	+5 −24	+13 −33	+22 −50	−8 −37	0 −46	+9 −63
250 280	280 315	+49 +17	+69 +17	+32 0	+52 0	+81 0	+130 0	+210 0	+320 0	+520 0	±16	±26	±40	+5 −27	+16 −36	+25 −56	−9 −41	0 −52	+9 −72
315 355	355 400	+54 +18	+75 +18	+36 0	+57 0	+89 0	+140 0	+230 0	+360 0	+570 0	±18	±28	±44	+7 −29	+17 −40	+28 −61	−10 −46	0 −57	+11 −78

续表

公称尺寸/mm		常用公差带											
		N			P		R		S		T		U
大于	至	6	7	8	6	7	6	7	6	7	6	7	7
—	3	−4 −10	−4 −14	−4 −18	−6 −12	−6 −16	−10 −16	−10 −20	−14 −20	−14 −24	—	—	−18 −28
3	6	−5 −13	−4 −16	−2 −20	−9 −17	−8 −20	−12 −20	−11 −23	−16 −24	−15 −27	—	—	−19 −31
6	10	−7 −16	−4 −19	−3 −25	−12 −21	−9 −24	−16 −25	−13 −28	−20 −29	−17 −32	—	—	−22 −37
10	14	−9 −20	−5 −23	−3 −30	−15 −26	−11 −29	−20 −31	−16 −34	−25 −36	−21 −39	—	—	−26 −44
14	18												
18	24	−11 −24	−7 −28	−3 −36	−18 −31	−14 −35	−24 −37	−20 −41	−31 −44	−27 −48	—	—	−33 −54
24	30										−37 −50	−33 −54	−40 −61
30	40	−12 −28	−8 −33	−3 −42	−21 −37	−17 −42	−29 −45	−25 −50	−38 −54	−34 −59	−43 −59	−39 −64	−51 −76
40	50										−49 −65	−45 −70	−61 −76
50	65	−14 −33	−9 −39	−4 −50	−26 −45	−21 −51	−35 −54	−30 −60	−47 −66	−42 −72	−60 −79	−55 −85	−86 −106
65	80						−37 −56	−32 −62	−53 −72	−48 −78	−69 −88	−64 −94	−91 −121
80	100	−16 −38	−10 −45	−4 −58	−30 −52	−24 −59	−44 −66	−38 −73	−64 −86	−58 −93	−84 −106	−78 −113	−111 −146
100	120						−47 −69	−41 −76	−72 −94	−66 −101	−97 −119	−91 −126	−131 −166
120	140	−20 −45	−12 −52	−4 −67	−36 −61	−28 −68	−56 −81	−48 −88	−85 −110	−77 −117	−115 −140	−107 −147	−155 −195
140	160						−58 −83	−50 −90	−93 −118	−85 −125	−137 −152	−110 −159	−175 −215
160	180						−61 −86	−53 −93	−101 −126	−93 −133	−139 −164	−131 −171	−195 −235
180	200	−22 −51	−14 −60	−5 −77	−41 −70	−33 −79	−68 −97	−60 −106	−113 −142	−101 −155	−157 −186	−149 −195	−219 −265
200	225						−71 −100	−63 −109	−121 −150	−113 −159	−171 −200	−163 −209	−241 −287
225	250						−75 −104	−67 −113	−131 −160	−123 −169	−187 −216	−179 −225	−317 −263
250	280	−25 −57	−14 −66	−5 −86	−47 −79	−36 −88	−85 −117	−74 −126	−149 −181	−138 −190	−209 −241	−198 −250	−295 −347
280	315						−89 −121	−78 −130	−161 −193	−150 −202	−231 −263	−220 −272	−330 −382
315	355	−26 −62	−16 −73	−5 −94	−51 −87	−41 −98	−97 −133	−87 −144	−179 −215	−169 −226	−257 −293	−247 −304	−369 −426
355	400						−103 −139	−93 −150	−197 −233	−187 −244	−283 −319	−273 −330	−414 −471

附表 14 线性尺寸未注公差(GB/T 1804—2000) 单位：mm

公差等级	尺寸分段							
	0.5～3	>3～6	>6～30	>30～120	>120～400	>400～1 000	>1 000～2 000	>2 000～4 000
f(精密级)	±0.05	±0.05	±0.1	±0.15	±0.2	±0.3	±0.5	—
m(中等级)	±0.1	±0.1	±0.2	±0.3	±0.5	±0.8	±1.2	±2.0
c(粗糙级)	±0.2	±0.3	±0.5	±0.8	±1.2	±2.0	±3.0	±4.0
v(最粗级)	—	±0.5	±1.0	±0.15	±2.5	±4.0	±6.0	±8.0

附表 15 毡圈油封形式和尺寸 (JB/ZQ 4606—86) 单位：mm

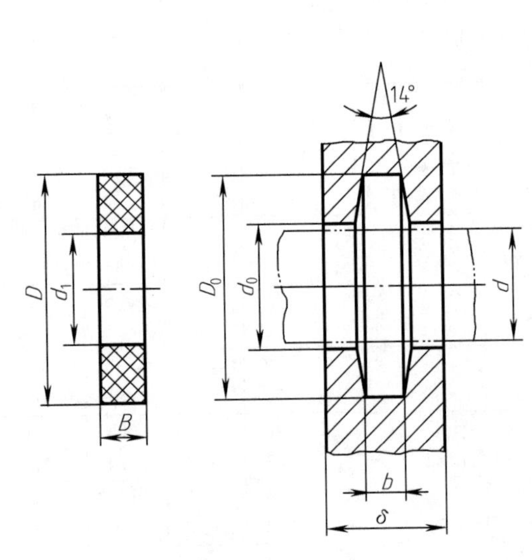

标记示例

d=50mm 的毡圈油封:毡圈 50 JB/ZQ 4606—86

轴径 d	毡圈			槽				
	D	d_1	B	D_0	d_0	b	δ_{min} 用于钢	δ_{min} 用于铁
15	29	14	6	28	16	5	10	12
20	33	19		32	21			
25	39	24	7	38	26	6	12	15
30	45	29		44	31			
35	49	34		48	36			
40	53	89		52	41			
45	61	44	8	60	46	7		
50	69	49		68	51			
55	74	53		72	56			
60	80	58		78	61			
65	84	63		82	66			
70	90	68		88	71			
75	94	73		92	77			
80	102	78	9	100	82	8	15	18
85	107	83		105	87			
90	112	88		110	92			
95	117	93	10	115	97			
100	122	98		120	102			
105	127	103		125	107			
110	132	108	10	130	112	8	15	18
115	137	113		135	117			
120	142	118		140	122			
125	147	123		145	127			

附表 16 外六角螺塞 (JB/ZQ 4450—1997) 单位：mm

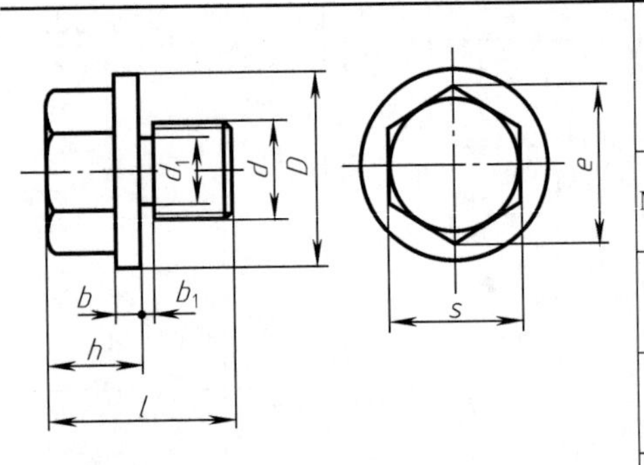

标记示例

螺塞 M20×1.5 JB/ZQ 4450—1997

d	d_1	D	e	s 基本尺寸	s 极限偏差	L	h	b	b_1	R	C	重量/kg
M12×1.25	10.2	22	15	13	0 −0.24	24	12	3	3	1	1.0	0.032
M20×1.5	17.8	30	24.2	21	0 −0.28	30	15	4				0.090
M24×2	21	34	31.3	27		32	16		4		1.5	0.145
M30×2	27	42	39.3	34	0 −0.34	38	18					0.252

附表 17　表面粗糙度的适用范围、加工方法及 *Ra* 选用

Ra/μm	表面外观情况	主要加工方法	应用举例
50	明显可见刀痕	粗车、粗铣、粗刨、钻、粗纹锉刀和粗砂轮加工	粗糙度值最大的加工面，一般很少应用
25	可见刀痕		
12.5	微见刀痕	粗车、刨、立铣、平铣、钻	不接触表面，不重要的接触面，如装螺栓的光孔、倒角、机座底面等
6.3	可见加工痕迹	精车、精铣、精刨、铰、镗、精磨等	没有相对运动的零件接触面，如箱盖、套筒要求紧贴的表面，键和键槽工作表面；相对运动速度不高的接触面，如支架孔、衬套、带轮轴孔的工作面等
3.2	微见加工痕迹		
1.6	看不见加工痕迹		
0.8	可辨加工痕迹方向	精车、精铰、精拉、精镗、精磨等	要求很好密合的接触面，如滚动轴承配合的表面、销孔等；相对运动速度较高的接触面，如滑动轴承的配合表面、齿轮轮齿的工作表面等
0.4	微辨加工痕迹方向		
0.2	不可辨加工痕迹方向		
0.10	暗光泽面	研磨、抛光、超级精细研磨等	精密量具的表面、极重要零件的摩擦面，如气缸的内表面、精密机床的主轴颈、坐标镗床的主轴颈等
0.05	亮光泽面		
0.025	镜状光泽面		
0.012	雾状镜面		

附表 18　部分常用、优先选用配合的特性和应用（常用配合写在括号内）

基孔制配合	基轴制配合	配合特性及应用
$\frac{H11}{c11}$	$\frac{C11}{h11}$	间隙非常大。用于很松的、转动很慢的间隙配合；要求大公差与大间隙的外露组件；要求装配方便的、很松的配合
$\frac{H9}{d9}$	$\frac{D9}{h9}$	间隙很大的自由转动配合。用于精度要求不高、有大的温度变动、高转速或大的轴颈压力时的配合
$\frac{H8}{f7}$	$\frac{F8}{h7}$	间隙不大的转动配合。用于中等转速与中等轴颈压力的精确转动；也用于装配较易的中等精度定位配合
$\frac{H7}{g6}$	$\frac{G7}{h6}$	间隙很小的滑动配合。用于不希望自由旋转，但可自由移动和转动并精确定位时，也可用于要求明确的定位配合
$\frac{H7}{h6}$ $\frac{H8}{h7}$ $\frac{H9}{h9}$ $\frac{H11}{h11}$	$\frac{H7}{h6}$ $\frac{H8}{h7}$ $\frac{H9}{h9}$ $\frac{H11}{h11}$	均为定位的间隙配合，零件可自由装卸，而工作时一般相对静止不动，最小间隙为零
$\frac{H7}{k6}$ $\left(\frac{H7}{m6}\right)$ $\frac{H7}{h6}$	$\frac{K7}{h6}$ $\frac{N7}{h6}$	过渡配合，用于精密定位，对中性很好
$\frac{H7}{p6}$ $\left(\frac{H7}{r6}\right)$	$\frac{p7}{h6}$	小过盈配合，对中性好，不可依靠配合的紧固性传递摩擦负荷
$\frac{H7}{s6}$ $\frac{H7}{u6}$	$\frac{s7}{h6}$ $\frac{U7}{h6}$	压入的过盈配合，其中$\frac{H7}{u6}$、$\frac{U7}{h6}$适用于能承受大压入力的零件的配合

附表 19 常用金属材料牌号及用途

名称	牌号	应用举例
碳素结构钢 (GB/T 700—2006)	Q215 Q235	塑性较高，强度较低，焊接性好，常用作各种板材及型钢，制作工程结构或机器中受力不大的零件，如螺钉、螺母、垫圈、吊钩、拉杆等；也可渗碳，制作不重要的渗碳零件
	Q275	强度较高，可制作承受中等应力的普通零件，如紧固件、吊钩、拉杆等；也可经热处理后制造不重要的轴
优质碳素结构钢 (GB/T 699—1999)	15 20	塑性、韧性、焊接性和冷冲性很好，但强度较低。用于制造受力不大、韧性要求较高的零件、紧固件、渗碳零件及不要求热处理的低负荷零件，如螺栓、螺钉、拉条、法兰盘等
	35	有较好的塑性和适当的强度，用于制造曲轴、转轴、轴销、杠杆、连杆、横梁、链轮、垫圈、螺钉、螺母等。这种钢多在正火和调质状态下使用，一般不作焊接件用
	40 45	用于要求强度较高、韧性要求中等的零件，通常进行调质或正火处理。用于制造齿轮、齿条、链轮、轴、曲轴等；经高频表面淬火后可替代渗碳钢制作齿轮、轴、活塞销等零件
	55	经热处理后有较高的表面硬度和强度，具有较好韧性，一般经正火或淬火、回火后使用。用于制造齿轮、连杆、轮圈及轧辊等。焊接性及冷变形性均低
	65	一般经淬火中温回火，具有较高弹性，适用于制作小尺寸弹簧
	15Mn	性能与 15 钢相似，但其淬透性、强度和塑性均稍高于 15 钢。用于制作中心部分的力学性能要求较高且需渗碳的零件。这种钢焊接性好
	65Mn	性能与 65 钢相似，适于制造弹簧、弹簧垫圈、弹簧环和片，以及冷拔钢丝(≤7mm)和发条
合金结构钢 (GB/T 3077—1999)	20Cr	用于渗碳零件，制作受力不太大、不需要强度很高的耐磨零件，如机床齿轮、齿轮油、蜗杆、凸轮、活塞销等
	40Cr	调质后强度比碳钢高，常用作中等截面、要求力学性能比碳钢高的重要调质零件，如齿轮、轴、曲轴、连杆螺栓等
	20CrMnTi	强度、韧性均高，是铬镍钢的代用材料。经热处理后，用于承受高速、中等或重负荷以及冲击、磨损等的重要零件，如渗碳齿轮、凸轮等
	38CrMoAl	是渗氮专用钢种，经热处理后用于要求高耐磨性、高疲劳强度和相当高的强度且热处理变形小的零件，如镗杆、主轴、齿轮、蜗杆、套筒、套环等
	35SiMn	除了要求低温(−20℃以下)及冲击韧性很高的情况外，可全面替代 40Cr 和调质钢；亦可部分代替 40CrNi，制作中小型轴类、齿轮等零件
	50CrVA	用于 ϕ30～ϕ50 重要受大应力的各种弹簧，也可用作大截面的温度低于 400℃的气阀弹簧、喷油嘴弹簧等
铸钢 (GB/T 11352—1989)	ZG200-400	用于各种形状的零件，如机座、变速箱壳等
	ZG230-450	用于铸造平坦的零件，如机座、机盖、箱体等
	ZG270-500	用于各种形状的零件，如飞轮、机架、水压机工作缸、横梁等
灰铸铁 (GB/T 9439—1988)	HT100	低载荷和不重要的零件，如盖、外罩、手轮、支架、重锤等
	HT150	承受中等应力的零件，如支柱、底座、齿轮箱、工作台、刀架、端盖、阀体、管路附件及一般无工作条件要求的零件
	HT200 HT250	承受较大应力和较重要零件，如汽缸体、齿轮、机座、飞轮、床身、缸套、活塞、刹车轮、联轴器、齿轮箱、轴承座、油缸等
	HT300 HT350 HT400	承受高弯曲应力及抗拉应力的重要零件，如齿轮、凸轮、车床卡盘、剪床和压力机的机身、床身、高压油缸、滑阀壳体等

参考文献

［1］ 国家质量技术监督局．中华人民共和国国家标准．技术制图．北京：中国标准出版社，1999.

［2］ 国家质量技术监督局．中华人民共和国国家标准．机械制图．北京：中国标准出版社，2004.

［3］ 清华大学工程图学及计算机辅助设计教研室．机械制图：第四版．北京：高等教育出版社，2001.

［4］ 马麟，张淑娟，张爱荣．画法几何与机械制图．北京：高等教育出版社，2014.

［5］ 何铭新，钱可强，徐祖茂．机械制图．北京：高等教育出版社，2016.

［6］ 赵大兴．工程制图．北京：高等教育出版社，2010.

［7］ 王巍．机械制图．北京．高等教育出版社，2009.

［8］ 焦永和，张京英，徐昌贵．工程制图．北京：高等教育出版社，2008.

［9］ 侯洪生．机械工程图学．北京：科学出版社，2008.

［10］ 王菊槐，刘东燊主编．工程图学．北京：电子工业出版社，2017.

［11］ 刘东燊，林益平，谢袁飞．工程制图．北京：化学工业出版社，2012.

［12］ 李承军．AutoCAD2011 中文版实用教程．北京：电子工业出版社，2011.

［13］ 胡建国，李亚萍，汪鸣琦．机械工程图学．武汉：武汉大学出版社，2004.